Horst Parisch

Festkörper-Kontinuumsmechanik

Von den Grundgleichungen zur Lösung mit Finiten Elementen

Horst Parisch

Festkörper-Kontinuumsmechanik

Von den Grundgleichungen zur Lösung mit Finiten Elementen

Mit 37 Abbildungen und 9 Tabellen

B. G. Teubner Stuttgart · Leipzig · Wiesbaden

Bibliografische Information Der Deutschen Bibliothek
Die Deutsche Bibliothek verzeichnet diese Publikation in der Deutschen Nationalbibliografie; detaillierte bibliografische Daten sind im Internet über <http://dnb.ddb.de> abrufbar.

Priv. Doz. Dr.-Ing. Horst Parisch, Institut für Statik und Dynamik der Luft- und Raumfahrtkonstruktionen der Universität Stuttgart

1. Auflage 2003

Der Teubner Verlag ist ein Unternehmen der Fachverlagsgruppe BertelsmannSpringer.
www.teubner.de

Umschlaggestaltung: Ulrike Weigel, www.CorporateDesignGroup.de

Gedruckt auf säurefreiem und chlorfrei gebleichtem Papier.

ISBN-13:978-3-519-00434-9 e-ISBN-13:978-3-322-80052-7
DOI: 10.1007/978-3-322-80052-7

Für meine Familie

Vorwort

Das vorliegende Buch wendet sich an praktizierende Ingenieure und an Ingenieurstudenten höheren Semesters, die sich in das Gebiet der nichtlinearen Festigkeitsberechnung der FEM (Methode der Finiten Elemente) einarbeiten, oder aber bereits vorhandene Kenntnisse vertiefen wollen. Dazu werden sowohl die notwendige Kontinuumsmechanik, als auch die sich daraus ergebende Formulierung der FEM dargestellt.

Die FEM hat sich in der Praxis bewährt und kommt heute in allen Bereichen des Ingenieurwesens zum Einsatz. Aufgrund steigender Rechnerleistung und vorhandener Software werden zunehmend nichtlineare Aufgabenstellungen behandelt. Aus langjähriger Lehrerfahrung und Anwendung der FEM weiß ich, dass die Behandlung nichtlinearer Aufgabenstellungen gewisse Anforderungen an den Anwender stellt, die dieser nur in den seltensten Fällen erfüllen kann. Für die richtige und effiziente Anwendung der Rechenprogramme sollte er neben den programmbezogenen Kenntnissen auch Kenntnisse in der zugrundeliegenden Kontinuumsmechanik, in den daraus abgeleiteten Finiten Elementen und in den Lösungsalgorithmen des Rechenprogrammes besitzen. Jedes dieser Teilgebiete wäre es wert, in einem eigenen Buch behandelt zu werden. Insbesondere für die Kontinuumsmechanik gibt es eine Vielzahl guter Bücher, von denen wir die deutschsprachigen Bücher von J. und H. Altenbach [1] und das Buch von E. Becker und W. Bürger [6] herausgreifen wollen, die die Kontinuumsmechanik für den Ingenieur in verständlicher Form vorstellen. Das hier oft zitierte Buch von Marsden und Hughes [55] präsentiert die Kontinuumsmechanik in moderner, mathematisch exakter Darstellung, die aber für den praktizierenden Ingenieur oft schwer verständlich ist.
In neuerer Zeit sind einige Bücher erschienen, die neben der Darstellung der Kontinuumsmechanik, auch die sich daraus ergebende Formulierung der Finiten-Elemente-Matrizen beinhalten. Aus diesem Angebot seien die folgenden Bücher herausgegriffen, die sich zur Vertiefung und Ergänzung des dargestellten Stoffes anbieten: Crisfield [20], Bonet und Wood [13], Holzapfel [38], Wriggers [115] Belytschko, Wing Kam Liu und Brian Moran [7].

Im vorliegenden Buch wird die Kontinuumsmechanik, die grundsätzliche Vorgehensweise zur Erstellung der Finiten-Elemente-Matrizen zur Näherungslösung samt Lösungsalgorithmen und Anwendungsbeispielen präsentiert.

Das Lesen des Buches setzt mathematische Kenntnisse voraus. Dies sind Kenntnisse in der Tensorrechnung, die für die Darstellung der Kontinuumsmechanik verwendet wird und Kenntnisse in der Matrizenrechnung, die in dem Teil, der die Finiten Elemente behandelt, ihre Anwendung findet. Da nicht jeder Leser gleichermaßen mit der Tensorrechnung vertraut ist, gebe ich im *ersten Kapitel* eine kurze Einführung in die Tensorrechnung. Der Leser, der schon dieses Teilgebiet der Mathematik beherrscht, kann diesen Teil überspringen und, nachdem er sich mit der im folgenden Abschnitt festgelegten Nomenklatur vertraut gemacht hat, mit dem *zweiten Kapitel* fortfahren. Dort werden die Begriffe Kontinuum und physikalisches Feld definiert und eine ganzheitliche Darstellung der physikalischen Felder über dem Kontinuum gegeben.

Im anschließenden *dritten Kapitel* wird die mathematische Beschreibung der Bewegung und der Deformation des Kontinuums behandelt. Neben der Herleitung der zur Messung der Deformation benötigten Deformations- und Verzerrungstensoren werden die wichtigen Transformationen zwischen der undeformierten Konfiguration und der deformierten Konfiguration aufgestellt. Im Hinblick auf die numerischen Lösungsverfahren werden die Ableitungen der tensoriellen Größen nach der Zeit und nach der Deformation angegeben. Besondere Aufmerksamkeit gilt der Lie-Ableitung, die mit Hilfe eines Skalars gerechtfertigt und anschaulich gemacht wird.

Im *vierten Kapitel* werden die unterschiedlichen Spannungstensoren eingeführt und ihre Bedeutung für die Formulierung der sich anschließenden Bilanzgleichungen aufgezeigt. Im Hinblick auf die Einbeziehung der Thermodynamik in die numerischen Berechnungsverfahren, werden die mechanischen Bilanzgleichungen durch den ersten und zweiten Hauptsatz der Thermodynamik ergänzt.

Im *fünften Kapitel* werden die konstitutiven Gleichungen für ein hyperelastisches Stoffmodell zusammengestellt. Diese Gleichungen basieren auf einem elastischen Potential, das als Funktion der Invarianten des Deformationstensors formuliert wird. Zur Beschreibung inkompressiblen Materialverhaltens, sowie für die Verwendung der Stoffgesetze in der, im nächsten Kapitel behandelten Formulierung der Plastizitätstheorie, wird eine Aufteilung des elastischen Potentials in den deviatorischen und den dilatatorischen Anteil vorgenommen.

Das *sechste Kapitel* beschreibt das elastoplastische Materialverhalten und seine numerische Behandlung im Rahmen der Fließtheorie nach von Mises mit isotroper

Verfestigung. Ausgehend vom Prinzip vom Maximum der plastischen Dissipationsleistung, werden die Evolutionsgleichungen der Plastizitätstheorie entwickelt und der Unterschied zwischen der Theorie kleiner und der Theorie endlicher Verzerrungen aufgezeigt. Den elastischen Zustandsänderungen des Materials wird ein hyperelastischer Potentialansatz zugrunde gelegt. Dieser erlaubt die Behandlung von Werkstoffen, bei denen neben den plastischen Verzerrungen auch elastische Verzerrungen beliebiger Größe auftreten können. Die Berechnung des elastoplastischen Materialverhaltens im Rahmen eines numerischen Verfahrens wird ausführlich dargestellt. Dabei steht die Integration der Evolutionsgleichungen im Vordergrund der Betrachtungen. Vorgeschlagen wird ein Produktalgorithmus, der die Integration in zwei Integrationsschritten für das elastische und das plastische Teilproblem ausführt. Besondere Effizienz gewinnt die Formulierung im Hauptachsensystem des elastischen Deformationstensors. Die nichtlineare Evolutionsgleichung des plastischen Fließens wird mit dem Newtonschen Verfahren gelöst. Dazu wird eine konsistente Materialtangente bereitgestellt. Im letzten Abschnitt des Kapitels wird die Plastizitätstheorie für thermomechanische Aufgabenstellungen erweitert. Die Kopplung des mechanischen Feldes mit dem thermischen Feld wird durch das Einbeziehen der plastischen Dissipationsarbeit als Wärmequelle in die thermische Evolutionsgleichung hergestellt.

Im *siebten Kapitel* werden, ausgehend vom Gleichgewicht in schwacher Form, die für die Näherungslösung der Randwertaufgabe mit Finiten Elementen benötigten, Matrizen hergeleitet. Betrachtet werden isoparametrische Verschiebungsmodelle für die Lösung des gekoppelten mechanisch-thermischen Feldproblems.

Im *achten Kapitel* werden Lösungsalgorithmen diskutiert, wie sie bei der Berechnung mit Finiten Elementen zur Anwendung kommen. Neben dem Standardalgorithmus, basierend auf dem Newtonschen Verfahren, wird auch das selbststeuernde Bogenlängenverfahren vorgestellt. Das Bogenlängenverfahren wird in einer allgemeinen Formulierung entwickelt, die als Grundlage für unterschiedliche Varianten des Verfahrens dient. Besonderer Wert wird dabei auf eine anschauliche Darstellung gelegt.

Im abschließenden *neunten Kapitel* werden spezielle Elementformulierungen zur Behandlung der gekoppelten thermo-mechanischen Aufgabenstellung vorgestellt und deren numerisches Verhalten diskutiert. Die Formulierung stützt sich auf den von Simo [95] vorgeschlagenen Drei-Feldansatz zur Berechnung endlicher plastischer Deformationen. Dokumentiert werden einfache Beispiele, die der Literatur entnommen sind. Anhand dieser Beispiele wird die Effizienz der vorgestellten Formulierung aufgezeigt, die große Rechenschritte erlaubt und deren Ergebnisse in guter Übereinstimmung mit den Vergleichslösungen sind.

Grundlage für dieses Buch war eine Habilitationsschrift, die ich unter dem Titel -Hyperelastizität und Elastoplastizität unter allgemeiner Deformation- an der Fakultät für Luft- und Raumfahrttechnik der Universität Stuttgart eingereicht habe und die 2002 erschienen ist. Herrn Prof. Dr.-Ing. habil. Kröplin und Herrn Prof. Dr.-Ing. Dr.-Ing.E.h. Dr.h.c. Stein, die als Berichter das Habilitationsverfahren begleitet haben, sei an dieser Stelle nochmals gedankt.

Ermutigt durch Kollegen habe ich die Habilitationsschrift ergänzt und insbesondere durch Hinzunahme des ersten Kapitels in die vorliegende Form gebracht. Dabei war mir Herr Prof. em. H. Faiss wieder eine große Hilfe. Ihm gilt mein tiefempfundener Dank für seine zahlreichen Hinweise und für die mühevolle Arbeit des Korrekturlesens.

Nürtingen, Dezember 2002 Horst Parisch

Inhalt

Nomenklatur und Formelzeichen

Die verwendete Notation unterscheidet zwischen Skalaren und Tensoren. Für Skalare werden dünn kursiv geschriebene Symbole benutzt. Tensoren werden fett kursiv geschrieben. Ferner unterscheidet die Notation zwischen *materiellen* und *räumlich* definierten Größen[1]. Für materielle Größen werden Großbuchstaben und für räumliche Größen werden Kleinbuchstaben benutzt. Diese Übereinkunft gilt auch für die verwendeten Indizes in der zugehörigen Koordinatendarstellung. Für paarweise auftretende, oben und unten geschriebene Indizes, gilt die Summationskonvention des Tensorkalküls. Sofern es im Text nicht extra vermerkt wird, laufen die Indizes von 1 bis 3. Für Summationsindizes, die nicht über Koordinaten einer materiellen oder räumlich definierten Größe summieren, werden griechische Indizes verwendet.

Verschiedentlich zwingt die Ökonomie der typographischen Zeichen, verschiedene Varianten einer physikalischen Größe durch Indizierung voneinander zu unterscheiden. In diesem Fall wird dem Symbol für die Größe eine Indizierung angefügt. Die Bedeutung der Kennzeichnungsindizes wird dann im Text erklärt. Insbesondere wird zwischen dilatatorischen $\cdot_{vol}$, isochoren $\cdot_{iso}$ und deviatorischen Größen $\cdot_{dev}$ Größen unterschieden. Grundsätzlich werden für Summationsindizes einzelne Buchstaben verwendet, während Kennzeichnungsindizes in der Regel von Abkürzungen aus mehreren Buchstaben abgeleitet werden.

Für die Verknüpfung der Tensoren werden wie üblich der Malpunkt $\cdot$ für die Verjüngung und das Symbol $\otimes$ für das tensorielle Produkt verwendet:

$\boldsymbol{a} \cdot \boldsymbol{b} \mathrel{\hat{=}} a_i b^j$	einfache Verjüngung oder inneres Produkt zwischen Vektoren
$\boldsymbol{S} : \boldsymbol{E} \mathrel{\hat{=}} S^{IJ} C_{IJ}$	zweifache Verjüngung
$\boldsymbol{S} \cdot \cdot \boldsymbol{E} \mathrel{\hat{=}} S^{IJ} C_{JI}$	zweifache Verjüngung
$\boldsymbol{a} \otimes \boldsymbol{b} \mathrel{\hat{=}} a_i b^j$	dyadisches oder tensorielles Produkt

Wie man aus der Koordinatendarstellung erkennt, kann die zweifache Verjüngung

[1] Die kursiv geschriebenen Begriffe werden in den nachfolgenden Kapiteln erklärt.

auf unterschiedliche Weise erfolgen. In unseren Anwendungen wird aber immer mindestens einer der beteiligen Tensoren Symmetrie in den zu verknüpfenden Indizes besitzen. In diesem Fall sind beide Verknüpfungen gleichwertig und wir werden deshalb nur das Symbol : verwenden. Ferner folgt aus der Koordinatendarstellung, dass die zweifache Verjüngung dann auch gleich der Spur, des aus der einfachen Verjüngung entstehenden Tensors, ist. Unter der Voraussetzung dass einer der Tensoren Symmetrie besitzt gilt

$$\boldsymbol{S} : \boldsymbol{E} = \boldsymbol{S} \cdot \cdot \boldsymbol{E} \hat{=} S^{IJ} C_{JI} = Sp(\boldsymbol{SE})$$

Desweiteren wird der Betrag des Tensors erster und zweiter Stufe verwendet. Dieser wird wie folgt bezeichnet:

$\lvert\boldsymbol{a}\rvert$	$\hat{=}$	$\sqrt{a^i g_{ij} a^j}$	Betrag eines Vektors
$\lvert\lvert\boldsymbol{S}\rvert\rvert$	$\hat{=}$	$\sqrt{S^{IJ} G_{IN} G_{JM} S^{NM}}$	Betrag eines Tensors zweiter Stufe

Verschiedentlich werden die Koordinaten des Tensors erster Stufe in einer Spaltenmatrix und die Koordinaten des Tensors zweiter Stufe in einer quadratischen Matrix angeordnet. Für die Koordinatenmatrix des Tensors wird das gleiche fett geschriebene Symbol verwendet, wie für den Tensor selbst. Es gilt aber zu beachten, dass das fett geschriebene Tensorsymbol neben den Koordinaten auch die Basissysteme umfasst und damit für mehr Information steht. Im Fall der Matrizennotation geht man davon aus, dass sich alle Tensoren auf dasselbe Bezugssystem beziehen.

In einer Matrizengleichung wird entsprechend dem Matrizenkalkül verknüpft. Mit $\boldsymbol{a}^T$ für die transponierte Matrix erhält man folgende Entsprechungen:

$\boldsymbol{a}^T \boldsymbol{b} \hat{=} \boldsymbol{a} \cdot \boldsymbol{b} \hat{=} a_i b^i$	Skalarprodukt oder inneres Produkt zweier Vektoren
$\boldsymbol{a} \boldsymbol{b}^T \hat{=} \boldsymbol{a} \otimes \boldsymbol{b} \hat{=} a_i b^j$	dyadisches Produkt zweier Vektoren

Für die Diskretisierungsmatrizen der Finite-Elemente-Formulierung werden fett geschriebene, nicht kursive Symbole verwendet. Als besonders hilfreich für das Verständnis einer physikalischen Größe erweist sich die Angabe der physikalischen Einheit. Wie wir noch sehen werden, gilt dies insbesondere für den Fall, wo wir beliebig große Deformationen zulassen. Die Einheit, basiert auf den Basisgrößenarten: Länge mit der Einheit Meter $[m]$, Masse mit der Einheit Kilogramm $[kg]$, Zeit mit der Einheit Sekunde $[s]$ und Temperatur mit der Einheit Kelvin $[K]$. Unter diesen Basisgrößen nimmt die Größenart Länge eine Sonderstellung ein, da das Verhältnis der Längenelemente auf dem deformierten und auf dem undeformierten Kontinuum den Kern aller vorkommenden Tensortransformationen zwischen den *Konfigurationen* darstellt. Dieser Tatsache wollen wir dadurch

Rechnung tragen, dass wir für die Basisgröße Länge zwei unterschiedliche Symbole für die Einheit Meter verwenden. Sofern sich die Maßeinheit 1 Meter auf das undeformierte Kontinuum bezieht verwenden wir die großgeschriebene Einheit $[M]$, entsprechend der Notationsvorschrift für eine materielle Größe. Wenn sich die Maßeinheit 1 Meter auf das deformierte Kontinuum bezieht, verwenden wir die kleingeschriebene Einheit $[m]$, entsprechend der Notationsvorschrift für eine räumliche Größe. Diese Unterscheidung bringt den Vorteil, dass man aus der Angabe der physikalischen Einheit sofort die *Bezugskonfiguration* des Tensors ablesen kann. Außerdem erweist sich diese Angabe der physikalischen Einheit als sehr hilfreich beim Überprüfen von aufgestellten Formeln.

Für die, aus der Größenart Länge abgeleiteten Größenarten, ergeben sich dann die undeformierte Fläche $[M^2]$ und das undeformierte Volumen $[M^3]$, sowie die entsprechenden deformierten Größenarten $[m^2]$ und $[m^3]$. Eine weitere, wichtige abgeleitete Größenart ist die Kraft, deren Einheit normalerweise als $[kgm/s^2]$ gleich ein Newton $[N]$ definiert ist. Man beachte, dass diese Größenart hier die Einheit $[kgM/s^2]$ oder $[kgm/s^2]$ haben kann. Entsprechend führen wir für die Größenart Kraft die zwei Einheiten $[N_0] = [kgM/s^2]$ und $[N] = [kgm/s^2]$ ein. Schließlich verwenden wir noch für die abgeleitete Größenart Leistung die Einheit $[kgm^2/s^3] = [W]$ und für die abgeleitete Größenart Arbeit die Einheit $[kgm^2/s^2] = [Nm]$. Bei diesen beiden abgeleiteten deformationsinvarianten Größen erübrigt sich eine Definition mit der Einheit $[M]$.

Zur Formulierung der Plastizität beliebiger Deformationen werden wir eine plastische *Zwischenkonfiguration* einführen. Für die Längeneinheit auf dieser Zwischenkonfiguration verwenden wir das gleiche Symbol $[M]$ wie auf der *Ausgangskonfiguration*.

In der nachfolgenden Tabelle werden nur die wichtigsten, in Formeln verwendeten Symbole mit ihrer Einheit, in der Reihenfolge ihrer Einführung im Text aufgeführt. Darin werden sich entsprechende materielle und räumliche Größen paarweise angegeben. Für einzelne Größen wird auch eine Koordinatendarstellung angefügt.

Formelzeichen	physikalische Einheit	Definitionsgleichung	Bedeutung
$\det(\cdot)$	$[-]$		Determinate von $(\cdot)$
$\mathrm{Grad}(\cdot)$	$[(\cdot)/M]$		materieller Gradientenoperator
$\mathrm{grad}(\cdot)$	$[(\cdot)/m]$		räumlicher Gradientenoperator
$\mathrm{DIV}(\cdot)$	$[(\cdot)/M]$		materieller Divergenzoperator
$\mathrm{div}(\cdot)$	$[(\cdot)/m]$		räumlicher Divergenzoperator
$Sp(\boldsymbol{C})$	$[-]$		Spur des Tensors $\boldsymbol{C}$
${}_0\mathcal{C}, {}_i\mathcal{C}$			Ausgangs- und Momentankonfiguration
$\boldsymbol{E}_J, \boldsymbol{e}_j$			kartesisches Vektortripel einer Koordinatenbasis
$\boldsymbol{X}, \boldsymbol{x}$	$[M], [m]$	(3.1)	materieller und räumlicher Ortsvektor
$\boldsymbol{u}$	$[m]$	(3.1)	Verschiebungsvektor
$\boldsymbol{F}, F^a{}_J$	$[m/M]$	(3.6)	materieller Deformationsgradient
$\boldsymbol{U}, \boldsymbol{V}$	$[m/M]$	(3.14)	rechter und linker Strecktensor
$\boldsymbol{R}$		(3.14)	orthonormale Rotationsmatrix
$\boldsymbol{G}, \boldsymbol{g}$		(3.15)	Metriktensoren
$\boldsymbol{C}, C_{IJ}$	$[m^2/M^2]$	(3.15)	rechter Deformationstensor
$\boldsymbol{b}, b^{ij}$	$[m^2/M^2]$	(3.16)	linker Deformationstensor
$\Phi^\star(\boldsymbol{a})$		(3.23)	herunterziehen des Tensors $\boldsymbol{a}$ auf die Ausgangskonfiguration, *pull back* Operation
$\Phi_\star(\boldsymbol{A})$		(3.22)	hochschieben des Tensors $\boldsymbol{A}$ auf die Momentankonfiguration, *push forward* Operation
$\boldsymbol{N}^\alpha, \boldsymbol{n}^\alpha$		(3.26)	Eigenvektor (α-ter)
λ_α	$[m/M]$	(3.26)	Eigenwert (α-ter)
$\boldsymbol{Q}^\alpha$		(3.28)	Eigentensor auf der Ausgangskonfiguration (α-ter)
$\boldsymbol{m}^\alpha$		(3.47)	Eigentensor auf der Momentankonfiguration (α-ter)
$\boldsymbol{M}^\alpha$	$[M^2/m^2]$	(3.45)	*pull back* des Eigentensors $\boldsymbol{m}^\alpha$
I_1, I_2, I_3		(3.55)	Invarianten der Deformationstensoren
J	$[m^3/M^3]$	(3.59)	Determinate des Deformationsgradienten

Formelzeichen	physikalische Einheit	Definitionsgleichung	Bedeutung
dV, dv	$[M^3], [m^3]$	(3.59)	Volumenelemente
$\mathbf{Q}$		(3.93)	orthogonale Transformationsmatrix
$\boldsymbol{I}$			Einheitstensor zweiter Stufe
$\boldsymbol{E}, E_{IJ}$		(3.68)	Greenscher Verzerrungstensor
$\boldsymbol{e}, e_{ab}$		(3.70)	Almansischer Verzerrungstensor
ϵ_α	$[m/M]$	(3.83)	natürliches Dehnungsmaß
$\boldsymbol{v}$	$[m/s]$	(3.102)	Geschwindigkeit
$\boldsymbol{l}$	$[1/s]$	(3.104)	räumlicher Geschwindigkeitsgradient
$\boldsymbol{d}$	$[1/s]$	(3.107)	Deformationsrate
$\boldsymbol{\omega}$	$[1/s]$	(3.107)	Spintensor
$\mathcal{L}_{\boldsymbol{v}}(\cdot)$		(3.133)	Lie-Ableitung
$\boldsymbol{I}_C$		(3.154)	Abkürzung für einen Ableitungsterm
$\boldsymbol{I}_{C^{-1}}$	$[M^4/m^4]$	(3.167)	Abkürzung für einen Ableitungsterm
$\boldsymbol{t}$	$[N/m^2]$	(4.1)	Kraftflussvektor
$\boldsymbol{N}, \boldsymbol{n}$		(4.4)	Einheitsnormalenvektor des Flächenelementes
dA, da	$[M^2], [m^2]$	(4.4)	Flächenelement
f_S	$[N]$	(4.8)	Kraftvektor
$\boldsymbol{\sigma}, \sigma^{ij}$	$[N/m^2]$	(4.10)	Cauchy-Spannungstensor
$\boldsymbol{P}, P^{iB}$	$[N/M^2]$	(4.10)	1. Piola-Kirchhoff-Spannungstensor
$\boldsymbol{S}, S^{AB}$	$[N_0/M^2]$	(4.11)	2. Piola-Kirchhoff-Spannungstensor
$\boldsymbol{\tau}, \tau^{ij}$	$[Nm/M^3]$	(4.13)	Kirchhoff-Spannungstensor
p	$[N/m^2]$	(4.16)	hydrostatischer Druck
m	$[kg]$	(4.38)	Masse
ρ_0	$[kg/M^3]$	(4.43)	Dichte in der Ausgangskonfiguration
ρ	$[kg/m^3]$	(4.43)	Dichte in der Momentankonfiguration
$\bar{\boldsymbol{b}}$	$[N/kg]$	(4.45)	massenbezogene Belastung
$\bar{\boldsymbol{t}}$	$[N/m^2]$	(4.45)	flächenbezogene Belastung auf der Momentankonfiguration
$\mathcal{K}$	$[Nm]$	(4.61)	kinetische Energie
$\mathcal{A}$	$[Nm]$	(4.61)	Arbeit
$\mathcal{Q}$	$[Nm]$	(4.61)	Wärmeenergie
$\mathcal{U}$	$[Nm]$	(4.61)	innere Energie

Formelzeichen	physikalische Einheit	Definitionsgleichung	Bedeutung
e	$[Nm/kg]$	(4.63)	massenbezogene innere Energie
$\boldsymbol{q}$	$[W/m^2]$	(4.68)	Wärmestromvektor auf der Momentankonfiguration
r	$[W/kg]$	(4.68)	eingeprägte massenbezogene Wärmequelle
s	$[Nm/kg\,K]$	(4.74)	massenbezogene Entropie
ϑ	$[K]$	(4.74)	absolute Temperatur
ν_j, μ^j		(4.86)	konjugierte thermodynamische Verzerrungs- und Spannungsgröße
Ψ	$[Nm/kg]$	(4.88)	freie Energie nach Helmholtz
q_m	$[Nm/kg]$	(4.74)	massenbezogene spezifische Wärmemenge
c_m	$[Nm/kgK]$	(4.96)	massenbezogene Wärmekapazität bei festgehaltener Deformation
W	$[Nm/M^3]$	(5.1)	elastisches Potential
$\mathbb{C}$	$[N_0/m^2]$	(5.10)	Materialtensor auf der Ausgangskonfiguration
$\mathbf{c}$	$[N/m^2]$	(5.41)	Materialtensor auf der Momentankonfiguration
$\tilde{\tau}_\beta$	$[Nm/M^3]$	(5.21)	Hauptwerte des deviatorischen Kirchhoff-Spannungstensors
$\varpi_{\beta\alpha}$	$[Nm/M^3]$	(5.35)	Teilmatrix des deviatorischen Materialtensors
G	$[N_0/M^2]$	(5.62)	Schubmodul auf der Ausgangskonfiguration
g	$[N/m^2]$	(5.64)	Schubmodul auf der Momentankonfiguration
μ_p	$[Nm/M^3]$	(5.71)	Materialkonstante des Ogden-Ansatzes
α_p	$[-]$		Materialkonstante des Ogden-Ansatzes
$\Delta\mathcal{V}$	$[-]$	(5.81)	Volumendialtation
κ		(5.83)	Strafparameter
$\boldsymbol{T},\boldsymbol{t}$		(5.87)	Tangentialvektoren auf der Schale
$\boldsymbol{a}^\alpha$		(5.97)	orthonormales Bezugssystem auf der Schale

Formelzeichen	physikalische Einheit	Definitionsgleichung	Bedeutung
$\boldsymbol{C}_2$	$[m^2/M^2]$	(5.97)	Deformationstensor der Schale
Φ	$[Nm/M^3]$	(6.10)	Fließfunktion
J_2		(6.5)	zweite Invariante des Spannungsdeviators
$\tilde{\tau}_H$	$[Nm/M^3]$	(6.7)	Vektor der deviatorischen Hauptwerte des Kirchhoff-Spannungstensor
F, Y	$[Nm/M^3]$	(6.11)	Abkürzungen von Funktionsteilen der Fließfunktion
ξ	$[-]$	(6.9)	innere Variable zur Beschreibung der Materialverfestigung
σ_v	$[Nm/M^3]$	(6.9)	zur inneren Variablen ξ konjugierte Spannung der Materialverfestigung
$\mathcal{D}^p_{int}$	$[W/M^3]$	(6.22) (6.62)	plastische Dissipationsleistung
L_p		(6.23)	Lagrangesches Funktional der Plastizität
γ	$[-]$	(6.23)	plastischer Multiplikator
$\boldsymbol{C}^p$	$[M^2/M^2]$	(6.34)	plastischer rechter Deformationstensor
$\boldsymbol{b}^e$	$[m^2/M^2]$	(6.35)	elastischer linker Deformationstensor
$\boldsymbol{d}^p$	$[1/s]$	(6.49)	plastische Deformationsrate
$\hat{V}$	$[Nm/M^3]$	(6.56)	Potential der Materialverfestigung
$\boldsymbol{C}^e$	$[m^2/M^2]$	(6.72)	elastischer rechter Deformationstensor
$\boldsymbol{D}^p$	$[m^2/M^2 s]$	(6.74)	plastische Deformationsrate auf der plastischen Zwischenkonfiguration
$\mathbf{a}^{ep}$	$[Nm/M^3]$	(6.86)	konsistente Materialtangente
$\boldsymbol{f}_t$	$[m/M]$	(6.88)	inkrementeller Deformationsgradient
$\boldsymbol{r}$	$[-]$	(6.126)	Residuen der Newton Iteration
$\boldsymbol{s}$	$[-]$	(6.15)	Richtungsvektor des plastischen Flusses
H_3	$[Nm/M^3]$	(6.134)	äquivalenter Verfestigungsmodul für den dreiachsigen Spannungszustand
$\tilde{\mathbf{a}}^e$	$[Nm/M^3]$	(6.129)	elastische deviatorische Materialtangente im Hauptachsensystem

Formelzeichen	physikalische Einheit	Definitionsgleichung	Bedeutung
$\boldsymbol{h}$	$[Nm/M^3]$	(6.140)	algorithmische Materialtangente im Hauptachsensystem
H_{lin}	$[Nm/M^3]$	(6.186)	isotroper linearer Härtungsmodul
σ_F^∞	$[Nm/M^3]$	(6.186)	maximale Grenzfließspannung des Zugversuchs
δ_v	$[-]$	(6.186)	Verfestigungsparameter
$\hat{T}_{sp}$	$[Nm/M^3]$	(6.148)	thermisches Potential
$\hat{T}_{te}$	$[Nm/M^3]$	(6.148)	thermoelastisches Kopplungspotential
ϑ_0	$[K]$	(6.150)	Referenztemperatur zur Zeit $t = 0$
ϵ_ϑ	$[-]$	(6.153)	thermische Dehnung
α_t	$[1/K]$	(6.153)	Wärmeausdehnungskoeffizient
$\mathcal{Q}_{def}$	$[W/M^3]$	(6.172)	Wärmefluss infolge elastischer Deformation
$\mathcal{Q}_{ql}$	$[W/M^3]$	(6.173)	eingeprägte Wärmequelle
$\mathcal{Q}_{leit}$	$[W/M^3]$	(6.174)	Wärmefluss infolge Wärmeleitung
$\boldsymbol{q}_0$	$[W/M^2]$	(6.176)	Wärmestromvektor auf der Ausgangskonfiguration
$\boldsymbol{\Lambda}_{leit}$	$[W/MK]$	(6.176)	Wärmeleittensor auf der Ausgangskonfiguration
$\boldsymbol{\lambda}_{leit}$	$[W/mK]$	(6.181)	Wärmeleittensor auf der Momentankonfiguration
Λ_{leit}	$[W/MK]$	(6.178)	Wärmeleitzahl
$Df(\cdot)\cdot\boldsymbol{u}$	$[-]$	(8.7)	Definitionsgleichung der Richtungsableitung
$\mathcal{G}(\boldsymbol{x},\boldsymbol{\eta})$	$[Nm]$	(7.4)	Funktional zur Formulierung des Gleichgewichts in schwacher Form
$\delta\mathcal{A}_{int}$	$[Nm]$	(7.10)	innere virtuelle Arbeit
$\delta\mathcal{A}_{ext}$	$[Nm]$	(7.10)	äußere virtuelle Arbeit
$\delta\bar{\boldsymbol{E}}$	$[m^2/M^2]$	(7.15)	virtuelle Greensche Verzerrung plus virtueller Spintensor
$\Pi(\boldsymbol{x})$	$[Nm]$	(7.22)	Energiefunktional
$\phi^{\mathcal{K}}$	$[-]$	(7.27)	Verschiebungsfunktion des Elementknotens $\mathcal{K}$

Formel-zeichen	physi-kalische Einheit	Defini-tionsglei-chung	Bedeutung
$\hat{\boldsymbol{u}}_{\mathcal{N}}$	$[m]$	(7.27)	Verschiebungvektor des Elementknotens $\mathcal{N}$
$\hat{\boldsymbol{X}}_{\mathcal{N}}, \hat{\boldsymbol{x}}_{\mathcal{N}}$	$[M], [m]$	(7.28)	Ortsvektor des Elementknotens $\mathcal{N}$
$\mathbf{P}^{\mathcal{N}}_{int}$	$[N]$	(7.31)	Knotenvektor des integrierten Kraftflusses
$\mathbf{P}^{\mathcal{N}}_{ext}$	$[N]$	(7.31)	Knotenvektor des eingeprägten Kraftflusses
$\mathbf{R}^{\mathcal{N}}$	$[N]$	(8.26)	Knotenvektor der Residuen
$\mathbf{K}^{\mathcal{N}\mathcal{M}}$	$[N/m]$	(8.26)	tangentiale Steifigkeit des Finiten Elementes
$\bar{p}$	$[N/m^2]$	(7.49)	eingeprägte Druckbelastung
$\mathbf{K}^{\mathcal{N}\mathcal{M}}_{(m)}$	$[N/m]$	(7.59)	Material- und Anfangsverschiebungssteifigkeit des Finiten Elementes
$\mathbf{K}^{\mathcal{N}\mathcal{M}}_{(g)}$	$[N/m]$	(7.61)	geometrische Steifigkeit des Finiten Elementes
$\mathbf{L}^{\mathcal{N}\mathcal{M}}_{(p)}$	$[N/m]$	(7.64)	Lastkorrekturmatrix infolge Druckbelastung
$\bar{q}_n$	$[W/m^2]$	(7.66)	Wärmefluss durch die Fläche
h_c	$[W/m^2 K]$	(7.66)	Wärmeübergangszahl
ϑ_o	$[K]$	(7.66)	Temperatur auf der Oberfläche des Kontinuums
ϑ_∞	$[K]$	(7.66)	Umgebungstemperatur
q_{ext}	$[W/m^3]$	(7.66)	äußere Wärmequellen
$\bar{\vartheta}$	$[K]$	(7.71)	vorgeschriebene Temperatur
c_V	$[Nm/M^3K]$	(7.76)	auf das Ausgangsvolumen bezogene Wärmekapazität
$\mathbf{P}^{\mathcal{N}}_{\vartheta int}$	$[W]$	(7.85)	Knotenvektor der integrierten Wärmeleistung
$\mathbf{P}^{\mathcal{N}}_{\vartheta ext}$	$[W]$	(7.86)	eingeprägte Wärmeleistung oder thermische Last am Knoten $\mathcal{N}$
χ	$[-]$	(7.109)	Relaxationsparameter der plastischen Dissipationsleistung

1 Mathematische Grundlagen

Das vorliegende Buch gibt eine Einführung in die Kontinuumsmechanik fester Körper und stellt die Herleitung der Finite-Elemente-Matrizen zur Lösung der nichtlinearen Problemstellungen vor. Als mathematisches Werkzeug wird die Tensoralgebra und die Matrizenrechnung verwendet. Für das Verstehen der vorgestellten Gleichungen sind deshalb Grundkenntnisse in der Tensoralgebra und Matrizenrechnung Voraussetzung. Da die Tensorrechnung nicht von jedem Leser gleichermaßen beherrscht wird, soll in diesem Kapitel eine kurze Einführung in dieses Teilgebiet der Mathematik gegeben werden. Die Aufgabe wird dadurch erleichtert, dass das Rechnen mit Vektoren im Euklidischen Raum, die ebenfalls zu den Tensoren zählen, in der Regel vom Ingenieur beherrscht wird.

Die Darstellung der Tensorrechnung ist bewusst kurz gehalten und beschränkt sich auf den Teil, der für die nachfolgenden Kapitel von Wichtigkeit ist. Insbesondere beschränken wir uns auf geradlinige Koordinaten mit festen Bezugssystemen, was zu einer wesentlichen Vereinfachung beiträgt.

Unser Bestreben ist es die Tensoralgebra möglichst anschaulich darzustellen. Der Leser, der sich ausführlicher mit dieser Thematik befassen will, sei auf die einschlägige Literatur verwiesen, aus der wir nur die Bücher von Klingbeil [45], Betten [10], de Boer [11], Moon & Spencer [60], Simmonds [93] und Danielson [21] herausgreifen wollen.

Leser, welche schon mit der Tensoralgebra und der darin benutzten Indexschreibweise vertraut sind, können dieses Kapitel überspringen. Für sie ist es ausreichend die im vorherigen Kapitel festgelegte Notation hinsichtlich der Verwendung der Groß- und Kleinschreibung zu beachten. Im vorliegenden Kapitel wird ohne Bezug zur Mechanik von der Groß- und Kleinschreibung Gebrauch gemacht. Gemäß der üblichen Bezeichnung verwenden wir für Tensoren *fett geschriebene Symbole.* Für die *Koordinaten* des Tensors benutzen wir das *gleiche dünn geschriebene Symbol.* Die Summationsindizes werden dünn und gegebenenfalls auch groß und klein geschrieben.

1.1 Einführung in die Tensoralgebra

Es wurde bereits angesprochen, dass der Einstieg in die Tensorrechnung über den Vektor geschehen soll. Dazu bedarf es zunächst einer Klärung des Begriffs Vektor, der unterschiedlich verwendet wird. Zum Einen wird der Begriff in der Geometrie und in der Physik verwendet und zum Andern in der linearen Algebra. In der Physik wird der Begriff Vektor für die Bezeichnung einer gerichteten physikalischen Größe benutzt, so z. B. für die Kraft, der Kraftvektor oder für die Geschwindigkeit, der Geschwindigkeitsvektor etc.. Diese Vektoren haben eine physikalische Bedeutung, und ihnen ist eine Einheit zugeordnet, in der sie gemessen werden. Im dreidimensionalen Raum mit einem Bezugssystem werden die Vektoren durch eine Anordnung von drei Zahlen dargestellt, die *Koordinaten* heißen. Damit ist der physikalische Vektor charakterisiert durch seine Wirkrichtung, seine Maßzahlen und einen Maßstab, der die Maßeinheit trägt. Das Rechnen mit den Vektoren folgt den Rechenregeln der *Elementaren Vektorrechnung*. Insbesondere wird die Verknüpfung zweier Vektoren über das Skalarprodukt und über das Vektorprodukt definiert, welche sich beide in anschaulicher Weise interpretieren lassen. Es seien $\boldsymbol{a}, \boldsymbol{b}$ und $\boldsymbol{c}$ Vektoren, dann gelten die folgenden Rechenregeln:

1.) **Vektoraddition**:

$\boldsymbol{a}+\boldsymbol{b}=\boldsymbol{b}+\boldsymbol{a}$	Kommutativität
$(\boldsymbol{a}+\boldsymbol{b})+\boldsymbol{c}=\boldsymbol{a}+(\boldsymbol{b}+\boldsymbol{c})$	Assoziativität
$\boldsymbol{a}+\boldsymbol{0}=\boldsymbol{a}$	Existenz des Nullvektors
$\boldsymbol{a}+(-\boldsymbol{a})=\boldsymbol{0}$	Existenz des Umkehrvektors

2.) **Multiplikation** mit einem Faktor ohne Malpunkt:

$1\boldsymbol{a}=\boldsymbol{a}$	Einselement
$\alpha(\beta\boldsymbol{a})=\beta(\alpha\boldsymbol{a})$	Assoziativität
$(\alpha+\beta)\boldsymbol{a}=\alpha\boldsymbol{a}+\beta\boldsymbol{a}$	Distributivität bei Faktoraddition
$\alpha(\boldsymbol{a}+\boldsymbol{b})=\alpha\boldsymbol{a}+\alpha\boldsymbol{b}$	Distributivität bei Vektoraddition

3.) **Skalarprodukt** mit einem Malpunkt:

$\boldsymbol{a}\cdot\boldsymbol{b}=\boldsymbol{b}\cdot\boldsymbol{a}$	Kommutativität
$(\alpha\boldsymbol{a})\cdot\boldsymbol{b}=\alpha(\boldsymbol{a}\cdot\boldsymbol{b})$	Assoziativität bei Skalarmultiplikation
$\boldsymbol{a}\cdot(\boldsymbol{b}+\boldsymbol{c})=\boldsymbol{a}\cdot\boldsymbol{b}+\boldsymbol{a}\cdot\boldsymbol{c}$	Distributivität
$\boldsymbol{a}\cdot\boldsymbol{b}=0$ für alle $\boldsymbol{b}\Rightarrow\boldsymbol{a}=\boldsymbol{0}$	Nullprodukt und Nullvektor

Im Rahmen der *linearen Algebra* werden *Zeilen- und Spaltenvektoren* definiert, die eine Anordnung von n Zahlen darstellen. Als Beispiel sei der Lösungsvektor eines algebraischen Gleichungssystems genannt, in dem alle Lösungsvariablen, mit im allgemeinen unterschiedlichen physikalischen Einheiten, enthalten sind. Die Zeilen- und Spaltenvektoren werden zu Matrizen zusammengefasst. Dabei gelten die unter 1.) und 2.) aufgeführten Rechenregeln. Eine dem Skalarprodukt der Elementaren Vektorrechnung entsprechende Verknüpfung eines Zeilen- und Spaltenvektors wird ebenfalls definiert. Im Gegensatz zum Skalarprodukt der Elementaren Vektorrechnung kann dieses aber nicht anschaulich interpretiert werden, vielmehr handelt es sich um eine Matrizenmultiplikation. Eine dem Vektorprodukt entsprechende Verknüpfung existiert nicht.

Vektoren, für die die Rechenregeln 1.) und 2.) gelten, sind *affine*, d. h. den linearen Rechenoperationen gehorchende *Vektoren*. Sie bilden einen *affinen Vektorraum.*
Vektoren, für die zusätzlich noch das Skalarprodukt eingeführt ist, sind *euklidische Vektoren*. Sie bilden einen *euklidischen Vektorraum*.

Nun soll noch der Begriff des Skalars eingeführt werden. Unter einem Skalar verstehen wir eine reelle Maßzahl für eine physikalische Zustandsgröße, wie z. B. die Temperatur, mit einem Maßstab, der die Maßeinheit trägt. In diesem Fall sollten wir aber genauer von einem *physikalischen Skalar* sprechen, um ihn gegenüber einer Zahl bzw. einem Faktor abzugrenzen, der oftmals ebenfalls als Skalar bezeichnet wird. Man spricht auch von der skalaren Multiplikation und meint damit die Multiplikation mit einem Faktor. Im Gegensatz zum Vektor ist der Skalar unabhängig von einem Bezugssystem immer gleich, d. h. er ist *koordinateninvariant*.

Nach dieser kurzen Abgrenzung der Begriffe Vektor und Skalar wollen wir nun anhand zweier Beispiele den Begriff Tensor[1] veranschaulichen. Wir betrachten als erstes Beispiel einen Kraftvektor. Diesen können wir als Pfeil einer bestimmten Länge und Richtung darstellen. Dabei steht die Länge für die Intensität bzw. die Stärke der Kraft und die Pfeilspitze zeigt die Wirkrichtung an. Führen wir nun noch ein Bezugssystem ein, das wir durch drei *linear unabhängige Basisvektoren* aufspannen, dann können wir den Kraftvektor in seine Wirkanteile in Richtung der Basisvektoren zerlegen. Diese Zerlegung heißt *Koordinatendarstellung* des Kraftvektors. Jeder Wirkanteil berechnet sich aus dem Basisvektor multipliziert mit einer *Maßzahl*. Die Maßzahl heißt *Koordinate* des Vektors[2].

Als zweites Beispiel betrachten wir den Spannungszustand am Materialpunkt im Kontinuum. Der Spannungszustand wird vollständig durch den Spannungstensor beschrieben. Auch für den Spannungstensor lässt sich eine Koordinatendarstel-

[1] Tensor abgeleitet von dem lateinischen Wort tendere: ziehen oder spannen.

[2] Die Koordinaten eines Vektors oder Tensors werden häufig als Komponenten bezeichnet. Besser erscheint die Bezeichnung Maßzahlen, die der Bedeutung und Funktion dieser skalaren Faktoren eher gerecht wird. Die Bezeichnung Meraten wird von Moon und Spencer [60] eingeführt.

lung angeben, allerdings müssen wir dafür zwei Bezugssysteme bereitstellen. Dies erklärt sich sehr einfach aus der Definition der Spannung, die bekanntlich den Kraftfluss pro Flächeneinheit angibt. Die Koordinatendarstellung des Spannungstensors verlangt daher ein Bezugssystem für die Darstellung des Kraftflussvektors und ein Bezugssystem für die Darstellung der Flächenelementes.

Kennt man die Koordinaten eines Tensors in einem Bezugssystem, so berechnen sich die Koordinaten in einem anderen Bezugssystem über einfache lineare Transformationen. In diesem Fall bleibt der Tensor erhalten und lediglich seine Koordintendarstellung wird an das neue Bezugssystem angepasst. Diese *Transformationseigenschaft charakterisiert*, die in der Elementaren Vektorrechnung eingeführten *geometrischen und physikalischen Vektoren als Tensoren* und dient in vielen Lehrbüchern zur Definition des Tensors.

Gemäß der verwendeten Bezugssysteme eines Tensors, die wir nun auch als Basissysteme oder einfach als Basis bezeichnen wollen, unterscheidet man zwischen *allgemeinen Tensoren* und *kartesischen*[3] *Tensoren.*

Ein *orthonormiertes Basissystem* heißt *kartesisches Basissystem.*
Kartesische Tensoren beziehen sich auf *orthonormierte Basissysteme. Allgemeine Tensoren* beziehen sich auf *nicht orthonormierte Basissysteme.*

Entsprechend der Anzahl der prinzipiell notwendigen Basissysteme können wir eine Einteilung der Tensoren vornehmen, in die wir den Skalar mit einbeziehen, für den wir bekanntlich kein Basissystem benötigen. Die Anzahl der notwendigen Basissysteme eines Tensors gibt die *Stufe* des Tensors an. Gleichzeitig bestimmt sich aus der Stufe des Tensors die Anzahl seiner Koordinaten bzw. Maßzahlen. Im dreidimensionalen Raum besitzt ein Tensor der Stufe n 3^n Maßzahlen.
Einteilung der Tensoren:

0. Stufe 1 Maßzahl, kein Basissystem z. B. Temperatur
1. Stufe 3^1 Maßzahlen, ein Basissystem z. B. Kraftvektor
2. Stufe 3^2 Maßzahlen, zwei Basissysteme z. B. Spannungstensor

.

n-te Stufe 3^n Maßzahlen, n Basissysteme, z. B. Elastizitätstensor, Tensor 4. Stufe

1.2 Summationsregel und Matrixschreibweise

Wir kommen zurück auf unser erstes Beispiel, den Vektor im dreidimensionalen Raum, der einen Tensor erster Stufe darstellt und schreiben ihn in Koordinatendar-

[3]Der Begriff kartesisch geht auf René Descartes zurück, der diese Koordinatensysteme verwendet hat.

stellung auf. Dazu führen wir ein Basissystem, bestehend aus drei beliebigen, linear unabhängigen Vektoren $\{e_1, e_2, e_3\}$ ein. Die Vektoren heißen linear unabhängig, wenn die Beziehung

$$\alpha^1 e_1 + \alpha^2 e_2 + \alpha^3 e_3 = 0 \tag{1.1}$$

nur für $\alpha^1 = \alpha^2 = \alpha^3 = 0$ (triviale Lösung!) erfüllt ist. Die Koordinatendarstellung

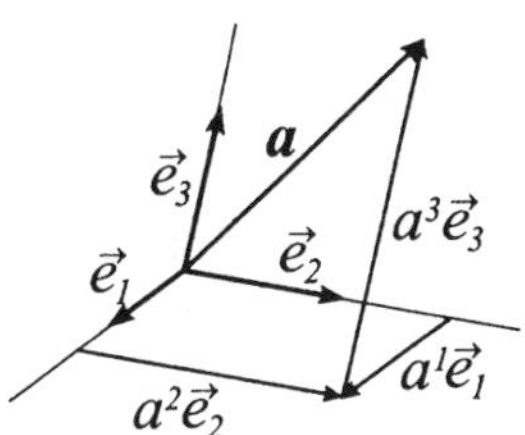

Abb. 1.1 Vektor im 3-dimensionalen Raum.

des Vektors lautet dann

$$a = a^1 e_1 + a^2 e_2 + a^3 e_3 \tag{1.2}$$

a^i sind die Koordinaten des Vektors a, die im Basissystem $\{e_1, e_2, e_3\}$ gemessen werden. Man beachte die Position der Indizes, die bei der Koordinate hochgestellt und beim zugehörigen Basisvektor tiefgestellt sind (siehe auch Gleichung (1.1)). Auf diese unterschiedliche Positionierung der Indizes werden wir noch ausführlich zu sprechen kommen. Nach Gleichung (1.2) stellt sich der Vektor als Summe dreier Vektoren dar, die *Komponentenvektoren* heißen. Ein Komponentenvektor ist das skalare Vielfache des Basisvektor e_i mit der zugehörigen Koordinate a^i als Linearfaktor. In der Veranschaulichung der Abbildung 1.1 bedeutet dies, dass wir vom Startpunkt des Vektors zu dessen Spitze gelangen können, indem wir den Basisvektoren in beliebiger Reihenfolge folgen, wobei sich die Wegstrecke jeweils aus der Länge des Vektors multipliziert mit der zugehörigen Koordinate ergibt. Die drei Glieder fassen wir unter einem Summenzeichen zusammen und summieren über den Index i

$$a = \sum_{i=1}^{3} a^i e_i = a^i e_i \tag{1.3}$$

Wir lassen das Summationszeichen weg und nennen diese Schreibweise die *Indexschreibweise* des Vektors. Die Summationsregel ist nach Einstein benannt und heißt *Einsteinsche Summationsregel.*

Als zweites Beispiel betrachten wir den Spannungstensor, den wir mit $\boldsymbol{\sigma}$ bezeichnen. Der Spannungstensor $\boldsymbol{\sigma}$ ist ein Tensor zweiter Stufe und hat somit neun Koordinaten. In der Koordinatendarstellung ergibt dies einen Summenausdruck bestehend aus neun Gliedern:

$$\begin{aligned} \boldsymbol{\sigma} \;=\;& \sigma^{11}(\boldsymbol{e}_1 \otimes \boldsymbol{e}_1) + \sigma^{12}(\boldsymbol{e}_1 \otimes \boldsymbol{e}_2) + \sigma^{13}(\boldsymbol{e}_1 \otimes \boldsymbol{e}_3) + \\ & \sigma^{21}(\boldsymbol{e}_2 \otimes \boldsymbol{e}_1) + \sigma^{22}(\boldsymbol{e}_2 \otimes \boldsymbol{e}_2) + \sigma^{23}(\boldsymbol{e}_2 \otimes \boldsymbol{e}_3) + \\ & \sigma^{31}(\boldsymbol{e}_3 \otimes \boldsymbol{e}_1) + \sigma^{32}(\boldsymbol{e}_3 \otimes \boldsymbol{e}_2) + \sigma^{33}(\boldsymbol{e}_3 \otimes \boldsymbol{e}_3) \end{aligned} \tag{1.4}$$

Jedes Glied definiert einen auf die Flächeneinheit bezogenen Kraftflussvektor, dessen Wirkrichtung durch den ersten Basisvektor gegeben ist. Das Flächenelement wird durch seinen Normalenvektor über den zweiten Basisvektor bestimmt. Um die beiden Basisvektoren auseinander zu halten, werden sie mit dem Operatorsymbol $\otimes$ verbunden, welches wir später erklären werden[4]. Analog zur Darstellung (1.2) des Tensors erster Stufe, definiert die Koordinate die Intensität des Kraftflusses auf dem Flächenelement. In diesem Zusammenhang sei an das Aufstellen des Gleichgewichts am Volumenelement erinnert, wo wir auf den Flächen des Volumenelementes die Spannungspfeile einzeichnen und mit den Koordinaten des Spannungstensors bezeichnen. In der Koordinatenschreibweise stellt sich der Tensor zweiter Stufe als Linearkombination der Basisvektorpaare mit den zugeordneten Koordinaten als Linearfaktoren dar. Der Ausdruck (1.4) kann als Doppelsumme geschrieben werden

$$\boldsymbol{\sigma} = \sum_{i=1}^{3} \sum_{j=1}^{3} \sigma^{ij} \boldsymbol{e}_i \otimes \boldsymbol{e}_j = \sigma^{ij} \boldsymbol{e}_i \otimes \boldsymbol{e}_j \tag{1.5}$$

wobei über die Indizes i und j zu summieren ist. In der *Indexschreibweise* lässt man die Summationssymbole nach der Einsteinschen Summationsregel weg.

Die Summationsregel bedarf nun einer genaueren Erklärung. Dazu möge uns als Beispiel das Hookesche Gesetz dienen. Dieses lautet in Koordinatendarstellung

$$\sigma^{ij} = C^{ijmn} \epsilon_{mn} \tag{1.6}$$

wobei C^{ijmn} die Komponenten des Elastizitätstensors 4. Stufe und ϵ_{mn} die Koordinaten des Verzerrungstensors 2. Stufe bezeichnen. Bezüglich der verwendeten Indizes fällt das Folgende auf:

1. Es gibt hoch- und tiefgestellte Indizes. Die Klärung dieser Tatsache werden wir im nächsten Abschnitt vornehmen.

[4]Viele Autoren lassen das Operatorsymbol $\otimes$ weg und schreiben stattdessen z. B. für $(\boldsymbol{e}_1 \otimes \boldsymbol{e}_2)$ einfach $(\boldsymbol{e}_1 \boldsymbol{e}_2)$. Die Reihenfolge darf dabei aber nicht vertauscht werden.

2. Die Indizes i und j sind auf der rechten und auf der linken Seite der Gleichung vorhanden und beide haben die gleiche hochgestellte Position. Diese Indizes heißen *freie Indizes*.
3. Auf der rechten Seite der Gleichung gibt es die Indexpaare m und n, die jeweils von einem hoch- und einem tiefgestellten Index gebildet werden. Diese Indizes heißen *stumme Indizes*.

Wie der Name schon sagt, sind die *freien Indizes frei wählbar*. Sie bestimmen die Mannigfaltigkeit der damit verbundenen Größen. Eine Gleichung darf stets nur gleichnamige freie Indizes in gleicher Position besitzen. Diese wichtige Regel erweist sich als wertvolle Hilfe zum Überprüfen einer Gleichung.
Über das *stumme Indexpaar wird summiert*. Infolge der Summation erschöpfen sich die stummen Indizes und sind nach ausgeführter Summation verschwunden. Daher kann ein stummer Index immer umbenannt werden.

Als Beispiel werten wir das Hookesche Gesetz (1.6) für den Fall des 3-achsigen Spannungszustandes aus. In diesem Fall laufen alle Indizes von 1 bis 3, wobei der Wert 1 der x-Achse, der Wert 2 der y-Achse und der Wert 3 der z-Achse zugeordnet ist. Für die Koordinate σ_{xx} sind also die freien Indizes $i = j = 1$ zu wählen. Wir führen die Summation über die stummen Indizes m und n aus und erhalten 9 Glieder:

$$\begin{aligned}\sigma^{11} = \; & C^{1111}\epsilon_{11} + C^{1112}\epsilon_{12} + C^{1113}\epsilon_{13} + \\ & C^{1121}\epsilon_{21} + C^{1122}\epsilon_{22} + C^{1123}\epsilon_{23} + \\ & C^{1131}\epsilon_{31} + C^{1132}\epsilon_{32} + C^{1133}\epsilon_{33}\end{aligned}$$

Im Fall des isotropen Materials gibt es keine Normalspannungen aufgrund von Schubverzerrungen. Diese Tatsache wird durch Nullkoordinaten für die Indexkombinationen $i = j$ und $m \neq n$ im Elastizitätstensor berücksichtigt. Dann gilt also mit $C^{11mn} = 0$ für $m \neq n$ die einfachere Beziehung

$$\sigma^{11} = C^{1111}\epsilon_{11} + C^{1122}\epsilon_{22} + C^{1133}\epsilon_{33}$$

Ein *Indexpaar* stummer Indizes wird immer durch einen *hochgestellten* und einen *tiefgestellten* Index gebildet. Über ein solches Indexpaar wird summiert, es sei denn, dass durch eine besondere Vereinbarung die Regel aufgehoben wird (z. B. durch Einklammern der Indizes). Ein stummer Index kann immer umbenannt werden.

Neben der Indexschreibweise ist es insbesondere für das Programmieren von Vorteil, die Koordinaten eines Tensors zur Gewinnung besserer Übersichtlichkeit in einer Koordinatenmatrix anzuordnen. Dazu treffen wir die Vereinbarung, dass die

Koordinaten in eckige Klammern gesetzt werden, wenn die *Matrixdarstellung* gemeint ist.

Die Koordinaten des einfach indizierten Vektors werden in einer Spaltenmatrix oder transponiert als Zeilenmatrix angeordnet. In der Matrizendarstellung einer zweifach indizierten Größe läuft der erste Index von einer Zeile zur nächsten (vertikal) und der zweite Index von einer Spalte zur nächsten (horizontal).

Als Beispiel stellen wir die Tensorkoordinaten a_i des Vektors $\boldsymbol{a}$ und die Tensorkoordinaten σ^{ij} des Spannungstensors $\boldsymbol{\sigma}$ dar. Alle Indizes nehmen die Werte 1-3 an. Für die Darstellung der Koordinaten des Vektors als Spaltenmatrix gilt dann

$$[a^i] = \overset{i}{\downarrow}\begin{bmatrix} a^1 \\ a^2 \\ a^3 \end{bmatrix} \tag{1.7}$$

und für die Koordinatenmatrix des Spannungstensors

$$[\sigma^{ij}] = \overset{i}{\downarrow}\overset{j \longrightarrow}{\begin{bmatrix} \sigma^{11} & \sigma^{12} & \sigma^{13} \\ \sigma^{21} & \sigma^{22} & \sigma^{23} \\ \sigma^{31} & \sigma^{32} & \sigma^{33} \end{bmatrix}} \tag{1.8}$$

Ein wichtiger zweifach indizierter Term, der oft auftritt, ist der Differentialquotient. Hier gilt, dass der im Zähler stehende Index stets als Zeilenindex und der im Nenner stehende Index als Spaltenindex zu betrachten ist. Diese Vereinbarung wird im folgenden Beispiel sofort einsichtig, wo wir das Differential der Koordinaten des Ortsvektors $\boldsymbol{x} = \boldsymbol{x}(\xi^i)$ betrachten:

$$dx^i = \frac{\partial x^i}{\partial \xi^j} d\xi^j \tag{1.9}$$

$$\overset{i}{\downarrow}\begin{bmatrix} dx^1 \\ dx^2 \\ dx^3 \end{bmatrix} = \overset{i}{\downarrow}\overset{j \longrightarrow}{\begin{bmatrix} \frac{\partial x^1}{\partial \xi^1} & \frac{\partial x^1}{\partial \xi^2} & \frac{\partial x^1}{\partial \xi^3} \\ \frac{\partial x^2}{\partial \xi^1} & \frac{\partial x^2}{\partial \xi^2} & \frac{\partial x^2}{\partial \xi^3} \\ \frac{\partial x^3}{\partial \xi^1} & \frac{\partial x^3}{\partial \xi^2} & \frac{\partial x^3}{\partial \xi^3} \end{bmatrix}} \overset{j}{\downarrow}\begin{bmatrix} d\xi^1 \\ d\xi^2 \\ d\xi^3 \end{bmatrix}$$

An dieser Stelle sei noch auf eine weitere wichtige Regel hingewiesen. Diese betrifft die Stellung der Indizes, wenn wir in Gleichung (1.9) für den Differentialquotienten ein eigenes, zweifach indiziertes Symbol einführen. Wir schreiben dann für (1.9)

$$dx^i = F^i{}_j d\xi^j \quad \text{mit} \quad F^i{}_j = \frac{\partial x^i}{\partial \xi^j} \tag{1.10}$$

Der im Nenner des Differentialquotienten hochgesetzte Index ^{j} von ξ wechselt seine Position und wird zum tiefgestellten Index ${}_j$ von F. Auf diese Weise wird das von der Summationskonvention verlangte stumme Indexpaar ${}^i{}_j$ erzeugt.

Mit Hilfe der Matrizendarstellung lassen sich zwei Eigenschaften des Tensors zweiter Stufe veranschaulichen. Der *Tensor*

$$\boldsymbol{A} = a^{ij} \boldsymbol{e}_i \otimes \boldsymbol{e}_j$$

ist *symmetrisch*, wenn gilt $a^{ij} = a^{ji}$. Die Koordinatenmatrix hat dann die Form

$$[a^{ij}] = \overset{i}{\downarrow} \overset{j \longrightarrow}{\begin{bmatrix} a^{11} & a^{12} & a^{13} \\ a^{12} & a^{22} & a^{23} \\ a^{13} & a^{23} & a^{33} \end{bmatrix}} \tag{1.11}$$

Der *Tensor* $\boldsymbol{A}$ ist *schiefsymmetrisch*, wenn gilt $a^{ij} = -a^{ji}$ und $a^{ij} = 0$ für $i = j$. Die Koordinatenmatrix hat dann die Form

$$[a^{ij}] = \overset{i}{\downarrow} \overset{j \longrightarrow}{\begin{bmatrix} 0 & a^{12} & a^{13} \\ -a^{12} & 0 & a^{23} \\ -a^{13} & -a^{23} & 0 \end{bmatrix}} \tag{1.12}$$

Jede Koordinatenmatrix eines beliebigen Tensors zweiter Stufe kann eindeutig in einen symmetrischen und einen schiefsymmetrischen Anteil aufgespalten werden:

$$[a^{ij}] = \underbrace{\frac{1}{2}([a^{ij}] + [a^{ji}])}_{\text{symm.}} + \underbrace{\frac{1}{2}([a^{ij}] - [a^{ji}])}_{\text{schiefsymm.}}$$

Die gleiche Beziehung kann auch in symbolischer Schreibweise für den Tensor aufgeschrieben werden, wobei $\boldsymbol{A}^T$ für den transponierten Tensor steht, mit vertauschten Zeilen und Spalten:

$$\boldsymbol{A} = \underbrace{\frac{1}{2}(\boldsymbol{A} + \boldsymbol{A}^T)}_{\text{symm.}} + \underbrace{\frac{1}{2}(\boldsymbol{A} - \boldsymbol{A}^T)}_{\text{schiefsymm.}}$$

Jede Koordinatenmatrix eines beliebigen Tensors zweiter Stufe kann stets in eine symmetrische und eine schiefsymmetrische Matrix aufgeteilt werden.

1.3 Duale Basissysteme

Tensorgleichungen in symbolischer Schreibweise zeichnen sich durch kompakte und übersichtliche Darstellung aus. Zum Auswerten und Programmieren müssen die Gleichungen aber in Koordinatendarstellung vorliegen. Wie wir gesehen haben, bedarf es dazu einer oder mehrerer Basissysteme, entsprechend der Stufe des jeweiligen Tensors. Es wird sich zeigen, dass die Basissysteme für die Transformation des Tensors benötigt werden und deshalb von großer Wichtigkeit sind.

Bevor wir uns nun dem Basissystem zuwenden, müssen wir das bereits eingeführte Skalarprodukt genauer betrachten und die Norm des Vektors einführen. Das *Skalarprodukt* oder *innere Produkt*[5] zweier Vektoren $\boldsymbol{a}$ und $\boldsymbol{b}$ ist definiert als

$$s(\boldsymbol{a},\boldsymbol{b}) = \boldsymbol{a}\cdot\boldsymbol{b} = \boldsymbol{b}\cdot\boldsymbol{a} = |\boldsymbol{a}||\boldsymbol{b}|\cos(\phi) \tag{1.13}$$

Die Beträge und Winkel sind vom Basissystem unabhängige Größen, die Reihenfolge der Operanden bei der skalaren Multiplikation ist vertauschbar und das Skalarprodukt daher kommutativ. Als Operatorsymbol verwendet man den Malpunkt $\cdot$ und erhält als Ergebnis einen Skalar. Die Länge des Vektors ist durch seinen Betrag gegeben. Für diesen gilt

$$|\boldsymbol{a}| = \sqrt{\boldsymbol{a}\cdot\boldsymbol{a}}$$

Der Betrag des Vektors stellt eine Norm dar, die unabhängig vom Basissystem erhalten bleibt. Eine Größe, die unabhängig vom Basissystem ihren Wert nicht ändert nennt man auch *Invariante*. Ein Vektorraum, in dem das Skalarprodukt und damit die Norm des Vektors definiert sind, heißt *Euklidscher Vektorraum*. Die Norm heißt daher auch *Euklidsche Norm*.
Zwei beliebige von Null verschiedene Vektoren $\boldsymbol{a}$ und $\boldsymbol{b}$ sollen den Winkel ϕ einschließen. Dann folgt aus dem Skalarprodukt (1.13)

$$\cos(\phi) = \frac{\boldsymbol{a}\cdot\boldsymbol{b}}{|\boldsymbol{a}||\boldsymbol{b}|} \tag{1.14}$$

[5]Die Bezeichnung inneres Produkt geht auf Hermann Graßmann (1809-1877) zurück, der Lehrer an der Gewerbeschule in Berlin und am Gymnasium in Stettin war.

Definition: Die Vektoren $\boldsymbol{a}$ und $\boldsymbol{b}$ sind *orthogonal* für $\phi = \pi/2$. Dann verschwindet das Skalarprodukt, es gilt $\boldsymbol{a} \cdot \boldsymbol{b} = 0$. Die Vektoren sind *orthonormal* wenn zusätzlich gilt, $|\boldsymbol{a}| = |\boldsymbol{b}| = 1$.

Mit diesen Vorarbeiten können wir uns jetzt den Basissystemen zuwenden. Im vorherigen Abschnitt haben wir bereits ein beliebiges Basissystem $\boldsymbol{e}_i$ im dreidimensionalen Raum eingeführt. Als einzige Bedingung hatten wir verlangt, dass die drei Vektoren linear unabhängig sind.

Jeweils zwei linear unabhängige Vektoren definieren zusammen mit der Rechthandregel eindeutig einen Normalenvektor. Auf diese Weise lassen sich drei Normalenvektoren bestimmen, die eine zweite Basis bilden. Zur Unterscheidung von der Ausgangsbasis $\boldsymbol{e}_i$ bezeichnen wir diese neuen Basisvektoren als $\boldsymbol{e}^j$, mit einem hochgestellten Index. Die Länge der neuen Basisvektoren wird über die Orthonormalitätsbedingung

$$\boldsymbol{e}_i \cdot \boldsymbol{e}^j = \delta_i{}^j \tag{1.15}$$

festgelegt. Die Gleichung drückt aus, dass ein Basisvektor der einen Basis mit dem indexgleichen Basisvektor der anderen Basis das Skalarprodukt 1 bildet und zu den übrigen Basisvektoren der anderen Basis normal steht, d. h. das Skalarprodukt Null ergibt. Dieser Sachverhalt wird mit dem *Kronecker-Symbol* $\delta_i{}^j$ oder dem *Kronecker-Delta* $\delta_i{}^j$ ausgedrückt, welches folgende Werte annimmt:

$$\delta_i{}^j = \begin{cases} 1 & \text{für} \quad i = j \\ 0 & \text{für} \quad i \neq j \end{cases} \tag{1.16}$$

Als Matrix geschrieben entspricht dies der Einheitsdiagonalmatrix im Matrizenkalkül

$$[\delta_i{}^j] = \overset{i}{\downarrow} \overset{j \longrightarrow}{\begin{bmatrix} 1 & 0 & 0 \\ 0 & 1 & 0 \\ 0 & 0 & 1 \end{bmatrix}}$$

Die Basis $\boldsymbol{e}^j$ heißt die zu $\boldsymbol{e}_i$ *duale Basis*. Man bezeichnet die Ausgangsbasis $\boldsymbol{e}_i$, aus später ersichtlichen Gründen, als *kovariante Basis* und die neue Basis $\boldsymbol{e}^j$ als *kontravariante Basis*. Man kann zeigen, dass nach Vorgabe eines der beiden Basissystem das andere duale System stets berechnet werden kann. Auf diese Weise hat man dann ein *Grundsystem* bestehend *aus zwei sich ergänzenden Basissyste-*

men, die für den Sonderfall einer kartesischen Basis zusammenfallen, wie wir noch sehen werden.[6]

Wir stellen nun den Vektor $\boldsymbol{a}$ in den beiden Basissystemen dar. Die zum Basissystem gehörigen Koordinaten werden entsprechend der Summationskonvention mit tief- oder hochgestellten Indizes bezeichnet, sodass wieder ein Paar stummer Indizes entsteht.

$$\boldsymbol{a} = a_i\, \boldsymbol{e}^i = a^j \boldsymbol{e}_j \tag{1.17}$$

In Analogie zur Bezeichnung der Basisvektoren heißen die Koordinaten a_i *kovariante Koordinaten* und a^j *kontravariante Koordinaten* des Vektors. Im Hinblick auf die Wichtigkeit der eingeführten Bezeichnungen stellen wir diese nochmals zusammen:

$\boldsymbol{e}_i$	-	kovarianter Basisvektor bzw. kovariante Basis
$\boldsymbol{e}^j$	-	kontravarianter Basisvektor bzw.kontravariante Basis
a_j	-	kovariante Koordinaten eines Vektors
a^i	-	kontravariante Koordinaten eines Vektors

Es muss hier angemerkt werden, dass diese Bezeichnungen in den Lehrbüchern nicht einheitlich benutzt werden. In der modernen Tensoranalysis geht man von dieser Namensgebung ganz ab und bezeichnet die Vektoren $\boldsymbol{e}_i$ als Derivation und die Vektoren $\boldsymbol{e}^j$ als 1-Formen (siehe z. B. [55]).

Als nächstes berechnen wir die Koordinaten des Vektors $\boldsymbol{a}$ bezüglich der dualen Basissysteme. Dazu gehen wir von der Koordinatendarstellung (1.17) aus und bilden die Skalarprodukte jeweils mit den Basisvektoren der dualen Basis. Nach Gleichung (1.15) führt dies auf das Kronecker-Symbol und wir haben damit die Koordinaten vom Basissystem befreit

$$\begin{aligned} \boldsymbol{a}\cdot\boldsymbol{e}^j &= a^i \boldsymbol{e}_i\cdot\boldsymbol{e}^j = a^i\,\delta_i{}^j = a^j \\ \boldsymbol{a}\cdot\boldsymbol{e}_j &= a_i \boldsymbol{e}^i\cdot\boldsymbol{e}_j = a_i\,\delta^i{}_j = a_j \end{aligned} \tag{1.18}$$

In gleicher Weise ermitteln wir die Koordinaten des Spannungstensors nach Gleichung (1.5). In diesem Fall wird in zwei Rechenschritten von links und von rechts mit den Basisvektoren der dualen Basen das Skalarprodukt gebildet, um den benachbarten Basisvektor des Basisvektorpaares zu binden:

$$\boldsymbol{e}^m\cdot\boldsymbol{\sigma} = \sigma^{ij}\underbrace{(\boldsymbol{e}^m\cdot\boldsymbol{e}_i)}_{\delta^m{}_i}\otimes\boldsymbol{e}_j = \sigma^{mj}\boldsymbol{e}_j$$

[6] Für den affinen Vektorraum, in dem das Skalarprodukt nicht erklärt ist, besteht die Möglichkeit zur Verallgemeinerung durch Einführung dualer Vektorräume, die durch eine Linearform verknüpft sind.

$$\boldsymbol{e}^m \cdot \boldsymbol{\sigma} \cdot \boldsymbol{e}^n = \sigma^{mj} \underbrace{(\boldsymbol{e}_j \cdot \boldsymbol{e}^n)}_{\delta_j{}^n} = \sigma^{mn}$$

In der Regel wird das rechte Operatorsymbol weggelassen und man schreibt für $\boldsymbol{e}^m \cdot \boldsymbol{\sigma} \cdot \boldsymbol{e}^n$ einfach $\boldsymbol{e}^m \cdot \boldsymbol{\sigma}\boldsymbol{e}^n$. Es gilt die Wirkweise des Kronecker-Deltas δ_j^n, die dem Kopiervorgang der Einheitsmatrix in der Matrizenrechnung entspricht, zu beachten:

Der stumme Index i bzw. j erschöpft sich und wird durch den zweiten Index vom Kronecker-Delta $\delta_j{}^n$ ersetzt bzw. ausgetauscht.

In unseren bisherigen Beziehungen waren wir davon ausgegangen, dass die Basissysteme bekannt sind. Wie man von einem Basissystem zum dualen System gelangen kann, soll uns als nächstes beschäftigen. Dazu bilden wir die Skalarprodukte der Basisvektoren einer Basis untereinander

$$\boldsymbol{e}_i \cdot \boldsymbol{e}_j = g_{ij} \quad \text{und} \quad \boldsymbol{e}^i \cdot \boldsymbol{e}^j = g^{ij} \tag{1.19}$$

Die Matrizen g_{ij} und g^{ij} enthalten die Längen und eingeschlossenen Winkel zwischen den Basisvektoren und bilden damit die Grundlage für das im Basissystem festlegt. Man erkennt, dass die Matrizen der Metrikkoeffizienten symmetrisch sind, was aus der Kommutativität des Skalarproduktes sofort folgt und durch einfaches Vertauschen der Indizes gezeigt werden kann.
Die Länge ds des Vektordifferential $d\boldsymbol{x} = dx^i\boldsymbol{e}_i$ erhalten wir aus dem Skalarprodukt mit (1.19)

$$ds^2 = d\boldsymbol{x} \cdot d\boldsymbol{x} = dx^i\boldsymbol{e}_i \cdot \boldsymbol{e}_j dx^j = g_{ij}\, dx^i dx^j \tag{1.20}$$

Man nennt die quadratische Form $g_{ij}dx^idx^j$ die *Metrik* des Raumes. Im hier betrachteten Euklidischen Raum ist die Metrik stets positiv definit.

Die Metrikkoeffizienten spielen in der Tensorrechnung eine wichtige Rolle, da mit ihrer Hilfe Indizes herauf- und heruntergezogen werden können, was einem Basiswechsel gleichkommt. Für den Übergang von einem Basissystem in das duale System gilt

$$\boldsymbol{e}^i = g^{ij}\boldsymbol{e}_j \quad \text{und} \quad \boldsymbol{e}_n = g_{nm}\boldsymbol{e}^m \tag{1.21}$$

Wir führen den Beweis für die linke Gleichung durch und geben dazu die lineare Abbildungsgleichung $\boldsymbol{e}^i = A^{ij}\boldsymbol{e}_j$ vor. Dann folgt der Beweis mit Hilfe des Skalarproduktes mit der Basis $\boldsymbol{e}^k$:

$$\boldsymbol{e}^i \cdot \boldsymbol{e}^k = A^{ij}\boldsymbol{e}_j \cdot \boldsymbol{e}^k = A^{ij}\delta_j{}^k = A^{ik} \quad \overset{(1.19)}{\Longrightarrow} \quad A^{ij} = g^{ij}$$

Auf die gleiche Weise kann die rechte Gleichung (1.21) bewiesen werden.

Die Metrikkoeffizienten stehen über die Gleichung

$$g^{ij} g_{js} = \delta^i{}_s \quad \rightarrow \quad g^{ij} = (g_{ij})^{-1} \tag{1.22}$$

in Beziehung zueinander, was wiederum die Dualität der zugehörigen Basen ausdrückt. Der Beweis dieser Beziehung gestaltet sich sehr einfach. Wir gehen von Gleichung (1.15) aus und ersetzen die Basis $\boldsymbol{e}^i$ nach Gleichung (1.21)

$$\delta^i{}_s = \boldsymbol{e}^i \cdot \boldsymbol{e}_s = g^{ij} \boldsymbol{e}_j \cdot \boldsymbol{e}_s = g^{ij} g_{js}$$

Entsprechend dem Basiswechsel nach Gleichung (1.21), kann auch ein Koordinatenwechsel mit Hilfe der Metriken vorgenommen werden. Ausgehend von Gleichung (1.17) führen wir diesen Wechsel für die kontravariante Koordinate a^j durch. Zu diesem Zweck bilden wir das Skalarprodukt mit der kovarianten Basis $\boldsymbol{e}_k$

$$a^i (\boldsymbol{e}_i \cdot \boldsymbol{e}_k) = a_j \underbrace{(\boldsymbol{e}^j \cdot \boldsymbol{e}_k)}_{\delta^j{}_k} \quad \overset{(1.19)}{\Longrightarrow} \quad a_k = g_{ki} a^i$$

In gleicher Weise gelingt der Koordinatenwechsel zur kontravarianten Koordinate, wenn man das Skalarprodukt mit der kontravarianten Basis $\boldsymbol{e}^k$ ausführt.

Mit den kontravarianten Metrikkoeffizienten g^{ij} kann man Koordinaten- und Basisindizes heraufziehen und mit den kovarianten Metrikkoeffizienten g_{ij} kann man Koordinaten- und Basisindizes herunterziehen.

Insbesondere bei Tensoren höherer Stufe lassen sich mit Hilfe der Metrikkoeffizienten unterschiedliche Koordinaten erzeugen. In der Mechanik findet dies speziell für Tensoren zweiter Stufe ihre Anwendung. Dabei orientiert sich die Bezeichnung der Koordinaten an der Stellung der Indizes.

a^{ij}	*kontravariante* Koordinaten
$a^i{}_m = a^{ij} g_{jm}$	*gemischt* kontravariant - kovariante Koordinaten
$a_n{}^j = g_{ni} a^{ij}$	*gemischt* kovariant - kontravariante Koordinaten
$a_{nm} = g_{ni} a^{ij} g_{jm}$	*kovariante* Koordinaten

Es gilt zu beachten, dass die Reihenfolge der Indizes auch bei den gemischt varianten Koordinaten beibehalten wird, z. B. schreibt man $a^i{}_m$ und nicht a^i_m. Der Grund hierfür ist die Darstellung der Tensorkoordinaten in Matrixform, bei der die Reihenfolge der Indizes die Anordnung der Koordinaten in der Matrix bestimmt.

Mit der Einführung der Koordinatendarstellung entsprechend (1.17) können wir nun das Skalarprodukt und den Betrag eines Vektors berechnen. Gegeben sind die Koordinatendarstellungen der Vektoren

$$\boldsymbol{a} = a^i \boldsymbol{e}_i \quad \text{und} \quad \boldsymbol{b} = b^j \boldsymbol{e}_j$$

Analog zu Gleichung (1.20) erhalten wir für das Skalarprodukt

$$\boldsymbol{a} \cdot \boldsymbol{b} = a^i \boldsymbol{e}_i \cdot b^j \boldsymbol{e}_j = a^i g_{ij} b^j = a^i b_j \tag{1.23}$$

Für den Betrag des Vektors $\boldsymbol{a}$ ergibt sich auf die gleiche Weise

$$|\boldsymbol{a}| = \sqrt{\boldsymbol{a} \cdot \boldsymbol{a}} = \sqrt{a^i \boldsymbol{e}_i \cdot a^j \boldsymbol{e}_j} = \sqrt{a^i g_{ij} a^j} = \sqrt{a^i a_j} \tag{1.24}$$

Wir erkennen, dass das Skalarprodukt stets aus den ko- und kontravarianten Koordinaten gebildet wird.
Unsere bisherigen Betrachtungen bezogen sich auf ein beliebiges schiefwinkliges Basissystem. Eine wesentliche Vereinfachung und für die Praxis wichtige Form ergibt sich, wenn man für den Tensor eine orthonormales Basissystem wählt. Die *orthonormale* oder *kartesische Basis* sei durch das Vektortripel $\boldsymbol{e}_i$ gegeben, mit den Metrikkoeffizienten nach Gleichung (1.19) und den Gleichungen (1.21) und (1.22) folgt:

$$g_{ij} = \boldsymbol{e}_i \cdot \boldsymbol{e}_j = \delta_{ij} \qquad g^{ij} = (g_{ij})^{-1} = \delta^{ij} \qquad \boldsymbol{e}^i = \delta^{ij} \boldsymbol{e}_j = \boldsymbol{e}_i$$

In der orthonormierten Basis sind die Metrikkoeffizienten durch das Kronecker-Symbol δ_{ij} gegeben. Die ko- und kontravarianten Basissysteme sind identisch und damit auch die ko- und kontravarianten Koordinaten. Eine Unterscheidung zwischen hoch- und tiefgestellten Indizes ist nicht mehr nötig.

In vielen Lehrbüchern beschränkt man sich von vornherein auf kartesische Basissysteme und schreibt dann alle Indizes tiefgestellt. Wir sind aber der Meinung, dass dann auf wesentliche Vorteile der Indexnotation verzichtet wird, insbesondere was den Informationsgehalt der Tensoren, sowie das Überprüfen von Gleichungen betrifft und empfehlen auch in diesem Fall mit hoch- und tiefgestellten Indizes zu arbeiten.

1.4 Vektorprodukt, Spatprodukt und Permutationstensor

Das *Vektor- oder Kreuzprodukt* (Operatorsymbol$\times$) zweier Vektoren $\boldsymbol{u}$ und $\boldsymbol{v}$ ist ein Vektor $\boldsymbol{n}$, normal auf dem von $\boldsymbol{u}$ und $\boldsymbol{v}$ aufgespannten Parallelogramm in Vorschubrichtung einer von $\boldsymbol{u}$ nach $\boldsymbol{v}$ gedrehten Rechtsschraube (Recht-Hand-Regel),

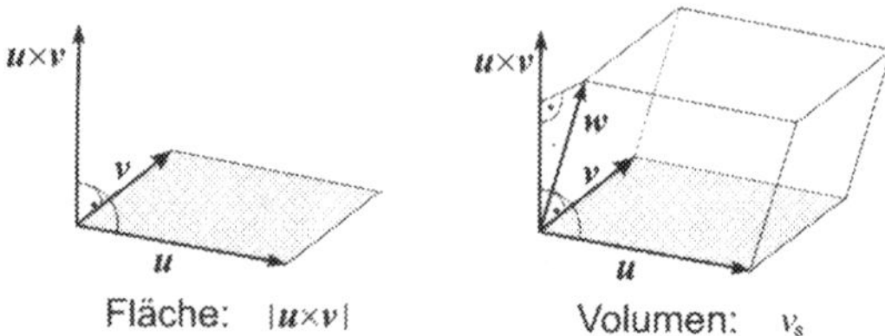

Abb. 1.2 Vektorprodukt und Spatprodukt.

der durch seinen Betrag den Flächeninhalt und durch seine Richtung die Lage des Parallelogramms anzeigt (linke Abbildung 1.2):

$$\boldsymbol{u} \times \boldsymbol{v} = \boldsymbol{n} \quad \text{rechtsschraubend} \quad \perp \boldsymbol{u}, \boldsymbol{v} \quad \text{mit} \quad |\boldsymbol{n}| = |\boldsymbol{u}||\boldsymbol{v}| \sin(\boldsymbol{u}, \boldsymbol{v})$$

Das *gemischte Produkt bzw. Spatprodukt* $(\boldsymbol{u} \times \boldsymbol{v}) \cdot \boldsymbol{w}$ des vektoriellen Dreibeins $\{\boldsymbol{u}, \boldsymbol{v}, \boldsymbol{w}\}$ ist eine Kombination aus Vektorprodukt und Skalarprodukt (rechte Abbildung 1.2). Es hat als Betrag das Volumen v_s, des von den drei Vektoren aufgespannten Spats und zeigt durch ein positives bzw. negatives Vorzeichen die Orientierung des Dreibeins in der angegebenen Reihenfolge im Sinne einer Rechts- oder Linksschraube an.

$$[\boldsymbol{u}, \boldsymbol{v}, \boldsymbol{w}] = (\boldsymbol{u} \times \boldsymbol{v}) \cdot \boldsymbol{w} = |n||w| \cos(\boldsymbol{n}, \boldsymbol{w}) = v_s \begin{cases} > 0 & : \text{Rechtssystem} \\ = 0 & : \text{Komplanarität} \\ < 0 & : \text{Linkssystem} \end{cases}$$

Unser Ziel ist es, das Kreuzprodukt in Indexschreibweise darzustellen. Dazu gehen wir nochmals zurück auf die Berechnung der kontravarianten Basisvektoren $\boldsymbol{e}^k$. Diese hatten wir als Normalenvektoren auf den von zwei kovarianten Basisvektoren $\boldsymbol{e}_j$ aufgespannten Ebenen eingeführt. Unter der Voraussetzung eines Rechtssystems, führen wir die Berechnung nun mit Hilfe des Kreuzproduktes durch. Die so erhaltenen Vektoren stimmen bis auf einen skalaren Faktor α mit den kontravarianten Basisvektoren $\boldsymbol{e}^k$ überein. Die drei kontravarianten Vektoren ergeben sich durch zyklische Permutation der Indizes i, j, k:

$$\alpha \boldsymbol{e}^k = \boldsymbol{e}_i \times \boldsymbol{e}_j \quad \text{für } i, j, k \quad \text{zyklisch} \tag{1.25}$$

Zur Bestimmung des noch unbekannten Faktors α bilden wir das Skalarprodukt mit den kovarianten Basisvektoren $\boldsymbol{e}_k$ und erhalten

$$\alpha(\boldsymbol{e}^k \cdot \boldsymbol{e}_k) = \alpha = (\boldsymbol{e}_i \times \boldsymbol{e}_j) \cdot \boldsymbol{e}_k = [\boldsymbol{e}_i, \boldsymbol{e}_j, \boldsymbol{e}_k] = v_s$$

Wir finden also, dass der unbekannte Faktor das Volumen v_s des von den Basisvektoren aufgespannten Spats darstellt. Dasselbe kann für das Spatprodukt der kontravarianten Basisvektoren formuliert werden, wobei wir dann aufgrund der Normierungsbedingung $\boldsymbol{e}_{(i)}\boldsymbol{e}^{(i)} = 1$ den Kehrwert $1/v_s$ für das Volumen des Spats erhalten. Wie wir später sehen werden, ist $v_s = \sqrt{\det(g_{ij})} = \sqrt{g}$ die Determinante der Metrik. Den Beweis, dass die Beziehung $[\boldsymbol{e}_1, \boldsymbol{e}_2, \boldsymbol{e}_3] = \sqrt{\det(g_{ij})}$ gilt, werden wir am Ende dieses Abschnittes nachreichen.
Unter Verwendung von Gleichung (1.25) gilt dann für das Kreuzprodukt $(\boldsymbol{u} \times \boldsymbol{v})$ in Koordinatenschreibweise:

$$\boldsymbol{u} \times \boldsymbol{v} = u^i\boldsymbol{e}_i \times v^j\boldsymbol{e}_j = u^iv^j \underbrace{(\boldsymbol{e}_i \times \boldsymbol{e}_j)}_{\alpha \boldsymbol{e}^k} = \sqrt{g}\,u^iv^j\boldsymbol{e}^k = \frac{1}{\sqrt{g}}u_iv_j\boldsymbol{e}_k\,.$$

Das Ergebnis bleibt unverändert, bei einer zyklischen Permutation der Indizes i, j, k und ändert das Vorzeichen im Falle einer nicht zyklischen Permutation der Indizes, was einem Umstellen der Ausgangsvektoren $\boldsymbol{u}$ und $\boldsymbol{v}$ entspricht. Diese Eigenschaften können wir mit Hilfe des Permutations*symbols* ε ausdrücken. Damit erhält man das Vektorprodukt in ko- und kontravarianter Schreibweise:

$$\boldsymbol{u} \times \boldsymbol{v} = \varepsilon_{ijk}u^iv^j\boldsymbol{e}^k = \varepsilon^{ijk}u_iv_j\boldsymbol{e}_k \tag{1.26}$$

Im Vergleich mit der vorhergehenden Beziehung ergeben sich für das kovariante Permutationssymbol die Werte

$$\varepsilon_{ijk} = \begin{cases} \sqrt{g} & \text{für} \quad i,j,k \quad \text{zyklisch} = 1,2,3 \\ -\sqrt{g} & \text{für} \quad i,j,k \quad \text{zyklisch} = 1,3,2 \\ \text{sonst} & 0 \end{cases} \tag{1.27}$$

und für das kontravariante Permutationssymbol die Werte

$$\varepsilon^{ijk} = \begin{cases} \frac{1}{\sqrt{g}} & \text{für} \quad i,j,k \quad \text{zyklisch} = 1,2,3 \\ -\frac{1}{\sqrt{g}} & \text{für} \quad i,j,k \quad \text{zyklisch} = 1,3,2 \\ \text{sonst} & 0 \end{cases} \tag{1.28}$$

Das Permutationssymbol kann auch als Koordinate eines Tensors dritter Stufe, dem Permutations*tensor* oder $\boldsymbol{\varepsilon}$-*Tensor* aufgefasst werden:

$$\boldsymbol{\varepsilon} = \epsilon^{ijk}\boldsymbol{e}_i \otimes \boldsymbol{e}_j \otimes \boldsymbol{e}_k = \epsilon_{ijk}\boldsymbol{e}^i \otimes \boldsymbol{e}^j \otimes \boldsymbol{e}^k \tag{1.29}$$

Dieser führt durch doppelte Verjüngung mit dem dyadischen Produkt zweier Vektoren (siehe den Abschnitt 1.5) zum Vektorprodukt. Wir werden diese Operation in der Übungsaufgabe 2 behandeln.

Wenn wir das Skalarprodukt des Kreuzproduktes nach Gleichung (1.26) mit einem Vektor $\boldsymbol{w} = w^n \boldsymbol{e}_n$ bilden, erhalten wir das Volumen des von den drei Vektoren aufgespannten Spats

$$
\begin{aligned}
(\boldsymbol{u} \times \boldsymbol{v}) \cdot \boldsymbol{w} &= \varepsilon_{ijk} u^j v^k w^n (\boldsymbol{e}^i \cdot \boldsymbol{e}_n) \\
&= \varepsilon_{ijk} u^j v^k w^n \delta^i{}_n \\
&= \varepsilon_{ijk} w^i u^j v^k
\end{aligned}
\tag{1.30}
$$

Dieses Ergebnis lässt sich auch in der aus der Elementaren Vektorrechnung bekannten Determinantenschreibweise nach dem Entwicklungssatz darstellen:

$$
(\boldsymbol{u} \times \boldsymbol{v}) \cdot \boldsymbol{w} = [\boldsymbol{u}, \boldsymbol{v}, \boldsymbol{w}] = \begin{vmatrix} u^1 & u^2 & u^3 \\ v^1 & v^2 & v^3 \\ w^1 & w^2 & w^3 \end{vmatrix}
\tag{1.31}
$$

Mit diesen Vorarbeiten können wir jetzt den noch ausstehenden Beweis führen, dass die Determinante $\det(g_{ij}) = g$ das Quadrat des von den kovarianten Basisvektoren $\boldsymbol{e}_i$ aufgespannten Spatvolumens ist und damit die verwendete Beziehung $v_s = \sqrt{g}$ ihre Richtigkeit hat. Dazu benutzen wir die Determinantenregel $\det(\boldsymbol{AB}) = \det(\boldsymbol{A})\det(\boldsymbol{B})$, sowie den Spiegelungssatz $\det(\boldsymbol{A}) = \det(\boldsymbol{A}^T)$. Für den Beweis verwenden wir die in Gleichung (1.31) dargestellte Determinantenschreibweise. Wir bauen die Abbildungsmatrix $\boldsymbol{A}$ aus den kovarianten Vektoren $\boldsymbol{e}_i$ auf, für die, bezüglich einer kartesischen Basis $\boldsymbol{e}_j$, die Koordinatendarstellung $\boldsymbol{e}_j = e_j{}^k \boldsymbol{e}_k$ gelten soll. Mit $\boldsymbol{B} = \boldsymbol{A}^T$ kann die Determinantenregel dann durch das folgende Matrizenschema dargestellt werden:

$$
\begin{array}{c|ccc}
 & & \boldsymbol{A}^T & \\
 & e_1{}^1 & e_2{}^1 & e_3{}^1 \\
 & e_1{}^2 & e_2{}^2 & e_3{}^2 \\
 & e_1{}^3 & e_2{}^3 & e_3{}^3 \\
\hline
 e_1{}^1 \quad e_1{}^2 \quad e_1{}^3 & \boldsymbol{e}_1 \cdot \boldsymbol{e}_1 & \boldsymbol{e}_1 \cdot \boldsymbol{e}_2 & \boldsymbol{e}_1 \cdot \boldsymbol{e}_3 \\
 \boldsymbol{A} \quad e_2{}^1 \quad e_2{}^2 \quad e_2{}^3 & \boldsymbol{e}_2 \cdot \boldsymbol{e}_1 & \boldsymbol{e}_2 \cdot \boldsymbol{e}_2 & \boldsymbol{e}_2 \cdot \boldsymbol{e}_3 \\
 e_3{}^1 \quad e_3{}^2 \quad e_3{}^3 & \boldsymbol{e}_3 \cdot \boldsymbol{e}_1 & \boldsymbol{e}_3 \cdot \boldsymbol{e}_2 & \boldsymbol{e}_3 \cdot \boldsymbol{e}_3 \\
 & & \boldsymbol{AA}^T &
\end{array}
\qquad \boldsymbol{AA}^T = [g_{ij}]
$$

Man erkennt, dass das Matrizenprodukt $\boldsymbol{AA}^T$ auf die Metrikkoeffozienten g_{ij} nach Gleichung (1.19) führt. Wenn wir also die Determinate der Metrikkoeffozienten mit $\det(g_{ij}) = g$ bezeichnen, dann folgt aus der Determinantenregel $\det(\boldsymbol{A}) = [\boldsymbol{e}_1, \boldsymbol{e}_2, \boldsymbol{e}_3] = \sqrt{g}$.

1.5 Tensoralgebra

Im Folgenden sollen die wichtigsten Rechenregeln für Tensoren zusammengestellt werden. Da die Tensoren auf den Vektoren aufbauen, gelten auch für sie die im Einführungsabschnitt zusammengestellten Rechenregel 1.) und 2.) der linearen Vektoroperationen uneingeschränkt. Das gilt auch für Tensoren höherer Stufe. Das Skalarprodukt nach Gleichung (1.13) ist auf Vektoren beschränkt, aber wir werden sehen, dass es von entscheidender Bedeutung bei der Verknüpfung von Tensoren ist. Als zusätzliche Verknüpfungsoperation wird noch das *tensorielle Produkt* mit dem Operatorsymbol $\otimes$ eingeführt. Werden zwei Vektoren mit dem Operatorsymbol $\otimes$ verknüpft, so spricht man vom *äußeren oder dyadischen Produkt.*

Die in der Kontinuumsmechanik am meisten verwendeten Tensoren sind Tensoren zweiter Stufe. Demzufolge wollen wir die Rechenregeln anhand der Tensoren zweiter Stufe

$$\boldsymbol{A} = A^{ij}\boldsymbol{e}_i \otimes \boldsymbol{e}_j \quad \boldsymbol{B} = B^{ij}\boldsymbol{e}_i \otimes \boldsymbol{e}_j$$

aufzeigen und am Ende dieses Abschnittes dann noch kurz auf Tensoren höherer Stufe eingehen.

- **Addition**:

Tensoren gleicher Stufe über den gleichen Basissystemen werden addiert indem man ihre Koordinaten addiert, $A^{ij} + B^{ij} = C^{ij}$.

$$\text{symbolisch:} \quad \boldsymbol{A} + \boldsymbol{B} = \boldsymbol{B} + \boldsymbol{A} = \boldsymbol{C}$$

- **Multiplikation mit einem Faktor**:

Tensoren werden mit einem Faktor multipliziert, indem man jede Koordinate des Tensors mit dem Faktor multipliziert, $C^{ij} = \lambda A^{ij}$.

$$\text{symbolisch:} \quad \boldsymbol{C} = \lambda \boldsymbol{A}$$

- **Tensorielles Produkt**:

Das *tensorielle Produkt* von zwei Tensoren beliebiger Stufe erhält man, indem man jede Koordinate des einen Tensors mit jeder Koordinate des anderen unter Einhaltung der Reihenfolge multipliziert. Aus zwei Tensoren der Stufe n ergibt sich dann ein Tensor der Stufe $2n$. Die Verknüpfung geschieht mit dem Operatorsymbol $\otimes$.

Als Beispiel bilden wir das tensorielle Produkt der Vektoren $\boldsymbol{u} = u^i\boldsymbol{e}_i$ und $\boldsymbol{v} = v^j\boldsymbol{e}_j$

$$\boldsymbol{C} = \boldsymbol{u} \otimes \boldsymbol{v} = u^i\boldsymbol{e}_i \otimes v^j\boldsymbol{e}_j = c^{ij}\boldsymbol{e}_i \otimes \boldsymbol{e}_j$$

und erhalten einen Tensor zweiter Stufe. Ganz analog lassen sich Produkte zwischen Tensoren höherer Stufe ausführen:

$$\boldsymbol{A} \otimes \boldsymbol{B} = A^{ij}\,(\boldsymbol{e}_i \otimes \boldsymbol{e}_j) \otimes B^{mn}\,(\boldsymbol{e}_m \otimes \boldsymbol{e}_n) = C^{ijmn}\,(\boldsymbol{e}_i \otimes \boldsymbol{e}_j \otimes \boldsymbol{e}_m \otimes \boldsymbol{e}_n)$$

mit $C^{ijmn} = A^{ij}\,B^{mn}$.

- **Verjüngendes Produkt oder Verjüngung**:

Das *verjüngende Produkt* zweier Tensoren entsteht durch Bildung des Skalarproduktes der angrenzenden Vektoren. Es führt bei zwei Tensoren der Stufe n und m auf einen Tensor der Stufe, die um 2 kleiner ist, als die Summe der Ausgangstensoren.

$$\boldsymbol{A} \cdot \boldsymbol{u} = (A^{ij}\,\boldsymbol{e}_i \otimes \boldsymbol{e}_j) \cdot (u^k\,\boldsymbol{e}_k) = A^{ij}\,u^k g_{jk}\boldsymbol{e}_i = A^{ij}u_j\boldsymbol{e}_i$$

$$\boldsymbol{u} \cdot \boldsymbol{A} = (u^k\,\boldsymbol{e}_k) \cdot (A^{ij}\,\boldsymbol{e}_i \otimes \boldsymbol{e}_j) = u^k A^{ij} g_{ki}\boldsymbol{e}_j = u_i A^{ij}\,\boldsymbol{e}_j$$

Wegen des Verminderns der Stufe bezeichnet man das innere Produkt auch als *verjüngendes Produkt*. Das innere Produkt des Tensors zweiter Stufe mit einem Tensor erster Stufe ist im allgemeinen nicht kommutativ. Im Fall des symmetrischen Tensors ist das innere Produkt kommutativ. In der Regel lässt man beim Verjüngen von rechts den Malpunkt weg und schreibt anstatt $\boldsymbol{A} \cdot \boldsymbol{u}$ vereinfacht $\boldsymbol{A}\,\boldsymbol{u}$, entsprechend der Matrizennotation. Der andere Fall $\boldsymbol{u} \cdot \boldsymbol{A}$ wäre $\boldsymbol{u}^T\boldsymbol{A}$.

Das Verjüngen des Tensors zweiter Stufe mit sich selbst führt auf das Quadrat des Tensors und ist definiert als $\boldsymbol{A}^2 = \boldsymbol{A} \cdot \boldsymbol{A}$. Wir erhalten

$$\boldsymbol{A} \cdot \boldsymbol{A} = (A^{ij}\,\boldsymbol{e}_i \otimes \boldsymbol{e}_j) \cdot (A^{kl}\,\boldsymbol{e}_k \otimes \boldsymbol{e}_l) = A^{ij}A^{kl}\,\boldsymbol{e}_i \otimes (\boldsymbol{e}_j \cdot \boldsymbol{e}_k) \otimes \boldsymbol{e}_l$$

$$\boldsymbol{A}^2 = A^{ij}\,g_{jk}A^{kl}\,\boldsymbol{e}_i \otimes \boldsymbol{e}_l$$

In der Koordinatendarstellung nennt man das verjüngende Produkt auch *Überschiebung*. Im Sonderfall zweier Vektoren entspricht es dem aus der Vektorrechnung bekannten Skalarprodukt.

An dieser Stelle wird zur Verdeutlichung des Unterschiedes zwischen dem äußeren und dem inneren Produkt eine Matrizendarstellung eingefügt. Dazu fassen wir die Koordinaten der Vektoren $\boldsymbol{u}$ und $\boldsymbol{v}$ in Spaltenmatrizen zusammen. Dann entspricht dem äußeren Produkt die Matrizenschreibweise

$$[c^{ij}] = [u^i][v^j]^T\,,$$

die zum Erweitern der linearen zur ebenen Anordnung der Koordinaten führt, im Gegensatz zum Skalarprodukt

$$s = [u^i]^T[v^j]\,,$$

das eine Reduktion auf einen Skalar bedeutet.

- **Zweifache Verjüngung**:

Häufig verwendet wird die *zweifache Verjüngung* von Tensoren, was zwei aufeinander folgenden inneren Produkten entspricht. Als Operatorsymbol verwendet man deshalb zwei Malpunkte : oder $\cdot\cdot$, die entsprechend der möglichen Verknüpfung der Basisvektoren unterschiedlich angeordnet sind. Es gilt zwei Varianten zu betrachten:

1. Von den in Klammern gesetzten, benachbarten dyadischen Produkten werden die Skalarprodukte der beiden ersten und der beiden zweiten Basisvektoren gebildet:

$$\begin{aligned} \boldsymbol{A} : \boldsymbol{B} &= A^{ij} B^{kl} (\boldsymbol{e}_i \otimes \boldsymbol{e}_j) : (\boldsymbol{e}_k \otimes \boldsymbol{e}_l) = A^{ij} B^{kl} (\boldsymbol{e}_i \cdot \boldsymbol{e}_k)(\boldsymbol{e}_j \cdot \boldsymbol{e}_l) \\ &= A^{ij} g_{ik} g_{jl} B^{kl} = A_{kl} B^{kl} = A^{ij} B_{ij} \end{aligned}$$

2. Von den in Klammern gesetzten, benachbarten dyadischen Produkten werden die Skalarprodukte zwischen dem ersten und zweiten und dem zweiten und ersten Basisvektor gebildet:

$$\begin{aligned} \boldsymbol{A} \cdot\cdot \boldsymbol{B} &= A^{ij} B^{kl} (\boldsymbol{e}_i \otimes \boldsymbol{e}_j) \cdot\cdot (\boldsymbol{e}_k \otimes \boldsymbol{e}_l) = A^{ij} B^{kl} (\boldsymbol{e}_i \cdot \boldsymbol{e}_l)(\boldsymbol{e}_j \cdot \boldsymbol{e}_k) \\ &= A^{ij} g_{il} g_{jk} B^{kl} = A_{lk} B^{kl} = A^{ij} B_{ji} \end{aligned}$$

Die Ergebnisse vereinfachen sich im Falle kartesischer Tensoren:

$$\boldsymbol{A} : \boldsymbol{B} = A^{ij} \delta_{ik} \delta_{jl} B^{kl} \quad \text{und} \quad \boldsymbol{A} \cdot\cdot \boldsymbol{B} = A^{ij} \delta_{il} \delta_{jk} B^{kl}$$

Wenn einer der Tensoren symmetrisch ist, dann gilt

$$\boldsymbol{A} : \boldsymbol{B} = \boldsymbol{A} \cdot\cdot \boldsymbol{B} \begin{cases} A^{ij} B_{ij} = A^{ij} B_{ji} & \text{wenn} \quad B_{ij} = B_{ji} \\ A^{ij} B_{ij} = A^{ji} B_{ij} & \text{wenn} \quad A^{ij} = A^{ji} \end{cases}$$

Mit Hilfe eines Matrizenschemas lässt sich die zweifache Verjüngung veranschaulichen. In der Verknüpfung $\boldsymbol{A} \cdot\cdot \boldsymbol{B} = A^{ij} B_{ji}$ entspricht der Summation über das innenliegende Indexpaar j ein Matrizenprodukt der Matrizen $[A^{ij}]$ mit $[B_{ji}]$. Die zweite Summation über das Indexpaar i summiert dann über die Diagonalelemente der Ergebnismatrix.

$$\boldsymbol{A} \cdot\cdot \boldsymbol{B} = A^{ij} B_{ji} \rightarrow \quad \begin{array}{cccc|ccc} & & & & & \boldsymbol{B} & \\ & & & j & B_{11} & B_{12} & B_{13} \\ & & & \downarrow & B_{21} & B_{22} & B_{23} \\ & j & \rightarrow & & B_{31} & B_{32} & B_{33} \\ \hline & A^{11} & A^{12} & A^{13} & \searrow & & \\ \boldsymbol{A} & A^{21} & A^{22} & A^{23} & & + & \\ & A^{31} & A^{32} & A^{33} & & & \nwarrow \end{array}$$

Bei der zweiten Verknüpfungsart $\boldsymbol{A} : \boldsymbol{B}$ werden die gleichen Operationen mit der transponierten Matrix $[A^{ij}]^T$ ausgeführt.
Entsprechend den ausgeführten Operationen entspricht die zweifache Verjüngung der Spur der Ergebnismatrix (siehe den Absatz, Spur des Tensors zweiter Stufe).

- **Transponieren des Tensors zweiter Stufe**:

Es sei $\boldsymbol{A}$ ein Tensor zweiter Stufe. Der *transponierte Tensor* $\boldsymbol{A}^T$ muss für beliebige Vektoren $\boldsymbol{u}$ und $\boldsymbol{v}$ die folgende Beziehung erfüllen:

$$\boldsymbol{u} \cdot \boldsymbol{A}\boldsymbol{v} = \boldsymbol{v} \cdot \boldsymbol{A}^T \boldsymbol{u}$$

Mit dem Ansatz $\boldsymbol{A} = \boldsymbol{x} \otimes \boldsymbol{y}$ folgt:

$$\boldsymbol{u} \cdot \boldsymbol{A}\boldsymbol{v} = \boldsymbol{u} \cdot (\boldsymbol{x} \otimes \boldsymbol{y})\boldsymbol{v} = (\boldsymbol{u} \cdot \boldsymbol{x})(\boldsymbol{y} \cdot \boldsymbol{v}) = \boldsymbol{v} \cdot (\boldsymbol{y} \otimes \boldsymbol{x})\boldsymbol{u} = \boldsymbol{v} \cdot \boldsymbol{A}^T \boldsymbol{u} \quad \Longrightarrow \quad \boldsymbol{A}^T = \boldsymbol{y} \otimes \boldsymbol{x}$$

Für den transponierten Tensor ist nur die Indexfolge nicht aber deren Stellung (oben, unten) zu vertauschen. Die Anwendung obiger Definitionsgleichung auf den gemischt varianten Tensor $\boldsymbol{A} = A^i{}_j \boldsymbol{e}_i \otimes \boldsymbol{e}^j$ führt auf dessen transponierten

$$\boldsymbol{u} \cdot \boldsymbol{A}\boldsymbol{v} = u_k \boldsymbol{e}^k \cdot A^i{}_j \boldsymbol{e}_i \otimes \boldsymbol{e}^j v^n \boldsymbol{e}_n = u_i A^i{}_j v^j = v^j A_j{}^i u_i$$

Zusammenfassend ergeben sich für die Koordinatenmatrizen des Tensors zweiter Stufe $\boldsymbol{A}$ die folgende Beziehung:

$$[A^{ij}]^T = [A^{ji}] \quad [A_{ij}]^T = [A_{ji}]$$

$$[A^i{}_j]^T = [A_j{}^i] \quad [A_i{}^j]^T = [A^j{}_i]$$

- **Symmetrie und Schiefsymmmetrie des Tensors zweiter Stufe**:

Der Tensor $\boldsymbol{A}$ ist *symmetrisch*, wenn er die Gleichung

$$\boldsymbol{u} \cdot \boldsymbol{A}\boldsymbol{v} = \boldsymbol{v} \cdot \boldsymbol{A}\boldsymbol{u} \Longrightarrow \boldsymbol{A} = \boldsymbol{A}^T$$

erfüllt.
Der Tensor $\boldsymbol{A}$ ist *schiefsymmetrisch*, wenn er die Gleichung

$$\boldsymbol{u} \cdot \boldsymbol{A}\boldsymbol{v} = -\boldsymbol{v} \cdot \boldsymbol{A}\boldsymbol{u} \Longrightarrow \boldsymbol{A} = -\boldsymbol{A}^T$$

- **Spur des Tensors zweiter Stufe**:

Die Spur des Tensors zweiter Stufe ist ein Skalar, den man durch zweifache Verjüngung des Tensors mit seinen dualen Basen erhält. Für die Spur $Sp(\boldsymbol{A})$ des Tensor $\boldsymbol{A} = A^{ij} \boldsymbol{e}_i \otimes \boldsymbol{e}_j$ gilt dann:

$$\begin{aligned} Sp(\boldsymbol{A}) &= \boldsymbol{e}^k \cdot \boldsymbol{A}\boldsymbol{e}_k &= \delta^k{}_i A^{ij} g_{jk} &= A^{kj} g_{jk} \\ &= \boldsymbol{e}_k \cdot \boldsymbol{A}\boldsymbol{e}^k &= g_{ki} A^{ij} \delta_j{}^k &= g_{ki} A^{ik} \end{aligned}$$

Da die Matrix der Metrikkoeffozienten g_{jk} symmetrisch ist, erhält man für beide Verknüpfungsarten das gleiche Ergebnis. Für den Fall des kartesischen Basissystems gilt mit $g_{jk} = \delta_{jk}$

$$Sp(\boldsymbol{A}) = \boldsymbol{e}^k \cdot \boldsymbol{A}\,\boldsymbol{e}_k = \delta_{jk}A^{jk} = A^{11} + A^{22} + A^{33}$$

Im kartesischen Basissystem ist die Spur des Tensors die Summe der Diagonalelemente der Koordinatenmatrix.
Es sei noch eine Anmerkung zur bereits eingeführten zweifachen Verjüngung zweier Tensoren zweiter Stufe angefügt. Die Koordinatendarstellungen zeigen, dass man die Verknüpfung ebenfalls als Spur eines Tensorproduktes darstellen kann:

$$\boldsymbol{A} : \boldsymbol{B} = Sp(\boldsymbol{A}^T \boldsymbol{B}) \quad \text{und} \quad \boldsymbol{A} \cdot\cdot\, \boldsymbol{B} = Sp(\boldsymbol{A}\boldsymbol{B})$$

- **Kugeltensor und Deviator des Tensors zweiter Stufe:**

Gegeben sei der Tensor zweiter Stufe

$$\boldsymbol{A} = A^{ij}\,\boldsymbol{e}_i \otimes \boldsymbol{e}_j$$

Ferner sei der arithmetische Mittelwert der Diagonalglieder der Koordinatenmatrix

$$\bar{A} = \frac{1}{3}(A^{11} + A^{22} + A^{33}) = \frac{1}{3}Sp(\boldsymbol{A})$$

Dann kann die Koordinatenmatrix des Tensors wie folgt aufgeteilt werden:

$$[A^{ij}] = \underbrace{\begin{bmatrix} \bar{A} & 0 & 0 \\ 0 & \bar{A} & 0 \\ 0 & 0 & \bar{A} \end{bmatrix}}_{[A_K^{ij}]} + \underbrace{\begin{bmatrix} A^{11} - \bar{A} & A^{12} & A^{13} \\ A^{21} & A^{22} - \bar{A} & A^{13} \\ A^{31} & A^{32} & A^{33} - \bar{A} \end{bmatrix}}_{[A_D^{ij}]}$$

bzw. in Indexschreibweise

$$A_K^{ij} = \frac{1}{3}A^{kk}\delta^{ij} \quad \text{und} \quad A_D^{ij} = A^{ij} - \frac{1}{3}A^{kk}\delta^{ij}$$

Diese Aufteilung teilt die Koordinatenmatrix $[A^{ij}]$ in die kugeltensoriellen Koordinaten $[A_K^{ij}]$ des Kugeltensors $\boldsymbol{A}_K$ und in die deviatorischen Koordinaten $[A_D^{ij}]$ des Deviators $\boldsymbol{A}_D$ auf:

$$\boldsymbol{A} = \boldsymbol{A}_K + \boldsymbol{A}_D = A_K^{ij}\,\boldsymbol{e}_i \otimes \boldsymbol{e}_j + A_D^{ij}\,\boldsymbol{e}_i \otimes \boldsymbol{e}_j$$

Für die Spur der Tensoren gilt:

$$Sp(\boldsymbol{A}_K) = Sp(\boldsymbol{A}) \quad \text{und} \quad Sp(\boldsymbol{A}_D) = 0$$

- **Definitheit des Tensors zweiter Stufe**:

Die doppelte Verjüngung eines Tensors zweiter Stufe mit einem beliebigen Nullvektor $\boldsymbol{x} \neq \boldsymbol{0}$ von links und von rechts $\boldsymbol{x} \cdot \boldsymbol{A}\boldsymbol{x} = x^i A_{ij} x^j$, führt auf eine quadratische Form in den Variablen x^i:

$$\text{Man nennt den Tensor } \boldsymbol{A} \begin{cases} \textit{positiv semi-definit} \text{ wenn } \boldsymbol{x} \cdot \boldsymbol{A}\boldsymbol{x} \geq 0 \\ \textit{positiv definit} \text{ wenn } \boldsymbol{x} \cdot \boldsymbol{A}\boldsymbol{x} > 0 \\ \textit{negativ semi-definit} \text{ wenn } \boldsymbol{x} \cdot \boldsymbol{A}\boldsymbol{x} \leq 0 \\ \textit{negativ definit} \text{ wenn } \boldsymbol{x} \cdot \boldsymbol{A}\boldsymbol{x} < 0 \end{cases}$$

- **Tensoren höherer Stufe**:

Neben dem bereits eingeführten Permutationstensor $\boldsymbol{\varepsilon}$ dritter Stufe werden wir noch den Materialtensor verwenden, der ein Tensor vierter Stufe ist.
Allgemein kann ein Tensor n-ter Stufe stets als tensorielles Produkt von n Vektoren geschrieben werden.

$$\boldsymbol{T} = \boldsymbol{u} \otimes \boldsymbol{v} \otimes \boldsymbol{w} \otimes \boldsymbol{x} \cdots$$

Für den Tensor dritter Stufe heißt das

$$\boldsymbol{T} = \boldsymbol{u} \otimes \boldsymbol{v} \otimes \boldsymbol{w} = u^i v^j w^m \boldsymbol{e}_i \otimes \boldsymbol{e}_j \otimes \boldsymbol{e}_m = T^{ijm} \boldsymbol{e}_i \otimes \boldsymbol{e}_j \otimes \boldsymbol{e}_m \quad \text{mit} \quad T^{ijm} = u^i v^j w^m$$

Seine zweifache Verjüngung mit dem, im folgenden Abschnitt eingeführten Metriktensor $\boldsymbol{g} = g^{kl} \boldsymbol{e}_k \otimes \boldsymbol{e}_l$, ergibt einen Vektor

$$\begin{aligned} \boldsymbol{T} : \boldsymbol{g} &= (u^i v^j w^m \boldsymbol{e}_i \otimes \boldsymbol{e}_j \otimes \boldsymbol{e}_m) : (g^{kl} \boldsymbol{e}_k \otimes \boldsymbol{e}_l) \\ &= u^i v^j w^m g^{kl} (\boldsymbol{e}_i \otimes \boldsymbol{e}_j \otimes \boldsymbol{e}_m) : (\boldsymbol{e}_k \otimes \boldsymbol{e}_l) \\ &= u^i v^j w^m g^{kl} g_{jk} g_{ml} \boldsymbol{e}_i \\ &= u^i v^j g_{jm} w^m \boldsymbol{e}_i \\ &= \boldsymbol{u} (\boldsymbol{v} \cdot \boldsymbol{w}) \end{aligned}$$

Wir führen dieselbe Berechnung für den Tensor vierter Stufe durch. Für ihn gilt die Darstellung

$$\boldsymbol{A} = \boldsymbol{u} \otimes \boldsymbol{v} \otimes \boldsymbol{w} \otimes \boldsymbol{x} = u^i v^j w^m x^l \boldsymbol{e}_i \otimes \boldsymbol{e}_j \otimes \boldsymbol{e}_m \otimes \boldsymbol{e}_l = A^{ijml} \boldsymbol{e}_i \otimes \boldsymbol{e}_j \otimes \boldsymbol{e}_m \otimes \boldsymbol{e}_l$$

Die doppelte Verjüngung mit dem Metriktensor führt auf einen Tensor zweiter Stufe

$$\begin{aligned} \boldsymbol{A} : \boldsymbol{g} &= u^i v^j w^m x^l g^{rs} (\boldsymbol{e}_i \otimes \boldsymbol{e}_j \otimes \boldsymbol{e}_m \otimes \boldsymbol{e}_l) : (\boldsymbol{e}_r \otimes \boldsymbol{e}_s) \\ &= u^i v^j w^m g_{ml} x^l (\boldsymbol{e}_i \otimes \boldsymbol{e}_j) \\ &= (\boldsymbol{u} \otimes \boldsymbol{v})(\boldsymbol{w} \cdot \boldsymbol{x}) \end{aligned}$$

Der Tensor ist symmetrisch für $\boldsymbol{u} = \boldsymbol{v}$.
Im Hinblick darauf, dass der Materialtensor ein Tensor vierter Stufe ist und dessen Symmetrieeigenschaften für die Formulierung von Bedeutung sind, wollen wir diese hier nun untersuchen. Wir stellen den Materialtensor zunächst als tensorielles Produkt zweier Tensoren zweiter Stufe $\boldsymbol{A}$ und $\boldsymbol{B}$ dar:

$$\mathbb{C} = \boldsymbol{A} \otimes \boldsymbol{B}$$

Der Tensor ist ein vollständig symmetrischer Tensor, wenn gilt

$$\mathbb{C} = \boldsymbol{A} \otimes \boldsymbol{B} = \boldsymbol{A}^T \otimes \boldsymbol{B} = \boldsymbol{B} \otimes \boldsymbol{A} = \boldsymbol{B}^T \otimes \boldsymbol{A}$$

Die doppelte Verjüngung mit einem Tensor $\boldsymbol{E}$ zweiter Stufe führen wir in Koordinatendarstellung aus. Mit $\boldsymbol{A} = \boldsymbol{u} \otimes \boldsymbol{v}, \boldsymbol{B} = \boldsymbol{w} \otimes \boldsymbol{x}$ und $\boldsymbol{E} = \boldsymbol{a} \otimes \boldsymbol{b}$ erhält man

$$\begin{aligned} \mathbb{C} : (\boldsymbol{a} \otimes \boldsymbol{b}) &= (\boldsymbol{u} \otimes \boldsymbol{v} \otimes \boldsymbol{w} \otimes \boldsymbol{x}) : (\boldsymbol{a} \otimes \boldsymbol{b}) = u^i v^j w^k g_{km} a^m x^l g_{ln} b^n (\boldsymbol{e}_i \otimes \boldsymbol{e}_j) \\ &= u^i v^j (\boldsymbol{e}_i \otimes \boldsymbol{e}_j) w^k g_{km} a^m x^l g_{ln} b^n = (\boldsymbol{u} \otimes \boldsymbol{v})(\boldsymbol{w} \cdot \boldsymbol{a})(\boldsymbol{x} \cdot \boldsymbol{b}) \end{aligned}$$

Der Tensor $\mathbb{C}$ ist symmetrisch für $\boldsymbol{u} = \boldsymbol{v}$, bzw. $\boldsymbol{A} = \boldsymbol{A}^T$.
Am Ende dieses Abschnitts sei noch eine Anmerkung zur oben ausgeführten zweifachen Verknüpfung des Tensors dritter Stufe $\boldsymbol{T}$ mit dem Tensor zweiter Stufe $\boldsymbol{g}$ angefügt. Wir hatten logischerweise die nächstliegenden Basissysteme $(\cdots \boldsymbol{e}_j \otimes \boldsymbol{e}_m) : (\boldsymbol{e}_k \otimes \boldsymbol{e}_l)$ mit dem Operator verknüpft. Offensichtlich wäre auch eine andere Verknüpfungsart, $(\boldsymbol{e}_i \otimes \boldsymbol{e}_j \cdots) : (\boldsymbol{e}_k \otimes \boldsymbol{e}_l)$ möglich. Man prüft leicht nach, dass man dann als Ergebnis $(\boldsymbol{u} \cdot \boldsymbol{v})\boldsymbol{w}$ erhält. Tensoren höherer Stufe lassen verschiedene Möglichkeiten der Verknüpfung zu (siehe auch [11]), die auf unterschiedliche Ergebnisse führen. Im Einzelfall sollte deshalb genau definiert werden, welche Art der Verknüpfung vorzunehmen ist. In unseren Anwendungen werden wir stets, wie in den Beispielen dargestellt, die nächstliegenden Basissysteme verknüpfen.

1.6 Transformation von Tensoren

Wie schon erwähnt, ist das lineare bzw. affine Transformationsverhalten für einen Tensor charakteristisch. Durch Wechseln des Basissystems erhält man die zum neuen Basissystem gehörigen Koordinaten des Tensors. Beim Tensor n-ter Stufe können demnach n Basissysteme gewechselt werden. Jeder Basiswechsel ist in gleicher Weise durchzuführen und erfordert eine lineare Transformation. Die Gleichartigkeit der Transformation erlaubt uns den Rechengang am Beispiel des Tensors 1. Stufe bzw. des Vektors aufzuzeigen.

Gegeben ist die Basis $\boldsymbol{e}_i$ und eine zweite davon verschiedene Basis $\boldsymbol{E}_J$, für die wir hier, aus Gründen der Übersichtlichkeit, großgeschriebene Symbole und Indizes verwenden wollen. Für die Koordinatendarstellung des Vektors $\boldsymbol{a}$ in den beiden Basissystemen können wir dann schreiben

$$\boldsymbol{a} = a^i \boldsymbol{e}_i \quad \text{und} \quad \boldsymbol{a} = A^J \boldsymbol{E}_J \tag{1.32}$$

Wir nehmen nun an, dass die Koordinaten in einer Basis bekannt sind und die Koordinaten in einer anderen Basis gesucht werden. Wir lösen diese Aufgabe, indem wir mit Hilfe der dualen Basis die unbekannten Koordinaten freilegen. Das in Klammern gesetzte Skalarprodukt definiert dann die Transformationsmatrix, die wir nachfolgend mit einem c bezeichnen und entsprechend der zugehörigen Transformation mit Indizes versehen.

- **Transformation der Koordinaten**:

Es seien die kontravarianten Koordinaten A^J bekannt und die kontravarianten Koordinaten a^i gesucht. Dazu bilden wir das Skalarprodukt der Gleichung (1.32) von links mit der kontravarianten Basis $\boldsymbol{e}^k$:

$$\boldsymbol{e}^k \cdot \boldsymbol{a} = \begin{cases} \boldsymbol{e}^k \cdot a^i \boldsymbol{e}_i = a^i (\boldsymbol{e}^k \cdot \boldsymbol{e}_i) = a^i \delta^k{}_i = a^k \\ \boldsymbol{e}^k \cdot A^J \boldsymbol{E}_J = (\boldsymbol{e}^k \cdot \boldsymbol{E}_J) A^J = c^k{}_J A^J \end{cases} \Longrightarrow a^k = c^k{}_J A^J \tag{1.33}$$

Analog verfährt man für die umgekehrte Transformationsrichtung und multipliziert mit $\boldsymbol{E}_K$ von links durch:

$$\boldsymbol{E}^K \cdot \boldsymbol{a} = \begin{cases} \boldsymbol{E}^K \cdot A^J \boldsymbol{E}_J = A^J (\boldsymbol{E}^K \cdot \boldsymbol{E}_J) = A^J \delta^K{}_J = A^K \\ \boldsymbol{E}^K \cdot a^i \boldsymbol{e}_i = (\boldsymbol{E}^K \cdot \boldsymbol{e}_i) a^i = c^K{}_i \, a^i \end{cases} \Longrightarrow A^K = c^K{}_i \, a^i \tag{1.34}$$

Man beachte die Stellung und Groß/Kleinschreibung der Indizes der Transformationsmatrizen, die deren Abbildungsgesetz anzeigen. Es handelt sich um lineare Transformationen, da die beteiligten Basisvektoren $\boldsymbol{e}_i, \boldsymbol{e}^k, \boldsymbol{E}_J, \boldsymbol{E}^K$ linear in die Transformationsmatrizen $c^k{}_J, c^K{}_i$ eingehen. Eine andere Sichtweise spricht von einer linearen Abbildung der Vektorkoordinaten. Die Koordinaten eines Vektors in der einen Basis werden in die Koordinaten bezüglich der neuen Basis abgebildet. Der Vektor bleibt aber derselbe.

Ergänzt man die Koordinatendarstellung des Vektors (1.32) noch um die zwei Darstellungen in den dualen Basen

$$\boldsymbol{a} = a_i \boldsymbol{e}^i \quad \text{und} \quad \boldsymbol{a} = A_J \boldsymbol{E}^J$$

so kann man insgesamt 8 Transformationsbeziehungen angeben, die alle auf dieselbe Weise aufzustellen sind:

$$\begin{array}{ll} a^k = (\boldsymbol{e}^k \cdot \boldsymbol{E}_J) A^J = c^k{}_J A^J & a^k = (\boldsymbol{e}^k \cdot \boldsymbol{E}^J) A_J = c^{kJ} A_J \\ a_k = (\boldsymbol{e}_k \cdot \boldsymbol{E}_J) A^J = c_{kJ} A^J & a_k = (\boldsymbol{e}_k \cdot \boldsymbol{E}^J) A_J = c_k{}^J A_J \\ A^J = (\boldsymbol{E}^J \cdot \boldsymbol{e}_k) a^k = c^J{}_k a^k & A^J = (\boldsymbol{E}^J \cdot \boldsymbol{e}^k) a_k = c^{Jk} a_k \\ A_J = (\boldsymbol{E}_J \cdot \boldsymbol{e}_k) a^k = c_{Jk} a^k & A_J = (\boldsymbol{E}_J \cdot \boldsymbol{e}^k) a_k = c_J{}^k a_k \end{array}$$

Zur besseren Übersicht bringen wir die Transformationsbeziehungen (1.33) und (1.34) in Matrizenform. Dabei nehmen die Indizes die Werte $1-3$ an. Entsprechend der Matrizennotation läuft der erste Index in Zeilenrichtung vertikal, und der zweite Index läuft in Spaltenrichtung horizontal. Wir erhalten für Gleichung (1.33)

$$[a^i] = [c^i{}_J]\,[A^J] \Rightarrow \begin{bmatrix} a^1 \\ a^2 \\ a^3 \end{bmatrix} \overset{i}{=\downarrow} \overset{J \longrightarrow}{\begin{bmatrix} \boldsymbol{e}^1 \cdot \boldsymbol{E}_1 & \boldsymbol{e}^1 \cdot \boldsymbol{E}_2 & \boldsymbol{e}^1 \cdot \boldsymbol{E}_3 \\ \boldsymbol{e}^2 \cdot \boldsymbol{E}_1 & \boldsymbol{e}^2 \cdot \boldsymbol{E}_2 & \boldsymbol{e}^2 \cdot \boldsymbol{E}_3 \\ \boldsymbol{e}^3 \cdot \boldsymbol{E}_1 & \boldsymbol{e}^3 \cdot \boldsymbol{E}_2 & \boldsymbol{e}^3 \cdot \boldsymbol{E}_3 \end{bmatrix}} \begin{bmatrix} A^1 \\ A^2 \\ A^3 \end{bmatrix} \tag{1.35}$$

und für Gleichung (1.34)

$$[A^J] = [c^J{}_i]\,[a^i] \Rightarrow \begin{bmatrix} A^1 \\ A^2 \\ A^3 \end{bmatrix} \overset{J}{=\downarrow} \overset{i \longrightarrow}{\begin{bmatrix} \boldsymbol{E}^1 \cdot \boldsymbol{e}_1 & \boldsymbol{E}^1 \cdot \boldsymbol{e}_2 & \boldsymbol{E}^1 \cdot \boldsymbol{e}_3 \\ \boldsymbol{E}^2 \cdot \boldsymbol{e}_1 & \boldsymbol{E}^2 \cdot \boldsymbol{e}_2 & \boldsymbol{E}^2 \cdot \boldsymbol{e}_3 \\ \boldsymbol{E}^3 \cdot \boldsymbol{e}_1 & \boldsymbol{E}^3 \cdot \boldsymbol{e}_2 & \boldsymbol{E}^3 \cdot \boldsymbol{e}_3 \end{bmatrix}} \begin{bmatrix} a^1 \\ a^2 \\ a^3 \end{bmatrix} \tag{1.36}$$

Die Transformationsbeziehung (1.35) transformiert die Koordinaten eines Vektors bezüglich der Basis $\boldsymbol{E}_I$ in die Koordinaten bezüglich der neuen Basis $\boldsymbol{e}_i$. Die zweite Gleichung (1.36) führt die Transformation in umgekehrter Richtung aus. Daraus ergibt sich, dass die eine Transformationsmatrix die *inverse* der anderen sein muss, was durch Einsetzen von Gleichung (1.36) in Gleichung (1.35) bestätigt wird:

$$a^i = c^i{}_J\, c^J{}_j\, a^j = \delta^i{}_j a^j \quad \text{wenn} \quad c^i{}_J\, c^J{}_j = \delta^i{}_j$$

also

$$[c^j{}_J]^{-1} = [c^J{}_j] \tag{1.37}$$

Der Wechsel der Hoch- Tiefstellung der Indizes ist also gleichbedeutend mit der Inversion der Matrix.

- **Transformation der Basis**:

Um zu zeigen, wie sich die Basisvektoren transformieren, gehen wir von einem Ansatz aus, den wir analog zu den Gleichungen (1.33) und (1.34) für die gleich indizierten Basisvektoren aufbauen und isolieren die Transformationsmatrix durch

Multiplikation mit der dualen Basis:

$$\begin{aligned} e^k = b^k{}_J E^J \quad &\Rightarrow \quad e^k \cdot E_M = b^k{}_J E^J \cdot E_M = b^k{}_J \delta^J{}_M = b^k{}_M \\ E^K = b^K{}_i e^i \quad &\Rightarrow \quad E^K \cdot e_j = b^K{}_i e^i \cdot e_j = b^K{}_i \delta^i{}_j = b^K{}_j \end{aligned} \tag{1.38}$$

Ein Vergleich mit den Gleichungen (1.33) und (1.34) zeigt, dass $b^k{}_J = c^k{}_J$ und $b^K{}_j = c^K{}_j$ gilt und damit transformieren sich die Basisvektoren, wie die Koordinaten mit gleicher Indexstellung. Auf die Darstellung der Transformationsbeziehungen für die dualen Koordinaten und Vektoren, die in gleicher Weise ablaufen, wollen wir hier verzichten. Wir stellen also fest:

> Die kovarianten Basisvektoren transformieren sich wie die kovarianten Koordinaten und die kontravarianten Basisvektoren transformieren sich wie die kontravarianten Koordinaten. Basisvektoren und Koordinaten mit gleicher Indexstellung transformieren sich kogredient.

- **Transformation von Tensoren höherer Stufe**:

Es ist nun sehr einfach, die Transformationsbeziehungen auf Tensoren höherer Stufe zu erweitern. Als Beispiel führen wir die Transformation für einen Tensor zweiter Stufe aus. In den zwei Basissystemen hat er die Koordinatendarstellung

$$A = A^{ij} e_i \otimes e_j \quad \text{und} \quad A = \overline{A}^{MN} E_M \otimes E_N$$

wobei wir nun annehmen, dass die Koordinaten im Basissystem e_i bekannt sind. Durch zweifache Verjüngung mit den dualen Basen E^K legen wir die gesuchten Koordinaten $\overline{A}^{IJ}$ frei:

$$E^I \cdot A E^J = \begin{cases} \overline{A}^{MN}(E^I \cdot E_M)(E^J \cdot E_N) & = \delta^I{}_M \overline{A}^{MN} \delta^J{}_N \\ A^{ij}(E^I \cdot e_i)(E^J \cdot e_j) & = c^I{}_i A^{ij} c^J{}_j \end{cases} \quad \Longrightarrow \quad \overline{A}^{IJ} = c^I{}_i A^{ij} c^J{}_j$$

In Matrizenform können wir für die Transformation also schreiben

$$[\overline{A}^{IJ}] = [c^I{}_i]\,[A^{ij}][c^J{}_j]^T \tag{1.39}$$

Der Umstand, dass rechts die Transponierte steht, beruht nur auf der Verknüpfung der Zeilenvektoren links mit den Spaltenvektoren rechts bei der Matrizenmultiplikation. Für die Indexschreibweise der Tensorrechnung ist die Verknüpfung über die Indizes eindeutig festgelegt. Die Reihenfolge der Faktoren spielt wegen der Kommutativität der skalaren Multiplikation keine Rolle.
Bezüglich der Transformation von Tensoren beliebiger Stufe stellen wir also fest:

Jeder Koordinatenindex eines Tensors transformiert sich wie der entsprechende Koordinatenindex eines Vektors.

Einen einfachen Spezialfall stellt die Transformation zwischen orthogonalen Basen dar. Diese Transformation zeichnet sich dadurch aus, dass das Basissystem über eine reine Drehung in die neue Lage überführt wird. In diesem Fall darf sich also das Skalarprodukt der Basisvektoren desselben Basissystems untereinander nicht ändern, was bedeutet, dass die Metrikkoeffizienten unverändert bleiben müssen.
Wir geben die Transformationsbeziehung $\boldsymbol{e}_j = c_j{}^I \boldsymbol{E}_I$ vor. Mit den Metrikkoeffizienten der Ausgangsbasis $\boldsymbol{E}_I \cdot \boldsymbol{E}_J = G_{IJ}$ gilt dann für die Metrikkoeffizienten der transformierten Basis[7]

$$g_{ij} = \boldsymbol{e}_i \cdot \boldsymbol{e}_j = c_i{}^I \boldsymbol{E}_I \cdot c_j{}^J \boldsymbol{E}_J = c_i{}^I G_{IJ} c_j{}^J \quad \text{und} \quad [g_{ij}] = [c_i{}^I][G_{IJ}][c_j{}^J]^T$$

Wenn die Ausgangsbasis $\boldsymbol{E}_I$ eine orthonormierte Basis ist, dann gilt $G_{IJ} = \delta_{IJ}$ und, da die Metrikkoeffizienten bei der Transformation erhalten bleiben sollen, auch $g_{ij} = \delta_{ij}$:

$$\delta_{ij} = c_i{}^I \delta_{IJ} c_j{}^J \quad [\delta_{ij}] = [c_i{}^I][\delta_{IJ}][c_j{}^J]^T$$

Mit den Bezeichnungen $[c_i{}^I] = \mathbf{R}$ für die Transformationsmatrix und $[\delta_{ij}] = [\delta_{IJ}] = \mathbf{I}$ für die Einheits- oder Einsmatrix stellt sich der Sachverhalt in folgender Form dar

$$\mathbf{I} = \mathbf{R}\mathbf{R}^\mathbf{T} \quad \text{das heißt} \quad \mathbf{R}^\mathbf{T} = \mathbf{R}^{-1}$$

Die Inverse der Transformationsmatrix $\mathbf{R}$ ist für diesen Fall einfach die Transponierte. Die Matrix $\mathbf{R}$ ist die Koordinatenmatrix eines *orthogonalen Tensors*, da bei reiner Drehung die Orthogonalität und Normierung der Basisvektoren erhalten bleiben. Mit der bereits verwendeten Determinantenregel eines Matrixproduktes $\det(\mathbf{R}\mathbf{R}^T) = \det(\mathbf{R})\det(\mathbf{R}^T)$ und $\det(\mathbf{R}) = \det(\mathbf{R}^T)$ wird die Determinate $\det(\mathbf{R}) = \pm 1$. Ist die Determinate +1, dann heißt der Tensor *eigentlich orthogonaler Tensor* und man spricht von einer *eigentlich orthogonalen Transformation.* In diesem Fall bleibt auch der Schraubungssinn des Dreibeins bei der Transformation erhalten und man hat es mit einer *reinen Drehung* zu tun. Im anderen Fall wird der Drehsinn geändert, was einer Drehung mit Spiegelung entspricht.

[7] Ein Vergleich mit der Transformationsbeziehung (1.39) zeigt, dass sich die Metrikkoeffizienten wie die Koordinaten eines Tensors zweiter Stufe transformieren. Daher fasst man sie im Metriktensor $\boldsymbol{G} = G^{IJ} \boldsymbol{E}_I \otimes \boldsymbol{E}_J$ zusammen. Der gemischt ko-kontravariante Metriktensor ist dann der Einheitstensor oder Einstensor $\boldsymbol{I} = \delta^I{}_J \boldsymbol{E}_I \otimes \boldsymbol{E}^J$.

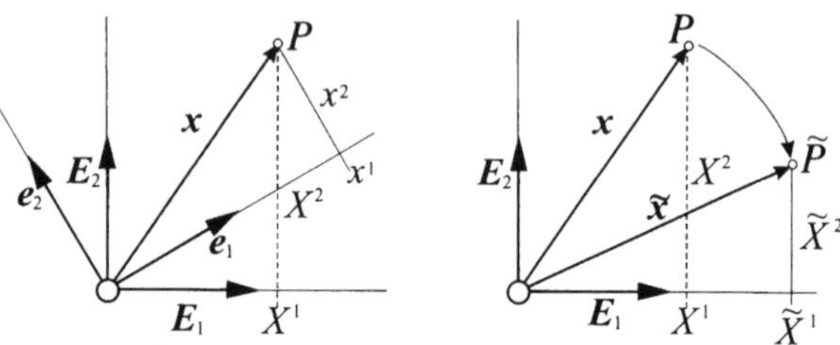

Abb. 1.3 Linkes Bild: Koordinatentransformation. Rechtes Bild: lineare Abbildung.

Die Richtigkeit der gemachten Aussagen können wir abschließend anhand der Transformationsbeziehungen (1.35) und (1.36) verifizieren. Für den Fall, dass die beiden Basissysteme $\boldsymbol{e}_i$ und $\boldsymbol{E}_J$ orthonormiert sind, gilt $\boldsymbol{e}_i = \boldsymbol{e}^i$ und $\boldsymbol{E}_J = \boldsymbol{E}^J$. Berücksichtigt man dies, so bestätigt sich sofort, dass die beiden Transformationen mit transponierten Transformationsmatrizen ablaufen. Ferner folgt aus der Berechnung der Skalarprodukte nach Gleichung (1.13) wegen $|\boldsymbol{e}_i| = |\boldsymbol{E}_I| = 1$, dass die Transformationsmatrix aus den Kosinus zwischen den Basisvektoren der gedrehten Basis und den Basisvektoren der ungedrehten Basis gebildet wird:

$$[c_i{}^I] := \mathbf{R} = \overset{i}{\downarrow} \overset{I \longrightarrow}{\begin{bmatrix} \cos(\boldsymbol{e}_1,\boldsymbol{E}_1) & \cos(\boldsymbol{e}_1,\boldsymbol{E}_2) & \cos(\boldsymbol{e}_1,\boldsymbol{E}_3) \\ \cos(\boldsymbol{e}_2,\boldsymbol{E}_1) & \cos(\boldsymbol{e}_2,\boldsymbol{E}_2) & \cos(\boldsymbol{e}_2,\boldsymbol{E}_3) \\ \cos(\boldsymbol{e}_3,\boldsymbol{E}_1) & \cos(\boldsymbol{e}_3,\boldsymbol{E}_2) & \cos(\boldsymbol{e}_3,\boldsymbol{E}_3) \end{bmatrix}} \tag{1.40}$$

Infolge der Transformation ändern sich i.a. die Koordinaten des Tensors. Es gibt aber auch Tensoren, deren Koordinaten sich bei einer orthogonalen Transformation nicht ändern. Ein Beispiel hierfür ist der Materialtensor für das isotrope Material, der unabhängig vom Basissystem immer die gleichen Koordinaten hat.

> Ein Tensor, dessen Koordinaten sich bei einer orthogonalen Transformation nicht ändern heißt *isotroper Tensor*.

Am Ende dieses Abschnittes soll der Unterschied zwischen einer Koordinatentransformation und einer linearen Abbildung verdeutlicht werden. Dazu soll uns die Abbildung 1.3 dienen, in der beide Transformationen für den Ortsvektor $\boldsymbol{x}$, im kartesischen Bezugssystem, dargestellt sind.

Für die soeben behandelte Koordinatentransformation fassen wir nur das Wichtigste zusammen. Bei der Koordinatentransformation gehen wir davon aus, dass die Koordinaten in einem Bezugssystem bekannt sind. In unserer Abbildung sind dies die Koordinaten X^I des Ortsvektors $\boldsymbol{x}$ des Bildpunktes P im Bezugssystem $\boldsymbol{E}_I$. Die Koordinaten x^i im gedrehten Bezugssystem $\boldsymbol{e}_i$ folgen aus einer linearen

Transformation entsprechend der Gleichung (1.33) mit der Transformationsmatrix nach Gleichung (1.40). Bei der Koordinatentransformation wird ein Bezugssystemwechsel vorgenommen, was auf neue Koordinaten führt. Der Vektor bleibt in seiner Lage erhalten. Im neuen Bezugssystem $\boldsymbol{e}_i$ bildet der Vektor mit seinen Koordinaten das farblich unterlegte Koordinatendreieck.
Das rechte Bild der Abbildung 1.3 veranschaulicht die Abbildung des Ortsvektors $\boldsymbol{x}$ in den neuen Ortsvektor $\tilde{\boldsymbol{x}}$. Dadurch wird der Bildpunkt P in den neuen Bildpunkt $\tilde{P}$ abgebildet, was aus einer Drehung des Ortsvektors folgt. Für die Abbildung wurde die gleiche Transformationsmatrix verwendet. Dementsprechend wurden die Koordinaten X^I in dieselben Koordinaten x^i, wie bei obiger Koordinatentransformation, transformiert. Da bei der Abbildung aber kein Basiswechsel von $\boldsymbol{E}_I$ nach $\boldsymbol{e}_i$ vorgenommen wird, werden die neuen Koordinaten x^i als die Koordinaten $\tilde{X}^I$ im Bezugssystem $\boldsymbol{E}_I$ eingezeichnet. In der obigen Darstellung zeigt sich diese Vorgehensweise in der Deckungsgleichheit der farblich unterlegten Koordinatendreiecke.

1.7 Tensordarstellung im Hauptachsensystem

Wir betrachten ausschließlich Tensoren zweiter Stufe, die die Eigenschaft der Symmetrie besitzen und nur reelle Koordinaten haben sollen. Diese Beschränkungen vereinfachen die nachfolgenden Ausführungen, ohne dass sie uns einen Nachteil bringen werden, da die wichtigen, in der Kontinuumsmechanik vorkommenden Tensoren, diese Eigenschaften aufweisen und auch in numerischen Berechnungsverfahren vorzugsweise symmetrische Tensoren verwendet werden.

Es sei also $\boldsymbol{T}$ ein symmetrischer Tensor zweiter Stufe im dreidimensionalen Raum, der einen bestimmten physikalischen Zustand, z. B. den Spannungs- oder Verzerrungszustand beschreiben soll. Für den Tensor $\boldsymbol{T}$ wählen wir nun das kartesische Vektortripel $\boldsymbol{e}_i$ als Basissystem, welches in der Ausgangssituation mit dem raumfesten kartesischen Basissystem $\boldsymbol{e}_i$ identisch sein soll. Der Tensor hat neun Koordinaten, die die Koordinatenmatrix des Tensors bilden. Diese hat die Dimension (3x3) und hat aufgrund der Symmetrie maximal 6 unabhängige Koordinaten:

$$\boldsymbol{T} = \left.\begin{matrix} T^{11}\boldsymbol{e}_1\otimes\boldsymbol{e}_1 & + & T^{12}\boldsymbol{e}_1\otimes\boldsymbol{e}_2 & + & T^{13}\boldsymbol{e}_1\otimes\boldsymbol{e}_3 & + \\ T^{12}\boldsymbol{e}_2\otimes\boldsymbol{e}_1 & + & T^{22}\boldsymbol{e}_2\otimes\boldsymbol{e}_2 & + & T^{23}\boldsymbol{e}_2\otimes\boldsymbol{e}_3 & + \\ T^{13}\boldsymbol{e}_3\otimes\boldsymbol{e}_1 & + & T^{23}\boldsymbol{e}_3\otimes\boldsymbol{e}_2 & + & T^{33}\boldsymbol{e}_3\otimes\boldsymbol{e}_3 & \end{matrix}\right\} = T^{ij}\boldsymbol{e}_i\otimes\boldsymbol{e}_j$$

mit $T^{ij} = T^{ji}$. In Abhängigkeit von der Wahl des Basissystems $\boldsymbol{e}_i$ ändern sich die Koordinaten, wobei die Symmetrie der Koordinatenmatrix aber stets erhalten bleibt, da die Transformation eine symmetrische Operation ist. Man kann sich nun vorstellen, dass man das Basissystem $\boldsymbol{e}_i$ im Raum solange dreht, bis die Koordinatenmatrix zur Diagonalmatrix wird. Der reinen Drehung entspricht dann eine orthogonale Transformation nach Gleichung (1.39), bei der die kartesische Ausgangsbasis in die neue Basis, in das so genannte *Hauptachsensystem* überführt wird. Das Hauptachsensystem definiert die *Hauptrichtungen* und die zugehörigen Koordinaten sind die *Hauptwerte* des Tensors. Beim Spannungstensor spricht man von den Hauptspannungsrichtungen in denen die Hauptspannungen wirken. Die Degeneration der Koordinatenmatrix zur Diagonalform entspricht im mathematischen Sinn einer *Hauptachsentransformation* des Tensors. Für eine reell symmetrische Koordinatenmatrix ist diese Transformation stets möglich und führt dabei auf reelle Hauptwerte. Das Auffinden der Diagonalform einer Matrix ist eine in der Linearen Algebra bekannte Aufgabe, die als *Eigenwertaufgabe* bezeichnet wird. Die Eigenwertaufgabe liefert als Ergebnis die *Eigenvektoren*, die die Hauptrichtungen definieren, und die *Eigenwerte*, die die Elemente der Koordinatenmatrix in Diagoalform darstellen und somit den Hauptwerten des Tensors entsprechen. Es kann gezeigt werden, dass ein symmetrischer Tensor mit reellen Koordinaten nur reelle Eigenwerte besitzt. Auf den Beweis wollen wir hier verzichten und verweisen stattdessen auf die Literatur (z. B. [27]). Zu jedem Eigenwert gehört eine Eigenrichtung, die aber nur für den Fall unterschiedlicher Eigenwerte eindeutig bestimmt ist. Sind zwei Eigenwerte gleich, so ist jede zum dritten Eigenvektor orthogonale Richtung eine Eigenrichtung. Damit ist der Eigenvektor der Normalenvektor auf der Ebene, in der die zwei, zu den gleichen Eigenwerten gehörigen, beliebig orientierten Eigenvektoren, liegen. Sind alle Eigenvektoren gleich, so ist jede Richtung Eigenrichtung.

Ist $\boldsymbol{e}_i$ das Hauptachsensystem des Tensors $\boldsymbol{T}$. Dann können wir mit $T^{ij} = 0$ für $i \neq j$ vereinfacht schreiben

$$\boldsymbol{T} = T^{11}\,\boldsymbol{e}_1 \otimes \boldsymbol{e}_1 + T^{22}\,\boldsymbol{e}_2 \otimes \boldsymbol{e}_2 + T^{33}\,\boldsymbol{e}_3 \otimes \boldsymbol{e}_3 \tag{1.41}$$

Durch Drehen des Basissystems ist aus dem Tripel der Vektoren $\boldsymbol{e}_i$ das Tripel der Eigenvektoren geworden, was wir durch eine neue Bezeichnung deutlich machen wollen. In Anlehnung an die Notation des Eigenwertproblems der Linearen Algebra werden die Hauptwerte mit λ bezeichnet, und für die Eigenvektoren schreiben wir $\boldsymbol{n}$

$$\boldsymbol{T} = \lambda_1\,\boldsymbol{n}^1 \otimes \boldsymbol{n}^1 + \lambda_2\,\boldsymbol{n}^2 \otimes \boldsymbol{n}^2 + \lambda_3\,\boldsymbol{n}^3 \otimes \boldsymbol{n}^3$$

Infolge des Wechsels von der zweifachen zur einfachen Indizierung des Hauptwertes, fehlt jetzt ein Summationsindex, sodass pro Summenglied drei gleiche

Indizes vorkommen. In diesem Fall wird durch Einklammern der Indizes die Summationskonvention aufgehoben, oder die Summation durch das Summenzeichen angezeigt. Da die normierten Eigenvektoren ein orthonormales Tripel darstellen, fallen die ko- und kontravarianten Eigenvektoren zusammen $\boldsymbol{n}^\alpha = \boldsymbol{n}_\alpha$, und man hat die freie Wahl für die Position des Index, den man je nach Bedarf hoch- oder tiefgestellt setzen kann. Auf diese Weise kommt man zur Tensordarstellung

$$\boldsymbol{T} = \sum_{\alpha=1}^{3} \lambda_\alpha \boldsymbol{n}^\alpha \otimes \boldsymbol{n}^\alpha \tag{1.42}$$

in der sich der Tensor als Linearkombination von drei, als dyadisches Produkt von den Eigenvektoren aufgespannten Tensoren dargestellt, mit dem zugehörigen Eigenwert als Linearfaktor. Der vom Eigenvektor gebildete Tensor heißt *Eigentensor*. In der kompakten Schreibweise (1.42) ist die physikalische Aussage des Tensors, durch die 3 Eigenwerte λ_α und die zugehörigen Eigenvektoren $\boldsymbol{n}^\alpha$, auf das Wesentliche reduziert und ausgedrückt. Der Eigentensor, den wir mit $\boldsymbol{Q}^\alpha$ bezeichnen wollen, besitzt spezielle Eigenschaften, die wir als nächstes zusammenstellen. Mit der Koordinatendarstellung $\boldsymbol{n}^\alpha = n^{\alpha i}\boldsymbol{e}_i$ der Eigenvektoren erhält man für die Koordinatenmatrix des Eigentensors

$$[\boldsymbol{Q}^\alpha] = [\boldsymbol{n}^\alpha \otimes \boldsymbol{n}^\alpha] = \begin{bmatrix} n^{\alpha 1}n^{\alpha 1} & n^{\alpha 1}n^{\alpha 2} & n^{\alpha 1}n^{\alpha 3} \\ n^{\alpha 2}n^{\alpha 1} & n^{\alpha 2}n^{\alpha 2} & n^{\alpha 2}n^{\alpha 3} \\ n^{\alpha 3}n^{\alpha 1} & n^{\alpha 3}n^{\alpha 2} & n^{\alpha 3}n^{\alpha 3} \end{bmatrix} .$$

Die Koordinatenmatrix eines Eigentensors hat nur eine linear unabhängige Zeile und damit den Rang 1. Dieser Sachverhalt wird noch deutlicher in der Hauptachsendarstellung, in der das Basissystem $\boldsymbol{e}_i$ für die Eigenvektoren mit den Eigenvektoren zusammenfällt. Dann gilt für die Koordinatendarstellung der Eigenvektoren $\boldsymbol{n}^\alpha = \delta^{\alpha i}\boldsymbol{e}_i$, und im α-ten Eigentensor ist nur das α-te Diagonalelement 1 und jedes andere Element 0. Die Orthonormierung der Eigenvektoren $\boldsymbol{n}^\alpha \cdot \boldsymbol{n}_\beta = \delta^\alpha{}_\beta$ hat aber noch weitere wichtige Konsequenzen:

$$\boldsymbol{Q}^\alpha \cdot \boldsymbol{Q}^\beta = \boldsymbol{n}^\alpha \otimes \underbrace{\boldsymbol{n}^\alpha \cdot \boldsymbol{n}^\beta}_{\delta^{\alpha\beta}} \otimes \boldsymbol{n}^\beta = \begin{cases} \boldsymbol{Q}^\alpha & \text{für} \quad \alpha = \beta \\ \boldsymbol{0} & \text{für} \quad \alpha \neq \beta \end{cases}$$

Die Verjüngung eines Eigentensors mit einem anderen Eigentensor liefert den Nulltensor und mit dem Eigentensor selber liefert sie den Eigentensor zurück. Damit ergeben auch Potenzen des Eigentensors wieder den Eigentensor und die Summe der drei Eigentensoren ergibt den Einheitstensor. Letzteres bestätigt sich in allgemeiner Form durch Verjüngung eines Tensors mit der Summe seiner Eigentensoren:

$$\boldsymbol{T}\cdot\sum_{\beta=1}^{3}\boldsymbol{Q}^{\beta} = \sum_{\alpha,\beta=1}^{3}\lambda_{\alpha}\boldsymbol{n}^{\alpha}\otimes\underbrace{\boldsymbol{n}^{\alpha}\cdot\boldsymbol{n}^{\beta}}_{\delta^{\alpha\beta}}\otimes\boldsymbol{n}^{\beta}$$

$$= \sum_{\alpha=1}^{3}\lambda_{\alpha}\boldsymbol{n}^{\alpha}\otimes\boldsymbol{n}^{\alpha} \Rightarrow (\sum_{\beta=1}^{3}\boldsymbol{Q}^{\beta})^{m} = \boldsymbol{I}^{m} \Rightarrow \sum_{\beta=1}^{3}\boldsymbol{n}^{\beta}\otimes\boldsymbol{n}^{\beta} = \boldsymbol{I}$$

Es stellt sich nun die Frage, wie man das Eigenwertproblem mathematisch lösen kann. Eine Lösungsmöglichkeit besteht darin, die Koordinatenmatrix einem numerischen Eigenwertalgorithmus zu unterwerfen, der die Eigenwerte und die zugehörigen Eigenrichtungen berechnet. Die wohl bekanntesten Verfahren sind das Verfahren nach Jacobi, welches dem obigen Gedankenexperiment folgend, durch Drehen der Basisvektoren die Hauptachsenlage aufsucht, oder das Iterationsverfahren nach v. Mises, welches die Abbildung der Vektoren durch die Koordinatenmatrix des Tensors verfolgt, wobei sich der Eigenvektor mit dem größten Eigenwert am stärksten streckt und bei mehrfacher Wiederholung dominiert. Dieser Weg entspricht der Verjüngung des Tensors mit einem Vektor. Im Falle des Eigenvektors wird dieser mit gestreckter Länge in sich selber abgebildet:

$$\boldsymbol{T}\cdot\boldsymbol{n}_{\beta} = \sum_{\alpha=1}^{3}\lambda_{\alpha}\boldsymbol{n}^{\alpha}\otimes\boldsymbol{n}^{\alpha}\cdot\boldsymbol{n}_{\beta} = \sum_{\alpha=1}^{3}\lambda_{\alpha}\boldsymbol{n}^{\alpha}\delta^{\alpha}{}_{\beta} = \lambda_{\beta}\boldsymbol{n}^{\beta} \tag{1.43}$$

Diese Beziehung liefert die analytische Lösung des Eigenwertproblems der Linearen Algebra in bekannter Form. Dazu wird der Eigenvektor ausgeklammert und die Beziehung in Koordinatendarstellung aufgeschrieben:

$$(\boldsymbol{T}-\lambda_{(\alpha)}\boldsymbol{I})\cdot\boldsymbol{n}^{(\alpha)} = \boldsymbol{0} \quad\Rightarrow\quad (T^{ij}-\lambda_{(\alpha)}\delta^{ij})n^{(\alpha)}{}_{j} = 0 \quad \text{für} \quad \alpha = 1,2,3 \tag{1.44}$$

Das erhaltene, homogene Gleichungssystem hat genau dann nichttriviale Lösungen $n_j = n^{(\alpha)}{}_j$, wenn die Koeffizientendeterminate mit dem unbekannten Parameter $\lambda = \lambda_\alpha$ zu Null wird:

$$\det(T^{ij}-\lambda\delta^{ij}) = \begin{vmatrix} (T^{11}-\lambda) & T^{12} & T^{13} \\ T^{21} & (T^{22}-\lambda) & T^{23} \\ T^{31} & T^{32} & (T^{33}-\lambda) \end{vmatrix} = 0 \tag{1.45}$$

Die Entwicklung der Determinate führt auf eine kubische Gleichung, die *charakteristische Gleichung* des Tensors zweiter Stufe:

$$\lambda^3 - I_1\lambda^2 + I_2\lambda - I_3 = 0 \tag{1.46}$$

Da die Eigenwerte λ basisunabhängige Skalare sind, muss die Basisunabhängigkeit auch für die Koeffizienten der Gleichung gelten. Man nennt die Koeffizienten I_1, I_2, I_3 deshalb die *Invarianten des Tensors*. Für sie gilt

$$\begin{aligned} I_1(\boldsymbol{T}) &= T^{ij}\delta_{ij} = Sp(\boldsymbol{T}) \\ I_2(\boldsymbol{T}) &= \frac{1}{2}(T^{ii}T^{jj} - T^{ij}\delta_{jk}T^{ki}) = \frac{1}{2}\left((Sp(\boldsymbol{T}))^2 - Sp(\boldsymbol{T}^2)\right) \\ I_3(\boldsymbol{T}) &= \det(T^{ij}) = \det \boldsymbol{T} \end{aligned} \tag{1.47}$$

Sind die Eigenwerte des Tensors schon bekannt, so kann man die Invarianten wesentlich einfacher aus diesen berechnen. Wegen $T^{(\alpha\alpha)} = \lambda_{(\alpha)}$ erhält man dann

$$\begin{aligned} I_1(\boldsymbol{T}) &= Sp(\boldsymbol{T}) = \lambda_1 + \lambda_2 + \lambda_3 \\ I_2(\boldsymbol{T}) &= \frac{1}{2}\left((Sp(\boldsymbol{T}))^2 - Sp(\boldsymbol{T}^2)\right) = \lambda_1\lambda_2 + \lambda_2\lambda_3 + \lambda_3\lambda_1 \\ I_3(\boldsymbol{T}) &= \det(T^{ij}) = \lambda_1\lambda_2\lambda_3 \end{aligned} \tag{1.48}$$

Die Lösung der charakteristischen Gleichung (1.46) bestimmt die Eigenwerte des Tensors. Sind diese bekannt, so können sie der Reihe nach in das Gleichungssystem (1.44) eingesetzt und der zugehörige Eigenvektor berechnet werden. Da das homogene Gleichungssystem den Eigenvektor nur bis auf einen Linearfaktor bestimmen kann, wird der Eigenvektor anschließend normiert.

Liegt der Tensor zweiter Stufe in der Hauptachsendarstellung nach Gleichung (1.42) vor, so lassen sich wegen der Orthonormierung der Eigenvektoren nun auch Potenzen des Tensors angeben:

$$\begin{aligned} \boldsymbol{T}^2 = & \sum_{\alpha,\beta=1}^{3} \lambda_\alpha\lambda_\beta \boldsymbol{n}^\alpha \otimes \underbrace{\boldsymbol{n}^\alpha \cdot \boldsymbol{n}^\beta}_{\delta^{\alpha\beta}} \otimes \boldsymbol{n}^\beta \\ = & \sum_{\alpha=1}^{3} \lambda^2{}_\alpha \boldsymbol{n}^\alpha \otimes \boldsymbol{n}^\alpha \quad \Longrightarrow \quad \boldsymbol{T}^n = \sum_{\alpha=1}^{3} \lambda^n{}_\alpha \boldsymbol{n}^\alpha \otimes \boldsymbol{n}^\alpha \end{aligned}$$

Wird der Tensor potenziert, so betrifft dies nur die Eigenwerte. Die Eigenvektoren bleiben unverändert.

Entsprechend den Gleichungen (1.43) und (1.44) liefert das Eigenwertproblem der Tensorpotenz den potenzierten Eigenwert bei gleichbleibendem Eigenvektor:

$$\boldsymbol{T}^n \cdot \boldsymbol{n}^{(\alpha)} = \lambda^n_{(\alpha)} \boldsymbol{n}^{(\alpha)} \quad \Rightarrow \quad (\boldsymbol{T}^n - \lambda^n_{(\alpha)} \boldsymbol{I}) \cdot \boldsymbol{n}^{(\alpha)} = \boldsymbol{0}. \tag{1.49}$$

Die Möglichkeit der Tensorpotenzierung bei gleichbleibenden Eigenvektoren ist die Voraussetzung für das *Cayley-Hamilton Theorem*, welches besagt, dass die

Bedingung der charakteristischen Gleichung nicht nur von den Eigenwerten, sondern auch vom symmetrischen Tensor selber erfüllt wird. Zur Darstellung des Theorems multiplizieren wir die charakteristische Gleichung (1.46) mit der Summe der Eigentensoren:

$$\sum_{\alpha=1}^{3}(\lambda_\alpha^3 - I_1\lambda_\alpha^2 + I_2\lambda_\alpha - I_3)\,\boldsymbol{n}^\alpha \otimes \boldsymbol{n}^\alpha = \boldsymbol{0}$$

und machen von obiger Schreibweise des potenzierten Tensors Gebrauch:

$$\boldsymbol{T}^3 - I_1\boldsymbol{T}^2 + I_2\boldsymbol{T} - I_3\boldsymbol{I} = \boldsymbol{0} \tag{1.50}$$

Ausgehend von dieser Gleichung lassen sich alle Potenzen des Tensors als Linearkombination der Tensoren $\boldsymbol{T}^2, \boldsymbol{T}, \boldsymbol{I}$ darstellen, wobei die Koeffizienten immer Funktionen in den Invarianten I_1, I_2, I_3 sind:

$$\begin{array}{lll} \text{Auflösen nach} & \boldsymbol{T}^3 & \Rightarrow \quad \boldsymbol{T}^3 = I_1\boldsymbol{T}^2 - I_2\boldsymbol{T} + I_3\boldsymbol{I} \\ \text{Multiplikation mit} & \boldsymbol{T} & \Rightarrow \quad \boldsymbol{T}^4 = (I_1^2 - I_2)\boldsymbol{T}^2 + (I_3 - I_1I_2)\boldsymbol{T} + I_3I_1\boldsymbol{I} \\ \text{Multiplikation mit} & \boldsymbol{T}^{-1} & \Rightarrow \quad \boldsymbol{T}^{-1} = \dfrac{1}{I_3}\boldsymbol{T}^2 - \dfrac{I_1}{I_3}\boldsymbol{T} + \dfrac{I_2}{I_3}\boldsymbol{I}. \end{array}$$

Es geht jetzt darum, einen expliziten Ausdruck für die Eigenvektoren zu finden, um deren linearisierte Änderung angeben zu können. Diese Aufgabe kann ebenfalls mit Hilfe des Cayley-Hamilton Theorems gelöst werden. Dazu machen wir den allgemeinen Ansatz für den *potenzierten Tensor*

$$\begin{aligned} \boldsymbol{T}^m &= c_0\boldsymbol{I} + c_1\boldsymbol{T} + c_2\boldsymbol{T}^2 \\ \sum_{\alpha=1}^{3}\lambda_\alpha^m \boldsymbol{n}^\alpha \otimes \boldsymbol{n}^\alpha &= \sum_{\alpha=1}^{3}(c_0 + c_1\lambda_\alpha + c_2\lambda_\alpha^2)\,\boldsymbol{n}^\alpha \otimes \boldsymbol{n}^\alpha \end{aligned} \tag{1.51}$$

und erhalten drei lineare Gleichungen zur Bestimmung der Faktoren c_0, c_1 und c_2

$$\begin{aligned} c_0 + c_1\lambda_1 + c_2\lambda_1^2 &= \lambda_1^m \\ c_0 + c_1\lambda_2 + c_2\lambda_2^2 &= \lambda_2^m \\ c_0 + c_1\lambda_3 + c_2\lambda_3^2 &= \lambda_3^m \end{aligned} \Rightarrow \begin{bmatrix} 1 & \lambda_1 & \lambda_1^2 \\ 1 & \lambda_2 & \lambda_2^2 \\ 1 & \lambda_3 & \lambda_3^2 \end{bmatrix} \begin{bmatrix} c_0 \\ c_1 \\ c_2 \end{bmatrix} = \begin{bmatrix} \lambda_1^m \\ \lambda_2^m \\ \lambda_3^m \end{bmatrix} \tag{1.52}$$

mit einer *Vandermonde*schen Determinate[8]als Koeffizientenmatrix. Durch Subtraktion der mit λ_1 erweiterten 2. Spalte von der 3. Spalte, und der mit λ_1 er-

[8]Vandermonde Alexandre, französischer Mathematiker 1735-96 und Mitglied der französischen Akademie der Wissenschaften, ist bekannt für die Auflösung linearer Gleichungssysteme mit Determinanten.

weiterten 1. Spalte von der 2. Spalte, dann Subtraktion der mit λ_2 erweiterten 2. Spalte von der 3. Spalte, formen wir die Koeffizientenmatrix zu einer unteren Dreiecksmatrix um:

$$\begin{vmatrix} 1 & \lambda_1 & \lambda_1^2 \\ 1 & \lambda_2 & \lambda_2^2 \\ 1 & \lambda_3 & \lambda_3^2 \end{vmatrix} = \begin{vmatrix} 1 & 0 & 0 \\ 1 & (\lambda_2-\lambda_1) & 0 \\ 1 & (\lambda_3-\lambda_1) & (\lambda_3-\lambda_1)(\lambda_3-\lambda_2) \end{vmatrix}$$

$$= (\lambda_1-\lambda_2)(\lambda_2-\lambda_3)(\lambda_3-\lambda_1)$$

Sind alle drei Eigenwerte verschieden, so ist die Determinate ungleich Null, und das Gleichungssystem kann nach der Cramerschen Regel eindeutig gelöst werden. Die Lösung ist etwas aufwendig, wobei durch geschickte Umformung Formeln mit zyklischer Indexverwendung entstehen. Wir zeigen die ausführliche Berechnung nur für den Koeffizienten c_0,

$$c_0 = \frac{\lambda_1^m\lambda_2\lambda_3}{(\lambda_1-\lambda_2)(\lambda_1-\lambda_3)} + \frac{\lambda_2^m\lambda_3\lambda_1}{(\lambda_1-\lambda_2)(\lambda_3-\lambda_2)} + \frac{\lambda_3^m\lambda_1\lambda_2}{(\lambda_2-\lambda_3)(\lambda_1-\lambda_3)}$$

$$c_0 = \sum_{\alpha=1}^{3} \frac{\lambda_\alpha^m\lambda_\beta\lambda_\gamma}{(\lambda_\alpha-\lambda_\beta)(\lambda_\alpha-\lambda_\gamma)} \qquad \alpha,\beta,\gamma = 1,2,3 \text{ zyklisch}$$

Durch Ausmultiplizieren und Erweitern der Ausdrücke lässt sich die Formel wesentlich übersichtlicher darstellen. Dies trifft insbesondere für den Nenner zu, dem wir den Term $\lambda_\alpha^2 - \lambda_\alpha^2$ anfügen und dessen letzten Term wir mit $\lambda_\alpha\lambda_\alpha^{-1}$ multiplizieren. (In der nachfolgenden Gleichung sind die eingefügten Terme durch einen Unterstrich kenntlich gemacht). Dann lassen sich Glieder zu Invarianten zusammenfassen:

$$\begin{aligned}(\lambda_\alpha-\lambda_\beta)(\lambda_\alpha-\lambda_\gamma) &= \lambda_\alpha^2 + \underline{\lambda_\alpha^2} - \lambda_\alpha\underbrace{(\underline{\lambda_\alpha}+\lambda_\beta+\lambda_\gamma)}_{I_1} + \underbrace{\underline{\lambda_\alpha}\lambda_\beta\lambda_\gamma}_{I_3}\underline{\lambda_\alpha^{-1}} \\ &= 2\lambda_\alpha^2 - I_1\lambda_\alpha + I_3\lambda_\alpha^{-1}\end{aligned}$$

und mit der Umformung des Zählers $\lambda_\beta\lambda_\gamma = \lambda_\beta\lambda_\gamma\lambda_\alpha\lambda_\alpha^{-1} = I_3\lambda_\alpha^{-1}$ folgt dann

$$c_0 = \sum_{\alpha=1}^{3} \lambda_\alpha^m \frac{I_3\lambda_\alpha^{-1}}{2\lambda_\alpha^2 - I_1\lambda_\alpha + I_3\lambda_\alpha^{-1}}$$

Auf die gleiche Weise folgt für die Koeffizienten c_1 und c_2:

$$c_1 = \sum_{\alpha=1}^{3} \lambda_\alpha^m \frac{\lambda_\alpha - I_1}{2\lambda_\alpha^2 - I_1\lambda_\alpha + I_3\lambda_\alpha^{-1}} \qquad c_2 = \sum_{\alpha=1}^{3} \lambda_\alpha^m \frac{1}{2\lambda_\alpha^2 - I_1\lambda_\alpha + I_3\lambda_\alpha^{-1}}$$

Wir setzen nun die Ausdrücke für c_0, c_1 und c_2 in den Ansatz für den Tensor $\boldsymbol{T}^m$ nach Gleichung (1.51) ein und erhalten

$$\boldsymbol{T}^m = \sum_{\alpha=1}^{3} \lambda_\alpha^m \left[\frac{\boldsymbol{T}^2 - (I_1 - \lambda_\alpha)\boldsymbol{T} + I_3 \lambda_\alpha^{-1} \boldsymbol{I}}{2\lambda_\alpha^2 - I_1 \lambda_\alpha + I_3 \lambda_\alpha^{-1}} \right] \tag{1.53}$$

Ein Vergleich mit der Hauptachsendarstellung des Tensors zeigt, dass der in eckiger Klammer stehende Term den Eigentensor darstellt:

$$\boldsymbol{T}^m = \sum_{\alpha=1}^{3} \lambda_\alpha^m \boldsymbol{n}^\alpha \otimes \boldsymbol{n}^\alpha \Rightarrow \boldsymbol{n}^\alpha \otimes \boldsymbol{n}^\alpha = \left[\frac{\boldsymbol{T}^2 - (I_1 - \lambda_\alpha)\boldsymbol{T} + I_3 \lambda_\alpha^{-1} \boldsymbol{I}}{2\lambda_\alpha^2 - I_1 \lambda_\alpha + I_3 \lambda_\alpha^{-1}} \right] \tag{1.54}$$

Mit der letzten Beziehung haben wir eine Formel gefunden, mit der wir für einen Tensor zweiter Stufe, bei bekannten Eigenwerten, die Eigentensoren berechnen können. Aus der Anschauung wissen wir, dass im Falle zweier gleicher Eigenwerte nur der zum dritten Eigenwert gehörige Eigenvektor eindeutig bestimmt ist. Für die beiden gleichen Eigenwerte sind die frei wählbaren Eigenvektoren über die Orthogonalitätsbedingung in der Ebene gebunden, für die der dritte Eigenvektor die Normale darstellt. Dies bedeutet, dass der Ausdruck (1.54) nur den zum dritten Eigenwert gehörigen Eigentensor bestimmt. Man prüft leicht nach, dass für das Eigenwerttripel $\lambda_2 = \lambda_3 \neq \lambda_1$, der Nenner für $\alpha = 1$ stets den Wert $\lambda_1^2 - 2\lambda_2\lambda_1 + \lambda_2^2 = (\lambda_1 - \lambda_2)^2 > 0$ hat und für $\alpha = 2, 3$ zu Null wird.

1.8 Tensorfelder und Ableitung

In der Kontinuumsmechanik geht man davon aus, dass sich die physikalischen Zustandsgrößen im betrachteten Gebiet von Punkt zu Punkt ändern. Da der Punkt im Raum durch seinen Ortsvektor $\boldsymbol{x}$ festgelegt ist, sind damit alle Zustandsgrößen Funktionen des Ortvektors und im allgemeinen Fall auch Funktionen der Zeit. Je nachdem ob die Zustandsgröße ein Skalar, ein Vektor oder ein Tensor ist, handelt es sich um eine *skalarwertige*, eine *vektorwertige* oder *tensorwertige* Funktion, erklärt über einem *Vektorfeld* der Ortsvektoren. So sind z. B. die Temperatur $\theta(\boldsymbol{x}, t)$, die Verschiebung $\boldsymbol{u}(\boldsymbol{x}, t)$ und die Spannung $\boldsymbol{\sigma}(\boldsymbol{x}, t)$, in Abhängigkeit von den Koordinaten des Ortsvektors und der Zeit skalar-, vektor- und tensorwertige Funktionen über dem Vektorfeld der Ortsvektoren $\boldsymbol{x}$ und der Zeit t.
Auf gleiche Weise werden skalar-, vektor- und tensorwertige Funktionen über einem Skalar- oder einem Tensorfeld definiert. Ein Beispiel für eine tensorwertige

Funktion über einem Tensorfeld ist die Spannung, wenn sie als Funktion der Koordinaten des Verzerrungstensors $\boldsymbol{\epsilon}$ und der Zeit $\boldsymbol{\sigma}(\boldsymbol{\epsilon},t)$ definiert ist.

Für Aufgabenstellungen der Kontinuumsmechanik sind insbesondere die *infinitesimalen*, d. h. die linearisierten Änderungen der Variablen in der Umgebung eines Anfangswertes von Interesse, die durch skalare, vektorielle und tensorielle *Differentiale* ausgedrückt werden und mittels partieller Ableitungen (Richtungsableitung) erhalten werden. Für deren Berechnung setzen wir glatte differenzierbare Feldfunktionen voraus, die wir in einem raumfesten Basissystem betrachten. Es kann gezeigt werden, dass die aus der Analysis bekannten Ableitungsregeln für skalarwertige Funktionen, wie Produktregel und Kettenregel, auch für vektor- und tensorwertige Funktionen ihre Gültigkeit haben.
Gegeben sei eine beliebige Feldfunktion $\boldsymbol{f}(\boldsymbol{x},t)$. Das totale Differential ist dann eine Summe aus den partiellen Ableitungen nach den Koordinaten und der Zeitableitung, die wie üblich mit einem überschriebenen Punkt gekennzeichnet wird. In Koordinatendarstellung und symbolischer Schreibweise gilt:

$$d\boldsymbol{f} = \frac{\partial \boldsymbol{f}}{\partial x^1}dx^1 + \frac{\partial \boldsymbol{f}}{\partial x^2}dx^2 + \frac{\partial \boldsymbol{f}}{\partial x^3}dx^3 + \frac{\partial \boldsymbol{f}}{\partial t}dt = \frac{\partial \boldsymbol{f}}{\partial \boldsymbol{x}}d\boldsymbol{x} + \dot{\boldsymbol{f}}dt \tag{1.55}$$

Besonders einfach ist die Zeitableitung. Da nur nach einer Variablen abzuleiten ist, folgt sie den Ableitungsregeln einer Funktion einer Veränderlichen und bedarf somit keiner weiteren Erklärung. Nachfolgend beschränken wir uns deshalb auf nicht zeitabhängige Feldfunktionen.

Das totale Differential der skalarwertigen Funktion $\phi(\boldsymbol{x})$ über dem Vektorfeld $\boldsymbol{x} = x^i\boldsymbol{e}_i$ bzw. $\phi(\boldsymbol{\sigma})$ über dem Tensorfeld $\boldsymbol{\sigma} = \sigma^{ij}\boldsymbol{e}_i \otimes \boldsymbol{e}_j$ in Abhängigkeit der Koordinaten x^i bzw. σ^{ij} ist zunächst $d\phi = \frac{\partial \phi}{\partial x^i}dx^i$ bzw. $d\phi = \frac{\partial \phi}{\partial \sigma^{ij}}d\sigma^{ij}$. Wir übertragen diese Ausdrücke in die symbolische Schreibweise:

$$d\phi = \frac{\partial \phi}{\partial x^i}dx^i = \frac{\partial \phi}{\partial x^i}\delta^i{}_j dx^j = \frac{\partial \phi}{\partial x^i}\boldsymbol{e}^i \cdot (dx^j\boldsymbol{e}_j) = \frac{\partial \phi}{\partial \boldsymbol{x}}d\boldsymbol{x} = (\operatorname{grad}\phi)\cdot d\boldsymbol{x}$$

$$d\phi = \frac{\partial \phi}{\partial \sigma^{ij}}d\sigma^{ij} = \frac{\partial \phi}{\partial \sigma^{ij}}\delta^i{}_m\delta^j{}_n d\sigma^{mn} = \frac{\partial \phi}{\partial \sigma^{ij}}(\boldsymbol{e}^i \otimes \boldsymbol{e}^j) : d\sigma^{mn}(\boldsymbol{e}_m \otimes \boldsymbol{e}_n) = \frac{\partial \phi}{\partial \boldsymbol{\sigma}} : d\boldsymbol{\sigma}$$

In den Ausgangsformeln zeigt sich, dass der beim Nennersymbol stehende Index, mit einem, in gleicher Position stehenden Index, des unabhängigen Differentials auf Zählerebene das Summationspaar der stummen Indizes bildet. Dies gilt in gleicher Weise für die Indizes der Koordinaten und Basisvektoren. Aus dem kovarianten, zum Nennersymbol gehörigen Basissystem wird die kontravariante Basis gleichen Indizes, die dem Differentialquotienten angefügt wird und die im Skalarprodukt mit der kovarianten Basis des Differentials das Kronecker-Delta ergibt und so für eine korrekte, der Summationskonvention folgende Indexstellung

sorgt.
Für den Differentialquotienten wird der mit grad bezeichnete *Gradient des Skalarfeldes* eingeführt, der, wie aus dem letzten Term ersichtlich, ein Vektor ist. Für den Gradienten kann man auch den in der Vektoranalysis gebräuchlichen Nablaoperator $\boldsymbol{\nabla}$ einsetzen, der sich als Vektoroperator

$$\boldsymbol{\nabla}(\cdot) = \frac{\partial}{\partial x^i}(\cdot)\boldsymbol{e}^i \quad \text{mit} \quad \nabla_i(\cdot) = \frac{\partial}{\partial x^i}(\cdot)$$

darstellt und wie ein Vektor verwendet werden kann. Dieser kann mit einem zweiten Vektor das Skalarprodukt, das Vektorprodukt und das tensorielle Produkt bilden. Für das totale Differential $d\phi$ ergeben sich dann die gleichwertigen Schreibweisen als Skalarprodukt des Gradientenvektors und dem Differential $\boldsymbol{dx}$:

$$d\phi = (\operatorname{grad}\phi)\cdot \boldsymbol{dx} = \boldsymbol{\nabla}\phi\cdot \boldsymbol{dx}, \quad \operatorname{grad}\phi = \boldsymbol{\nabla}\phi = \frac{\partial\phi}{\partial x^1}\boldsymbol{e}^1 + \frac{\partial\phi}{\partial x^2}\boldsymbol{e}^2 + \frac{\partial\phi}{\partial x^3}\boldsymbol{e}^3$$

Der Gradient des Skalarfeldes, der durch Einwirkung der gleichwertigen Operatoren[9] grad und $\boldsymbol{\nabla}$ entstanden ist stellt ein Vektorfeld dar. In der Tensorhierarchie bewirkt der Gradient demnach eine Erhöhung der Stufe; aus der skalarwertigen Funktion wird eine vektorwertige Funktion. In der Kontinuumsmechanik findet der *Gradient* insbesondere bei der vektorwertigen Funktion des Verschiebungsfeldes seine Anwendung. Wir berechnen das Differential des Verschiebungsfeldes $\boldsymbol{u} = \boldsymbol{u}(\boldsymbol{x})$ über dem Vektorfeld der Ortsvektoren und erhalten

$$\boldsymbol{du} = \frac{\partial \boldsymbol{u}}{\partial x^j}dx^j = \frac{\partial u^i}{\partial x^j}\boldsymbol{e}_i dx^j = \frac{\partial u^i}{\partial x^j}\boldsymbol{e}_i \otimes \boldsymbol{e}^j \boldsymbol{dx} = \operatorname{grad}\boldsymbol{u}\cdot \boldsymbol{dx} \tag{1.56}$$

Der Verschiebungsgradient erweist sich als Tensor zweiter Stufe mit unterschiedlichen Basissystemen und einer Koordinatenmatrix, für die in verkürzter Schreibweise $u^i{}_{,j}$ geschrieben wird und das Komma die partielle Ableitung nach der Koordinate x^i anzeigt:

$$\operatorname{grad}\boldsymbol{u} = \frac{\partial u^i}{\partial x^j}\boldsymbol{e}_i \otimes \boldsymbol{e}^j = u^i{}_{,j}\,\boldsymbol{e}_i \otimes \boldsymbol{e}^j \quad \Rightarrow \quad \boldsymbol{du} = u^i{}_{,j}\,dx^j \boldsymbol{e}_i \tag{1.57}$$

In Koordinatendarstellung und Matrizennotation drückt sich das folgendermaßen

[9] Aus der Darstellung folgt, dass der Operator grad wie der Nablaoperator fett geschrieben werden sollte, was aber in den seltensten Fällen gemacht wird.

aus:

$$[du^i] = [u^i,_j][dx^j] \quad \text{mit} \quad [u^i,_j] = \overset{i}{\downarrow}\overset{j\longrightarrow}{\begin{bmatrix} \frac{\partial}{\partial x^1}u^1 & \frac{\partial}{\partial x^2}u^1 & \frac{\partial}{\partial x^3}u^1 \\ \frac{\partial}{\partial x^1}u^2 & \frac{\partial}{\partial x^2}u^2 & \frac{\partial}{\partial x^3}u^2 \\ \frac{\partial}{\partial x^1}u^3 & \frac{\partial}{\partial x^2}u^3 & \frac{\partial}{\partial x^3}u^3 \end{bmatrix}} \tag{1.58}$$

Man erkennt, dass es sich bei der Gradientenbildung einer vektorwertigen Funktion $\boldsymbol{u}(\boldsymbol{x})$ um ein dyadisches Produkt des Differentialoperator mit dem Vektor $\boldsymbol{u}$ handelt. Dies legt die Verwendung des Nablaoperators nahe, der mit dem Verschiebungsvektor dann so zu verknüpfen ist, dass das Ergebnis der Gleichung (1.57) erhalten wird, was auf die Definitionsgleichung $\boldsymbol{\nabla} \otimes (\cdot) = \frac{\partial(\cdot)}{\partial x^j} \otimes \boldsymbol{e}^j$ führt:

$$d\boldsymbol{u} = \operatorname{grad} \boldsymbol{u} \cdot d\boldsymbol{x} = (\boldsymbol{\nabla} \otimes \boldsymbol{u}) d\boldsymbol{x} = \frac{\partial u^i}{\partial x^j} \boldsymbol{e}_i \otimes \boldsymbol{e}^j \cdot \boldsymbol{e}_k dx^k = u^i,_j dx^j \boldsymbol{e}_i \tag{1.59}$$

Der Gradient der vektorwertigen Funktion führt also auf einen Tensor zweiter Stufe. Die Gradientenbildung hat auch hier eine Anhebung der Tensorstufe bewirkt, aus dem Tensor erster Stufe ist ein Tensor zweiter Stufe geworden.

Wir kommen zur dritten Verknüpfung des Nablaoperators mit einem Vektor in Form des Vektorproduktes, die speziell in der Strömungslehre ihre Anwendung findet. Angewandt auf das Geschwindigkeitsfeld $\boldsymbol{v}(\boldsymbol{x})$ beschreibt der erhaltene Vektor die Rotation im Geschwindigkeitsfeld und stellt ein Maß für die Wirbelbehaftung der Strömung dar. Er wird mit dem Symbol rot bezeichnet. Nach Gleichung (1.26) gilt mit $\boldsymbol{u} = u_i \boldsymbol{e}^i = \nabla_i \boldsymbol{e}^i$

$$\operatorname{rot} \boldsymbol{v} = \boldsymbol{\nabla} \times \boldsymbol{v} = \varepsilon^{ijk} \nabla_i v_j \boldsymbol{e}_k \tag{1.60}$$

In der Elementaren Vektorrechnung wird das Vektorprodukt durch die Auswertung der Determinate einer (3x3) Matrix, die aus den Koordinaten der Vektoren und der Basisvektoren aufgebaut ist, erhalten. Der Vollständigkeit halber geben wir diese Determinate an

$$\operatorname{rot} \boldsymbol{v} = \begin{vmatrix} \boldsymbol{e}_1 & \boldsymbol{e}_2 & \boldsymbol{e}_3 \\ \frac{\partial}{\partial x^1} & \frac{\partial}{\partial x^2} & \frac{\partial}{\partial x^3} \\ v_1 & v_2 & v_3 \end{vmatrix} = \varepsilon^{ijk} \nabla_i v_j \boldsymbol{e}_k$$

Wir haben gesehen, dass der Gradientenoperator eine Anhebung der Tensorstufe zur Folge hat. Eine Absenkung der Tensorstufe wird vom Divergenzoperator bewirkt. Für die Divergenz, die auch als die Quellstärke im Feld bezeichnet wird, wird das Symbol div verwendet. Die Divergenz kann als Verjüngung mit dem Nablaoperator dargestellt werden. Angewandt auf die Vektorfunktion $\boldsymbol{u}(\boldsymbol{x})$ erhält man ein Skalarfeld

$$\operatorname{div}\boldsymbol{u} = \boldsymbol{\nabla}\cdot\boldsymbol{u} = \frac{\partial u^i}{\partial x^j}(\boldsymbol{e}_i\cdot\boldsymbol{e}^j) = \frac{\partial u^j}{\partial x^j} = \frac{\partial u^1}{\partial x^1} + \frac{\partial u^2}{\partial x^2} + \frac{\partial u^3}{\partial x^3} \tag{1.61}$$

Man erkennt, dass eine Summation über die Änderung der Feldgröße am betrachteten Punkt ausgeführt wird. Aus der Matrizendarstellung (1.58) des Vektorgradienten ersieht man, dass der Divergenzoperator über die Diagonalterme summiert, was mit der Spur des Tensors übereinstimmt, sodass wir dann mit dem Einheitstensor $\boldsymbol{I} = \delta^i{}_j\boldsymbol{e}_i\otimes\boldsymbol{e}^j$ auch schreiben können

$$\operatorname{div}\boldsymbol{u} = Sp(\operatorname{grad}\boldsymbol{u}) = \operatorname{grad}\boldsymbol{u} : \boldsymbol{I}$$

Der Divergenzoperator kann auch auf Tensoren höherer Stufe angewandt werden. Insbesondere findet er bei der Formulierung der Gleichgewichtsbeziehung am Volumenelement, angewendet auf den Spannungstensor $\boldsymbol{\sigma}$, seine Anwendung:

$$\operatorname{div}\boldsymbol{\sigma} = \boldsymbol{\nabla}\cdot\boldsymbol{\sigma} = \nabla_i\boldsymbol{e}^i\cdot\sigma^{mn}\boldsymbol{e}_m\otimes\boldsymbol{e}_n = \sigma^{mn}_{,i}\delta^i{}_m\boldsymbol{e}_n = \sigma^{mn}_{,m}\boldsymbol{e}_n$$

Wir erkennen wieder die Summenbildung über die Änderung der Zustandsgröße, die hier vektoriell in den drei Koordinatenrichtungen vorgenommen wird. Beim betrachteten Spannungstensor entspricht dieser Änderung die Änderung des durchgeleiteten Kraftflusses, die als Quellstärke des Kraftflusses interpretiert werden kann. Wenn wir innerhalb eines abgeschlossenen Gebietes die Quellstärke des Kraftflusses integrieren, dann muss dieser gleich dem durch die Oberfläche austretenden Kraftfluss sein. Diese Darstellung ist eine anschauliche Interpretation des *Gaußschen Integralsatzes*, der eine wichtige Rolle in der Mechanik spielt. Seine außerordentliche Bedeutung besteht darin, dass mit seiner Hilfe ein Volumenintegral in ein Oberflächenintegral umgewandelt werden kann. Der Gaußsche Integralsatz ist zunächst nur für vektor- und tensorwertige Felder anschaulich interpretierbar. Man kann ihn aber auch für die Skalarfunktion formulieren[10], wenn man beachtet, dass der Wert der Funktion für jede Koordinatenrichtung gleichwertig gilt. Durch Multiplikation mit dem Einheitstensors weisen wir den Funktionswert ϕ den drei Koordinatenrichtungen zu und bilden die Divergenz entsprechend

[10] Im Schrifttum wird der Gaußsche Integralsatz für eine skalarwertige Funktion auch als Green-Gauss-Ostrogradskii Theorem bezeichnet.

der letzten Gleichung:

$$\operatorname{div}(\phi \boldsymbol{I}) = \boldsymbol{\nabla} \cdot \phi \boldsymbol{I} = \frac{\partial \phi}{\partial x^k} \boldsymbol{e}^k \cdot \delta^i{}_j \boldsymbol{e}_i \otimes \boldsymbol{e}^j = \frac{\partial \phi}{\partial x^k} \boldsymbol{e}^k = \boldsymbol{\nabla} \phi = \operatorname{grad} \phi$$

Mit der Identität $\operatorname{div}(\phi \boldsymbol{I}) = \boldsymbol{\nabla} \phi$ und dem, nach außen als positiv vorausgesetzten Einheitsnormalenvektor $\boldsymbol{n}$ auf der Oberfläche Ω, gilt dann der Reihe nach für die skalar-, vektor- und tensorwertigen Feldfunktionen

$$\begin{aligned}
\int_v \boldsymbol{\nabla} \phi \, dv &= \int_\Omega \phi \boldsymbol{n} \, d\Omega \quad \text{mit} \quad \int_v \frac{\partial \phi}{\partial x^i} dv = \int_\Omega \phi n_i \, d\Omega \\
\int_v \operatorname{div} \boldsymbol{u} \, dv &= \int_\Omega \boldsymbol{u} \cdot \boldsymbol{n} \, d\Omega \quad \text{mit} \quad \int_v \frac{\partial u^i}{\partial x^i} dv = \int_\Omega u^i n_i \, d\Omega \\
\int_v \operatorname{div} \boldsymbol{\sigma} \, dv &= \int_\Omega \boldsymbol{\sigma} \cdot \boldsymbol{n} \, d\Omega \quad \text{mit} \quad \int_v \frac{\partial \sigma^{ij}}{\partial x^i} dv = \int_\Omega \sigma^{ij} n_i \, d\Omega
\end{aligned}$$

Auf der linken Seite der Gleichungen steht das Volumenintegral, welches mit dem Oberflächenintegral auf der rechten Seite gleichgesetzt wird. Wie bereits festgestellt, bewirkt die Divergenz in den vektor- und tensorwertigen Feldern eine Reduktion der Tensorstufe, was in den obigen Gleichungen zum Ausdruck kommt. Dies erklärt sich aus der Tatsache, dass jede Koordinate der Zustandsgröße einen Beitrag zur Divergenz liefert, die unter dem Integral summiert werden. Für das Vektorfeld ergibt sich eine skalare Gleichung und für das Spannungsfeld ergeben sich drei skalare Gleichungen. Im Gegensatz dazu wird beim Skalarfeld die Divergenz für jede Koordinatenrichtung einzeln betrachtet und entsprechend erhalten wir für jede Richtung eine skalare Gleichung.

1.8.1 Übungsaufgaben

Aufgabe 1:
Es sei die kovariante Basis $\{\boldsymbol{e}_1, \boldsymbol{e}_2\}$ bezüglich der kartesischen Basis $\{\boldsymbol{e}_1, \boldsymbol{e}_2\}$ durch folgende Beziehung gegeben

$$\boldsymbol{e}_1 = 3\boldsymbol{e}_1 + 1\boldsymbol{e}_2$$

$$\boldsymbol{e}_2 = 1\boldsymbol{e}_1 + 2\boldsymbol{e}_2$$

sowie die Vektoren $\boldsymbol{a} = 4\boldsymbol{e}_1 + 3\boldsymbol{e}_2$ und $\boldsymbol{b} = 2\boldsymbol{e}_1 - 1\boldsymbol{e}_2$.
Man berechne:

1. Die kontravarianten Basisvektoren $\boldsymbol{e}^1, \boldsymbol{e}^2$,
2. die ko- und kontravarianten Koordinaten der Vektoren $\boldsymbol{a}$ und $\boldsymbol{b}$ in den Basissystemen $\boldsymbol{e}^i$ und $\boldsymbol{e}_j$.

Hinweis: Zur Veranschaulichung und Überprüfung der Ergebnisse fertige man eine Zeichnung auf einem karierten DIN A4 Blatt mit 5 Karo-Breiten (2,5cm) pro Einheit und Skalierung der $\boldsymbol{e}_1$-Achse von -2 bis +6 (20cm breit) und der $\boldsymbol{e}_2$-Achse von -3 bis +6 (22,5 cm hoch). Den Koordinatenursprung wählt man bei (5,5cm, 11,5cm) von der linken unteren Ecke des Blattes aus gemessen.

Aufgabe 2:
Man bestätige die Darstellung des Vektorproduktes mit Hilfe des $\boldsymbol{\varepsilon}$-Tensors:

$$\boldsymbol{\varepsilon} : (\boldsymbol{u} \otimes \boldsymbol{v}) = \boldsymbol{u} \times \boldsymbol{v} \quad \text{und} \quad \boldsymbol{\varepsilon} \cdot\cdot (\boldsymbol{u} \otimes \boldsymbol{v}) = \boldsymbol{v} \times \boldsymbol{u}$$

Aufgabe 3:
Man berechne das Vektorprodukt $\boldsymbol{b} \times \boldsymbol{a}$ aus den in Aufgabe 1 gegebenen Vektoren auf zweierlei Art.

1. Wie üblich durch Auswerten eines Matrizenschemas,
2. durch Anwendung des Permutationssymbols nach Gleichung (1.26).

Aufgabe 4:
Das Produkt zweier Permutationssymbole kann mit dem Kronecker-Symbol ausgedrückt werden. Es gilt

$$\varepsilon_{ijk}\varepsilon^{mnk} = \delta_i{}^m \delta_j{}^n - \delta_i{}^n \delta_j{}^m$$

Man überprüfe diese Beziehung durch Einsetzen der Summationsindizes.

Aufgabe 5:
Mit Hilfe der Identität der vorherigen Aufgabe beweise man die Formeln:

$$\begin{aligned} \varepsilon_{ijk}\varepsilon^{mjk} &= 2\delta_i{}^m \\ \varepsilon_{ijk}\varepsilon^{ijk} &= 6 \end{aligned}$$

Aufgabe 6:
Man zeige, dass die Determinate der Koordinatenmatrix $[a_{il}]$ für $(i,l = 1,2,3)$ des Tensors $\boldsymbol{A}$ durch die Beziehung

$$\det \boldsymbol{A} = \frac{1}{6}\varepsilon^{ijk}\varepsilon^{lmn} a_{il} a_{jm} a_{kn}$$

gegeben ist.

Aufgabe 7:
Mit Hilfe des Permutationssymbols und der Formel aus Aufgabe 4 beweise man

den Entwicklungssatz für das zweifache Kreuzprodukt dreier Vektoren:

$$\boldsymbol{u} \times (\boldsymbol{v} \times \boldsymbol{w}) = (\boldsymbol{u} \cdot \boldsymbol{w})\boldsymbol{v} - (\boldsymbol{u} \cdot \boldsymbol{v})\boldsymbol{w}$$

Aufgabe 8:
Für den Tensor $\boldsymbol{T}$ zweiter Stufe gelte die Darstellung

$$\boldsymbol{T} = T^{ij}\boldsymbol{e}_i \otimes \boldsymbol{e}_j \quad \text{und} \quad \boldsymbol{T} = \overline{T}^{mn}\boldsymbol{e}_m \otimes \boldsymbol{e}_n$$

mit $(\boldsymbol{e}_i \cdot \boldsymbol{e}_j) = g_{ij}$ und $(\boldsymbol{e}_m \cdot \boldsymbol{e}_n) = \delta_{mn}$.
Man zeige, dass die Spur des Tensors

$$Sp(\boldsymbol{T}) = T^{ij}g_{ij} = \overline{T}^{mn}\delta_{mn}$$

eine Invariante darstellt.

Aufgabe 9:
Gegeben seien zwei Grundsysteme mit den dualen Basen $(\boldsymbol{e}_i, \boldsymbol{e}^j)$ und $(\boldsymbol{E}_I, \boldsymbol{E}^J)$, die über die folgenden Transformationen verknüpft sind

$$\boldsymbol{E}_J = b_J{}^i\boldsymbol{e}_i \qquad \boldsymbol{E}^J = b^J{}_j\boldsymbol{e}^j$$

1. Man zeige, dass für die Transformationsmatrizen gilt $[b_J{}^j] = [b^J{}_j]^{-T}$.
2. Mit Hilfe der Vektordarstellung $\boldsymbol{a} = A^J\boldsymbol{E}_J = a^i\boldsymbol{e}_i$ bestätige man die Transformationbeziehung

$$A^J = b^J{}_i\, a^i$$

und zeige, dass sich die Koordinaten eines Vektors wie die gleichbezeichneten Basen transformieren.

Aufgabe 10:
Gegeben ist der Materialtensor vierter Stufe $\mathbb{C} = C^{ijmn}\boldsymbol{e}_i \otimes \boldsymbol{e}_j \otimes \boldsymbol{e}_m \otimes \boldsymbol{e}_n$. Für das isotrope elastische Material mit Schubmodul G und Poissonzahl ν hat er die Koordinaten

$$C^{ijmn} = G\left(g^{im}g^{jn} + g^{in}g^{jm} + \frac{2\nu}{1-2\nu}g^{ij}g^{mn}\right)$$

Ferner wird der symmetrische Verzerrungstensor $\boldsymbol{E} = E_{rs}\boldsymbol{e}^r \otimes \boldsymbol{e}^s$ gegeben. Das Materialgesetz (Spannungs-Dehnungsbeziehung) lautet

$$\boldsymbol{S} = \mathbb{C} : \boldsymbol{E} \quad \text{bzw.} \quad \boldsymbol{S} = \mathbb{C} \cdot\cdot \boldsymbol{E}$$

mit dem Spannungstensor $\boldsymbol{S} = S^{ij}\boldsymbol{e}_i \otimes \boldsymbol{e}_j$.

1. Man zeige, dass die beiden Verjüngungsarten auf das gleiche Ergebnis führen, unabhängig von der Symmetrie des Materialtensors bezüglich der Indizes ^{mn}.
2. Die Koordinaten des Materialtensors können in einer Elastizitätsmatrix angeordnet werden. Man identifiziere die einzelnen Terme der Elastizitätsmatrix mit den Koordinaten bzw. mit den Indizes des Materialtensors und trage die Koordinaten für den Fall der kartesischen Basis $\boldsymbol{e}_i$ ein.

Es wird ein zweites, um den Winkel α gedrehtes, kartesisches Basissystem vorgegeben.

1. Man stelle die Transformationsmatrix auf und berechne die Koordinaten des Elastizitätstensors bezüglich der neuen Basis und zeige, dass die Koordinaten des Elastizitätstensors unverändert bleiben.

Aufgabe 11:
Man beweise die folgenden Beziehungen:

$$\operatorname{div}(\alpha\boldsymbol{\sigma}) = \boldsymbol{\sigma} \cdot \operatorname{grad}\alpha + \alpha \operatorname{div}\boldsymbol{\sigma}$$

$$\operatorname{div}(\boldsymbol{\sigma} \cdot \boldsymbol{u}) = (\operatorname{div}\boldsymbol{\sigma}) \cdot \boldsymbol{u} + \boldsymbol{\sigma} : \operatorname{grad}\boldsymbol{u}$$

$$\operatorname{grad}(\frac{\boldsymbol{v}^2}{2}) - \boldsymbol{v} \times \operatorname{rot}\boldsymbol{v} = (\operatorname{grad}\boldsymbol{v}) \cdot \boldsymbol{v}$$

α ist ein Skalar, $\boldsymbol{u}$ und $\boldsymbol{v}$ sind Vektoren.
Hinweis: Zum Beweis der letzten Gleichung verwende man die Identitätsbeziehung aus Aufgabe 4.

Aufgabe 12:
Gegeben sind die Koordinaten des kartesischen Spannungstensors

$$[\sigma^{ij}] = \begin{bmatrix} 0.750 & -0.433 & 0. \\ -0.433 & 1.25 & 0. \\ 0. & 0. & 2. \end{bmatrix}$$

1. Man stelle die charakeristische Gleichung auf und berechne die Hauptspannungswerte und die zugehörigen Eigenvektoren.
2. Man bestimme die Hauptspannungswerte zeichnerisch mit Hilfe des Mohrschen Kreises und vergleiche.
3. Man stelle die Koordinatenmatrix im Hauptachsensystem (Eigenraum) auf und zeige, dass sich die Invarianten des Spannungstensors nicht geändert haben.
4. Man stelle die Transformationsmatrix für die Drehung in die Hauptrichtungen auf und weise nach, dass die Koordinatenmatrix die unter 2. aufgestellte Diagonalform annimmt.

5. Man stelle die Koordinatenmatrizen der Eigentensoren $\boldsymbol{Q}^\alpha$ auf und weise die folgenden Beziehungen nach:

$$\sum_{\alpha=1}^{3} \boldsymbol{Q}^\alpha = \boldsymbol{I} \quad \text{und} \quad [\sigma] = \sum_{\alpha=1}^{3} \lambda_\alpha \boldsymbol{Q}^\alpha$$

2 Das Kontinuum

Das Thema dieser Arbeit stammt aus dem Teilgebiet der Kontinuumsmechanik, das feste Kontinua behandelt und demnach der Festkörpermechanik zuzurechnen ist. Die Arbeit können wir grob in zwei Teile unterteilen. Im ersten Teil stellen wir die Grundlagen der Kontinuumsmechanik zusammen. Basierend auf dieser Darstellung wird im zweiten Teil die Lösung des thermomechanisch gekoppelten Feldproblems mit Hilfe der Finite-Elemente-Methode vorgestellt. In diesem Einleitungskapitel wollen wir zunächst Begriffe definieren. Insbesondere die Begriffe Kontinuum und Materialpunkt bedürfen einer genauen Definition. Anschließend legen wir dar, was wir unter einem physikalischen Feld und einem Feldproblem verstehen. Hierbei stellen wir eine ganzheitliche Betrachtung der physikalischen Felder über dem Kontinuum vor. Wir zeigen auf, welche Gemeinsamkeiten und Zusammenhänge diese Klasse von Feldproblemen auszeichnen. Um diese Darstellung anschaulich zu machen, führen wir als Beispiele das mechanische und das thermische Feld mit ihren Feldgrößen an.

Unser Anliegen ist es, diese Betrachtung dem Leser auf möglichst anschauliche Weise darzulegen, weshalb wir hier auf mathematische Formeln verzichten. Auch beschränken wir uns auf solche physikalische Felder, die speziell für den Berechnungsingenieur von Interesse sind. Der Leser, der sich weitergehend informieren will, sei auf die Arbeiten von Tonti, z. B. [106], [107] verwiesen. Dort findet er eine auf mathematischer Basis dargestellte vergleichende Betrachtung sämtlicher physikalischer Felder.

2.1 Das mathematische Modell

Der Begriff Kontinuum leitet sich aus dem Wort Kontinuität und dem Adjektiv kontinuierlich ab. Stoffe, die wir als Kontinuum bezeichnen, sollen also die Eigenschaft der Kontinuität aufweisen, wobei man dabei in erster Linie an die Materialeigenschaften denkt. Im molekularen Aufbau eines Stoffes ist die verlangte

Kontinuität bekanntlich nicht vorhanden, so ist z. B. die Masse nicht kontinuierlich, sondern diskret verteilt. Denkt man an feste Stoffe, wo die Moleküle in einem Gitter angeordnet sind, so wird man auch dort die verlangte Kontinuität vermissen, da Gitterfehlstellen und Versetzungen die Regel sind. Geht man eine Skalenstufe höher in den mikroskopischen Bereich und betrachtet z. B. die Kornstruktur einer Metallprobe, so wird man unterschiedliche Korngrößen und eine unstrukturierte Anordnung derselben erkennen, sodass man auch dort nicht von einem kontinuierlichen Verlauf der Stoffeigenschaften sprechen kann.

Trotzdem zeigt die Erfahrung, dass man unter Missachtung der Feinstruktur der Werkstoffe gute Vorhersagen für das Tragverhalten eines Bauteils machen kann. Dabei wird dann vom mikroskopischen Gefügeaufbau des Materials abstrahiert und das im Versuch an Proben endlicher Größe beobachtete, *mittlere Werkstoffverhalten* verwendet. Körper denen man dieses hypothetisch kontinuierliche Materialverhalten zugrunde legt, bezeichnet man als *Kontinuum.* Der Teil der Mechanik, der sich der Behandlung des Kontinuums widmet heißt *Kontinuumsmechanik.* Diese allgemeine Definition des Begriffs Kontinuum findet sich normalerweise in den Lehrbüchern der Kontinuumsmechanik. Wir wollen hier aber einen Schritt weitergehen und den Versuch machen, die Begriffe Kontinuum und Kontinuität genauer zu fassen und soweit möglich zu veranschaulichen.

Allgemein versteht man unter einem Kontinuum eine Menge von Materie, die innerhalb eines endlichen Volumens gleichmäßig verteilt ist, und die gasförmig, flüssig oder fest sein kann. In dieser Arbeit werden wir uns ausschließlich mit festen Kontinua befassen, die wir dann auch als *Körper* bezeichnen wollen. Die Kontinuumsmechanik elastischer Körper heißt auch *Elastizitätstheorie.*

Um den Begriff des Kontinuums anschaulich zu machen, denken wir uns den Körper in beliebig viele Teilkörper zerlegt, wobei jeder Teilkörper, unabhängig von der Art der Zerlegung und seiner Größe, lückenlos entweder durch den Rand, oder durch andere Teilkörper begrenzt ist. Dies soll auch für den beliebig deformierten Körper gelten. Wenn der i-te Teilkörper das Volumen Δv_i hat, dann gilt für jede Zerlegung $v = \sum^i \Delta v_i$, also im Grenzübergang $\Delta v_i \to 0$ für alle i : $v = \int dv$. Entsprechend existiert für die Dichte der Grenzübergang $\rho = \lim_{\Delta v_i \to 0}(\Delta m_i/\Delta v_i)$ und die Gesamtmasse des Körpers ist stets $m = \int dm = \int \rho dv$.

Im Inneren eines jeden Teilkörpers können wir einen beliebigen Punkt auswählen und *Materialpunkt* nennen. Beim Übergang $\Delta v_i \to 0$ bleiben im *Materialpunkt* die Zustandsgrößen unverändert. Das gleiche soll auch für das Werkstoffverhalten gelten. Damit können wir die *Kontinuumshypothese* wie folgt formulieren:

1. Im Kontinuum zeigt jeder beliebig kleine Teilkörper das gleiche Werkstoffver-

halten, wie es an einer beliebigen makroskopischen Probe gemessen wird.
2. Im Kontinuum sind alle physikalischen Größen Ortsfunktionen mit Ableitungen von jeder erforderlichen Ordnung.

Nach unserer Definition stellt der Materialpunkt im Innern eines Körpers zusammen mit seiner Umgebung ein vollständiges Modell des Werkstoffverhaltens an dieser Stelle dar. Darüberhinaus ist er im mathematischen Modell Träger sämtlicher physikalischen Zustandsgrößen, wie z. B. der Spannungen, der Verzerrungen, der Temperatur etc. Die Eigenschaft der Kontinuität bedingt stetige Funktionsverläufe der Zustandsgrößen, sowie deren stetige und ausreichende Differenzierbarkeit, sodass am Materialpunkt Ableitungen berechnet werden können. Auf diese Weise wird in der Kontinuumsmechanik jegliche Feinstruktur des Werkstoffs abstrahiert. Dies bedeutet aber auch, dass die Methoden und Begriffe der Kontinuumsmechanik (z. B. der Elastizitätstheorie) nicht einfach auf Untersuchungen übertragen werden können, bei welchen die mikro- oder mesomechanische Struktur des Werkstoffs von Bedeutung ist.

2.2 Physikalische Felder über dem Kontinuum

Die Kontinuumsmechanik betrachtet die physikalischen Größen an einem Materialpunkt, welche durchweg durch stetig differenzierbare Tensorfunktionen des Ortes dargestellt werden. Wir unterscheiden skalare Funktionen, wie Dichte und Temperatur (Tensoren nullter Stufe), vektorwertige Funktionen, wie Verschiebung und Geschwindigkeit (Tensoren erster Stufe) und tensorwertige Funktionen wie Spannungen und Verzerrungen (Tensoren zweiter Stufe). Tensorwertige Funktionen höherer Stufe, wie den Materialtensor vierter Stufe, gilt es ebenfalls zu betrachten.

Der Funktionsverlauf einer Zustandsgröße über dem gesamten Körper definiert das Feld der Zustandsgröße. Die Gesamtheit der Felder aller relevanten Zustandsgrößen zusammen mit den Tensorfunktionen der Stoffeigenschaften definieren ein *Feldproblem*. Die mathematische Theorie zur Behandlung von Feldproblemen heißt *Feldtheorie*.

Nachfolgend wollen wir nur Felder über einem Träger, d. h. über dem Kontinuum betrachten, weisen aber daraufhin, dass es auch Felder gibt, die ohne tragende Substanz auskommen, wie z. B. das elektromagnetische Feld im Vakuum. Die sich anschließenden Betrachtungen werden in der schematischen Abbildung 2.1 veranschaulicht, die durch eine zweite Abbildung 2.2 ergänzt wird, in welcher speziell für das in dieser Arbeit behandelte mechanische und thermische Feldproblem die Feldgrößen eingetragen sind.

Bei allen Feldproblemen unterscheiden wir zwei grundsätzlich unterschiedliche Feldgrößen, die wir als *Aufpunktgrößen* und als *Flussgrößen* bezeichnen wollen. Der fundamentale Unterschied dieser Feldgrößen zeigt sich zunächst in der Art, wie sie dem Feld entnommen werden können. Für Aufpunktgrößen gilt, dass sie zumindest auf der Oberfläche direkt am Materialpunkt abgetastet werden können. So kann z. B. im Versuch mit einer Messuhr die Verschiebung am Materialpunkt abgegriffen werden, oder mit Hilfe von Dehnungsmeßstreifen der lokale Dehnungszustand bestimmt werden. In beiden Fällen wird der Versuchskörper durch die Messung nicht beschädigt. Im Gegensatz dazu kann eine Flussgröße, wie der Kraftfluss, nicht im Versuch am unbeschädigten Kontinuum bestimmt werden. Hierfür muss das Kontinuum stets fiktiv aufgeschnitten werden, damit die Flussgröße freiliegt.

Wir wollen die Aufpunktgröße genauer untersuchen. Wir unterscheiden zwei unterschiedliche Aufpunktgrößen, die *primäre Aufpunktgröße* und die daraus *abgeleitete Aufpunktgröße*. Die primäre Aufpunktgröße gibt dem Feld seinen Namen, so ist z. B. die primäre Aufpunktgröße für das Verschiebungsfeld die Verschiebung und für das Temperaturfeld die Temperatur. Mit dem Beiwort primär drücken wir aus, dass diese Aufpunktgröße die Grundvariable des Feldes ist, aus der alle Zustandsgrößen folgen. Die primäre Aufpunktgröße wird immer bezüglich einer Referenzstelle gemessen, die im Verschiebungsfeld durch ein Inertialsystem gegeben ist. Das Temperaturfeld wird bezüglich einer vorgegebenen Temperatur, z. B. der Umgebungstemperatur, gemessen, die hier als Referenzstelle dient.

Die abgeleitete Aufpunktgröße folgt aus der primären Aufpunktgröße durch Differentiation und liegt dadurch in der Tensorhierarchie eine Stufe höher. Sie kann für das Verschiebungsfeld ebenfalls direkt, in einer Umgebung des Materialpunktes gemessen werden. Eine Referenzstelle ist hierfür aber nicht mehr nötig.
Es ist für Feldprobleme charakteristisch, dass die örtliche Änderung der primären Aufpunktgröße, also die davon abgeleitete Aufpunktgröße, einen Fluss im Feld auslöst. Im Temperaturfeld ist die abgeleitete Aufpunktgröße der Temperaturgradient, der einen durch den Wärmestromvektor beschriebenen Wärmestrom auslöst. Im Verschiebungsfeld ist die abgeleitete Aufpunktgröße der Verzerrungstensor, der zu einem durch den Spannungstensor beschriebenen Kraftfluss führt.

Bei der Flussgröße unterscheiden wir zwischen drei verschiedenen Flussgrößen, der *abstrakten Flussgröße*, der *primären Flussgröße* und der *resultierenden Flussgröße*. In der Tensorhierarchie steht die abstrakte Flussgröße auf der gleichen Stufe wie die abgeleitete Aufpunktgröße. Das gleiche gilt für den physikalischen

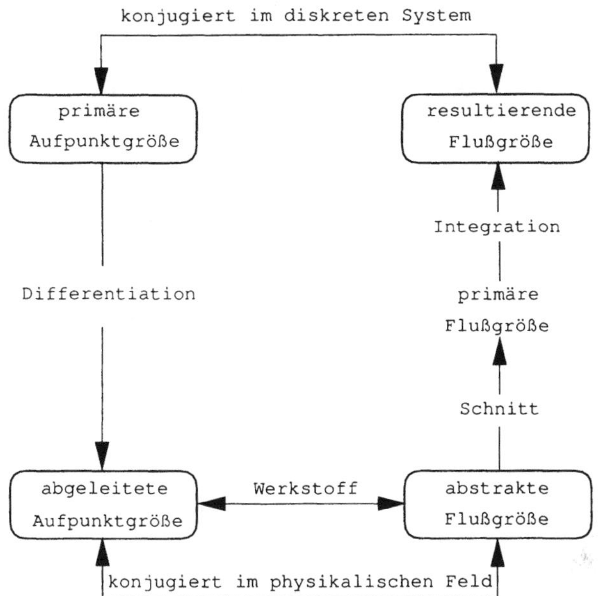

Abb. 2.1 Feldgrößen im Kontinuum.

Informationsgehalt, den die Tensoren beinhalten. Im mechanischen Feld ist die abstrakte Flussgröße der Spannungstensor, der gleich der abgeleiteten Aufpunktgröße, dem Verzerrungstensor, ein Tensor zweiter Stufe ist. Sie beschreiben den möglichen *Kraftfluss* und die Verzerrung für jede beliebige Richtung am Materialpunkt des Kontinuums. Im thermischen Feld ist die abstrakte Flussgröße der Wärmestromvektor, der gleich der abgeleiteten Aufpunktgröße, dem Temperaturgradienten, Tensor erster Stufe ist, und den Wärmefluss in Richtung des maximalen Temperaturgefälles angibt.

Im Gegensatz zu den Aufpunktgrößen kann eine Messung des Flusses nicht direkt am Materialpunkt vorgenommen werden, da die Flussgrößen im Feld nicht offen liegen. Zudem kann eine Messung nur in einer vorgegebenen Richtung erfolgen. Indem man einen gedachten Schnitt durch den Körper führt, legt man Richtung und Durchflussfläche fest. Die Durchflussfläche ist durch den Inhalt der Schnittfläche und die Richtung durch den Normalenvektor der Schnittfläche bestimmt. Ein positiver Fluss folgt dann dem nach außen als positiv definierten Normalenvektor. Die Flussgröße auf der Schnittfläche heißt *primäre Flussgröße*. Führen wir wieder als Beispiele das mechanische und das thermische Feld an, so sind die primären Flussgrößen der Kraftflussvektor und der Wärmestromvektor. Die primären Flussgrößen folgen aus den abstrakten Flussgrößen durch Verjüngung mit dem Normalenvektor. Auf diese Weise wird also die allgemeinere Information der abstrakten Flussgröße auf die durch den Normalenvektor vorgegebene Richtung hin eingeschränkt. Entsprechend liegt die primäre Flussgröße dann in der Tensorhierarchie wieder eine Stufe tiefer als die abstrakte Flussgröße, aus der sie hervorgegangen ist. Die abstrakte und die primäre Flussgröße sind beide auf die Flächeneinheit bezogene physikalische Größen. Indem man auf der Schnittfläche eine geschlossene Kurve definiert, legt man einen Durchflussquerschnitt fest. Führt man nun die Integration der primären Flussgröße über den Durchflussquerschnitt aus, so erhält man den gesamten Fluss durch den Querschnitt. Wir nennen diese Flussgröße die *resultierende Flussgröße*. Resultierende Flussgrößen sind also nicht mehr flächenbezogene Feldgrößen.

Flussgrößen sind physikalische Zustandsgrößen, die Bilanzgleichungen erfüllen müssen. Die Erfüllung der Bilanz des Flusses stellt einen Gleichgewichtszustand dar. Zum Aufstellen der Bilanzgleichung wird eine geschlossene Schnitthülle definiert und die Bilanz der resultierenden Flüsse durch diese ausgewertet. Dann muss der resultierende Gesamtfluss Null sein. Diese Bedingung muss für jede geschlossene Schnitthülle um jeden beliebigen Teilkörper gleichermaßen gelten. Schließt man in die Schnitthülle den gesamten Körper ein, so muss der resultierende Fluss durch die Oberfläche gleich der Änderung des Flusses im Körper sein. Dies ist die Aussage des Gaußschen Integralsatzes. Indem man die Schnitthülle über den differentiellen Teilkörper dv am Materialpunkt legt, führt die Bilanz des Flusses im mechanischen Feld auf das lokale Gleichgewicht in Form dreier gekoppelter partieller Differentialgleichungen.[1] Das System der Differentialgleichungen zusammen mit den Randbedingungen definieren die Randwertaufgabe des Feldproblems.

Jeweils eine Aufpunktgröße und eine Flussgröße definieren ein Paar *konjugierter* oder *dualer Feldgrößen*. Im physikalischen Feld ist dieses Paar durch die abgeleitete Aufpunktgröße und die abstrakte Flussgröße gegeben. Die Zuordnung der Feldgrößen erfolgt auf zweierlei Weise, zum einen über ein Skalarprodukt und zum anderen über ein Stoffgesetz.

Im mechanischen Feld ist die abgeleitete Aufpunktgröße der Verzerrungstensor, also eine kinematische Größe, die dem Deformationsraum zuzuordnen ist. Die

[1] Man beachte, dass bei dieser Betrachtung die auf die Volumeneinheit bezogene Belastung, wie z. B. das Gewicht, einen primären Zufluss von außen darstellt, der innerhalb der Schnitthülle liegt und damit ebenfalls in die Bilanz eingeht.

dazu konjugierte abstrakte Flussgröße ist der Spannungstensor, der den Kraftfluss im Kontinuum beschreibt und somit dem Kraftraum angehört. Die Verknüpfung der Feldgrößen über die zweifache Verjüngung hat die Einheit einer Energiedichte. Im Falle des mechanischen Feldes spricht man deshalb auch von *energetisch konjugierten Feldgrößen*. Im thermischen Feld ist das Paar der konjugierten Feldgrößen der Wärmestromvektor und der Temperaturgradient, deren Skalarprodukt die Einheit Leistung mal Temperatur pro Volumeneinheit hat. Im Gegensatz zum mechanischen Feld entzieht sich dieser Skalar einer einfachen physikalischen Interpretation.

Im Falle beliebiger Deformationen können in Abhängigkeit von der Bezugskonfiguration unterschiedliche Paare von konjugierten Feldgrößen definiert werden. Das auf die Masse bezogene Skalarprodukt der unterschiedlichen Feldgrößen definiert dann eine Invariante des physikalischen Feldes.

Die zweite Verknüpfung der konjugierten Feldgrößen erfolgt über den Materialtensor. Im mechanischen Feld ist dies ein Tensor vierter Stufe und im thermischen Feld ein Tensor zweiter Stufe. Man nennt diese Kopplung der konjugierten Größen über einen Materialtensor *konstitutive Gleichung*. Die konstitutive Gleichung erlaubt also den Übergang von einer konjugierten Feldgröße auf die andere und umgekehrt. Im mechanischen Feld entspricht dies dem Wechsel aus dem Deformationsraum in den Kraftraum und umgekehrt. Damit dieser Wechsel eindeutig möglich ist, muss der Materialtensor den vollen Rang besitzen.

Die konstitutive Gleichung besagt aber auch, dass im Feld nur dann ein Fluss entsteht, wenn sich die primäre Aufpunktgröße von Materialpunkt zu Materialpunkt ändert. Damit kann man die zum Fluss konjugierte Feldgröße als die treibende Kraft, bzw. als den Antrieb für den Fluss im Feld ansehen. Sie bestimmt zusammen mit dem Materialtensor die Größe des Flusses im Feld. So wird sich z. B. bei gleichem Temperaturgradienten in Abhängigkeit von der Wärmeleitzahl des Materials ein unterschiedlicher Wärmestrom durch eine Wand einstellen.

Vorteile ergeben sich für das mechanische Feld, sofern die konstitutive Gleichung im festen Hauptachsensystem angegeben werden kann. In diesem Fall stellt die konstitutive Gleichung die Verbindung zwischen den drei Hauptwerten des Verzerrungstensors und den drei Hauptwerten des Spannungstensors her. Voraussetzung hierfür ist, dass der Materialtensor die Hauptrichtungen des Verzerrungstensors nicht dreht, sodass die abgeleitete Aufpunktgröße und die dazu konjugierte Flussgröße gleiche Hauptrichtungen haben. Dies gilt für den Fall des isotropen hyperelastischen Materials und wie wir noch zeigen werden, auch für elastoplastische Zustandsänderungen bei isotroper Verfestigung.

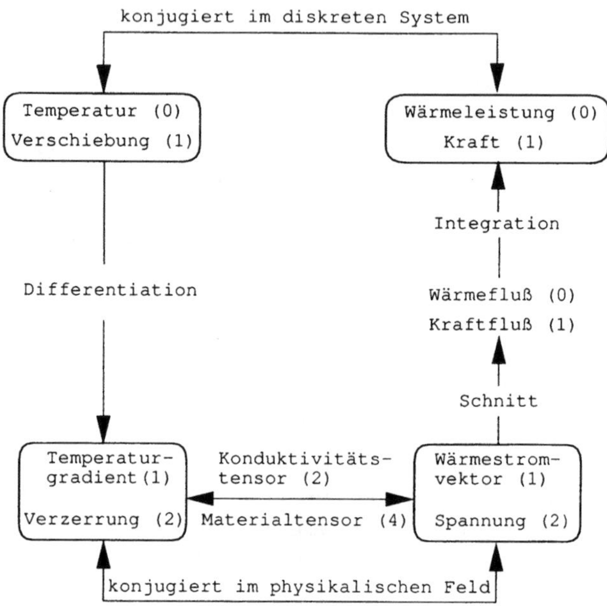

Abb. 2.2 Feldgrößen des Temperaturfeldes und des Verschiebungsfeldes mit Angabe der Stufe der Tensoren in Klammern.

2.3 Diskrete Approximation des Kontinuums

Das Feldproblem wird durch ein System gekoppelter partieller Differentialgleichungen beschrieben, das es zu lösen gilt. Gesucht wird also die Feldfunktion, die das System gekoppelter partieller Differentialgleichungen bei gleichzeitigem Einhalten vorgegebener Randbedingungen befriedigt. Für jeden Materialpunkt ist die primäre Aufpunktgröße gesucht, die dann von der gesuchten Feldfunktion bereitgestellt wird. Damit besitzt das zu bestimmende Feldproblem mindestens so viele Unbekannte, wie diskrete Materialpunkte betrachtet werden. Da jedoch beliebig viele Materialpunkte, jeweils zusammen mit ihren Umgebungen, betrachtet werden können, ist der rechentechnische Zugang zur Lösung erschwert. Tatsächlich können nur in ganz einfachen Fällen so genannte analytische Lösungen in Form von Ortsfunktionen bestimmt werden. Da in der Regel eine analytische Lösung für Ingenieurprobleme ausscheidet, bedient man sich numerischer Lösungsverfahren, die auf der Einführung und rechnerischen Bestimmung von endlich vielen *Freiwerten* oder *Freiheitsgraden* beruhen, die diskreten Stellen im Feld zugeordnet sind. Diese Lösungsverfahren heißen *Diskretisierungsverfahren*. Nachfolgend werden wir als Beispiel für ein Diskretisierungsverfahren die Methode der Finiten Elemente auswählen, da sie im zweiten Teil dieser Arbeit als Lösungsverfahren vorgestellt wird.

Bei den Diskretisierungsverfahren handelt es sich um Näherungsverfahren, die mit Hilfe eines vorgegebenen Ansatzes für die primäre Aufpunktgröße die Lösung der Randwertaufgabe auf die Lösung eines Systems algebraischer Gleichungen zurückführen. Dabei wird die unbegrenzte Zahl der Unbekannten des physikalischen Feldes auf eine gewählte feste Anzahl reduziert. Wir sprechen dann nicht mehr von einem physikalischen Feld, sondern von einem *diskreten System*. Die Freiheitsgrade des diskreten Systems stellen zu bestimmende Linearfaktoren für den Ansatz der Feldfunktion dar und steuern so die Approximation des physikalischen Feldes. Je nach dem, ob sich der Ansatz, wie im Falle des Ritzschen Verfahrens über das gesamte Kontinuum erstreckt, oder ob er wie im Falle der Methode der Finiten Elemente für jedes Element separat definiert wird, sind die Freiheitsgrade im ersten Fall freie Parameter und im zweiten Fall diskreten Stellen zugeordnet, die wir *Knotenpunkte* nennen. In einem Netz aus Finiten Elementen sind die Knotenpunkte mit den Netzknoten identisch, in denen die Finiten Elemente miteinander verknüpft sind. Jedes Finite Element repräsentiert einen Teilkörper des Kontinuums und wir setzen voraus, dass die Gesamtheit der Finiten Elemente den Körper sowohl im undeformierten, als auch im deformierten Zustand lückenlos ausfüllt. Das Finite Element stellt dann für einen Teilkörper des Kontinuums eine Feldfunktion bereit, die in Abhängigkeit von den zu bestimmenden Aufpunktgrößen in seinen Knotenpunkten, das wahre physikalische Feld annähert. Das Feld über dem einzelnen Finiten Element heißt *Näherungsfeld*. Das Näherungsfeld ist stetig und stetig differenzierbar, wobei die Ordnung der Differenzierbarkeit durch den vorgegebenen Ansatz bestimmt ist. Über die gemeinsamen Grenzen der Finiten Elemente hinweg sind die Näherungsfelder ebenfalls stetig. Man spricht von C^0 Stetigkeit. Gilt diese Stetigkeit auch für die n-te Ableitung, so spricht man von C^n Stetigkeit. In der Regel ist aber nur die C^0 Stetigkeit vorhanden.

Die primäre Aufpunktgröße im Netzknoten ist also einem Teilgebiet des Kontinuums zugeordnet und bestimmt mit ihrem Wert die Näherungsfelder aller angeknüpften Finiten Elemente. Da die Feldfunktion über dem Finiten Element vorgegeben ist, kann auch die primäre Flussgröße über dem Element als Funktion der Aufpunktgröße und des Materialtensors angegeben werden. Die Integration des primären, auf die Flächen- und auf die Volumeneinheit bezogenen Flusses über die Näherungsfeldern aller angeknüpften Finiten Elemente ergibt dann die resultierende Flussgröße im Netzknoten. Die resultierende Flussgröße im Netzknoten steht also, analog zur primären Aufpunktgröße, für den Gesamtfluss eines Teilgebiet des Kontinuums. Im mechanischen Feld ist die resultierende Flussgröße eine Kraft und im thermischen Feld eine Wärmeleistung.

Definiert man nun, wie im Falle des physikalischen Feldes, eine Schnitthülle, dann muss die Summe über alle resultierenden Flussgrößen der in der Schnitthülle eingeschlossenen Netzknoten, Null sein. Im Gegensatz zur Erfüllung der Bilanz der Flüsse für das differentielle Teilelement im physikalischen Feld wird hier im diskreten System die Bilanz der Flüsse nur von den resultierenden Flussgrößen der Aufpunkte exakt erfüllt. Für das differentielle Teilelement des Näherungsfeldes wird die Bilanz nicht erfüllt.[2] Man bezeichnet diese integrale Form der Bilanzerfüllung, als die *schwache Form der Bilanzerfüllung*.

Die resultierende Flussgröße im Netzknoten bildet zusammen mit der dortigen primären Aufpunktgröße das Paar der konjugierten Feldgrößen (siehe Abbildung 2.2). Als Folge der Integration über Teilgebiete des Kontinuums hat das Skalarprodukt im mechanischen Feld jetzt die Einheit einer Energie und im thermischen Feld die Einheit Leistung mal Temperatur.

Das Skalarprodukt der konjugierten Feldgrößen stellt eine Invariante für das diskrete System dar. Wird z. B. im mechanischen Feld auf einen anderen Satz von Freiwerten übergewechselt, so ergeben sich aus der Invarianz des Skalarprodukt die Transformationsbeziehungen für die Elementsteifigkeit und die Kraft.

Wie wir noch sehen werden, kommt dem Skalarprodukt konjugierter Feldgrößen sowohl in der klassischen als auch in der analytischen Kontinuumsmechanik eine große Bedeutung zu. So können z. B., unter Ausnützung der Invarianzeigenschaft des Skalarprodukts im physikalischen Feld, unterschiedliche konjugierte Paare von Zustandstensoren definiert werden mit einer schlüssigen Erklärung für deren Bedeutung im Rahmen der Formulierungen. Wird das Skalarprodukt aus der virtuellen primären Aufpunktgröße und der resultierenden Flussgröße gebildet, so erhält man für das mechanische Feld das Prinzip der virtuellen Arbeit und damit die Grundlage für die Formulierung der Finiten Elemente.

[2] Ausnahme ist, wenn das Näherungsfeld das wahre Feld exakt darstellen kann, wie z. B. im Falle eines konstanten Flusses im Feld.

3 Beschreibung der Kinematik

Unser Ziel ist die Formulierung der Randwertaufgabe der Elastostatik und dessen Lösung mit Finiten Elementen. Dazu müssen wir als Erstes die Bewegung oder Kinematik des Körpers im Raum studieren. Diese Aufgabenstellung wollen wir uns in diesem Kapitel zuwenden.

Im Gegensatz zur linearen Theorie, die die erlaubte Bewegung des Körpers durch Annahmen einschränkt, betrachten wir nachfolgend die beliebige Bewegung des Körpers im Raum. Diese ist stets die Summe aus einer Starrkörperbewegung und einer Gestaltsänderung, die beide von beliebiger Größe sein können. Während die Starrkörperbewegung nur zu einer Lageänderung des Körpers im Raum führt, bewirkt die Gestaltsänderung Verzerrungen, die Spannungen im Körper zur Folge haben. Da die Spannungen zur Formulierung des Gleichgewichts benötigt werden, ist die saubere Auftrennung der Bewegung in Starrkörperanteil, Translation und Rotation, und Gestaltsänderung von zentraler Bedeutung, die sich wie ein roter Faden durch die Beschreibung der Kinematik zieht. Es müssen geeignete Zustandsgrößen eingeführt werden, die unbeeinflusst von der Starrkörperbewegung den für die Formulierung der Bilanzgesetze relevanten physikalischen Zustand der Verzerrung und des Materials beschreiben. Zustandsgrößen, die diese Forderung erfüllen, werden wir als *objektive* Zustandsgrößen bezeichnen.

3.1 Konfiguration

Wir unterscheiden zwischen Materialpunkt und Raumpunkt. Mit Materialpunkt bezeichnen wir einen Massenpunkt oder ein Teilchen des Körpers. Mit Raumpunkt bezeichnen wir einen festen Punkt im Raum, den wir durch einen *Ortsvektor* $\boldsymbol{x}$ festlegen. Den Ortsvektor ziehen wir vom Ursprung eines raumfesten kartesischen Bezugssystems aus zum Raumpunkt hin. Er hat die Koordinaten $\{x^1, x^2, x^3\}$.

Zu einem bestimmten Zeitpunkt belegt der Körper ein Gebiet im Raum. Jeder

Materialpunkt fällt dann genau mit einem Raumpunkt zusammen, sodass man ihm dann auch den Ortsvektor des Raumpunktes zuweisen kann. Durch die Menge der Ortsvektoren ist die Lage des Körpers im Raum und seine geometrische Gestalt festgelegt. Man bezeichnet dies als die *Konfiguration* des Körpers. Mathematisch gesprochen ist die Konfiguration des Körpers eine Abbildung $\boldsymbol{\Phi} : \mathcal{B} \Rightarrow \mathcal{E}^3$, welche die Materialpunkte des Körpers $\mathcal{B}$ in die Raumlage $\mathcal{E}^3$ abbildet.

Verfolgt man die Bewegung des Körpers innerhalb eines Zeitintervalls Δt, so wird dieser eine Folge von Konfigurationen durchlaufen. Die Konfiguration zum Zeitpunkt $t = 0$ heißt *Ausgangskonfiguration* oder *Ausgangslage* und wird mit dem Symbol ${}_0C$ gekennzeichnet. Dient die Ausgangskonfiguration als Bezugslage für die mathematische Formulierung, so heißt sie auch *Referenzkonfiguration.* In der Ausgangskonfiguration soll der Körper unverformt sein. Diese wichtige Vereinbarung einer unverformten Ausgangslage empfiehlt sich speziell im Hinblick auf die Definition von Materialgesetzen, wie wir später noch sehen werden.

Die Konfiguration zu einem bestimmten Zeitpunkt $t_i > 0$ heißt *Momentankonfiguration* und wird mit dem Symbol ${}_iC$ gekennzeichnet. Der zu einem bestimmten Materialpunkt gehörige Ortsvektor ist eine Funktion der Zeit. Wir wollen diese Zeitabhängigkeit mit Hilfe eines Fußzeigers kenntlich machen. Der Ortsvektor in der Ausgangskonfiguration ist dann $\boldsymbol{x}_0$ und in der Momentankonfiguration $\boldsymbol{x}_i$. Während der Ortsvektor $\boldsymbol{x}_0$ einen Raumpunkt definiert, an dem sich nur ein bestimmter Materialpunkt zum Zeitpunkt $t = 0$ befindet, werden den Raumpunkt mit dem festgehaltenen Ortsvektor $\boldsymbol{x}_i$ infolge der Bewegung des Körpers unterschiedliche Materialpunkte passieren. Man kann also den Ortsvektor $\boldsymbol{x}_0$ eindeutig dem Materialpunkt zuordnen, der in der Ausgangskonfiguration diesen Platz im Raum belegt. Infolgedessen heißen die Koordinaten des Ortsvektors $\boldsymbol{x}_0$ der Ausgangskonfiguration *materielle Koordinaten* oder *Materialkoordinaten*, und man schreibt hierfür nun einen Großbuchstaben $\boldsymbol{x}_0 = \boldsymbol{X}$. Damit erübrigt sich jetzt auch der Fußzeiger $_i$ für den Ortsvektor der Momentankonfiguration, und wir lassen ihn nachfolgend wieder weg. Die Koordinaten des Ortsvektors $\boldsymbol{x}$ heißen *räumliche Koordinaten.* Die Verwendung von Groß- und Kleinbuchstaben zur Bezeichnung der materiellen und der räumlichen Koordinaten, die auch für die zugehörigen Indizes gelten soll, findet sich schon bei Truesdell und Noll [110].

Mit Hilfe des Ortsvektors $\boldsymbol{x}$ haben wir die Lage eines Materialpunktes im Raum festgelegt. Da der Materialpunkt der Aufpunkt für die physikalischen Zustandsgrößen ist, folgt, dass die Tensorfelder der physikalischen Größen Funktionen der Ortsvektoren sind. An geeigneter Stelle werden wir auf diese Aussage zurückkommen. Wir kommen nun zur Festlegung des Bezugssystems. Eine konsequente Anwendung der Notationsvorschrift verlangt das Einführen von zwei Bezugssy-

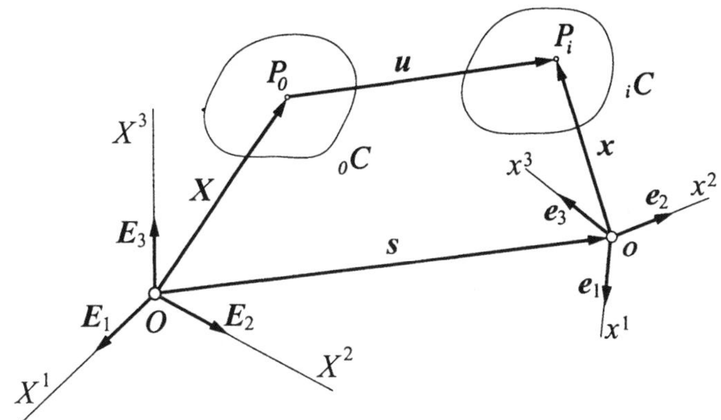

Abb. 3.1 Definition der Koordinatensysteme.

stemen, eine für die materiellen und eine für die räumlichen Koordinaten. Diese Vorgehensweise, die in Abbildung 3.1 dargestellt ist, wird z. B. in [55] vorgeschlagen. Ein Materialpunkt P_0 mit dem Ortsvektor $\boldsymbol{X} = \{X^J\}$ in der Ausgangskonfiguration belegt zur Zeit t_i den Raumpunkt P_i mit dem Ortsvektor $\boldsymbol{x} = \{x^j\}$. Das Bezugssystem für die Materialkoordinaten X^J ist durch das Vektortripel $\boldsymbol{E}_J$ und jenes für die räumlichen Koordinaten durch das Vektortripel $\boldsymbol{e}_j$ festgelegt[1]. Der Vektor von P_0 nach P_i heißt Verschiebungsvektor $\boldsymbol{u}$. Dieser berechnet sich zu

$$\boldsymbol{u} = \boldsymbol{s} + \boldsymbol{x} - \boldsymbol{X} \tag{3.1}$$

wobei der Vektor $\boldsymbol{s}$ den Koordinatenursprung o relativ zum Urprung O festlegt. Geht man auf die Indexschreibweise über, so muss aufgrund der unterschiedlichen Bezugssysteme eine Koordinatentransformation durchgeführt werden, was diese Gleichung dann wesentlich unübersichtlicher macht. Das Problem lässt sich vermeiden, wenn, wie verschiedentlich vorgeschlagen, die Bezugssysteme übereinandergelegt werden. In diesem Fall gilt $\boldsymbol{s} = \boldsymbol{0}$, und man erhält als Transformationsmatrix zwischen den Bezugssystemen das Kronecker-Symbol $\delta^J{}_j$ bzw. $\delta^j{}_J$.

$$\boldsymbol{u} = \boldsymbol{x} - \boldsymbol{X}; \quad u^j = x^j - \delta^j{}_J X^J \tag{3.2}$$

Man erkennt, dass dieses hier lediglich für ein konsequentes Einhalten der Notationsvorschrift sorgt[2].

[1] Basisvektoren haben einen Index und unterscheiden sich dadurch von gleichnamigen Symbolen anderer Bedeutung ohne Index.

[2] Die Notationsvorschrift verlangt, dass in einer Gleichung jedes Glied denselben freien hoch- oder

In der vorliegenden Arbeit werden wir der Einfachheit halber ausschließlich zwei übereinanderliegende raumfeste, kartesische Bezugssysteme verwenden. Die Metriktensoren der Bezugssysteme werden wie üblich mit $\boldsymbol{G}$ und $\boldsymbol{g}$ bezeichnet und sind dann beide Einheitstensoren.

Durch den Vergleich zweier Konfigurationen wird die *Deformation* des Körpers berechnet. In der Regel vergleicht man die Konfiguration zum Zeitpunkt $t = t_i$ mit der Ausgangskonfiguration. Man bekommt dann eine Aussage über die gesamte Deformation des Körpers bis zum Zeitpunkt $t = t_i$. Entscheidend ist, dass hierfür die im Zeitintervall durchlaufenen Konfigurationen und unterschiedlichen Deformationszustände keine Rolle spielen. Die Berechnung der Deformation erweist sich also als eine rein geometrische Aufgabe.

Es ist offensichtlich, dass diese Art der Beschreibung der Deformation durch Vergleich zweier Konfigurationen nicht in allen Aufgabengebieten der Kontinuumsmechanik gleichermaßen gut zu gebrauchen sein wird. Ein Beispiel hierfür ist die Berechnung von Strömungsvorgängen. Hier wird es nicht genügen, zwei Zustände zu vergleichen, sondern es wird notwendig sein, die gesamte Bewegung des Körpers in der Zeit zu verfolgen. Etwaige Störungen im Strömungsfeld zu einem vorherigen Zeitpunkt, wie z. B. Wirbelablösungen, wirken sich auf die Ergebnisse aus. In diesem Fall existiert eine Abhängigkeit der Feldgrößen von der Bewegungsgeschichte.

3.2 Deformationsgradient und Verzerrung

Die Bewegung des Kontinuums im Raum wird durch die umkehrbar eindeutige, nichtlineare Abbildung

$$\boldsymbol{x} = \boldsymbol{x}(\boldsymbol{X},t); \quad x^j = x^j(X^J,t) \quad \text{(für alle } j \text{ und } J) \tag{3.3}$$

beschrieben. Diese weist dem Materialpunkt, der zum Zeitpunkt $t = 0$ den Raumpunkt mit dem Ortsvektor $\boldsymbol{X}$ belegt, den momentanen Raumpunkt mit dem Ortsvektor $\boldsymbol{x}$ zu. Es handelt sich um eine einparametrige Abbildungsfunktion mit der Zeit t als Parameter, die die Eigenschaft der Stetigkeit und Differenzierbarkeit haben soll. Da in dieser Abbildungsvorschrift die unabhängigen Variablen die Materialkoordinaten eines Materialpunktes sind, bezeichnet man diese Beschreibung als die *materielle* oder *Lagrangesche Beschreibung* der Bewegung. Analog wollen

tiefgestellten Index aufweisen muss.

wir ein Tensorfeld, das in der Form $\boldsymbol{T} = \boldsymbol{T}(\boldsymbol{X},t)$ vorliegt, als ein *Lagrangesches Tensorfeld* bezeichnen.

Die inverse Abbildung

$$\boldsymbol{X} = \boldsymbol{X}(\boldsymbol{x},t); \quad X^J = X^J(x^j,t) \tag{3.4}$$

weist einem festem Raumpunkt die Materialpunkte zu, die diesen Ort im betrachteten Zeitintervall passieren. Diese Art der Beschreibung, die den Namen räumliche oder *Eulersche Beschreibung* der Bewegung trägt, wird vorzugsweise für die Behandlung von Strömungsvorgängen verwendet. In Anlehnung an die Definition eines Lagrangeschen Tensorfeldes sprechen wir nun von einem *Eulerschen Tensorfeld*, wenn dieses in der Form $\boldsymbol{T} = \boldsymbol{T}(\boldsymbol{x},t)$ vorliegt.

Zur Bildung der inversen Abbildung haben wir vorausgesetzt, dass die Bewegung zu jedem Zeitpunkt umkehrbar eindeutig ist. Eine notwendige und hinreichende Bedingung hierfür ist

$$\det(\frac{\partial \boldsymbol{x}_t}{\partial \boldsymbol{X}}) = \det(\boldsymbol{F}_t) = J > 0 \tag{3.5}$$

In dieser Gleichung wird die fundamentale Größe $\boldsymbol{F}$ eingeführt, die *materieller Deformationsgradient* oder einfach *Deformationsgradient* heißt. Die Aussage, dass seine Determinante J stets von Null verschieden ist, werden wir später noch präzisieren, wenn wir die physikalische Deutung der Determinante angeben. Mit dem Fußzeiger $_t$ deuten wir an, dass wir den Deformationsgradienten zum festen Zeitpunkt $t = t_i$ berechnen. In den folgenden Beziehungen soll dies, sofern nicht ausdrücklich gesagt, nun immer gelten und wir lassen deshalb den Fußzeiger $_t$ weg.

Der Deformationsgradient

$$\boldsymbol{F} = \frac{\partial \boldsymbol{x}}{\partial \boldsymbol{X}}; \quad F^a{}_J = \frac{\partial x^a}{\partial X^J} \tag{3.6}$$

ist ein Tensor zweiter Stufe mit einer im allgemeinen unsymmetrischen Koordinatenmatrix. Der Deformationsgradient bildet den materiellen Vektor $d\boldsymbol{X}$ der Ausgangskonfiguration gemäß

$$d\boldsymbol{x} = \boldsymbol{F}d\boldsymbol{X}; \quad dx^a = F^a{}_J dX^J \tag{3.7}$$

in die Momentankonfiguration ab (siehe Abbildung 3.2). Man beachte die Position der Indizes von $F^a{}_J$, die über die Abbildungsgleichung festgelegt ist.

Man bezeichnet die Transformation von der Ausgangskonfiguration auf die Momentankonfiguration als Hochschieben des Vektors auf die Momentankonfiguration, bzw. als *push forward Operation* und verwendet hierfür das Symbol $\Phi_\star$. Dann kann man für Gleichung (3.7) auch schreiben:

$$d\boldsymbol{x} = \boldsymbol{F} d\boldsymbol{X} = \Phi_\star(d\boldsymbol{X}) \tag{3.8}$$

Später werden wir uns noch ausführlicher mit den Transformationen zwischen den Konfigurationen beschäftigen und diese auch für Tensoren höherer Stufe angeben. Dabei wird es notwendig sein zwischen kovariant und kontravariant definierten Tensoren zu unterscheiden.

Wenn wir mit $L = |d\boldsymbol{X}|$ die Länge des undeformierten und mit $l = |d\boldsymbol{x}|$ die Länge des deformierten Vektors bezeichnen, dann lautet die Abbildungsgleichung (3.7) mit den normierten Vektoren $d\bar{\boldsymbol{x}}$ und $d\bar{\boldsymbol{X}}$

$$\left(\frac{l}{L}\right) d\bar{\boldsymbol{x}} = \boldsymbol{F} d\bar{\boldsymbol{X}} \tag{3.9}$$

Der Quotient (l/L) heißt *Streckung* und wird mit λ bezeichnet

$$\lambda = \left(\frac{l}{L}\right) \tag{3.10}$$

Die Streckung gibt das Verhältnis von momentaner Länge l zur undeformierten Länge L des materiellen Linienelementes an und ist damit stets positiv. Sie trägt die Einheit $[m/M]$ des Deformationsgradienten.

Im Gegensatz zur nichtlinearen Abbildung der Konfiguration nach Gleichung (3.3) handelt es sich bei Gleichung (3.7) um eine lineare Abbildung, in der der Deformationsgradient eine Verbindung zwischen den Tangentialräumen zweier Konfigurationen herstellt. Bildlich gesprochen steht der Tensor $\boldsymbol{F}$ mit einem Bein, bzw. Index auf der Ausgangskonfiguration und mit dem anderen Bein auf der Momentankonfiguration. Man bezeichnet ihn deshalb auch als einen *Zweifeld Tensor*[3]. In der angelsächsischen Literatur heißt der Tensor *two-point tensor*. Da wir den Fall $\boldsymbol{0} = \boldsymbol{F} d\boldsymbol{X}$ für beliebige $d\boldsymbol{X}$ als physikalisch unrealistisch ausschließen können, ist $\boldsymbol{F}$ stets nichtsingulär. Wir schreiben für die inverse Abbildung

$$d\boldsymbol{X} = \boldsymbol{F}^{-1} d\boldsymbol{x}; \quad dX^J = (F^{-1})^J{}_a dx^a \tag{3.11}$$

und bezeichnen $\boldsymbol{F}^{-1}$ als den *räumlichen Deformationsgradienten*. Wie bei Gleichung (3.7), so handelt es sich auch bei Gleichung (3.11) um eine lineare Abbildung zwischen den Konfigurationen. In diesem Fall wird der Vektor $d\boldsymbol{x}$ von der

[3]Bei Riemer[86] heißt ein solcher Tensor *Doppeltensor*.

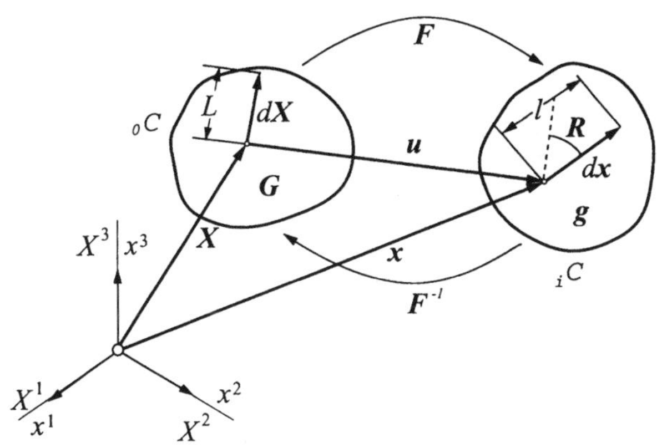

Abb. 3.2 Abbildung des materiellen Linienelementes.

Momentankonfiguration zurück in die Ausgangskonfiguration abgebildet. Diese Rück-Transformation auf die Ausgangskonfiguration heißt *pull back Operation*. Man verwendet hierfür das Symbol $\Phi^\star$ oder alternativ $\Phi_\star^{-1}$. Wir können also für Gleichung (3.11) schreiben:

$$d\boldsymbol{X} = \boldsymbol{F}^{-1} d\boldsymbol{x} = \Phi^\star(d\boldsymbol{x}) \tag{3.12}$$

Wie eingangs gesagt, setzt sich die allgemeine Bewegung eines Kontinuums aus den Anteilen Starrkörpertranslation, Starrkörperrotation und Verzerrung zusammen. Die Starrkörpertranslation ist durch eine Konstante im Verschiebungsfeld repräsentiert und fällt somit bei der Bildung von $\boldsymbol{F}$ heraus. Die verbleibenden Bewegungsanteile, Starrkörperrotation und Verzerrung, müssen im Deformationsgradienten enthalten sein. Wie in Abbildung 3.2 dargestellt ist, wird das materielle Linienelement im allgemeinen Fall seine Länge und seine Orientierung im Raum ändern. Durch Einbringen einer fiktiven Zwischenkonfiguration, die durch die Abbildung $\tilde{\boldsymbol{x}} = \tilde{\boldsymbol{x}}(\boldsymbol{X},t)$ bzw. $\tilde{\boldsymbol{X}} = \tilde{\boldsymbol{X}}(\boldsymbol{X},t)$ gegeben sei, kann eine multiplikative Aufspaltung des Deformationsgradienten auf zweierlei Art vorgenommen werden:

$$\boldsymbol{F} = \frac{\partial \boldsymbol{x}}{\partial \tilde{\boldsymbol{x}}} \frac{\partial \tilde{\boldsymbol{x}}}{\partial \boldsymbol{X}} \quad \text{und} \quad \boldsymbol{F} = \frac{\partial \boldsymbol{x}}{\partial \tilde{\boldsymbol{X}}} \frac{\partial \tilde{\boldsymbol{X}}}{\partial \boldsymbol{X}} \tag{3.13}$$

Dem linken Ansatz zufolge wird der Tangentenvektor $d\boldsymbol{X}$ über den Tangentenvektor $d\tilde{\boldsymbol{x}}$ der Zwischenkonfiguration in den Tangentenvektor $d\boldsymbol{x}$ der Momentankonfiguration abgebildet. Nach dem rechten Ansatz erfolgt die Abbildung in

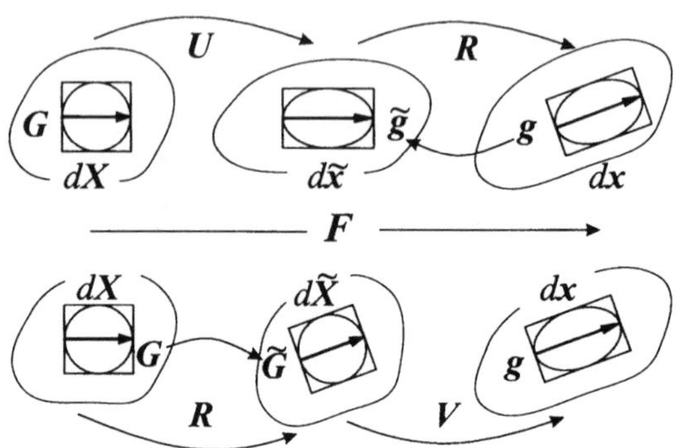

Abb. 3.3 Polare Zerlegung des Deformationsgradienten.

gleicher Weise über den Tangentenvektor $d\tilde{X}$ der Zwischenkonfiguration. Gemäß dem physikalischen Inhalt des Deformationsgradienten soll der Differentialquotient mit den Differentialen gleicher Schriftgröße die Starrkörperrotation und der andere, mit den Differentialen unterschiedlicher Schriftgröße, die Verzerrung beschreiben. Dann entsprechen den Ansätzen in Gleichung (3.13) die Darstellungen

$$\boldsymbol{F} = \boldsymbol{R}\,\boldsymbol{U} \quad \text{und} \quad \boldsymbol{F} = \boldsymbol{V}\boldsymbol{R} \tag{3.14}$$

die in Abbildung 3.3 veranschaulicht werden. In der, als *polare Zerlegung* bezeichneten Aufteilung des Deformationsgradienten, ist $\boldsymbol{R}$ in beiden Darstellungen derselbe orthonormale *Rotationstensor*, $\boldsymbol{U}$ der *rechte Strecktensor* und $\boldsymbol{V}$ der *linke Strecktensor*[4]. Die Längenänderung des Tangentenvektors $d\boldsymbol{X}$ wird durch die Strecktensoren beschrieben, die sich als symmetrisch und als positiv definit erweisen. Die Drehung des Tangentenvektors erfolgt über den Rotationstensor. Mit Hilfe von $\boldsymbol{F}$ lassen sich zwei symmetrische Deformationstensoren aufbauen, die keine Rotationsanteile mehr enthalten:
der *rechte Deformationstensor* (weil $\boldsymbol{F}$ rechts steht)

$$\boldsymbol{C} = \boldsymbol{F}^T \boldsymbol{g} \boldsymbol{F}; \quad C_{IJ} = F^a{}_I g_{ab} F^b{}_J \tag{3.15}$$

[4]Anmerkung zur Notation: Der linke Strecktensor $\boldsymbol{V}$ steht auf der Momentankonfiguration und sollte nach unserer Notationsvorschrift klein geschrieben werden. Wir folgen aber hier der allgemein üblichen Bezeichnung und verwenden ein groß geschriebenes $\boldsymbol{V}$, da das klein geschriebene $\boldsymbol{v}$ später für die Bezeichnung der Geschwindigkeit benutzt wird.

und der *linke Deformationstensor*[5] (weil $\boldsymbol{F}$ links steht)

$$\boldsymbol{b} = \boldsymbol{F}\boldsymbol{G}^{-1}\boldsymbol{F}^T; \quad b^{ab} = F^a{}_I G^{IJ} F^b{}_J \tag{3.16}$$

Der rechte Deformationstensor $\boldsymbol{C}$ ist auf der Ausgangskonfiguration ${}_0\mathcal{C}$ definiert, was man in der Indexschreibweise an den groß geschriebenen freien Indizes ${}_{IJ}$ erkennt. Zur Beschreibung der Deformation wird der kovariante[6] Metriktensor $\boldsymbol{g}$ der Momentankonfiguration ${}_i\mathcal{C}$ mit Hilfe des Deformationsgradienten auf die Ausgangskonfiguration zurück abgebildet bzw. heruntergezogen[7]. Hier handelt es sich demnach, wie in Gleichung (3.12), um eine *pull back Operation*, allerdings für einen Tensor zweiter Stufe, der in der Koordinatendarstellung tiefgestellte Indizes aufweist. Im Gegensatz zum rechten Deformationstensor $\boldsymbol{C}$ steht der linke Deformationstensor $\boldsymbol{b}$ auf der Momentankonfiguration ${}_i\mathcal{C}$ und verfügt demnach in der Indexschreibweise über die klein geschriebenen freien Indizes ^{ab}. Dieser Tensor beschreibt die Deformation, indem er den kontravarianten Metriktensor $\boldsymbol{G}^{-1}$ der Ausgangskonfiguration auf die Momentankonfiguration abbildet bzw. hochschiebt. Hier handelt es sich also analog zu Gleichung (3.11) um eine *push forward Operation.*
Die Abbildungsoperationen werden besonders anschaulich, wenn man für den Deformationsgradienten $\boldsymbol{F}$ die polare Zerlegung nach Gleichung (3.14) einsetzt. In diesem Fall stellen sich die pull back und die push forward Operation als zwei aufeinander folgende Abbildungen dar.
Für den rechten Deformationstensor nach (3.15) ergibt sich mit dem linken Ansatz $\boldsymbol{F} = \boldsymbol{R}\boldsymbol{U}$

$$\boldsymbol{C} = \boldsymbol{U}^T\boldsymbol{R}^T\boldsymbol{g}\boldsymbol{R}\,\boldsymbol{U} = \boldsymbol{U}^T\tilde{\boldsymbol{g}}\,\boldsymbol{U} \quad \Longrightarrow \quad \tilde{\boldsymbol{g}} = \boldsymbol{R}^T\boldsymbol{g}\boldsymbol{R} \tag{3.17}$$

und für den linken Deformationstensor nach (3.16) folgt mit dem rechten Ansatz $\boldsymbol{F} = \boldsymbol{V}\boldsymbol{R}$

$$\boldsymbol{b} = \boldsymbol{V}\boldsymbol{R}\boldsymbol{G}^{-1}\boldsymbol{R}^T\boldsymbol{V}^T = \boldsymbol{V}\tilde{\boldsymbol{G}}^{-1}\boldsymbol{V}^T \quad \Longrightarrow \quad \tilde{\boldsymbol{G}}^{-1} = \boldsymbol{R}\boldsymbol{G}^{-1}\boldsymbol{R}^T \tag{3.18}$$

[5] Vielfach werden die Deformationstensoren auch als *Cauchy-Green-Deformationstensoren* bezeichnet.

[6] Wir bezeichnen die Koordinaten eines Tensors als kovariante Koordinaten, wenn sie in der Indexschreibweise tiefgestellte Indizes besitzen und als kontravariante Koordinaten, wenn die Indizes hochgestellt sind.

[7] Die Deformationstensoren werden vielfach ohne Metriktensor definiert, so z. B. der rechte Deformationstensor als $\boldsymbol{C} = \boldsymbol{F}^T\boldsymbol{F}$. Diese Darstellung ist der angegeben Formel $\boldsymbol{C} = \boldsymbol{F}^T\boldsymbol{g}\boldsymbol{F}$ gleichwertig, da sich der Metriktensor automatisch einstellt, wenn man ausgehend von der gemischt varianten Darstellung $\boldsymbol{F} = F^i{}_I\,\boldsymbol{e}_i \otimes \boldsymbol{E}^I$ den Deformationstensor berechnet. Man erhält
$$\boldsymbol{C} = \boldsymbol{F}^T\boldsymbol{F} = F^i{}_I\boldsymbol{E}^I \otimes \boldsymbol{e}_i \cdot F^j{}_J\,\boldsymbol{e}_j \otimes \boldsymbol{E}^J = F^i{}_I(\boldsymbol{e}_i \cdot \boldsymbol{e}_j)F^j{}_J\,\boldsymbol{E}^I \otimes \boldsymbol{E}^J = \boldsymbol{F}^T\boldsymbol{g}\boldsymbol{F} \text{ mit } \boldsymbol{g} = g_{ij}\,\boldsymbol{e}^i \otimes \boldsymbol{e}^j.$$
Letztere Darstellung des Deformationstensors mit eingeschriebenem Metriktensor ist aber für die Veranschaulichung und Interpretation des Deformationstensors von Vorteil.

Bei beiden Deformationstensoren werden die Metriktensoren $\boldsymbol{g}$ und $\boldsymbol{G}^{-1}$ mit Hilfe des Rotationstensors auf die entsprechenden Metriktensoren $\tilde{\boldsymbol{g}}$ und $\tilde{\boldsymbol{G}}^{-1}$ der Zwischenkonfiguration abgebildet, wobei infolge der Starrkörperrotation die *Metrik* erhalten bleibt:

$$
\begin{aligned}
ds^2 &= d\boldsymbol{x}\cdot\boldsymbol{g}d\boldsymbol{x} = d\tilde{\boldsymbol{x}}\cdot\tilde{\boldsymbol{g}}\,d\tilde{\boldsymbol{x}} \qquad \Rightarrow d\boldsymbol{x} = \boldsymbol{R}d\tilde{\boldsymbol{x}} \quad \Rightarrow \tilde{\boldsymbol{g}} = \boldsymbol{R}^T\boldsymbol{g}\boldsymbol{R} \\
dS^2 &= d\boldsymbol{X}\cdot\boldsymbol{G}^{-1}d\boldsymbol{X} = d\tilde{\boldsymbol{X}}\cdot\tilde{\boldsymbol{G}}^{-1}d\tilde{\boldsymbol{X}} \Rightarrow d\boldsymbol{X} = \boldsymbol{R}^T d\tilde{\boldsymbol{X}} \Rightarrow \tilde{\boldsymbol{G}}^{-1} = \boldsymbol{R}\boldsymbol{G}^{-1}\boldsymbol{R}^T
\end{aligned}
\tag{3.19}
$$

Auf diese Weise wird die Starrkörperrotation eliminiert, sodass, von der Zwischenkonfiguration ausgehend, die Messung der Verzerrung mit Hilfe der Strecktensoren durchgeführt werden kann. Demzufolge erweisen sich die Deformationstensoren als von der Starrkörperrotation unbeeinflusste Maßtensoren.

Bevor wir nun die neu eingeführten Abbildungen zwischen den Konfigurationen genauer beschreiben werden, müssen wir ein Problem ansprechen, das immer wieder Anlass zu Verwirrung gibt. Dies betrifft die Bezeichnung von ko- und kontravarianten Tensoren. In der Regel werden diese in der Koordinatendarstellung durch tief- und hochgestellte Indizes unterschieden. Da aber die Tensoren oft unterschiedlich eingeführt werden, (z. B. wird der linke Deformationstensor $\boldsymbol{b}$ in Gleichung (3.16) mit hochgestellten Indizes, also als kontravariant eingeführt), ist diese bei den Symbolen nicht mehr eindeutig. Bei manchen Formeln ist es aber unbedingt notwendig, auch dem Symbol einen Hinweis auf seine Koordinatendarstellung mitzugeben. Insbesondere wird diese Kennzeichnung dann wichtig sein, wenn ein Tensor zwischen den Konfigurationen abzubilden ist. Für diese Fälle übernehmen wir die Notation aus [55] und benutzen das Symbol $^\sharp$, wenn die Koordinatendarstellung hochgestellte Indizes (kontravariant) aufweist und das Symbol $^\flat$ im Fall tiefgestellter Indizes (kovariant)[8]. Demzufolge ist der rechte Deformationstensor genauer als $\boldsymbol{C}^\flat$ und der linke Deformationstensor als $\boldsymbol{b}^\sharp$ zu bezeichnen.

Wir haben die *push forward* und *pull back* Operationen als lineare Abbildung der Tangentenvektoren $d\boldsymbol{X}$ und $d\boldsymbol{x}$ eingeführt. Ihre besondere Bedeutung erlangen diese Transformationen aber erst, wenn wir sie auf Tensoren höherer Stufe anwenden. Bevor wir nun diese Transformationen genauer beschreiben und verallgemeinern werden, soll aufgezeigt werden, wofür diese Abbildungen benötigt werden. Analog zum Vektor lassen sich mit Hilfe der *push forward* und *pull back* Operationen unterschiedliche Tensoren höherer Stufe auf den Konfigurationen definieren. Wenn wir dann zwei energetisch konjugierte Feldgrößen, z. B. eine Kraft und eine Verschiebung oder den Spannungstensor und den Verzerrungstensor zu einem Skalar verjüngen (Man beachte, dass das Skalarprodukt immer aus

[8]Die Bezeichnung orientiert sich an der in der Musik üblichen Notation für die Erhöhung und Erniedrigung eines Tonwertes um einen Halbtonschritt.

einem kovarianten und einem kontravarianten Tensorpaar gebildet wird.), dann entspricht dieses Ergebnis einer koordinateninvarianten Arbeit, die unabhängig von der Konfiguration, auf der diese Verknüpfung stattfindet, gleich sein muss[9]. Die *push forward* und *pull back* Operationen werden ausschließlich mit dem Deformationsgradienten $\boldsymbol{F}$ durchgeführt, was die zwischen den Konfigurationen stehende Starrkörperrotation eliminiert und eine Anpassung an die neue Metrik bewirkt. Wir haben uns diesen Sachverhalt am Beispiel der Deformationstensoren klar gemacht und in Abbildung 3.3 veranschaulicht. Die nachfolgend zusammengestellten Abbildungen für Tensoren erster und zweiter Stufe lassen sich alle auf dieselbe Weise anschaulich machen.

Es seien $\boldsymbol{Y}(\boldsymbol{X})$ und $\boldsymbol{y}(\boldsymbol{x})$ zwei über *push forward* bzw. *pull back* Operationen korrespondierende Tensoren erster Stufe. (Wir präzisieren die Gleichungen (3.8) und (3.12) nun für kovariant und kontravariant definierte Vektoren.) Dann gilt für die *push forward* Operation

$$\boldsymbol{y}^\sharp = \Phi_\star(\boldsymbol{Y}^\sharp) = \boldsymbol{F}\boldsymbol{Y}^\sharp \quad \text{und} \quad \boldsymbol{y}^\flat = \Phi_\star(\boldsymbol{Y}^\flat) = \boldsymbol{F}^{-T}\boldsymbol{Y}^\flat \tag{3.20}$$

und für die *pull back* Operation

$$\boldsymbol{Y}^\sharp = \Phi^\star(\boldsymbol{y}^\sharp) = \boldsymbol{F}^{-1}\boldsymbol{y}^\sharp \quad \text{und} \quad \boldsymbol{Y}^\flat = \Phi^\star(\boldsymbol{y}^\flat) = \boldsymbol{F}^T\boldsymbol{y}^\flat \tag{3.21}$$

Als energetisch konjugierte groß- und kleingeschriebene Zustandsvektoren wählen wir die virtuellen Verschiebungen $\delta\boldsymbol{U}(\boldsymbol{X})$ bzw. $\delta\boldsymbol{u}(\boldsymbol{x})$[10] und verknüpfen sie mit dem Kraftvektor $\boldsymbol{P}(\boldsymbol{X})$ bzw. $\boldsymbol{p}(\boldsymbol{x})$. Dies führt auf die virtuelle Arbeit δA, für die in Matrizenschreibweise mit den Gleichungen (3.21) gilt

$$\delta A = (\delta\boldsymbol{U}^\sharp)^T\boldsymbol{P}^\flat = (\delta\boldsymbol{u}^\sharp)^T\boldsymbol{F}^{-T}\boldsymbol{F}^T(\boldsymbol{p}^\flat) = (\delta\boldsymbol{u}^\sharp)^T\boldsymbol{p}^\flat$$

Es seien $\boldsymbol{A}$ und $\boldsymbol{a}$ zwei über *push forward* bzw. *pull back* Operationen korrespondierende Tensoren zweiter Stufe. Dann gilt für die *push forward* Operation

$$\boldsymbol{a}^\sharp = \Phi_\star(\boldsymbol{A}^\sharp) = \boldsymbol{F}\boldsymbol{A}^\sharp\boldsymbol{F}^T \quad \text{und} \quad \boldsymbol{a}^\flat = \Phi_\star(\boldsymbol{A}^\flat) = \boldsymbol{F}^{-T}\boldsymbol{A}^\flat\boldsymbol{F}^{-1} \tag{3.22}$$

und für die *pull back* Operation

$$\boldsymbol{A}^\sharp = \Phi^\star(\boldsymbol{a}^\sharp) = \boldsymbol{F}^{-1}\boldsymbol{a}^\sharp\boldsymbol{F}^{-T} \quad \text{und} \quad \boldsymbol{A}^\flat = \Phi^\star(\boldsymbol{a}^\flat) = \boldsymbol{F}^T\boldsymbol{a}^\flat\boldsymbol{F} \tag{3.23}$$

[9] Von dieser Bedingung werden wir Gebrauch machen, wenn wir uns mit den unterschiedlichen Formulierungen der Finiten Elemente zur Näherungslösung der Randwertaufgabe der Statik befassen werden.
[10] Diese Definition der Verschiebungsvektoren gilt nur für dieses Beispiel. Für die Formulierung der Randwertaufgabe verwenden wir den auf der Ausgangskonfiguration definierten Verschiebungsvektor $\boldsymbol{u}(\boldsymbol{X})$. Mit dem Symbol $\boldsymbol{U}$ bezeichnen wir den rechten Strecktensor.

Auch hier muss die skalare Verknüpfung zweier energetisch konjugierter, groß- und kleingeschriebener Tensoren invariant sein. Dazu setzen wir für $\boldsymbol{A}^\sharp$ den Spannungstensor[11] $\boldsymbol{S}^\sharp$ und für $\boldsymbol{A}^\flat$ den energetisch konjugierten Greenschen Verzerrungstensor $\boldsymbol{E}^\flat$ ein. Dann muss also gelten:

$$\boldsymbol{S}^\sharp : \boldsymbol{E}^\flat = \boldsymbol{a}^\sharp : \boldsymbol{a}^\flat$$

Wir bestätigen diese Bedingung in Koordinatenschreibweise, indem wir für die großgeschriebenen Tensoren die Transformationsbeziehungen (3.23) verwenden

$$\boldsymbol{F}^{-1}\boldsymbol{a}^\sharp\boldsymbol{F}^{-T} : \boldsymbol{F}^T\boldsymbol{a}^\flat\boldsymbol{F} = \boldsymbol{a}^\sharp : \boldsymbol{a}^\flat$$

$$(F^{-1})^I{}_i\, a^{ij}\, (F^{-1})_j{}^J\, F^m{}_J\, a_{mn}\, F^n{}_I = (F^{-1})^I{}_i\, a^{ij}\, a_{jn}\, F^n{}_I = a^{ij}\, a_{ji}$$

Wie wir gesehen haben, bleibt bei den *push forward* und *pull back* Operationen die Lage der Indizes bei den beteiligten Tensoren erhalten; es wird nur von groß auf klein geschriebene Indizes, und umgekehrt, gewechselt. Aus der Behandlung der Indizes ergibt sich eine Verallgemeinerung der Operationen für Tensoren beliebiger Stufe. In der Festkörpermechanik benötigen wir die Transformation noch für den Materialtensor vierter Stufe, den wir in einem späteren Abschnitt einführen werden.

Wir kommen zurück auf die Deformationstensoren nach (3.15) und (3.16) und schreiben sie nun unter Verwendung der neu definierten Symbole für die *pull back* und die *push forward* Operation als

$$\boldsymbol{C}^\flat = \Phi^\star(\boldsymbol{g}^\flat); \quad \boldsymbol{b}^\sharp = \Phi_\star(\boldsymbol{G}^\sharp) \tag{3.24}$$

Selbstverständlich können die Operationen auch in der Gegenrichtung durchlaufen bzw. invertiert werden. Man erhält dann

$$\boldsymbol{g}^\flat = \Phi_\star(\boldsymbol{C}^\flat); \quad \boldsymbol{G}^\sharp = \Phi^\star(\boldsymbol{b}^\sharp) \tag{3.25}$$

Es sollen nun die bisher eingeführten Tensoren in ihrem Hauptachsensystem dargestellt werden. Es sei $\boldsymbol{N}^\alpha$ $(\alpha = 1,2,3)$ ein orthonormales Tripel von *Eigenvektoren* auf der Ausgangskonfiguration. Entsprechend Gleichung (3.9) bilden wir die Eigenvektoren auf die Momentankonfiguration ab und erhalten:

$$\lambda_{(\alpha)}\boldsymbol{n}^{(\alpha)} = \boldsymbol{F}\boldsymbol{N}^{(\alpha)} \tag{3.26}$$

[11] $\boldsymbol{S}^\sharp$ ist der zweite Piola-Spannungstensor den wir im nächsten Kapitel kennenlernen werden. Auf der Momentankonfiguration sind die entsprechenden Zustandsgrößen die Kirchhoff Spannungen $\boldsymbol{\tau}$ und die Almansischen Verzerrungen $\boldsymbol{e}$.

In dieser Gleichung wird mit dem Index α ein Vektor des Tripels identifiziert. Damit unterliegt α nicht der Summationskonvention des Tensorkalküls und wird deshalb in Klammern gesetzt. Wir treffen nun die Vereinbarung, dass Indizes die nicht der Summationskonvention des Tensorkalküls folgen, in Klammern gesetzt werden. Auf das Einklammern darf verzichtet werden, wenn die Summation eindeutig durch ein Summenzeichen festgelegt ist. Die Vektoren $\boldsymbol{n}^\alpha$ $(\alpha = 1,2,3)$ bilden das orthonormale Tripel der Eigenvektoren auf der Momentankonfiguration.

Die Eigenvektoren spannen ein kartesisches Dreibein auf. Dieses heißt *Hauptsystem* oder *Hauptachsensystem.* Entsprechend bezeichnet man die zu den Eigenvektoren gehörenden Eigenwerte auch als *Hauptwerte.* Da es sich bei den Eigenvektoren um ein kartesisches Tripel handelt, müssen wir hier keinen Unterschied zwischen ko- und kontravarianten Eigenvektoren machen und dürfen die Indizes je nach Wunsch oben oder unten anschreiben. Ferner besitzt das kartesische Tripel wichtige Eigenschaften, die wir nun anhand der Vektoren $\boldsymbol{N}^\alpha$ aufzeigen wollen und die dann in gleicher Weise auch für die Eigenvektoren $\boldsymbol{n}^\alpha$ gelten.

Die Orthonormalität der Eigenvektoren wird mit Hilfe des Kronecker-Symbols ${\delta^\alpha}_\beta$ (auch $\delta^{\alpha\beta}$ und $\delta_{\alpha\beta}$) ausgedrückt:

$$\boldsymbol{N}^\alpha \cdot \boldsymbol{N}_\beta = {\delta^\alpha}_\beta \tag{3.27}$$

Das dyadische Produkt des Eigenvektors $\boldsymbol{N}^\alpha$ spannt den symmetrischen *Eigentensor* der Ausgangskonfiguration auf

$$\boldsymbol{Q}^{(\alpha)} = \boldsymbol{N}^{(\alpha)} \otimes \boldsymbol{N}^{(\alpha)} \tag{3.28}$$

dessen Koordinatenmatrix den Rang eins hat. Desweiteren folgt durch Multiplikation der Summe der Eigentensoren mit sich selber:

$$\sum_{\alpha=1}^{3} \boldsymbol{Q}^\alpha \cdot \sum_{\beta=1}^{3} \boldsymbol{Q}^\beta = \sum_{\beta=1}^{3} \sum_{\alpha=1}^{3} \boldsymbol{N}^\alpha \otimes \underbrace{\boldsymbol{N}^\alpha \cdot \boldsymbol{N}^\beta}_{\delta^{\alpha\beta}} \otimes \boldsymbol{N}^\beta = \sum_{\alpha=1}^{3} \boldsymbol{Q}^\alpha \tag{3.29}$$

Die Summe der Eigentensoren ergibt den Einheitstensor

$$\sum_{\alpha=1}^{3} \boldsymbol{N}^\alpha \otimes \boldsymbol{N}^\alpha = \boldsymbol{Q}^1 + \boldsymbol{Q}^2 + \boldsymbol{Q}^3 = \boldsymbol{I} \tag{3.30}$$

und für m Multiplikationen entsprechend

$$(\sum_{\alpha=1}^{3} \boldsymbol{Q}^\alpha)^m = (\boldsymbol{I})^m = \boldsymbol{I} \quad \text{für} \quad m > 0 \tag{3.31}$$

Man beachte, dass aufgrund der Orthonormalität der Eigenvektoren für den Einheitstensor in der Koordinatendarstellung jede Position der Indizes erlaubt ist.

Mit Hilfe der Beziehung (3.30) können wir nun die Hauptachsendarstellung des Deformationsgradienten angeben. Dazu multiplizieren wir Gleichung (3.26) tensoriell mit $\boldsymbol{N}^\alpha$ von rechts und summieren über α. Mit Gleichung (3.30) folgt

$$\sum_{\alpha=1}^{3} \lambda_\alpha \boldsymbol{n}^\alpha \otimes \boldsymbol{N}^\alpha = \boldsymbol{F} \sum_{\alpha=1}^{3} \boldsymbol{N}^\alpha \otimes \boldsymbol{N}^\alpha = \boldsymbol{F}\boldsymbol{I} = \boldsymbol{F} \tag{3.32}$$

und damit für den Deformationsgradienten

$$\boldsymbol{F} = \sum_{\alpha=1}^{3} \lambda_\alpha \boldsymbol{n}^\alpha \otimes \boldsymbol{N}^\alpha \tag{3.33}$$

Da der Deformationstensor als linke Eigenvektoren die Eigenvektoren $\boldsymbol{n}^\alpha$ der Momentankonfiguration und als rechte Eigenvektoren die Eigenvektoren $\boldsymbol{N}^\alpha$ der Ausgangskonfiguration besitzt, ist er im allgemeinen ein unsymmetrischer Tensor. Er wird zum symmetrischen Tensor nur für den speziellen Fall gleicher Eigenvektoren $\boldsymbol{n}^\alpha = \boldsymbol{N}^\alpha$. Die Streckungen λ_α sind die Eigenwerte des Deformationsgradienten.

Die Hauptachsendarstellung der Strecktensoren $\boldsymbol{U}$ und $\boldsymbol{V}$ und des Rotationstensors $\boldsymbol{R}$ lassen sich nun ebenfalls leicht herleiten. Dazu multiplizieren wir Gleichung (3.33) von rechts mit dem Einheitstensor, den wir nach Gleichung (3.30) durch die Summe der Eigentensoren darstellen:

$$\boldsymbol{F} = \underbrace{\sum_{\alpha=1}^{3} \lambda_\alpha \boldsymbol{n}^\alpha \otimes \boldsymbol{N}^\alpha}_{\boldsymbol{F}} \cdot \underbrace{\sum_{\beta=1}^{3} \boldsymbol{N}^\beta \otimes \boldsymbol{N}^\beta}_{\boldsymbol{I}} = \underbrace{\sum_{\alpha=1}^{3} \boldsymbol{n}^\alpha \otimes \boldsymbol{N}^\alpha}_{\boldsymbol{R}} \cdot \underbrace{\sum_{\beta=1}^{3} \lambda_\beta \boldsymbol{N}^\beta \otimes \boldsymbol{N}^\beta}_{\boldsymbol{U}} \tag{3.34}$$

oder von links mit dem Einheitstensor, den wir nun in den Eigenvektoren $\boldsymbol{n}^{(\alpha)}$ ausdrücken:

$$\boldsymbol{F} = \underbrace{\sum_{\beta=1}^{3} \boldsymbol{n}^\beta \otimes \boldsymbol{n}^\beta}_{\boldsymbol{I}} \cdot \underbrace{\sum_{\alpha=1}^{3} \lambda_\alpha \boldsymbol{n}^\alpha \otimes \boldsymbol{N}^\alpha}_{\boldsymbol{F}} = \underbrace{\sum_{\beta=1}^{3} \lambda_\beta \boldsymbol{n}^\beta \otimes \boldsymbol{n}^\beta}_{\boldsymbol{V}} \cdot \underbrace{\sum_{\alpha=1}^{3} \boldsymbol{n}^\alpha \otimes \boldsymbol{N}^\alpha}_{\boldsymbol{R}} \tag{3.35}$$

Indem wir nun die Eigenwerte λ_β jeweils dem symmetrischen Tensorprodukt zuordnen, erhalten wir die polare Zerlegung des Deformationsgradienten nach Gleichung (3.14). Wir entnehmen diesen Gleichungen die Hauptachsendarstellungen:

des *Rotationstensors*

$$R = \sum_{\alpha=1}^{3} n^\alpha \otimes N^\alpha \tag{3.36}$$

des *rechten Strecktensors*

$$U = \sum_{\alpha=1}^{3} \lambda_\alpha N^\alpha \otimes N^\alpha \tag{3.37}$$

und des *linken Strecktensors*[12]

$$V = \sum_{\alpha=1}^{3} \lambda_\alpha n^\alpha \otimes n^\alpha \tag{3.38}$$

Die Darstellungen bestätigen die zur Gleichung (3.14) gemachten Aussagen hinsichtlich der bei der polaren Zerlegung beteiligten Tensoren. Beide Strecktensoren sind symmetrisch und haben als Eigenwerte die Streckungen in den Hauptrichtungen. Beide Zerlegungen verwenden den gleichen Rotationstensor, und im Falle einer rotationsfreien Deformation gilt mit $N^\alpha = n^\alpha$ nach Gleichung (3.30) $R = I$ und der Deformationsgradient ist symmetrisch.

Wir kommen zu den Hauptachsendarstellungen der Verzerrungstensoren. Wir setzen den rechten Strecktensor nach Gleichung (3.37) in Gleichung (3.17) ein und erhalten, wegen Gleichung (3.29), für den *rechten Deformationstensor*

$$C = \sum_{\alpha=1}^{3} \lambda_\alpha^2 N^\alpha \otimes N^\alpha = \lambda^2{}_\alpha Q^\alpha \tag{3.39}$$

Der Deformationstensor hat als Eigenwerte die quadratischen Streckungsmaße. Wegen Gleichung (3.31) lassen sich nun auch Deformationstensoren höherer Ordnung angeben, die sich nur in der Potenz des Eigenwertes unterscheiden und auf denselben Eigentensoren aufbauen

$$C^m = \lambda_\alpha^{2m} Q^\alpha = U^{2m} \quad \text{für} \quad m = 1,2,3\cdots \tag{3.40}$$

[12]Zur Berechnung des Rotationstensors R und der Strecktensoren U und V geht man vom rechten Deformationstensor C aus. Ein Eigenwertalgorithmus liefert die Eigenwerte λ_α^2 und die Eigenvektoren N^α des Deformationstensors (siehe Gleichung (3.39)). Die Eigenvektoren n^α der Momentankonfiguration ergeben sich dann aus der Abbildungsgleichung (3.26). Mit bekannten Eigenwerten λ_α und Eigenvektoren N^α und n^α baut man den Rotationstensor und die Strecktensoren entsprechend den Gleichungen (3.36-3.38) auf.

Für den *linken Deformationstensor* erhalten wir aus Gleichung (3.18) mit Gleichung (3.38)

$$\boldsymbol{b}^m = (\boldsymbol{b}^\sharp)^m = \sum_{\alpha=1}^{3} \lambda_\alpha^{2m} \boldsymbol{n}^\alpha \otimes \boldsymbol{n}^\alpha \tag{3.41}$$

Die inversen Tensoren lassen sich nun ebenfalls sehr einfach angeben, da in diesem Fall nur die Streckung den Kehrwert annimmt und die Eigenvektoren ihre Position wechseln. So erhält man

$$\boldsymbol{F}^{-1} = \boldsymbol{U}^{-1}\boldsymbol{R}^T = \sum_{\alpha=1}^{3} \lambda_\alpha^{-1} \boldsymbol{N}^\alpha \otimes \boldsymbol{n}^\alpha \tag{3.42}$$

$$(\boldsymbol{C}^{-1})^m = \lambda_\alpha^{-2m} \boldsymbol{Q}^\alpha \tag{3.43}$$

und

$$(\boldsymbol{b}^\flat)^m = \sum_{\alpha=1}^{3} \lambda_\alpha^{-2m} \boldsymbol{n}^\alpha \otimes \boldsymbol{n}^\alpha \tag{3.44}$$

mit $m = 1, 2, 3 \cdots$. Zum Beweis kann z. B. für $m = 1$ die Beziehung $\boldsymbol{C}\boldsymbol{C}^{-1} = \boldsymbol{I}$ unter Verwendung von (3.40), (3.43) und (3.31) ausgewertet werden.

Obwohl wir nun Deformationstensoren beliebiger Potenzen zur Verfügung haben, wird sich zeigen, dass nur die Fälle $m = 0$ und $m = 1$ von praktischer Bedeutung sind. Nachfolgend werden wir uns deshalb zunächst auf den Fall $m = 1$ beschränken. Der Fall $m = 0$ stellt einen Sonderfall dar und bedarf einer speziellen Betrachtung.

Als nächstes wollen wir für die inversen Deformationstensoren die *push forward* und die *pull back* Operation durchführen.

Dazu führen wir die Abkürzung

$$\boldsymbol{M}^{(\alpha)} = \lambda_{(\alpha)}^{-2} \boldsymbol{N}^{(\alpha)} \otimes \boldsymbol{N}^{(\alpha)} = \lambda_{(\alpha)}^{-2} \boldsymbol{Q}^{(\alpha)} \tag{3.45}$$

ein und können dann für Gleichung (3.43) schreiben:

$$\boldsymbol{C}^{-1} = \boldsymbol{M}^1 + \boldsymbol{M}^2 + \boldsymbol{M}^3 \tag{3.46}$$

Um die zu $\boldsymbol{M}^\alpha$ entsprechende Größe auf der Momentankonfiguration zu erhalten, bilden wir die Eigenvektoren gemäß Gleichung (3.26) ab. Dies entspricht dann der *push forward* Operation nach (3.22). Wir erhalten

$$\boldsymbol{m}^\alpha = \lambda_{(\alpha)}^{-2} \boldsymbol{F}\boldsymbol{N}^{(\alpha)} \otimes \boldsymbol{N}^{(\alpha)}\boldsymbol{F}^T = \boldsymbol{n}^{(\alpha)} \otimes \boldsymbol{n}^{(\alpha)} = \Phi_\star(\boldsymbol{M}^\alpha) \tag{3.47}$$

$\boldsymbol{m}^{\alpha}$ ist der *Eigentensor der Momentankonfiguration*. Für die Summe der Eigentensoren $\boldsymbol{m}^{\alpha}$ gilt entsprechend Gleichung (3.30)

$$\sum_{\alpha=1}^{3} \boldsymbol{n}^{\alpha} \otimes \boldsymbol{n}^{\alpha} = \boldsymbol{m}^{1} + \boldsymbol{m}^{2} + \boldsymbol{m}^{3} = \boldsymbol{I} \tag{3.48}$$

Damit folgt allgemein[13] als Ergebnis

$$\boldsymbol{g}^{\sharp} = \Phi_{\star}(\boldsymbol{C}^{\sharp}) \tag{3.49}$$

Für die *pull back* Operation von $\boldsymbol{b}^{-1} = \boldsymbol{b}^{\flat}$ verwenden wir Gleichung (3.23) und erhalten

$$\boldsymbol{F}^{T}\boldsymbol{b}^{\flat}\boldsymbol{F} = \sum_{\alpha=1}^{3} \boldsymbol{N}^{\alpha} \otimes \boldsymbol{N}^{\alpha} = \boldsymbol{I} \tag{3.50}$$

bzw.

$$\boldsymbol{G}^{\flat} = \Phi^{\star}(\boldsymbol{b}^{\flat}) \tag{3.51}$$

sowie

$$\boldsymbol{G}^{\sharp} = \Phi^{\star}(\boldsymbol{b}^{\sharp}) = \boldsymbol{F}^{-1}\boldsymbol{b}^{\sharp}\boldsymbol{F}^{-T} \tag{3.52}$$

und

$$\boldsymbol{C}^{\flat} = \Phi^{\star}\big((\boldsymbol{b}^{\sharp})^{2}\big) = \boldsymbol{F}^{-1}(\boldsymbol{b}^{\sharp})^{2}\boldsymbol{F}^{-T} \tag{3.53}$$

Man beachte, dass in der letzten Gleichung $(\boldsymbol{b}^{\sharp})^2$ transformiert wird, sodass sich hier eine unterschiedliche Position für die Indizes der beteiligten Tensoren einstellt.

Wir kommen auf die Hauptachsendarstellung der Deformationstensoren $\boldsymbol{C}$ und $\boldsymbol{b}$ nach Gleichung (3.39) und (3.41) zurück. Beide Tensoren machen aus unterschiedlicher Sicht dieselbe physikalische Aussage und besitzen deshalb gleiche Eigenwerte, die die Koordinaten des Tensors im Hauptsystem sind. Die Koordinatenmatrix wird dann zur Diagonalmatrix:

$$C_{IJ} = b^{ab} = \lceil \lambda^2{}_{(1)} \quad \lambda^2{}_{(2)} \quad \lambda^2{}_{(3)} \rfloor \tag{3.54}$$

[13]Nachfolgende Transformationen beziehen sich auf allgemeine Koordinatensysteme. Entsprechend unserer Annahme einer kartesischen Bezugsbasis werden wir aber bei Verwendung der Beziehungen wieder $\boldsymbol{G} = \boldsymbol{g} = \boldsymbol{I}$ setzen. Allerdings können sich leicht Fehler einschleichen, wenn in einer Formel nach der Metrik abzuleiten ist, oder aber Transformationen zwischen den Konfigurationen auszuführen sind (siehe dazu z. B. die Gleichungen (5.14) und (5.15)).

Hieraus lassen sich die drei *Invarianten* des Tensors nun sehr einfach berechnen:

$$\begin{aligned} I_1 &= Sp(\boldsymbol{C}) &&= \lambda_{(1)}^2 + \lambda_{(2)}^2 + \lambda_{(3)}^2 \\ I_2 &= \tfrac{1}{2}({I_1}^2 - Sp(\boldsymbol{C}^2)) &&= \lambda_{(1)}^2\lambda_{(2)}^2 + \lambda_{(2)}^2\lambda_{(3)}^2 + \lambda_{(3)}^2\lambda_{(1)}^2 \\ I_3 &= \det \boldsymbol{C} &&= \lambda_{(1)}^2\lambda_{(2)}^2\lambda_{(3)}^2 \end{aligned} \tag{3.55}$$

Für die zweite Invariante lässt sich noch eine weitere Darstellung angeben, auf die wir bei unseren späteren Ableitungen zurückgreifen werden. Durch Ausmultiplizieren bestätigt man, dass gilt

$$I_2 = \lambda_{(1)}^2\lambda_{(2)}^2 + \lambda_{(2)}^2\lambda_{(3)}^2 + \lambda_{(3)}^2\lambda_{(1)}^2 = \lambda_{(1)}^2\lambda_{(2)}^2\lambda_{(3)}^2\left(\lambda_{(1)}^{-2} + \lambda_{(2)}^{-2} + \lambda_{(3)}^{-2}\right) \tag{3.56}$$

Vor der Klammer steht die dritte Invariante und in der Klammer die Spur von $\boldsymbol{C}^{-1}$. Es gilt also die alternative Darstellung für die zweite Invariante

$$I_2 = I_3\, Sp(\boldsymbol{C}^{-1}) \tag{3.57}$$

Eine weitere hilfreiche Formel folgt aus $\det \boldsymbol{C} = (\det \boldsymbol{F})^2$ und Gleichung (3.5) für I_3

$$I_3 = J^2 \quad \text{mit} \quad J = \det(\boldsymbol{F}) \tag{3.58}$$

Mit der Beziehung für I_3 aus Gleichung (3.55) folgt eine anschauliche Deutung für die Determinante des Deformationsgradienten. Wir ersetzen die Eigenwerte durch die Definitionsgleichung (3.10) und erhalten

$$J = \lambda_1\,\lambda_2\,\lambda_3 = \frac{l_1}{L_1}\frac{l_2}{L_2}\frac{l_3}{L_3} = \frac{dv}{dV} \tag{3.59}$$

Die Größe J gibt also das Verhältnis des deformierten Volumenelements dv zum undeformierten Volumenelement dV an und ist damit ein Maß für die Kompressibilität des Körpers. Sie hat die Einheit $[m^3/M^3]$. Da die Volumenelemente stets positiv sind, ist auch die Behauptung $J > 0$ in Gleichung (3.5) bestätigt.

Bei der Behandlung von Aufgabenstellungen der Kontinuumsmechanik wird die Frage nach der Änderung von Zustandsgrößen infolge der Deformation im Vordergrund stehen. Wenn wir z. B. den Strecktensor $\boldsymbol{U}$ in der Hauptachsendarstellung nach Gleichung (3.37) betrachten, so können sich aufgrund der Deformation die Eigenwerte und die Eigentensoren ändern. Um Ableitungen berechnen zu können, werden wir also neben Ausdrücken für die Eigenwerte auch eine explizite Formel zur Berechnung der Eigentensoren bereitstellen müssen. Den Weg zum

Aufstellen der Formel für die Eigentensoren weist uns das *Theorem von Cayley-Hamilton* [120]. Nach dem Satz von Cayley-Hamilton kann jede beliebige Potenz n des Tensors $\boldsymbol{T}$ zweiter Stufe als Polynom

$$\boldsymbol{T}^n = a_0\boldsymbol{I} + a_1\boldsymbol{T} + a_2\boldsymbol{T}^2 \cdots a_{n-1}\boldsymbol{T}^{n-1} \tag{3.60}$$

geschrieben werden. Durch rekursives Einsetzen der Potenzen $\boldsymbol{T}^{n-1}$ lässt sich die Formel auf ein Polynom zweiter Ordnung reduzieren:

$$\boldsymbol{T}^n = c_0\boldsymbol{I} + c_1\boldsymbol{T} + c_2\boldsymbol{T}^2 \tag{3.61}$$

In beiden Darstellungen sind die Koeffizienten a_i und c_i Funktionen der Invarianten des Tensors $\boldsymbol{T}$. Geht man nun davon aus, dass der Tensor $\boldsymbol{T}$ in Diagonalform, also im Hauptsystem vorliegt, so lassen sich die Koeffizienten c_i sehr einfach bestimmen. Wir führen diese Berechnung im Abschnitt 1.7 durch. Ähnliche Berechnungen finden sich in [62] und [111].

Die Auswertung der Polynomdarstellung für den linken Deformationstensor ergibt:

$$\boldsymbol{b}^m = \sum_{\alpha=1}^{3} \lambda_{(\alpha)}^{2m} \left[\frac{\boldsymbol{b}^2 - (I_1 - \lambda_\alpha^2)\boldsymbol{b} + I_3\lambda_\alpha^{-2}\boldsymbol{I}}{2\lambda_\alpha^4 - I_1\lambda_\alpha^2 + I_3\lambda_\alpha^{-2}} \right] \tag{3.62}$$

Der Vergleich mit der Hauptachsendarstellung nach Gleichung (3.41) zeigt, dass der Quotient in eckiger Klammer ein Ausdruck für den von den Eigenvektoren aufgespannten Eigentensor ist:

$$\boldsymbol{m}^\alpha = \boldsymbol{n}^{(\alpha)} \otimes \boldsymbol{n}^{(\alpha)} = \frac{\boldsymbol{b}^2 - (I_1 - \lambda_\alpha^2)\boldsymbol{b} + I_3\lambda_\alpha^{-2}\boldsymbol{I}}{2\lambda_\alpha^4 - I_1\lambda_\alpha^2 + I_3\lambda_\alpha^{-2}} \tag{3.63}$$

Mit Hilfe einer *pull back* Operation kann der entsprechende Ausdruck für die Eigenvektoren $\boldsymbol{N}^\alpha$ auf der Ausgangskonfiguration ${}_0C$ berechnet werden. Wir benutzen hierfür Gleichung (3.26) und lösen diese nach $\boldsymbol{N}^\alpha$ auf. Das Ergebnis

$$\boldsymbol{N}^{(\alpha)} \otimes \boldsymbol{N}^{(\alpha)} = \lambda_{(\alpha)}^2 \boldsymbol{F}^{-1}\boldsymbol{n}^{(\alpha)} \otimes \boldsymbol{n}^{(\alpha)}\boldsymbol{F}^{-T} \tag{3.64}$$

zeigt, dass eine Kongruenztransformation mit $\boldsymbol{F}^{-T}$ auszuführen ist, was einer *pull back* Operation nach Gleichung (3.23) für die Tensoren der rechten Seite entspricht. Die Skalare, Eigenwerte und Invarianten, sind hiervon nicht betroffen. Mit Hilfe der Gleichungen (3.52), (3.53) und (3.49) erhalten wir für den Eigentensor der Hauptrichtung α

$$\boldsymbol{N}^{(\alpha)} \otimes \boldsymbol{N}^{(\alpha)} = \lambda_{(\alpha)}^2 \left[\frac{\boldsymbol{C} - (I_1 - \lambda_{(\alpha)}^2)\boldsymbol{I} + I_3\lambda_{(\alpha)}^{-2}\boldsymbol{C}^{-1}}{2\lambda_{(\alpha)}^4 - I_1\lambda_{(\alpha)}^2 + I_3\lambda_{(\alpha)}^{-2}} \right] \tag{3.65}$$

Da für die Anwendung der Formeln (3.63) und (3.65) der Nenner nicht Null sein darf, ist es notwendig, diesen genauer zu untersuchen. Dazu setzen wir die Ausdrücke für die Invarianten nach Gleichung (3.55) in den Nenner ein und formen ihn um:

$$\begin{aligned} D_\alpha = &\ 2\lambda_\alpha^4 - I_1\lambda_\alpha^2 + I_3\lambda_\alpha^{-2} \\ = &\ (\lambda_\alpha^2 - \lambda_\beta^2)(\lambda_\alpha^2 - \lambda_\gamma^2) \quad (\alpha,\beta,\gamma \text{ zyklisch}) \end{aligned} \tag{3.66}$$

In dieser Formel sind die Indizes entsprechend einer zyklischen Permutation zu wählen. Wie zu erwarten ist, sind für den Fall unterschiedlicher Eigenwerte $\lambda_1 \neq \lambda_2 \neq \lambda_3$ die Eigenvektoren eindeutig bestimmt, da dann $D_\alpha \neq 0$ ist. Für den Fall $\lambda_1 = \lambda_2 \neq \lambda_3$ gilt $D_1 = D_2 = 0$ und somit kann nur der zu λ_3 gehörige Eigenvektor angegeben werden. Der Eigenvektor $\boldsymbol{N}^3$ ist dann der Normalenvektor der Hauptebene 1-2, in der die zueinander orthogonalen Eigenvektoren $\boldsymbol{N}^1$ und $\boldsymbol{N}^2$ frei wählbar sind. Sofern alle drei Eigenwerte gleich sind, spannt jedes orthonormale Vektortripel ein Hauptsystem auf, und man hat den Fall des Kugeltensors vorliegen.

Wir erinnern uns, dass die symmetrischen Deformationstensoren $\boldsymbol{C}$ und $\boldsymbol{b}$ rotationsfrei sind und somit ein objektives Maß für die Längenänderung des Linienelementes darstellen. Für die Verwendung als ein Verzerrungsmaß in einer konstitutiven Gleichung ist dies aber nicht ausreichend. Hier wird zusätzlich verlangt, dass für den Fall einer reinen Starrkörperbewegung das Verzerrungsmaß zu Null wird. In diesem Fall gilt aber $l_i = L_i$ und damit werden die Deformationstensoren zum Einheitstensor. Deshalb definiert man symmetrische Verzerrungstensoren als Differenz der quadratischen Längen des materiellen Linienelementes auf der Momentankonfiguration und der Ausgangskonfiguration und erhält damit ein skalares Maß, das die Bedingung Verzerrungsmaß gleich Null bei einer reinen Starrkörperbewegung erfüllt.

Bevor wir uns den Verzerrungstensoren zuwenden, wollen wir einen kurzen Blick auf die Geschichte werfen. Der Begriff Verzerrung geht auf die klassischen Arbeiten von Cauchy, Navier und Poisson ([15], [63], [80]) zurück. In diesen Arbeiten wird die lineare Dilatation als Maß für die Verzerrung eingeführt. Die so erhaltenen Verzerrungstensoren werden sowohl auf der Ausgangskonfiguration, als auch auf der Momentankonfiguration definiert, was in der Theorie infinitesimaler Verzerrungen ohne Belang ist. Heute werden diese Verzerrungsmaße als Dehnungen bezeichnet und der Begriff Verzerrungstensor ausschließlich für Maßtensoren verwendet, die auf dem quadratischen Streckungsmaß basieren und keiner Einschränkung unterliegen.

Der *Greensche Verzerrungstensor* $\boldsymbol{E}$ wird über die skalare Definitionsgleichung

$$d\boldsymbol{x}\cdot d\boldsymbol{x} - d\boldsymbol{X}\cdot d\boldsymbol{X} = l^2 - L^2 = 2d\boldsymbol{X}\cdot\boldsymbol{E}\,d\boldsymbol{X} \tag{3.67}$$

auf der Ausgangskonfiguration eingeführt. Der Faktor 2 erscheint hier zunächst als unmotiviert, und wir werden deshalb noch eine Erklärung nachliefern müssen.

Wir ersetzen $d\boldsymbol{x}$ nach Gleichung (3.7) und lösen die Beziehung nach dem Verzerrungstensor $\boldsymbol{E}$ auf:

$$\boldsymbol{E} = \frac{1}{2}(\boldsymbol{C} - \boldsymbol{G}); \quad E_{IJ} = \frac{1}{2}(C_{IJ} - G_{IJ}) \tag{3.68}$$

Bezieht man die Verzerrung auf die Momentankonfiguration, so lautet die Definitionsgleichung

$$d\boldsymbol{x}\cdot d\boldsymbol{x} - d\boldsymbol{X}\cdot d\boldsymbol{X} = l^2 - L^2 = 2d\boldsymbol{x}\cdot\boldsymbol{e}\,d\boldsymbol{x} \tag{3.69}$$

aus der durch Umformung mit Hilfe von Gleichung (3.11) der *Almansische Verzerrungstensor*

$$\boldsymbol{e} = \frac{1}{2}(\boldsymbol{g} - \boldsymbol{b}^{-1}); \quad e_{ab} = \frac{1}{2}(g_{ab} - b_{ab}) \tag{3.70}$$

folgt. Ihrem physikalischen Gehalt nach sind die Verzerrungstensoren Maßtensoren, die über die Differenz zweier Metriken die Verzerrungen messen[14]. Wie man aus den Definitionsgleichungen ersieht, führt der Greensche Verzerrungstensor diese Messung auf der Ausgangskonfiguration und der Almansische Verzerrungstensor auf der Momentankonfiguration durch.
Aus der Definition der Verzerrungstensoren ist offensichtlich, dass sie über eine *push forward* bzw. *pull back* Operation zueinander in Beziehung stehen müssen. Man kann dies sehr einfach bestätigen, indem man z. B. in Gleichung (3.69) auf der rechten Seite $d\boldsymbol{x}$ durch die Abbildungsgleichung (3.7) ersetzt. Ein Vergleich mit Gleichung (3.67) zeigt dann die *pull back* Operation nach Gleichung (3.23). Wir können demnach schreiben

$$\boldsymbol{e}^\flat = \Phi_\star \boldsymbol{E}^\flat; \quad \boldsymbol{E}^\flat = \Phi^\star \boldsymbol{e}^\flat \tag{3.71}$$

---

[14]Aus den Definitionsgleichungen (3.67) und (3.69) erkennt man, dass die Verzerrungstensoren dimensionsfrei sind. Ferner erkennt man, dass die in der Nomenklatur vorgeschlagene Dimensionsbehandlung mit der Einheit [M] für die undeformierte Länge und mit der Einheit [m] für die deformierte Länge, aus Gründen der einheitlichen Dimensionsbehandlung aller Terme, hier nicht verwendet werden kann.

Die Verzerrungstensoren werden besonders anschaulich, wenn wir sie für schiefwinklige bzw. krummlinige Koordinaten ξ^α formulieren. Insbesondere wird dann die Art der durchgeführten Messung deutlich. Dazu gehen wir von einer Parameterdarstellung für den Ortsvektor $\boldsymbol{X} = \boldsymbol{X}(\xi^\alpha)$ und den Verschiebungsvektor $\boldsymbol{u} = \boldsymbol{u}(\xi^\alpha)$ aus. Nach Gleichung (3.2) gilt dann auch für den Ortsvektor $\boldsymbol{x}$ dieselbe Parameterdarstellung $\boldsymbol{x} = \boldsymbol{x}(\xi^\alpha)$. Das Verändern eines Parameters, z. B. ξ^1 bei gleichzeitigem Festhalten der anderen Parameter ξ^2 und ξ^3, erzeugt die ξ^1-Parameterlinie. Auf die gleiche Weise ergeben sich die Parameterlinien der Koordinaten ξ^2 und ξ^3 die, wie in Abbildung 3.4 dargestellt, als Materiallinien mit abgebildet werden. Demzufolge indizieren wir die Koordinaten mit den gleichen griechischen Indizes auf beiden Konfigurationen. Die Koordinaten ξ^α heißen *konvektive (mitgeführte) Koordinaten*[15]. Für das Differential der Ortsvektoren gilt

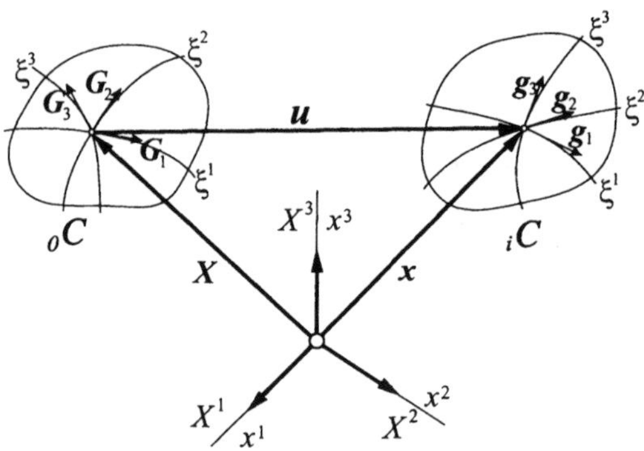

Abb. 3.4 Konvektive Koordinaten mit begleitenden Tangentenvektoren.

$$
\begin{aligned}
d\boldsymbol{X} &= \frac{\partial \boldsymbol{X}}{\partial \xi^\alpha} d\xi^\alpha = \boldsymbol{G}_\alpha \, d\xi^\alpha \\
d\boldsymbol{x} &= \frac{\partial \boldsymbol{x}}{\partial \xi^\alpha} d\xi^\alpha = \boldsymbol{g}_\alpha \, d\xi^\alpha
\end{aligned}
\tag{3.72}
$$

Die Vektoren $\boldsymbol{G}_\alpha$ sind die Tangentenvektoren an die Parameterlinien in der Ausgangskonfiguration, und die Vektoren $\boldsymbol{g}_\alpha$ sind die Tangentenvektoren an die Parameterlinien in der Momentankonfiguration. Sie definieren jeweils ein begleitendes

[15]Die Darstellung der Zustandsgrößen in konvektiven krummlinigen Koordinaten bietet sich speziell bei der Formulierung der Finite-Elemente-Matrizen an, da die Verschiebungsfunktionen der Finiten Elemente als Funktionen konvektiver krummliniger Koordinaten definiert sind.

Bezugssystem mit zugehörigen Metrikkoeffizienten $G_{\alpha\beta}$ auf der Ausgangskonfiguration und $g_{\alpha\beta}$ auf der Momentankonfiguration. Die quadratischen Längen l^2 und L^2 der Tangentenvektoren ergeben sich durch Links- Rechtsmultiplikation der Metrikkoeffizienten mit den Differentialen der Parameter:

$$\begin{aligned} L^2 &= d\boldsymbol{X}\cdot d\boldsymbol{X} = d\xi^\alpha(\boldsymbol{G}_\alpha\cdot\boldsymbol{G}_\beta)d\xi^\beta = d\xi^\alpha\, G_{\alpha\beta}\, d\xi^\beta \\ l^2 &= d\boldsymbol{x}\cdot d\boldsymbol{x} = d\xi^\alpha(\boldsymbol{g}_\alpha\cdot\boldsymbol{g}_\beta)d\xi^\beta = d\xi^\alpha\, g_{\alpha\beta}\, d\xi^\beta \end{aligned} \tag{3.73}$$

Damit können wir jetzt den Greenschen Verzerrungstensor

$$\boldsymbol{E} = E_{\alpha\beta}\boldsymbol{G}^\alpha\otimes\boldsymbol{G}^\beta \tag{3.74}$$

nach Gleichung (3.67) aufstellen:

$$2d\xi^\alpha E_{\alpha\beta}\, d\xi^\beta = d\xi^\alpha\,(g_{\alpha\beta}-G_{\alpha\beta})d\xi^\beta \quad\Rightarrow\quad E_{\alpha\beta} = \frac{1}{2}(g_{\alpha\beta}-G_{\alpha\beta}) \tag{3.75}$$

Man beachte, dass die von den kontravarianten Tangentenvektoren $\boldsymbol{G}^\alpha$ aufgespannten Basissysteme im allgemeinen nicht kartesisch sind. Mit dem Verzerrungstensor nach Gleichung (3.75) wird die oben angesprochene Art der Messung, als Differenz der Metrik der Momentankonfiguration mit der Metrik der Ausgangskonfiguration, besonders deutlich.

Durch Hochschieben des Greenschen Verzerrungstensors auf die Monentankonfiguration gemäß Gleichung (3.71) erhalten wir den Almansischen Verzerrungstensor. Den hierfür benötigten Deformationstensor ermitteln wir aus der Abbildungsgleichung $d\boldsymbol{x} = \boldsymbol{F}d\boldsymbol{X}$, in die wir die Tangentenvektoren nach Gleichung (3.72) einsetzen. Das tensorielle Produkt mit der kontravarianten Basis $\boldsymbol{G}^\alpha$ legt dann den Deformationsgradienten frei. Mit $\boldsymbol{G}_\alpha\otimes\boldsymbol{G}^\alpha = \boldsymbol{I}$ folgt

$$\boldsymbol{g}_\alpha = \boldsymbol{F}\boldsymbol{G}_\alpha \quad\Rightarrow\quad \boldsymbol{g}_\alpha\otimes\boldsymbol{G}^\alpha = \boldsymbol{F}(\boldsymbol{G}_\alpha\otimes\boldsymbol{G}^\alpha) \quad\Rightarrow\quad \boldsymbol{F} = \boldsymbol{g}_\alpha\otimes\boldsymbol{G}^\alpha \tag{3.76}$$

und für den inversen Deformationsgradienten

$$\boldsymbol{F}^{-1} = \boldsymbol{G}_\alpha\otimes\boldsymbol{g}^\alpha \tag{3.77}$$

Damit können wir jetzt die *push forward* Operation des Greenschen Verzerrungstensors nach Gleichung (3.74), entsprechend der Gleichung (3.22), mit (3.77) ausführen:

$$\begin{aligned} \boldsymbol{e} &= \boldsymbol{F}^{-T}\boldsymbol{E}^\flat\boldsymbol{F}^{-1} = e_{\alpha\beta}\boldsymbol{g}^\alpha\otimes\boldsymbol{g}^\beta \\ &= E_{\alpha\beta}(\boldsymbol{g}^\delta\otimes\underbrace{\boldsymbol{G}_\delta)\cdot(\boldsymbol{G}^\alpha}_{\delta_\delta{}^\alpha}\otimes\underbrace{\boldsymbol{G}^\beta)\cdot(\boldsymbol{G}_\gamma}_{\delta^\beta{}_\gamma}\otimes\boldsymbol{g}^\gamma) = E_{\alpha\beta}\boldsymbol{g}^\alpha\otimes\boldsymbol{g}^\beta \end{aligned} \tag{3.78}$$

Wir erhalten also für die Verzerrungstensoren im begleitenden Bezugssystem gleiche Koordinaten, was uns zunächst erstaunlich erscheint.

$$\begin{aligned} \boldsymbol{E} &= \frac{1}{2}(g_{\alpha\beta} - G_{\alpha\beta})\boldsymbol{G}^{\alpha} \otimes \boldsymbol{G}^{\beta} \\ \boldsymbol{e} &= \frac{1}{2}(g_{\alpha\beta} - G_{\alpha\beta})\boldsymbol{g}^{\alpha} \otimes \boldsymbol{g}^{\beta} \end{aligned} \tag{3.79}$$

Diese Tatsache wird aber verständlich, wenn man bedenkt, dass die Komponente einer tensoriellen Größe das skalare Vielfache des Basisvektors mit der zugehörigen Koordinate als Linearfaktor ist. Folglich können sich bei gleichen Koordinaten, aber unterschiedlichen Bezugssystemen, auch unterschiedliche Komponenten ergeben. Die Anpassung an die Konfiguration wird also hier über die unterschiedlichen Bezugssysteme erreicht.
Die Verzerrungstensoren veranschaulichen den Formalismus der *push forward* und *pull back* Operation. Beim Greenschen Verzerrrungstensor bedeutet die *pull back* Operation, dass die zum begleitenden Bezugssystem $\boldsymbol{g}_{\alpha}$ der Momentankonfiguration gehörigen Metrikkoeffizienten $g_{\alpha\beta}$, als Koordinaten dem Bezugssystem $\boldsymbol{G}^{\alpha}$ der Ausgangskonfiguration zugewiesen werden. Für den Almansischen Verzerrungstensor gilt dies in umgekehrter Weise für die Metrikkoeffizienten $G_{\alpha\beta}$, die dem Bezugssystem $\boldsymbol{g}^{\alpha}$ der Momentankonfiguration zugewiesen werden. Ferner zeigt dieses Beispiel, dass für die Beurteilung eines Tensors stets die Koordinaten zusammen mit ihren Bezugssystemen zu betrachten sind.
Indem wir für die konvektiven Koordinaten ξ^{α} die Materialkoordinaten X^{α} einsetzen und für die griechischen Indizes groß geschriebene, lateinische Indizes verwenden, können wir den Verzerrungstensor auf die kartesische Form nach Gleichung (3.69) umschreiben. Diese einfache Übung überlassen wir dem interessierten Leser.

Bei der Definition einer physikalischen Zustandsgröße ist darauf zu achten, dass diese auch die Grenzfälle korrekt beschreiben kann. Für die Verzerrungstensoren heißt dies, dass sie für den Fall kleiner Verzerrungen zum bekannten linearen Dehnungsmaß degradieren müssen. Wir führen den Beweis für den Greenschen Verzerrungstensor durch und betrachten der Einfachheit halber den eindimensionalen Verzerrungszustand. Für diesen Fall gilt nach Gleichung (3.67)

$$l^2 - L^2 = 2LE_{11}L$$

oder aufgelöst nach der Verzerrung

$$E_{11} = \frac{1}{2}\frac{l^2 - L^2}{L^2} = \frac{1}{2}\frac{(l+L)(l-L)}{L^2}$$

Es gilt $\Delta L = l - L$ und im Grenzfall ΔL klein näherungsweise $l + L \approx 2L$ und damit:

$$E_{11} = \frac{(l-L)(l+L)}{2L^2} \approx \frac{\Delta L}{L}$$

Für den Grenzfall kleiner Verzerrungen erhalten wir also, wie verlangt, das bekannte lineare Ingenieurmaß. Wie man sieht, braucht man dazu den Faktor 2. Damit ist die Verwendung des Faktors 2 in der Definitionsgleichung gerechtfertigt. Der Verzerrungstensor $\boldsymbol{E}$ gewinnt an Anschauung, wenn er in den Verschiebungen ausgedrückt wird. Für diese Darstellung wählen wir das, für die Praxis wichtige, kartesische Bezugssystem. Dann folgt aus Gleichung (3.68) mit Gleichung(3.15) und $\boldsymbol{g} = \boldsymbol{G} = \boldsymbol{I}$ für den Verzerrungstensor

$$\boldsymbol{E} = \frac{1}{2}(\boldsymbol{F}^T\boldsymbol{F} - \boldsymbol{I})$$

Den Deformationsgradienten teilen wir entsprechend Gleichung (3.2) in den Einheitstensor und in den Verschiebungsgradienten auf

$$\boldsymbol{F} = \frac{\partial \boldsymbol{X}}{\partial \boldsymbol{X}} + \frac{\partial \boldsymbol{u}}{\partial \boldsymbol{X}} = \boldsymbol{I} + \frac{\partial \boldsymbol{u}}{\partial \boldsymbol{X}}$$

und setzen ihn in den obigen Ausdruck für den Verzerrungstensor ein. Nach Ausmultiplizieren erhalten wir

$$\boldsymbol{E} = \underbrace{\frac{1}{2}\left(\frac{\partial \boldsymbol{u}}{\partial \boldsymbol{X}} + (\frac{\partial \boldsymbol{u}}{\partial \boldsymbol{X}})^T\right)}_{\boldsymbol{E}_{lin}} + \underbrace{\frac{1}{2}(\frac{\partial \boldsymbol{u}}{\partial \boldsymbol{X}})^T\frac{\partial \boldsymbol{u}}{\partial \boldsymbol{X}}}_{\boldsymbol{E}_{nl}}$$

Der Verzerrungstensor stellt sich als Summe zweier symmetrischer Anteile dar. Der erste Anteil $\boldsymbol{E}_{lin}$ ist mit dem Dehnungstensor der linearen Elastizitätstheorie identisch[16]. Der zweite Tensor $\boldsymbol{E}_{nl}$ wird von den Quadraten des Verschiebungsgradienten gebildet und ist somit ein Term zweiter Ordnung, der im Falle kleiner Verschiebungsgradienten gegenüber dem linearen Term $\boldsymbol{E}_{lin}$ verschwindet. Dann degradiert der Verzerrungstensor zum bekannten Dehnungstensor der linearen Theorie.

Analog zu den Deformationstensoren lassen sich nun auch Verzerrungstensoren höherer Ordnung angeben, die als Maßtensor Potenzen des Deformationstensors

[16]Die Auswertung des linearen Dehnungstensors $\boldsymbol{E}_{lin}$ ergibt z. B. für die Normaldehnung $\epsilon_{xx} = \frac{\partial u}{\partial x}$ und für die Schubdehnung $\epsilon_{xy} = \frac{1}{2}(\frac{\partial u}{\partial y} + \frac{\partial v}{\partial x})$. Es ist zu beachten, dass die als Ingenieurkomponente bezeichnete Schubdehnung in der Regel ohne den Faktor $\frac{1}{2}$ definiert wird.

benutzen. Die Starrkörperbedingung wird dabei nicht verletzt, da unabhängig von der Potenz, der Strecktensor im verzerrungsfreien Fall zum Einheitstensor wird. Mit Hilfe von Gleichung (3.40) erhält man dann

$$\boldsymbol{E}^m = \frac{1}{2m}(\boldsymbol{U}^{2m} - \boldsymbol{G}) \tag{3.80}$$

Der Fall $m = 0$ kann mit der Regel von de l'Hospital berechnet werden. Es ergibt sich ein logarithmisches Verzerrungsmaß

$$\boldsymbol{E}^0 = \ln \boldsymbol{U} \tag{3.81}$$

das nach Hencky *Henckyscher Verzerrungstensor* heißt.
In der Hauptachsendarstellung nimmt die Koordinatenmatrix des Henckyschen Verzerrungstensors Diagonalform an, sodass dann auf eine Doppelindizierung der Koordinaten verzichtet werden kann. Schreibt man für die Koordinaten im Hauptsystem $E^0_{II} = \epsilon_I$ bzw. ϵ_α, so folgt aus (3.37)

$$\epsilon_\alpha = \ln \lambda_\alpha \tag{3.82}$$

und für das Differential der Koordinaten

$$d\epsilon_\alpha = \frac{d\lambda_{(\alpha)}}{\lambda_{(\alpha)}} = \left(\frac{dl}{l}\right)_\alpha \tag{3.83}$$

Letztere Beziehung definiert ein kleines, relatives Maß auf der Momentankonfiguration, das *natürliche Dehnung* heißt. Man erkennt sofort die Analogie zum bekannten Ingenieurmaß kleiner Dehnungen $\frac{\Delta L}{L}$, das auf der Ausgangskonfiguration definiert ist. Schließlich wollen wir auch hier den Grenzfall kleiner Dehnungen untersuchen. Dazu entwickeln wir das Dehnungsmaß in eine Reihe:

$$\epsilon = \ln(l/L) = \ln(1 + \Delta L/L) = \Delta L/L - \frac{1}{2}(\Delta L/L)^2 + O(\Delta L/L)^3 \tag{3.84}$$

Die Reihendarstellung zeigt, dass auch das natürliche Dehnungsmaß für den Fall, ΔL klein, zum bekannten Ingeniermaß der linearen Theorie wird.
Der Henckysche Verzerrungstensor findet insbesondere in der Umformtechnik seine Anwendung. Dort beschreibt man mit ϵ_α den Umformgrad des Werkstoffes bzw. eines Bauteils. Anstatt ϵ_α verwendet man aber in der Regel das Symbol φ_α. Eine Analogie zur linearen Theorie kleiner Dehnungen zeigt sich in der Beschreibung des isochoren Verzerrungszustandes, der in gleicher Weise durch die sich zu Null ergebende erste Invariante dargestellt wird:

$$I_1 = \epsilon_1 + \epsilon_2 + \epsilon_3 = 0$$

Dies wird sofort mit Gleichung (3.82) und $dv = dV$ bestätigt:

$$I_1 = \ln(\lambda_1 \lambda_2 \lambda_3) = \ln\left(\frac{dv}{dV}\right) = 0$$

3.2.1 Aufteilen der Verzerrung

Eine beliebige Verzerrung des Kontinuums setzt sich aus einer Volumenänderung und einer Gestaltsänderung zusammen. Die Volumenänderung oder *dilatatorische bzw. volumetrische Deformation* (Bezeichnung mit Fußzeiger $_{vol}$) wird durch eine skalare Größe beschrieben, welche die Änderung des Volumens bezogen auf die undeformierte Volumeneinheit angibt (siehe Gleichung (3.59). Bei dieser Art der Deformation treten keine Winkeländerungen auf, sodass ein Würfel affin in einen Würfel anderer Kantenlänge deformiert wird. Im Gegensatz dazu erzwingt die *isochore bzw. volumenerhaltende Deformation* (Bezeichnung mit Fußzeiger $_{iso}$) Winkeländerungen und führt so zu einer Gestaltsänderung, die ohne Änderung des Volumens vonstatten geht.

Für die Berechnung von inkompressiblen Materialien und für die Behandlung der plastischen Deformation ist es unumgänglich, die Verzerrung in die beiden Anteile aufzuteilen. Diese Aufteilung wurde in den Arbeiten von Flory [25], Lee [49] und Simo, Ortiz [94] vorgenommen.

Wie bei der polaren Aufteilung der Deformation könnte man sich auch hier die Gesamtverzerrung als Folge zweier aufeinanderfolgender Verzerrungszustände erklären und dazu wie in Gleichung (3.13) eine Zwischenkonfiguration einführen. Man kommt so wieder zu einer multiplikativen Aufteilung der Deformation. Im Gegensatz zur polaren Aufteilung spielt aber hier die Reihenfolge keine Rolle mehr. Wir führen die Zerlegung durch und teilen den Deformationsgradienten in den dilatatorischen Anteil $\boldsymbol{F}_{vol}$ und den isochoren Anteil $\boldsymbol{F}_{iso}$ auf:

$$\boldsymbol{F} = \boldsymbol{F}_{vol} \boldsymbol{F}_{iso} \tag{3.85}$$

Entsprechend gilt dann für die Determinanten die multiplikative Aufteilung

$$J = J_{vol} J_{iso} \tag{3.86}$$

Da die isochore Deformation nach Definition ohne Volumenänderung abläuft gilt für die Determinante nach Gleichung (3.59) $J_{iso} = 1$ und dann auch $J = J_{vol}$. Den Deformationsgradienten der dilatatorischen Deformation können wir nun sofort angeben. Per Definition ist die dilatatorische Deformation durch einen skalaren Parameter komplett bestimmt und bewirkt in jeder Richtung die gleiche

Längenänderung. Daraus folgt, dass der zugehörige Deformationsgradient eine Diagonalmatrix mit gleichen Elementen sein muss und als Determinante $J_{vol} = J$ hat. Es gilt also

$$\boldsymbol{F}_{vol} = J^{1/3}\boldsymbol{I} \tag{3.87}$$

und wegen (3.85)

$$\boldsymbol{F}_{iso} = J^{-1/3}\boldsymbol{F} \tag{3.88}$$

Die Hauptwerte der Deformationsgradienten lassen sich ebenfalls sofort angeben. Bezeichnet man die Eigenwerte von $\boldsymbol{F}$ mit λ, die dilatatorische Streckung mit λ_{vol} und die isochore Streckung mit $\lambda_{iso} = \tilde{\lambda}$, so gilt

$$\lambda_{vol} = J^{1/3}, \quad \tilde{\lambda}_\alpha = J^{-1/3}\lambda_\alpha \tag{3.89}$$

und mit Gleichung (3.59)

$$\lambda_{vol} = (\lambda_1\,\lambda_2\,\lambda_3)^{1/3} \tag{3.90}$$

Aus den Anteilen des Deformationsgradienten nach Gleichung (3.85) können die zugehörigen Deformationstensoren aufgebaut werden, die wir gleich in Hauptachsendarstellung aufschreiben können, da sich die Eigenvektoren sofort angeben lassen. Aus Gleichung (3.88) folgt, dass $\boldsymbol{F}_{iso}$ und $\boldsymbol{F}$ die gleichen Eigenvektoren haben und dass für $\boldsymbol{F}_{vol}$ jede Richtung Hauptrichtung ist, da dieser Tensor die Form des Kugeltensors besitzt.

Wir beschränken uns auf die Angabe des rechten und des linken Deformationstensors und erhalten

$$\boldsymbol{C}_{vol} = J^{2/3}\boldsymbol{I}; \quad \boldsymbol{C}_{iso} = J^{-2/3}\boldsymbol{C} = \sum_{\alpha=1}^{3} \tilde{\lambda}_\alpha^2 \boldsymbol{N}^\alpha \otimes \boldsymbol{N}^\alpha \tag{3.91}$$

und

$$\boldsymbol{b}_{vol} = J^{2/3}\boldsymbol{I}; \quad \boldsymbol{b}_{iso} = J^{-2/3}\boldsymbol{b} = \sum_{\alpha=1}^{3} \tilde{\lambda}_\alpha^2 \boldsymbol{n}^\alpha \otimes \boldsymbol{n}^\alpha \tag{3.92}$$

Wir merken uns, dass die Hauptrichtungen der Deformationstensoren allein vom isochoren Anteil der Tensoren bestimmt werden.

3.3 Beschreibung der Bewegung in der Zeit

Die Deformation des Kontinuums wurde durch den Vergleich zweier Konfigurationen berechnet. Die Zeit spielte dabei keine Rolle. Nachfolgend interessieren wir uns nun für die Änderung der Deformation. Dazu führen wir die Zeit als Parameter ein, die uns hier aber nur zur Unterscheidung zweier aufeinanderfolgender Zustände dient. Sinn der Einführung der Zeitabhängigkeit ist die Linearisierung der Deformationsgrößen, zur Gewinnung der Differentiale als infinitesimale Größen für die schrittweise numerische Lösung des Randwertproblems. Zweite und höhere Ableitungen sind nicht von Interesse, was auf eine quasistatische Betrachtungsweise hinausläuft.

Denken wir uns nun einen Beobachter, der aufgrund seiner Wahrnehmung die

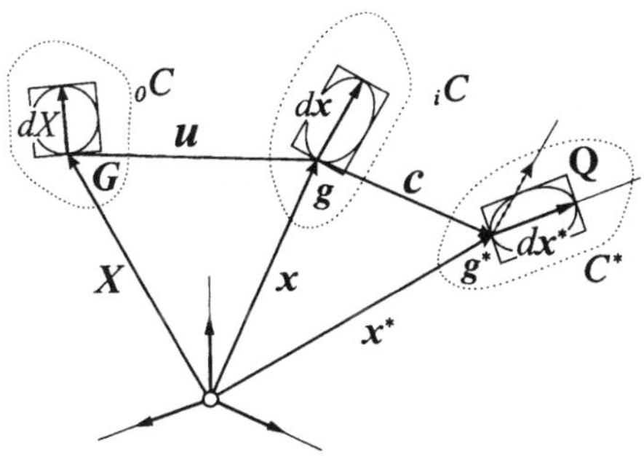

Abb. 3.5 Überlagerte Starrkörperbewegung zur Prüfung der Objektivität.

mathematische Formulierung der Bewegung aufschreibt, um daraus die physikalischen Beschreibungsgrößen zu ermitteln. Dieser Beobachter wird die Bewegung des Kontinuums und deren Änderung stets als Ganzes wahrnehmen, da er eine Aufteilung der Bewegung in Starrkörperbewegung und Gestaltsänderung nicht ohne weiteres vornehmen kann. In jedem Fall wird sein Eindruck von der Relativbewegung zwischen ihm und dem Kontinuum abhängig sein. Auf die mathematische Beschreibung des physikalischen Zustandes darf die Relativbewegung des Beobachters aber keinen Einfluss haben. Insbesondere darf die lokale Drehung keinen Eingang in die Beschreibungsgrößen und die Verzerrungsarbeit finden. Eine Beschreibungsgröße muss also allein vom eingeprägten physikalischen Zustand des Kontinuums bestimmt und unabhängig vom gewählten Beobachter sein. Tensoren, die diese Eigenschaft besitzen, bezeichnet man als *objektiv* oder

genauer als *materiell objektiv*[17].
Zur Prüfung der Objektivität einer Feldgröße gibt Ogden [71] die zeitabhängige Abbildungsfunktion $(\boldsymbol{x},t) \to (\boldsymbol{x}^*,t^*)$

$$\boldsymbol{x}^* = \mathbf{Q}(t)\boldsymbol{x} + \boldsymbol{c}(t), \quad t^* = t - a \tag{3.93}$$

vor, die er „Beobachter Transformation" nennt und in der $\mathbf{Q}(t)$ eine eigentlich orthogonale Transformationsmatrix, $\boldsymbol{c}(t)$ ein Abstandsvektor und a eine Konstante ist und die in Abbildung 3.5 veranschaulicht wird. Bei Anwendung dieser Funktion wird der, durch die Abbildungsfunktion (3.3) festgelegten Momentankonfiguration, eine zeitabhängige Starrkörperverschiebung $\boldsymbol{c}(t)$ und eine zeitabhängige, durch $\mathbf{Q}(t)$ beschriebene, Starrkörperrotation überlagert. Man kommt so zu der neuen Konfiguration $\mathcal{C}^*$, die man, von der Momentankonfiguration ausgehend, über eine reine Starrkörperbewegung erreicht und deren Feldgrößen mit * gekennzeichnet werden.
Für den Deformationsgradienten $\boldsymbol{F}^*$ folgt dann mit der Kettenregel und Gleichung (3.93)

$$\boldsymbol{F}^* = \frac{\partial \boldsymbol{x}^*}{\partial \boldsymbol{X}} = \frac{\partial \boldsymbol{x}^*}{\partial \boldsymbol{x}}\frac{\partial \boldsymbol{x}}{\partial \boldsymbol{X}} = \quad \Rightarrow \quad \boldsymbol{F}^* = \mathbf{Q}(t)\boldsymbol{F} \tag{3.94}$$

Damit ergibt sich für die Abbildung des Tangentenvektors

$$d\boldsymbol{x}^* = \boldsymbol{F}^* d\boldsymbol{X} = \mathbf{Q}(t)\boldsymbol{F} d\boldsymbol{X} \quad \Rightarrow \quad d\boldsymbol{x}^* = \mathbf{Q}(t) d\boldsymbol{x} \tag{3.95}$$

Die überlagerte Abbildung bewirkt eine starre Drehung des Tangentenvektors $d\boldsymbol{x}$. Der im Deformationsgradienten enthaltenen Rotationsmatrix $\boldsymbol{R}$ (siehe Gleichung (3.14)) wird eine weitere Drehung überlagert, und der enthaltene Strecktensor bleibt unbeeinflusst. Damit erweisen sich der Tangentenvektor und der Deformationsgradient als objektiv. Ferner folgt aus Gleichung (3.94), dass auch das Skalarfeld der Größe J objektiv ist:

$$J^* = \det(\boldsymbol{F}^*) = \det(\mathbf{Q})\det(\boldsymbol{F}) = 1J \quad \Rightarrow \quad J^* = J \tag{3.96}$$

Dieses Ergebnis ist sofort plausibel, da bei einer Starrkörperbewegung keine Volumenänderung auftreten darf. Als Beispiele für Tensoren zweiter Stufe untersuchen

[17] Der Begriff objektives Tensorfeld wird in der Literatur unterschiedlich definiert. Während Truesdell und Noll in [110] den Begriff nur für Eulersche Felder anwenden, wird er bei Hill in [35] auf Lagrangesche Felder beschränkt. Vielfach wird auch die Terminologie *frame indifferent* benutzt (siehe z. B. [55]). Bei Lai, Rubin und Krempl [47] gilt eine Feldgröße als objektiv, wenn sie die Gleichungen (3.99) erfüllt. Feldgrößen, die unbeeinflusst bleiben gelten als nicht objektiv, so z. B. der rechte Deformationstensor $\boldsymbol{C}$.

wir den rechten Deformationstensor $\boldsymbol{C}$ nach (3.15) und den linken Deformationstensor $\boldsymbol{b}$ nach (3.16). Dazu benötigen wir die Abbildung des Metriktensors, die wir analog zu den Gleichungen (3.19) aus der, von der Starrkörperrotation unbeeinflussten, Metrik erhalten. Für zwei Tangentenvektoren $d\boldsymbol{x}_a$ und $d\boldsymbol{x}_b$ folgt dann mit der Abbildung (3.95)

$$d\boldsymbol{x}_a^* \cdot \boldsymbol{g}^* d\boldsymbol{x}_b^* = d\boldsymbol{x}_a \cdot \boldsymbol{g}\, d\boldsymbol{x}_b \quad \Rightarrow \quad \boldsymbol{g} = \mathbf{Q}^T \boldsymbol{g}^* \mathbf{Q} \tag{3.97}$$

Damit ergibt sich für die Deformationstensoren

$$\begin{aligned} \boldsymbol{C}^* &= \boldsymbol{F}^{*T} \boldsymbol{g}^* \boldsymbol{F}^* = \boldsymbol{F}^T \mathbf{Q}^T \boldsymbol{g}^* \mathbf{Q} \boldsymbol{F} = \boldsymbol{F}^T \boldsymbol{g} \boldsymbol{F} = \boldsymbol{C} \\ \boldsymbol{b}^* &= \boldsymbol{F}^* \boldsymbol{G}^{-1} \boldsymbol{F}^{*T} = \mathbf{Q} \boldsymbol{F} \boldsymbol{G}^{-1} \boldsymbol{F}^T \mathbf{Q}^T = \mathbf{Q} \boldsymbol{b} \mathbf{Q}^T \end{aligned} \tag{3.98}$$

Der auf der ruhenden Ausgangskonfiguration definierte rechte Deformationstensor bleibt unverändert. Das Lagrangesche Tensorfeld des rechten Deformationstensors bestätigt sich als objektives Tensorfeld. Der linke Deformationstensor stellt sich ebenfalls als objektiv heraus, da er infolge der überlagerten Abbildung nur eine starre Drehung erfährt.

Für die uns interessierenden Eulerschen Tensorfelder bis zur Stufe $n = 2$ stellen wir die Bedingung für ein objektives Feld nun zusammen:

$$\begin{array}{ll} \text{Skalarfeld} & \Phi^*(\boldsymbol{x}^*,t) = \Phi(\boldsymbol{x},t) \\ \text{Vektorfeld} & \boldsymbol{v}^*(\boldsymbol{x}^*,t) = \mathbf{Q}(t)\,\boldsymbol{v}(\boldsymbol{x},t) \\ \text{Zweifeld Tensor} & \boldsymbol{F}^*(\boldsymbol{x}^*,t) = \mathbf{Q}(t)\,\boldsymbol{F}(\boldsymbol{x},t) \\ \text{Tensor 2. Stufe} & \boldsymbol{t}^*(\boldsymbol{x}^*,t) = \mathbf{Q}(t)\,\boldsymbol{t}(\boldsymbol{x},t)\,\mathbf{Q}(t)^T \end{array} \tag{3.99}$$

Die Objektivität wird insbesondere auch für die zeitliche Änderung eines Tensorfeldes verlangt. Wir bilden die Zeitableitung der Abbildungsgleichung (3.93) und erhalten mit $\dot{\boldsymbol{x}}^* = \boldsymbol{v}^*$ und $\dot{\boldsymbol{x}} = \boldsymbol{v}$

$$\boldsymbol{v}^* = \dot{\mathbf{Q}}\boldsymbol{x} + \mathbf{Q}\boldsymbol{v} + \dot{\boldsymbol{c}} \tag{3.100}$$

Wie zu erwarten war, ist die Geschwindigkeit $\boldsymbol{v}$ auf der Momentankonfiguration, als relative Größe, von der Änderung der Rotationsmatrix $\dot{\mathbf{Q}}$ und von der Änderung der Starrkörperverschiebung $\dot{\boldsymbol{c}}$ beeinflusst. Damit erweist sich das Eulersche Geschwindigkeitsfeld als nicht objektiv. Nach Gleichung (3.99) darf die Zeitableitung nicht von $\dot{\mathbf{Q}}$ und $\dot{\boldsymbol{c}}$ abhängen. Wir haben gezeigt, dass die Deformationstensoren sich als objektive Zustandsgrößen erweisen. Für die zeitliche Änderung der Deformation darf dies allerdings nicht von vornherein vorausgesetzt werden.

Die Zeitableitung einer physikalischen Größe in Bezug auf einen Materialpunkt des Kontinuums wird als *materielle Ableitung* dieser Größe bezeichnet. Verschiedentlich trägt diese Ableitung auch den Namen *materielle Änderungsgeschwindigkeit* oder *direkte Ableitung des Tensors*. Entscheidend für die Ableitung des Tensors ist, ob dieser in der Eulerschen Form $\boldsymbol{t} = \boldsymbol{t}(\boldsymbol{x},t)$ mit $\boldsymbol{x} = \boldsymbol{x}(t)$ oder in der Lagrangeschen Form $\boldsymbol{T} = \boldsymbol{T}(\boldsymbol{X},t)$ vorliegt. Für die Zeitableitung der Feldgrößen gilt dann:

$$\begin{aligned} \frac{d}{dt}\boldsymbol{t}(\boldsymbol{x},t) &= \frac{\partial \boldsymbol{t}}{\partial t} + \frac{\partial \boldsymbol{t}}{\partial \boldsymbol{x}}\frac{\partial \boldsymbol{x}}{\partial t} = \dot{\boldsymbol{t}} + (\operatorname{grad}\boldsymbol{t})\,\boldsymbol{v} \\ \frac{d}{dt}\boldsymbol{T}(\boldsymbol{X},t) &= \frac{\partial \boldsymbol{T}}{\partial t} \end{aligned} \tag{3.101}$$

Da im Fall der Eulerschen Beschreibung auch der Ortsvektor zeitabhängig ist, setzt sich die Zeitableitung aus zwei Anteilen zusammen. Dabei beschreibt der erste Term die zeitliche Änderung des Tensors und damit des physikalischen Zustandes, bei festgehaltener Raumlage. Der zweite Term beschreibt die Änderung des Tensors, aufgrund der sich ändernden Raumlage und beinhaltet im allgemeinen Fall eine Drehung. Als Folge des zweiten Terms erweist sich die Eulersche Ableitung als nicht objektiv und somit ungeeignet z. B. für die Formulierung der Finite-Elemente-Matrizen. Man erkennt dies an der enthaltenen Geschwindigkeit $\boldsymbol{v}$, die sich nach Gleichung (3.100) als nicht objektiv erwiesen hat.

Wesentlich einfacher stellt sich die Zeitableitung im Falle des Lagrangeschen Feldes dar. Da $\boldsymbol{X}$ zeitunabhängig ist entfällt der zweite Term, sodass nur partiell nach der Zeit abzuleiten ist. Für die vollständige Ableitung wird wie üblich d/dt geschrieben und für die partielle Zeitableitung der überschriebene Punkt $\dot{()}$ verwendet. Aus dieser Vereinbarung folgt, dass für ein Lagrangesches Tensorfeld beide Symbole gleichwertig zu verwenden sind. In der Regel wird aber die Punktnotation benutzt.

Wir betrachten die Lagrangesche Abbildungsfunktion nach Gleichung (3.3). Da in dieser Funktion $\boldsymbol{X}$ und t zwei voneinander unabhängige Variable sind und die gemischte zweite Ableitung als stetig vorausgesetzt wird, können bei der Differentiation Material- und Zeitableitung vertauscht werden. Wir wenden diese Regel auf die Zeitableitung des Deformationsgradienten an und erhalten mit Gleichung (3.6)

$$\dot{\boldsymbol{F}} = \frac{\partial}{\partial t}\frac{\partial \boldsymbol{x}}{\partial \boldsymbol{X}} = \frac{\partial^2 \boldsymbol{x}}{\partial \boldsymbol{X}\partial t} = \frac{\partial}{\partial \boldsymbol{X}}\dot{\boldsymbol{x}} = \operatorname{Grad}\boldsymbol{v} \tag{3.102}$$

wo $\boldsymbol{v} = \dot{\boldsymbol{u}}$ die materielle Geschwindigkeit bedeutet und $\operatorname{Grad}\boldsymbol{v}$ der materielle Geschwindigkeitsgradient. Mit Hilfe der Kettenregel beziehen wir den Geschwindigkeitsgradienten auf die Momentankonfiguration und erhalten

$$\dot{\boldsymbol{F}} = \frac{\partial \boldsymbol{v}}{\partial \boldsymbol{X}} = \frac{\partial \boldsymbol{v}}{\partial \boldsymbol{x}} \frac{\partial \boldsymbol{x}}{\partial \boldsymbol{X}} = (\operatorname{grad} \boldsymbol{v}) \boldsymbol{F} \tag{3.103}$$

und mit der Abkürzung $\operatorname{grad} \boldsymbol{v} = \boldsymbol{l}$

$$\dot{\boldsymbol{F}} = \boldsymbol{l}\boldsymbol{F}; \quad \dot{F}^i_J = l^i{}_n F^n{}_J \tag{3.104}$$

Die Größe

$$\boldsymbol{l} = \operatorname{grad} \boldsymbol{v} = \dot{\boldsymbol{F}} \boldsymbol{F}^{-1} \tag{3.105}$$

heißt *räumlicher Geschwindigkeitsgradient.*

Zur physikalischen Deutung des räumlichen Geschwindigkeitsgradienten bilden wir die Zeitableitung der Abbildungsgleichung $d\boldsymbol{x} = \boldsymbol{F} d\boldsymbol{X}$ und erhalten mit Gleichung (3.104)

$$\frac{\partial}{\partial t} d\boldsymbol{x} = d\dot{\boldsymbol{x}} = \dot{\boldsymbol{F}} d\boldsymbol{X} = \dot{\boldsymbol{F}} \boldsymbol{F}^{-1} d\boldsymbol{x} = \boldsymbol{l} d\boldsymbol{x} \tag{3.106}$$

Wie der Deformationsgradient $\boldsymbol{F}$ so beinhaltet auch der Geschwindigkeitsgradient $\boldsymbol{l}$ die zeitliche Änderung der Länge und der Lage des Vektordifferentials $d\boldsymbol{x}$ und kann infolgedessen, wie in der linearen Theorie, in einen symmetrischen und einen schiefsymmetrischen Anteil aufgeteilt werden, die die Längenänderung und die Drehung des Vektordifferentials ausdrücken. Die Aufteilung in Längenänderung und Drehung kann sinnvollerweise nur für den gleichvarianten Tensor ausgeführt werden, da die beiden Anteile physikalisch gedeutet werden.
Da wir den Geschwindigkeitsgradienten in Gleichung (3.104) als gemischt varianten Tensor eingeführt haben, müssen wir ihn zunächst auf die gleich variante Form bringen. Durch Verjüngung von links mit dem kovarianten Metriktensor $\boldsymbol{g}^\flat$ erhalten wir ihn in der kovarianten Darstellung, auf der wir die Aufteilung durchführen können. Anschließend werden die Anteile wieder mit Hilfe des kontravarianten Metriktensors $\boldsymbol{g}^\sharp$ auf die gemischt variante Form gebracht. Dann wird, im Falle eines nicht orthogonalen Bezugssystems, die Symmetrie des ersten Anteils wieder verlorengehen.

$$\begin{aligned} \boldsymbol{l}^\flat &= \boldsymbol{g}^\flat \boldsymbol{l} \\ \boldsymbol{l}^\flat &= \frac{1}{2}(\boldsymbol{l}^\flat + \boldsymbol{l}^{\flat T}) + \frac{1}{2}(\boldsymbol{l}^\flat - \boldsymbol{l}^{\flat T}) = \boldsymbol{d}^\flat + \boldsymbol{\omega}^\flat \\ \boldsymbol{d} &= \boldsymbol{g}^\sharp \boldsymbol{d}^\flat \quad \boldsymbol{\omega} = \boldsymbol{g}^\sharp \boldsymbol{\omega}^\flat \end{aligned} \tag{3.107}$$

Der symmetrische Tensor $\boldsymbol{d}^b$ heißt *Deformationsrate* und der schiefsymmetrische Tensor $\boldsymbol{\omega}^b$ heißt *Spintensor*. Unter dem Begriff *Rate* einer Zustandsgröße verstehen wir also die zeitliche Änderung der Zustandsgröße. Im nächsten Kapitel werden wir diesen Begriff auch für skalare Größen verwenden, so z. B. für die zeitliche Änderung der Energie. Diese heißt Rate der Energie oder Leistung. Für die Deformationsrate wird auch der Name *Streckgeschwindigkeitstensor* und für den Spintensor entsprechend der Name *Drehgeschwindigkeitstensor* benutzt. Zur Veranschaulichung der Tensoren stellen wir den Vektor $d\boldsymbol{x}$ durch seine Länge l und seinen normierten Richtungsvektor $\boldsymbol{r}$ gemäß $d\boldsymbol{x} = l\boldsymbol{r}$ dar. Die Produktableitung ergibt zwei Terme, die die Längenänderung und die Richtungsänderung des Differentials beschreiben und, mit (3.106) und (3.107), durch den Geschwindigkeitsgradient $\boldsymbol{l}$ oder durch die Deformationsrate $\boldsymbol{d}$ und den Spintensor $\boldsymbol{\omega}$ ausgedrückt werden können

$$d\dot{\boldsymbol{x}} = \dot{l}\boldsymbol{r} + l\dot{\boldsymbol{r}} = l\,(\boldsymbol{d} + \boldsymbol{\omega})\boldsymbol{r} \tag{3.108}$$

Unser nächstes Ziel ist es Formeln für die Längenänderung $\dot{l}$ und die Richtungsänderung $\dot{\boldsymbol{r}}$ herzuleiten. Dazu ist es hilfreich den Term $\boldsymbol{\omega}\boldsymbol{r}$ umzuschreiben. Da der Spintensor $\boldsymbol{\omega}$ eine infinitesimale Drehung beschreibt, kann dieser Term auch als Kreuzprodukt eines Drehvektors $\boldsymbol{w}$ mit dem Abstandsvektors $\boldsymbol{r}$ dargestellt werden, $\boldsymbol{\omega}\boldsymbol{r} = \boldsymbol{w} \times \boldsymbol{r}$. Die Koordinaten des Drehvektors entnehmen wir dem Spintensor $\boldsymbol{\omega}$, wobei deren Bezeichnung aus der Koordinatendarstellung der Gleichung (3.108) $\dot{r}^i = \omega^i{}_j r^j$ folgt:

$$\boldsymbol{w} = \{-\omega^2{}_3, -\omega^3{}_1, -\omega^1{}_2\} \tag{3.109}$$

Wir führen das Kreuzprodukt in die Gleichung (3.108) ein und multiplizieren mit dem Richtungsvektor $\boldsymbol{r}$ durch. Dann erhalten wir für die Längenänderung $\dot{l}$

$$\dot{l}\,\underbrace{\boldsymbol{r}\cdot\boldsymbol{r}}_{1} + l\,\underbrace{\boldsymbol{r}\cdot\dot{\boldsymbol{r}}}_{0} = l\boldsymbol{r}\cdot\boldsymbol{d}\boldsymbol{r} + \underbrace{l\boldsymbol{r}\cdot(\boldsymbol{w}\times\boldsymbol{r})}_{0}$$

$$\dot{l} = l\boldsymbol{r}\cdot\boldsymbol{d}\boldsymbol{r} \tag{3.110}$$

Die Änderung des Richtungsvektors $\dot{\boldsymbol{r}}$ stellt ein Maß für die Drehung des Vektors $d\boldsymbol{x}$ dar. Dazu lösen wir die Gleichung (3.108) nach $l\dot{\boldsymbol{r}}$ auf und kürzen anschließend mit der Länge l durch:

$$\dot{\boldsymbol{r}} = (\boldsymbol{l} - \tfrac{\dot{l}}{l}\boldsymbol{I})\boldsymbol{r} = (\boldsymbol{d} - \tfrac{\dot{l}}{l}\boldsymbol{I} + \boldsymbol{\omega})\boldsymbol{r} \tag{3.111}$$

Es zeigt sich, dass die Richtungsänderung des Vektors $d\boldsymbol{x}$ nicht allein vom Spintensor bestimmt wird. Sie ist vielmehr die vektorielle Summe aus einer deformationsabhängigen Richtungsänderung, die durch den Term $(\boldsymbol{d} - \tfrac{\dot{l}}{l}\boldsymbol{I})\boldsymbol{r}$ beschrieben wird und einer Starrkörperrotation am Materialpunkt, die vom Spintensor $\boldsymbol{\omega}$ hervorgerufen wird und sich in der Hauptachsendarstellung bestätigt (siehe die nachfolgende Gleichung (3.116).

Die letztgenannten Beziehungen sollen nun noch in ihrer Hauptachsendarstellung veranschaulicht werden. Für die Darstellung des räumlichen Geschwindigkeitsgradienten nach Gleichung (3.107) gehen wir von der Hauptachsendarstellung des Deformationsgradienten (3.33) aus und bilden die Zeitableitung. Wegen $\dot{\boldsymbol{N}}^{\alpha} = 0$ folgt

$$\dot{\boldsymbol{F}} = \sum_{\alpha=1}^{3} \dot{\lambda}_{\alpha} \boldsymbol{n}^{\alpha} \otimes \boldsymbol{N}^{\alpha} + \lambda_{\alpha} \dot{\boldsymbol{n}}^{\alpha} \otimes \boldsymbol{N}^{\alpha} \tag{3.112}$$

Nun führen wir die Verjüngung mit der Hauptachsendarstellung von $\boldsymbol{F}^{-1}$ nach Gleichung (3.42) von rechts durch und erhalten mit (3.27) für den räumlichen Geschwindigkeitsgradienten nach Gleichung (3.105)

$$\boldsymbol{l} = \sum_{\alpha=1}^{3} \frac{\dot{\lambda}_{\alpha}}{\lambda_{\alpha}} \boldsymbol{n}^{\alpha} \otimes \boldsymbol{n}^{\alpha} + \sum_{\alpha=1}^{3} \dot{\boldsymbol{n}}^{\alpha} \otimes \boldsymbol{n}^{\alpha} \tag{3.113}$$

Offensichtlich liegt hier bereits die Aufspaltung von $\boldsymbol{l}^{\flat}$ in den symmetrischen und den schiefsymmetrischen Anteil entsprechend Gleichung (3.107) vor. Der erste Term ist symmetrisch und beschreibt die Änderung der Streckung bei festgehaltenem Hauptachsensystem, d. h. die Deformationsrate. Mit der Zeitableitung für die Streckung

$$\frac{\dot{\lambda}_{(\alpha)}}{\lambda_{(\alpha)}} = \left(\frac{\dot{l}}{l}\right)_{\alpha} \tag{3.114}$$

kann die Deformationsrate auch in der Form

$$\boldsymbol{d}^{\flat} = \sum_{\alpha=1}^{3} \left(\frac{\dot{l}}{l}\right)_{\alpha} \boldsymbol{n}^{\alpha} \otimes \boldsymbol{n}^{\alpha} \tag{3.115}$$

angeschrieben werden. Der zweite Term in Gleichung (3.113) beschreibt die Änderung des Hauptachsensystems bei festgehaltener Deformation und damit die lokale Drehung. Dann muss dieser Ausdruck die Darstellung des Spintensors

$$\boldsymbol{\omega}^{\flat} = \sum_{\alpha=1}^{3} \dot{\boldsymbol{n}}^{\alpha} \otimes \boldsymbol{n}^{\alpha} \tag{3.116}$$

sein. Zum Beweis für die Schiefsymmetrie des Ausdrucks bilden wir die Zeitableitung der Gleichung (3.48) $\sum_{\alpha=1}^{3} \boldsymbol{n}^\alpha \otimes \boldsymbol{n}^\alpha = \boldsymbol{I}$

$$\sum_{\alpha=1}^{3} \dot{\boldsymbol{n}}^\alpha \otimes \boldsymbol{n}^\alpha + \sum_{\alpha=1}^{3} \boldsymbol{n}^\alpha \otimes \dot{\boldsymbol{n}}^\alpha = \boldsymbol{0} \quad \Longrightarrow \quad \sum_{\alpha=1}^{3} \dot{\boldsymbol{n}}^\alpha \otimes \boldsymbol{n}^\alpha = -\sum_{\alpha=1}^{3} \boldsymbol{n}^\alpha \otimes \dot{\boldsymbol{n}}^\alpha \qquad (3.117)$$

In der rechten Gleichung steht auf der rechten Seite, der mit dem negativen Vorzeichen versehene transponierte Ausdruck der linken Seite. Dies ist die Definitionsgleichung für eine schiefsymmetrische Matrix und damit ist Gleichung (3.116) bewiesen.

Eine wichtige Größe ist die Zeitableitung des Volumenelementes, die sich nun sehr einfach in der Hauptachsendarstellung angeben lässt. Ausgehend von Gleichung (3.59) bilden wir die Zeitableitung von J und erhalten

$$\dot{J} = \lambda_1 \lambda_2 \lambda_3 \left(\frac{\dot{\lambda}_1}{\lambda_1} + \frac{\dot{\lambda}_2}{\lambda_2} + \frac{\dot{\lambda}_3}{\lambda_3} \right) \qquad (3.118)$$

Unter der Annahme, dass der Geschwindigkeitsgradient $\boldsymbol{l} = \operatorname{grad} \boldsymbol{v}$ in der Hauptachsendarstellung gegeben ist, folgt unter Beachtung der Schiefsymmetrie des Spintensors $\boldsymbol{\omega}$ aus den Gleichungen (3.114) und (3.115) für die Eigenrichtung α (keine Summation über α)

$$\frac{\dot{\lambda}_\alpha}{\lambda_\alpha} = \frac{\partial v^\alpha}{\partial x^\alpha} \qquad (3.119)$$

und damit für $\dot{J}$

$$\dot{J} = \lambda_1 \lambda_2 \lambda_3 \left(\frac{\partial v^1}{\partial x^1} + \frac{\partial v^2}{\partial x^2} + \frac{\partial v^3}{\partial x^3} \right) = J \operatorname{div} \boldsymbol{v} = J Sp(\boldsymbol{d}) \qquad (3.120)$$

Beachtet man nun, dass $Sp(\boldsymbol{d})$ die erste Invariante von $\boldsymbol{d}$ ist, so folgt daraus, dass diese Formel ebenfalls invariant gegenüber einer Koordinatentransformation sein muss und deshalb allgemein gültig ist. Neben der Zeitableitung von J werden wir noch die Zeitableitung von $I_3 = J^2$ benötigen, die wir der Zeitableitung für Potenzen von J entnehmen:

$$\frac{\partial}{\partial t}(J^m) = m(J^m) \operatorname{div} \boldsymbol{v} \quad \overset{m=2}{\Longrightarrow} \quad \dot{I}_3 = 2 I_3 \operatorname{div} \boldsymbol{v} \qquad (3.121)$$

Wir wenden uns nun wieder der Aufteilung des Deformationsgradienten nach (3.85) zu und bilden die Zeitableitung der Deformationsanteile. Mit Hilfe von

Gleichung (3.121) berechnet man aus (3.87)

$$\dot{\boldsymbol{F}}_{vol} = \frac{1}{3} J^{1/3} (\operatorname{div} \boldsymbol{v}) \boldsymbol{I} \tag{3.122}$$

und aus (3.88) mit (3.104)

$$\dot{\boldsymbol{F}}_{iso} = J^{-1/3} (\boldsymbol{l} - \frac{1}{3} (\operatorname{div} \boldsymbol{v}) \boldsymbol{I}) \boldsymbol{F} \tag{3.123}$$

Wir multiplizieren mit $\boldsymbol{F}_{iso}^{-1} = J^{1/3} \boldsymbol{F}^{-1}$ von rechts durch und erhalten

$$\dot{\boldsymbol{F}}_{iso} \boldsymbol{F}_{iso}^{-1} = \boldsymbol{l}_{iso} = (\boldsymbol{l} - \frac{1}{3} (\operatorname{div} \boldsymbol{v}) \boldsymbol{I}) \tag{3.124}$$

oder wenn wir nach (3.107) nur den symmetrischen Anteil betrachten

$$\boldsymbol{d}_{iso} = (\boldsymbol{d} - \frac{1}{3} (\operatorname{div} \boldsymbol{v}) \boldsymbol{I}) \tag{3.125}$$

Analog folgt aus Gleichung (3.122)

$$\dot{\boldsymbol{F}}_{vol} \boldsymbol{F}_{vol}^{-1} = \boldsymbol{d}_{vol} = \frac{1}{3} (\operatorname{div} \boldsymbol{v}) \boldsymbol{I} \tag{3.126}$$

Aus den letzten beiden Gleichungen ersieht man, dass die multiplikative Aufteilung des Deformationsgradienten in die dilatatorische und isochore Deformation auch eine entsprechende Aufteilung der Deformationsrate zur Folge hat, die wegen des infinitesimalen Charakters der Deformationsrate $\boldsymbol{d}$ aber additiv ist

$$\boldsymbol{d} = \boldsymbol{d}_{vol} + \boldsymbol{d}_{iso} \tag{3.127}$$

Ferner erkennt man aus den Formeln (3.125) und (3.126), dass diese Aufteilung der Zerlegung eines Tensors zweiter Stufe in den kugeltensoriellen und den deviatorischen Anteil entspricht. Somit wäre hier die Bezeichnung $\boldsymbol{d}_{dev}$ anstatt $\boldsymbol{d}_{iso}$ auch gerechtfertigt.

Am Ende dieses Abschnittes wollen wir nochmals die wichtigsten Punkte der Aufspaltung der Deformation zusammenstellen und einen Vergleich mit der linearen Theorie kleiner Deformationen anstellen. Wie wir gesehen haben, ist in der Theorie beliebiger Deformationen die Information über die Art der Bewegung des Kontinuums im Deformationsgradienten enthalten. Diesem entspricht in der linearen Theorie der Verschiebungsgradient $\partial \boldsymbol{u} / \partial \boldsymbol{X}$, als Träger der Deformationsaussage. Für die nachfolgenden Betrachtungen zur linearen Theorie können wir auf die Beziehungen des letzten Abschnittes zurückgreifen. Dort wurde der Geschwindigkeitsgradient $\boldsymbol{l}$ auf der Momentankonfiguration definiert. Dieser enthält, wie der Verschiebungsgradient, die Information über die infinitesimale Änderung der Deformation. Wenn wir also für die Materialgeschwindigkeit $\boldsymbol{v}$ den Verschiebungsvektor $\boldsymbol{u}$ und für den Ortsvektor der Momentankonfiguration $\boldsymbol{x}$ den Vektor $\boldsymbol{X}$ einsetzen, so stimmen die abgeleiteten Formeln mit denen der linearen Theorie kleiner Deformationen überein. Wir werden von dieser Möglichkeit Gebrauch machen und auf die entsprechenden Formeln verweisen.

Ein fundamentales Prinzip der Theorie beliebiger Deformationen ist die multiplikative Verkettung von Deformationszuständen. Beispiele hierfür sind die multiplikative Aufspaltung des Deformationsgradienten in Verzerrung und Starrkörperrotation (polare Zerlegung nach Gleichung (3.14)), sowie die multiplikative Aufspaltung des Deformationsgradienten in die dilatatorischen und isochoren Deformationsanteile nach Gleichung (3.85). In der linearen Theorie wird diese Aufspaltung additiv auf dem Verschiebungsgradienten vorgenommen. Die Zerlegung des Verschiebungsgradienten in den symmetrischen und den schiefsymmetrischen Anteil ergibt den symmetrischen Dehnungstensor und den schiefsymmetrischen Spintensor (siehe dazu Gleichung (3.107)). Ebenfalls additiv wird der Dehnungstensor in die dilatatorischen und die isochoren Dehnungsanteile aufgespalten. Dies geschieht in Analogie zu Gleichung (3.125) und entspricht der Aufteilung des Dehnungstensors in den Kugeltensor und den Deviator.
Die Inkompressibilitätsbedingung wird im Falle beliebiger Deformationen durch die (multiplikative) dritte Invariante, Produkt der Eigenwerte gleich eins $I_3 = 1$, und im Falle kleiner Deformationen durch die (additive) erste Invariante, Spur des Verschiebungsgradienten gleich Null, ausgedrückt. Bei Verwendung der logarithmischen Verzerrungen wird die Inkompressibilitätsbedingung, unabhängig von der Größe der Verzerrungen, auf die gleiche Weise, wie im Fall kleiner Deformationen, durch die erste Invariante gleich Null beschrieben.
Nach Gleichung (3.88) geht der isochore Deformationsgradient durch Skalierung mit $J^{-1/3}$ aus dem Deformationsgradienten $\boldsymbol{F}$ hervor. Dies bedeutet, dass der isochore Deformationsgradient $\boldsymbol{F}_{iso}$ den vollen Rang wie $\boldsymbol{F}$ hat. Im linearen Fall behält der isochore Verschiebungsgradient ebenfalls den vollen Rang.

3.4 Objektive Ableitung eines Tensorfeldes

Beim Aufstellen der Bilanzgleichungen der Kontinuumsmechanik und insbesondere bei der Formulierung der Finite-Elemente-Matrizen wird es nötig sein, Ableitungen eines Tensorfeldes zu berechnen. Wie wir bereits dargelegt haben, stellen wir an eine solche Ableitung die Forderung der Objektivität. Wir werden sehen, dass das Erfüllen der Objektivität im Falle des Eulerschen Tensorfeldes auf eine spezielle Ableitungsregel führt. Nachfolgend erklären wir diese Ableitungsregel anhand der Ableitung der Verzerrungstensoren.

Für die Zeitableitung des Greenschen Verzerrungstensors $\boldsymbol{E}$ nach Gleichung (3.68) ergibt sich mit (3.104)

$$\dot{\boldsymbol{E}} = \frac{1}{2}(\dot{\boldsymbol{F}}^T \boldsymbol{g}^\flat \boldsymbol{F} + \boldsymbol{F}^T \boldsymbol{g}^\flat \dot{\boldsymbol{F}}) = \boldsymbol{F}^T \frac{1}{2}(\boldsymbol{l}^{\flat T} + \boldsymbol{l}^\flat)\boldsymbol{F} \tag{3.128}$$

und entsprechend Gleichung (3.107) gilt

$$\dot{\boldsymbol{E}} = \boldsymbol{F}^T \boldsymbol{d}^\flat \boldsymbol{F}; \quad \dot{E}_{IJ} = F^i{}_I d_{ij} F^j{}_J \tag{3.129}$$

Es stellt sich nun die Frage nach der Objektivität der Zeitableitung. Wir haben bereits festgestellt, dass ein Lagrangesches Tensorfeld, da von der Zeit unbeeinflusst, objektiv ist. Daraus folgt, dass die Objektivität auch für seine Zeitableitung gilt. Wir stellen also allgemein fest, dass auch die Zeitableitung eines Lagrangeschen Tensorfeldes objektiv ist.

Als nächstes wollen wir die *objektive Zeitableitung* des Almansischen Verzerrungstensors $\boldsymbol{e}$ berechnen. Dieser ist als Maßtensor auf der Momentankonfiguration definiert und stellt somit ein Eulersches Tensorfeld dar. Anhand seiner Ableitung lässt sich sehr schön die Berechnung der objektiven Zeitableitung eines zeitabhängigen Tensorfeldes relativ zur Lageänderung, infolge des Geschwindigkeitsfeldes $\boldsymbol{v}$, aufzeigen.

Ausgangspunkt sind die Definitionsgleichungen (3.67) und (3.69). Dabei ist von Wichtigkeit, dass beide Gleichungen auf demselben skalaren Maß basieren. Aus Gleichung (3.67) ergibt sich für die Zeitableitung

$$l\dot{l} = d\boldsymbol{X} \cdot \dot{\boldsymbol{E}}\, d\boldsymbol{X} \tag{3.130}$$

Mit dem Ergebnis (3.129) kann man dafür auch

$$l\dot{l} = d\boldsymbol{X}^T \boldsymbol{F}^T \boldsymbol{d}^\flat \boldsymbol{F} d\boldsymbol{X} \tag{3.131}$$

schreiben. Nun kann man mit der Abbildungsgleichung der Vektordifferentiale $d\boldsymbol{x} = \boldsymbol{F} d\boldsymbol{X}$ auf die Momentankonfiguration überwechseln und bekommt dann

$$l \dot{l} = d\boldsymbol{x}^T \boldsymbol{d}^\flat \, d\boldsymbol{x} \tag{3.132}$$

Nach Gleichung (3.23) entspricht dies der *push forward* Operation von $\dot{\boldsymbol{E}}$. Die physikalische Aussage der Ableitung, gegeben durch die linke Seite $l \dot{l}$, ist von dieser Operation nicht beeinflusst. Auch hat sich an der Objektivität der Ableitung nichts geändert. Man schließt daraus, dass $\boldsymbol{d}^\flat$ die objektive Zeitableitung des Almansischen Verzerrungstensors $\boldsymbol{e}$ ist. Diese zunächst als willkürlich erscheinende Folgerung bestätigt sich später bei der Formulierung der virtuellen Verzerrungsarbeit, wenn sie aus unterschiedlichen, energetisch konjugierten Zustandsgrößen gebildet wird.
Entsprechend der ausgeführten Rechenschritte kann man die objektive Zeitableitung von $\boldsymbol{e}$ wie folgt berechnen:

1. Im ersten Rechenschritt wird der Almansische Verzerrungstensor auf die Ausgangskonfiguration heruntergezogen. Als Ergebnis der *pull back Operation* erhält man den Greenschen Verzerrungstensor $\boldsymbol{E} = \Phi^\star(\boldsymbol{e})$.
2. Im zweiten Rechenschritt wird die Zeitableitung des Greenschen Verzerrungstensors $\frac{d\boldsymbol{E}}{dt}$ auf der Ausgangskonfiguration berechnet.
3. Im abschließenden dritten Rechenschritt wird das Ergebnis auf die Momentankonfiguration hochgeschoben. Diese *push forward Operation* führt auf das Ergebnis $\boldsymbol{d} = \Phi_\star(\dot{\boldsymbol{E}})$.

Die Rechenschritte fassen wir im Operator

$$\mathcal{L}_\Phi(\cdot) = \Phi_\star[\frac{d}{dt}\Phi^\star(\cdot)] \tag{3.133}$$

zusammen. Diese Ableitungsvorschrift zur Berechnung einer objektiven Zeitableitung eines auf der Momentankonfiguration definierten Tensorfeldes ist allgemein anwendbar und heißt *Lie-Ableitung*, (siehe hierzu [55], [79]). Für die Lie-Ableitung des Almansischen Verzerrungstensors gilt also mit Gleichung (3.132)

$$\mathcal{L}_\Phi(\boldsymbol{e}) = \boldsymbol{d} \tag{3.134}$$

Ein interessantes Ergebnis findet man für die Lie-Ableitung des linken Deformationstensors. Wir führen die drei Operationen der Reihe nach durch und erhalten mit den Gleichungen (3.51) und (3.52)

$$\mathcal{L}_\Phi(\boldsymbol{b}) = \Phi_\star[\frac{d}{dt}\Phi^\star(\boldsymbol{b})] = \Phi_\star[\frac{d}{dt}\boldsymbol{G}] = \Phi_\star[0] = 0 \tag{3.135}$$

wobei anzumerken ist, dass dieses Ergebnis für beide Varianten $\boldsymbol{b}^\sharp$ und $\boldsymbol{b}^\flat$ gilt. Indem wir nun den Ausdruck (3.70) für den Almansischen Verzerrungstensor in Gleichung (3.134) verwenden, erhalten wir mit Gleichung (3.135)

$$2\mathcal{L}_\Phi(\boldsymbol{e}) = \mathcal{L}_\Phi(\boldsymbol{g} - \boldsymbol{b}^{-1}) = \mathcal{L}_\Phi(\boldsymbol{g}) = 2\boldsymbol{d} \tag{3.136}$$

Es liegt nun die Vermutung nahe, dass diese Ableitungsvorschrift zur Berechnung einer objektiven Ableitung nicht allein für die Zeitableitung gilt, sondern allgemein für die Berechnung einer objektiven Ableitung eines auf der Momentankonfiguration definierten Tensors zweiter Stufe gelten muss. Insbesondere wird das totale Differential einer tensoriellen Größe bei der Formulierung eines numerischen Lösungsverfahrens zu berechnen sein. Wir gehen analog zur Zeitableitung vor und ersetzen das Ableitungszeichen $\dot{}$ durch das Symbol d für das totale Differential. Ausgangspunkt ist die mit dt erweiterte Definitionsgleichung (3.130), $l\,\dot{l}dt = d\boldsymbol{X}\cdot\dot{\boldsymbol{E}}dt\,d\boldsymbol{X}$, für die wir mit $dl = \dot{l}dt$ und $d\boldsymbol{E} = \dot{\boldsymbol{E}}dt$ dann schreiben können

$$l\,dl = d\boldsymbol{X}\cdot d\boldsymbol{E}\,d\boldsymbol{X} \tag{3.137}$$

Für das Differential des Verzerrungstensors gilt nach Gleichung (3.128)

$$d\boldsymbol{E} = \frac{1}{2}(d\boldsymbol{F}^T\boldsymbol{g}^\flat\boldsymbol{F} + \boldsymbol{F}^T\boldsymbol{g}^\flat\,d\boldsymbol{F}) \tag{3.138}$$

Mit $d\boldsymbol{x} = d\boldsymbol{u}$ aus Gleichung (3.2) berechnet man für das Differential des Deformationsgradienten nach Gleichung (3.103)

$$\dot{\boldsymbol{F}}dt = \frac{\partial\dot{\boldsymbol{u}}dt}{\partial\boldsymbol{x}}\frac{\partial\boldsymbol{x}}{\partial\boldsymbol{X}}$$

$$d\boldsymbol{F} = \frac{\partial d\boldsymbol{u}}{\partial\boldsymbol{X}} = \frac{\partial d\boldsymbol{u}}{\partial\boldsymbol{x}}\frac{\partial\boldsymbol{x}}{\partial\boldsymbol{X}} = \frac{\partial d\boldsymbol{u}}{\partial\boldsymbol{x}}\boldsymbol{F} = \operatorname{grad} d\boldsymbol{u}\,\boldsymbol{F} \tag{3.139}$$

Wir setzen dieses Ergebnis oben ein und erhalten für das Differential des Verzerrungstensors

$$d\boldsymbol{E} = \boldsymbol{F}^T\frac{1}{2}((\boldsymbol{g}^\flat \operatorname{grad} d\boldsymbol{u})^T + \boldsymbol{g}^\flat \operatorname{grad} d\boldsymbol{u})\boldsymbol{F} = \boldsymbol{F}^T \operatorname{sym.}(\boldsymbol{g}^\flat \operatorname{grad} d\boldsymbol{u})\boldsymbol{F} \tag{3.140}$$

Damit können wir nun für Gleichung (3.137) schreiben

$$l\,dl = d\boldsymbol{X}^T\boldsymbol{F}^T \operatorname{sym.}(\boldsymbol{g}^\flat \operatorname{grad} d\boldsymbol{u})\boldsymbol{F}d\boldsymbol{X} = d\boldsymbol{x}^T \operatorname{sym.}(\boldsymbol{g}^\flat \operatorname{grad} d\boldsymbol{u})d\boldsymbol{x} \tag{3.141}$$

Jetzt differenzieren wir Gleichung (3.69)

$$l\,dl = d\boldsymbol{x}^T d\boldsymbol{e}\,d\boldsymbol{x} \tag{3.142}$$

und finden dann im Vergleich mit Gleichung (3.141) für das Differential des Almansischen Verzerrungstensors

$$de = \text{sym.}(\boldsymbol{g}^\flat \operatorname{grad} d\boldsymbol{u}) \tag{3.143}$$

Damit haben wir am Beispiel der Differentiation des Verzerrungstensors gezeigt, dass die Rechenvorschrift der Lie-Ableitung allgemein für die Berechnung einer objektiven Ableitung eines auf der Momentankonfiguration definierten Tensors gilt. Wir können also die Ableitungsvorschrift (3.133) allgemeiner formulieren und schreiben dann

$$\mathcal{D}(\cdot) = \Phi_\star[D\Phi^\star(\cdot)] \tag{3.144}$$

wobei für den Ableitungsoperator D die Zeitableitung, das totale Differential oder auch, wie wir später noch sehen werden, das Variationszeichen δ eingesetzt werden darf.

Die Berechnung der objektiven Ableitung eines Tensors ist eine wichtige Aufgabenstellung in der Kontinuumsmechanik. Im Buch von Marsden und Hughes [55] wird z. B. gezeigt, dass die vielfach in der Plastizitätstheorie benutzten Spannungsraten, wie die Jaumann Rate oder die Truesdell Rate, alles Anwendungen der Lie-Ableitung sind.

3.5 Ableitung nach der Deformation

Im letzten Abschnitt dieses Kapitels wollen wir einige wichtige Ableitungen zusammenstellen, die insbesondere beim Aufstellen der numerischen Lösungsverfahren von Wichtigkeit sein werden. Uns interessiert z. B. die Fragestellung: Wie ändert sich der Spannungstensor, wenn sich die Deformation ändert. Die Antwort gibt uns die Ableitung des Spannungstensors nach der Deformation. Auf der Ausgangskonfiguration wird die Deformation mit dem Deformationstensor $\boldsymbol{C}$ gemessen, sodass wir also dann nach dem Deformationstensor ableiten müssen. Wird die Ableitung auf der Momentankonfiguration ausgeführt, so ist nach Vorschrift (3.144) abzuleiten.

Wir nehmen nun an, dass der abzuleitende Tensor in der Form

$$\boldsymbol{T} = f_\alpha(\lambda)\boldsymbol{M}^\alpha \tag{3.145}$$

gegeben ist (z. B. Formel (5.23)), wo $f_\alpha(\lambda)$ eine skalare Funktion der Streckungen ist und der Tensor zweiter Stufe $\boldsymbol{M}^\alpha$ einen Ausdruck für die Eigenvektoren darstellt. Dann gilt für die totale Ableitung des Tensors nach der Deformation:

$$\frac{d\boldsymbol{T}}{d\boldsymbol{C}} = \boldsymbol{M}^{\alpha} \otimes \frac{\partial f_{\alpha}(\lambda)}{\partial \boldsymbol{C}} + f_{\alpha}(\lambda)\frac{\partial \boldsymbol{M}^{\alpha}}{\partial \boldsymbol{C}} \tag{3.146}$$

Die Auswertung dieser Gleichung ist aufwendig. Dies trifft insbesondere auf den zweiten Term zu, für den wir die Ableitungen der Invarianten des Deformationstensors bereitstellen müssen. Diese Aufgabe soll uns als nächstes beschäftigen.

Die Ableitungen der Invarianten führt man am besten in Koordinatendarstellung aus und schreibt anschließend das Ergebnis in die symbolische Tensorschreibweise um. Die Ableitungen können nach Vorschrift (3.161) in der Hauptachsendarstellung ausgeführt werden. Dann sind sie aber auch nur für das kartesische Bezugssystem gültig. Da wir im Kapitel 5.1 die allgemeinen Formeln benötigen werden, (siehe z. B. Gleichung (5.14)), legen wir den Ableitungen die allgemeinen Beziehungen der Invarianten in Tensorschreibweise nach Gleichung (3.55) zugrunde. Nachfolgend beschränken wir uns auf eine kurze Darstellung der Ableitungen. Eine ausführliche Darstellung der Ableitungen findet der Leser im Anhang A.

Die erste Invariante des Deformationstensors ist seine Spur, die mit Hilfe des Metriktensors zu bilden ist

$$I_1 = Sp(\boldsymbol{C}) = \boldsymbol{C} : \boldsymbol{G}^{\sharp} = C_{IJ}G^{IJ}$$

Im kartesischen Bezugssystem, wie z. B. im Hauptachsensystem, gilt dann $\boldsymbol{G}^{\sharp} = \boldsymbol{I}^{\sharp}$. Unter Beachtung, dass der Metriktensor eine Konstante ist, erhält man für die Ableitung

$$\frac{\partial I_1}{\partial \boldsymbol{C}} = \frac{\partial}{\partial \boldsymbol{C}} Sp(\boldsymbol{C}) = \frac{\partial}{\partial \boldsymbol{C}}(\boldsymbol{C} : \boldsymbol{G}^{\sharp}) = \boldsymbol{G}^{\sharp} \tag{3.147}$$

Die Ableitung der zweiten Invariante ergibt

$$\frac{\partial I_2}{\partial \boldsymbol{C}} = I_1 \frac{\partial I_1}{\partial \boldsymbol{C}} - \frac{1}{2}\frac{\partial}{\partial \boldsymbol{C}} Sp(\boldsymbol{C}^2) \tag{3.148}$$

Mit

$$\frac{\partial}{\partial \boldsymbol{C}} Sp(\boldsymbol{C}^2) = 2\boldsymbol{G}^{\sharp}\boldsymbol{C}\frac{\partial}{\partial \boldsymbol{C}} Sp(\boldsymbol{C}) = 2\boldsymbol{G}^{\sharp}\boldsymbol{C}\frac{\partial I_1}{\partial \boldsymbol{C}} \tag{3.149}$$

sowie der Ableitung der ersten Invarianten nach (3.148) erhält man

$$\frac{\partial I_2}{\partial \boldsymbol{C}} = I_1 \boldsymbol{G}^{\sharp} - \boldsymbol{G}^{\sharp}\boldsymbol{C}\boldsymbol{G}^{\sharp} \tag{3.150}$$

Für die Ableitung der dritten Invarianten folgt mit (3.46)

$$\frac{\partial I_3}{\partial \boldsymbol{C}} = 2I_3 \sum_{\alpha=1}^{3} \frac{1}{2} \boldsymbol{M}^{(\alpha)} = I_3 \boldsymbol{C}^{-1} \tag{3.151}$$

Eine alternative Ableitung für die zweite Invariante geht von Gleichung (3.57) aus. Mit $Sp(\boldsymbol{C}^{-1}) = \boldsymbol{G}_\flat : \boldsymbol{C}^{-1}$ und mit (3.151) erhält man

$$\frac{\partial I_2}{\partial \boldsymbol{C}} = I_3 \left\{ \boldsymbol{C}^{-1}\, Sp(\boldsymbol{C}^{-1}) + Sp(\frac{\partial \boldsymbol{C}^{-1}}{\partial \boldsymbol{C}}) \right\} \tag{3.152}$$

Den Term $\partial \boldsymbol{C}^{-1}/\partial \boldsymbol{C}$ berechnen wir aus der Ableitung der Identität $\boldsymbol{C}^{-1}\boldsymbol{C} = \boldsymbol{I}$

$$\frac{\partial \boldsymbol{C}^{-1}}{\partial \boldsymbol{C}} \boldsymbol{C} + \boldsymbol{C}^{-1} \frac{\partial \boldsymbol{C}}{\partial \boldsymbol{C}} = \boldsymbol{0} \quad \Rightarrow \quad \frac{\partial \boldsymbol{C}^{-1}}{\partial \boldsymbol{C}} = -\boldsymbol{C}^{-1} \boldsymbol{I}_C \boldsymbol{C}^{-1} \quad \text{mit} \quad \boldsymbol{I}_C = \frac{\partial \boldsymbol{C}}{\partial \boldsymbol{C}} \tag{3.153}$$

Die Ableitungsgröße $\boldsymbol{I}_C$ ist ein Tensor vierter Stufe mit den Koordinaten

$$\boldsymbol{I}_C = \frac{\partial \boldsymbol{C}}{\partial \boldsymbol{C}}; \quad \frac{\partial C_{IJ}}{\partial C_{MN}} = \delta_I{}^M \delta_J{}^N \tag{3.154}$$

Unter Verwendung dieses Ergebnisses erhalten wir für $\partial \boldsymbol{C}^{-1}/\partial \boldsymbol{C}$ in Koordinatendarstellung

$$\frac{\partial \boldsymbol{C}^{-1}}{\partial \boldsymbol{C}} = -\boldsymbol{C}^{-1} \boldsymbol{I}_C \boldsymbol{C}^{-1}; \quad \frac{\partial C^{IJ}}{\partial C_{MN}} = -C^{IM} C^{JN} \tag{3.155}$$

und für die Spur

$$Sp(\frac{\partial C^{IJ}}{\partial C_{MN}}) = G_{IJ}(\frac{\partial C^{IJ}}{\partial C_{MN}}) = -C^{MI} G_{IJ} C^{JN} = -\boldsymbol{C}^{-2} \tag{3.156}$$

Wir setzen dieses Ergebnis in Gleichung (3.152) ein und erhalten

$$\frac{\partial I_2}{\partial \boldsymbol{C}} = I_3 \left\{ Sp(\boldsymbol{C}^{-1}) \boldsymbol{C}^{-1} - \boldsymbol{C}^{-2} \right\} \tag{3.157}$$

Der Beweis, dass dieser Ausdruck mit dem Ergebnis (3.150) übereinstimmt, kann sehr einfach durch Auswerten der Formeln in der Hauptachsendarstellung durchgeführt werden. Wir überlassen diese Übung dem interessierten Leser.

Ausgehend von Gleichung (3.151) berechnen wir nun noch die Ableitung von J. Aus (3.58) $I_3 = J^2$ folgt mit Hilfe der Kettenregel

$$\frac{\partial J}{\partial \boldsymbol{C}} = \frac{\partial J}{\partial I_3} \frac{\partial I_3}{\partial \boldsymbol{C}} = \frac{1}{2} J \boldsymbol{C}^{-1} \tag{3.158}$$

Eine weitere wichtige Beziehung ist die Ableitung der isochoren Streckung $\tilde{\lambda}_\alpha$ nach der Gesamtstreckung λ_β. Aus Gleichung (3.89) folgt mit

$$\frac{\partial J}{\partial \lambda_\beta} = J \lambda_\beta{}^{-1} \tag{3.159}$$

$$\frac{\partial \tilde{\lambda}_\alpha}{\partial \lambda_\beta} = J^{-1/3} (\delta_{\alpha\beta} - \frac{1}{3} \lambda_\beta{}^{-1} \lambda_\alpha) \tag{3.160}$$

Nach diesen Vorarbeiten wenden wir uns nun wieder der Gleichung (3.146) zu und berechnen den ersten Ableitungsterm:

$$\frac{\partial f(\lambda)}{\partial \boldsymbol{C}} = \frac{\partial f(\lambda)}{\partial \lambda_\alpha} \frac{\partial \lambda_\alpha}{\partial \boldsymbol{C}} \tag{3.161}$$

Den Quotienten $\partial \lambda_\alpha / \partial \boldsymbol{C}$ bestimmen wir aus Gleichung (3.39) indem wir zunächst die inverse Ableitung

$$\frac{\partial \boldsymbol{C}}{\partial \lambda_\alpha} = 2 \lambda_{(\alpha)} \boldsymbol{Q}^{(\alpha)} \tag{3.162}$$

aufstellen und diese anschließend in der Identität $\dfrac{\partial \boldsymbol{C}}{\partial \lambda_\alpha} \dfrac{\partial \lambda_\alpha}{\partial \boldsymbol{C}} = \boldsymbol{I}_C$ verwenden. Mit Gleichung (3.31) folgt

$$\sum_{\alpha=1}^{3} 2 \lambda_\alpha \boldsymbol{Q}^\alpha \frac{\partial \lambda_\alpha}{\partial \boldsymbol{C}} = \sum_{\alpha=1}^{3} 2 \lambda_\alpha \boldsymbol{Q}^\alpha \frac{1}{2} \lambda_\alpha{}^{-1} \boldsymbol{Q}^\alpha = \boldsymbol{I}_C \tag{3.163}$$

und damit für die gesuchte Ableitung mit Gleichung (3.45)

$$\frac{\partial \lambda_\alpha}{\partial \boldsymbol{C}} = \frac{1}{2} \lambda_{(\alpha)}{}^{-1} \boldsymbol{Q}^{(\alpha)} = \frac{1}{2} \lambda_{(\alpha)} \boldsymbol{M}^{(\alpha)} \tag{3.164}$$

Für den zweiten Ableitungsterm in Gleichung (3.146) benötigen wir einen Ausdruck für $\boldsymbol{M}^\alpha$, den wir aus den Gleichungen (3.45) und (3.65) ermitteln:

$$\boldsymbol{M}^\alpha = \frac{\boldsymbol{C} - (I_1 - \lambda_\alpha^2) \boldsymbol{I} + I_3 \lambda_\alpha^{-2} \boldsymbol{C}^{-1}}{2\lambda_\alpha^4 - I_1 \lambda_\alpha^2 + I_3 \lambda_\alpha^{-2}} = \frac{\boldsymbol{Z}_\alpha}{D_\alpha} \tag{3.165}$$

In dieser Gleichung ist α ein zu wählender Index über den nicht summiert wird. Die Ableitung nach dem Deformationstensor ist aufwendig und wird deshalb in einzelne Schritte aufgeteilt. Zunächst berechnen wir die Ableitung des Zählers:

$$\begin{aligned} \frac{\partial \boldsymbol{Z}_\alpha}{\partial \boldsymbol{C}} = {} & \frac{\partial \boldsymbol{C}}{\partial \boldsymbol{C}} - \frac{\partial I_1}{\partial \boldsymbol{C}} \otimes \boldsymbol{I} + 2 \lambda_{(\alpha)} \frac{\partial \lambda_{(\alpha)}}{\partial \boldsymbol{C}} \otimes \boldsymbol{I} - 2 \lambda_{(\alpha)}^{-3} I_3 \frac{\partial \lambda_{(\alpha)}}{\partial \boldsymbol{C}} \otimes \boldsymbol{C}^{-1} \\ & + \lambda_\alpha^{-2} \frac{\partial I_3}{\partial \boldsymbol{C}} \otimes \boldsymbol{C}^{-1} + \lambda_\alpha^{-2} I_3 \frac{\partial \boldsymbol{C}^{-1}}{\partial \boldsymbol{C}} \end{aligned} \tag{3.166}$$

Die in dieser Gleichung enthaltenen Differentialquotienten sind alle schon bekannt und können eingesetzt werden. Mit der Abkürzung für den Ableitungsterm $\partial \boldsymbol{C}^{-1}/\partial \boldsymbol{C}$ nach Gleichung (3.155)[18]

$$\boldsymbol{I}_{C^{-1}} = -\frac{\partial \boldsymbol{C}^{-1}}{\partial \boldsymbol{C}} = C^{IM}C^{JN} \tag{3.167}$$

bekommen wir für die Ableitung des Zählers

$$\begin{aligned}\frac{\partial \boldsymbol{Z}_\alpha}{\partial \boldsymbol{C}} &= \boldsymbol{I}_C - \boldsymbol{I}\otimes\boldsymbol{I} + \lambda^2_{(\alpha)}\boldsymbol{M}^{(\alpha)}\otimes\boldsymbol{I} - \lambda^{-2}_{(\alpha)}I_3\boldsymbol{M}^{(\alpha)}\otimes\boldsymbol{C}^{-1}\\ &\quad +\lambda_\alpha^{-2}I_3\boldsymbol{C}^{-1}\otimes\boldsymbol{C}^{-1} - \lambda_\alpha^{-2}I_3\boldsymbol{I}_{C^{-1}}\end{aligned} \tag{3.168}$$

und für die Ableitung des Nenners

$$\frac{\partial D_\alpha}{\partial \boldsymbol{C}} = \left(4\lambda^4_{(\alpha)} - I_1\lambda^2_{(\alpha)} - I_3\lambda^{-2}_{(\alpha)}\right)\boldsymbol{M}^{(\alpha)} - \lambda^2_{(\alpha)}\boldsymbol{I} + I_3\lambda^{-2}_{(\alpha)}\boldsymbol{C}^{-1} \tag{3.169}$$

Die Ableitung von $\boldsymbol{M}^\alpha$ nach Gleichung (3.165) führen wir nach der Produktregel aus:

$$\frac{\partial \boldsymbol{M}^\alpha}{\partial \boldsymbol{C}} = \frac{\partial \boldsymbol{Z}_{(\alpha)}}{\partial \boldsymbol{C}}\frac{1}{D_{(\alpha)}} - \boldsymbol{Z}_{(\alpha)}\otimes\frac{1}{D^2_{(\alpha)}}\frac{\partial D_{(\alpha)}}{\partial \boldsymbol{C}} \tag{3.170}$$

Wir setzen die Gleichungen (3.168), (3.168) und die Identität $\boldsymbol{Z}_{(\alpha)} = D_{(\alpha)}\boldsymbol{M}^{(\alpha)}$ aus Gleichung (3.165) ein und erhalten nach einfachen algebraischen Umformungen

$$\begin{aligned}\frac{\partial \boldsymbol{M}^\alpha}{\partial \boldsymbol{C}} &= \frac{1}{D_{(\alpha)}}\Big\{\boldsymbol{I}_C - \boldsymbol{I}\otimes\boldsymbol{I} + \lambda^{-2}_{(\alpha)}I_3\left[\boldsymbol{C}^{-1}\otimes\boldsymbol{C}^{-1} - \boldsymbol{I}_{C^{-1}}\right]\\ &\quad + \lambda^2_{(\alpha)}\left[\boldsymbol{M}^{(\alpha)}\otimes\boldsymbol{I} + \boldsymbol{I}\otimes\boldsymbol{M}^{(\alpha)}\right] - \lambda^{-2}_{(\alpha)}I_3\left[\boldsymbol{M}^{(\alpha)}\otimes\boldsymbol{C}^{-1} + \boldsymbol{C}^{-1}\otimes\boldsymbol{M}^{(\alpha)}\right]\\ &\quad - \left(4\lambda^4_{(\alpha)} - I_1\lambda^2_{(\alpha)} - I_3\lambda^{-2}_{(\alpha)}\right)\boldsymbol{M}^{(\alpha)}\otimes\boldsymbol{M}^{(\alpha)}\Big\}\end{aligned} \tag{3.171}$$

Nachdem wir nun die Ableitung nach dem Deformationstensor $\boldsymbol{C}$ der Ausgangskonfiguration berechnet haben, wollen wir auch noch die Ableitung nach dem Deformationstensor der Momentankonfiguration angeben. Diese Ableitung werden wir bei der Formulierung des Materialgesetzes benötigen. Nach Gleichung (3.25) entspricht dem Deformationstensor $\boldsymbol{C}$ der Ausgangskonfiguration die kovariante

[18] Die Notation orientiert sich an der in Gleichung (3.154) definierten Größe $\boldsymbol{I}_C$. Dieser Tensor ist ein Einheitstensor vierter Stufe der aus der Ableitung des Deformationstensors nach sich selbst folgt, was mit dem Fußzeiger $_C$ angezeigt wird. Der Tensor $\boldsymbol{I}_{C^{-1}}$ folgt aus der Ableitung des Tensors $\boldsymbol{C}^{-1}$, und entsprechend hat er den Fußzeiger $_{C^{-1}}$. $\boldsymbol{I}_{C^{-1}}$ ist ebenfalls ein Tensor vierter Stufe.

Metrik $\boldsymbol{g}$ auf der Momentankonfiguration. Für die Ableitung einer Größe nach der Metrik gilt dann

$$D_{\boldsymbol{x}}(\cdot)\cdot d\boldsymbol{u} = 2\frac{\partial(\cdot)}{\partial \boldsymbol{g}} : \operatorname{grad} d\boldsymbol{u} \tag{3.172}$$

wobei der Fußzeiger $\boldsymbol{x}$ anzeigt, dass wir die Änderung der Größe aufgrund der Änderung der Konfiguration berechnen. Zum Beweis der Ableitungsregel wechseln wir auf die Koordinatenschreibweise über und rechnen nach der Kettenregel

$$D_{\boldsymbol{x}}(\cdot)\cdot d\boldsymbol{u} = \frac{\partial(\cdot)}{\partial C_{IJ}}\frac{\partial C_{IJ}}{\partial F^a{}_A}\frac{\partial F^a{}_A}{\partial u^s}du^s \tag{3.173}$$

Ausgehend von der Koordinatendarstellung (3.15) erhalten wir für die Ableitung des Deformationstensors nach dem Deformationsgradienten

$$\frac{\partial C_{IJ}}{\partial F^a{}_A} = g_{aj}(F^j{}_J\delta^A{}_I + F^j{}_I\delta^A{}_J)$$

und für den Deformationsgradienten nach der Verschiebung (siehe auch Gleichung (8.12))

$$\frac{\partial F^a{}_A}{\partial u^s}du^s = \frac{\partial du^a}{\partial X^A} = \frac{\partial x^s}{\partial X^A}\frac{\partial du^a}{\partial x^s} = F^s{}_A\frac{\partial du^a}{\partial x^s}$$

Ferner gilt

$$\frac{\partial(\cdot)}{\partial g_{js}} = \frac{\partial(\cdot)}{\partial C_{IJ}}\frac{\partial C_{IJ}}{\partial g_{js}} = F^j{}_I\frac{\partial(\cdot)}{\partial C_{IJ}}F^s{}_J$$

Wir verwenden nun diese Teilergebnisse in Gleichung (3.173) und erhalten

$$\begin{aligned} D_{\boldsymbol{x}}(\cdot)\cdot d\boldsymbol{u} &= \frac{\partial(\cdot)}{\partial C_{IJ}}g_{aj}(F^j{}_JF^s{}_I + F^j{}_IF^s{}_J)\frac{\partial du^a}{\partial x^s} = 2F^j{}_I\frac{\partial(\cdot)}{\partial C_{IJ}}F^s{}_Jg_{ja}\frac{\partial du^a}{\partial x^s} \\ &= 2\frac{\partial(\cdot)}{\partial g_{js}}\frac{\partial du^j}{\partial x^s} = 2\frac{\partial(\cdot)}{\partial \boldsymbol{g}} : \operatorname{grad} d\boldsymbol{u} \end{aligned}$$

und damit den Beweis für die Korrektheit der Ableitungsgleichung (3.172). Der Faktor 2 ergibt sich aufgrund der Symmetrie von C_{IJ}.

4 Bilanzgesetze der Kontinuumsmechanik

Im vorherigen Kapitel haben wir uns mit der Beschreibung der Kinematik des Kontinuums befasst. Diese rein geometrische Aufgabenstellung ist zwar ein sehr wichtiges Teilgebiet der Kontinuumsmechanik, aber nur einer der drei Bausteine zur Lösung von Ingenieuraufgaben. Ursache für das Auftreten der Bewegung und Deformation sind äußere Einwirkungen, wie z. B. Kräfte, Anfangsverschiebungen, Temperaturdehnungen etc. Diese Einwirkungen werden über Kraftflüsse durch das Kontinuum in die Auflager geleitet. Das System als Ganzes strebt einem Gleichgewichtszustand zu, der sämtliche Zustandsvariablen einschließt und durch Bilanzgleichungen beschrieben wird. Diese können in integraler Form für den Körper, oder, unter der Voraussetzung glatter Funktionen, in lokaler Form für das Volumenelement formuliert werden.

Auf der mechanischen Seite handelt es sich um drei Bilanzgleichungen, die eine Aussage zur Bilanz der Masse, des Impulses und des Drehimpulses für das Kontinuum machen. Die Massenerhaltung wird durch eine skalare Gleichung beschrieben. Impuls und Drehimpulsbilanz werden in vektorieller Form aufgestellt. Im Gegensatz zur linearen Theorie, die unter der Voraussetzung kleiner Starrkörperbewegungen und Deformationen die Bilanzgleichungen am undeformierten Körper formuliert, müssen im Falle beliebiger Starrkörperbewegungen und Deformationen die Bilanzgleichungen in der Momentankonfiguration, also am deformierten Körper aufgestellt werden. Anschließend können diese, unter Anwendung der *pull back* Operation, in eine äquivalente Form bezüglich der Ausgangskonfiguration transformiert werden.

Da wir in unsere Betrachtungen auch die Thermodynamik einbeziehen wollen, gilt es die mechanischen Bilanzgleichungen durch Hinzunahme des ersten und des zweiten Hauptsatzes der Thermodynamik zu erweitern. Hierbei handelt es sich um skalare Gleichungen. Der erste Hauptsatz formuliert die Energiebilanz des Kontinuums. Der zweite Hauptsatz macht eine Aussage über den thermodynamischen Zustand des Körpers und dessen zulässige Änderung. Dazu wird als Beschreibungsgröße die *Entropie* postuliert. Wir werden den zweiten Hauptsatz in der Form der *Clausius-Duhem-Ungleichung* verwenden.

Zur Formulierung der Bilanzgleichungen müssen so genannte *Beschreibungsfunktionen* vorgegeben werden.Beschränkt man sich auf die *Statik*, so genügt die Vorgabe von *drei Beschreibungsfunktionen.* Diese sind eine kinematische Funktion, die die Konfiguration und damit die Deformation festlegt, eine Funktion die den Kraftfluss im Körper bzw. das Spannungsfeld beschreibt und eine Funktion die den von außen eingeprägten Kraftfluss angibt. Basierend auf diesen drei Beschreibungsfunktionen kann der Impulssatz und damit das Gleichgewicht des Körpers formuliert werden. Schließt man die *Thermodynamik* in die Betrachtungen mit ein, so ist der Satz der Beschreibungsfunktionen um *fünf weitere Funktionen* zu ergänzen (Coleman and Noll [18]).

Man kommt dann zu einem Satz von acht Beschreibungsfunktionen, die als Funktion der Materialkoordinaten $\boldsymbol{X}$ und der Zeit t definiert werden:

(1) Die *Abbildungsfunktion* $\boldsymbol{x} = \boldsymbol{x}(\boldsymbol{X},t)$ beschreibt die Bewegung des Kontinuums.
(2) Das *Tensorfeld der Spannungen* $\boldsymbol{S} = \boldsymbol{S}(\boldsymbol{X},t)$ beschreibt den Kraftfluss im Innern.
(3) Die auf die Masse bezogene *Belastung* $\bar{\boldsymbol{b}} = \bar{\boldsymbol{b}}(\boldsymbol{X},t)$ beschreibt den von außen eingeprägten Kraftfluss.
(4) Die auf die Masse bezogene *innere Energie* $e = e(\boldsymbol{X},t)$ beschreibt die im Kontinuum gespeicherte Energie.
(5) Der *Wärmestromvektor* $\boldsymbol{q} = \boldsymbol{q}(\boldsymbol{X},t)$ beschreibt den Wärmefluss im Innern.
(6) Der auf die Masse bezogene *Wärmeeintrag* $r = r(\boldsymbol{X},t)$ beschreibt den von außen eingeprägten Wärmefluss.
(7) Die auf die Masse bezogene *Entropie* $s = s(\boldsymbol{X},t)$ beschreibt die Entropieverteilung im Kontinuum.
(8) Die Funktion $\vartheta = \vartheta(\boldsymbol{X},t)$ mit $\vartheta > 0$ beschreibt die *lokale absolute Temperatur* im Kontinuum.

Man beachte, dass die spezifische innere Energie e und die Entropie s auf die Masse bezogen definiert sind und damit a priori unabhängig von der Konfiguration sind.

Zur Formulierung der mechanischen Bilanzgleichungen benötigen wir den Spannungstensor, den wir im nächsten Abschnitt einführen werden. Wie beim Verzerrungstensor hat man auch beim Spannungstensor die Möglichkeit, durch die Wahl der Bezugskonfiguration unterschiedliche Spannungstensoren zu definieren. Der Vollständigkeit halber wenden wir uns dann der objektiven Ableitung des Spannungstensors zu, die bei speziellen Finite-Elemente-Formulierungen benötigt wird.

Wir beschließen das Kapitel mit der Zusammenstellung der mechanischen und der thermischen Bilanzgleichungen.

4.1 Spannungstensoren

Wir nehmen an, dass ein Körper zur Zeit t_i als Folge von äußeren Einwirkungen die Raumlage ${}_i\mathcal{C}$ einnimmt, die eine Gleichgewichtskonfiguration sein soll.

Auf einer Schnittfläche durch den Körper, die über den nach außen gerichteten, normierten Normalenvektor festgelegt ist, greifen wir uns ein Flächenelement Δa heraus. Die auf dem Flächenelement wirkenden Schnittkräfte fassen wir im resultierenden Kraftvektor Δf_S zusammen. Nach Cauchy existiert dann der Grenzwert

$$\boldsymbol{t} = \lim_{\Delta a \to 0} \frac{\Delta f_S}{\Delta a} = \frac{df_S}{da} \tag{4.1}$$

Der Vektor $\boldsymbol{t}$ heißt *Kraftflussvektor* und hat die Richtung der resultierenden Schnittkraft[1]. Die Vielzahl aller möglichen Schnittflächen durch einen Materialpunkt des Körpers definiert den Spannungszustand am Materialpunkt. Man kann nun zeigen, dass drei senkrecht aufeinander stehende Schnittflächen zur vollständigen Beschreibung des Spannungszustandes ausreichen. Die neun Koordinaten der Kraftflussvektoren auf den drei Schnittflächen ergeben dann die Koordinaten des Spannungstensors im Materialpunkt.

Der Spannungstensor ist ein Tensor zweiter Stufe dessen zwei Basissysteme die Bezugssysteme für die Maßfläche und für die Koordinaten des Kraftflussvektors darstellen. Wenn bei gleichen Bezugssystemen, das am Volumenelement angreifende resultierende Moment der Schnittkräfte von kleinerer Ordnung als das Volumen des Elementes ist, so ist die Koordinatenmatrix des Spannungstensors symmetrisch. Die Symmetrie kann über das Momentengleichgewicht am Volumenelement bestätigt werden.

Der auf der Momentankonfiguration definierte Spannungstensor heißt *Cauchy-Spannungstensor* und wird mit $\boldsymbol{\sigma}$ bezeichnet. Der Cauchy-Spannungstensor ist

[1] Oftmals wird der Kraftflussvektor $\boldsymbol{t}$ als Spannungsvektor bezeichnet. Die Bezeichnung ist insofern irreführend, da vielfach auch die Anordnung der Koordinaten des Spannungstensors in einer Spaltenmatrix $\boldsymbol{\sigma} = [\sigma_{xx}\sigma_{yy}\sigma_{zz}\sigma_{xy}\sigma_{yz}\sigma_{zx}]^T$ als Spannungsvektor bezeichnet wird. Wir bevorzugen deshalb die Bezeichnung Kraftflussvektor. Im englischen Schrifttum heißt dieser Vektor *traction vector* im Unterschied zum *stress vector*.

symmetrisch und gibt die wahren Spannungen im Kontinuum an, d. h. er misst mit dem deformierten Flächenelement und wirkt am deformierten Volumenelement. In Anlehnung an die Definition unterschiedlicher Verzerrungstensoren lassen sich auch unterschiedliche Spannungstensoren definieren, indem die Maßfläche und oder die Richtung des zugehörigen Kraftflussvektors über eine *pull back* Operation auf die Ausgangskonfiguration zurückgeführt wird. Ersetzt man nun noch den in der *pull back* Operation enthaltenen Deformationsgradienten $\boldsymbol{F}$ durch die polarzerlegte Form nach Gleichung (3.14), so lassen sich insgesamt 16 verschiedene Spannungstensoren definieren, die z. B. in der Arbeit von Macvean [53] zusammengestellt sind. Für die Formulierung der Finiten Elemente sind nur 4 Varianten des Spannungstensors von Bedeutung, die wir nun besprechen wollen. Dazu benötigen wir zunächst eine Transformationsbeziehung zwischen dem Flächenelement der Ausgangskonfiguration und dem auf die Momentankonfiguration abgebildeten Flächenelement.

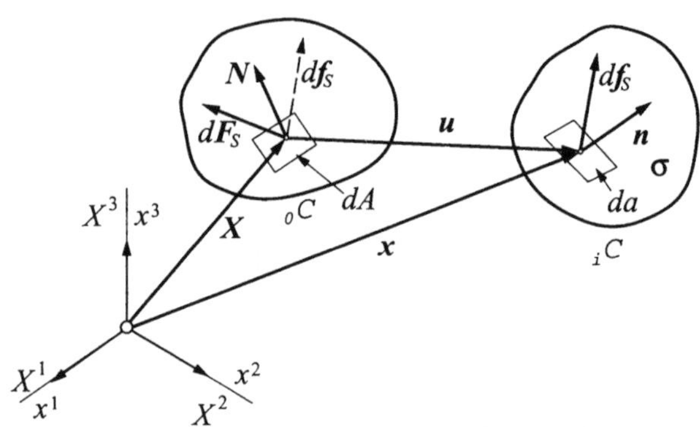

Abb. 4.1 Herunterziehen des Spannungstensors auf die Ausgangskonfiguration (pull back Operation).

Die sich entsprechenden Flächenelemente und die zugehörigen normierten Normalenvektoren sind in Abbildung 4.1 eingezeichnet. Das Flächenelement dA mit seinem normierten Normalenvektor $\boldsymbol{N}$ auf der Ausgangskonfiguration wird zum deformierten Flächenelement da mit dem normierten Normalenvektor $\boldsymbol{n}$ auf der Momentankonfiguration[2]. Die Transformationsbeziehung für das Flächenelement können wir sehr einfach mit Hilfe der schon bekannten Transformation für das Volumenelement nach Gleichung (3.59) aufstellen.

[2]Man beachte, dass die Normalenvektoren $\boldsymbol{N}$ und $\boldsymbol{n}$ keinen Index haben,was sie von den gleichbezeichneten Eigenvektoren unterscheidet.

Das Volumenelement dV der Ausgangskonfiguration sei vom Vektortripel $d\boldsymbol{J}_1$, $d\boldsymbol{J}_2$, $d\boldsymbol{J}_3$ aufgespannt. Die auf die Momentankonfiguration abgebildeten Vektoren seien $d\boldsymbol{j}_1, d\boldsymbol{j}_2, d\boldsymbol{j}_3$. Sie spannen das Volumenelement dv auf. Die Volumina berechnen wir über das Spatprodukt in Vektor- und Matrixnotation

$$\begin{array}{lllll} dV & = & d\boldsymbol{J}_1 \cdot (d\boldsymbol{J}_2 \times d\boldsymbol{J}_3) & = & d\boldsymbol{J}_1{}^T \boldsymbol{N} dA \\ dv & = & d\boldsymbol{j}_1 \cdot (d\boldsymbol{j}_2 \times d\boldsymbol{j}_3) & = & d\boldsymbol{j}_1{}^T \boldsymbol{n}\, da \end{array} \tag{4.2}$$

Ferner gilt nach Gleichung (3.11) die Abbildungsgleichung $d\boldsymbol{J}_1 = \boldsymbol{F}^{-1} d\boldsymbol{j}_1$, sodass wir für die erste Gleichung nun auch schreiben können $dV = d\boldsymbol{j}_1{}^T \boldsymbol{F}^{-T} \boldsymbol{N} dA$. Setzt man diese Ausdrücke in Gleichung (3.59) $dv = JdV$ ein, so erhält man

$$d\boldsymbol{j}_1{}^T \boldsymbol{n}\, da = J d\boldsymbol{j}_1{}^T \boldsymbol{F}^{-T} \boldsymbol{N} dA \tag{4.3}$$

Da diese Formel für beliebige Vektoren $d\boldsymbol{j}_1$ gelten muss, folgen die Transformationsgleichungen

$$\boldsymbol{n}\, da = J \boldsymbol{F}^{-T} \boldsymbol{N} dA; \quad n_j da = J (F^{-1})^J{}_j N_J dA \tag{4.4}$$

und

$$\boldsymbol{N} dA = \frac{1}{J} \boldsymbol{F}^T \boldsymbol{n}\, da; \quad N_J da = \frac{1}{J} F^j{}_J n_j da \tag{4.5}$$

Die Formel[3] gewinnt an Anschaulichkeit, sofern man sie mit Hilfe der polaren Zerlegung $\boldsymbol{F}^{-T} = \boldsymbol{V}^{-T} \boldsymbol{R}$ in

$$\boldsymbol{n}\, da = J \boldsymbol{V}^{-T} \boldsymbol{R} \boldsymbol{N} dA \tag{4.6}$$

umschreibt. Nach dieser Formel wird der Normalenvektor mit der Rotationsmatrix $\boldsymbol{R}$ gedreht, und anschließend wird das Flächenelement mit Hilfe von $J\boldsymbol{V}^{-T}$ auf die Größe da verzerrt.

Die Momentankonfiguration trage das Tensorfeld der Cauchy-Spannungen $\boldsymbol{\sigma}(\boldsymbol{x}, t)$. Dann gilt für den auf dem Flächenelement da mit der Normalen $\boldsymbol{n}$ wirkenden Kraftflussvektor

$$\boldsymbol{t} = \boldsymbol{\sigma} \cdot \boldsymbol{n} \tag{4.7}$$

und nach Gleichung (4.1) für den resultierenden Kraftvektor

$$d\boldsymbol{f}_S = \boldsymbol{t}\, da = \boldsymbol{\sigma} \cdot \boldsymbol{n}\, da \tag{4.8}$$

[3] Im angelsächsischen Schrifttum heißt diese Formel Nanson's formula.

Wir führen nun einen neuen Spannungstensor ein, der mit der Maßfläche dA der Ausgangskonfiguration messen soll. Dieser Spannungstensor heißt *erster Piola-Kirchhoff-Spannungstensor* und wird mit $\boldsymbol{P}$ bezeichnet. Manche Autoren nennen diesen Spannungstensor auch den *Tensor der nominalen Spannungen*. Entsprechend Gleichung (4.8) führt er auf dieselbe Schnittkraft

$$df_S = \boldsymbol{P}\cdot\boldsymbol{N}\,dA \tag{4.9}$$

Durch Gleichsetzen der Gleichungen (4.8) und (4.9) und Eliminieren der Flächenelemente mit Hilfe von (4.4) ergibt sich

$$\boldsymbol{P} = J\boldsymbol{\sigma}\boldsymbol{F}^{-T}\,; \quad P^{iB} = J\sigma^{ij}(F^{-1})^{B}{}_{j} \tag{4.10}$$

Der erste Piola-Kirchhoff-Spannungstensor hat eine unsymmetrische Koordinatenmatrix, da er mit dem undeformierten Flächenelement misst und sein Kraftvektor in der Momentankonfiguration wirkt; er steht sozusagen mit einem Bein auf der Ausgangs- und mit einem Bein auf der Momentankonfiguration. In der Indexschreibweise der Koordinatenmatrix drückt sich dies in den zwei unterschiedlichen Indizes aus. Wie der Deformationsgradient $\boldsymbol{F}$, so ist also auch der erste Piola-Kirchhoff-Spannungstensor ein Zweifeldtensor. Durch Herunterziehen des Kraftvektors auf die Ausgangskonfiguration wird der erste Piola-Kirchhoff-Span nungstensor zum *zweiten Piola-Kirchhoff-Spannungstensor* $\boldsymbol{S}$ mit symmetrischer Koordinatenmatrix. Die pull back Operation folgt der linken Gleichung (3.21):

$$\begin{aligned} d\boldsymbol{F}_S &= \boldsymbol{F}^{-1}d\boldsymbol{f}_S = \boldsymbol{F}^{-1}\boldsymbol{P}\cdot\boldsymbol{N}\,dA = \boldsymbol{S}\cdot\boldsymbol{N}\,dA \\ \boldsymbol{S} &= \boldsymbol{F}^{-1}\boldsymbol{P} = J\boldsymbol{F}^{-1}\boldsymbol{\sigma}\boldsymbol{F}^{-T}\,; \quad S^{AB} = J(F^{-1})^{A}{}_{i}\sigma^{ij}(F^{-1})^{B}{}_{j} \end{aligned} \tag{4.11}$$

Für die Schnittkraft df_S bedeutet die Transformation mit $\boldsymbol{F}^{-1}$, eine Längenänderung und eine Rotation. Zur Veranschaulichung des zweiten Piola-Kirchhoff-Spannungstensors setzen wir wieder die polare Zerlegung des inversen Deformationsgradienten in die obige Beziehung ein und erhalten

$$\boldsymbol{S} = \boldsymbol{R}^T J\boldsymbol{V}^{-1}\boldsymbol{\sigma}\,\boldsymbol{V}^{-T}\boldsymbol{R} \tag{4.12}$$

Jetzt lässt sich der Spannungstensor wie folgt interpretieren. Die Änderung der Maßzahlen für Kraft- und Flächengröße der Cauchy-Spannung wird durch den inversen Strecktensor $\boldsymbol{V}^{-1}$ und durch die Größe J bewirkt. Der auf diese Weise gestreckte Spannungstensor wird anschließend mit Hilfe der Rotationsmatrix in die Ausgangslage zurückgedreht. Damit ist die Ausgangskonfiguration mit den Materialkoordinaten X^J die Referenzkonfiguration für die zweiten Piola-Kirchhoff

Spannungen und man nennt sie deshalb auch häufig *materielle Spannungen*. Aus der Formel (4.12) folgt ferner, dass für den Fall kleiner Streckungen bzw. kleiner Verzerrungen die Spannungstensoren $\boldsymbol{\sigma}$ und $\boldsymbol{S}$ ungefähr gleiche Hauptspannungen besitzen, da dann die Transformationsbeziehung (4.12) im wesentlichen eine starre Rückdrehung in die Ausgangslage bedeutet.

Vergleicht man Beziehung (4.11) mit der *pull back* Operation nach Gleichung (3.23) so zeigt sich eine Übereinstimmung, sofern man die Operation auf den mit J multiplizierten Spannungstensor anwendet. Entsprechend definiert man den *Kirchhoff-Spannungstensor* $\boldsymbol{\tau} = J\boldsymbol{\sigma}$ und erhält dann den zweiten Piola-Kirchhoff-Spannungstensor über eine *pull back* Operation

$$\boldsymbol{\tau} = J\boldsymbol{\sigma}\,; \quad \boldsymbol{S} = \Phi^{\star}(\boldsymbol{\tau})\,; \quad \boldsymbol{\tau} = \Phi_{\star}(\boldsymbol{S}) \tag{4.13}$$

aus dem Kirchhoff-Spannungstensor und umgekehrt.
Ausgehend vom Kirchhoff-Spannungstensor in der Hauptachsendarstellung mit den Spannungshauptwerten τ_α und den Eigenvektoren $\boldsymbol{n}^\alpha$

$$\boldsymbol{\tau} = \sum_{\alpha=1}^{3} \tau_\alpha\, \boldsymbol{n}^\alpha \otimes \boldsymbol{n}^\alpha = \tau_\alpha\, \boldsymbol{m}^\alpha$$

führen wir die *pull back* Operation aus. Dann folgt mit Gleichung (3.45) und (3.47) für den zweiten Piola-Kirchhoff-Spannungstensor

$$\boldsymbol{S} = \Phi^{\star}(\tau_\alpha\, \boldsymbol{m}^\alpha) \Rightarrow \quad \boldsymbol{S} = \tau_\alpha \boldsymbol{M}^\alpha = \sum_{\alpha=1}^{3} \tau_\alpha \lambda_\alpha^{-2} \boldsymbol{N}^\alpha \otimes \boldsymbol{N}^\alpha \tag{4.14}$$

Wir erhalten den zweiten Piola-Kirchhoff-Spannungstensor in der Hauptachsendarstellung mit den Hauptspannungswerten S_α und den Eigenvektoren $\boldsymbol{N}^\alpha$:

$$\boldsymbol{S} = \sum_{\alpha=1}^{3} S_\alpha \boldsymbol{N}^\alpha \otimes \boldsymbol{N}^\alpha \quad \text{mit} \quad S_\alpha = \tau_{(\alpha)} \lambda_{(\alpha)}^{-2}$$

Die physikalische Interpretation, sowie die Beziehung der einzelnen Spannungstensoren zueinander, lässt sich besonders anschaulich anhand ihrer physikalischen Einheit aufzeigen. Deshalb wollen wir an dieser Stelle, mit den in der Nomenklatur vorgeschlagenen Größenarten, eine Überprüfung der Einheiten durchführen. Der Cauchy-Spannungstensor ist auf der Momentankonfiguration definiert und hat demnach die physikalische Einheit

$$\boldsymbol{\sigma} = \left[\frac{N}{m^2}\right] = \left[\frac{kgm}{s^2 m^2}\right] \quad (N := \text{Newton in } {}_{i}C)$$

mit den physikalischen Einheiten von $J := [m^3/M^3]$ und von $\boldsymbol{F} := [m/M]$ erhält man für den ersten Piola-Kirchhoff-Spannungstensor nach Gleichung (4.10)

$$\boldsymbol{P} = \left[\frac{m^3}{M^3}\frac{N}{m^2}\frac{M}{m}\right] = \left[\frac{N}{M^2}\right] \qquad (N := \text{Newton in } {}_iC)$$

Ein Vergleich mit der physikalischen Einheit von $\boldsymbol{\sigma}$ zeigt, dass sich wie verlangt, die Maßfläche des Spannungstensors geändert hat. Die physikalische Einheit des zweiten Piola-Kirchhoff-Spannungstensors werten wir nach Gleichung (4.12) aus. Dabei gilt es zu beachten, dass die Rotationsmatrix $\boldsymbol{R}$ keine Einheit hat und $\boldsymbol{V}$ die gleiche physikalische Einheit wie $\boldsymbol{F}$ besitzt. Wir erhalten

$$\boldsymbol{S} = \left[\frac{m^3}{M^3}\frac{M}{m}\frac{kgm}{s^2m^2}\frac{M}{m}\right] = \left[\frac{kgM}{s^2M^2}\right] = \left[\frac{N_0}{M^2}\right] \qquad (N_0 := \text{Newton in } {}_0C)$$

Ein Vergleich mit der physikalischen Einheit des Cauchy-Spannungstensors bestätigt die verlangte Transformation der Größenart Kraft und der Maßfläche.

Der Spannungstensor kann additiv in einen Kugeltensor und einen deviatorischen Tensor aufgespalten werden. Wir führen diese Aufspaltung exemplarisch für den Cauchy- Spannungstensor durch:

$$\boldsymbol{\sigma} = \boldsymbol{\sigma}_{vol} + \boldsymbol{\sigma}_{dev} \tag{4.15}$$

Der Kugeltensor stellt die zur kinematischen Größe $\boldsymbol{d}_{vol}$ konjugierte Spannungsgröße dar und wird deshalb mit $\boldsymbol{\sigma}_{vol}$ bezeichnet. Seine Koordinatenmatrix ist eine Diagonalmatrix gleicher Koordinaten, die die mittlere Normalspannung darstellt. Diese entspricht einem allseitig wirkenden hydrostatischen Druck p, der als positiv definiert wird. Damit gilt für den Kugeltensor

$$\boldsymbol{\sigma}_{vol} = -p\boldsymbol{g}^\sharp\,; \quad p = -\frac{1}{3}\sigma^{kk} = -\frac{1}{3}Sp(\boldsymbol{\sigma}) \tag{4.16}$$

Für den deviatorischen Anteil bzw. Spannungsdeviator folgt dann

$$\operatorname{dev}\boldsymbol{\sigma} = \boldsymbol{\sigma}_{dev} = \boldsymbol{\sigma} - \frac{1}{3}Sp(\boldsymbol{\sigma})\boldsymbol{g}^\sharp \tag{4.17}$$

und damit die zur kinematischen Größe $\boldsymbol{d}_{iso}$ konjugierte Spannung.

Der Vollständigkeit halber sei noch der so genannte *Biotsche Spannungstensor* erwähnt. Der Biotsche Spannungstensor wird durch Rückdrehung der Schnittkraft

df_S nach Gleichung (4.9) in die Ausgangskonfiguration erhalten. Für die gedrehte Schnittkraft $d\bar{f}_S$ gilt dann

$$d\bar{f}_S = \boldsymbol{R}^T \boldsymbol{P} \boldsymbol{N} dA = \boldsymbol{T} \boldsymbol{N} dA \tag{4.18}$$

Der Spannungstensor

$$\boldsymbol{T} = \boldsymbol{R}^T \boldsymbol{P} \tag{4.19}$$

heißt *Biot-Spannungstensor*. Ein Vergleich mit den entsprechenden Transformationsbeziehungen (4.11) und (4.12) für den symmetrischen zweiten Piola-Kirchhoff-Spannungstensor $\boldsymbol{S}$ zeigt sofort, dass der Biotsche Spannungstensor ein unsymmetrischer Tensor sein muss, da die Schnittkraft nur gedreht und nicht wie bei $\boldsymbol{S}$ gleichzeitig gestreckt wurde. Bei der Verwendung des Biotschen Spannungstensors zur Formulierung Finiter Elemente benutzt man deshalb nur den symmetrischen Anteil

$$\boldsymbol{T}_{sym} = \frac{1}{2}(\boldsymbol{R}^T \boldsymbol{P} + \boldsymbol{P}^T \boldsymbol{R}) \tag{4.20}$$

Indem wir jetzt für den ersten Piola-Kirchhoff-Spannungstensor nach Gleichung (4.11) $\boldsymbol{P} = \boldsymbol{F}\boldsymbol{S}$ schreiben und für den Deformationsgradienten die polare Zerlegung $\boldsymbol{F} = \boldsymbol{R}\boldsymbol{U}$ einsetzen, können wir $\boldsymbol{T}_{sym}$ auf den zweiten Piola-Kirchhoff-Spannungstensor zurückführen:

$$\boldsymbol{T}_{sym} = \frac{1}{2}(\boldsymbol{R}^T \boldsymbol{R} \boldsymbol{U} \boldsymbol{S} + \boldsymbol{S}^T \boldsymbol{U} \boldsymbol{R}^T \boldsymbol{R}) \tag{4.21}$$

Wegen der Orthonormalität der Rotationsmatrix gilt $\boldsymbol{R}^T \boldsymbol{R} = \boldsymbol{I}$, und wegen der Symmetrie des zweiten Piola-Kirchhoff-Spannungstensor $\boldsymbol{S} = \boldsymbol{S}^T$. Damit erhalten wir die einfache Darstellung des symmetrischen Anteils des Biotschen Spannungstensors

$$\boldsymbol{T}_{sym} = \frac{1}{2}(\boldsymbol{U}\boldsymbol{S} + \boldsymbol{S}\boldsymbol{U}) \tag{4.22}$$

4.1.1 Objektive Zeitableitung des Spannungstensors

Obwohl wir zum Aufstellen der Finite-Elemente-Beziehungen nur die objektiven Zeitableitungen der Verzerrungsgrößen benötigen werden, soll in diesem Abschnitt, aus Gründen der Vollständigkeit, die Zeitableitung des Cauchy-Spannungstensors $\boldsymbol{\sigma}$ vorgestellt werden. Diese Zeitableitung findet z. B. bei der spannungsgesteuerten Plastizitätsformulierung ihre Anwendung.

Da der Cauchy-Spannungstensor ein Eulersches Tensorfeld darstellt, steht auch hier die Frage nach der Objektivität der Zeitableitung im Vordergrund. Wird formal nach Gleichung (3.101) abgeleitet, so erhält man für die Änderung des Spannungstensors in der Zeit die Spannungsrate

$$\frac{d}{dt}(\boldsymbol{\sigma}(\boldsymbol{x},t)) = \dot{\boldsymbol{\sigma}} + (\operatorname{grad}\boldsymbol{\sigma})\,\boldsymbol{v} \tag{4.23}$$

Man kann nun leicht zeigen, dass diese Spannungsrate die Bedingung der Objektivität nach Gleichung (3.99) nicht erfüllt, da sie nicht die wahre Änderung des Spannungszustandes wiedergibt, sondern aufgrund der Drehung des Kontinuums in der Zeit verfälscht ist. Zum Aufstellen einer konstitutiven Gleichung, z. B. für ein ratenabhängiges Material, ist diese Spannungsrate demnach ungeeignet. Diesen Sachverhalt hatte Jaumann erkannt und in seiner Arbeit [44] eine andere Art der Ableitung vorgeschlagen, die diesen Drehanteil aus der Ableitung wieder entfernt und deshalb als objektiv zu gelten hat. Allerdings hatte diese objektive Zeitableitung über lange Zeit Anlass zur Diskussion gegeben. Der Grund dafür war, dass man bei der Berechnung der *Jaumann-Ableitung* in krummlinigen Koordinaten auf unterschiedliche Ergebnisse stieß. Es tat sich nun die Frage nach der richtigen Ableitung auf. Heute weiß man, dass in Analogie zur Definition verschiedener Verzerrungs- und Spannungstensoren, auch unterschiedliche zulässige Definitionen für die Zeitableitung angegeben werden können. Neben der Jaumann-Ableitung werden in der Literatur noch die *Oldroydsche Ableitung* und die *Truesdell-Ableitung* genannt. Im Buch von Marsden und Hughes [55] wird darauf hingewiesen, dass alle diese Ableitungen als Varianten der Lie-Ableitung zu verstehen sind. Wir wollen nun zwei dieser objektiven Zeitableitungen vorstellen. Zunächst folgen wir dem Gedankengang von Jaumann und leiten auf anschaulichem Weg die Jaumannsche Zeitableitung her. Anschließend stellen wir die Oldroydsche Zeitableitung vor, wobei wir dann entsprechend der Vorschrift der Lie-Ableitung vorgehen werden.

Bei der Definition der Zeitableitung (3.101) im Eulerschen Feld haben wir bereits angemerkt, dass die materielle Ableitung eines dort definierten Tensors sich aus Beiträgen zusammensetzt, die aus der Zustandsänderung und aus der Drehung der Umgebung resultieren. In diesem Sinne ist die Zeitableitung des Spannungstensors nach Gleichung (4.23) eine scheinbare und nicht materialobjektive Ableitung. Um den nicht objektiven Anteil zu eliminieren, berechnet Jaumann die materielle Ableitung zunächst in einem Bezugssystem, das fest mit dem Kontinuum mitrotiert und transformiert anschließend das Ergebnis auf das raumfeste Bezugssystem zurück. Diese Berechnungsvorschrift lässt sofort eine Analogie zur Vorgehensweise bei der Berechnung der Lie-Ableitung erkennen.

Vorgegeben wird das Tensorfeld $\boldsymbol{\sigma} = \boldsymbol{\sigma}(\boldsymbol{x},t)$ auf der Momentankonfiguration und zwei kartesische Bezugssysteme, die von den Vektoren $\boldsymbol{e}_i$ und $\overline{\boldsymbol{e}}_i$ aufgespannt werden. Die Basis $\boldsymbol{e}_i$ mit den Koordinaten x^i soll raumfest sein. Die zweite Basis $\overline{\boldsymbol{e}}_i$ mit den Koordinaten $\overline{x}^i$ wird fest am Materialpunkt auf der Momentankonfiguration installiert und folgt deshalb der zeitabhängigen Starrkörperrotation des Kontinuums. Die Koordinaten der Bezugssysteme stehen über die Transformationsbeziehung

$$\overline{x}^i = c^i_j x^j\,; \quad \overline{\boldsymbol{x}} = \mathbf{Q}\boldsymbol{x} \tag{4.24}$$

in Beziehung zueinander, wo $\mathbf{Q}(t)$ eine orthogonale, zeitabhängige Transformationsmatrix ist, mit $\mathbf{Q}^{-1} = \mathbf{Q}^T$. In der Matrizendarstellung seien die Koordinaten des Spannungstensors in der Bezugsbasis $\boldsymbol{e}_i$ durch die Koordinatenmatrix $[\sigma^{ij}] := \boldsymbol{\sigma}$ und in der Bezugsbasis $\overline{\boldsymbol{e}}_i$ durch die Koordinatenmatrix $[\overline{\sigma}^{ij}] := \overline{\boldsymbol{\sigma}}$ gegeben. Für die Koordinatenmatrizen der Spannungstensoren gelten dann die Transformationen

$$\sigma = \mathbf{Q}^T\overline{\sigma}\mathbf{Q} \quad \text{und} \quad \overline{\sigma} = \mathbf{Q}\sigma\mathbf{Q}^T \tag{4.25}$$

wobei die Koordinatenmatrix $\overline{\boldsymbol{\sigma}}$ nun ebenfalls wegen $\mathbf{Q}(t)$ eine Funktion der Zeit ist. Wir berechnen die materielle Zeitableitung im bewegten Bezugssystem $\overline{\boldsymbol{e}}_i$. Ausgehend von der rechten Gleichung (4.25) erhält man

$$\frac{d}{dt}(\overline{\sigma}) = \mathbf{Q}\frac{d}{dt}(\sigma)\mathbf{Q}^T + \dot{\mathbf{Q}}\sigma\mathbf{Q}^T + \mathbf{Q}\sigma\dot{\mathbf{Q}}^T \tag{4.26}$$

Die *allgemeine Form der Jaumannschen Ableitung* entsteht nach Rücktransformation in die raumfeste Basis $\boldsymbol{e}_i$ mit der linken Gleichung (4.25). Wir kennzeichnen die Jaumannsche Ableitung mit dem Symbol $\overset{\circ}{(\;)}$ und erhalten

$$\overset{\circ}{\sigma} = \mathbf{Q}^T\frac{d}{dt}(\overline{\sigma})\mathbf{Q} \tag{4.27}$$

und mit Gleichung (4.26)

$$\overset{\circ}{\sigma} = \frac{d}{dt}(\sigma) + \mathbf{Q}^T\dot{\mathbf{Q}}\sigma + \sigma\dot{\mathbf{Q}}^T\mathbf{Q} \tag{4.28}$$

Die Matrix $\dot{\mathbf{Q}}^T\mathbf{Q}$ ist eine schiefsymmetrische Matrix, die wir mit $\mathbf{W} = \dot{\mathbf{Q}}^T\mathbf{Q}$ bezeichnen. Dann können wir für die letzte Gleichung schreiben:

$$\overset{\circ}{\sigma} = \frac{d}{dt}(\sigma) - \mathbf{W}\sigma + \sigma\mathbf{W} \tag{4.29}$$

Es verbleibt noch dieses Ergebnis auf unseren Fall anzupassen. Dazu nehmen wir an, dass zum Zeitpunkt $t = t_i$, in dem wir die Zeitableitung ausführen wollen, die Basissysteme $\boldsymbol{e}_i$ und $\overline{\boldsymbol{e}}_i$ mit der globalen Bezugsbasis zusammenfallen. Dann gilt für die Transformationsmatrix $\mathbf{Q}(t_i) = \boldsymbol{I}$, und für die Rotationsmatrix $\mathbf{W}$, die eine infinitesimale Rotation der Konfiguration beschreibt, ist der Spintensor $\boldsymbol{\omega}$ nach Gleichung (3.107) einzusetzen. Auf diese Weise bekommt man die *spezielle Form der Jaumannschen Ableitung* im kartesischen Bezugssystem

$$\overset{\circ}{\boldsymbol{\sigma}} = \frac{d}{dt}(\boldsymbol{\sigma}) - \boldsymbol{\omega\sigma} + \boldsymbol{\sigma\omega} \tag{4.30}$$

oder in Indexschreibweise mit Gleichung (4.23)

$$\overset{\circ}{\sigma}{}^{ab} = \frac{\partial \sigma^{ab}}{\partial t} + \frac{\partial \sigma^{ab}}{\partial x^c}\frac{\partial x^c}{\partial t} - \omega^a{}_d \sigma^{db} + \sigma^{ad}\omega_d{}^b \tag{4.31}$$

$\overset{\circ}{\boldsymbol{\sigma}}$ heißt die *Jaumannsche Spannungsrate*. Die Jaumannsche Spannungsrate wird vielfach in Finite-Elemente-Formulierungen einer spannungsgesteuerten Plastizitätstheorie benutzt. Die dabei auftretenden Probleme werden von Hughes in [39] diskutiert.

Wir stellen nun als zweite objektive Zeitableitung die Oldroydsche Ableitung der Kirchhoff Spannung vor, die wir als Lie-Ableitung nach Gleichung (3.133) berechnen:

$$\mathcal{L}_\Phi(\boldsymbol{\tau}) = \Phi_\star[\frac{d}{dt}\Phi^\star(\boldsymbol{\tau})] \tag{4.32}$$

Es gilt nun zu beachten, dass der Kirchhoffsche Spannungstensor als kontravarianter Tensor $\boldsymbol{\tau}^\sharp$ definiert ist und dementsprechend die Transformationen zwischen den Konfigurationen aus den Gleichungen (3.23) und (3.22) auszuwählen sind. Wir setzen diese Gleichungen ein und erhalten

$$\mathcal{L}_\Phi(\boldsymbol{\tau}) = \boldsymbol{F}[\frac{d}{dt}(\boldsymbol{F}^{-1}\boldsymbol{\tau}\boldsymbol{F}^{-T})]\boldsymbol{F}^T \tag{4.33}$$

und nach Durchführung der Ableitung

$$\mathcal{L}_\Phi(\boldsymbol{\tau}) = \boldsymbol{F}[\dot{\boldsymbol{F}}^{-1}\boldsymbol{\tau}\boldsymbol{F}^{-T} + \boldsymbol{F}^{-1}\frac{d\boldsymbol{\tau}}{dt}\boldsymbol{F}^{-T} + \boldsymbol{F}^{-1}\boldsymbol{\tau}\dot{\boldsymbol{F}}^{-t}]\boldsymbol{F}^T \tag{4.34}$$

Die noch unbekannte Zeitableitung $\dot{\boldsymbol{F}}^{-1}$ des inversen Deformationsgradienten berechnet man aus der Ableitung der Identität $\boldsymbol{F}\boldsymbol{F}^{-1} = \boldsymbol{I}$:

$$\dot{\boldsymbol{F}}\boldsymbol{F}^{-1} + \boldsymbol{F}\dot{\boldsymbol{F}}^{-1} = 0 \quad \Longrightarrow \quad \dot{\boldsymbol{F}}^{-1} = -\boldsymbol{F}^{-1}\dot{\boldsymbol{F}}\boldsymbol{F}^{-1} \tag{4.35}$$

Wir setzen dieses Ergebnis in Gleichung (4.34) ein und erhalten mit Gleichung (3.105) für die Oldroydsche Ableitung,

$$\mathcal{L}_{\Phi}(\boldsymbol{\tau}) = \overset{\nabla}{\boldsymbol{\tau}} = \frac{d\boldsymbol{\tau}}{dt} - \boldsymbol{l}\boldsymbol{\tau} - \boldsymbol{\tau}\boldsymbol{l}^T \tag{4.36}$$

$\overset{\nabla}{\boldsymbol{\tau}}$ heißt die *Oldroydsche Spannungsrate*. Eine Beziehung zwischen der Jaumannschen und der Oldroydschen Spannungsrate erhalten wir mit Gleichung (3.107), die wir in Gleichung (4.36) einsetzen:

$$\overset{\nabla}{\boldsymbol{\tau}} = \overset{\circ}{\boldsymbol{\tau}} - \boldsymbol{d}\boldsymbol{\tau} - \boldsymbol{\tau}\boldsymbol{d}^T \tag{4.37}$$

Für den Fall $\boldsymbol{d} = \boldsymbol{0}$ stimmen die Spannungsraten demnach überein.

4.2 Mechanische Bilanzgleichungen

Die Grundgleichungen der Kontinuumsmechanik sind neben dem Massenerhaltungssatz die Erhaltungssätze für den Impuls und den Drehimpuls. Diese vektoriellen Bilanzgleichungen sind unabhängig von speziellen Materialeigenschaften, die in zusätzlichen konstitutiven Gleichungen bereitzustellen sind. Die *Impulsbilanz am Volumenelement* führt auf das *erste Bewegungsgesetz von Cauchy*. Die *Bilanz des Drehimpulses* am Volumenelement heißt das *zweite Bewegungsgesetz von Cauchy*. Es gilt zu beachten, dass die Drehimpulsbilanz keine zusätzlichen Bewegungsgleichungen liefert, da bei Vorgabe der Symmetrie des Cauchy-Spannungstensors die Drehimpulsbilanz schon erfüllt wird.

Befindet sich ein Körper in einem Gleichgewichtszustand der Kräfte, so muss dieser sowohl im Inneren, d. h. an jedem Volumenelement als auch außen auf jedem Oberflächenelement gelten. Der *Gleichgewichtszustand am Volumenelement* ist durch die Bewegungsgesetze von Cauchy festgelegt und wird durch ein System gekoppelter partieller Differentialgleichungen beschrieben. Diese klassische Form der Beschreibung des Gleichgewichtszustandes heißt die *strenge Form*. In der strengen Form wird das Gleichgewicht also für jedes differentielle Teilvolumen und Oberflächenelement verlangt. Im Gegensatz dazu wird von der so genannten *schwachen Form* die Erfüllung des Gleichgewichts nur *in integraler Form für ein bestimmtes endliches Teilgebiet* verlangt. Numerische Lösungsverfahren, wie z. B. die Methode der Finiten Elemente basieren auf der Erfüllung des Gleichgewichts in schwacher Form.Die Formulierung des Gleichgewichts in schwacher Form wird ein Thema im Kapitel 7 sein, wo wir uns mit der analytischen Kontinuumsmechanik beschäftigen werden.

4.2.1 Massenbilanz

Der einfachste Erhaltungssatz macht eine Aussage über die Masse eines Körpers. Bezeichnet man mit $\rho(\boldsymbol{x},t)$ das stetige Skalarfeld der Dichte, so erhält man für die Masse des Körpers

$$m = \int \rho(\boldsymbol{x},t)\,dv \tag{4.38}$$

Massenerhalt bedeutet, dass die Masse unabhängig von der Konfiguration und vom Beobachter konstant bleiben muss. Mit $dv = JdV$ muss also gelten

$$\frac{dm}{dt} = \frac{d}{dt}\int \rho(\boldsymbol{x},t)JdV = 0 \tag{4.39}$$

Da diese Aussage für jedes beliebige Volumen seine Gültigkeit hat, folgt mit $dm = \rho dv = J\rho dV$ die lokale Massenbilanz zu

$$\frac{d}{dt}(\rho J) = \frac{d\rho}{dt}J + \rho\dot{J} = 0 \tag{4.40}$$

Mit der Ableitung der Dichte nach Gleichung (3.101) $d\rho/dt = \partial\rho/\partial t + (\operatorname{grad}\rho)\cdot\boldsymbol{v}$ und der Ableitung $\dot{J} = J\operatorname{div}\boldsymbol{v}$ nach Gleichung (3.120) formen wir die Beziehung um und erhalten

$$\frac{\partial\rho}{\partial t} + \operatorname{div}(\rho\boldsymbol{v}) = 0 \tag{4.41}$$

Für das Volumenelement ist demnach die zeitliche Änderung der Masse entgegengesetzt gleich der Divergenz des Massenflusses.

Aus dem Massenerhalt leiten wir eine Beziehung zwischen den Dichten ρ_0 der Ausgangskonfiguration und der Dichte ρ der Momentankonfiguration ab. Aus

$$dm = \rho\,dv = \rho_0\,dV \tag{4.42}$$

folgt mit Gleichung (3.59) $J = dv/dV$,

$$\rho_0 = J\rho \quad \text{oder} \quad \rho = \frac{1}{J}\rho_0 \tag{4.43}$$

Abschließend betrachten wir den Fall einer inkompressiblen Deformation. Nach Gleichung (3.59) ist eine solche Deformation durch die Bedingung $J = 1$ eingeschränkt. Aus der letzten Gleichung folgt dann $\rho = \rho_0$ und aus Gleichung (4.41)

$$\operatorname{div}\boldsymbol{v} = 0 \tag{4.44}$$

Das gleiche Ergebnis bekommt man aus Gleichung (3.120) wegen $\dot{J} = 0$.

4.2.2 Impulsbilanz

Nach Newton gilt, dass die Summe aller am Kontinuum angreifenden Kräfte gleich der Änderung des Impulses sein muss. Als eingeprägte Kräfte sollen auf der Oberfläche die flächenbezogene Belastung $\bar{\boldsymbol{t}}(\boldsymbol{x},t)$ und am Volumenelement die volumenbezogene Massenkraft $\rho\bar{\boldsymbol{b}}(\boldsymbol{x},t)$ wirken. Wir führen die Integration der Kräfte auf der Momentankonfiguration durch und erhalten für die Impulsbilanz des Körpers[4]:

$$\int \bar{\boldsymbol{t}}\,da + \int \bar{\boldsymbol{b}}\,\rho\,dv = \frac{d}{dt}\int \boldsymbol{v}\,\rho\,dv \tag{4.45}$$

Den Impulssatz in lokaler Form erhalten wir aus dieser Gleichung, indem wir den Term der rechten Seite und den ersten Term der linken Seite so umformen, dass alle Terme unter einem Integral zusammengefasst werden können. Wir beginnen mit dem Integral der rechten Seite. Da die Dichte ρ ebenfalls eine Funktion der Zeit ist, machen wir von Gleichung (4.42) Gebrauch und wechseln zuerst auf die Ausgangskonfiguration über. Dort führen wir die Zeitableitung durch und wechseln anschließend zurück auf die Momentankonfiguration:

$$\frac{d}{dt}\int \boldsymbol{v}\,\rho\,dv = \frac{d}{dt}\int \boldsymbol{v}\,\rho_0\,dV = \int \dot{\boldsymbol{v}}\,\rho_0\,dV = \int \dot{\boldsymbol{v}}\,\rho\,dv \tag{4.46}$$

Das Oberflächenintegral wird mit Hilfe des Satzes von Gauss in ein Volumenintegral umgeschrieben. Mit dem Gleichgewicht des Kraftflusses $\bar{\boldsymbol{t}} = \boldsymbol{t}$ auf der Oberfläche und Gleichung (4.7) erhalten wir

$$\int \bar{\boldsymbol{t}}\,da = \int \boldsymbol{\sigma}\cdot\boldsymbol{n}\,da = \int \operatorname{div}\boldsymbol{\sigma}\,dv \tag{4.47}$$

Unter Verwendung der Gleichungen (4.46) und (4.47) können wir jetzt die Impulsbilanz (4.45) unter einem Integral zusammenfassen:

$$\int (\operatorname{div}\boldsymbol{\sigma} + \rho\bar{\boldsymbol{b}} - \rho\dot{\boldsymbol{v}})\,dv = 0 \tag{4.48}$$

Da diese Beziehung für jedes beliebige Volumen gelten muss, muss der in Klammern geschriebene Term verschwinden. Auf diese Weise gelangen wir zum Impulssatz in lokaler Form, der als *erstes Bewegungsgesetz von Cauchy* bezeichnet

[4]Nachfolgend werden wir stets die Dichte neben das Volumenelement schreiben. Auf diese Weise soll auf den in den Gleichungen enthaltenen Erhaltungssatz der Masse nach Gleichung (4.42) hingewiesen werden.

wird

$$\operatorname{div}\boldsymbol{\sigma} + \rho\bar{\boldsymbol{b}} = \rho\dot{\boldsymbol{v}}; \quad \frac{\partial\sigma^{ij}}{\partial x^j} + \rho\bar{b}^i = \rho\dot{v}^i \tag{4.49}$$

Der Impulssatz (4.49) beschreibt das dynamische Gleichgewicht für das Volumenelement der Momentankonfiguration, wobei der Divergenzoperator über die i-Koordinaten des Cauchy-Spannungstensors an den *da* Schnittflächen summiert.

Den Impulssatz ergänzen wir nun noch durch zwei Gleichungen, die die Randwerte für die Verschiebung und für den Kraftfluss auf der Oberfläche des Körpers festlegen. Dazu unterteilen wir die Oberfläche $\partial\mathcal{R}$ des Körpers in die Teilflächen $\partial\mathcal{R}_u$ und $\partial\mathcal{R}_\sigma$ gemäß

$$\partial\mathcal{R} = \partial\mathcal{R}_u \cup \partial\mathcal{R}_\sigma \quad \text{mit} \quad \partial\mathcal{R}_u \cap \partial\mathcal{R}_\sigma = 0$$

Auf der Teiloberfläche $\partial\mathcal{R}_\sigma$ sei der eingeprägte Kraftfluss $\bar{\boldsymbol{t}}(\boldsymbol{x})$ und auf der Teiloberfläche $\partial\mathcal{R}_u$ die Verschiebung $\bar{\boldsymbol{u}}(\boldsymbol{x})$ vorgegeben. Die auf der Teiloberfläche $\partial\mathcal{R}_\sigma$ definierte Gleichung beschreibt die *Spannungs-Randbedingung*, die auch als *natürliche Randbedingung* bezeichnet wird. Die auf der Teiloberfläche $\partial\mathcal{R}_u$ definierte Gleichung beschreibt die *Verschiebungs-Randbedingung*, die auch als *wesentliche Randbedingung*[5] bezeichnet wird. Damit stehen uns jetzt die folgenden drei Gleichungen zur Verfügung

$$\begin{aligned} \operatorname{div}\boldsymbol{\sigma} + \rho\bar{\boldsymbol{b}} &= \rho\dot{\boldsymbol{v}} &&: \text{ im Kontinuum} \\ \boldsymbol{\sigma}\cdot\boldsymbol{n} &= \bar{\boldsymbol{t}} &&: \text{ auf } \partial\mathcal{R}_\sigma \\ \boldsymbol{u} &= \bar{\boldsymbol{u}} &&: \text{ auf } \partial\mathcal{R}_u \end{aligned} \tag{4.50}$$

Wenn diese lokalen Gleichgewichtsbedingungen überall im Kontinuum erfüllt sind, dann ist auch das globale Gleichgewicht (4.45) erfüllt.

Durch die drei Gleichungen (4.50) wird das Gleichgewicht des Kontinuums als *Randwertaufgabe* formuliert. Man bezeichnet diese Formulierung als die strenge Form des Gleichgewichts, da die Gleichungen für jedes Volumen- und für jedes Oberflächenelement des Kontinuums gleichermaßen zu erfüllen sind. Die Schwierigkeit, die sich bei der Lösung der Randwertaufgabe einstellt, resultiert aus der Tatsache, dass die Gleichungen am deformierten Volumenelement aufgestellt wurden. Entsprechend kann das Spannungsfeld erst nach Bestimmung der Deformation berechnet werden. Das gleiche gilt für die Randbedingungen, die

[5] Die Spannungs-Randbedingung wird auch als Neumannsche Randbedingung und die Verschiebungs-Randbedingung als Dirichletsche Randbedingung bezeichnet.

sich erst befriedigen lassen, nachdem das Oberflächenelement bekannt ist. Wenn man auf die Lagrangesche-Beschreibung übergeht und in den Materialkoordinaten X^J formuliert, dann wird das Problem verlagert. Die Nichtlinearität des Problems drückt sich dann im Deformationsgradienten bzw. in seiner Inversen aus, die für den Wechsel benötigt wird, sodass kein Gewinn entsteht.
Durch Wechsel zum Maßelement dA der Ausgangskonfiguration, bei gleicher Schnittkraft, entsprechend der Gleichung (4.9), kann die Impulsbilanz im ersten Piola-Kirchhoff-Spannungstensor formuliert werden. Ausgehend von der Koordinatendarstellung der Gleichung (4.49) kann man nach Durchmultiplizieren mit J und Gleichung (4.10) schreiben

$$\frac{\partial}{\partial X^J}\left(J\sigma^{ij}\frac{\partial X^J}{\partial x^j}\right)+J\rho\bar{b}^i=J\rho\dot{v}^i \quad \rightarrow \quad \frac{\partial P^{iJ}}{\partial X^J}+\rho_0\bar{b}^i=\rho_0\dot{v}^i \tag{4.51}$$

bzw. mit (4.43) für die Impulsbilanz

$$\begin{aligned} \mathrm{DIV}\boldsymbol{P}+\rho_0\bar{\boldsymbol{b}}=\rho_0\dot{\boldsymbol{v}} \quad &: \quad \text{im Kontinuum} \\ \boldsymbol{P}\cdot\boldsymbol{N}=\bar{\boldsymbol{t}}_0(\boldsymbol{X}) \quad &: \quad \text{auf} \quad \partial\mathcal{R}_\sigma \end{aligned} \tag{4.52}$$

Die Größe $\rho_0\bar{\boldsymbol{b}}(\boldsymbol{X},t)$ stellt die auf das undeformierte Volumenelement bezogene Belastung und $\bar{\boldsymbol{t}}_0(\boldsymbol{X})=\bar{\boldsymbol{t}}(\boldsymbol{x}(\boldsymbol{X}))da/dA$ die auf das Flächenelement dA bezogene Randlast dar. Der Divergenzoperator summiert jetzt die i-Koordinaten des Spannungstensors an den dA Schnittflächen der Ausgangskonfiguration.

4.2.3 Drehimpulsbilanz

Nach Cauchy muss für das Kontinuum zu jedem Zeitpunkt neben der Impulsbilanz auch die Bilanz des Drehimpulses erfüllt werden. Dies gilt in voller Analogie zur elementaren Statik, wo wir neben dem Kräftegleichgewicht auch das Momentengleichgewicht bezüglich eines beliebig gewählten Drehpunktes fordern. Im vorliegenden Fall wählen wir den Koordinatenursprung als Bezugspunkt. Dann gilt für den Drehimpuls eines Massenelementes $dm=\rho dv$ mit dem Geschwindigkeitsvektor $\boldsymbol{v}$ und dem Ortsvektor $\boldsymbol{x}$

$$d\boldsymbol{p}=(\boldsymbol{x}\times\boldsymbol{v})\,\rho dv \tag{4.53}$$

und für seine zeitliche Änderung mit $\dot{\boldsymbol{x}}=\boldsymbol{v}$ und $\rho dv = konst.$

$$d\dot{\boldsymbol{p}}=(\dot{\boldsymbol{x}}\times\boldsymbol{v}+\boldsymbol{x}\times\dot{\boldsymbol{v}})\,\rho dv=(\boldsymbol{x}\times\dot{\boldsymbol{v}})\,\rho dv$$

Die Drehimpulsbilanz verlangt, dass für das Kontinuum die zeitliche Änderung des Drehimpulses gleich den sich aus der äußeren Belastung ergebenden Momenten ist:

$$\int (\boldsymbol{x} \times \bar{\boldsymbol{t}})\, da + \int (\boldsymbol{x} \times \bar{\boldsymbol{b}})\, \rho\, dv = \int (\boldsymbol{x} \times \dot{\boldsymbol{v}})\, \rho\, dv \tag{4.54}$$

Ein Vergleich mit der Impulsbilanz nach Gleichung (4.45) zeigt, dass diese Gleichung keine neue Bestimmungsgleichung für die Randwertaufgabe darstellt, da hier lediglich die Impulsbilanz mit dem Ortsvektor vektoriell mulitipliziert steht. Für unsere weiteren Betrachtungen empfiehlt es sich nun auf die Koordinatenschreibweise überzuwechseln. Unter Verwendung der Koordinaten des kartesischen Permutationstensors dritter Stufe ϵ_{ijk} mit den Werten

$$\epsilon_{jpk} = \begin{cases} 1 & ijk \quad \text{zyklisch} \\ -1 & ijk \quad \text{antizyklisch} \\ 0 & ijk \quad \text{beliebig} \end{cases}$$

erhalten wir für die Koordinatendarstellung der Drehimpulsbilanz (4.54)

$$\int \epsilon_{ijk} x^j \bar{t}^k\, da + \int \epsilon_{ijk} x^j \bar{b}^k\, \rho\, dv = \int \epsilon_{ijk} x^j \dot{v}^k\, \rho\, dv \tag{4.55}$$

Auch hier wandeln wir, analog zur Vorgehensweise nach Gleichung (4.47), mit Hilfe des Gaußschen Satzes das Oberflächenintegral in ein Volumenintegral um. Mit der Randbedingung des Kraftflusses auf der Oberfläche (4.50) $\bar{t}^k = \sigma^{km} n_m$ erhalten wir

$$\int \epsilon_{ijk} x^j \sigma^{km} n_m\, da = \int \epsilon_{ijk} \frac{\partial (x^j \sigma^{km})}{\partial x^m}\, dv = \int \epsilon_{ijk} (\delta^j{}_m \sigma^{km} + x^j \frac{\partial \sigma^{km}}{\partial x^m})\, dv \tag{4.56}$$

und damit für die Drehimpulsbilanz

$$\int \epsilon_{ijk} x^j \left\{ \frac{\partial \sigma^{km}}{\partial x^m} + \rho \bar{b}^k \right\} dv + \int \epsilon_{ijk} \sigma^{kj}\, dv = \int \epsilon_{ijk} x^j \dot{v}^k\, \rho\, dv \tag{4.57}$$

Der Term in geschweifter Klammer ist nach Gleichung (4.49) gleich der Änderung des Impulses $\rho \dot{v}^k$ und kürzt sich gegen den Term auf der rechten Seite der Gleichung. Damit reduziert sich die Drehimpulsbilanz auf die Aussage

$$\int \epsilon_{ijk} \sigma^{kj}\, dv = \mathbf{0} \tag{4.58}$$

Die antizyklische Permutation können wir durch Hinzufügen der transponierten Koordinatenmatrix mit negativem Vorzeichen gleich berücksichtigen, sodass in der folgenden Gleichung nur noch die zyklische Permutation der Indizes i, j, k auszuführen ist.

$$\int \epsilon_{ijk}(\sigma^{jk} - \sigma^{kj})\,dv = \mathbf{0} \tag{4.59}$$

Unter der Voraussetzung eines glatten Spannungsfeldes muss diese Beziehung für jedes beliebige Volumen und an jeder Stelle im Volumen gelten, was auf die Symmetriebedingung des Spannungstensors führt

$$\begin{aligned} i = 1 &: \quad \sigma^{23} = \sigma^{32} \\ i = 2 &: \quad \sigma^{31} = \sigma^{13} \\ i = 3 &: \quad \sigma^{12} = \sigma^{21} \end{aligned} \tag{4.60}$$

Die strenge Erfüllung der *Drehimpulsbilanz* verlangt also die *Symmetrie des Cauchy-Spannungstensors.*

4.3 Bilanzgesetze der Thermodynamik

Der erste und der zweite Hauptsatz der Thermodynamik machen eine Aussage zur Energiebilanz und zur Umwandlung von thermischer in mechanische Energie. Der erste Hauptsatz postuliert die Erhaltung der Energie für einen thermodynamischen Prozess, wobei neben den mechanischen Arbeitsanteilen auch die dem System zugeführte Wärme und andere Energieformen berücksichtigt werden. Die *innere Energie des Kontinuums* wird als neue Zustandsgröße eingeführt. Diese ist eine Summe aus *Verzerrungsenergie* und *thermischer Energie.*

Nach dem ersten Hauptsatz kann eine Umwandlung von mechanischer Energie in thermische Energie und umgekehrt erfolgen. Allerdings bleibt die Frage unbeantwortet, inwieweit eine solche Energieumwandlung reversibel oder irreversibel abläuft. Dies soll am Beispiel des Bremsvorganges veranschaulicht werden. Beim Abbremsen eines Fahrzeuges kommt es zur Energieumwandlung, indem kinetische Energie in Reibungswärme umgesetzt wird. Hierbei handelt es sich um einen irreversiblen Vorgang, der nicht umkehrbar ist. Nach dem ersten Hauptsatz wäre aber eine Umkehrbarkeit des Prozesses zulässig, was bedeuten würde, dass sich durch Abkühlung der isolierten Bremsscheiben das Fahrzeug wieder in Bewegung setzen könnte. Die Energieumwandlung, bzw. die Richtung in der der thermodynamische Prozess abläuft, bedarf also einer Einschränkung. Diese ist durch den zweiten Hauptsatz gegeben. So ist z. B. eine wesentliche Aussage des zweiten Hauptsatzes, dass Wärme von allein nur vom wärmeren System zum kälteren fließt und niemals umgekehrt. Soll die Fließrichtung umgekehrt werden, so kann dies nicht selbstständig erfolgen, sondern bedarf zusätzlicher Energiezufuhr, wie das Beispiel Kühlschrank zeigt.

Zur Formulierung der Beschränkung des thermodynamischen Prozesses postuliert der zweite Hauptsatz die Existenz zweier neuer Zustandsfunktionen. Diese sind die absolute Temperatur, die stets positiv ist, und die Entropie des Systems, die sich aufgrund äußerer Einwirkungen oder auch innerer Zustandsänderungen ändern kann. Der zweite Hauptsatz besagt, dass für einen irreversiblen adiabaten Prozess die Zunahme der inneren Entropie stets nicht negativ ist, und nur für den Fall eines reversiblen Prozesses gleich Null ist. Diese Aussage lässt sich mathematisch durch eine Ungleichung ausdrücken, die *Clausius-Duhem-Ungleichung* heißt.

4.3.1 Erster Hauptsatz der Thermodynamik

Das Postulat von der Erhaltung der Energie ist ein fundamentales Gesetz der Physik. Beschränkt man sich auf die Mechanik, so kann das Gesetz aus Gleichung (4.50) abgeleitet werden. In seiner allgemeinen Form beinhaltet es aber sowohl mechanische als auch nicht mechanische Energieanteile und heißt dann der erste Hauptsatz der Thermodynamik.

Das Prinzip postuliert das energetische Gleichgewicht aus kinetischer und innerer Energie einerseits und der Summe der am System geleisteten Arbeit plus anderer zu- und abgeführter Energieanteile andererseits. Dabei sind alle möglichen Energieformen wie z. B. Wärmeenergie, elektromagnetische Energie, chemische Energie etc. zu berücksichtigen. Im Hinblick auf thermomechanische Aufgabenstellungen wollen wir uns auf die Wärmeenergie als zusätzliche Energieform beschränken. Da das Gesetz zu jedem Zeitpunkt gelten muss, wird es in Form einer Leistungsbilanz aufgestellt.

Bezeichnet man mit $\mathcal{K}$ die kinetische Energie, mit $\mathcal{U}$ die innere Energie, mit $\mathcal{A}$ die am System geleistete Arbeit und mit $\mathcal{Q}$ die dem System zugeführte Wärmemenge, so lautet der Satz

$$\frac{d\mathcal{K}}{dt} + \frac{d\mathcal{U}}{dt} = \frac{d\mathcal{A}}{dt} + \frac{d\mathcal{Q}}{dt} \tag{4.61}$$

Dabei ist anzumerken, dass $d\mathcal{A}$ und $d\mathcal{Q}$ nur in der Summe, aber nicht für sich allein exakte Differentiale darstellen, da sich weder für $\mathcal{A}$ noch für $\mathcal{Q}$ eine Funktion angeben lässt (siehe dazu [54]).

Die einzelnen Terme berechnen sich wie folgt:
Die Zeitableitung der kinetischen Energie ergibt sich mit Hilfe von Gleichung (4.43) zu

$$\frac{d\mathcal{K}}{dt} = \int \frac{d}{dt}\frac{1}{2}\boldsymbol{v}^2 \rho\, dv = \int \frac{1}{2}\frac{d\boldsymbol{v}^2}{dt}\rho_0\, dV = \int \boldsymbol{v}\cdot\dot{\boldsymbol{v}}\rho\, dv \tag{4.62}$$

Zur Darstellung des zweiten Terms definiert man die massenbezogene *Rate der inneren Energie* $\dot{e}$ und erhält dann

$$\frac{d\mathcal{U}}{dt} = \int \dot{e}\rho\, dv \tag{4.63}$$

Für die Leistung der eingeprägten Belastung ergibt sich

$$\frac{d\mathcal{A}}{dt} = \int \boldsymbol{v}\cdot\bar{\boldsymbol{t}}\, da + \int \boldsymbol{v}\cdot\bar{\boldsymbol{b}}\rho\, dv \tag{4.64}$$

wobei nach (4.50) mit $\bar{\boldsymbol{t}}$ die auf der Oberfläche und mit $\rho\bar{\boldsymbol{b}}$ wieder die im Innern des Körpers verteilte Belastung bezeichnet wird.

Wie bei der Ableitung der lokalen Form des Impulssatzes kann mit Hilfe der Spannungs-Randbedingung $\bar{\boldsymbol{t}} = \boldsymbol{\sigma}\cdot\boldsymbol{n}$ und nachfolgender Anwendung des Gaußschen Satzes, das Oberflächenintegral in ein Volumenintegral umgewandelt werden. Anschließend ersetzt man noch den sich ergebenden Integrand $\operatorname{div}(\boldsymbol{v}\cdot\boldsymbol{\sigma})$ durch die Identität

$$\operatorname{div}(\boldsymbol{v}\cdot\boldsymbol{\sigma}) = (\operatorname{grad}\boldsymbol{v})^T : \boldsymbol{\sigma} + \boldsymbol{v}\cdot\operatorname{div}\boldsymbol{\sigma} = \boldsymbol{v}\cdot\operatorname{div}\boldsymbol{\sigma} + \boldsymbol{\sigma} : \operatorname{grad}\boldsymbol{v} \quad (\text{wegen } \boldsymbol{\sigma} = \boldsymbol{\sigma}^T)$$

und erhält dann mit (3.103)

$$\frac{d\mathcal{A}}{dt} = \int \boldsymbol{v}\cdot\underbrace{(\operatorname{div}\boldsymbol{\sigma} + \rho\bar{\boldsymbol{b}})}_{\dot{\boldsymbol{v}}\rho} dv + \int \boldsymbol{\sigma} : \boldsymbol{l}\, dv \tag{4.65}$$

Die Klammer des ersten Integrals stellt die linke Seite des Impulssatzes nach Gleichung (4.50) dar und kann somit durch den kinetischen Energieanteil ausgedrückt werden. In den zweiten Term setzt man die Aufspaltung des räumlichen Geschwindigkeitsgradienten nach Gleichung (3.107) $\boldsymbol{l} = \boldsymbol{d} + \boldsymbol{\omega}$ ein. Da $\boldsymbol{\omega}$ ein schiefsymmetrischer Tensor und $\boldsymbol{\sigma}$ ein symmetrischer Tensor ist, gilt:

$$\boldsymbol{\sigma} : \boldsymbol{l} = \boldsymbol{\sigma} : \boldsymbol{d} + \boldsymbol{\sigma} : \boldsymbol{\omega} = \boldsymbol{\sigma} : \boldsymbol{d}$$

und somit

$$\boldsymbol{\sigma} : \boldsymbol{l} = \boldsymbol{\sigma} : \boldsymbol{d} \tag{4.66}$$

Für Gleichung (4.65) können wir also mit (4.62) und (4.66) schreiben

$$\frac{d\mathcal{A}}{dt} = \int \frac{d}{dt}\frac{1}{2}v^2 \rho dv + \int \boldsymbol{\sigma} : \boldsymbol{d} dv \tag{4.67}$$

Der Vergleich mit Gleichung (4.64) zeigt, dass die aufgebrachte äußere Leistung nun durch zwei innere, volumenbezogene Leistungsanteile ausgedrückt ist. Die äußere Leistung bewirkt also eine Änderung der kinetischen Energie und eine Änderung der Verzerrungsenergie.

Wir wenden uns nun dem Wärmehaushalt des Körpers zu. Die zeitliche Änderung der im Körper gespeicherten Wärmemenge berechnet sich aus der Wärmezufuhr bzw. -abfuhr infolge von Wärmeleitung und infolge von Wärmequellen. Wir bezeichnen mit $\boldsymbol{q}$ den *Wärmestromvektor* und mit r die auf die *Masseneinheit bezogene Wärmequelle*. Mit dem nach außen gerichteten Normalenvektor $\boldsymbol{n}$ des Flächenelementes da ergibt sich für den Wärmefluss aus dem Körper $\boldsymbol{q} \cdot \boldsymbol{n}$. Für die zeitliche Änderung der im Körper enthaltenen Wärme gilt dann

$$\frac{dQ}{dt} = -\int \boldsymbol{q} \cdot \boldsymbol{n} \, da + \int r \rho dv \tag{4.68}$$

wobei der erste Term Wärme nach außen abführt und deshalb mit einem Minuszeichen versehen ist und der zweite Term für einen Wärmeeintrag steht. Das Oberflächenintegral wandeln wir wieder mit Hilfe des Gaußschen Satzes gemäß $\int \boldsymbol{q} \cdot \boldsymbol{n} \, da = \int \operatorname{div} \boldsymbol{q} \, dv$ in ein Volumenintegral um und erhalten dann

$$\frac{dQ}{dt} = -\int \operatorname{div} \boldsymbol{q} \, dv + \int r \rho dv \tag{4.69}$$

Damit sind sämtliche Terme in Gleichung (4.61) bekannt und können eingesetzt werden. Das Ergebnis

$$\int \dot{e} \rho dv = \int \boldsymbol{\sigma} : \boldsymbol{d} dv - \int \operatorname{div} \boldsymbol{q} \, dv + \int r \rho dv \tag{4.70}$$

stellt die *integrale Form des ersten Hauptsatz der Thermodynamik* dar, wobei wir einschränkend nur die Wärmeenergie und die mechanische Energie zugelassen haben. Setzt man wieder stetige Tensorfelder voraus, so muss die Aussage auch im Grenzfall $v \to 0$ gelten:

$$\rho \dot{e} = \boldsymbol{\sigma} : \boldsymbol{d} - \operatorname{div} \boldsymbol{q} + r \rho \tag{4.71}$$

Diese Beziehung stellt die *lokale Form des ersten Hauptsatzes* dar und ist gleichzeitig ein Ausdruck für die Rate der spezifischen inneren Energie. Für die spätere Ableitung der Finite-Elemente-Matrizen ist der Fall eines rein mechanischen adiabaten Prozesses mit $\boldsymbol{q} = 0$ und $r = 0$ von besonderem Interesse. Dann ist die auf die Masse bezogene Rate der inneren Energie identisch mit dem Leistungsterm, der sich aus Spannung und Deformationsrate berechnet und damit gleich der Rate der Verzerrungsenergie. Als skalare Größe ist die Rate der inneren Energie eine Invariante, die in unterschiedlichen, zueinander energetisch konjugierten Feldgrößen ausgedrückt werden kann. Wir haben von dieser Tatsache bereits Gebrauch gemacht, als wir in Abschnitt 3.2 die Transformationen zwischen den Konfigurationen eingeführt haben. Je nachdem ob in Tensoren der Ausgangskonfiguration, der Momentankonfiguration oder unter Verwendung von Zweifeld-Tensoren formuliert wird, erhält man unterschiedliche Formeln für die auf die Masse bezogene *Rate der inneren Energie* eines adiabaten Prozesses:

$$\dot{e} = \frac{1}{\rho}\boldsymbol{\sigma} : \boldsymbol{d} = \frac{1}{\rho_0}\boldsymbol{\tau} : \boldsymbol{d} = \frac{1}{\rho_0}\boldsymbol{P} : \dot{\boldsymbol{F}} = \frac{1}{\rho_0}\boldsymbol{S} : \dot{\boldsymbol{E}} \tag{4.72}$$

Die Korrektheit dieser Ausdrücke wird in der Koordinatendarstellung nachgewiesen.

$$\dot{e} = \frac{1}{\rho}\underbrace{\sigma^{ij}}_{\boldsymbol{\sigma}}\underbrace{g_{js}\frac{\partial v^s}{\partial x^i}}_{\boldsymbol{d}} = \frac{1}{\rho_0}\underbrace{\tau^{ij}\frac{\partial X^J}{\partial x^j}}_{\boldsymbol{P}}\underbrace{g_{is}\frac{\partial v^s}{\partial X^J}}_{\dot{\boldsymbol{F}}} = \frac{1}{\rho_0}\underbrace{\frac{\partial X^I}{\partial x^i}\tau^{ij}\frac{\partial X^J}{\partial x^j}}_{\boldsymbol{S}}\underbrace{\frac{\partial x^r}{\partial X^I}g_{rs}\frac{\partial v^s}{\partial x^n}\frac{\partial x^n}{\partial X^J}}_{\dot{\boldsymbol{E}}} \tag{4.73}$$

Der Übergang von einer Formel zur nächsten geschieht jeweils durch Anwendung der Kettenregel und Einfügen der Identität $\boldsymbol{F}\boldsymbol{F}^{-1}$. Ferner verlangt die korrekte Anwendung der Summationskonvention hier wieder das Einfügen des Metriktensors $\boldsymbol{g}$, die aber im Falle des kartesischen Bezugssystems der Einheitstensor ist. Die verschiedenen Möglichkeiten der Formulierung des Leistungsterms (siehe Tabelle 4.1) stellt ein wichtiges Ergebnis dar, auf das wir bei der Ableitung der Finite-Elemente-Matrizen zurückkommen werden.

4.3.2 Zweiter Hauptsatz der Thermodynamik

Die klassische Thermodynamik postuliert eine thermodynamische Zustandsfunktion, genannt *Entropie*, die für jeden Stoff separat zu bestimmen ist. Die Entropie s ist die zur absoluten Temperatur ϑ konjugierte Größe und ist stets positiv.

Spannungs-tensor	Verzerrungs-tensor	Verzerrungs-rate	Leistungs-term
$\boldsymbol{\sigma}$	$\boldsymbol{e}$	$\dot{\boldsymbol{e}} = \boldsymbol{d}$	$\dot{e}\rho$
$\boldsymbol{\tau}$	$\boldsymbol{e}$	$\dot{\boldsymbol{e}} = \boldsymbol{d}$	$\dot{e}\rho_0$
$\boldsymbol{P}$	$\boldsymbol{F}$	$\dot{\boldsymbol{F}}$	$\dot{e}\rho_0$
$\boldsymbol{S}$	$\boldsymbol{E}$	$\dot{\boldsymbol{E}}$	$\dot{e}\rho_0$

Tab. 4.1 Energetisch konjugierte Spannungs- und Verzerrungstensoren.

Es sei q_m die auf die Masse bezogene spezifische Wärmemenge. Dann gilt für die Änderung der Entropie s

$$ds = \frac{dq_m}{\vartheta} \tag{4.74}$$

wobei die klassische Thermodynamik annimmt, dass ds ein vollständiges Differential ist. Im Gegensatz dazu ist dq_m aber im allgemeinen kein vollständiges Differential, da die Wärme sowohl von außen zugeführt, als auch im Inneren erzeugt werden kann. Für unsere nachfolgenden Ableitungen setzen wir ein geschlossenes System voraus, für das der Massenerhaltungssatz gilt. Das Differential der Entropie ds setzt sich dann aus zwei Anteilen zusammen,

$$ds = ds^e + ds^i \tag{4.75}$$

wo ds^e die Zunahme der Entropie aus dem Wärmeeintrag von außen ist und ds^i die Zunahme infolge der im Innern erzeugten Wärme bezeichnet. Typische Zustandsänderungen, die eine Zunahme der Entropie im Inneren hervorrufen sind dissipative, mit Umwandlung mechanischer Energie in Wärme verbundene Prozesse, wie z. B. die innere Reibung und die plastische Formänderung.

Für den hypothetischen Fall eines geschlossenen reversiblen Prozesses ist $ds^i = 0$ und damit dq_m ein vollständiges Differential. Die Integration von Gleichung (4.74) liefert dann

$$\oint ds = \int \left.\frac{dq_m}{\vartheta}\right|_{rev} = 0 \tag{4.76}$$

Für eine irreversible Zustandsänderung vom Zustand A zum Zustand B folgt wegen $ds^i > 0$

$$\Delta s > \int_A^B \left.\frac{dq_m}{\vartheta}\right|_{irrev} \tag{4.77}$$

Der *zweiten Hauptsatz* postuliert, dass die Rate der Entropiezunahme des Systems stets mindestens so groß wie die Rate der dem System von außen zugeführten Entropie sein muss. Mit dem Wärmeeintrag von außen nach Gleichung (4.68) gilt also

$$\frac{d}{dt}\int s\rho dv \geq \int \frac{r}{\vartheta}\rho dv - \int \frac{1}{\vartheta}\boldsymbol{q}\cdot\boldsymbol{n}\, da \tag{4.78}$$

Für den hypothetischen Fall des reversiblen Prozesses gilt das Gleichheitszeichen, und für den irreversiblen Prozess ist das Symbol $>$ zu verwenden. Diese Gleichung stellt den zweiten Hauptsatz in integraler Form dar und heißt *Clausius-Duhem-Ungleichung*. Wieder kann mit Hilfe des Gaußschen Satzes das Oberflächenintegral in ein Volumenintegral umgewandelt werden. Setzt man dann noch stetige Funktionen voraus, so erhält man den zweiten Hauptsatz in lokaler Form. Dieser lautet dann

$$\dot{s} \geq \frac{r}{\vartheta} - \frac{1}{\rho}\operatorname{div}\frac{\boldsymbol{q}}{\vartheta} \tag{4.79}$$

oder mit

$$\operatorname{div}\frac{\boldsymbol{q}}{\vartheta} = \frac{1}{\vartheta}\operatorname{div}\boldsymbol{q} - \frac{1}{\vartheta^2}(\operatorname{grad}\vartheta)\cdot\boldsymbol{q}$$

$$\rho\vartheta\dot{s} + \operatorname{div}\boldsymbol{q} - \rho r - \frac{1}{\vartheta}\boldsymbol{q}\cdot\operatorname{grad}\vartheta \geq 0 \tag{4.80}$$

Mit Hilfe des ersten Hauptsatzes nach Gleichung (4.71) können die ersten beiden Wärmeanteile durch die mechanische Leistung und die innere Energie ausgedrückt werden:

$$\boldsymbol{\sigma}:\boldsymbol{d} - \rho(\dot{e} - \vartheta\dot{s}) - \frac{1}{\vartheta}\boldsymbol{q}\cdot\operatorname{grad}\vartheta \geq 0 \tag{4.81}$$

Diese Gleichung stellt einen Ausdruck für die pro Zeit- und Volumeneinheit dv erzeugte Entropiezunahme im System dar. Wir teilen sie in zwei Anteile auf und führen dazu die Abkürzungen

$$\mathcal{D}_{int} = \boldsymbol{\sigma}:\boldsymbol{d} - \rho(\dot{e} - \vartheta\dot{s}) \quad \text{und} \quad \mathcal{D}_{le} = -\frac{1}{\vartheta}\boldsymbol{q}\cdot\operatorname{grad}\vartheta \tag{4.82}$$

ein, wobei wir hier, im Hinblick auf den dissipativen Charakter des irreversiblen Prozesses, das Symbol $\mathcal{D}$ verwenden. Die Größe $\mathcal{D}_{int}$ stellt die im Inneren des Kontinuums erzeugte Entropierate dar, und $\mathcal{D}_{le}$ steht für die Entropiezunahme infolge von Wärmeleitung bzw. Temperaturausgleich im Inneren des Kontinuums.

Mit den Abkürzungen können wir dann für den zweiten Hauptsatz (4.81) schreiben

$$\mathcal{D}_{int} + \mathcal{D}_{le} \geq 0 \tag{4.83}$$

Nach Truesdell und Noll [110] muss das Symbol ≥ 0 nicht nur für die Summe, sondern auch für die beiden Anteile $\mathcal{D}_{int}$ und $\mathcal{D}_{le}$ allein verlangt werden. Dann gibt die Bedingung $\mathcal{D}_{le} \geq 0$ die Fließrichtung des Wärmestroms an. Setzt man z. B. für den Wärmestromvektor $\boldsymbol{q} = \lambda \operatorname{grad} \vartheta$ in die Bedingung $\mathcal{D}_{le} \geq 0$ ein, so folgt daraus eine negative Wärmeleitzahl $\lambda < 0$. Für eine positive Wärmeleitzahl muss also $\boldsymbol{q} = -\lambda \operatorname{grad} \vartheta$ gelten, was den Wärmefluss stets in Richtung abnehmender Temperatur festlegt, also zum kälteren Körper hin.

4.3.3 Kalorische Zustandsgleichung und thermodynamische Potentiale

Unser nächstes Ziel ist es, eine *Funktion für die innere Energie* aufzustellen. Diese Funktion heißt *kalorische Zustandsgleichung*.

Nach Gleichung (4.71) setzt sich die innere Energie aus einem mechanischen Anteil, der Verzerrungsenergie und einem thermischen Anteil, der sich aus den Wärmebeiträgen ergibt, zusammen. Eine mögliche Wahl für die Funktion wäre also den Deformationsgradienten $\boldsymbol{F}$ für den mechanischen Teil und die absolute Temperatur ϑ für den thermischen Teil als primäre Variable zu wählen. Diese funktionale Form hätte aber nur für reversible, also wegunabhängige Prozesse ihre Gültigkeit, und für irreversible Prozesse wäre sie nicht anwendbar. Im letzteren Fall reichen die momentanen Werte von $\boldsymbol{F}$ und ϑ allein nicht mehr aus, um den Wert der inneren Energie festzulegen, da der Deformationsgradient dann eine Funktion der Deformationsgeschichte ist. Die Problematik haben wir bereits bei der Aufstellung des zweiten Hauptsatzes diskutiert. Ferner haben wir festgestellt, dass sich die Irreversibilität eines Prozesses in der Zunahme der Entropie des Systems äußert. Damit bietet sich die Entropie als geeignete Variable für den thermischen Anteil der inneren Energie an.

Wir machen nun die fundamentale Annahme, dass die auf die Masse bezogene innere Energie durch den *Vektor $\boldsymbol{\nu}$ der n Zustandsvariablen $\nu_1, \nu_2, \cdots \nu_n$* (z. B. der neun Koordinaten des Deformationsgradienten) und einem zusätzlichen Skalarparameter, der massenbezogenen Entropie, vollständig bestimmt ist. Dann gilt die *kalorische Zustandsgleichung*

$$e = e(\boldsymbol{\nu}, s, \boldsymbol{X}) \tag{4.84}$$

Soll die funktionale Abhängigkeit der inneren Energie e für alle Materialpunkte gleich sein, was im folgenden stets vorausgesetzt wird, so entfällt die Abhängigkeit von $\boldsymbol{X}$, und es vereinfacht sich der Ansatz auf

$$e = e(\boldsymbol{\nu}, s) \tag{4.85}$$

Aus der Funktion der inneren Energie ergibt sich die Temperatur bei festgehaltenen Variablen $\boldsymbol{\nu}$ und die Spannung $\boldsymbol{\mu}$ bei festgehaltener Entropie gemäß

$$\vartheta = \left.\frac{\partial e}{\partial s}\right|_{\boldsymbol{\nu}\ \text{fest}} \quad ; \quad \mu^j = \left.\frac{\partial e}{\partial \nu_j}\right|_{s\ \text{fest}} \tag{4.86}$$

Die Spannung $\boldsymbol{\mu}$ heißt *thermodynamische Spannung*. Für das Differential der inneren Energie bei Änderung eines thermodynamischen Zustandes gilt dann die nach Gibbs benannte Gleichung

$$de = \vartheta\, ds + \mu^j d\nu_j \tag{4.87}$$

Diese definiert die konjugierten Zustandsgrößen der inneren Energie. Auf der thermischen Seite sind dies die Temperatur ϑ und die Entropie s und auf der mechanischen Seite sind dies die Zustandsvariablen $\boldsymbol{\nu}$ der Deformation und die zugeordneten thermodynamischen Spannungen $\boldsymbol{\mu}$. Eine Präzisierung der mechanischen Größen wurde bereits durch Gleichung (4.72) gegeben.

Basierend auf der kalorischen Zustandsgleichung lassen sich vier thermodynamische Potentiale einführen. Diese sind die innere Energie, die freie Energie, die Enthalpie und die freie Enthalpie oder Gibbs-Funktion. Die beiden letzteren Potentiale werden wir bei unseren Ableitungen nicht benötigen. Deshalb sollen sie hier auch nicht diskutiert werden.

Für die Formulierung der numerischen Lösungverfahren wird es notwendig sein, den Anteil der inneren Energie abzuspalten, welcher den reversiblen Deformationen zugeordnet ist. Zu diesem Zweck ziehen wir von der inneren Energie den Entropieterm ab, und es verbleibt der Anteil aus der inneren Energie, der als Arbeitspotential zur Verfügung steht. Dieser stellt für die elastischen Deformationen ein Potential dar, das nach Helmholtz *freie Energie* heißt. Die freie Energie

$$\Psi = e - \vartheta s \tag{4.88}$$

ist also der Anteil der inneren Energie, der bei festgehaltener Temperatur, also $d\vartheta = 0$, Arbeit leisten kann. Unter Beachtung von Gleichung (4.87) ergibt sich für das Differential der freien Energie

$$d\Psi = -s\, d\vartheta + \mu^j d\nu_j \tag{4.89}$$

und damit analog zu (4.86) die Ableitungsgleichungen

$$s = -\left.\frac{\partial \Psi}{\partial \vartheta}\right|_{\nu \text{ fest}} \quad ; \quad \mu^j = \left.\frac{\partial \Psi}{\partial \nu_j}\right|_{\vartheta \text{ fest}} \tag{4.90}$$

Aus den Beziehungen (4.86) und (4.90) ist ersichtlich, dass die innere Energie für den isentropen Fall ($s = konst.$) und die freie Energie für den isothermen Fall ($\vartheta = konst.$) ein Potential für den mechanischen Energieanteil darstellt.

Bilden wir nun die Zeitableitung der freien Energie

$$\dot{\Psi} = \dot{e} - \dot{\vartheta} s - \vartheta \dot{s} \tag{4.91}$$

und setzen diese in Gleichung (4.82a) ein, dann stellt das Ergebnis

$$\mathcal{D}_{int} = \boldsymbol{\sigma} : \boldsymbol{d} - \rho(\dot{\Psi} + \dot{\vartheta} s) \tag{4.92}$$

einen auf der freien Energie basierenden Ausdruck für die im Innern des Kontinuums erzeugte Entropie dar. Ein wichtiger Spezialfall, auf den wir bei der Behandlung der Plastizität zurückkommen werden, ist der Fall, wo wir uns auf die mechanischen Energieterme beschränken. Dann gilt die einfachere Beziehung

$$\mathcal{D}_{int} = \boldsymbol{\sigma} : \boldsymbol{d} - \rho \dot{\Psi} \tag{4.93}$$

in der der erste Term $\boldsymbol{\sigma} : \boldsymbol{d}$ für die aufzubringende mechanische Leistung und das Produkt $\rho\dot{\Psi}$ für die im Volumen pro Zeiteinheit gespeicherte mechanische Energie steht.

Die auf die Masse bezogene *Wärmekapazität* c_m eines Stoffes ist durch den Differentialquotienten

$$c_m = \frac{\partial q_m}{\partial \vartheta} \tag{4.94}$$

definiert, wobei hier die Deformation festzuhalten ist.

Weitere Berechnungsmöglichkeiten für die Wärmekapazität ergeben sich durch die Verwendung der Formeln für die freie und die innere Energie. Mit Hilfe der Kettenregel und Gleichung (4.74) formen wir den Differentialquotienten der Wärmeenergie in

$$\frac{\partial q_m}{\partial \vartheta} = \frac{\partial q_m}{\partial s}\frac{\partial s}{\partial \vartheta} = \vartheta \frac{\partial s}{\partial \vartheta} \tag{4.95}$$

um und erhalten dann mit der ersten Ableitungsgleichung (4.90) für die Wärmekapazität

$$c_m = \vartheta \frac{\partial s}{\partial \vartheta} = -\vartheta \frac{\partial^2 \Psi}{\partial \vartheta^2} \tag{4.96}$$

Geht man von der Formel (4.85) für die innere Energie aus, so erhält man mit der Kettenregel und Gleichung (4.86)

$$\frac{\partial e}{\partial \vartheta} = \frac{\partial e}{\partial s} \frac{\partial s}{\partial \vartheta} = \vartheta \frac{\partial s}{\partial \vartheta} \tag{4.97}$$

Wegen Gleichung (4.95) gilt also

$$\frac{\partial e}{\partial \vartheta} = \frac{\partial q_m}{\partial \vartheta} \tag{4.98}$$

und für die Wärmekapazität nach Gleichung (4.94)

$$c_m = \frac{\partial e}{\partial \vartheta} \tag{4.99}$$

5 Konstitutive Gleichungen elastischer Werkstoffe

5.1 Hyperelastisches Material

Ein Material wird als elastisch bezeichnet, sofern der Spannungszustand allein vom *momentanen Deformationszustand* der Konfiguration und nicht von der Deformations*geschichte* abhängt. Diese Materialeigenschaft, die unabhängig vom gewählten Bezugssystem gelten muss, charakterisiert das *Cauchy-elastische Material.* Zum momentanen Deformationszustand kann man aber auf unterschiedlichen Wegen gelangen, sodass im Gegensatz zum wegunabhängigen Spannungstensor, die von den Spannungen geleistete Arbeit im allgemeinen vom Weg abhängt. Daraus folgt, dass ein Cauchy-elastisches Material als nicht konservativ einzustufen ist, d. h. dass ihm keine Potentialfunktion zugeordnet werden kann. Eine ausführliche Beschreibung des Cauchy-elastischen Materials findet der interessierte Leser in [71].

Eine speziellere Materialdefinition gründet sich auf der Reversibilität einer elastischen Formänderung. Für einen reversiblen geschlossenen Prozess gilt nach Gleichung (4.76), dass unabhängig vom gewählten Weg, keine Zunahme der Entropie stattfindet. Dies setzt aber die Existenz eines Potentials voraus, welches ein Maß für die im Material infolge der Deformation gespeicherten elastischen Energie darstellt. Dieses Potential heißt *Dehnungsenergiefunktion.* Durch Ableiten dieses Potentials nach der Deformation erhält man die Spannung. Ein elastisches Material für das eine Dehnungsenergiefunktion angegeben werden kann, heißt *Green-elastisches Material* oder *hyperelastisches Material.* Im Gegensatz zum allgemeineren Cauchy-elastischen Material ist es als konservativ einzustufen.

Nach Gleichung (4.90b) erhält man im isothermen Fall den Spannungstensor aus der freien Energie, indem man diese nach den Deformationsvariablen ableitet. Für ein hyperelastisches Material ist demnach die Funktion der freien Energie mit der Potentialfunktion identisch. Für unsere weiteren Betrachtungen ist es allerdings von Vorteil, anstatt der massenbezogenen freien Energie, eine neue, auf das undeformierte Volumenelement bezogene, freie Energie einzuführen. Wir definieren die volumenbezogene Funktion

$$W = \rho_0 \Psi \tag{5.1}$$

und bezeichnen sie als *Dehnungsenergiefunktion* oder als *elastisches Potential*. Mit dem Ansatz $W = W(\boldsymbol{X}, \boldsymbol{F})$ für das elastische Potential weisen wir jedem Materialpunkt aufgrund seiner momentanen Deformation ein elastisches Potential zu. Nachfolgend soll der Ansatz des elastischen Potentials für isotrope Werkstoffe präzisiert werden. Der Einfachheit halber lassen wir nun den Ortsvektor $\boldsymbol{X}$ als Argument weg. Dies ist bei homogenen Werkstoffen, bei denen jeder Materialpunkt gleiche Werkstoffeigenschaften hat, grundsätzlich erlaubt.

An die Funktion des elastischen Potentials stellen wir zunächst zwei Forderungen, die uns aus der Anschauung heraus als plausibel erscheinen. Eine Verzerrungsenergie wird im Kontinuum nur dann gespeichert sein, sofern eine Deformation vorliegt. Deshalb fordern wir, dass in der als deformationsfrei vorausgesetzten Ausgangskonfiguration die Funktion verschwinden muss. Außerdem darf die Funktion des elastischen Potentials die Forderung der Objektivität nicht verletzen. Die Forderung der Objektivität wird erfüllt, sofern wir das elastische Potential nicht als Funktion des Deformationsgradienten $\boldsymbol{F}$, sondern als Funktion der rotationsfreien Strecktensoren $\boldsymbol{U}$ oder $\boldsymbol{V}$ definieren:

$$W = W(\boldsymbol{U}) \quad \text{oder} \quad W = W(\boldsymbol{V}) \tag{5.2}$$

Weitere Hinweise auf die Funktion des elastischen Potentials folgen aus der Forderung nach Isotropie. Für einen isotropen Werkstoff gilt, dass jede beliebige Schnittebene durch den Körper eine Symmetrieebene für das Material darstellt. Diese Richtungsinvarianz muss die Potentialfunktion ebenfalls erfüllen. Legt man den Strecktensoren die Hauptachsendarstellung nach Gleichung (3.37) bzw. (3.38) zugrunde, so erkennt man, dass die Richtungsabhängigkeit durch die Eigenvektoren gegeben ist. Der Deformationszustand wird vollständig von den Streckungen (Eigenwerten) beschrieben. Die Richtungsinvarianz wird also erfüllt, sofern die Funktion des elastischen Potentials als alleinige Funktion der Streckungen formuliert wird. Damit wird die Funktion des elastischen Potentials zur *isotropen Skalarfunktion* der Streckungen

$$W = W(\lambda_i) \tag{5.3}$$

Diese Funktion muss symmetrisch in Bezug auf das Vertauschen zweier Streckungen sein. Nach Gleichung (3.55) lassen sich aus den Streckungen auch die Invarianten des Deformationstensors berechnen. Daraus folgt alternativ zu Gleichung

(5.3) der Ansatz

$$W = W(I_1, I_2, I_3) \tag{5.4}$$

Ergänzend zu den obigen Ausführungen, die wir aus der Anschauung heraus gemacht haben, soll nun noch auf Punkte hingewiesen werden, die sich aus mathematischer Sicht ergeben. Als wichtige Eigenschaft der Funktion des elastischen Potentials verlangt man, dass sie ein physikalisch sinnvolles und stabiles Materialverhalten wiedergibt. Zunächst wurde angenommen, dass diese Forderung erfüllt ist, sofern die Funktion des elastischen Potentials konvex ist. (Siehe dazu die Ausführungen in Abschnitt 5.1.3.) Wie aber Ball [5] nachweist, ist diese Forderung für eine Aufgabenstellung der nichtlinearen Elastodynamik nicht ausreichend. Marsden und Hughes [55] führen aus, dass die Existenz einer eindeutigen Lösung in der Elastodynamik nur dann gegeben ist, sofern die Funktion des elastischen Potentials die Eigenschaft der Polykonvexität erfüllt. Diese Forderung verlangt die strikte Konvexität der Funktion in sämtlichen Argumenten und garantiert dann die strenge Elliptizität des Elastizitätsproblems. Näheres zu diesem Aspekt findet der Leser z. B. in [17] und [70].

Bei der Betrachtung der Bewegung des Kontinuums im Raum haben wir den Deformationsgradienten multiplikativ in einen dilatatorischen und einen isochoren Anteil aufgespalten. Eine analoge Aufspaltung der Potentialfunktion ist die konsequente Fortführung dieses Konzeptes und wurde von Penn [78] vorgeschlagen. Mit den Invarianten $(I_{iso})_i = \tilde{I}_i$ des isochoren Deformationstensors gilt dann

$$W = W_{vol}(J) + W_{iso}(\tilde{I}_1, \tilde{I}_2) \tag{5.5}$$

oder alternativ mit $(\lambda_{iso})_\alpha = \tilde{\lambda}_\alpha$

$$W = W_{vol}(J) + W_{iso}(\tilde{\lambda}_1, \tilde{\lambda}_2, \tilde{\lambda}_3) \tag{5.6}$$

Die Definition des isochoren Potentials W_{iso} als Funktion der isochoren Invarianten ist immer dann notwendig, wenn die Formulierung dilatatorische und isochore Deformationsanteile berücksichtigt und die Inkompressibilitätsbedingung nur im Grenzfall exakt erfüllt wird. Ist die Inkompressibilitätsbedingung als Nebenbedingung in die Formulierung eingebaut, wie z. B. im Falle des zweiachsigen Spannungszustandes, so gilt $W_{vol} = 0$ und wegen $I_3 = 1$, $W_{iso} = W_{iso}(I_1, I_2)$.

Eine Finite-Elemente-Formulierung, die auf der Aufspaltung des Potentials basiert, bringt eine Reihe von Vorteilen, so z. B. bei der Formulierung der Plastizität und erlaubt eine direkte Steuerung des Grades der Inkompressibilität. So kann für ein vollständig inkompressibles Material der Anteil W_{vol} näherungsweise zu Null eingestellt werden. Wirkliche, als inkompressibel anzusehende Materialien, weisen aber stets noch eine geringe Restkompressibilität auf, sodass beide Anteile vorhanden sind. Die einzelnen Anteile werden größenordnungsmäßig durch den Kompressionsmodul K mit $W_{vol} = f(\mathsf{K})$ und den Schubmodul G mit $W_{iso} = f(\mathsf{G})$ bestimmt, wobei z. B. für gummiartige Werkstoffe $K >> \mathsf{G}$ gilt.

Das Aufstellen der Dehnungsenergiefunktion von Gummiwerkstoffen wird in den Arbeiten von Blatz und Ko [4], Fong und Penn [26] beschrieben, wobei besonderes Augenmerk auf die Kompressibilität des Werkstoffes gelegt wird (siehe auch [78]). Blatz und Ko untersuchen Polyurethan, Gummi und Schaumgummi. Sie weisen daraufhin, dass die Kompressibilität nicht vernachlässigt werden darf und bestimmen für kleine Verzerrungen eine Querkontraktionszahl von $\nu = 0.49997$, die aber für endliche Verzerrungen auf $\nu = 0.463$ absinkt. Fong und Penn führen die Arbeiten weiter und kommen zu dem Ergebnis, dass eine bessere Darstellung der Versuchsergebnisse durch Bereitstellen eines Kopplungsterms zwischen isochoren und volumetrischen Deformationsvariablen erhalten wird. In diesem Fall wird für das elastische Potential anstatt (5.6) der Ansatz

$$W = W_{vol}(J) + W_{iso}(\tilde{\lambda}_1, \tilde{\lambda}_2, \tilde{\lambda}_3) + W_{kop}(J, \tilde{\lambda}_1, \tilde{\lambda}_2, \tilde{\lambda}_3) \tag{5.7}$$

verwendet. Eine Anwendung dieses Ansatzes zur Berechnung von Gummiwerkstoffen mit der Methode der Finiten Elemente wird in [12] beschrieben.

Bevor wir in einem späteren Abschnitt Vorschläge für die Dehnungsenergiefunktion W vorstellen wollen, wenden wir uns nun der Berechnung des Spannungstensors und des Materialtensors zu, die wir durch Ableitung des Potentials erhalten.

5.1.1 Der dreiachsige Spannungszustand

Die konjugierten Deformations- und Spannungstensoren, welche die Dehnungsenergie bilden, können wir aus Gleichung (4.72) ablesen. Auf der Ausgangskonfiguration sind dies die Greenschen Verzerrungen und die zweiten Piola-Kirchhoff-Spannungen. Es gilt somit

$$\boldsymbol{S} = \frac{\partial W}{\partial \boldsymbol{E}} \tag{5.8}$$

und mit $2d\boldsymbol{E} = d\boldsymbol{C}$ aus Gleichung (3.68)

$$\boldsymbol{S} = 2\frac{\partial W}{\partial \boldsymbol{C}} \tag{5.9}$$

Durch nochmaliges Ableiten nach dem Verzerrungstensor $\boldsymbol{E}$ gewinnt man den Materialtensor[1] $\mathbb{C}$:

$$\mathbb{C} = 2\,\frac{\partial \boldsymbol{S}}{\partial \boldsymbol{C}} = 4\,\frac{\partial^2 W}{\partial \boldsymbol{C} \partial \boldsymbol{C}} \tag{5.10}$$

Auf der Momentankonfiguration sind die konjugierten Tensoren die Almansischen Verzerrungen $\boldsymbol{e}$, (da $\boldsymbol{d}$ nach Gleichung (3.136) die Lie-Ableitung von $\boldsymbol{e}$ ist) und die Kirchhoff-Spannungen $\boldsymbol{\tau}$. Im einzelnen ergeben sich folgende Möglichkeiten der Spannungsberechnung auf der Momentankonfiguration:

$$\boldsymbol{\tau} = \frac{\partial W}{\partial \boldsymbol{e}} \tag{5.10a}$$

$$\boldsymbol{\tau} = 2\,\frac{\partial W}{\partial \boldsymbol{b}}\,\boldsymbol{b} \tag{5.10b}$$

$$\boldsymbol{\tau} = \sum_{\alpha=1}^{3} \frac{\partial W}{\partial \epsilon_\alpha} \boldsymbol{n}^\alpha \otimes \boldsymbol{n}^\alpha \tag{5.10c}$$

Wenn die Potentialfunktion eine Funktion der Metrik $\boldsymbol{g}$ ist, folgt mit

$$\frac{\partial e_{ab}}{\partial g_{ij}} = \frac{1}{2} \delta_a{}^i \delta_b{}^j$$

als weitere Berechnungsmöglichkeit zu Gleichung (5.10a)

$$\boldsymbol{\tau} = 2\,\frac{\partial W}{\partial \boldsymbol{g}} \tag{5.10d}$$

Wir wollen diese Gleichungen der Reihe nach beweisen.

a) Der Beweis für (5.10a) wird in Koordinaten ausgeführt. Aus der *push forward* Operation folgt

$$\tau^{ab} = F^a{}_I S^{IJ} F^b{}_J = F^a{}_I \frac{\partial W}{\partial e_{nm}} \frac{\partial e_{nm}}{\partial E_{IJ}} F^b{}_J$$

Aus $e_{nm} = (F^{-1})^R{}_n E_{RS} (F^{-1})^S{}_m$ ergibt sich

$$\frac{\partial e_{nm}}{\partial E_{IJ}} = (F^{-1})^I{}_n (F^{-1})^J{}_m$$

[1] Um eine Verwechslung mit dem Deformationstensor auszuschließen, verwenden wir für den Materialtensor anstatt des fettgeschriebenen **C** das doppeltgestrichene $\mathbb{C}$.

was eingesetzt in obige Gleichung auf das gewünschte Ergebnis

$$\tau^{ab} = \frac{\partial W}{\partial e_{ab}}$$

führt.

b) Den Beweis für (5.10b) führen wir über die Darstellung im Hauptachsensystem durch. Mit der Kettenregel und Gleichung (3.164) ergibt sich

$$\boldsymbol{S} = 2\frac{\partial W}{\partial \lambda_\alpha}\frac{\partial \lambda_\alpha}{\partial \boldsymbol{C}} = \sum_{\alpha=1}^{3}\frac{\partial W}{\partial \lambda_\alpha}(\lambda_\alpha \boldsymbol{M}^\alpha)$$

Push forward auf die Momentankonfiguration (siehe dazu (3.47)) und nochmaliges Anwenden der Kettenregel liefert

$$\boldsymbol{\tau} = \sum_{\alpha=1}^{3}\frac{\partial W}{\partial \lambda_\alpha}(\lambda_\alpha \boldsymbol{m}^\alpha) = \sum_{\alpha=1}^{3}\frac{\partial W}{\partial \lambda_\alpha}(\lambda_\alpha \boldsymbol{n}^\alpha \otimes \boldsymbol{n}^\alpha) = \frac{\partial W}{\partial \boldsymbol{b}}\sum_{\alpha=1}^{3}\frac{\partial \boldsymbol{b}}{\partial \lambda_\alpha}(\lambda_\alpha \boldsymbol{n}^\alpha \otimes \boldsymbol{n}^\alpha)$$

Mit der Ableitung von $\boldsymbol{b} = \sum_{\alpha=1}^{3}\lambda_\alpha^2 \boldsymbol{n}^\alpha \otimes \boldsymbol{n}^\alpha$ nach Gleichung (3.41) mit $m = 1$

$$\frac{\partial \boldsymbol{b}}{\partial \lambda_\alpha} = 2\lambda_{(\alpha)}\boldsymbol{n}^{(\alpha)} \otimes \boldsymbol{n}^{(\alpha)}$$

folgt das Ergebnis

$$\boldsymbol{\tau} = 2\frac{\partial W}{\partial \boldsymbol{b}}\underbrace{\sum_{\alpha=1}^{3}\lambda_\alpha^2 \boldsymbol{n}^\alpha \otimes \boldsymbol{n}^\alpha \cdot \boldsymbol{n}^\alpha \otimes \boldsymbol{n}^\alpha}_{\boldsymbol{b}} = 2\frac{\partial W}{\partial \boldsymbol{b}}\boldsymbol{b}$$

und in Koordinatenschreibweise

$$\tau^{ab} = 2g^{ac}\frac{\partial W}{\partial b^{cd}}b^{db}$$

Aus dem Skalarprodukt der Eigenvektoren $\boldsymbol{n}^\alpha \cdot \boldsymbol{n}^\alpha = \delta^{ac}$ ergibt sich für den allgemeinen Fall die in der Formel enthaltene Metrik g^{ac}.

c) Gleichung (5.10c) wird mit $\frac{\partial \lambda_\alpha}{\partial \epsilon_\alpha} = \lambda_\alpha$ umgeformt in

$$\boldsymbol{\tau} = \sum_{\alpha=1}^{3}\frac{\partial W}{\partial \epsilon_\alpha}\boldsymbol{n}^\alpha \otimes \boldsymbol{n}^\alpha = \sum_{\alpha=1}^{3}\frac{\partial W}{\partial \lambda_\alpha}\frac{\partial \lambda_\alpha}{\partial \epsilon_\alpha}\boldsymbol{n}^\alpha \otimes \boldsymbol{n}^\alpha = \sum_{\alpha=1}^{3}\frac{\partial W}{\partial \lambda_\alpha}\lambda_\alpha \boldsymbol{m}^\alpha$$

sodass man wieder zu Beweis b) kommt.

Aus der letzten Gleichung erkennt man, dass der linke Deformationstensor und der Kirchhoff-Spannungstensor gleiche Hauptrichtungen haben. Wir stellen also fest: Beim isotropen Material haben Spannungs- und Deformationstensor gleiche Hauptrichtungen, d. h. sie sind koaxial. Es gilt somit allgemein für die Hauptspannungen des Kirchhoff-Spannungstensors

$$\tau_\alpha = \frac{\partial W}{\partial \lambda_{(\alpha)}} \lambda_{(\alpha)} \tag{5.11}$$

und für die deviatorischen Hauptspannungen

$$\tilde{\tau}_\alpha = \frac{\partial W}{\partial \lambda_{(\alpha)}} \lambda_{(\alpha)} - \sum_{\beta=1}^{3} \frac{1}{3} \lambda_\beta \frac{\partial W}{\partial \lambda_\beta} \tag{5.12}$$

Eine wichtige Aussage über eine mögliche Spannungsfunktion für ein hyperelastisches Material entnehmen wir der Ableitungsgleichung (5.10b). Wir ersehen, dass sich die einfachste Spannungsfunktion für den Fall ergibt, wo die Potentialfunktion eine lineare Funktion des linken Deformationtensors $\boldsymbol{b}$ ist. Dann wird die Ableitung $\partial W / \partial \boldsymbol{b}$ im Feld konstant sein und aus dem isochoren Potential W_{iso} folgen die deviatorischen Spannungen

$$\tilde{\boldsymbol{\tau}} = \mathsf{G} \boldsymbol{b}_{iso} \tag{5.13}$$

mit dem Schubmodul G des Materials. Das Materialgesetz, welches auf diese Spannung führt, ist das so genannte Neo-Hooke Materialgesetz, welches wir in Abschnitt 5.1.3 noch kennenlernen werden (siehe nachfolgende Fußnote 5).

Als nächstes wollen wir eine allgemeine Gleichung für die Kirchhoff-Spannung aufstellen. Dazu berechnen wir zuerst den zweiten Piola-Kirchhoff-Spannungstensor aus dem Potentialansatz nach Gleichung (5.4). Mit der Ableitungsregel nach (5.9) und den Gleichungen (3.147), (3.150) und (3.157) ergibt sich

$$\boldsymbol{S} = 2 \left\{ \left(\frac{\partial W}{\partial I_1} + I_1 \frac{\partial W}{\partial I_2} \right) \boldsymbol{G}^\sharp - \frac{\partial W}{\partial I_2} \boldsymbol{G}^\sharp \boldsymbol{C} \boldsymbol{G}^\sharp + I_3 \frac{\partial W}{\partial I_3} \boldsymbol{C}^{-1} \right\} \tag{5.14}$$

Nun führen wir die *push forward* Operation nach Gleichung (3.22) auf die Momentankonfiguration aus und erhalten der Reihe nach

$$\Phi_\star(\boldsymbol{G}^\sharp) = \boldsymbol{F} \boldsymbol{G}^\sharp \boldsymbol{F}^T = \boldsymbol{b}$$

$$\Phi_\star(\boldsymbol{G}^\sharp \boldsymbol{C} \boldsymbol{G}^\sharp) = \boldsymbol{F} [\boldsymbol{G}^\sharp (\boldsymbol{F}^T \boldsymbol{g} \boldsymbol{F}) \boldsymbol{G}^\sharp] \boldsymbol{F}^T = \boldsymbol{b}^2$$

$$\Phi_\star(\boldsymbol{C}^{-1}) = \boldsymbol{F}(\boldsymbol{F}^{-1}\boldsymbol{g}^\sharp \boldsymbol{F}^{-T})\boldsymbol{F}^T = \boldsymbol{g}^\sharp$$

Wir verwenden diese Ergebnisse in Gleichung (5.14) und sortieren nach aufsteigenden Potenzen:

$$\boldsymbol{\tau} = 2\left\{I_3 \frac{\partial W}{\partial I_3}\boldsymbol{g}^\sharp + (\frac{\partial W}{\partial I_1} + I_1 \frac{\partial W}{\partial I_2})\boldsymbol{b} - \frac{\partial W}{\partial I_2}\boldsymbol{b}^2\right\} \tag{5.15}$$

oder allgemein mit $\boldsymbol{b} = \boldsymbol{V}^2$

$$\boldsymbol{\tau} = a_0\boldsymbol{g} + a_1\boldsymbol{b} + a_2\boldsymbol{b}^2 = a_0\boldsymbol{g} + a_1\boldsymbol{V}^2 + a_2\boldsymbol{V}^4 \tag{5.16}$$

Letztere Beziehung kann mit dem Theorem von Cayley-Hamilton (siehe Kapitel Mathematische Grundlagen, Gleichung (1.51)), auf die einfachere Form

$$\boldsymbol{\tau} = c_0\boldsymbol{g} + c_1\boldsymbol{V} + c_2\boldsymbol{V}^2 \tag{5.17}$$

umgeschrieben werden.

Mit der Gleichung (5.16) bzw. (5.17) haben wir einen allgemeinen Ausdruck für den Kirchhoff-Spannungstensor eines hyperelastischen Materials gefunden. Die Skalare a_0, a_1, a_2 und c_0, c_1, c_2 ergeben sich aus der Ableitung der Potentialfunktion nach den Invarianten und sind damit abhängig von der vorgegebenen Materialbeschreibung. Wegen der Koaxialität von Spannungs- und Deformationstensor[2], können wir nun für die Hauptwerte des Kirchhoff-Spannungstensors nach Gleichung (5.15) schreiben

$$\tau^\alpha = 2\left\{I_3 \frac{\partial W}{\partial I_3} + (\frac{\partial W}{\partial I_1} + I_1 \frac{\partial W}{\partial I_2})\lambda_\alpha^2 - \frac{\partial W}{\partial I_2}\lambda_\alpha^4\right\} \tag{5.18}$$

Da wir im Kapitel 9 eine Finite-Elemente-Formulierung vorstellen werden, in der wir für die Materialbeschreibung den Ansatz nach Gleichung (5.6) verwenden, wollen wir diesen nun als nächstes auswerten. Der Spannungstensor besteht dann, gemäß Gleichung (4.15), aus dem Spannungstensor in Form des Kugeltensors, der sich aus dem dilatatorischen Potential ableitet und einen hydrostatischen Druck als Koordinate hat und dem deviatorischen Spannungstensor, der sich aus dem isochoren Potential ableiten.

Wir führen die Ableitung des Potentials nach Gleichung (5.9) durch und erhalten für die Spannung

$$\boldsymbol{S} = 2\frac{\partial W_{vol}}{\partial J}\frac{\partial J}{\partial \boldsymbol{C}} + 2\frac{\partial W_{iso}}{\partial \tilde{\lambda}_\alpha}\frac{\partial \tilde{\lambda}_\alpha}{\partial \boldsymbol{C}} \tag{5.19}$$

[2]Man beachte, dass nach Gleichung (3.41) das Potenzieren eines Tensors seine Hauptrichtungen nicht ändert, sodass alle Tensoren in Gleichung (5.16) gleiche Hauptrichtungen haben.

und mit den Gleichungen (3.158) und (3.164)

$$S = J\frac{\partial W_{vol}}{\partial J}C^{-1} + \sum_{\beta=1}^{3} \frac{\partial W_{iso}}{\partial \tilde{\lambda}_\alpha}\frac{\partial \tilde{\lambda}_\alpha}{\partial \lambda_\beta}\lambda_\beta M^\beta \tag{5.20}$$

Nach Gleichung (4.14) enthält der zweite Term die Hauptwerte des Kirchhoff-Spannungstensors, die aus dem isochoren Potential folgen. Mit Hilfe von Gleichung (3.160) werten wir diesen Term aus und erhalten für die Hauptspannungen[3]

$$\tilde{\tau}_\beta = \sum_{\alpha=1}^{3} \frac{\partial W_{iso}}{\partial \tilde{\lambda}_\alpha}\frac{\partial \tilde{\lambda}_\alpha}{\partial \lambda_{(\beta)}}\lambda_{(\beta)} = \left[\frac{\partial W_{iso}}{\partial \tilde{\lambda}_{(\beta)}}\tilde{\lambda}_{(\beta)} - \sum_{\alpha=1}^{3}\frac{1}{3}\tilde{\lambda}_\alpha\frac{\partial W_{iso}}{\partial \tilde{\lambda}_\alpha}\right] \tag{5.21}$$

Ein Vergleich mit der Beziehung (5.12) zeigt, dass diese Gleichung die deviatorischen Hauptspannungen angibt, was sofort durch einfache Rechnung bestätigt werden kann.

Im Ausdruck (5.20) sind im Tensor M^β nach Gleichung (3.45) die Eigenvektoren N^α enthalten. Wir erinnern uns, dass die Hauptrichtungen N^α nur für den Fall unterschiedlicher Eigenwerte λ_α eindeutig bestimmt sind. Beachtet man aber, dass für gleiche Eigenwerte $\lambda_1 = \lambda_2$ auch gleiche Spannungswerte aus Gleichung (5.11) bzw. (5.21) folgen, so können mit Hilfe von Gleichung (3.46) die unbekannten Tensoren M^1 und M^2 eliminiert werden. Wir schreiben für den zweiten Term in Gleichung (5.20) ausführlich

$$\tilde{\tau}_\beta M^\beta = \tilde{\tau}_1 M^1 + \tilde{\tau}_2 M^2 + \tilde{\tau}_3 M^3$$

und erhalten mit $\tilde{\tau}_1 = \tilde{\tau}_2$ und Gleichung (3.46)

$$\tilde{\tau}_\beta M^\beta = \tilde{\tau}_1(M^1 + M^2) + \tilde{\tau}_3 M^3 = \tilde{\tau}_1(C^{-1} - M^3) + \tilde{\tau}_3 M^3 \tag{5.22}$$

Im Falle dreier gleicher Eigenwerte werden die beliebigen Eigenvektoren mit der Bedingung (3.46) und der Bedingung dreier gleicher Spannungswerte auf dieselbe Weise eliminiert. Damit gilt für den zweiten Piola-Kirchhoff Spannungstensor:

$$S = J\frac{\partial W_{vol}}{\partial J}C^{-1} + \begin{cases} \tilde{\tau}_\beta M^\beta & \text{für: } \tilde{\lambda}_1 \neq \tilde{\lambda}_2 \neq \tilde{\lambda}_3 \\ \tilde{\tau}_1(C^{-1} - M^3) + \tilde{\tau}_3 M^3 & \text{für: } \tilde{\lambda}_1 = \tilde{\lambda}_2 \neq \tilde{\lambda}_3 \\ \tilde{\tau}_1 C^{-1} & \text{für: } \tilde{\lambda}_1 = \tilde{\lambda}_2 = \tilde{\lambda}_3 \end{cases} \tag{5.23}$$

[3] Im Hauptachsensystem muss nicht zwischen ko- und kontravarianten Größen unterschieden werden. Deshalb darf der die Hauptrichtung bezeichnende Index β, als hoch- oder tiefgestellter Index geschrieben werden.

Die entsprechenden Gleichungen für die Cauchy-Spannungen gewinnt man wieder über eine *push forward* Operation. Mit den Gleichungen (3.47) und (3.49) ergibt sich (mit $\boldsymbol{g}^\natural = \boldsymbol{I}$):

$$\boldsymbol{\sigma} = \frac{\partial W_{vol}}{\partial J}\boldsymbol{I} + \begin{cases} J^{-1}\,\tilde{\tau}_\beta \boldsymbol{m}^\beta & \text{für}: \quad \tilde{\lambda}_1 \neq \tilde{\lambda}_2 \neq \tilde{\lambda}_3 \\ J^{-1}\,(\tilde{\tau}_1(\boldsymbol{I}-\boldsymbol{m}^3) + \tilde{\tau}_3 \boldsymbol{m}^3) & \text{für}: \quad \tilde{\lambda}_1 = \tilde{\lambda}_2 \neq \tilde{\lambda}_3 \\ J^{-1}\,\tilde{\tau}_1 \boldsymbol{I} & \text{für}: \quad \tilde{\lambda}_1 = \tilde{\lambda}_2 = \tilde{\lambda}_3 \end{cases} \tag{5.24}$$

Wir kommen zur Berechnung des Materialtensors nach Gleichung (5.10). Analog zum Spannungstensor setzt er sich aus dem dilatatorischen Anteil $\mathbb{C}_{vol}$ und dem deviatorischen Anteil $\mathbb{C}_{dev}$ zusammen:

$$\mathbb{C} = \mathbb{C}_{vol} + \mathbb{C}_{dev} \tag{5.25}$$

Die Anteile des Materialtensors auf der Ausgangskonfiguration erhalten wir durch Ableiten der Spannungen (5.23) nach der Deformation gemäß (5.10):

$$\mathbb{C}_{vol} = 2\,\frac{\partial}{\partial \boldsymbol{C}}\left\{J\,\frac{\partial W_{vol}}{\partial J}\boldsymbol{C}^{-1}\right\} \tag{5.26}$$

und

$$\mathbb{C}_{dev} = 2\left\{\frac{\partial \tilde{\tau}_\beta}{\partial \boldsymbol{C}} \otimes \boldsymbol{M}^\beta + \tilde{\tau}_\beta\,\frac{\partial \boldsymbol{M}^\beta}{\partial \boldsymbol{C}}\right\} \tag{5.27}$$

Man beachte, dass nur der deviatorische Materialtensor $\mathbb{C}_{dev}$ ein Funktion der Eigenvektoren ist, die im Tensor $\boldsymbol{M}^\beta$ nach Gleichung (3.45) enthalten sind. Die dilatatorische Deformation hat skalaren Charakter und infolgedessen muss der dilatatorische Materialtensor $\mathbb{C}_{vol}$ auch richtungsinvariant sein, was sich im Fehlen der richtungsbestimmenden Eigenvektoren zeigt.

Der dilatatorische Anteil des Materialtensors kann mit Hilfe der Gleichungen (3.158) und (3.167) ausgewertet werden:

$$\mathbb{C}_{vol} = J\left(\frac{\partial W_{vol}}{\partial J} + J\,\frac{\partial^2 W_{vol}}{\partial J^2}\right)\boldsymbol{C}^{-1} \otimes \boldsymbol{C}^{-1} - 2J\,\frac{\partial W_{vol}}{\partial J}\boldsymbol{I}_{C^{-1}} \tag{5.28}$$

Als nächstes berechnen wir den deviatorischen Materialtensor $\mathbb{C}_{dev}$ nach Gleichung (5.27). Da die Hauptwerte der Kirchhoff-Spannung $\tilde{\tau}_\beta$ nach Gleichung (5.21) Funktionen der isochoren Streckungen $\tilde{\lambda}_\alpha$ sind und der Deformationstensor $\boldsymbol{C}$ Funktion der Streckungen λ_α, erweitern wir den Quotient $\partial\tilde{\tau}_\beta/\partial\boldsymbol{C}$ mit der Kettenregel und setzen dann Gleichung (3.164) ein:

$$2\,\frac{\partial \tilde{\tau}_\beta}{\partial \boldsymbol{C}} = 2\,\frac{\partial \tilde{\tau}_\beta}{\partial \tilde{\lambda}_\gamma}\frac{\partial \tilde{\lambda}_\gamma}{\partial \lambda_\alpha}\frac{\partial \lambda_\alpha}{\partial \boldsymbol{C}} = 2\sum_{\alpha=1}^{3}\frac{\partial \tilde{\tau}_\beta}{\partial \tilde{\lambda}_\gamma}\frac{\partial \tilde{\lambda}_\gamma}{\partial \lambda_\alpha}\frac{1}{2}\lambda_\alpha \boldsymbol{M}^\alpha \tag{5.29}$$

Wir führen die Abkürzung

$$\varpi_{\beta\alpha} = \frac{\partial \tilde{\tau}_\beta}{\partial \tilde{\lambda}_\gamma} \frac{\partial \tilde{\lambda}_\gamma}{\partial \lambda_{(\alpha)}} \lambda_{(\alpha)} = J^{1/3} \frac{\partial \tilde{\tau}_\beta}{\partial \tilde{\lambda}_\gamma} \frac{\partial \tilde{\lambda}_\gamma}{\partial \lambda_{(\alpha)}} \tilde{\lambda}_{(\alpha)} \tag{5.30}$$

ein und bringen damit Gleichung (5.27) auf die Form

$$\mathbb{C}_{dev} = \varpi_{\beta\alpha} \boldsymbol{M}^\alpha \otimes \boldsymbol{M}^\beta + 2\,\tilde{\tau}_\beta \frac{\partial \boldsymbol{M}^\beta}{\partial \boldsymbol{C}} \tag{5.31}$$

Nach Gleichung (5.31) setzt sich der Materialtensor aus zwei Anteilen zusammen. Der erste Anteil folgt aus der Änderung der Spannungshauptwerte im festgehaltenen Hauptachsensystem, und der zweite Anteil folgt aus der Drehung der Hauptrichtungen bei festgehaltenen Spannungen.

Der Materialtensor $\mathbb{C}$ besitzt Symmetrieeigenschaften, welche die Ableitungsgleichung (5.10) sofort offenlegt, sofern man auf die Koordinatenschreibweise wechselt:

$$\mathbb{C}^{IJMN} = 4\,\frac{\partial^2 W}{\partial C_{IJ} \partial C_{MN}} \tag{5.32}$$

Aus der Symmetrie des Deformationstensors und der Vertauschbarkeit der Ableitung folgen die Symmetrien

$$\mathrm{C}^{IJMN} = \mathrm{C}^{JIMN} = \mathrm{C}^{IJNM} = \mathrm{C}^{NMIJ} \tag{5.33}$$

die von Gleichung (5.31) befriedigt werden müssen. Man erkennt, dass der erste Term diese Symmetrien aufweist, sofern $\varpi_{\beta\alpha}$ eine symmetrische Matrix ist. Um die Symmetrie von $\varpi_{\beta\alpha}$ nachzuweisen, gilt es Gleichung (5.30) auszuwerten. Dazu setzen wir zunächst Gleichung (3.160) ein und erhalten

$$\varpi_{\beta\alpha} = \frac{\partial \tilde{\tau}_\beta}{\partial \tilde{\lambda}_{(\alpha)}} \tilde{\lambda}_{(\alpha)} - \frac{1}{3} \frac{\partial \tilde{\tau}_\beta}{\partial \tilde{\lambda}_\gamma} \tilde{\lambda}_\gamma \tag{5.34}$$

Diese Gleichung ist analog zur Gleichung (5.21) für die Spannungsberechnung aufgebaut. Für die Zeilensumme der Matrix gilt

$$\sum_{\alpha=1}^{3} \varpi_{\beta\alpha} = \sum_{\alpha=1}^{3} \frac{\partial \tilde{\tau}_\beta}{\partial \tilde{\lambda}_{(\alpha)}} \tilde{\lambda}_{(\alpha)} - \frac{\partial \tilde{\tau}_\beta}{\partial \tilde{\lambda}_\gamma} \tilde{\lambda}_\gamma = 0 \tag{5.35}$$

Nun drücken wir die Spannungen noch nach Gleichung (5.21) in der Dehnungsenergiefunktion aus und leiten nach den Streckungen ab. In der nachfolgenden

Formel, die wir nach einigen Umformungen erhalten, sind α und β frei zu wählende Indizes über die man nicht summieren darf und bei denen wir nun aus Gründen der Übersichtlichkeit die Klammern weggelassen haben:

$$\begin{aligned}
\varpi_{\beta\alpha} &= \frac{\partial^2 W_{iso}}{\partial\tilde{\lambda}_\beta \partial\tilde{\lambda}_\alpha}\tilde{\lambda}_\beta\tilde{\lambda}_\alpha + \frac{\partial W_{iso}}{\partial\tilde{\lambda}_\beta}\tilde{\lambda}_\alpha\delta_{\alpha\beta} \\
&\quad -\frac{1}{3}\left(\frac{\partial W_{iso}}{\partial\tilde{\lambda}_\beta}\tilde{\lambda}_\beta + \frac{\partial W_{iso}}{\partial\tilde{\lambda}_\alpha}\tilde{\lambda}_\alpha + \frac{\partial^2 W_{iso}}{\partial\tilde{\lambda}_\gamma\partial\tilde{\lambda}_\alpha}\tilde{\lambda}_\gamma\tilde{\lambda}_\alpha + \frac{\partial^2 W_{iso}}{\partial\tilde{\lambda}_\gamma\partial\tilde{\lambda}_\beta}\tilde{\lambda}_\gamma\tilde{\lambda}_\beta\right) \\
&\quad +\frac{1}{9}\left(\frac{\partial W_{iso}}{\partial\tilde{\lambda}_\gamma}\tilde{\lambda}_\gamma + \frac{\partial^2 W_{iso}}{\partial\tilde{\lambda}_\gamma\partial\tilde{\lambda}_\lambda}\tilde{\lambda}_\gamma\tilde{\lambda}_\lambda\right) \qquad (5.36)
\end{aligned}$$

Durch Vertauschen der Indizes α und β lässt sich die angesprochene Symmetrie der Matrix $\varpi_{\beta\alpha}$ nachweisen.

Wir wenden uns dem zweiten, richtungsabhängigen Anteil des Materialtensors zu. Die Ableitung $\partial\boldsymbol{M}^\alpha/\partial\boldsymbol{C}$ haben wir schon in 3.5 berechnet und als Ergebnis die Gleichung (3.171), die wir nun nochmals anschreiben:

$$\begin{aligned}
\frac{\partial\boldsymbol{M}^\alpha}{\partial\boldsymbol{C}} &= \frac{1}{D_{(\alpha)}}\Big\{\boldsymbol{I}_C - \boldsymbol{I}\otimes\boldsymbol{I} + \lambda_{(\alpha)}^{-2}I_3\,(\boldsymbol{C}^{-1}\otimes\boldsymbol{C}^{-1} - \boldsymbol{I}_{C^{-1}}) \\
&\quad + \lambda_{(\alpha)}^2[\boldsymbol{M}^{(\alpha)}\otimes\boldsymbol{I} + \boldsymbol{I}\otimes\boldsymbol{M}^{(\alpha)}] - \lambda_{(\alpha)}^{-2}I_3\,[\boldsymbol{M}^{(\alpha)}\otimes\boldsymbol{C}^{-1} + \boldsymbol{C}^{-1}\otimes\boldsymbol{M}^{(\alpha)}] \\
&\quad - (4\lambda_{(\alpha)}^4 - I_1\lambda_{(\alpha)}^2 - I_3\lambda_{(\alpha)}^{-2})\boldsymbol{M}^{(\alpha)}\otimes\boldsymbol{M}^{(\alpha)}\Big\}
\end{aligned}$$

Wir erkennen, dass sich die Ableitung aus tensoriellen Produkten symmetrischer Tensoren zweiter Stufe zusammensetzt. Sofern es sich dabei um zwei gleiche Tensoren handelt, sind alle verlangten Symmetriebedingungen erfüllt. Das gleiche gilt für die in eckiger Klammer stehenden Ausdrücke, wo jeweils zwei unterschiedliche symmetrische Tensoren verknüpft werden. Da diese Verknüpfung aber zweimal, in normaler und transponierter Reihenfolge enthalten ist, ist die Symmetrieeigenschaft $C^{IJMN} = C^{MNIJ}$ auch hier erfüllt. Eine Untersuchung muss noch für die Glieder $\boldsymbol{I}_{C^{-1}}$ und $\boldsymbol{I}_C$ durchgeführt werden. Zu diesem Zweck schreiben wir den Term $\boldsymbol{I}_{C^{-1}}$ in Koordinatendarstellung nach Gleichung (3.167) nochmals an:

$$\boldsymbol{I}_{C^{-1}} := -\frac{\partial C^{IJ}}{\partial C_{MN}} = C^{IM}C^{JN} \qquad (5.37)$$

Dieser Ausdruck liefert einen Beitrag zum Materialtensor mit der Koordinatendarstellung C^{IJMN}. Wählt man nun die Indizes $I = 1, J = 2, M = 1, N = 2$ und wertet die Symmetriebedingungen nach Gleichung (5.33) aus, so führt dies auf die Koordinaten

$$\mathrm{C}^{1212} = \mathrm{C}^{2121} = \mathrm{C}^{2112} = \mathrm{C}^{1221}$$

des Materialtensors, die alle den gleichen Wert haben müssen. Die Auswertung des Ausdruckes für $\boldsymbol{I}_{C^{-1}}$ nach Gleichung (5.37) ergibt als Ergebnis zwei unterschiedliche Wertepaare

$$C^{11}C^{22} = C^{22}C^{11} \quad \text{und} \quad C^{21}C^{12} = C^{12}C^{21}$$

Der Term $\boldsymbol{I}_{C^{-1}}$ besitzt demnach nicht die verlangte Symmetrieeigenschaft. Nun muss festgestellt werden, dass die verletzte Symmetriebedingung für die Programmierung keine Rolle spielt, sofern man entsprechend der Summationskonvention die Indizes in Schleifen abarbeitet. In der Regel wird man aber, aus Gründen der Rechenzeitersparnis, die Symmetrien des Materialtensors ausnützen und seine Koordinaten in einer symmetrischen Matrix anordnen. Zu diesem Zweck zerlegen wir den Ausdruck (5.37) in seinen symmetrischen und seinen schiefsymmetrischen Anteil:

$$C^{IM}C^{JN} = \frac{1}{2}(C^{IM}C^{JN} + C^{IN}C^{MJ}) + \frac{1}{2}(C^{IM}C^{JN} - C^{IN}C^{MJ}) \tag{5.38}$$

Man kann nun zeigen, dass der erste Klammerterm für alle Indexpermutationen nach Gleichung (5.33) immer den gleichen Wert, gebildet als arithmetisches Mittel $1/2(C^{11}C^{22} + C^{12}C^{12})$, ergibt. Der zweite Klammerterm ist schiefsymmetrisch und liefert bei der Verjüngung mit dem symmetrischen Verzerrungstensor keinen Beitrag zum Spannungstensor, sodass man diesen Anteil gleich weglassen darf. Entsprechend wird man auch in einem Rechenprogramm nur den symmetrischen Teil von $\boldsymbol{I}_{C^{-1}}$ in das Matrizenschema für den Materialtensor eintragen. Anstatt (5.37) gilt also die neue Definitionsgleichung

$$\boldsymbol{I}_{C^{-1}} := -\frac{\partial C^{IJ}}{\partial C_{MN}} = \frac{1}{2}(C^{IM}C^{JN} + C^{IN}C^{MJ}) \tag{5.39}$$

Es erübrigt sich darauf hinzuweisen, dass dieser Ausdruck für $\boldsymbol{I}_{C^{-1}}$ auch für den dilatatorischen Materialtensor nach Gleichung (5.28) zu verwenden ist.

Als nächstes untersuchen wir den Ausdruck für $\boldsymbol{I}_C$ nach Gleichung (3.154). Ein Vergleich mit dem Ausdruck für $\boldsymbol{I}_{C^{-1}}$ nach Gleichung (3.167) zeigt, dass dieser Term die gleiche Indexanordnung aufweist und somit ebenfalls die gewünschte Symmetrieeigenschaft verletzt. Entsprechend werden wir auch bei diesem Term nur den symmetrischen Anteil verwenden. Wir ersetzen also den Term für $\boldsymbol{I}_C$ nach Gleichung (3.154) durch die neue Definitionsgleichung:

$$\boldsymbol{I}_C := \frac{\partial C_{IJ}}{\partial C_{MN}} = \frac{1}{2}\left(\delta_I{}^M \delta_J{}^N + \delta_I{}^N \delta^M{}_J\right) \tag{5.40}$$

Damit ist der Materialtensor auf der Ausgangskonfiguration bekannt und es liegt nun nahe, ihn auch auf der Momentankonfiguration anzugeben.

Den Materialtensor auf der Momentankonfiguration können wir entweder durch Ableitung des Spannungstensors $\boldsymbol{\tau}$ berechnen, oder indem wir den Materialtensor der Ausgangskonfiguration auf die Momentankonfiguration hochschieben. Wählt man den Weg über die Ableitung des Spannungstensors, so folgt z. B. aus Gleichung (5.10a)

$$J\,\mathbf{c} = \frac{\partial^2 W}{\partial \boldsymbol{e}^2} = \frac{\partial \boldsymbol{\tau}}{\partial \boldsymbol{e}} \tag{5.41}$$

oder wenn W eine Funktion des Metriktensors $\boldsymbol{g}$ ist, entsprechend (5.10d)

$$J\,\mathbf{c} = 4\,\frac{\partial^2 W}{\partial \boldsymbol{g}^2} = 2\,\frac{\partial \boldsymbol{\tau}}{\partial \boldsymbol{g}} \tag{5.42}$$

Im vorliegenden Fall bietet sich der Weg über die *push forward* Operation an, da der Materialtensor auf der Ausgangskonfiguration schon bekannt ist. Bei der Vorstellung der Tensortransformationen zwischen den Konfigurationen haben wir diese nur für Tensoren bis zur Stufe zwei angegeben. Es ist nun aber sehr einfach diese Operation auf Tensoren höherer Stufe zu verallgemeinern. In diesem Fall ist jeder der Indizes gleich zu behandeln. Für den Materialtensor bedeutet dies, dass die *push forward* Operation nach Gleichung (3.20) viermal anzuwenden ist. Man erhält dann

$$J\mathrm{c}^{ijmn} = F^i{}_I F^j{}_J \mathrm{C}^{IJMN} F^m{}_M F^n{}_N \tag{5.43}$$

Diese Transformation des Materialtensors wird man durchführen wenn seine Koordinaten zahlenmäßig vorliegen. In unserem Fall ist der Materialtensor aber formelmäßig durch die Gleichungen (5.28), (5.31) und (3.171) gegeben. In diesen Gleichungen wird der Materialtensor jeweils aus dyadischen Produkten symmetrischer Tensoren zweiter Stufe aufgebaut. Je einer dieser Tensoren steht für ein Indexpaar IJ bzw. MN und ist somit nach Gleichung (3.22) zu transformieren. Die *push forward* Operation für diese Tensoren haben wir bereits in den Gleichungen (3.47), (3.49) und (3.52) angegeben.

Wir berechnen den Materialtensor auf der Momentankonfiguration für das kartesische Bezugssystem mit $g^{ij} = \delta^{ij}$ und erhalten für den dilatatorischen Materialtensor aus Gleichung (5.28)

$$\mathbf{c}_{vol} = \left(\frac{\partial W_{vol}}{\partial J} + J \frac{\partial^2 W_{vol}}{\partial J^2} \right) \boldsymbol{I} \otimes \boldsymbol{I} - 2 \frac{\partial W_{vol}}{\partial J} \boldsymbol{I}_d \tag{5.44}$$

mit

$$\boldsymbol{I}_d = \Phi_\star(\boldsymbol{I}_{C^{-1}}); \quad I_d{}^{ijmn} = \frac{1}{2} (\delta^{im}\delta^{jn} + \delta^{in}\delta^{mj}) \tag{5.45}$$

Für den deviatorischen Materialtensor erhält man ausgehend von Gleichung (5.31) mit (3.47)

$$\mathbf{c}_{dev} = \frac{1}{J} \varpi_{\beta\alpha} \boldsymbol{m}^\alpha \otimes \boldsymbol{m}^\beta + \frac{2}{J} \tilde{\tau}_\beta \, \Phi_\star\left(\frac{\partial \boldsymbol{M}^\beta}{\partial \boldsymbol{C}}\right) \tag{5.46}$$

mit

$$\begin{aligned} \Phi_\star\left(\frac{\partial \boldsymbol{M}^\beta}{\partial \boldsymbol{C}}\right) \;=\; & \frac{1}{D_\beta} \Big\{ \boldsymbol{I}_b - \boldsymbol{b} \otimes \boldsymbol{b} + \lambda_\beta^{-2} I_3 [\boldsymbol{I} \otimes \boldsymbol{I} - \boldsymbol{I}_d] \\ & + \lambda_\beta^2 [\boldsymbol{m}^\beta \otimes \boldsymbol{I} + \boldsymbol{I} \otimes \boldsymbol{m}^\beta] - \lambda_\beta^{-2} I_3 [\boldsymbol{m}^\beta \otimes \boldsymbol{I} + \boldsymbol{I} \otimes \boldsymbol{m}^\beta] \\ & - (4\lambda_\beta^4 - I_1 \lambda_\beta^2 - I_3 \lambda_\beta^{-2}) \boldsymbol{m}^\beta \otimes \boldsymbol{m}^\beta \Big\} \end{aligned} \tag{5.47}$$

und

$$\boldsymbol{I}_b = \Phi_\star(\boldsymbol{I}_C); \quad I_b{}^{ijmn} = \frac{1}{2} (b^{im} b^{jn} + b^{in} b^{mj}) \tag{5.48}$$

5.1.2 Materialtensor bei gleichen Eigenwerten

Im vorherigen Abschnitt haben wir den Materialtensor für ein hyperelastisches Material aufgestellt. Diesen erhielten wir durch zweifaches Ableiten des elastischen Potential nach der Deformation. Das elastische Potential hatten wir als Funktion der Eigenwerte des Deformationstensors definiert und den Deformationstensor in seiner Hauptachsendarstellung verwendet. Infolgedessen war der deviatorische Materialtensor nach Gleichung (5.27) ebenfalls eine Funktion der Eigenvektoren, die nach Gleichung (3.45) in den Größen $\boldsymbol{M}^\alpha$ enthalten sind. Die Eigenvektoren sind durch die Gleichung (3.63) bzw. (3.65) gegeben und ebenfalls eine Funktion der Deformation. Beim Aufstellen dieser Gleichungen hatten wir bereits ausgeführt, dass die Eigenvektoren nur für den Fall $\lambda_1 \neq \lambda_2 \neq \lambda_3$ eindeutig bestimmt sind. Sind zwei gleiche Eigenwerte vorhanden, so ist nur die Ebene, in der das zugehörige Paar der orthonormalen Eigenvektoren liegt, bestimmt. Diese dürfen dann beliebig in dieser Ebene gewählt werden. Da also in diesem Fall die Eigenvektoren nicht mehr eindeutig bestimmt sind, gilt dies auch für den Materialtensor nach Gleichung (5.27). Der Sonderfall gleicher Eigenwerte bedarf also einer eigenen Untersuchung.

Im Falle gleicher Eigenwerte wird der Nenner D_α in den Gleichungen (3.63) und (3.65) zu Null, wie Gleichung (3.66) zeigt, in der D_α in den Differenzen der Eigenwerte ausgedrückt ist. Zur Behebung des Problems wird deshalb vorgeschlagen, (so z. B. in [102]), durch eine kleine Störung eines Eigenwertes für $D_\alpha \neq 0$ zu sorgen. Dieser einfache Kunstgriff kann aber auf numerische Probleme führen und ist deshalb nur als Behelf anzusehen. Nachfolgend wollen wir dieses Problem aus der Sicht eines Ingenieurs angehen.

Wir betrachten also den Fall eines Eigenwertpaares $\lambda_1 = \lambda_2 = \lambda$ und $\lambda \neq \lambda_3$. Dann gilt nach Gleichung (3.66) $D_1 = D_2 = 0, D_3 \neq 0$ und Gleichung (3.65) liefert nur für $\boldsymbol{N}^3$ ein Ergebnis. Das unbestimmte orthonormale Eigenvektorpaar $\boldsymbol{N}^1, \boldsymbol{N}^2$ darf dann in der zu $\boldsymbol{N}^3$ orthogonalen Ebene beliebig gewählt werden. In dieser Ebene gibt es also keine Vorzugsrichtung mehr, das Material erweist sich als isotrop. Dies bedeutet aber dann auch, dass der Materialtensor unabhängig vom beliebig gewählten Eigenvektorpaar $\boldsymbol{N}^1, \boldsymbol{N}^2$ sein muss. Diese Bedingung der Richtungsinvarianz stellt eine Nebenbedingung für den Materialtensor dar, die dieser in der durch die Eigenvektoren $\boldsymbol{N}^1, \boldsymbol{N}^2$ aufgespannten Ebene erfüllen muss. Nachfolgend wollen wir die Gleichung (5.31) so ergänzen, dass die verlangte Nebenbedingung für den Materialtensor erfüllt wird.

Zunächst werden wir Gleichung (5.31) umformen und den Term, in dem die unbestimmten Eigenvektoren enthalten sind, abtrennen. Dann zeigen wir, dass dieser Term die verlangte Nebenbedingung nicht erfüllt. Anschließend ergänzen wir diesen Term durch einen Ansatz und zeigen, dass dieser so erweiterte Term die Nebenbedingung erfüllt.

Als erstes müssen wir, wie im Fall der Spannungen, die unbestimmten Tensoren $\boldsymbol{M}^1$ und $\boldsymbol{M}^2$ im zweiten Term von Gleichung (5.31) eliminieren. Dieser Term lautet ausgeschrieben

$$2\tilde{\tau}_\beta \frac{\partial \boldsymbol{M}^\beta}{\partial \boldsymbol{C}} = 2\{\tilde{\tau}_1 \frac{\partial \boldsymbol{M}^1}{\partial \boldsymbol{C}} + \tilde{\tau}_2 \frac{\partial \boldsymbol{M}^2}{\partial \boldsymbol{C}} + \tilde{\tau}_3 \frac{\partial \boldsymbol{M}^3}{\partial \boldsymbol{C}}\}$$

Die Vorgehensweise folgt nun den Rechenschritten zum Erhalt der Gleichung (5.22) und wird deshalb nicht weiter ausgeführt. Mit der Ableitungsgleichung

(5.39) ergibt sich schließlich

$$2\tilde{\tau}_\beta \frac{\partial \boldsymbol{M}^\beta}{\partial \boldsymbol{C}} = -2\tilde{\tau}_1 \boldsymbol{I}_{C^{-1}} + 2(\tilde{\tau}_3 - \tilde{\tau}_1)\frac{\partial \boldsymbol{M}^3}{\partial \boldsymbol{C}} \tag{5.49}$$

Man sieht, dass dieser Term vollständig bestimmt ist, da er nur die Ableitung der Größe $\boldsymbol{M}^3$ verlangt, die aus Gleichung (3.45) berechnet werden kann. Dieses Ergebnis bestätigt unsere Behauptung, dass die Eigenvektoren $\boldsymbol{N}^1, \boldsymbol{N}^2$ beliebig gewählt werden dürfen, da ihre Änderung ohne Einfluss auf den Materialtensor ist.

Wir wenden uns nun dem ersten Term in Gleichung (5.31) zu. Zunächst untersuchen wir die symmetrische Ableitungsmatrix $\varpi_{\alpha\beta}$, die nach Gleichung (5.30) die Ableitung der Hauptspannungen nach den Eigenwerten darstellt. Beachtet man, dass nun gilt, $\lambda_1 = \lambda_2$ und $\tilde{\tau}_1 = \tilde{\tau}_2$, so folgt:

$$\varpi_{11} = \varpi_{22} \quad \text{und} \quad \varpi_{13} = \varpi_{23} = \varpi_{31} = \varpi_{32} \quad \text{für} \quad \lambda_1 = \lambda_2$$

Aufgrund dieser Bedingungen für die Werte von $\varpi_{\alpha\beta}$, sowie der Bedingung Zeilensumme gleich Null, kann die Matrix $\varpi_{\alpha\beta}$ auf zwei zu bestimmende Werte reduziert werden. Wählt man hierfür z. B. die Diagonalwerte ϖ_{11} und ϖ_{33} aus, so erhält man für $\varpi_{\alpha\beta}$

$$\varpi_{\alpha\beta} = \begin{bmatrix} \varpi_{11} & \frac{1}{2}\varpi_{33} - \varpi_{11} & -\frac{1}{2}\varpi_{33} \\ \frac{1}{2}\varpi_{33} - \varpi_{11} & \varpi_{11} & -\frac{1}{2}\varpi_{33} \\ -\frac{1}{2}\varpi_{33} & -\frac{1}{2}\varpi_{33} & \varpi_{33} \end{bmatrix} \tag{5.50}$$

Wir führen nun die Summation über die stummen Indizes des ersten Gliedes der Gleichung (5.31) aus und benutzen dazu die Gleichungen (3.46) und (5.50):

$$\begin{aligned} \varpi_{\alpha\beta}\boldsymbol{M}^\alpha \otimes \boldsymbol{M}^\beta &= \varpi_{11}(\boldsymbol{C}^{-1} - \boldsymbol{M}^3) \otimes (\boldsymbol{C}^{-1} - \boldsymbol{M}^3) + \varpi_{33}\boldsymbol{M}^3 \otimes \boldsymbol{M}^3 \\ &\quad -\tfrac{1}{2}\varpi_{33}[\boldsymbol{M}^3 \otimes (\boldsymbol{C}^{-1} - \boldsymbol{M}^3) + (\boldsymbol{C}^{-1} - \boldsymbol{M}^3) \otimes \boldsymbol{M}^3] \\ &\quad -(2\varpi_{11} - \tfrac{1}{2}\varpi_{33})[\boldsymbol{M}^1 \otimes \boldsymbol{M}^2 + \boldsymbol{M}^2 \otimes \boldsymbol{M}^1] \end{aligned} \tag{5.51}$$

In dieser Gleichung sind die unbestimmten Eigenvektoren in den Matrizen $\boldsymbol{M}^1, \boldsymbol{M}^2$ des letzten Gliedes enthalten. Diesen Term müssen wir nun genauer untersuchen. Dazu formen wir ihn mit Hilfe von Gleichung (3.45) und der Bedingung $\lambda_1 = \lambda_2 = \lambda$ auf die Darstellung in den unbekannten Eigenvektoren um:

$$\begin{aligned} &(2\varpi_{11} - \tfrac{1}{2}\varpi_{33})[\boldsymbol{M}^1 \otimes \boldsymbol{M}^2 + \boldsymbol{M}^2 \otimes \boldsymbol{M}^1] \\ = \; &\tfrac{1}{\lambda^4}(2\varpi_{11} - \tfrac{1}{2}\varpi_{33})\left[\boldsymbol{N}^1 \otimes \boldsymbol{N}^1 \otimes \boldsymbol{N}^2 \otimes \boldsymbol{N}^2 + \boldsymbol{N}^2 \otimes \boldsymbol{N}^2 \otimes \boldsymbol{N}^1 \otimes \boldsymbol{N}^1\right] \end{aligned} \tag{5.52}$$

Mit den Koordinaten $N^{\alpha I}$ des Eigenvektors $\boldsymbol{N}^{\alpha}$ schreiben wir den Klammerausdruck in Koordinatenform an und wählen die Indizes entsprechend der Definition $\mathbb{C}^{IJMN}$ des Materialtensors:

$$\left[N^{1I} \otimes N^{1J} \otimes N^{2M} \otimes N^{2N} + N^{2I} \otimes N^{2J} \otimes N^{1M} \otimes N^{1N}\right] \tag{5.53}$$

Dieser Ausdruck muss, gemäß der geforderten Nebenbedingung der Richtungsinvarianz, unabhängig von der Orientierung der in der 1-2 Ebene liegenden Eigenvektoren $\boldsymbol{N}^1$ und $\boldsymbol{N}^2$ sein. Zur Überprüfung dieser Forderung geben wir ein Eigenvektorpaar vor. Der Einfachheit halber wählen wir den Eigenvektor $\boldsymbol{N}^3$ in Richtung der Koordinatenachse 3. Dann haben die Eigenvektoren die Koordinaten

$$N^{1I} = \{a, b, 0\}, \quad N^{2I} = \{-b, a, 0\}, \quad N^{3I} = \{0, 0, 1\}$$

Die Koordinaten a, b sind so gewählt, dass sie die Normierungsbedingung $a^2 + b^2 = 1$ erfüllen. Die aus den Eigenvektoren $\boldsymbol{N}^1, \boldsymbol{N}^2$ resultierenden Beiträge zum Materialtensor beschränken sich dann auf Beiträge in der 1-2 Ebene. Nachfolgend geben wir die Bedingungen nur für einzelne Koordinaten des Materialtensors an und setzen voraus, dass diese Bedingungen auch für die aus der Symmetrie des Materialtensors nach Gleichung (5.33) folgenden Koordinaten gelten. Die Koordinaten des Materialtensor in der 1-2 Ebene

$$\mathbb{C}^{1111}, \mathbb{C}^{2222}, \mathbb{C}^{1122}, \mathbb{C}^{1212}$$

müssen unabhängig von den gewählten Werten für a und b sein. Ferner darf infolge der Isotropie in der Ebene 1-2 keine Kopplung zwischen Normal- und Schubdehnung vorhanden sein. Es muss also gelten:

$$\mathbb{C}^{1211} = \mathbb{C}^{1222} = 0$$

Die aus Gleichung (5.53) berechneten Koordinaten erfüllen keine dieser Bedingungen, wie die Auswahl der folgenden Koordinaten belegt:

$$\begin{aligned} \mathbb{C}^{1111} &= \mathbb{C}^{2222} = 2a^2b^2 \\ \mathbb{C}^{1122} &= \mathbb{C}^{2211} = (a^4 + b^4) \\ \mathbb{C}^{1211} &= -a^3b + b^3a = -\mathbb{C}^{1222} \end{aligned}$$

Wir machen nun einen Ansatz und ziehen vom Klammerausdruck (5.52) die sich aus der Permutation der Eigenvektoren ergebenden Tensorprodukte ab:

$$\begin{aligned} &\left[\boldsymbol{N}^1 \otimes \boldsymbol{N}^1 \otimes \boldsymbol{N}^2 \otimes \boldsymbol{N}^2 + \boldsymbol{N}^2 \otimes \boldsymbol{N}^2 \otimes \boldsymbol{N}^1 \otimes \boldsymbol{N}^1 \right. \\ &\left. -\tfrac{1}{2}(\boldsymbol{N}^1 \otimes \boldsymbol{N}^2 + \boldsymbol{N}^2 \otimes \boldsymbol{N}^1) \otimes (\boldsymbol{N}^1 \otimes \boldsymbol{N}^2 + \boldsymbol{N}^2 \otimes \boldsymbol{N}^1)\right] \end{aligned} \tag{5.54}$$

Es kann nun gezeigt werden, dass dieser Ansatz sämtliche Bedingungen erfüllt. Wir wechseln wieder auf die Koordinatendarstellung

$$\begin{gathered}[N^{1I} \otimes N^{1J} \otimes N^{2M} \otimes N^{2N} + N^{2I} \otimes N^{2J} \otimes N^{1M} \otimes N^{1N} \\ -\tfrac{1}{2}(N^{1I} \otimes N^{2J} + N^{2I} \otimes N^{1J}) \otimes (N^{1M} \otimes N^{2N} + N^{2M} \otimes N^{1N})]\end{gathered}$$

über und werten diese aus. Es ergibt sich für die Koordinaten des Materialtensors in der 1-2 Ebene

$$\begin{aligned} \mathrm{C}^{1111} = \mathrm{C}^{2222} = \mathrm{C}^{1211} = \mathrm{C}^{1222} &= 0 \\ \mathrm{C}^{1122} = \mathrm{C}^{2211} = (a^2+b^2)^2 &= 1 \\ \mathrm{C}^{1212} = -\frac{1}{2}(a^2+b^2)^2 &= -\frac{1}{2} \end{aligned} \tag{5.55}$$

Ergänzt man also den Klammerausdruck entsprechend unseres Ansatzes nach Gleichung (5.54), so ist die verlangte Richtungsinvarianz des Materialtensors in der 1-2 Ebene erfüllt.

Wir können den Materialtensor nun aus den Gleichungen (5.49) und (5.51) aufbauen, wobei wir in Gleichung (5.51) den letzten Klammerterm durch Gleichung (5.54) ersetzen. Mit den Abkürzungen

$$\boldsymbol{M}^{12} = \lambda_1^{-2}\boldsymbol{N}^1 \otimes \boldsymbol{N}^2\,, \text{und} \quad \boldsymbol{M}^{21} = \lambda_1^{-2}\boldsymbol{N}^2 \otimes \boldsymbol{N}^1$$

ergibt sich für den Fall gleicher Eigenwerte $\lambda_1 = \lambda_2 \neq \lambda_3$

$$\begin{aligned} \mathbb{C}_{dev} \;=\; & \varpi_{11}(\boldsymbol{C}^{-1} - \boldsymbol{M}^3) \otimes (\boldsymbol{C}^{-1} - \boldsymbol{M}^3) + \varpi_{33}\boldsymbol{M}^3 \otimes \boldsymbol{M}^3 \\ & -\tfrac{1}{2}\varpi_{33}\left[\boldsymbol{M}^3 \otimes (\boldsymbol{C}^{-1} - \boldsymbol{M}^3) + (\boldsymbol{C}^{-1} - \boldsymbol{M}^3) \otimes \boldsymbol{M}^3\right] \\ & -(2\varpi_{11} - \tfrac{1}{2}\varpi_{33})\left[\boldsymbol{M}^1 \otimes \boldsymbol{M}^2 + \boldsymbol{M}^2 \otimes \boldsymbol{M}^1\right. \\ & \left. -\frac{1}{2}(\boldsymbol{M}^{12} + \boldsymbol{M}^{21}) \otimes (\boldsymbol{M}^{12} + \boldsymbol{M}^{21})\right] \\ & -2\tilde{\tau}_1 \boldsymbol{I}_{C^{-1}} + 2(\tilde{\tau}_3 - \tilde{\tau}_1)\frac{\partial \boldsymbol{M}^3}{\partial \boldsymbol{C}} \end{aligned} \tag{5.56}$$

mit $\partial\boldsymbol{M}^3/\partial\boldsymbol{C}$ nach Gleichung (3.171).

Abschließend betrachten wir den Fall gleicher Eigenwerte $\lambda_1 = \lambda_2 = \lambda_3 = \lambda$. In diesem Fall ist jede Richtung eine gleichwertige Hauptrichtung für das Material, wie es für ein isotropes Material ohne Gestaltsänderung charakteristisch ist. Ferner erkennt man, dass es sich hier um einen rein dilatatorischen Deformationszustand handelt, was die Aufspaltung der Eigenwerte in den dilatatorischen und den isochoren Anteil nach Gleichung (3.89) sofort offenlegt. Mit $\lambda_1 = \lambda_2 = \lambda_3 = \lambda$

folgt $J = \lambda^3$ und

$$\lambda_{vol} = J^{1/3} = \lambda \quad \tilde{\lambda}_\alpha = J^{-1/3}\lambda_\alpha = 1$$

Wegen $\tilde{\lambda}_\alpha = 1$ ist $\tilde{\tau}_\beta = 0$, und der Materialtensor ist mit dem deviatorischen Materialtensor in der undeformierten Ausgangskonfiguration identisch. Für das verzerrungsfreie Material ist der Materialtensor eine alleinige Funktion des Schubmoduls und bekannt (siehe z. B. [16]). Dies verschafft uns die Möglichkeit unser Ergebnis mit einer bekannten Formel zu vergleichen.

Wegen $\tilde{\tau}_\beta = 0$ muss nur der erste Term in Gleichung (5.31) ausgewertet werden. Aus der Gleichwertigkeit aller Hauptrichtungen für das Material folgt

$$\varpi_{11} = \varpi_{22} = \varpi_{33}$$

und zusätzlich folgt aus der Zeilensumme

$$\sum_{\beta=1}^{3} \varpi_{\alpha\beta} = 0 \quad \varpi_{\alpha\beta} = -\frac{1}{2}\varpi_{11} \quad \text{für} \quad \alpha \neq \beta$$

Mit diesen Vereinfachungen erhält man nach einigen algebraischen Umformungen

$$\begin{aligned}
\mathbb{C}_{dev} \;=\;& \varpi_{11}\,\{\boldsymbol{C}^{-1} \otimes \boldsymbol{C}^{-1} \\
& -\frac{3}{2}\,[\boldsymbol{M}^1 \otimes \boldsymbol{M}^2 + \boldsymbol{M}^2 \otimes \boldsymbol{M}^1 \\
& +\boldsymbol{M}^2 \otimes \boldsymbol{M}^3 + \boldsymbol{M}^3 \otimes \boldsymbol{M}^2 \\
& +\boldsymbol{M}^3 \otimes \boldsymbol{M}^1 + \boldsymbol{M}^1 \otimes \boldsymbol{M}^3]\}
\end{aligned} \tag{5.57}$$

Wie man sieht, gibt es auch hier wieder Glieder, die sich aus den gewählten Eigenvektoren berechnen. Für jede der von zwei Eigenvektoren aufgespannten Ebene ergibt sich der gleiche Term, wie wir ihn bereits in Gleichung (5.51) für die Ebene gleicher Eigenwerte bekommen haben. Infolgedessen existiert auch hier wieder das Problem, dass das Ergebnis abhängig von der Wahl der Eigenvektoren ist. Es liegt nun nahe, die Gleichung entsprechend der Gleichung (5.54) in den drei Ebenen zu ergänzen:

$$\begin{aligned}
\mathbb{C}_{dev} \;=\;& \varpi_{11}\{\boldsymbol{C}^{-1} \otimes \boldsymbol{C}^{-1} \\
& -\frac{3}{2}[\boldsymbol{M}^1 \otimes \boldsymbol{M}^2 + \boldsymbol{M}^2 \otimes \boldsymbol{M}^1 - \frac{1}{2}(\boldsymbol{M}^{12} + \boldsymbol{M}^{21}) \otimes (\boldsymbol{M}^{12} + \boldsymbol{M}^{21}) \\
& + \quad \boldsymbol{M}^2 \otimes \boldsymbol{M}^3 + \boldsymbol{M}^3 \otimes \boldsymbol{M}^2 - \frac{1}{2}(\boldsymbol{M}^{32} + \boldsymbol{M}^{23}) \otimes (\boldsymbol{M}^{32} + \boldsymbol{M}^{23}) \\
& + \quad \boldsymbol{M}^3 \otimes \boldsymbol{M}^1 + \boldsymbol{M}^1 \otimes \boldsymbol{M}^3 - \frac{1}{2}(\boldsymbol{M}^{31} + \boldsymbol{M}^{13}) \otimes (\boldsymbol{M}^{31} + \boldsymbol{M}^{13})]\}
\end{aligned} \tag{5.58}$$

Um den Vergleich mit der bekannten Formel für den deviatorischen Materialtensor durchführen zu können, schreiben wir die Koordinaten in Matrizenform auf. Dazu wählen wir die Eigenvektoren in Richtung der Koordinatenachsen und können dann alle beteiligten Matrizen sehr einfach mit dem Kronecker-Symbol und dem Eigenwert $\lambda_\alpha = \lambda$ ausdrücken. Als Beispiel geben wir die zur 1-2 Ebene gehörigen Matrizen in der Koordinatendarstellung mit den Indizes (I,J) an:

$$\boldsymbol{M}^1 := \lambda^{-2}\delta^{I1}\delta^{J1}\,,\boldsymbol{M}^2 := \lambda^{-2}\delta^{I2}\delta^{J2}\,,\boldsymbol{M}^{12} := \lambda^{-2}\delta^{I1}\delta^{J2}\,,\boldsymbol{M}^{21} := \lambda^{-2}\delta^{I2}\delta^{J1}$$

Nach einigen algebraischen Umformungen gewinnt man zunächst die einfachere Beziehung mit $\boldsymbol{I}_d$ nach Gleichung (5.45)

$$\mathbb{C}_{dev} = \frac{3\varpi_{11}}{2\lambda^4}\left[\boldsymbol{I}_d - \frac{1}{3}\boldsymbol{I}\otimes\boldsymbol{I}\right] \quad \text{für} \quad \lambda_1 = \lambda_2 = \lambda_3 = \lambda \tag{5.59}$$

die wir entsprechend der Darstellung

$$\mathrm{C}^{IJMN} = \begin{bmatrix} \mathrm{C}^{1111} & \mathrm{C}^{1122} & \mathrm{C}^{1133} & \mathrm{C}^{1112} & \mathrm{C}^{1123} & \mathrm{C}^{1131} \\ \cdot & \mathrm{C}^{2222} & \mathrm{C}^{2233} & \mathrm{C}^{2212} & \mathrm{C}^{2223} & \mathrm{C}^{2231} \\ \cdot & \cdot & \mathrm{C}^{3333} & \mathrm{C}^{3312} & \mathrm{C}^{3323} & \mathrm{C}^{3331} \\ \cdot & \cdot & \cdot & \mathrm{C}^{1212} & \mathrm{C}^{1223} & \mathrm{C}^{1231} \\ \cdot & \cdot & \cdot & \cdot & \mathrm{C}^{2323} & \mathrm{C}^{2331} \\ \cdot & \cdot & \cdot & \cdot & \cdot & \mathrm{C}^{3131} \end{bmatrix} \tag{5.60}$$

in Matrizenform bringen:

$$\mathbb{C}_{dev} := \frac{3\varpi_{11}}{2\lambda^4}\begin{bmatrix} 2/3 & -1/3 & -1/3 & \cdot & \cdot & \cdot \\ -1/3 & 2/3 & -1/3 & \cdot & \cdot & \cdot \\ -1/3 & -1/3 & 2/3 & \cdot & \cdot & \cdot \\ \cdot & \cdot & \cdot & 1/2 & \cdot & \cdot \\ \cdot & \cdot & \cdot & \cdot & 1/2 & \cdot \\ \cdot & \cdot & \cdot & \cdot & \cdot & 1/2 \end{bmatrix} \tag{5.61}$$

Das Ergebnis zeigt den bekannten deviatorischen Materialtensor der linearen Theorie mit dem Schubmodul im undeformierten Ausgangszustand für $\lambda = 1$

$$\mathsf{G} = \frac{3\varpi_{11}}{4} \tag{5.62}$$

Bezieht man den Materialtensor auf die Momentankonfiguration, so reduziert sich die *push forward* Transformation nach (5.43) wegen der Richtungsinvarianz auf den Faktor λ. Man erhält dann für $\lambda_1 = \lambda_2 = \lambda_3 = \lambda$

$$\mathbf{c}_{dev} = \frac{3\varpi_{11}}{2\lambda^3}\left[\boldsymbol{I}_d - \frac{1}{3}\boldsymbol{I}\otimes\boldsymbol{I}\right] \tag{5.63}$$

mit dem Schubmodul der Momentankonfiguration

$$\mathsf{g} = \frac{3\varpi_{11}}{4\lambda^3} \tag{5.64}$$

5.1.3 Dehnungsenergiefunktionen für hyperelastische Materialien

Nun wollen wir Beziehungen für die Potentialfunktion W zusammenstellen. Unser Augenmerk richtet sich dabei auf isotrope Materialien, die große elastische Verzerrungen durchlaufen können, wie z. B. Elastomere. Die Besonderheit dieser Werkstoffe liegt darin, dass ihre Deformationszustände inkompressibel oder nahezu inkompressibel ablaufen. Für ein inkompressibles Material wird die von der äußeren Belastung am Kontinuum geleistete Arbeit nur in Form von isochorer Dehnungsenergie gespeichert. Umgekehrt wird eine hydrostatische Belastung keine Deformation, bzw. Verzerrungen bewirken, sodass auch keine Spannung über eine konstitutive Beziehung berechnet werden kann. Die Folge ist, dass man aus der Gestaltsänderung allein die Spannungen nicht mehr ermitteln kann. Man benötigt also bei inkompressiblem Material eine zusätzliche Gleichung, die dann durch die Nebenbedingung der Volumenkonstanz gegeben ist. Aus mathematischer Sicht hat man ein Randwertproblem mit Nebenbedingung vorliegen, das klassischerweise mit Hilfe eines Lagrange Parameters gelöst wird. Numerische Lösungsverfahren, wie z. B. die Methode der Finiten Elemente, bevorzugen in der Regel die Nebenbedingung in Form einer Straffunktion einzuführen. Die Entscheidung für die Anwendung dieses Verfahrens basiert in erster Linie auf praktischen Gesichtspunkten, wie z. B. Implementierung und Anwendbarkeit des Verfahrens, wobei sich einstellende numerische Probleme bewusst in Kauf genommen werden. Das dilatatorische Potential W_{vol} wird zum Strafpotential und lässt in Abhängigkeit vom gewählten Strafparameter eine Restkompressibilität zu. Aus der Literatur sind verschiedene Ansätze für W_{vol} bekannt, auf die wir am Ende dieses Abschnittes kurz eingehen wollen.

Die Gestaltsänderung des Materials wird mit der isochoren Dehnungsenergiefunktion W_{iso} beschrieben. Hierfür gibt es eine Vielzahl von Ansätzen, die aber alle als Funktionen der Invarianten der Deformation formuliert sind. Da sich die Invarianten nach (3.55) in den Eigenwerten ausdrücken lassen, können die Funktionen auch als Funktion der Eigenwerte geschrieben werden. Im folgenden sollen nur die wichtigsten, für die Praxis relevanten Ansätze, besprochen werden.

Zunächst erscheint es folgerichtig, für die Dehnungsenergiefunktion eine Potenzreihenentwicklung in den Invarianten zu wählen:

$$W = \sum_{r=0}^{\infty} \sum_{s=0}^{\infty} \sum_{t=0}^{\infty} c_{rst} (I_1 - 3)^r (I_2 - 3)^s (I_3 - 1)^t \quad \text{mit} \quad c_{000} = 0 \tag{5.65}$$

Dieser Ansatz, der die Dehnungsenergie aus dilatatorischer und isochorer Verzerrung beschreibt, erfüllt die aufgestellte Forderung $W = 0$ in der deformationsfreien Ausgangskonfiguration, da dort für die Invarianten $I_1 = I_2 = 3$ und $I_3 = 1$ gilt. Der einfachste Ansatz bricht die Reihe nach den linearen Gliedern ab:

$$W = c_{100}(I_1 - 3) + c_{010}(I_2 - 3) + c_{001}(I_3 - 1) \tag{5.66}$$

Verlangt man nun zusätzlich inkompressibles Materialverhalten, so wird der letzte Term zu Null und die Funktion wird zur isochoren Potentialfunktion W_{iso}. Es verbleibt der wohl bekannteste Ansatz, der auf die Arbeiten von Mooney [61] und Rivlin [88] zurückgeht:

$$W_{iso} = c_1(I_1 - 3) + c_2(I_2 - 3) \tag{5.67}$$

Nach ihren Erfindern heißt diese Potentialfunktion *Mooney Materialgesetz* oder *Mooney-Rivlin Materialgesetz*. Die Materialkonstanten c_1 und c_2 müssen experimentell bestimmt werden[4]. Das einfachste, so genannte Neo-Hooke Material erhält man für $c_2 = 0$

$$W_{iso} = c_1(I_1 - 3) \tag{5.68}$$

Treloar [108] hat in seiner Arbeit diesen Ansatz ebenfalls benutzt, ihn aber auf einem anderen Weg abgeleitet. Aufgrund von statistischen Überlegungen über das makroskopische Verhalten der Molekülketten kommt er zu der Beziehung

$$W_{iso} = \frac{1}{2} NkT(I_1 - 3) \tag{5.69}$$

[4]Die Materialkonstanten des Mooney-Rivlin Materialgesetzes lassen sich näherungsweise im Zugversuch bestimmen. Wegen der Inkompressibilität des Materials gilt im einachsigen Fall für die Streckungen $\lambda = \lambda_1 = l/L$, $\lambda_2 = \lambda_3 = 1/\sqrt{\lambda}$. Damit erhält man für die Invarianten $I_1 = \lambda^2 + 2/\lambda$ und $I_2 = 2\lambda + 1/\lambda^2$ und für das Potential nach Gleichung (5.67) $W_{iso} = c_1(\lambda^2 + 2/\lambda - 3) + c_2(2\lambda + 1/\lambda^2 - 3)$. Die Zugspannung ergibt sich nach Gleichung (5.11) zu $\tau^1 = \sigma^1 = 2(\lambda - 1/\lambda^2)(c_2 + c_1\lambda)$. Im Versuch berechnet man die Spannung aus der Zugkraft F und der aktuellen Querschnittsfläche a zu $\sigma^1 = F/a$. Dann trägt man den Quotienten $\sigma^1/(2(\lambda - 1/\lambda^2))$ über der Streckung auf und approximiert die Meßpunkte durch die Gerade $g = (c_2 + c_1\lambda)$. Die Konstante c_2 kann als Achsabschnitt und die Konstante c_1 als Steigung der Geraden aus dem Diagramm abgelesen werden.

Darin bezeichnet N die Anzahl der Molekülketten pro Volumeneinheit, k die Bolzmann Konstante und T die absolute Temperatur. Der interessante Aspekt dieses Ansatzes folgt aus der Tatsache, dass $G = NkT$ den Schubmodul des undeformierten Materials darstellt, der auf thermodynamische Größen zurückgeführt wird. Ein Vergleich mit Gleichung (5.68) ergibt für die Materialkonstante des Neo-Hooke Materials $c_1 = 1/2NkT = \mathrm{G}/2$.

Eine Modifikation des Mooney-Rivlin Materials geht auf die Autoren Hutchinson, Becker und Landel [42] zurück. Sie verwenden die Funktion

$$W_{iso} = c_1(I_1 - 3) + b_1(I_2 - 3)^2 + b_2(1 - e^{k_1(I_2-3)}) + b_3(1 - e^{k_2(I_2-3)}) \tag{5.70}$$

mit den im Versuch zu bestimmenden Konstanten c_1, b_1, b_2, k_1, k_2 und erzielen damit gute Übereinstimmung mit Ergebnissen aus einachsigen und zweiachsigen Versuchen.

Ein allgemeiner Ansatz, der sowohl die Neo-Hooke als auch die Mooney-Rivlin Materialfunktion einschließt, wurde von Ogden [69] vorgeschlagen. Die Potentialfunktion des so genannten *Ogden Materials* ist eine Funktion der Streckungen und lautet

$$W_{iso} = \sum_{p=1}^{N} \frac{\mu_p}{\alpha_p}(\lambda_1^{\alpha_p} + \lambda_2^{\alpha_p} + \lambda_3^{\alpha_p} - 3) \tag{5.71}$$

dabei sind $\alpha_p(p = 1,..,N)$ reelle Zahlen. Die Größen μ_p sind materialabhängig und im Versuch zu bestimmen. Wählt man die Parameter $N = 1, \mu_1 = 2c_1, \alpha_1 = 2$, so erhält man das Neo-Hooke Gesetz

$$W_{iso} = \frac{2c_1}{2}(\lambda_1^2 + \lambda_2^2 + \lambda_3^2 - 3) = c_1(I_1 - 3) \tag{5.72}$$

Für die Parameter $N = 2$, $\mu_1 = 2c_1$, $\mu_2 = -2c_2$, $\alpha_1 = 2$, $\alpha_2 = -2$ folgt

$$W_{iso} = \frac{2c_1}{2}(\lambda_1^2 + \lambda_2^2 + \lambda_3^2 - 3) + \frac{2c_2}{2}(\lambda_1^{-2} + \lambda_2^{-2} + \lambda_3^{-2} - 3) \tag{5.73}$$

Dieses Ergebnis stellt das Mooney-Rivlin Gesetz dar. Zum Beweis schreibt man die zweite Klammer mit Hilfe der Inkompressibilitätsbedingung $I_3 = 1$ um. Z.B. ergibt sich dann mit $\lambda_\alpha^{-2} = \lambda_\beta^2\lambda_\gamma^2$ (die anderen Terme folgen durch zyklisches Vertauschen der Indizes) die zweite Invariante.

Wir haben bereits allgemeine Gleichungen für die Berechnung der Spannungen und des Materialtensors eines hyperelastischen Materials hergeleitet. Diese Gleichungen wollen wir nun für die Materialbeschreibung nach Ogden auswerten.

In unserer Formulierung werden wir die Inkompressibilität nur näherungsweise erfüllen, sodass sich die Streckungen stets aus einem dilatatorischen und einem isochoren Anteil zusammensetzen werden. Da die Potentialfunktion aber nur ein inkompressibles Materialverhalten beschreibt, dürfen wir sie auch nur für den isochoren Anteil der Verzerrungsenergie verwenden. Um dies sicherzustellen, werden wir die Streckungen gemäß Gleichung (3.89) in den dilatatorischen und den isochoren Anteil aufteilen und in die Potentialfunktion nur die isochoren Streckungen einsetzen. Damit lautet der modifizierte Potentialansatz des Ogden Materials, den wir unseren Berechnungen des Spannungstensors und des Materialtensors zugrunde legen

$$W_{iso} = \sum_{p=1}^{N} \frac{\mu_p}{\alpha_p} (\tilde{\lambda}_1^{\alpha_p} + \tilde{\lambda}_2^{\alpha_p} + \tilde{\lambda}_3^{\alpha_p} - 3) \tag{5.74}$$

Die Auswertung der Gleichung (5.21) führt auf die deviatorischen Hauptspannungen

$$\tilde{\tau}_\beta = \sum_{p=1}^{N} \mu_p (\tilde{\lambda}_\beta^{\alpha_p} - \frac{1}{3} \sum_{\gamma=1}^{3} \tilde{\lambda}_\gamma^{\alpha_p}) \tag{5.75}$$

Für den Term $\varpi_{\alpha\beta}$ des Materialtensors nach Gleichung (5.36) erhalten wir

$$\varpi_{\alpha\beta} = \begin{cases} \frac{1}{3} \sum_{p=1}^{N} \mu_p \alpha_p (-\tilde{\lambda}_\alpha^{\alpha_p} - \tilde{\lambda}_\beta^{\alpha_p} + \frac{1}{3} \sum_{\gamma=1}^{3} \tilde{\lambda}_\gamma^{\alpha_p}) & \text{für} \quad \alpha \neq \beta \\ \frac{1}{3} \sum_{p=1}^{N} \mu_p \alpha_p (\tilde{\lambda}_\alpha^{\alpha_p} + \frac{1}{3} \sum_{\gamma=1}^{3} \tilde{\lambda}_\gamma^{\alpha_p}) & \text{für} \quad \alpha = \beta \end{cases} \tag{5.76}$$

In der ersten Gleichung für $\alpha \neq \beta$ erkennt man sofort die verlangte Symmetrie von $\varpi_{\beta\alpha}$. Außerdem lässt sich auch die Eigenschaft, Zeilensumme gleich Null, durch einfache Rechnung bestätigen.

Die Materialmatrix für den undeformierten Zustand $\lambda_1 = \lambda_2 = \lambda_3 = 1$ ist durch die Beziehung (5.61) gegeben. Die noch fehlende Größe ϖ_{11} können wir nach Gleichung (5.76) berechnen. Mit $\tilde{\lambda}_\alpha = 1$ für den undeformierten Zustand erhalten wir

$$\varpi_{11} = \frac{2}{3} \sum_{p=1}^{N} \mu_p \alpha_p \tag{5.77}$$

und daraus nach Gleichung (5.62) für den Schubmodul

$$\mathsf{G} = \frac{1}{2} \sum_{p=1}^{N} \mu_p \alpha_p \tag{5.78}$$

Für das Neo-Hooke Material[5] wird dann der Schubmodul $\mathsf{G} = 2c_1 = \mu_1$ und für das Mooney-Rivlin Material gilt $\mathsf{G} = 2(c_1 + c_2)$.

Wir wollen nun Ansätze für die dilatatorische Potentialfunktion aufschreiben. In der Literatur werden eine Vielzahl von Vorschlägen genannt, von denen wir hier aber nur eine kleine Auswahl angeben werden. Das dilatatorische Potential wird aus den energetisch konjugierten Skalaren, Dilatation J und hydrostatischem Druck p, gebildet. Dementsprechend haben wir in Gleichung (5.5) den Ansatz $W_{vol} = W_{vol}(J)$ gemacht. Bei der Behandlung inkompressibler oder nahe-

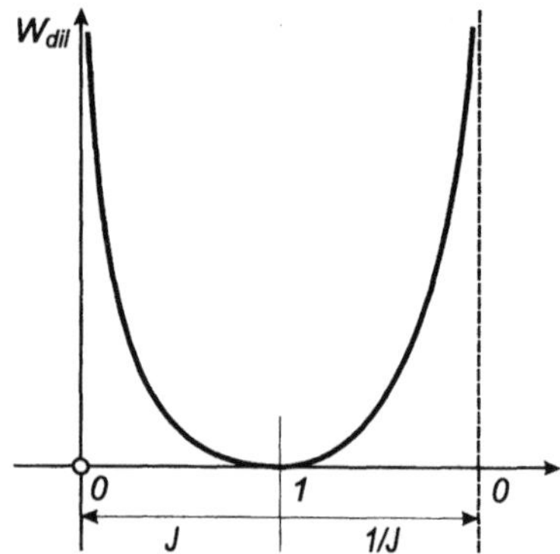

Abb. 5.1 Qualitativer Verlauf des dilatatorischen Potentials

zu inkompressibler Materialien wird die Volumenänderung sehr klein sein und im Grenzfall verschwinden. Dieses Verhalten erlaubt die Wahl eines vom Material weitgehend unabhängigen Ansatzes. Allerdings verlangen wir, dass die Funktion

[5] Das Neo-Hooke Materialgesetz wird bei der hyperelastischen Formulierung der Plastizität metallischer Werkstoffe häufig verwendet, da man zu Recht annimmt, dass hier nur kleine elastische Verzerrungen auftreten. Die Formulierung wird auf der Momentankonfiguration vorgenommen und berechnet die erste Invariante für den linken Deformationstensor. Dies ist zulässig, da der rechte und der linke Deformationstensor gleiche Eigenwerte besitzen. Dann gilt für die erste Invariante $I_1 = Sp() = \boldsymbol{g} : \boldsymbol{b}$. Der linke Deformationstensor muss rein isochor sein, d. h. dass er aus $\boldsymbol{F}_{iso}$ nach Gleichung (3.88) aufgebaut wird. Dann lautet das Potential $W_{iso} = 1/2\mathsf{G}\,(\boldsymbol{g} : \boldsymbol{b}_{iso} - 3)$. Nach Gleichung (5.10b) berechnet man daraus die deviatorische Kirchhoff- Spannung zu $\boldsymbol{\tau}_{dev} = \mathsf{G}\,\boldsymbol{b}_{iso}$.

gewisse Bedingungen erfüllen muss, die wir uns nun anhand von Gleichung (3.59) $dv = JdV$ klarmachen wollen. Eine dieser Bedingungen, die wir bereits angesprochen haben, betrifft den Fall des undeformierten Volumenelementes. In diesem Fall gilt $J = 1$ und dann muss $W_{vol} = 0$ sein. Ferner müssen noch zwei Grenzfälle der Deformation betrachtet werden. Im ersten Fall wird das Volumenelement bis zum Grenzwert $dv = J \to 0$ komprimiert und im anderen Fall bis zum Grenzwert $dv = J \to \infty$ aufgeweitet. Beide Deformationsformen stellen unrealistische Grenzfälle dar, die eine unendlich große Verzerrungsenergie speichern, bzw. nur durch Einwirkung einer unendlich großen Deformationsenergie zu erreichen sind. Die Funktion $W_{vol} = W_{vol}(J)$ muss also die folgenden Bedingungen erfüllen:

$$\begin{aligned} W_{vol} &= W_{vol}(J = 1) = 0 \\ \lim_{J \to 0} W_{vol} = \infty \quad &\text{und} \quad \lim_{J \to \infty} W_{vol} = \infty \end{aligned} \tag{5.79}$$

Die Forderungen an die Funktion $W_{vol} = W_{vol}(J)$ gelten insbesondere, wenn Kompressibilität zugelassen wird. Sind diese Bedingungen erfüllt, dann muss der Funktionsverlauf von $W_{vol} = W_{vol}(J)$ so sein, wie er qualitativ in Abbildung 5.1 dargestellt ist. Man bezeichnet eine Funktion, die diesen Verlauf zeigt als von *unten konvex*. Damit besitzt die Funktion $W_{vol} = W_{vol}(J)$ also auch die verlangte Eigenschaft der Konvexität. Beschränkt man sich auf inkompressible oder nahezu inkompressible Materialien, so kann man mit dem einfachen Ansatz

$$W_{vol} = \frac{1}{2}\kappa(J-1)^2 \tag{5.80}$$

arbeiten. Der in der Klammer stehende Term gewinnt an Anschaulichkeit durch Umformung. Mit (3.59) erhalten wir analog zum linearen Dehnungsmaß, ein auf das Ausgangsvolumen bezogenes Maß für die Volumenänderung

$$J - 1 = \frac{dv - dV}{dV} = \frac{\Delta dV}{dV} = \Delta\mathcal{V} \tag{5.81}$$

$\Delta\mathcal{V}$ heißt *Volumendilatation*. Damit können wir anstatt (5.80) auch schreiben

$$W_{vol} = \frac{1}{2}\kappa(\Delta\mathcal{V})^2 \tag{5.82}$$

Man erkennt, dass diese einfache Funktion zwar konvex ist aber für $J \to 0$ einen endlichen Wert annimmt. Wie wir bereits gesehen haben, ist die Inkompressibilität des Kontinuums durch die Bedingung $J = 1$ gegeben. Der Ansatz formuliert demnach die Inkompressibilität als Nebenbedingung, die mit zunehmendem Parameter κ immer besser erfüllt wird. Der Parameter $\kappa > 0$ nimmt hier also die Stelle eines Strafparameters ein und erzwingt in Abhängigkeit von seiner Größe näherungsweise die Inkompressibilität. Bei praktischen Rechnungen wird man für κ den Kompressionsmodul oder ein Vielfaches des Elastizitätsmoduls einsetzen.

Ein alternativer Ansatz, der auch den Fall des kompressiblen Materials einschließt lautet

$$W_{vol} = \frac{1}{2}\kappa(\ln J)^2 \tag{5.83}$$

Diese Funktion, die sowohl die Grenzbedingungen des Potentials als auch die Inkompressibilitätsbedingung beinhaltet, kommt in [97] zur Anwendung. Auch die Summe beider Ansätze

$$W_{vol} = \frac{1}{2}\kappa[(J-1)^2 + (\ln J)^2] \tag{5.84}$$

kann benutzt werden. An dieser Stelle verweisen wir nochmals auf die Arbeit von Fong und Penn [26]. Aufgrund ihrer Messergebnisse stellen sie für das dilatatorische Potential die Funktion

$$W_{vol} = L_2(\sqrt{I_3} - 1 - \frac{1}{2}\ln I_3) \tag{5.85}$$

auf. Dabei ist L_2 die zweite Lamé Konstante, die sich in der Querkontraktionszahl ν und dem Kompressionsmodul κ wie folgt ausdrücken lässt

$$L_2 = \frac{3\nu}{1+\nu}\kappa \tag{5.86}$$

Schließlich muss noch gesagt werden, dass die durchgeführten Berechnungen gezeigt haben, dass die Wahl unterschiedlicher Potentialfunktionen für die dilatatorischen Zustandsänderungen zu kaum merklichen Unterschieden in den Ergebnissen geführt haben. Wesentlich stärker macht sich der Einfluss des Kompressionsmoduls κ bemerkbar, wie wir noch im Kapitel 9 sehen werden.

5.1.4 Der zweiachsige Spannungszustand

Den bisher durchgeführten Ableitungen des hyperelastischen Stoffmodells wurde ein dreiachsiger Spannungszustand zugrunde gelegt. Damit war der Anwendungsbereich des Stoffmodells auf dreidimensionale Tragelemente wie z. B. Stoßdämpfer, Gummidichtungen und ähnliche Bauteile beschränkt. Ein weiterer wichtiger Anwendungsbereich hyperelastischer Stoffmodelle sind dünnwandige Strukturen, wie z. B. Membranen, die in Technik und Natur häufig vorkommen. Für den technischen Bereich sei als repräsentatives Beispiel der Gummiballon genannt, bei dem große elastische Verformungen und Dehnungen auftreten. Für die Natur geben wir ein Anwendungsbeispiel aus der Biomechanik. Zur Berechnung und Simulation der Beanspruchung einer Vene bei der Blutdurchströmung wird diese vielfach als Membranschale mit einem hyperelastischen Stoffmodell beschrieben. Auch hier treten große elastische Verformungen und Dehnungen auf.

Aus den zahlreichen Arbeiten, die sich mit hyperelastischen Stoffmodellen für zweiachsige Spannungszustände befassen, greifen wir nur drei heraus und verweisen auf die darin enthaltenen Referenzen. Oden [67] behandelt das Aufblasen einer Gummimembran und verwendet dafür das Mooney-Rivlin Stoffmodell. Das selbe Materialgesetz wird auch von Parisch in [74] und [75] für Membran- und Schalenmodelle eingesetzt. Gruttmann und Taylor [31] verwenden die allgemeine Materialbeschreibung von Ogden. Sie stellen eine effiziente zweidimensionale Formulierung vor, bei der die Hauptwerte der Deformation durch Drehung der Schalenmetrik in der Tangentialebene berechnet werden. Es ergibt sich eine Analogie zur Hauptspannungsberechnung mit Hilfe des Mohrschen Kreises. Die dabei auftretende Singularität für gleiche Hauptwerte wird durch eine kleine numerische Korrektur der Schalenmetrik umgangen.

Nachfolgend wollen wir in das hyperelastische Stoffmodell des vorherigen Abschnitts die Annahmen des ebenen Spannungszustandes einbringen und es damit auch für den Anwendungsbereich zweidimensionaler Strukturen verfügbar machen. Dabei beziehen wir uns exemplarisch auf Schalentragwerke.

Dünne Schalen werden normalerweise als zweidimensionale Tragwerke behandelt, für die in der Tangentialebene ein zweiachsiger Spannungszustand angesetzt wird. In der Indexschreibweise werden die Werte 1 und 2 den Richtungen in der Tangentialebene zugewiesen und der Wert 3 der Normalenrichtung der Schale. Wir vereinbaren nun, dass für die Indizierung von Größen der Tangentialebene griechische Indizes benutzt werden, die die Werte 1 und 2 annehmen dürfen. Diese Vereinbarung soll nur für diesen Abschnitt gelten.

Neben der Reduktion auf den zweidimensionalen Fall besteht der fundamentale Unterschied zum bisher betrachteten konstitutiven Gesetz des dreiachsigen Spannungszustandes darin, dass die Inkompressibilität explizit formuliert werden kann und damit die Aufspaltung der Potentialfunktion in einen isochoren und einen dilatatorischen Anteil nicht mehr notwendig ist. In diesem Zusammenhang sei an die Materialmatrix des zweiachsigen Spannungszustandes eines isotropen, linear elastischen Werkstoffes erinnert. Diese hat als Vorfaktor $E/(1-\nu^2)$, sodass das

Problem der Singularität für den inkompressiblen Fall $\nu = 0.5$ hier nicht besteht[6].

Es sei der Ortsvektor der Schale in der Parameterdarstellung $\boldsymbol{X} = \boldsymbol{X}(\zeta^\alpha)$ gegeben, wo ζ^α die Flächenparameter sind. Die Tangentialebene am Schalenaufpunkt in der Ausgangskonfiguration wird von den Tangentialvektoren

$$\boldsymbol{T}_\alpha = \frac{\partial \boldsymbol{X}}{\partial \zeta^\alpha} \tag{5.87}$$

an die Parameterlinien aufgespannt. Aus den Tangentialvektoren berechnet man die Normale an die Schale über das Vektorprodukt

$$\boldsymbol{N} = \frac{\boldsymbol{T}_1 \times \boldsymbol{T}_2}{|\boldsymbol{T}_1 \times \boldsymbol{T}_2|} \tag{5.88}$$

Die kontravarianten Tangentialvektoren $\boldsymbol{T}^\alpha$ ermitteln wir mit Hilfe der inversen Schalenmetrik $G^{\alpha\beta}$:

$$\boldsymbol{T}^\alpha = G^{\alpha\beta}\boldsymbol{T}_\beta\,; \quad G^{\alpha\beta} = (\boldsymbol{T}_\alpha \cdot \boldsymbol{T}_\beta)^{-1} \tag{5.89}$$

Entsprechend den Gleichungen (5.87) und (5.88) folgt für die Vektoren $\boldsymbol{t}_\alpha, \boldsymbol{n}$ auf der Momentankonfiguration:

$$\boldsymbol{t}_\alpha = \frac{\partial \boldsymbol{x}}{\partial \zeta^\alpha}; \quad \boldsymbol{n} = \frac{\boldsymbol{t}_1 \times \boldsymbol{t}_2}{|\boldsymbol{t}_1 \times \boldsymbol{t}_2|} \tag{5.90}$$

Nach Gleichung (3.7) lassen sich die Tangentialvektoren mit Hilfe des Deformationsgradienten ineinander überführen. Für die Abbildung gilt

$$\boldsymbol{t}_\beta = (\boldsymbol{t}_\alpha \otimes \boldsymbol{T}^\alpha)\boldsymbol{T}_\beta \tag{5.91}$$

mit dem Deformationsgradienten

$$\boldsymbol{F} = \boldsymbol{t}_\alpha \otimes \boldsymbol{T}^\alpha \tag{5.92}$$

Damit können wir den Deformationstensor nach Gleichung (3.15) erstellen:

$$\boldsymbol{C} = \boldsymbol{F}^T \boldsymbol{g} \boldsymbol{F} = (\boldsymbol{T}^\beta \otimes \boldsymbol{t}_\beta)\boldsymbol{g}\,(\boldsymbol{t}_\alpha \otimes \boldsymbol{T}^\alpha) = C_{IJ}\,(\boldsymbol{E}^I \otimes \boldsymbol{E}^J) \tag{5.93}$$

Der Deformationstensor bezieht sich auf die globale Basis $\boldsymbol{E}^I$ und hat demnach eine Koordinatenmatrix der Dimension (3x3). Für diese ergibt sich mit der Koordinatendarstellung $\boldsymbol{T}^\beta = {T^\beta}_I \boldsymbol{E}^I$ und $\boldsymbol{t}_\beta = {t_\beta}^i \boldsymbol{e}_i$ der Tangentialvektoren

$$C_{IJ} = {T^\beta}_I {t_\beta}^i g_{ij} {t_\alpha}^j {T^\alpha}_J \tag{5.94}$$

[6]Mit E bezeichnen wir den Elastizitätsmodul und mit ν die Poissonzahl.

Es ist offensichtlich, dass der physikalische Gehalt des Tensors aber nur von der Dimension zwei ist, da er lediglich die Verzerrungen in der Tangentialebene beschreibt. Der Deformationstensor hat demnach nur zwei von Null verschiedene Eigenwerte. Zur Abspaltung des Verzerrungsanteils führen wir in der Tangentialebene der Ausgangslage eine kartesische Lokalbasis ein, die wir aus zwei beliebigen orthonormalen Tangentenvektoren $\boldsymbol{A}^\alpha$ und der Normalen $\boldsymbol{N}$ aufbauen. Zwischen der globalen Basis $\boldsymbol{E}^A$ und der Lokalbasis gilt dann mit $\boldsymbol{A}^3 = \boldsymbol{N}$ die Transformationsbeziehung

$$\boldsymbol{E}^A = Q^A{}_I \boldsymbol{A}^I = Q^A{}_\alpha \boldsymbol{A}^\alpha + Q^A{}_3 \boldsymbol{N} \tag{5.95}$$

mit der Teilmatrix $Q^A{}_\alpha$ der Dimension (3x2), deren Spalten die kartesischen Koordinaten der Tangentialvektoren $\boldsymbol{A}^\alpha$ enthalten und der Spaltenmatrix $Q^A{}_3$, die die Koordinaten N^I der Einheitsnormalen enthält. Für die Koordinaten $\overline{C}_{NM}$ des Deformationstensors bezüglich der Lokalbasis gilt dann mit Gleichung (5.94) die Transformation

$$\overline{C}_{NM} = Q^I{}_N C_{IJ} Q^J{}_M = Q^I{}_N T^\beta{}_I t_\beta{}^i g_{ij} t_\alpha{}^j T^\alpha{}_J Q^J{}_M \tag{5.96}$$

Aus dieser Beziehung erkennt man, dass die Transformationsmatrizen mit den Koordinaten $T^\alpha{}_J$ der Tangentialvektoren $\boldsymbol{T}^\alpha$ verknüpft werden. Aus der Orthogonalität der Lokalbasis folgt dann wegen $Q^A{}_3 = [N^1 N^2 N^3]^T$, dass sich die, zur Normalenrichtung 3 gehörigen Koordinaten des Deformationstensors alle zu Null ergeben, $\overline{C}_{NM} = 0$ für N bzw. $M = 3$. Dies können wir gleich berücksichtigen und die Transformation nur mit der Teilmatrix $Q^A{}_\alpha$ ausführen. Mit der Bezeichnung $\mathbf{Q}_2$ für die Teilmatrix $Q^A{}_\alpha$ erhalten wir dann für den Deformationstensor $\boldsymbol{C}_2$ in der Tangentialebene der Schale bezüglich der Lokalbasis $\boldsymbol{A}^\alpha$

$$\boldsymbol{C}_2 = \mathbf{Q}_2{}^T \boldsymbol{F}^T \boldsymbol{g} \boldsymbol{F} \mathbf{Q}_2 \tag{5.97}$$

mit der Koordinatenmatrix der Dimension (2x2), was wir durch den Fußzeiger $_2$ vermerken. Deformationen in der Tangentialebene bedingen aber stets auch eine Deformation in der Normalenrichtung der Schale, wenn man den querkontraktionsfreien Fall ausschließt. Durch die Hinzunahme der Deformation in der Normalenrichtung $\boldsymbol{N}$ der Schale wird der Deformationstensor auf die Dimension (3x3) vervollständigt. Da die Normalenrichtung orthogonal zur Tangentialebene ist, ist sie a priori Hauptrichtung der Deformation. Der zugeordnete Eigenwert λ_3 ist die Streckung in Dickenrichtung der Schale. Bezeichnet man mit h_0 und h die Dicke der Schale in der Ausgangs- und der Momentankonfiguration, so gilt nach Gleichung (3.10)

$$\lambda_3 = \frac{h}{h_0} \tag{5.98}$$

Im Gegensatz zum dreiachsigen Spannungszustand wird diese Streckung aber nicht von der Kinematik vorgeschrieben, sondern stellt sich aufgrund des Materials ein. Die Streckung in Schalendickenrichtung ist somit keine freie unabhängige, sondern eine von der Deformation in der Tangentialebene, abhängige Größe. Dies erklärt auch, warum ein inkompressibles Material im Rahmen eines zweiachsigen Spannungszustandes problemlos behandelt werden kann. Normalerweise wird die Dickenänderung entsprechend der Kompressibilität des Materials aus dem Spannungszustand in der Tangentialebene berechnet. Im Fall des inkompressiblen Materials bestimmt man die Dickenänderung aus der Inkompressibilitätsbedingung $J = 1$. Aus Gleichung (3.59) folgt dann

$$\lambda_3 = (\lambda_1 \lambda_2)^{-1} \tag{5.99}$$

Damit erhält man für den vollständigen Deformationstensor bezüglich der kartesischen Tangentialbasis $\{\boldsymbol{A}^\alpha, \boldsymbol{N}\}$

$$\boldsymbol{C} = \left[\begin{array}{c|c} \boldsymbol{C}_2 & 0 \\ \hline 0 & (\lambda_1 \lambda_2)^{-2} \end{array} \right] \tag{5.100}$$

der nur von den zwei Eigenwerten in der Tangentialebene abhängt und die Inkompressibilität schon beinhaltet. Man beachte, dass wir entsprechend der Definition des Deformationstensors nach Gleichung (3.39) das Quadrat des Eigenwertes eingetragen haben. Für unsere weiteren Ableitungen benötigen wir die Hauptachsendarstellung des Deformationstensors nach Gleichung (3.39). Entsprechend der Entkoppelung von Tangential- und Normalenrichtung folgt für die Hauptachsendarstellung des Deformationstensors

$$\boldsymbol{C} = \sum_{\alpha=1}^{2} \lambda_\alpha^2 \boldsymbol{N}^\alpha \otimes \boldsymbol{N}^\alpha + \frac{1}{(\lambda_1 \lambda_2)^2} \boldsymbol{N}^3 \otimes \boldsymbol{N}^3 \tag{5.101}$$

Die dem Deformationstensor $\boldsymbol{C}_2$ zugeordneten Eigenvektoren $\boldsymbol{N}^\alpha$ liegen in der Tangentialebene und haben zwei von Null verschiedene Koordinaten. Der Eigenvektor $\boldsymbol{N}^3$ ist mit dem Normalenvektor $\boldsymbol{N}$ identisch und hat die Koordinaten $\boldsymbol{N}^3 = \{0, 0, 1\}$. Baut man nun entsprechend Gleichung (3.45) die Matrizen $\boldsymbol{M}^\alpha$ auf, so gilt zu beachten, dass die Matrizen $\boldsymbol{M}^\alpha$ der Tangentialebene von der Dimension (2x2) sind und $\boldsymbol{M}^3$ eine (3x3) Matrix ist.

Die Spannungen sind nach Gleichung (4.15) eine Summe aus hydrostatischem Druck p und devitorischen Spannungen. Für die Hauptwerte der Kirchhoff-Spannung gilt dann allgemein nach Gleichung (5.11)

$$\tau_i = p + \lambda_{(i)} \frac{\partial W_{iso}}{\partial \lambda_{(i)}} \quad (i = 1, 2, 3) \tag{5.102}$$

und mit Gleichung (5.71)

$$\tau_i = p + \sum_{p=1}^{N} \mu_p \lambda_i^{\alpha_p} \tag{5.103}$$

Der noch unbekannte hydrostatische Druck kann nun über die Bedingung des ebenen Spannungszustandes bestimmt werden. Aus der Spannungs-Randbedingung in Normalenrichtung $\tau_3 = 0$ folgt für den hydrostatischen Druck

$$p = -\lambda_3 \frac{\partial W_{iso}}{\partial \lambda_3} = -\sum_{p=1}^{N} \mu_p \lambda_3^{\alpha_p} \tag{5.104}$$

Die Streckung λ_3 drücken wir mit Hilfe von Gleichung (5.99) in den Streckungen λ_α der Tangentialebene aus:

$$p = -\sum_{p=1}^{N} \mu_p (\lambda_1 \lambda_2)^{-\alpha_p} \tag{5.105}$$

Wir setzen diese Gleichung in (5.103) ein und erhalten für die zwei Spannungshauptwerte in der Tangentialebene

$$\tau_\beta = \sum_{p=1}^{N} \mu_p (\lambda_\beta^{\alpha_p} - (\lambda_1 \lambda_2)^{-\alpha_p}) \quad (\alpha = 1,2) \tag{5.106}$$

Dieses Ergebnis kann man aber auch einfacher erhalten. In diesem Fall gehen wir vom isochoren Potential nach Gleichung (5.71) aus und ersetzen dort die Streckung λ_3 nach Gleichung (5.99). Man erhält dann die für den ebenen Spannungszustand gültige Potentialfunktion

$$W = \sum_{p=1}^{N} \frac{\mu_p}{\alpha_p} (\lambda_1^{\alpha_p} + \lambda_2^{\alpha_p} + (\lambda_1 \lambda_2)^{-\alpha_p} - 3) \tag{5.107}$$

Im Gegensatz zum isochoren Potential nach Gleichung (5.71) sind die zu den Streckungen λ_α gehörigen Funktionsterme durch das Zusatzglied $(\lambda_1 \lambda_2)^{-\alpha_p}$ modifiziert, weshalb wir es nicht mehr als ein rein isochores Potential kennzeichnen. Diese Potentialfunktion beinhaltet die Inkompressibilitätsbedingung und ist eine Funktion der Streckungen in der Tangentialebene. Als Ergebnis liefert sie die Gesamtspannungen nach Gleichung (5.106), wie wir nun durch Ableitung gemäß Gleichung (5.11) bestätigen:

$$\tau_\beta = \lambda_\beta \frac{\partial W}{\partial \lambda_\beta} = \sum_{p=1}^{N} \mu_p (\lambda_\beta^{\alpha_p} - (\lambda_1 \lambda_2)^{-\alpha_p}) \quad (\alpha = 1,2) \tag{5.108}$$

Der zweite Piola-Kirchhoff-Spannungstensor wird nach Gleichung (5.23) aus den Spannungshauptwerten τ_β und den Eigentensoren $\boldsymbol{M}^\beta$ aufgebaut:

$$\boldsymbol{S} = 2\frac{\partial W}{\partial \boldsymbol{C}_2} = \sum_{\beta=1}^{2} \frac{\partial W}{\partial \lambda_\beta} \lambda_\beta \boldsymbol{M}^\beta = \tau_\beta \boldsymbol{M}^\beta \tag{5.109}$$

Auch hier gilt es entsprechend Gleichung (5.23) die Fälle mit unterschiedlichen und gleichen Eigenwerten zu unterscheiden. Der dabei auftretende Term $(\boldsymbol{C}^{-1} - \boldsymbol{M}^3)$ vereinfacht sich mit der Diagonalmatrix $\boldsymbol{M}^3 = \lceil 0\,0\,\lambda_3^{-2} \rfloor$ zu

$$(\boldsymbol{C}^{-1} - \boldsymbol{M}^3) = \boldsymbol{C}_2{}^{-1} \tag{5.110}$$

Bei gleichen Eigenwerten gilt $\tau_1 = \tau_2$ und für $\tau_\beta \boldsymbol{M}^\beta$ ergibt sich dann mit den Gleichungen (3.46) und (5.110)

$$\tau_\beta \boldsymbol{M}^\beta = \tau_1 (\boldsymbol{M}^1 + \boldsymbol{M}^2) = \tau_1 \boldsymbol{C}_2{}^{-1} \tag{5.111}$$

Damit erhalten wir für den zweiten Piola-Kirchhoff-Spannungstensor:

$$\boldsymbol{S} = \begin{cases} \tau_\beta \boldsymbol{M}^\beta & \text{für: } \lambda_1 \neq \lambda_2 \\ \tau_1 \boldsymbol{C}_2{}^{-1} & \text{für: } \lambda_1 = \lambda_2 \end{cases} \tag{5.112}$$

und für die Cauchy-Spannungen:

$$\boldsymbol{\sigma} = \begin{cases} \tau_\beta \boldsymbol{m}^\beta & \text{für: } \lambda_1 \neq \lambda_2 \\ \tau_1 \boldsymbol{I} & \text{für: } \lambda_1 = \lambda_2 \end{cases} \tag{5.113}$$

Die Berechnung des Materialtensors folgt den Gleichungen (5.27), (5.29) und (5.30). Nach Gleichung (5.31) bekommt man den kompletten Materialtensor aus

$$\mathbb{C} = \varpi_{\beta\alpha} \boldsymbol{M}^\alpha \otimes \boldsymbol{M}^\beta + 2\tau_\beta \frac{\partial \boldsymbol{M}^\beta}{\partial \boldsymbol{C}_2} \tag{5.114}$$

mit der Koordinatenmatrix $\varpi_{\beta\alpha}$, die wir aus (5.106) berechnen:

$$\varpi_{\beta\alpha} = \frac{\partial \tau_\beta}{\partial \lambda_{(\alpha)}} \lambda_{(\alpha)} = \sum_{p=1}^{N} \mu_p \alpha_p \left(\delta_\beta^{(\alpha)} \lambda_{(\alpha)}^{\alpha_p} + (\lambda_1 \lambda_2)^{-\alpha_p} \right) \tag{5.115}$$

Der Ableitungsterm $\partial \boldsymbol{M}^\beta / \partial \boldsymbol{C}_2$ ist durch Gleichung (3.171) gegeben

$$\begin{aligned} \frac{\partial \boldsymbol{M}^\alpha}{\partial \boldsymbol{C}_2} = \; & \frac{1}{D_\alpha} \Big\{ \boldsymbol{I}_{C_2} - \boldsymbol{I} \otimes \boldsymbol{I} + \lambda_\alpha^{-2} [\boldsymbol{C}_2^{-1} \otimes \boldsymbol{C}_2^{-1} - \boldsymbol{I}_{C_2^{-1}}] \\ & + \lambda_\alpha^2 [\boldsymbol{M}^\alpha \otimes \boldsymbol{I} + \boldsymbol{I} \otimes \boldsymbol{M}^\alpha] - \lambda_\alpha^{-2} [\boldsymbol{M}^\alpha \otimes \boldsymbol{C}_2^{-1} + \boldsymbol{C}_2^{-1} \otimes \boldsymbol{M}^\alpha] \\ & - (4\lambda_\alpha^4 - I_1 \lambda_\alpha^2 - \lambda_\alpha^{-2}) \boldsymbol{M}^\alpha \otimes \boldsymbol{M}^\alpha \Big\} \end{aligned} \tag{5.116}$$

mit dem Unterschied, dass alle Matrizen nun von der Dimension (2x2) und $I_3 = 1$ gilt. Für die Größen $\boldsymbol{I}_{C_2}$ und $\boldsymbol{I}_{C_2^{-1}}$ gelten die Gleichungen (5.40) und (5.39), wobei in der Koordinatendarstellung die Indizes jetzt nur die Werte 1 und 2 haben.

Auch hier wollen wir den Fall gleicher Eigenwerte untersuchen. Zunächst wenden wir uns dem zweiten Term in Gleichung (5.114) zu, für den wir nun nach Gleichung (5.111)

$$2\tau_\beta \frac{\partial \boldsymbol{M}^\beta}{\partial \boldsymbol{C}_2} = 2\tau_1 \frac{\partial \boldsymbol{C}_2{}^{-1}}{\partial \boldsymbol{C}_2} \tag{5.117}$$

schreiben können und der entsprechend Gleichung (5.39) auszuwerten ist. Für das erste Glied in Gleichung (5.114) verwenden wir die Identität (5.110) und entwickeln es analog zu Gleichung (5.56). Mit $\varpi_{33} = 0$ erhalten wir für den Materialtensor bei gleichen Eigenwerten

$$\begin{aligned} \mathbb{C} \;=\; & \varpi_{11} \boldsymbol{C}_2{}^{-1} \otimes \boldsymbol{C}_2{}^{-1} \\ & + (\varpi_{12} - \varpi_{11})[\boldsymbol{M}^1 \otimes \boldsymbol{M}^2 + \boldsymbol{M}^2 \otimes \boldsymbol{M}^1 \\ & - \frac{1}{2}(\boldsymbol{M}^{12} + \boldsymbol{M}^{21}) \otimes (\boldsymbol{M}^{12} + \boldsymbol{M}^{21})] \\ & + 2\tau_1 \frac{\partial \boldsymbol{C}_2{}^{-1}}{\partial \boldsymbol{C}_2} \end{aligned} \tag{5.118}$$

Wir wollen die letzte Gleichung für den undeformierten Fall $\lambda_1 = \lambda_2 = 1$ auswerten. Sie muss mit der Elastizitätsmatrix des ebenen Spannungszustandes für die Poissonzahl $\nu = 0.5$ übereinstimmen:

$$\mathbb{C} = 4\frac{\mathsf{E}}{3} \begin{bmatrix} 1 & 0.5 & 0 \\ 0.5 & 1 & 0 \\ 0 & 0 & 0.25 \end{bmatrix} \quad \text{für } \nu = 0.5 \tag{5.119}$$

Aus Gleichung (5.106) folgt, $\tau_\beta = 0$ und aus Gleichung (5.115) ermittelt man mit (5.78)

$$\varpi_{\beta\alpha} = 2\mathsf{G} \begin{bmatrix} 2 & 1 \\ 1 & 2 \end{bmatrix} \tag{5.120}$$

Wir gehen auf die Matrizenschreibweise über und erhalten unter Beachtung von (5.55)

$$\mathrm{C}^{\alpha\beta\gamma\delta} = \begin{bmatrix} \mathrm{C}^{1111} & \mathrm{C}^{1122} & \mathrm{C}^{1112} \\ \cdot & \mathrm{C}^{2222} & \mathrm{C}^{2212} \\ \cdot & \cdot & \mathrm{C}^{1212} \end{bmatrix} = 4\mathsf{G} \begin{bmatrix} 1 & 0.5 & \cdot \\ 0.5 & 1 & \cdot \\ \cdot & \cdot & 0.25 \end{bmatrix}$$

(5.121)

Die Zahlen in der Matrix stimmen überein und es muss noch der Vorfaktor überprüft werden. Dazu berechnen wir den Schubmodul für $\nu = 0.5$ und erhalten

$$\mathsf{G} = \frac{\mathsf{E}}{2(1+\nu)} = \frac{\mathsf{E}}{3} \quad \text{und} \quad 4\mathsf{G} = 4\frac{\mathsf{E}}{3}$$

Damit haben wir gezeigt, dass die Materialmatrix, wie verlangt, im undeformierten Ausgangszustand mit der des ebenen Spannungszustandes für $\nu = 0.5$ übereinstimmt.

6 Plastizität

In diesem Abschnitt soll unser Thema die numerische Behandlung plastischer Verzerrungen beliebiger Größe sein. Insbesondere stellen wir eine Formulierung der Theorie im Hauptachsensystem der Deformation vor. Wie sich zeigen wird, bedarf die numerische Behandlung plastischer Zustandsänderungen einer Mehrzahl von Gleichungen, sodass es sinnvoll erscheint, vorab die wichtigsten Punkte der Formulierung aufzulisten und auf ihre Bedeutung hinzuweisen.

Wir beginnen unsere Betrachtungen mit einer allgemeinen Einführung in die Behandlung plastischer Zustandsänderungen. Dabei beschränken wir uns auf die so genannte *assoziierte Plastizitätstheorie* mit isotroper Verfestigung. Diese Theorie hat sich bei der Behandlung metallischer Werkstoffe bewährt und ist deshalb in allen Finite-Elemente-Programmen implementiert.

Ausgehend vom Prinzip maximaler Dissipationsarbeit[1] stellen wir die Gleichungen für den Fall kleiner, infinitesimaler Dehnungen auf und vergleichen sie anschließend mit den entsprechenden Beziehungen für den Fall beliebig großer Verzerrungen. Wir werden zeigen, dass sich aufgrund der unterschiedlichen Beschreibung der Kinematik, auch eine unterschiedliche Berechnung für den plastischen Deformationsanteil ergibt. Ferner werden wir zeigen, dass die additive Aufspaltung der totalen Dehnungen in einen elastischen und einen plastischen Anteil, die als fundamentale Annahme der Theorie kleiner Dehnungen zugrunde liegt, auch für den Fall beliebig großer Dehnungen gilt, wenn man im Hauptachsensystem mit dem logarithmischen Dehnungsmaß arbeitet.

Das wichtigste Ergebnis erhalten wir bei der Formulierung der Theorie im Hauptachsensystem der beteiligten Deformationstensoren. Wir werden zeigen, dass für den hier betrachteten Fall der isotropen Verfestigung, die Aufspaltung der Deformation in den plastischen und den elastischen Anteil im festen Hauptachsensystem der Gesamtdeformation vor sich geht. Unabhängig von der Art der Deformation bleiben die Hauptrichtungen der Gesamtdeformation erhalten, sodass die

[1] Dissipation: Umwandlung einer beliebigen Energieform in Wärme.

gesamte Behandlung der Plastizität auf die Betrachtung der Hauptwerte reduziert werden kann. Diese Vereinfachung, ist ein wesentlicher Beitrag zum Verstehen der Formulierung und bringt zusätzlich den Vorteil einer effizienten numerischen Behandlung.

Das Schrifttum zum Thema große plastische Formänderung und deren numerische Behandlung im Rahmen der Methode der Finiten Elemente ist zahlreich. Eine Literaturangabe zum Thema wird also immer unvollständig sein, sodass wir bewusst nur jene Arbeiten zitieren, auf die sich die hier vorgestellte Formulierung im Hauptachsensystem der Deformation stützt. Dies sind im wesentlichen neuere Arbeiten, die bei Simo ihren Ausgang gefunden haben und in den Beiträgen [95], [96], [97], [102] dokumentiert sind. Fortführende Arbeiten zum Thema, Formulierung der Plastizität im Hauptachsensystem der Deformation, finden sich in den Beiträgen von Miehe [57],[58], Ibrahimbegovic [43], sowie Schellekens und Parisch [89], [90]. Schließlich sei noch auf neuere Bücher verwiesen. Das Buch von Simo und Hughes [100] und das Buch von Han und Reddy [32] geben beide eine vollständige Darstellung der modernen Plastizitätstheorie und deren numerischer Behandlung im Rahmen der Methode der Finiten Elemente. Zu nennen ist auch das Buch von Haupt [33], welches eine umfassende Darstellung der Kontinuumsmechanik und der Materialbeschreibung liefert.

6.1 Einführung in die Behandlung der Plastizität

Elastisches Materialverhalten, das wir im vorherigen Abschnitt betrachtet haben, war dadurch charakterisiert, dass der Spannungszustand sich allein aufgrund des momentanen Verzerrungszustandes bestimmt, und dass sich nach Entfernen der Belastung die undeformierte Konfiguration wieder einstellt. Man kann nun allgemein ein Materialverhalten, das diesen Bedingungen nicht genügt, als ein inelastisches Materialverhalten bezeichnen. Eine inverse Definition geht auf Cauchy zurück. Cauchy definiert das Materialverhalten über den Verzerrungszustand als Funktion des Spannungszustandes. Danach ist der Verzerrungszustand im elastischen Körper vollständig durch die Spannung $\boldsymbol{\sigma}$ und die Temperatur ϑ bestimmt, $\boldsymbol{\epsilon} = \boldsymbol{\epsilon}(\boldsymbol{\sigma}, \vartheta)$. Für den nicht elastischen Körper sind Spannung und Temperatur aber allein nicht ausreichend, um den Verzerrungszustand zu bestimmen, vielmehr müssen zusätzliche, so genannte *innere Variablen* $\xi_1, \xi_2 \cdots \xi_n$ eingeführt werden, die z. B. Auskunft über die Belastungsgeschichte geben. Fasst man diese inneren Variablen im Spaltenvektor $\boldsymbol{\xi}$ zusammen, so wird der Verzerrungszustand des nicht elastischen Körpers durch die Funktion

$$\epsilon = \epsilon(\sigma, \vartheta, \xi) \tag{6.1}$$

beschrieben. Diese Definition des Materialverhaltens bietet sich als Grundlage für die Formulierung eines Stoffgesetzes im Rahmen einer phänomenologischen Plastizitätstheorie an, in der die inneren Variablen als Pseudovariable geführt werden.

Bei den uns interessierenden metallischen Werkstoffen bezeichnet man die inelastische Gestaltsänderung als plastische Verformung. Klassischerweise wird dieses Verhalten mit einer *geschwindigkeits-*, oder *dehnratenunabhängigen* (engl. rate-independent) Plastizitätstheorie behandelt. In diesem Fall wird das Erwärmen des Werkstoffes außer acht gelassen. Sofern die plastische Verformung geschwindigkeitsabhängig, bzw. *dehnratenabhängig* (engl. rate-dependent) ist, spricht man von viskoplastischem Materialverhalten. Inelastische Deformationen sind irreversible Zustandsänderungen, die durch Mechanismen, wie z. B. das Versetzungsgleiten und durch die Behebung von Gitterfehlstellen in der Kristallstruktur des Werkstoffes hervorgerufen werden. Zur Aktivierung dieser Mechanismen muss Arbeit geleistet werden, die bei Entlastung nicht mehr zurückgewonnen wird.

Kalorische Messungen zeigen, dass die plastische Verzerrungsarbeit fast vollständig dissipiert, d. h. größenordnungsmäßig zu ungefähr 90% in Wärme umgesetzt wird. Die restlichen 10% werden zur Änderung des mechanischen Zustandes verbraucht und machen sich z. B. in der Werkstoffverfestigung bemerkbar. Der letztere Anteil der plastischen Verzerrungsarbeit verbleibt als *latente Energie* im Werkstoff zurück. Den Anteil der plastischen Verzerrungsarbeit, der in Wärme umgesetzt wird, bezeichnen wir als *plastische Dissipationsarbeit.* Da die Wärmeenergie nicht negativ werden kann, ist die plastische Dissipationsarbeit stets positiv. Plastische Deformationen sind somit wegabhängige, irreversible Zustandsänderungen, für die man kein Potential angeben kann.

Die Plastizitätslehre stellt uns ein Werkzeug zur mathematischen Beschreibung des makroskopischen Werkstoffverhaltens bei plastischer Formänderung bereit. Der Ausgangspunkt ist die im Zugversuch ermittelte Spannungs-Dehnungskurve des Werkstoffs, die den Zusammenhang zwischen der aufgebrachten, nominalen Spannung $\sigma =$Kraft/Ausgangsquerschnitt und der totalen Dehnung ϵ^t (Kopfzeiger ^{t}) angibt. Als Maß für die Dehnung wird entweder die Ingenieurdehnung $\epsilon^t = \Delta L/L$ oder die natürliche Dehnung $\epsilon^t = \ln(l/L)$ verwendet.

Das Spannungs-Dehnungsdiagramm für den einachsigen Zugversuch eines hypothetischen Werkstoffes zeigt Abbildung 6.1. In dieser, gegenüber der im Experiment erhaltenen, stark idealisierten Kurve, nimmt man zunächst an, dass die

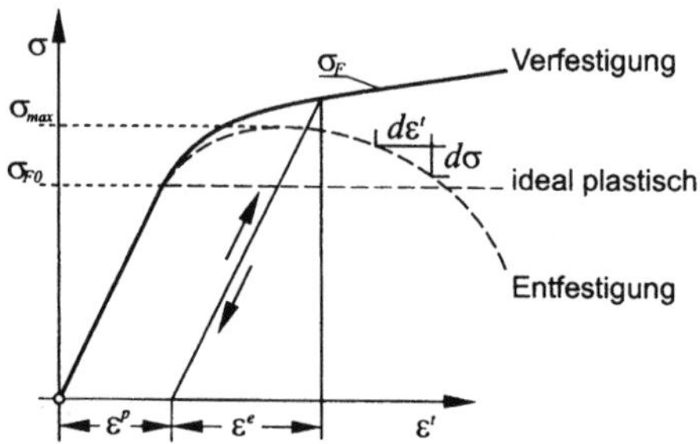

Abb. 6.1 Spannungs-Dehnungsdiagramm im Zugversuch.

Proportionalitätsgrenze und die Elastizitätsgrenze des Werkstoffes zusammenfallen. Die Elastizitätsgrenze, der im Diagramm der Spannungswert σ_{F0} entspricht, grenzt den Bereich rein elastischer Zustandsänderungen vom sich anschließenden Fließbereich mit plastischen Zustandsänderungen ab[2]. Der elastische Bereich wird durch eine Gerade dargestellt, was mit guter Näherung für metallische Werkstoffe zutrifft. Wird unterhalb der Elastizitätsgrenze be- oder entlastet, so folgt man der Geraden, die wir als *elastische Gerade* bezeichnen wollen. Dem Fließbereich oberhalb der Elastizitätsgrenze wird eine gekrümmte, ansteigende Kurve zugeordnet. Die Spannung σ_F im Fließbereich heißt Fließspannung. Eine Erhöhung der Fließspannung bedingt eine Zunahme an Gesamtdehnung ϵ^t. Wir bezeichnen dies als elastoplastisches Materialverhalten, da mit Zunahme der Gesamtdehnung sowohl die elastische, als auch die plastische Dehnung zunimmt. Wird von der Fließspannung aus entlastet, so erreicht man auf einer Parallelen zur elastischen Geraden den Zustand $\sigma = 0$ und kann dann auf der Abszisse die verbleibende plastische Dehnung ϵ^p und die elastische Dehnung ϵ^e ablesen. Dabei wird vorausgesetzt, dass der Fließvorgang den Elastizitätsmodul nicht verändert hat. Eine erneute Belastung nimmt den gleichen Weg zurück auf der Geraden zur Fließkurve hin und schreitet dann auf dieser fort. Dies beinhaltet eine weitere Näherung, da das Experiment bei Wiederbelastung eine schmale Hystereseschleife zeigt.

[2]Im Experiment ist der Beginn der plastischen Verformung meist nicht eindeutig aus dem Spannungs-Dehnungsdiagramm ablesbar und muss deshalb festgelegt werden. Ein Vorschlag zur Definition des Fließbeginns ist, den Punkt zu wählen, an dem die Ursprungssteigung der Kurve auf die Hälfte abgenommen hat. Eine genaue Bestimmung des Fließbeginns kann durch die Ausnutzung des thermoelastischen Effekts erfolgen. Wird ein Zugversuch unter adiabaten Bedingungen durchgeführt, so führt dies zum Abkühlen der Probe im Fall der elastischen Zustandsänderung und zu einer Erwärmung der Probe für den Fall des Fließens. Trägt man den Temperaturverlauf der Probe über der Dehnung auf, so wird der Fließbeginn im Diagramm durch einen Tiefpunkt der Temperaturkurve angezeigt.

Je nach der Betrachtungsweise stellt die Spannung σ_{F0} die maximal erreichbare elastische Spannung, oder aber die *Spannung des ersten Fließens* bzw. die *Grenzfließspannung* dar. Alle nachfolgenden Spannungswerte haben plastische Verformungen zur Folge und heißen deshalb *Fließspannung*. Entsprechend dem weiteren Kurvenverlauf ab der Spannung σ_{F0} ordnet man das Materialverhalten in die drei folgenden Klassen ein:

1. Zeigt die Kurve ab der Grenzfließspannung ein monotones Ansteigen, so nimmt der Widerstand des Materials gegen die Zunahme der plastischen Dehnungen zu. Wir bezeichnen dieses Phänomen als *Materialverfestigung*. Das Materialverhalten wird als stabil bezeichnet, da die Dehnung nur durch Erhöhen der Spannung vergrößert werden kann, bzw. durch leisten von Arbeit. Es gilt also $d\sigma d\epsilon^t > 0$.

2. Ein horizontaler Kurvenverlauf kennzeichnet *ideale Plastizität*. Diese zeichnet sich dadurch aus, dass bei Vorgabe der Fließspannung, bzw. der zugehörigen Belastung, die Größe der Dehnung beliebig, also unbestimmt ist. Es gilt $d\sigma d\epsilon^t = 0$. Umgekehrt ist bei Vorgabe der Dehnung bzw. Verlängerung der Probe die Spannung eindeutig bestimmt. Das Materialverhalten wird als instabil bezeichnet.

3. Instabiles Materialverhalten liegt ebenfalls vor, wenn die Spannungs-Dehnungskurve nach Erreichen einer maximalen Fließspannung σ_{max} wieder abfällt. Ab diesem Grenzpunkt spricht man von *Materialentfestigung* (engl. softening). Das Produkt $d\sigma d\epsilon^t$ ist negativ. Wie bei ideal plastischem Materialverhalten gilt auch hier, dass eine eindeutige Zuordnung von Spannung und Dehnung zumindest oberhalb von σ_{F0} nur bei Vorgabe der Dehnung möglich ist.

Wir kommen zurück auf die Definition des inelastischen Materials nach Gleichung (6.1) und wollen kurz auf die Bedeutung der inneren Variablen eingehen. Die Notwendigkeit einer zusätzlichen Beschreibungsgröße kann man sich schon anhand des einachsigen Spannungs-Dehnungsdiagramms klarmachen. Dieses zeigt zwar für den Fall der Materialverfestigung eine eindeutige Zuordnung von Spannung und Gesamtdehnung, doch die Aufteilung der Dehnung in den elastischen und plastischen Anteil kann dem Diagramm nicht ohne weiteres entnommen werden. Wie vorher schon erwähnt, muss dazu die Parallele zur elastischen Geraden durch den momentanen Spannungspunkt in das Diagramm eingezeichnet werden und zum Schnitt mit der Dehnungsachse gebracht werden. Der Schnittpunkt teilt die Dehnung ϵ^t in die elastische Dehnung ϵ^e und in die plastische Dehnung ϵ^p auf. Für den dreiachsigen Spannungszustand ist eine solche Vorgehensweise selbstverständlich nicht mehr möglich. Wegen der Wegabhängigkeit der Deformation ist der Materialzustand nicht nur von den aktuellen Zustandsvariablen, sondern auch von der bisher durchlaufenen Belastungsgeschichte abhängig. Zur Speicherung der Vorgeschichte der Deformation und zur Beschreibung phänomenologischer Materialeigenschaften werden die *inneren Variablen* definiert. Diese können Tensoren nullter oder höherer Stufe sein. Die Anzahl der verwendeten inneren Variablen richtet sich nach der Kompliziertheit des Materialmodells. Bei den von uns betrachteten isotropen Werkstoffen kommt man, im einfachsten Fall der isotropen Verfestigung, mit einer inneren Variablen aus. Diese Größe stellt ein skalares Maß für die plastische Dehnung dar und ist energetisch konjugiert zu einer Vergleichsspannung. Komplizierter gestaltet sich die Beschreibung der kinematischen Verfestigung, wo als innere Variable ein Spannungstensor vorgegeben werden muss. Selbstverständlich müssen für die inneren Variablen auch Gesetze bereitgestellt werden, welche die Entwicklung der Zustandsgrößen in der Zeit beschreiben. Wir nennen ein solches Gesetz ein *Evolutionsgesetz*. Für die inneren Variablen werden die Evolutionsgesetze aufgrund von Versuchsdaten formuliert.

Das im Zugversuch ermittelte Spannungs-Dehnungsdiagramm beschreibt das Materialverhalten für den Fall des einachsigen Spannungszustandes vollständig. Die Plastizitätstheorie gibt nun an, wie das im Zugversuch ermittelte Materialverhalten auf mehrachsige Spannungszustände zu übertragen ist. Analog zur einachsigen Grenzfließspannung σ_{F0} muss ein Kriterium für den Fließbeginn im mehrachsigen Fall formuliert werden. Dazu wird eine *Fließfläche* postuliert, welche im Spannungsraum die Grenze zwischen elastischen und plastischen Verformungen definiert. Zusätzlich muss die Theorie die Größe und Richtung des plastischen Fließens festlegen. Entscheidend für das Aufstellen der Plastizitätstheorie sind Beobachtungen, die man im Versuch macht. So führen plastische Deformationen, z. B. bei metallischen Werkstoffen, zu keiner nennenswerten Volumenänderung, sodass die Theorie mit guter Näherung isochore Zustandsänderungen voraussetzen darf. Der Fließvorgang wird also im wesentlichen durch den Spannungsdeviator bestimmt. Mäßige, in der Praxis auftretende hydrostatische Spannungen haben keinen Einfluss. Dies führt dazu, dass man die Theorie gleich in Größen des Spannungsdeviators aufstellt.

Gemäß der Vorgehensweise unterscheidet man zwei unterschiedliche Theorien. Die so genannte *Deformationstheorie* von Hencky und Nadai setzt die totalen Spannungen als Funktion der totalen Verzerrungen an. Diese geschwindigkeitsunabhängige Theorie hat gegenüber der unten beschriebenen Fließtheorie den Vorteil der mathematischen Einfachheit. Es ergibt sich allerdings ein Widerspruch, wenn man ausgehend vom Spannungspunkt auf der Fließfläche entlastet und anschließend wieder bis zur Fließfläche hin belastet. In diesem Fall dürfen sich die plastischen Verzerrungen nicht ändern, da der Vorgang innerhalb der Fließfläche, also rein elastisch, abläuft. Hier liefert die Deformationstheorie aber neue plastische Verzerrungen, da der Vorgang in einem anderen Punkt der Fließfläche endet.

Wegen dieses Widerspruchs hat die Deformationstheorie in numerische Lösungsverfahren, wie z. B. in die Methode der Finiten Elemente, keinen Eingang gefunden.

Numerische Lösungsverfahren basieren in der Regel auf einer inkrementellen Formulierung, die in Verbindung mit Iterationsstrategien die Gleichgewichtskonfiguration aufsuchen. Diese Vorgehensweise favorisiert die so genannte *Fließtheorie*, welche das elastoplastische Materialverhalten in infinitesimaler Form beschreibt. Verwendet man die Fließtheorie in einem inkrementell formulierten Algorithmus, so muss dies zwangsläufig eine Integration der plastischen Evolutionsgleichungen nach sich ziehen. Diese Integrationsverfahren, welche unter dem Namen *radiale Rückkehrmethode* (engl. radial return) in der Literatur geführt werden, sind Ein-Schritt-Projektionsverfahren, die eine elastische Prädiktorspannung normal auf die Fließfläche zurückführen, sodass am Ende des Inkrementes die Fließbedingung erfüllt ist. Der Hauptvorteil dieser Integrationsverfahren liegt indes in ihrer vollständigen Linearisierbarkeit, was zum Erreichen einer quadratischen Konvergenz im Rahmen eines Newtonschen Verfahrens unbedingt notwendig ist. Unter der Vielzahl von Publikationen zum Thema, Integration der Fließbeziehungen, seien die grundlegenden Arbeiten von Wilkins [113], Krieg & Krieg [46], Ortiz [72] sowie Ortiz und Simo [73] genannt.

6.2 Bemerkungen zur Fließtheorie, Beschränkung auf kleine Dehnungen

Es sollen nun die wichtigsten Grundlagen der Fließtheorie zusammengestellt werden, wobei wir zunächst nur kleine Dehnungen zulassen wollen. In Bezug auf diese Einschränkung für die Dehnungen kann man diese Theorie als die *Theorie infinitesimaler oder kleiner Dehnungen* bezeichnen. Für eine ausführlichere Darstellung sei wieder auf die zahlreiche Literatur, z. B. [36], [9], [29], sowie auf die darin enthaltenen Referenzen, verwiesen.

Ausgangspunkt für das Aufstellen der Plastizitätstheorie kleiner Dehnungen ist die additive Aufspaltung der totalen Dehnungen $\boldsymbol{\epsilon}^t$ in elastische $\boldsymbol{\epsilon}^e$ und plastische $\boldsymbol{\epsilon}^p$ Anteile entsprechend

$$\boldsymbol{\epsilon}^t = \boldsymbol{\epsilon}^e + \boldsymbol{\epsilon}^p \tag{6.2}$$

Nun wird anstelle der Fließspannung eine *Fließfunktion* $\Phi = \Phi(\boldsymbol{\tau}, \boldsymbol{\xi})$ als Funktion des Spannungstensors[3] $\boldsymbol{\tau}$ und dem Spaltenvektor der inneren Variablen $\boldsymbol{\xi}$, definiert. Im Spannungsraum stellt die Fließfunktion einen Fließkörper dar, dessen Oberfläche *Fließfläche* heißt. Die Fließfläche schließt alle möglichen, physikalisch zulässigen Spannungszustände ein. Ausgehend von einem Spannungszustand innerhalb der Fließfläche kommt es zunächst zu elastischen Zustandsänderungen. Wird die Fließfläche erreicht, so stellen sich auch plastische Zustandsänderungen ein. Es gilt also:

$$\Phi(\boldsymbol{\tau},\boldsymbol{\xi}) \begin{cases} < 0 & \text{elastische Zustandsänderung} \\ = 0 & \text{plastische Zustandsänderung} \\ > 0 & \text{nicht erlaubt} \end{cases} \tag{6.3}$$

Die Fließfunktion darf nicht beliebig gewählt werden. Als wichtige Forderung wird verlangt, dass die Funktion Konvexität besitzt. Diese Forderung ist im Hinblick auf die Theorie des plastischen Potentials und der daraus folgenden Fließregel von grundlegender Bedeutung. Wir wollen uns diese wichtige Eigenschaft anhand von Abbildung 6.2 veranschaulichen, in der Schnitte durch zwei mögliche Fließkörper dargestellt sind. Im Schnitt bildet sich die Fließfläche als eine

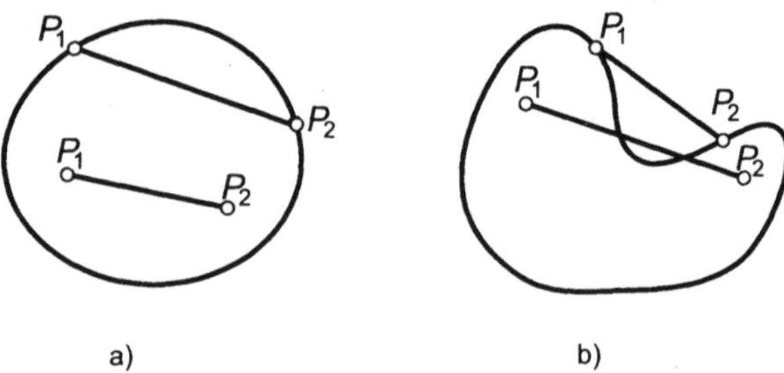

Abb. 6.2 a) Konvexe geschlossene Kurve, b) teilweise konkave Kurve.

geschlossene Kurve ab, die das Gebiet der elastischen Zustandsänderungen einschließt. Eine geschlossene Kurve ist konvex, wenn die Verbindungslinie zweier Punkte P_1 und P_2, die im Innern oder auf dem Rand der Kurve liegen, vollständig von der Kurve eingeschlossen wird. Diese Bedingung wird von der in Abbildung 6.2a dargestellten Schnittkurve erfüllt. Zustandsänderungen von P_1 nach P_2 verlaufen hier vollständig im, von der Fließfläche eingeschlossenen, elastischen Gebiet. In Abbildung 6.2b stellt die Fließfläche im Schnitt eine zumindest teilweise

[3]Im Hinblick auf die spätere Behandlung beliebiger Deformationen setzen wir für die Spannungen gleich den Kirchhoffschen Spannungstensor ein. Für die Fließspannung, als eingeführte Größe aus dem Zugversuch, werden wir aber, dem allgemeinen Sprachgebrauch folgend, das σ verwenden.

konkave Kurve dar. Im Bereich des konkaven Kurvenstücks durchqueren die Zustandsänderungen von P_1 nach P_2 das verbotene Gebiet außerhalb der Fließfläche, was laut Definition nicht erlaubt ist.

Die Richtungsinvarianz des isotropen Materials muss auch für die Fließfunktion gelten. Dies bedeutet, dass die Fließfunktion als symmetrische Funktion der Spannungsinvarianten oder der Hauptwerte des Spannungstensors formuliert werden kann. Wegen der isochoren Zustandsänderung ist vom Spannungsdeviator auszugehen. Zur Beschreibung der Materialverfestigung oberhalb der Grenzfließspannung σ_{F0} dienen die inneren Variablen. Wir unterscheiden zwischen der *isotropen Verfestigung* und der *kinematischen Verfestigung*. Diese können getrennt oder aber auch gemeinsam auftreten. Die *isotrope Verfestigung* entspricht einer Vergrößerung der Fließfläche, die mit Hilfe einer skalaren, inneren Verfestigungsvariablen ξ gesteuert wird. Zusätzlich kann sich die Fließfläche im Spannungsraum noch verschieben. Man bezeichnet diesen Vorgang als *kinematische Verfestigung*. In beiden Verfestigungsmodellen bleibt die Form der Fließfläche erhalten.

Da wir uns nachfolgend nur mit der isotropen Verfestigung beschäftigen werden, sollen hier einige ergänzende Anmerkungen zur kinematischen Verfestigung gemacht werden. Der Versuch zeigt, dass sich bei zyklischer Be- und Entlastung das Zentrum der Fließfläche in Richtung des plastischen Fließens hin bewegt, sodass sich unterschiedliche Zug- und Druckfließgrenzen einstellen. Dieses Phänomen, das eng mit dem so genannten *Bauschinger Effekt* zusammenhängt, heißt kinematische Verfestigung. Ein einfaches Gesetz zur Beschreibung dieses Verhaltens geht auf die Arbeiten von Prager [81] und Ziegler [117] zurück. Den Kern dieses Prager-Ziegler Härtungsgesetzes bildet die innere Spannungsvariable $\boldsymbol{\tau}_B$ (engl. back stress), die im Deviatorraum der Spannung das Zentrum der Fließfläche festlegt und für die dieses Gesetz die Evolutionsgleichung bereitstellt. Ein einfaches, lineares Verfestigungsgesetz, das die isotrope und die kinematische Verfestigung einschließt, wird in [39] vorgestellt.

Unter den zahlreichen Vorschlägen für die Fließfunktion ist der Ansatz von *R. von Mises* wohl der, der am häufigsten in der Praxis zur Anwendung kommt. Nicht zuletzt deshalb, weil er in allen kommerziellen Finite-Elemente-Programmen implementiert ist. Gründe hierfür sind die Glattheit der Fließfläche, die für numerische Verfahren von Vorteil ist, sowie die gute Übereinstimmung von Versuch und berechneten Ergebnissen, insbesondere für metallische Werkstoffe. Von Mises nimmt an, dass plastisches Fließen für den dreiachsigen Spannungszustand dann eintritt, wenn die zweite Invariante des Spannungsdeviators J_2 den Wert der entsprechenden Invarianten des einachsigen Zugversuchs erreicht[4]. Mit der Fließ-

[4]Die Invarianten des Spannungsdeviators werden vielfach mit J bezeichnet. Deshalb spricht man auch

spannung σ_F des Zugversuchs[5] gilt dann, die mit -1 durchmultiplizierte Gleichung

$$\frac{1}{2}\operatorname{dev}\boldsymbol{T} : \operatorname{dev}\boldsymbol{T} = \frac{1}{3}\sigma_F^2 \tag{6.4}$$

die wir gemäß Gleichung (6.3) nun auf die Form der Fließfunktion bringen:

$$\Phi := \frac{1}{2}\operatorname{dev}\boldsymbol{T} : \operatorname{dev}\boldsymbol{T} - \frac{1}{3}\sigma_F^2 \tag{6.5}$$

Man erkennt, dass die so definierte Fließfunktion als Dimension das Quadrat einer Spannung hat. Wie wir noch sehen werden, ist es aber von Vorteil, der Fließfunktion die Dimension einer Spannung zu geben. Dazu multiplizieren wir die Gleichung (6.4) mit 2 durch und ziehen die Wurzeln. Dann folgt für die Fließfunktion

$$\Phi := \sqrt{\operatorname{dev}\boldsymbol{T} : \operatorname{dev}\boldsymbol{T}} - \sqrt{\frac{2}{3}}\sigma_F \tag{6.6}$$

Besonders einfach wird die Fließfunktion, wenn der Spannungsdeviator in der Hauptachsendarstellung gegeben ist. Dann können wir die Hauptwerte $\tilde{\tau}_\beta$ des Spannungsdeviators im Spaltenvektor $\tilde{\boldsymbol{\tau}}_H$ zusammen

$$\tilde{\boldsymbol{\tau}}_H = [\tilde{\tau}_1\, \tilde{\tau}_2\, \tilde{\tau}_3]^T \tag{6.7}$$

und erhalten für die Fließfunktion nach Gleichung (6.6):

$$\Phi := |\tilde{\boldsymbol{\tau}}_H| - \sqrt{\frac{2}{3}}\sigma_F \tag{6.8}$$

Entsprechend der Darstellung in Abbildung 6.1 teilen wir die Fließspannung σ_F auf, in die konstante Grenzfließspannung σ_{F0}, und in einen, der Materialverfestigung zugeordneten Spannungsanteil σ_v, der als Funktion der inneren Variablen ξ definiert wird. Dann gilt für die Fließspannung

$$\sigma_F = \sigma_{F0} - \sigma_v(\xi) \tag{6.9}$$

von der J_2 Fließtheorie und meint damit die Fließtheorie nach R. von Mises.

[5]Die Invarianten des Spannungsdeviators berechnen wir nach Gleichung (3.55). Mit $J_1 = 0$ erhalten wir für die zweite Invariante $J_2 = -\frac{1}{2}Sp(\operatorname{dev}\boldsymbol{T}^2) = -\frac{1}{2}\operatorname{dev}\boldsymbol{T} : \operatorname{dev}\boldsymbol{T}$. Für den einachsigen Spannungszustand in Richtung 1 gilt, $\tau_1 = \sigma_F$, $\tau_2 = \tau_3 = 0$. Die deviatorischen Spannungen berechnen sich zu $\tilde{\tau}_1 = 2\frac{\sigma_F}{3}$, $\tilde{\tau}_2 = \tilde{\tau}_3 = -\frac{\sigma_F}{3}$ und die zweite Invariante ergibt nach obiger Formel $J_2 = -\frac{\sigma_F^2}{3}$.

Nach dieser Gleichung muss mit zunehmender Materialverfestigung der Fließspannungsanteil σ_v negativ sein, damit die Fließspannung σ_F insgesamt ansteigt. Wir werden auf diese Vorzeichendefinition zurückkommen, wenn wir der Materialverfestigung ein Potential zuweisen. Die Verwendung von Gleichung (6.9) in der Fließfunktion[6] (6.8) ergibt

$$\Phi(\boldsymbol{\tau},\sigma_F) := |\tilde{\boldsymbol{\tau}}_H| - \sqrt{\frac{2}{3}}\,(\sigma_{F0} - \sigma_v(\xi)) = F - Y \tag{6.10}$$

mit den Funktionskomponenten

$$F(\boldsymbol{\tau}) := |\tilde{\boldsymbol{\tau}}_H| \quad \text{und} \quad Y(\sigma_{F0},\sigma_v) := \sqrt{\frac{2}{3}}\,(\sigma_{F0} - \sigma_v(\xi)) \tag{6.11}$$

In unseren weiteren Ableitungen werden wir uns stets auf diese Darstellung beziehen. Für den Fall, dass wir noch kinematische Verfestigung des Materials zulassen ist die Funktionskomponente $F(\boldsymbol{\tau})$ durch $F(\boldsymbol{\tau},\boldsymbol{\tau}_B)$ zu ersetzen:

$$F(\boldsymbol{\tau},\boldsymbol{\tau}_B) := ||\operatorname{dev}(\boldsymbol{\tau} - \boldsymbol{\tau}_B)|| \tag{6.12}$$

Es wird darauf hingewiesen, dass dieser Funktionsteil als Funktion der Spannungstensoren und nicht deren Hauptwerte definiert ist. Eine Erklärung hierfür liefern wir im Abschnitt 6.3 nach.

Eine wichtige Annahme der Plastizitätstheorie betrifft das Materialverhalten bei plastischen Zustandsänderungen, das wir bereits im vorherigen Abschnitt angesprochen haben. Wie im elastischen Fall, wird auch für plastische Zustandsänderungen ein stabiles Materialverhalten verlangt. Drucker definiert das Materialverhalten beim Auftreten plastischer Deformationen über die plastische Arbeit, die sich aus dem Spannungsinkrement mit dem zugehörigen plastischen Verzerrungsinkrement ergibt (Siehe Abbildung 6.1). Es gilt die *Druckersche Ungleichung*

$$d\boldsymbol{\tau} : \dot{\boldsymbol{\epsilon}}^p \geq 0 \tag{6.13}$$

Wir haben bereits ausgeführt, dass für stabiles Materialverhalten dieser Arbeitsanteil stets größer Null ist und dass für ideal plastisches Materialverhalten der

[6] Im Hauptspannungsraum definiert die Fließfunktion einen Zylinder, dessen Achse mit der Raumdiagonale des ersten Quadranten zusammenfällt. Gleichzeitig steht die Raumdiagonale für die hydrostatische Achse, da auf ihr alle Punkte gleicher Spannungshauptwerte $\tilde{\tau}_1 = \tilde{\tau}_2 = \tilde{\tau}_3$ liegen. Ein Schnitt senkrecht zur Zylinderachse definiert die Deviatorebene, in der sich die Fließfläche als Kreis mit Radius $r = \sqrt{\frac{2}{3}}\,\sigma_F$ abbildet.

Arbeitsanteil gleich Null ist. In dieser Beziehung tritt die Zeit als Parameter auf, obwohl die Theorie den Fließvorgang als unabhängig von der Zeit beschreibt. Entsprechend ist der Zeitmaßstab hier willkürlich gewählt und wird nur zur Identifikation eines Zustandes im Sinne von vorher und nachher benutzt. Wir werden auf dieses Problem nochmals genauer eingehen, wenn wir uns mit der Integration der konstitutiven Gleichungen befassen.

Eine Erweiterung der Druckerschen Ungleichung ergibt sich, wenn man ausgehend von einem Spannungszustand $\boldsymbol{\tau}^\star$, der innerhalb oder auf der Fließfläche liegen kann, einen Lastzyklus betrachtet. Dann muss auch für die im Lastzyklus verrichtete plastische Arbeit

$$(\boldsymbol{\tau} - \boldsymbol{\tau}^\star) : \dot{\boldsymbol{\epsilon}}^p \geq 0 \tag{6.14}$$

gelten. Aus dieser Gleichung lassen sich zwei fundamentale Bedingungen der Plastizitätstheorie ableiten. Für alle möglichen Spannungszustände lässt sich diese Gleichung nur dann erfüllen, sofern die Fließfläche überall Konvexität aufweist und zusätzlich die Richtung des plastischen Flusses normal auf der Fließfläche steht[7]. Aufgrund dessen kann nun die Existenz eines *plastischen Potentials* postuliert werden.

Im Falle der hier betrachteten *assoziierten Plastizität* wird die Funktion des plastischen Potentials gleich der Fließfunktion Φ gesetzt. Die Fließfläche ist dann der Ort aller möglichen Spannungszustände gleichen plastischen Potentials. Eine plastische Zustandsänderung erfolgt in Richtung des Gradienten des Potentials, d. h. auf der nach außen gerichteten Normalen an die Fließfläche. Man erhält somit für die Rate der plastischen Dehnungen

$$\dot{\boldsymbol{\epsilon}}^p = \dot{\gamma} \boldsymbol{s} \quad \text{mit} \quad \boldsymbol{s} = \frac{\partial \Phi}{\partial \boldsymbol{\tau}} \tag{6.15}$$

wobei $\boldsymbol{s}$ den Gradienten an die Fließfunktion bezeichnet. Da die Rate der plastischen Dehnung $\dot{\boldsymbol{\epsilon}}^p$ ein symmetrischer Tensor ist, muss auch der Gradient $\boldsymbol{s}$ symmetrisch sein. Die Symmetrie ergibt sich aufgrund der Symmetrie des Spannungstensors (siehe Gleichung (6.109)). In dieser als Normalenregel (plastischer Fluss erfolgt normal zur Fließfläche), oder als *assoziierte Fließregel* (plastischer Fluss ist assoziiert mit der Fließfläche, d. h. der Fließfläche zugeordnet) bezeichneten

---

[7] Es muss darauf hingewiesen werden, dass die beiden Bedingungen - konvexe Fließfläche und normalgerichteter plastischer Fluss - zwar notwendige aber nicht hinreichende Bedingungen zur Erfüllung der Druckerschen Stabilitätsaussage darstellen. Dies wird deutlich, wenn man an verfestigende Werkstoffe denkt, bei denen sich die Fließfläche ausdehnt.

Fließregel wird die Größe der plastischen Dehnung über den noch unbekannten plastischen Multiplikator $\gamma > 0$ gesteuert[8]. Zu seiner Bestimmung wird eine zusätzliche Gleichung benötigt, die basierend auf einer Verfestigungshypothese, das Materialverhalten beim Fließen beschreibt. Die Richtung des plastischen Flusses ist allein durch die Form der Fließfläche, d. h. durch den Funktionsteil $F(\boldsymbol{\tau})$ nach Gleichung (6.11) bestimmt. Bei der hier betrachteten von Mises Fließfläche mit Kreisform in der Deviatorebene, ist die Richtung des Flusses demnach stets radial.

Die elastischen Zustandsänderungen des Materials sollen im Rahmen eines hyperelastischen Ansatzes behandelt werden. Diese Vorgehensweise ist speziell bei großen Verzerrungen von Vorteil und bietet neben der Möglichkeit großer Rechenschritte, die wichtige Eigenschaft der Symmetrie der konsistenten Materialtangente. Das elastische Potential definieren wir als Funktion der zu den Spannungen $\boldsymbol{\tau}$ und σ_v energetisch konjugierten Verzerrungsgrößen als $W = W(\boldsymbol{\epsilon}^e, \xi)$. Durch Ableitung des Potentials nach den Verzerrungsgrößen ergeben sich dann die elastischen Spannungen nach (5.10c) zu

$$\boldsymbol{\tau} = \frac{\partial W}{\partial \boldsymbol{\epsilon}^e} \tag{6.16}$$

und die Korrektur der Fließspannung zur Berücksichtigung der Materialverfestigung

$$\sigma_v = -\frac{\partial W}{\partial \xi} \tag{6.17}$$

Im einfachsten Fall wird das Potential eine quadratische Funktion der inneren Variablen ξ sein, aus der dann, für ein positives ξ, eine positive Ableitung des Potentials folgt. Um der Definition der Fließspannung nach Gleichung (6.9) gerecht zu werden, muss dann in Gleichung (6.17) die Ableitung mit einem Minuszeichen versehen werden.

6.2.1 Das Prinzip vom Maximum der plastischen Dissipationsleistung

Im Mittelpunkt der modernen Plastizitätstheorie steht ein Postulat, das von Mises zugeschrieben wird, [59]. Es heißt das *Prinzip vom Maximum der plastischen*

[8] In der Literatur wird der plastische Multiplikator normalerweise mit λ bezeichnet. Den Buchstaben λ haben wir aber bereits zur Bezeichnung der Streckung verwendet.

Dissipationsleistung. Das Prinzip besagt, dass unter allen möglichen Zuständen, die durch die Spannung und die inneren Variablen festgelegt sind, das Material für eine vorgeschriebene Deformationsrate den Zustand anstrebt, für den die Dissipationsleistung maximal wird. Dabei darf als Nebenbedingung die Fließbedingung $\Phi = 0$ nicht verletzt werden. Das Prinzip wird als Extremalwertaufgabe mit Nebenbedingung formuliert. Als Ergebnis erhalten wir alle notwendigen Beziehungen, die zur Beschreibung des plastischen Flusses benötigt werden. Da wir zunächst die anfallende Wärmemenge und deren Einfluss auf den Fließvorgang außer acht lassen wollen, gehen wir von der, auf die mechanischen Glieder reduzierten Dissipationsleistung (4.93) aus

$$\mathcal{D}_{int} = \boldsymbol{\sigma} : \boldsymbol{d} - \rho \dot{\Psi} \tag{6.18}$$

und drücken die Leistung der freien Energie $\dot{\Psi}$ durch das Potential $W = W(\boldsymbol{\epsilon}^e, \xi)$ aus. Dazu multiplizieren wir die Gleichung zunächst mit ρ_0/ρ durch und ersetzen die Deformationsrate durch die Dehnungsrate $\dot{\boldsymbol{\epsilon}}^t$. Wegen $W = \rho_0 \Psi$ kann man dann für die Dissipationsleistung der plastischen Dehnungen schreiben

$$\mathcal{D}^p_{int} = \boldsymbol{\tau} : \dot{\boldsymbol{\epsilon}}^t - \frac{d}{dt} W(\boldsymbol{\epsilon}^e, \xi) \tag{6.19}$$

In dieser Gleichung steht der Term $\boldsymbol{\tau} : \dot{\boldsymbol{\epsilon}}^t$ für die von außen aufzubringende Leistung. Davon ist der Anteil abzuziehen, der im Material als elastische Energie gespeichert wird. Dieser Anteil berechnet sich aus der Änderung des elastischen Potentials. Entsprechend der Definition $W = W(\boldsymbol{\epsilon}^e, \xi)$ setzt sich diese Änderung aus zwei Anteilen zusammen:

$$\frac{d}{dt} W(\boldsymbol{\epsilon}^e, \xi) = \frac{\partial W}{\partial \boldsymbol{\epsilon}^e} : \dot{\boldsymbol{\epsilon}}^e + \frac{\partial W}{\partial \xi} \dot{\xi} \tag{6.20}$$

Indem wir nun Gleichung (6.20) in Gleichung (6.19) verwenden und die Verzerrungsrate nach Gleichung (6.2) in den elastischen und in den plastischen Anteil aufteilen, erhalten wir

$$\mathcal{D}^p_{int} = \boldsymbol{\tau} : [\dot{\boldsymbol{\epsilon}}^e + \dot{\boldsymbol{\epsilon}}^p] - [\frac{\partial W}{\partial \boldsymbol{\epsilon}^e} \dot{\boldsymbol{\epsilon}}^e + \frac{\partial W}{\partial \xi} \dot{\xi}] = \underbrace{[\boldsymbol{\tau} - \frac{\partial W}{\partial \boldsymbol{\epsilon}^e}]}_{\mathbf{0}} : \dot{\boldsymbol{\epsilon}}^e + \boldsymbol{\tau} : \dot{\boldsymbol{\epsilon}}^p - \underbrace{[\frac{\partial W}{\partial \xi}]}_{-\sigma_v} \dot{\xi} \tag{6.21}$$

Mit den Gleichungen (6.16) und (6.17) verbleibt dann als Dissipationsleistung

$$\mathcal{D}^p_{int} = \boldsymbol{\tau} : \dot{\boldsymbol{\epsilon}}^p + \sigma_v \dot{\xi} \tag{6.22}$$

Wir wollen diese Beziehung näher untersuchen. Der erste Term beschreibt die von der plastischen Dehnungsänderung an den momentanen Spannungen geleisteten Arbeit. Da der Spannungszustand zum aktuellen Fließspannungwert passt und dieser die Materialverfestigung schon beinhaltet, bedarf der zweite Term, in dem die Spannungskorrektur der Materialverfestigung nochmals auftritt, einer Erläuterung. Mit der in Gleichung (6.17) definierten, und dort kommentierten, negativen Spannungskorrektur, ergibt sich mit zunehmender Verfestigung $\dot{\xi} > 0$ ein negativer Wert für σ_v und es folgt $\sigma_v \dot{\xi} < 0$. Dies bedeutet, dass dann die zur Materialverfestigung aufgewendete plastische Verzerrungsarbeit wieder abgezogen wird, bzw. erhalten bleibt und nicht in Wärme umgesetzt wird. Damit wird die plastische Dissipationsarbeit unabhängig von der Materialverfestigung und nur noch von der Grenzfließspannung σ_{F0} abhängig (siehe Gleichung (7.108)). Nach dem zweiten Hauptsatz muss die plastische Dissipationsleistung stets größer Null sein, und für elastische Zustandsänderungen gilt $\mathcal{D}^p_{int} = 0$.

Wir formulieren nun die Extremalwertaufgabe mit Nebenbedingung. Gesucht ist der durch die Zustandsvariablen $\boldsymbol{\tau}$ und σ_v festgelegte Materialzustand, für den

$$\mathcal{D}^p_{int} \longrightarrow \text{maximal}$$

wird, bei gleichzeitiger Erfüllung der Fließfunktion

$$\Phi(\boldsymbol{\tau}, \sigma_v) := F(\boldsymbol{\tau}) - Y(\sigma_{F0}, \sigma_v) = 0$$

Das um die Nebenbedingung erweiterte Lagrangesche Funktional lautet dann

$$L_p(\boldsymbol{\tau}, \sigma_v) = -\mathcal{D}^p_{int} + \dot{\gamma}\Phi \tag{6.23}$$

mit dem Lagrangeschen Multiplikator $\dot{\gamma} \geq 0$. In dieser Beziehung wird die Dissipationsleistung negativ eingetragen und garantiert so einen positiven Multiplikator. Die Gleichung hat die Dimension einer Leistung. Da wir die Fließfunktion mit der Dimension einer Spannung definiert haben, ergibt sich für $\dot{\gamma}$ die Dimension einer Verzerrungsrate (siehe den Hinweis zu Gleichung (6.6)). Das Funktional wird stationär für jedes beliebige $\delta\boldsymbol{\tau} \neq \mathbf{0}$ und $\delta\sigma_v \neq 0$, wenn die erste Variation verschwindet:

$$\delta L_p = \frac{\partial L_p}{\partial \boldsymbol{\tau}} : \delta\boldsymbol{\tau} + \frac{\partial L_p}{\partial \sigma_v} \delta\sigma_v = 0 \tag{6.24}$$

Dies führt auf die Bestimmungsgleichung

$$[-\dot{\boldsymbol{\epsilon}}^p + \dot{\gamma}\frac{\partial \Phi}{\partial \boldsymbol{\tau}}] : \delta\boldsymbol{\tau} + [-\dot{\xi} + \dot{\gamma}\frac{\partial \Phi}{\partial \sigma_v}]\delta\sigma_v = 0 \tag{6.25}$$

Die Variation δL_p des Funktionals verschwindet nur dann für beliebige $\delta\boldsymbol{\tau}$ und $\delta\sigma_v$, wenn die zugehörigen Klammerfaktoren zu Null werden. Aus dieser Bedingung ergeben sich die grundlegenden Beziehungen für die plastische Dehnung und für die innere Variable zur Beschreibung der Verfestigung

$$\dot{\boldsymbol{\epsilon}}^p = \dot{\gamma}\frac{\partial\Phi}{\partial\boldsymbol{\tau}} \qquad \dot{\xi} = \dot{\gamma}\frac{\partial\Phi}{\partial\sigma_v} \tag{6.26}$$

Indem wir nun aus der Fließfunktion (6.10) die Ableitung

$$\frac{\partial\Phi}{\partial\sigma_v} = \sqrt{\frac{2}{3}} \tag{6.27}$$

berechnen und in die zweite Gleichung (6.26) einsetzen

$$\dot{\xi} = \sqrt{\frac{2}{3}}\dot{\gamma} \tag{6.28}$$

führen wir die innere Variable der Verfestigung auf den Lagrangeschen Faktor $\dot{\gamma}$ zurück.

Ein Vergleich der Beziehung (6.26) mit Gleichung (6.15) für die plastische Verzerrungsrate zeigt, dass der dort verwendete, als plastischer Multiplikator bezeichnete, skalare Faktor $\dot{\gamma}$, mit dem Lagrangeschen Faktor übereinstimmt. Dieser hat, wie bereits angemerkt, die Dimension einer Verzerrungsrate, was in Gleichung (6.28) ebenfalls zum Ausdruck kommt. Aus Gleichung (6.26) ist ersichtlich, dass die plastische Dehnung und die innere Variable auf die gleiche Weise, durch Ableitung der Fließfunktion nach der konjugierten Spannung, zu bestimmen sind. Dies bedeutet, dass das Prinzip vom Maximum der plastischen Dissipationsleistung ein assoziiertes (zugeordnetes) Fließgesetz und ein assoziiertes Verfestigungsgesetz zur Folge hat.

Der im Lagrangeschen Funktional die Nebenbedingung beschreibende Term $\dot{\gamma}\,\Phi$, muss sich für alle zulässigen Zustandsänderung zu Null ergeben. Diese Aussage kann nun wie folgt formuliert werden. Eine elastische Zustandsänderung verläuft innerhalb der Fließfläche, d. h. es gilt $\Phi(\boldsymbol{\tau},\sigma_v) < 0$ und $\dot{\gamma} = 0$ und anderseits verläuft eine plastische Zustandsänderung auf der Fließfläche mit $\Phi(\boldsymbol{\tau},\sigma_v) = 0$ und $\dot{\gamma} > 0$. Das Verhalten fassen wir in den Bedingungen

$$\dot{\gamma} \geq 0, \quad \Phi(\boldsymbol{\tau},\sigma_v) \leq 0, \quad \dot{\gamma}\,\Phi(\boldsymbol{\tau},\sigma_v) = 0 \tag{6.29}$$

zusammen, die *Kuhn-Tucker Bedingung der Plastizität* heißen. Wie sofort erkennbar ist, ist für den Fall, dass $\Phi = 0$ gilt, die Zeitableitung des plastischen Multiplikators $\dot{\gamma}$ nicht eindeutig regelt, da dann für $\dot{\gamma} = 0$ und für $\dot{\gamma} > 0$ die Kuhn-Tucker

Bedingung erfüllt ist. Für die Entscheidung, welcher Wert im Einzelfall zu nehmen ist, bedarf es also einer weiteren Gleichung. Als Zusatzgleichung wird die Konsistenzbedingung

$$\dot{\gamma}\,\dot{\Phi}(\boldsymbol{\tau},\sigma_v) = 0 \tag{6.30}$$

formuliert, die dann in Verbindung mit der Kuhn-Tucker Bedingung die Be- und Entlastung eindeutig bestimmt. Für den Fall, dass $\Phi(\boldsymbol{\tau},\sigma_v) = 0$ und $\dot{\Phi} = 0$ gilt, ist die Kuhn-Tucker Bedingung und die Konsistenzbedingung erfüllt. Der plastische Multiplikator $\dot{\gamma}$ ist dann wie folgt festgelegt. Entweder gilt dann $\dot{\gamma} > 0$, was eine Belastung mit plastischer Zustandsänderung bedeutet, oder es gilt $\dot{\gamma} = 0$. Im letzteren Fall bleibt die Belastung unverändert (engl. neutral loading). Die Konsistenzbedingung stellt demnach eine weitere Bestimmungsgleichung für den plastischen Multiplikator γ dar.

Die durch die Kuhn-Tucker Bedingung und die Konsistenzbedingung festgelegten Zustandsänderungen sind in der nachfolgenden Tabelle nochmals aufgeführt.

$\Phi < 0$		$\dot{\gamma} = 0$	rein elastisch
$\Phi = 0$	$\dot{\Phi} < 0$	$\dot{\gamma} = 0$	elastische Entlastung
	$\dot{\Phi} = 0$	$\dot{\gamma} = 0$	Belastung unverändert
	$\dot{\Phi} = 0$	$\dot{\gamma} > 0$	plastische Belastung

Eine Zusammenstellung der das plastische Fließen beschreibenden Gleichungen für kleine Dehnungen wird in Tabelle 6.1 gegeben.

6.3 Plastizität mit beliebig großen Dehnungen

In diesem Abschnitt werden wir uns von den, im vorherigen Abschnitt gemachten Beschränkungen auf kleine Dehnungen lösen und die Plastizität für den Fall allgemeiner Deformationen mit beliebig großen, plastischen Verzerrungen formulieren. Typische Ingenieuraufgaben, wo diese Theorie ihre Anwendung findet, sind Umformprozesse, wie z. B. das Massivumformen und das Tiefziehen von Blechen. Zunächst wollen wir das Aufheizen des Materials infolge der plastischen Dissipation und ihren Einfluss auf den Fließvorgang ausklammern, sodass wir wieder eine geschwindigkeitsunabhängige Formulierung bekommen.

Unser Ziel ist es, eine Formulierung der Plastizität für große Dehnungen aufzustellen, die wie im Fall kleiner Dehnungen abläuft und sich nur in der Beschreibung

Aufteilung der totalen Dehnrate:

$$\dot{\boldsymbol{\epsilon}}^t = \dot{\boldsymbol{\epsilon}}^e + \dot{\boldsymbol{\epsilon}}^p$$

Elastisches Potential:

$$W = W(\boldsymbol{\epsilon}^e, \xi)$$

Spannungsberechnung:

$$\boldsymbol{\tau} = \frac{\partial W}{\partial \boldsymbol{\epsilon}^e} \qquad \sigma_v = -\frac{\partial W}{\partial \xi}$$

Gradient an die Fließfläche:

$$\boldsymbol{s} = \frac{\partial \Phi}{\partial \boldsymbol{\tau}}$$

Fließregel:

$$\dot{\boldsymbol{\epsilon}}^p = \dot{\gamma}\boldsymbol{s}$$

Innere Verzerrungsvariable der Verfestigung:

$$\dot{\xi} = \dot{\gamma}\frac{\partial \Phi}{\partial \sigma_v} = \sqrt{\frac{2}{3}}\,\dot{\gamma}$$

Fließbedingung:

$$\Phi(\boldsymbol{\tau}, \sigma_F) := |\tilde{\boldsymbol{\tau}}_H| - \sqrt{\frac{2}{3}}\,(\sigma_{F0} - \sigma_v(\xi))$$

Kuhn-Tucker Bedingung und Konsistenzbedingung:

$$\dot{\gamma}\,\Phi(\boldsymbol{\tau}, \sigma_v) = 0, \quad \dot{\gamma} \geq 0, \quad \Phi(\boldsymbol{\tau}, \sigma_v) \leq 0, \quad \dot{\gamma}\,\dot{\Phi}(\boldsymbol{\tau}, \sigma_v) = 0$$

Tab. 6.1 Grundgleichungen der assoziierten Plastizität mit isotroper Verfestigung für kleine Dehnungen.

der Kinematik großer Deformationen unterscheidet. Die Formulierung zeichnet sich durch die folgenden Punkte aus:
1. Wir verwenden die gleiche konvexe Fließfunktion, wie im Fall der kleinen Dehnungen.
2. Die Evolutionsgleichungen folgen wieder aus dem Prinzip vom Maximum der plastischen Dissipationsleistung.
3. Die plastische Deformation läuft inkompressibel ab.
4. Wir benutzen eine polykonvexe Energiefunktion zur Beschreibung der elastischen Deformation, die relativ zu einer unbelasteten Zwischenkonfiguration definiert ist.
5. Für eine rein elastische Deformation reduziert sich die Formulierung auf den Fall eines hyperelastischen Materials.
6. Die Formulierung läuft vollständig im festen Eigenraum der Deformation ab und gewinnt dadurch an numerischer Effizienz.

Wie in der Theorie kleiner Dehnungen beschränken wir uns wieder auf isotrope Materialverfestigung. Der Grund hierfür ist zum Einen in dem zuletzt aufgeführten Punkt zu finden. Lässt man kinematische Verfestigung zu, so ist in der Fließfunktion (6.10) der Funktionsteil mit der inneren Spannungsvariablen $\boldsymbol{\tau}_B$ nach Gleichung (6.12) einzusetzen. Soll der Algorithmus nun wie verlangt im festen Hauptachsensystem der Deformation ablaufen, so setzt dies voraus, dass die Spannungstensoren $\boldsymbol{\tau}$ und $\boldsymbol{\tau}_B$ die gleichen Hauptrichtungen besitzen. Oder anders ausgedrückt, dass die Spannungstensoren koaxial sind. Diese Bedingung ist aber über die gesamte Belastungsgeschichte sicherlich nicht zu erfüllen. Somit kann eine kinematische Verfestigung, im Rahmen der vorgestellten Formulierung, nicht realisiert werden. In der Arbeit von Simo [97] wird kurz auf die kinematische Verfestigung eingegangen, ohne dass das Problem der Koaxialität der Spannungstensoren angesprochen wird; allerdings wird die Formulierung der kinematischen Verfestigung dann auch nicht weiter verfolgt. In jedem Fall wird die kinematische Verfestigung Anisotropie nach sich ziehen und dann eine unsymmetrische Tangente zur Folge haben. Zum Andern ist festzustellen, dass, soweit dem Autor bekannt, es momentan noch keine zufriedenstellende Formulierung der kinematischen Verfestigung für große plastische Verzerrungen gibt. Ferner muss gesagt werden, dass die Anwendung des angesprochenen Prager-Ziegler Modells der kinematischen Verfestigung für große plastische Verzerrungen zumindest fragwürdig erscheint. Dies zeigt sich auch darin, dass es zu keiner befriedigenden Übereinstimmung zwischen Versuch und Rechnung kommt. Was die kinematische Verfestigung betrifft besteht also noch Forschungsbedarf.

6.3.1 Beschreibung der Kinematik

Bei der Aufstellung der Plastizitätstheorie kleiner Dehnungen stand am Anfang die additive Zerlegung der Dehnungen in einen elastischen und einen plastischen Anteil. Diese Vorgehensweise war zulässig, da sich die Theorie auf ein lineares Dehnungsmaß stützt. Da wir nun beliebige Deformationen zulassen wollen, werden wir die Dehnungen mit dem Verzerrungstensor messen, der quadratische Glieder aufweist und infolgedessen eine additive Aufspaltung nicht mehr zulässt. Wie wir bereits gesehen haben, kann dann eine multiplikative Zerlegung des Deformationsgradienten, gemäß Gleichung (3.13), vorgenommen werden. Auf diese Weise wird eine *plastische Zwischenkonfiguration* eingeführt, welche das Kontinuum nach Entfernen der äußeren Einwirkungen einnehmen soll. Auf der plastischen Zwischenkonfiguration soll das Kontinuum nur noch die verbleibenden plastischen Deformationen aufweisen und spannungsfrei sein. Selbstverständlich ist eine derartige Entlastung in der Praxis nicht möglich, was aber für die Theorie hier ohne Bedeutung ist. Der gedachte Bewegungsablauf ist also wie folgt: Aus

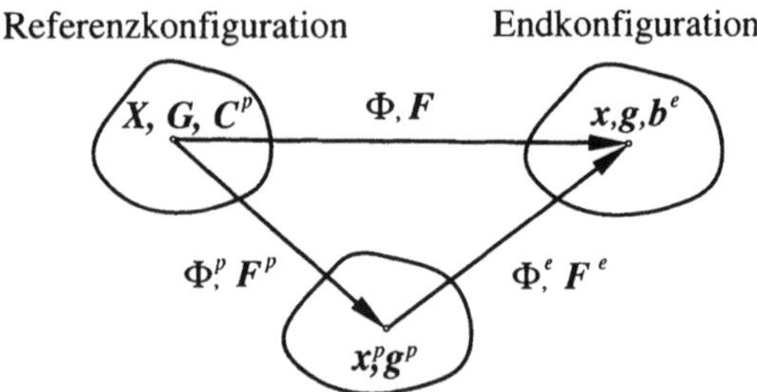

Abb. 6.3 Konfigurationen und Abbildung bei endlichen plastischen Deformationen

der Ausgangskonfiguration wird zunächst rein plastisch bis zur Zwischenkonfiguration deformiert, gefolgt von einer rein elastischen Deformation bis zur Endkonfiguration (siehe Abbildung 6.3). Man beachte, dass im Gegensatz zur Aufspaltung des Deformationsgradienten in volumetrische und deviatorische Anteile nach Gleichung (3.85), die Reihenfolge der Deformationen hier fest vorgeschrieben ist. Im Hinblick auf die eingeführte Notation tritt nun ein Problem bei der Bezeichnung der Größen auf der plastischen Zwischenkonfiguration auf. Diese stellt zum Einen, für die plastische Deformation, die Momentankonfiguration dar und zum Andern, für die elastische Deformation, die Ausgangskonfiguration. Um dieser Doppelbedeutung gerecht zu werden, bezeichnen wir den Ortsvektor auf der plastischen Zwischenkonfiguration, je nach Verwendung, mit $\boldsymbol{x}^p$ oder $\boldsymbol{X}^p$. Entsprechendes soll auch für die Metriken gelten, die dann mit $\boldsymbol{g}^p$ und $\boldsymbol{G}^p$ bezeichnet werden. Die Abbildung $\boldsymbol{\Phi}$ der Konfiguration ist durch die Verkettung der plastischen Abbildung $\boldsymbol{\Phi}^p$ und der elastischen Abbildung $\boldsymbol{\Phi}^e$ entsprechend

$$\boldsymbol{x} = \boldsymbol{\Phi}(\boldsymbol{X},t) \Longleftarrow \boldsymbol{x} = \boldsymbol{\Phi}^e(\boldsymbol{x}^p,t) \Longleftarrow \boldsymbol{x}^p = \boldsymbol{\Phi}^p(\boldsymbol{X},t) \tag{6.31}$$

gegeben. Dieser Abbildung entspricht die multiplikative Aufspaltung des Deformationsgradienten gemäß

$$\boldsymbol{F} = \frac{\partial \boldsymbol{x}}{\partial \boldsymbol{X}^p}\frac{\partial \boldsymbol{x}^p}{\partial \boldsymbol{X}} = \boldsymbol{F}^e\boldsymbol{F}^p \quad \text{mit} \quad \boldsymbol{x}^p = \boldsymbol{X}^p \tag{6.32}$$

in den elastischen und in den plastischen Deformationsgradienten:

$$\boldsymbol{F}^e = \frac{\partial \boldsymbol{x}}{\partial \boldsymbol{X}^p} \quad \boldsymbol{F}^p = \frac{\partial \boldsymbol{x}^p}{\partial \boldsymbol{X}} \tag{6.33}$$

Zur Beschreibung der Deformationsanteile berechnen wir den plastischen rechten Cauchy-Green-Deformationstensor auf der Ausgangskonfiguration

$$\boldsymbol{C}^p = \boldsymbol{F}^{pT}\boldsymbol{g}^p\boldsymbol{F}^p; \quad (C^p)_{IJ} = (F^p)^a{}_I(g^p)_{ab}(F^p)^b{}_J \tag{6.34}$$

und den elastischen linken Cauchy-Green-Deformationstensor auf der Endkonfiguration

$$\boldsymbol{b}^e = \boldsymbol{F}^e\boldsymbol{G}^p\boldsymbol{F}^{eT}; \quad (b^e)^{ab} = (F^e)^a{}_i(G^p)^{ij}(F^e)^b{}_j \tag{6.35}$$

Wir weisen auf die Bedeutung der mit $\boldsymbol{g}^p = \boldsymbol{G}^p$ bezeichneten Metrik der plastischen Zwischenkonfiguration hin, die in beiden Deformationstensoren auftritt und die, infolge der hier verwendeten kartesischen Bezugsbasis, Einheitstensor ist.

Wir wollen nun die Deformationstensoren ineinander umrechnen. Dazu lösen wir Gleichung (6.32) einmal nach $\boldsymbol{F}^e$ und einmal nach $\boldsymbol{F}^p$ auf und setzen die Ergebnisse in (6.35) und (6.34) ein. Man erhält dann

$$\boldsymbol{b}^e = \boldsymbol{F}\boldsymbol{C}^{p-1}\boldsymbol{F}^T \tag{6.36}$$

und

$$\boldsymbol{C}^p = \boldsymbol{F}^T\boldsymbol{b}^{e-1}\boldsymbol{F} \tag{6.37}$$

Man erkennt, dass es sich bei der ersten Gleichung um eine *push forward* und im zweiten Fall um eine *pull back* Operation handelt, sodass wir nach Gleichung (3.23) und (3.22) nun auch schreiben können

$$\begin{aligned} \boldsymbol{b}^e &= \Phi_\star(\boldsymbol{C}^{p-1}); \quad \boldsymbol{C}^{p-1} = \Phi^\star(\boldsymbol{b}^e) \\ \boldsymbol{C}^p &= \Phi^\star(\boldsymbol{b}^{e-1}); \quad \boldsymbol{b}^{e-1} = \Phi_\star(\boldsymbol{C}^p) \end{aligned} \tag{6.38}$$

Nach Gleichung (3.24) stehen der Deformationstensor und der Metriktensor unterschiedlicher Bezugskonfigurationen über die *push forward* Operation und *pull back* Operation in Beziehung zueinander. In Bezug auf die Gleichungen (6.35) und (6.38) bedeutet dies, dass der elastische Deformationstensor $\boldsymbol{b}^e$ auf der plastischen Zwischenkonfiguration die Bezugsmetrik $\boldsymbol{G}^p$ und auf der Ausgangskonfiguration als Bezugsmetrik den plastischen Deformationstensor $\boldsymbol{C}^{p-1}$ hat.

Zur Beschreibung des plastischen Fließens benötigen wir die Zeitableitung des Deformationstensors $\boldsymbol{b}^e$. Diese können wir nun wahlweise aus der Gleichung (6.35) oder aus (6.36) berechnen. Es gilt zu beachten, dass der Deformationstensor $\boldsymbol{b}^e$ nach Gleichung (6.35) die Bezugsmetrik $\boldsymbol{G}^p$ der plastischen Zwischenkonfiguration besitzt und $\boldsymbol{F}^e$ Funktion von $\boldsymbol{x}$ und $\boldsymbol{X}^p$ ist. Die objektive Zeitableitung muss dann relativ zur Bewegung der plastischen Zwischenkonfiguration vorgenommen werden. Einfacher ist es also von Gleichung (6.36) auszugehen. Hier stützt sich der Deformationstensor auf die ruhende Ausgangskonfiguration, wobei aber die Bezugsmetrik $\boldsymbol{C}^{p-1}$ ebenfalls zeitabhängig ist. Wir leiten die Gleichung (6.36) ab und erhalten

$$\dot{\boldsymbol{b}}^e = \frac{d}{dt}(\boldsymbol{F}\boldsymbol{C}^{p-1}\boldsymbol{F}^T) = \dot{\boldsymbol{F}}\boldsymbol{C}^{p-1}\boldsymbol{F}^T + \boldsymbol{F}\boldsymbol{C}^{p-1}\dot{\boldsymbol{F}}^T + \boldsymbol{F}\frac{d}{dt}(\boldsymbol{C}^{p-1})\boldsymbol{F}^T \tag{6.39}$$

Das letzte Glied der Gleichung muss genauer untersucht werden. Indem wir nun von den Gleichungen (6.38) und (3.22) der Reihe nach Gebrauch machen folgt:

$$\boldsymbol{F}\frac{d}{dt}(\boldsymbol{C}^{p-1})\boldsymbol{F}^T = \boldsymbol{F}\frac{d}{dt}\Phi^\star(\boldsymbol{b}^e)\boldsymbol{F}^T = \Phi_\star[\frac{d}{dt}\Phi^\star(\boldsymbol{b}^e)]$$

Ein Vergleich mit Gleichung (3.133) zeigt, dass dies der Lie-Ableitung von $\boldsymbol{b}^e$ entspricht. Man kann also schreiben

$$\mathcal{L}_\Phi(\boldsymbol{b}^e) = \boldsymbol{F}\frac{d}{dt}(\boldsymbol{C}^{p-1})\boldsymbol{F}^T \tag{6.40}$$

Zur weiteren Vereinfachung von Gleichung (6.39) fügen wir in die ersten beiden Glieder die Identitäten $\boldsymbol{F}^{-1}\boldsymbol{F}$ und $\boldsymbol{F}^T\boldsymbol{F}^{-T}$ ein und formen unter Beachtung von Gleichung (3.104) um:

$$\begin{aligned}\dot{\boldsymbol{b}}^e &= \underbrace{\dot{\boldsymbol{F}}\boldsymbol{F}^{-1}}_{\boldsymbol{l}}\underbrace{\boldsymbol{F}\boldsymbol{C}^{p-1}\boldsymbol{F}^T}_{\boldsymbol{b}^e} + \underbrace{\boldsymbol{F}\boldsymbol{C}^{p-1}\boldsymbol{F}^T}_{\boldsymbol{b}^e=\boldsymbol{b}^{eT}}\underbrace{\boldsymbol{F}^{-T}\dot{\boldsymbol{F}}^T}_{\boldsymbol{l}^T} + \mathcal{L}_\Phi(\boldsymbol{b}^e)\\ &= \boldsymbol{l}\boldsymbol{b}^e + (\boldsymbol{l}\boldsymbol{b}^e)^T + \mathcal{L}_\Phi(\boldsymbol{b}^e)\end{aligned} \tag{6.41}$$

Die ersten beiden Glieder spalten wir nach Gleichung (3.107) in die symmetrischen und die schiefsymmetrischen Anteile auf und erhalten mit $(\boldsymbol{\omega}\boldsymbol{b}^e)^T = -\boldsymbol{b}^{e^T}\boldsymbol{\omega}$

$$\boldsymbol{l}\boldsymbol{b}^e + (\boldsymbol{l}\boldsymbol{b}^e)^T = \boldsymbol{d}\boldsymbol{b}^e + \boldsymbol{b}^{e^T}\boldsymbol{d}^T + \boldsymbol{\omega}\boldsymbol{b}^e - \boldsymbol{b}^{e^T}\boldsymbol{\omega} \tag{6.42}$$

Eingesetzt in Gleichung (6.41) folgt dann

$$\dot{\boldsymbol{b}}^e = \boldsymbol{d}\boldsymbol{b}^e + (\boldsymbol{d}\boldsymbol{b}^e)^T + \boldsymbol{\omega}\boldsymbol{b}^e - \boldsymbol{b}^{eT}\boldsymbol{\omega} + \mathcal{L}_\Phi(\boldsymbol{b}^e) \tag{6.43}$$

Zur Berechnung der Lie-Ableitung von $\boldsymbol{b}^e$ benötigen wir einen Ausdruck für $\boldsymbol{C}^{p-1}$, den wir durch Inversion der Gleichung (6.34) erhalten:

$$\boldsymbol{C}^{p-1} = \boldsymbol{F}^{p-1}\boldsymbol{g}^p\boldsymbol{F}^{p-T} \tag{6.44}$$

Damit folgt für die Lie-Ableitung $\mathcal{L}_\Phi(\boldsymbol{b}^e)$ nach Gleichung (6.40)

$$\mathcal{L}_\Phi(\boldsymbol{b}^e) = \boldsymbol{F}\frac{d}{dt}(\boldsymbol{F}^{p-1}\boldsymbol{g}^p\boldsymbol{F}^{p-T})\boldsymbol{F}^T \tag{6.45}$$

Nun führen wir die Zeitableitung aus (mit der Bezeichnung $\frac{d}{dt}(\boldsymbol{F}^{p-1}) = \dot{\boldsymbol{F}}^{p-1}$)

$$\frac{d}{dt}(\boldsymbol{F}^{p-1}\boldsymbol{g}^p\boldsymbol{F}^{p-T}) = \dot{\boldsymbol{F}}^{p-1}\boldsymbol{g}^p\boldsymbol{F}^{p-T} + \boldsymbol{F}^{p-1}\boldsymbol{g}^p\dot{\boldsymbol{F}}^{p-T} = 2\,\mathrm{sym}(\dot{\boldsymbol{F}}^{p-1}\boldsymbol{g}^p\boldsymbol{F}^{p-T}) \tag{6.46}$$

und erhalten als Ergebnis

$$\mathcal{L}_\Phi(\boldsymbol{b}^e) = 2\boldsymbol{F}\left(\mathrm{sym}(\dot{\boldsymbol{F}}^{p-1}\boldsymbol{g}^p\boldsymbol{F}^{p-T})\right)\boldsymbol{F}^T \tag{6.47}$$

Die Gleichung wird verständlicher, wenn wir den Deformationsgradienten nach Gleichung (6.32) in den elastischen und plastischen Anteil aufspalten und $\dot{\boldsymbol{F}}^{p-1}$ auf $\dot{\boldsymbol{F}}^p$ zurückführen. Dazu bilden wir die Ableitung $d/dt(\boldsymbol{F}^p\boldsymbol{F}^{p-1})$ und lösen nach $\dot{\boldsymbol{F}}^{p-1}$ auf. Mit $\boldsymbol{F} = \boldsymbol{F}^e\boldsymbol{F}^p$ und $\dot{\boldsymbol{F}}^{p-1} = -\boldsymbol{F}^{p-1}\dot{\boldsymbol{F}}^p\boldsymbol{F}^{p-1}$ folgt dann

$$\mathcal{L}_\Phi(\boldsymbol{b}^e) = -2\boldsymbol{F}^e\left(\mathrm{sym}(\dot{\boldsymbol{F}}^p\boldsymbol{F}^{p-1}\boldsymbol{g}^p)\right)\boldsymbol{F}^{eT} \tag{6.48}$$

Nach Gleichung (3.104) steht in der eckigen Klammer der räumliche Geschwindigkeitsgradient der plastischen Zwischenkonfiguration, den wir mit $\boldsymbol{l}^p$ bezeichnen. (Man beachte, dass im Gegensatz zu Gleichung (3.104) der Tensor $\boldsymbol{l}^p$ kontravariante Koordinaten hat.) Mit

$$\boldsymbol{l}^p = \dot{\boldsymbol{F}}^p\boldsymbol{F}^{p-1}\boldsymbol{g}^p \quad \text{und} \quad \boldsymbol{d}^p = \mathrm{sym}(\boldsymbol{l}^p)$$

können wir nun auch schreiben

$$-\frac{1}{2}\mathcal{L}_\Phi(\boldsymbol{b}^e) = \boldsymbol{F}^e\boldsymbol{d}^p\boldsymbol{F}^{eT} \tag{6.49}$$

Damit steht auf der rechten Seite die *push forward* Operation der Deformationsrate von der plastischen Zwischenkonfiguration auf die Momentankonfiguration.

Abschließend wollen wir noch die Volumenänderung infolge der Deformation berechnen. Diese ist nach Gleichung (3.59) durch die Determinante des Deformationsgradienten bestimmt. Ausgehend von Gleichung (6.32) ergibt sich zur multiplikativen Aufspaltung des Deformationsgradienten eine analoge Aufspaltung der Determinante in

$$J = J^e J^p \tag{6.50}$$

mit dem elastischen Anteil $J^e = \det(\boldsymbol{F}^e) = dv/dv^p$ und dem plastischen Anteil $J^p = \det(\boldsymbol{F}^p) = dv^p/dV$. Mit dv^p bezeichnen wir das Volumenelement der plastischen Zwischenkonfiguration.

Für die zeitliche Änderung des Volumens erhält man

$$\dot{J} = \dot{J}^e J^p + J^e \dot{J}^p \tag{6.51}$$

Diese Gleichung lösen wir nach $\dot{J}^p$ auf und setzen für $\dot{J}$ das Ergebnis (3.120) ein:

$$\dot{J}^p = \frac{1}{J^e}\left(J Sp(\boldsymbol{d}) - J^p \dot{J}^e\right) \tag{6.52}$$

Da J^e Funktion von $\boldsymbol{b}^e$ ist, gilt für die Zeitableitung mit

$$\frac{\partial J^e}{\partial \boldsymbol{b}^e} = \frac{1}{2} J^e \boldsymbol{b}^{e-1}$$

nach Gleichung (3.158)

$$\dot{J}^e = \frac{\partial J^e}{\partial \boldsymbol{b}^e} : \dot{\boldsymbol{b}}^e = \frac{1}{2} J^e \boldsymbol{b}^{e-1} : \dot{\boldsymbol{b}}^e \tag{6.53}$$

Wir setzen $\dot{\boldsymbol{b}}^e$ nach Gleichung (6.43) ein und führen die zweifache Verjüngung aus. Unter Beachtung der Symmetrie der einzelnen Tensoren ergibt dies für die Volumenänderung der elastischen Teilbewegung

$$\frac{\dot{J}^e}{J^e} = \frac{d}{dt} \ln J^e = Sp(\boldsymbol{d}) + \frac{1}{2} \boldsymbol{b}^{e-1} : \mathcal{L}_\Phi(\boldsymbol{b}^e) \tag{6.54}$$

Letztere Beziehung verwenden wir nun in Gleichung (6.52) und erhalten für die Volumenänderung der plastischen Teilbewegung

$$\frac{\dot{J}^p}{J^p} = \frac{d}{dt} \ln J^p = -\frac{1}{2} \boldsymbol{b}^{e-1} : \mathcal{L}_\Phi(\boldsymbol{b}^e) = -\frac{1}{2} Sp(\boldsymbol{b}^{e-1} \mathcal{L}_\Phi(\boldsymbol{b}^e)) \tag{6.55}$$

Auf diese Gleichung werden wir später in (6.69) zurückkommen, wenn wir mit Hilfe der Fließtheorie einen Ausdruck für $\mathcal{L}_\Phi(\boldsymbol{b}^e)$ bereitgestellt haben.

6.3.2 Aufstellen der Evolutionsgleichungen

Aus der Gleichung (6.49) kann die Lie-Ableitung $\mathcal{L}_\Phi(\boldsymbol{b}^e)$ berechnet werden, sofern die plastische Zwischenkonfiguration bzw. der Anteil der plastischen Deformation bekannt ist. Hierzu benötigen wir die Evolutionsgleichung des plastischen Fließens, die wir wieder dem Prinzip vom Maximum der plastischen Dissipationsleistung entnehmen. Für dessen Anwendung benötigen wir zunächst die Funktion des elastischen Potentials. Wie eingangs schon erwähnt, soll der Fließvorgang ausschließlich vom Spannungsdeviator bestimmt sein. Demzufolge teilen wir das Potential gemäß Gleichung (5.5) in einen dilatatorischen und einen Funktionsteil auf. Mit dem dilatatorischen Potential beschreiben wir die elastische Volumendilatation. Mit der isochoren Potentialfunktion beschreiben wir die isochoren elastischen und plastischen Formänderungen. Im Hinblick auf die Formulierung der Materialverfestigung bauen wir das isochore Potential aus zwei Funktionsteilen auf:

$$W_{iso} = \hat{W}_{iso}(\boldsymbol{b}^e) + \hat{V}_{iso}(\xi) \tag{6.56}$$

Dabei bezeichnet $\hat{W}_{iso}(\boldsymbol{b}^e)$ das Potential für die elastische Zustandsänderung und $\hat{V}_{iso}(\xi)$ das Potential, welches wir der isotropen Materialverfestigung zuweisen. Beim Potential der Verfestigung $\hat{V}_{iso}(\xi)$ darf die Bezeichnung $_{iso}$ auch weggelassen werden, da es sich hier um eine Funktion einer Veränderlichen handelt. Die Verwendung dieses Ansatzes in Gleichung (6.19) führt auf die plastische Dissipationsleistung im Deviatorspannungsraum

$$\mathcal{D}^p_{int} = \tilde{\boldsymbol{\tau}} : \boldsymbol{d} - \frac{\partial \hat{W}_{iso}}{\partial \boldsymbol{b}^e} : \dot{\boldsymbol{b}}^e - \frac{\partial \hat{V}}{\partial \xi}\dot{\xi} \tag{6.57}$$

Nun kann $\dot{\boldsymbol{b}}^e$ nach Gleichung (6.43) eingesetzt und die zweifache Verjüngung ausgeführt werden. Dabei gilt es zu beachten, dass $\boldsymbol{d}$, $\boldsymbol{b}^e$ und die Ableitung des Potentials $\hat{W}_{iso}$ symmetrische Tensoren[9] sind und die Verknüpfung des schiefsymmetrischen Spinntensors $\boldsymbol{\omega}$ mit einem symmetrischen Tensor sich zu Null ergibt:

$$\mathcal{D}^p_{int} = \tilde{\boldsymbol{\tau}} : \boldsymbol{d} - \frac{\partial \hat{W}_{iso}}{\partial \boldsymbol{b}^e} : (2\boldsymbol{d}\boldsymbol{b}^e + \mathcal{L}_\Phi(\boldsymbol{b}^e)) - \frac{\partial \hat{V}}{\partial \xi}\dot{\xi} \tag{6.58}$$

Als nächstes soll die Deformationsrate $\boldsymbol{d}$ ausgeklammert werden. Dazu muss die Position der Indizes bei beiden Deformationsraten gleich sein. Die Koordinaten-

[9]Die Symmetrie von $\frac{\partial \hat{W}_{iso}}{\partial \boldsymbol{b}^e}$ erkennt man sofort aus der Koordinatendarstellung. Es gilt $\frac{\partial \hat{W}_{iso}}{\partial b^{ij}} = \frac{\partial \hat{W}_{iso}}{\partial b^{ji}}$.

darstellung

$$\mathcal{D}^p_{int} = \tilde{\tau}^{ij} d_{ij} - \frac{\partial \hat{W}_{iso}}{\partial (b^e)^{ij}} (2 d^i{}_n b^{nj} + \mathcal{L}_\Phi (\boldsymbol{b}^e)^{ij}) - \frac{\partial \hat{V}}{\partial \xi} \dot{\xi}$$

zeigt, dass dies nicht der Fall ist. Wir beseitigen dieses Problem, durch Einfügen der Identität $\boldsymbol{g}^\natural \boldsymbol{g}^\flat = \boldsymbol{I}$ in den zweiten Term. Die Vorgehensweise wird in Koordinatenschreibweise aufgezeigt

$$\mathcal{D}^p_{int} = \tilde{\tau}^{ij} d_{ij} - \frac{\partial \hat{W}_{iso}}{\partial (b^e)^{ja}} g^{ai} (2 \underbrace{g_{ic} d^c{}_n}_{d_{in}} b^{nj} + g_{ic} \mathcal{L}_\Phi (\boldsymbol{b}^e)^{cj}) - \frac{\partial \hat{V}}{\partial \xi} \dot{\xi}$$

und anschließend in die symbolische Schreibweise übertragen

$$\mathcal{D}^p_{int} = \tilde{\boldsymbol{\tau}} : \boldsymbol{d} - \frac{\partial \hat{W}_{iso}}{\partial \boldsymbol{b}^e} \boldsymbol{g}^\natural : (2 \boldsymbol{d} \boldsymbol{b}^e + \boldsymbol{g}^\flat \mathcal{L}_\Phi (\boldsymbol{b}^e)) - \frac{\partial \hat{V}}{\partial \xi} \dot{\xi} \tag{6.59}$$

Indem wir nun die Gleichung, unter Beachtung der Symmetrie der Tensoren umformen und die Deformationsrate ausklammern folgt die zu Gleichung (6.21) äquivalente Darstellung

$$\mathcal{D}^p_{int} = (\tilde{\boldsymbol{\tau}} - 2 \boldsymbol{g}^\natural \frac{\partial \hat{W}_{iso}}{\partial \boldsymbol{b}^e} \boldsymbol{b}^e) : \boldsymbol{d} + 2 \boldsymbol{g}^\natural \frac{\partial \hat{W}_{iso}}{\partial \boldsymbol{b}^e} \boldsymbol{b}^e : (-\frac{1}{2} \boldsymbol{g}^\flat \mathcal{L}_\Phi (\boldsymbol{b}^e) \boldsymbol{b}^{e-1}) - \frac{\partial \hat{V}}{\partial \xi} \dot{\xi} \tag{6.60}$$

Wieder gilt, dass jeder einzelne Term eine Leistung darstellt, sodass man die zu den Verzerrungsgrößen energetisch konjugierten Spannungen ablesen kann. Den beiden letzten Termen entnehmen wir den Ausdruck für die deviatorische Kirchhoff Spannung, der mit Gleichung (5.10b) übereinstimmt und die Korrekturspannung der Materialverfestigung σ_v, die entsprechend der Definition nach Gleichung (6.17) negativ definiert wird:

$$\tilde{\boldsymbol{\tau}} = 2 \boldsymbol{g}^\natural \frac{\partial \hat{W}_{iso}}{\partial \boldsymbol{b}^e} \boldsymbol{b}^e, \quad \sigma_v = -\frac{\partial \hat{V}}{\partial \xi} \tag{6.61}$$

Mit diesen Ergebnissen wird der erste Term zu Null und es verbleibt die auf die Plastizität reduzierte Dissipationsleistung

$$\mathcal{D}^p_{int} = \tilde{\boldsymbol{\tau}} : (-\frac{1}{2} \boldsymbol{g}^\flat \mathcal{L}_\Phi (\boldsymbol{b}^e) \boldsymbol{b}^{e-1}) + \sigma_v \dot{\xi} \tag{6.62}$$

Der wesentliche Unterschied zur entsprechenden Gleichung (6.22) zeigt sich im Ausdruck für die Rate der plastischen Dehnungen, die jetzt durch den Ausdruck

$-\frac{1}{2}\boldsymbol{g}^{\natural}\mathcal{L}_{\Phi}(\boldsymbol{b}^e)\boldsymbol{b}^{e-1}$ gegeben ist. Das Maximum der Dissipationsleistung bestimmt sich nun analog zu Gleichung (6.25) aus dem, um die Nebenbedingung erweiterten Lagrangeschen Funktional, zu

$$\mathcal{D}^p_{int} = \max \rightarrow [-(-\frac{1}{2}\boldsymbol{g}^{\flat}\mathcal{L}_{\Phi}(\boldsymbol{b}^e)\boldsymbol{b}^{e-1}) + \dot{\gamma}\frac{\partial \Phi}{\partial \tilde{\boldsymbol{\tau}}}] : \delta\tilde{\boldsymbol{\tau}} + [-\dot{\xi} + \dot{\gamma}\frac{\partial \Phi}{\partial \sigma_v}]\delta\sigma_v = 0 \quad (6.63)$$

Die Auswertung dieser Gleichung liefert uns die Evolutionsgleichung für die plastische Verzerrungsrate

$$-\frac{1}{2}\boldsymbol{g}^{\flat}\mathcal{L}_{\Phi}(\boldsymbol{b}^e)\boldsymbol{b}^{e-1} = \dot{\gamma}\boldsymbol{s} \quad \text{mit} \quad \boldsymbol{s} = \frac{\partial \Phi}{\partial \tilde{\boldsymbol{\tau}}} \quad (6.64)$$

wo $\boldsymbol{s}$ der Gradient an die Fließfläche ist und die Evolutionsgleichung für die innere Verzerrungsvariable zur Beschreibung der Verfestigung mit Gleichung (6.27)

$$\dot{\xi} = \dot{\gamma}\frac{\partial \Phi}{\partial \sigma_v} = \sqrt{\frac{2}{3}}\dot{\gamma} \quad (6.65)$$

Die letzte Gleichung ist identisch mit Gleichung (6.28), die wir für kleine Dehnungen erhalten haben. Wir stellen also fest, dass auch im Fall beliebig großer, plastischer Verzerrungen das Prinzip vom Maximum der Dissipationsleistung auf eine assoziierte Fließregel und auf ein assoziiertes Verfestigungsgesetz führt.

Mit Gleichung (6.64) haben wir eine Bestimmungsgleichung für die Lie-Ableitung von $\boldsymbol{b}^e$ gefunden. Durch Multiplikation dieser Beziehung von links mit $\boldsymbol{g}^{\natural}$ und von rechts mit $\boldsymbol{b}^e$ lösen wir diese Gleichung nach $\mathcal{L}_{\Phi}(\boldsymbol{b}^e)$ auf:

$$\mathcal{L}_{\Phi}(\boldsymbol{b}^e) = -2\dot{\gamma}\boldsymbol{g}^{\natural}\boldsymbol{s}\boldsymbol{b}^e \quad \text{mit} \quad \boldsymbol{s} = \frac{\partial \Phi}{\partial \tilde{\boldsymbol{\tau}}} \quad (6.66)$$

Wir setzen dieses Ergebnis in die Evolutionsgleichung (6.41) für den elastischen Deformationstensor ein und erhalten

$$\dot{\boldsymbol{b}}^e = \left(\boldsymbol{l}\boldsymbol{b}^e + (\boldsymbol{l}\boldsymbol{b}^e)^T\right) - 2\dot{\gamma}\boldsymbol{g}^{\natural}\boldsymbol{s}\boldsymbol{b}^e \quad (6.67)$$

Da der Geschwindigkeitsgradient $\boldsymbol{l}$ die Änderung der Gesamtdeformation angibt, steht im Klammerausdruck die Änderung des elastischen Deformationstensors für den Fall einer rein elastischen Zustandsänderung. Wenn zusätzlich plastisches Fließen auftritt, dann ist diese rein elastische Zustandsänderung eine fiktive Zustandsänderung, die als *elastischer Prädiktor* bezeichnet wird. Damit steht in der Klammer die Rate des elastischen Prädiktors. Nach Gleichung (6.67) folgt die

Änderung des elastischen Deformationstensors als Differenz aus der Änderung des elastischen Prädiktors und der Änderung der plastischen Deformation.

Nachdem wir nun mit den Gleichungen (6.64) und (6.65) die Evolutionsgleichungen für die plastische Verzerrungsrate und für die innere Variable kennen, können wir sie in die plastische Dissipationsleistung (6.62) einsetzen:

$$\mathcal{D}_{int}^{p} = \left(\tilde{\boldsymbol{\tau}} : \frac{\partial \Phi}{\partial \tilde{\boldsymbol{\tau}}} + \sigma_v \frac{\partial \Phi}{\partial \sigma_v}\right)\dot{\gamma} \tag{6.68}$$

Bemerkenswert an diesem Ausdruck ist der gleichartige Aufbau der beiden Terme, der sich als Folge der assozierten Fließregel und des assozierten Verfestigungsgesetzes einstellt. Die plastische Dissipationsleistung ist proportional zur Änderung des plastischen Multiplikators, dessen Werte $\dot{\gamma} \geq 0$ durch die Kuhn-Tucker und Konsistenzbedingung festgelegt sind. Der Klammerterm ist stets positiv (siehe die Anmerkung zu Gleichung (6.22)), sodass die Dissipationsleistung von der Rate des plastischen Multiplikators bestimmt wird und damit die Bedingung $\mathcal{D}_{int}^{p} \geq 0$ erfüllt.

Nun wollen wir noch die im vorherigen Abschnitt aufgestellten Beziehungen für die Volumenänderung der Teilbewegungen auswerten. Insbesondere interessiert die Volumenänderung für den plastischen Deformationsanteil, die sich zu Null ergeben muss. Es kann nun gezeigt werden, dass unsere Gleichungen diese Nebenbedingung exakt erfüllen. Dazu gehen wir von Gleichung (6.55) aus und setzen in diese den Ausdruck für die Lie-Ableitung nach Gleichung (6.66) ein:

$$\frac{\dot{J}^p}{J^p} = \frac{d}{dt} \ln J^p = \dot{\gamma}\, Sp(\boldsymbol{g}^{\natural}\boldsymbol{s}) \tag{6.69}$$

Da nach Gleichung (6.11) die Fließfunktion eine Funktion des Spannungsdeviators ist, ist der Gradient $\boldsymbol{s}$ an die Fließfläche ebenfalls ein deviatorischer Tensor, für den die erste Invariante Null ist. Es gilt also $Sp(\boldsymbol{g}^{\natural}\boldsymbol{s}) = 0$ und

$$\frac{\dot{J}^p}{J^p} = 0, \quad \rightarrow \dot{J}^p = 0, \quad \rightarrow J^p = 1 \tag{6.70}$$

und dann auch $dv^p = dV$. Damit ist bestätigt, dass die plastische Deformation ohne Volumenänderung, also wie verlangt, inkompressibel abläuft. Eine Volumenänderung tritt nur im elastischen Bewegungsanteil auf und demnach gilt $J = J^e = dv/dV$.

Abschließend wollen wir die plastische Dissipationsleistung noch in den Zustandsgrößen der Zwischenkonfiguration ausdrücken. Wir gehen von Gleichung (6.62) aus und setzen den Ausdruck für die Lie-Ableitung nach Gleichung (6.49) und den Ausdruck für $\boldsymbol{b}^{e-1}$ ein. Mit $\boldsymbol{b}^{e-1} = \boldsymbol{F}^{e-T}(\boldsymbol{G}^p)^{-1}(\boldsymbol{F}^e)^{-1}$ (Inversion von Gleichung (6.35)) erhalten wir für die plastische Dissipationsleistung

$$\mathcal{D}^p_{int} = \tilde{\boldsymbol{\tau}} : \boldsymbol{g}^\flat \boldsymbol{F}^e \boldsymbol{d}^p \boldsymbol{F}^{eT} \boldsymbol{F}^{e-T} (\boldsymbol{G}^p)^{-1} \boldsymbol{F}^{e-1} + \sigma_v \dot{\xi} \geq 0 \tag{6.71}$$

Für das Überwechseln auf die Zwischenkonfiguration schreiben wir den Term der plastischen Leistung in zwei Rechenschritten um:

1. Umstellen

$$\tilde{\boldsymbol{\tau}} : \boldsymbol{g}^\flat \boldsymbol{F}^e \boldsymbol{d}^p \underbrace{\boldsymbol{F}^{eT} \boldsymbol{F}^{e-T}}_{\boldsymbol{I}} (\boldsymbol{G}^p)^{-1} \boldsymbol{F}^{e-1} = \boldsymbol{F}^{e-1} \tilde{\boldsymbol{\tau}} : \boldsymbol{g}^\flat \boldsymbol{F}^e \boldsymbol{d}^p (\boldsymbol{G}^p)^{-1}$$

2. Einfügen der Identität $(\boldsymbol{F}^e)^{-T}(\boldsymbol{F}^e)^T = \boldsymbol{I}$ nach dem Spannungstensor

$$\boldsymbol{F}^{e-1} \tilde{\boldsymbol{\tau}} \boldsymbol{F}^{e-T} : \boldsymbol{F}^{eT} \boldsymbol{g}^\flat \boldsymbol{F}^e \boldsymbol{d}^p (\boldsymbol{G}^p)^{-1} = \boldsymbol{F}^{e-1} \tilde{\boldsymbol{\tau}} \boldsymbol{F}^{e-T} : \boldsymbol{F}^{eT} \boldsymbol{g}^\flat \boldsymbol{F}^e \boldsymbol{d}^p (\boldsymbol{G}^p)^{-1}$$

Mit dieser Umformung und dem, den elastischen Verzerrungen zugeordneten rechten Greenschen Deformationstensor

$$\boldsymbol{C}^e = \boldsymbol{F}^{eT} \boldsymbol{g}^\flat \boldsymbol{F}^e \tag{6.72}$$

der Zwischenkonfiguration, kann man dann für die plastische Dissipationsleistung schreiben

$$\mathcal{D}^p_{int} = \underbrace{\boldsymbol{F}^{e-1} \tilde{\boldsymbol{\tau}} \boldsymbol{F}^{e-T}}_{\tilde{\boldsymbol{S}}} : \underbrace{\boldsymbol{C}^e \boldsymbol{d}^p (\boldsymbol{G}^p)^{-1}}_{\boldsymbol{D}^p} + \sigma_v \dot{\xi} \geq 0 \tag{6.73}$$

Vor dem Zeichen der doppelten Verjüngung steht die auf die Zwischenkonfiguration transformierte zweite Piola-Kirchhoff-Spannung. Das Produkt $\boldsymbol{C}^e \boldsymbol{d}^p (\boldsymbol{G}^p)^{-1}$ stellt die, auf die Zwischenkonfiguration transformierte, plastische Deformationsrate dar und wird mit $\boldsymbol{D}^p$ abgekürzt. Wie man sofort erkennt, folgt diese Transformation nicht der Gesetzmäßigkeit der *pull back* Operation. Für die plastische Dissipationsleistung, ausgedrückt in den Zustandsgrößen der Zwischenkonfiguration, gilt dann:

$$\mathcal{D}^p_{int} = \tilde{\boldsymbol{S}} : \boldsymbol{D}^p + \sigma_v \dot{\xi} \geq 0 \quad \text{mit} \quad \boldsymbol{D}^p = \boldsymbol{C}^e \boldsymbol{d}^p (\boldsymbol{G}^p)^{-1} \tag{6.74}$$

Wählt man diese Gleichung als Grundlage für die Formulierung des Prinzips vom Maximum der Dissipationsleistung, analog zu Gleichung (6.63), so erhält man die Beziehung

$$\mathcal{D}^p_{int} = \max \rightarrow [-\boldsymbol{D}^p + \dot{\gamma} \frac{\partial \Phi}{\partial \tilde{\boldsymbol{S}}}] : \delta \tilde{\boldsymbol{S}} + [-\dot{\xi} + \dot{\gamma} \frac{\partial \Phi}{\partial \sigma_v}] \delta \sigma_v = 0 \tag{6.75}$$

der wiederum die Evolutionsgleichungen für die plastische Verzerrungsrate und die innere Variable zu entnehmen sind:

$$\boldsymbol{D}^p = \dot{\gamma}\frac{\partial \Phi}{\partial \tilde{\boldsymbol{S}}}, \quad \dot{\xi} = \dot{\gamma}\frac{\partial \Phi}{\partial \sigma_v} \tag{6.76}$$

Da für die Fließfunktion unverändert $\Phi(\boldsymbol{\tau}, \sigma_v)$ gelten soll, folgt für den Gradient an die Fließfunktion, mit $\tilde{\boldsymbol{\tau}} = \boldsymbol{F}^e \tilde{\boldsymbol{S}} \boldsymbol{F}^{eT}$

$$\frac{\partial \Phi}{\partial \tilde{\boldsymbol{S}}} = \frac{\partial \Phi}{\partial \tilde{\boldsymbol{\tau}}}\frac{\partial \tilde{\boldsymbol{\tau}}}{\partial \tilde{\boldsymbol{S}}} = \boldsymbol{F}^{eT}\frac{\partial \Phi}{\partial \tilde{\boldsymbol{\tau}}}\boldsymbol{F}^e \tag{6.77}$$

Wir verwenden dieses Ergebnis zur Auswertung der Gleichung (6.76) und bekommen dann für die plastische Verzerrungsrate, zusätzlich zu Gleichung (6.74), die Beziehung

$$\boldsymbol{D}^p = \dot{\gamma}\boldsymbol{F}^{eT}\frac{\partial \Phi}{\partial \tilde{\boldsymbol{\tau}}}\boldsymbol{F}^e \tag{6.78}$$

Diese Gleichung beschreibt die Entwicklung der plastischen Verzerrungsrate $\boldsymbol{D}^p$ auf der Zwischenkonfiguration als Funktion des plastischen Multiplikators und dem, auf die Zwischenkonfiguration transformierten Gradienten an die Fließfläche.

In Tabelle 6.2 sind die Gleichungen zur Behandlung der Plastizität mit beliebig großen Dehnungen nochmals zusammengestellt, wobei die unveränderte Kuhn-Tucker Bedingung und die Konsistenzbedingung mit eingefügt wurden. Ein Vergleich mit Tabelle 6.1 zeigt die Unterschiede bei der Spannungsberechnung und bei der Fließregel als Folge der unterschiedlichen Behandlung der Kinematik.

6.3.3 Zeitabhängigkeit der Evolutionsgleichungen

Bevor wir uns im nächsten Abschnitt mit der Integration der Evolutionsgleichungen befassen werden, wollen wir nochmals auf die Bedeutung des Parameters Zeit beim Fließvorgang zu sprechen kommen. Die Fließtheorie zur Behandlung der Plastizität haben wir in einer zeitabhängigen Ratenformulierung vorgestellt und bereits angemerkt, dass dieser ein willkürlicher Zeitmaßstab zugrunde liegt. Man erkennt dies an den Evolutionsgleichungen (6.26). Beide Beziehungen beschreiben einen scheinbar zeitabhängigen Prozess, da die Zeitdifferentiale jeweils multiplikativ auf beiden Seiten eingehen. Als Beispiel schreiben wir die Evolutionsgleichung (6.26) für die innere Variable nochmals an und ersetzen nun die Punktableitung durch den Differentialquotienten

$$\frac{d\xi}{dt} = \frac{d\gamma}{dt}\frac{\partial \Phi}{\partial \sigma_v} \quad \text{und} \quad d\xi = \frac{\partial \Phi}{\partial \sigma_v} d\gamma \tag{6.79}$$

Multiplikative Aufspaltung des Deformationsgradienten:

$$\boldsymbol{F} = \frac{\partial \boldsymbol{x}}{\partial \boldsymbol{x}^p} \frac{\partial \boldsymbol{x}^p}{\partial \boldsymbol{X}} = \boldsymbol{F}^e \boldsymbol{F}^p$$

Aufspaltung des isochoren Potentials in das elastische Potential und in das Potential der Materialverfestigung:

$$W_{iso} = \hat{W}_{iso}(\boldsymbol{b}^e) + \hat{V}(\xi)$$

Spannungsberechnung:

$$\boldsymbol{\tau}_{dev} = 2 \frac{\partial W_{iso}}{\partial \boldsymbol{b}^e} \boldsymbol{b}^e, \quad \sigma_v = -\frac{\partial \hat{V}}{\partial \xi}$$

Gradient an die Fließfläche:

$$\boldsymbol{s} = \frac{\partial \Phi}{\partial \tilde{\boldsymbol{\tau}}}$$

Fließregel:

$$-\frac{1}{2} \mathcal{L}_{\Phi}(\boldsymbol{b}^e) \boldsymbol{b}^{e-1} = \dot{\gamma} \boldsymbol{s}$$

Innere Verzerrungsvariable der Verfestigung:

$$\dot{\xi} = \dot{\gamma} \frac{\partial \Phi}{\partial \sigma_v} = \sqrt{\frac{2}{3}} \dot{\gamma}$$

Fließbedingung:

$$\Phi(\boldsymbol{\tau}, \sigma_F) := |\tilde{\boldsymbol{\tau}}_H| - \sqrt{\frac{2}{3}} (\sigma_{F0} - \sigma_v(\xi))$$

Kuhn-Tucker Bedingung und Konsistenzbedingung:

$$\dot{\gamma} \Phi(\tilde{\boldsymbol{\tau}}, \sigma_v) = 0, \quad \dot{\gamma} \geq 0, \quad \Phi(\tilde{\boldsymbol{\tau}}, \sigma_v) \leq 0, \quad \dot{\gamma} \dot{\Phi}(\tilde{\boldsymbol{\tau}}, \sigma_v) = 0$$

Tab. 6.2 Grundgleichungen der assoziierten Plastizität mit isotroper Verfestigung für beliebig große Verzerrungen.

Wie man sieht, kann nun mit dem Zeitdifferential durchmultipliziert werden, sodass dann die Gleichung in differentieller Form dasteht. Die Integration kann jetzt unabhängig von der Zeit vom Anfangszustand zum Endzustand hin über $d\gamma$ ausgeführt werden. Dieses einfache Eliminieren der Zeitvariablen kann bei allen Evolutionsgleichungen vorgenommen werden, da die Theorie tatsächlich nur ein zeitunabhängiges Materialverhalten beschreibt. Im anschließenden Abschnitt werden wir von dieser Tatsache stets Gebrauch machen und die Integration frei von der Zeit entlang der Deformation durchführen.

Im Gegensatz zu dieser zeitunabhängigen Theorie beobachtet man im Versuch aber ein stark zeitabhängiges Fließverhalten. Ein schnell ablaufender Umformprozess, wie z. B. die Explosivumformung, zeigt ein anderes Materialverhalten, als ein langsam durchgeführter Umformvorgang. Der Unterschied im Fließverhalten erklärt sich im wesentlichen aus der Wärme, die aufgrund des dissipativen Fließvorganges entsteht. Im Fall der Explosivumformung kommt es zu einer starken Erwärmung des Werkstückes, wohingegen beim langsam ablaufenden Umformprozess genügend Zeit verbleibt, um die Wärme nach außen abzuführen, sodass es hier zu keiner merklichen Erwärmung des Werkstückes kommt. Ein heißer Werkstoff lässt sich aber bekanntlich leichter verformen, wie das Beispiel des Schmiedens belegt. In unserer bisherigen Theorie wurde ein isothermes Verhalten vorausgesetzt und somit war auch die Zeitabhängigkeit a priori ausgeklammert.

In einem späteren Abschnitt werden wir die Theorie erweitern und die Wärmeentwicklung mit einbeziehen und auf diese Weise eine echte Zeitabhängigkeit in die Fließtheorie einbringen.

6.4 Integration der konstitutiven Gleichungen

Die in den Tabellen 6.1 und 6.2 zusammengestellten Beziehungen der Fließtheorie stellen ein gekoppeltes Differentialgleichungssystem erster Ordnung dar, welches das Materialverhalten in der Zeit beschreibt. Tragwerksberechnungen, bei denen diese Materialbeschreibung zur Anwendung kommt, sind nichtlineare Aufgabenstellungen, die mit Hilfe eines numerischen Näherungsverfahrens berechnet werden. Ein solches Lösungsverfahren ist die Methode der Finiten Elemente, die wir im Kapitel 7 behandeln werden. Für unsere nachfolgenden Betrachtungen ist es hilfreich vorab kurz auf diese Lösungsmethode einzugehen. Aufgabe des Lösungsverfahrens ist es, für eine vorgegebene Belastung die zugehörige Gleichgewichtskonfiguration zu berechnen. Dabei wird das Gleichgewicht des

Tragwerks durch ein nichtlineares, algebraisches Gleichungssystem beschrieben. Das Gleichungssystem muss iterativ gelöst werden. Für alle iterativ arbeitenden Lösungsverfahren der Strukturmechanik gilt, dass sie die Belastung in Belastungsinkremente aufteilen. Jedem Belastungsinkrement entspricht dann ein Lastschritt. Gemäß unseren Überlegungen im vorhergehenden Abschnitt darf der Lastschritt hier auch als Zeitschritt aufgefasst werden. Im Lastschritt geht man von der festgehaltenen, im vorherigen Lastschritt gefundenen, Gleichgewichtskonfiguration aus und bestimmt iterativ die Gleichgewichtskonfiguration, die zur Belastung am Lastschrittende gehört. Zum Belastungsinkrement des Lastschrittes gehört, als konjugierte Größe, das iterativ zu berechnende Verschiebungsinkrement, welches, von der Gleichgewichtskonfiguration zu Beginn des Lastschrittes, zur Konfiguration am Lastschrittende weist. Damit sind die Verschiebungen die primären Variablen des Algorithmus. Durch ein sukzessives Aufbringen der Belastungsinkremente wird die Belastung, von Lastschritt zu Lastschritt, bis zum Erreichen der Gesamtlast gesteigert. Zur Gesamtbelastung gehört dann das Verschiebungsfeld, welches die Endkonfiguration des Tragwerks im Raum bestimmt.

Zur iterativen Lösung des algebraischen Systems nach den unbekannten Verschiebungen wird das Newtonsche Verfahren benutzt. Entscheidend für die Konvergenz des Verfahrens ist die Verwendung der Jacobimatrix im Iterationsschritt. Diese folgt aus der Richtungsableitung des Systems (Gâteaux Ableitung) in Richtung der unbekannten Verschiebungen und stellt damit die Linearisierung des Systems um den Momentanzustand dar. Die Jacobimatrix heißt *tangentiale Steifigkeit*. Liegt ein nichtlineares Materialverhalten vor, welches durch Differentialgleichungen beschrieben wird, so verlangt der Aufbau der tangentialen Steifigkeit die Integration der Differentialgleichungen für das Lastinkrement. Als Anfangsbedingung dienen die berechneten Zustandsgrößen des vorherigen Rechenschrittes. Das Ergebnis der Integration ist abhängig von der Deformation des Lastschrittes und somit eine Funktion der unbekannten Verschiebungen. Damit wird klar, dass die korrekte Linearisierung des Gleichungssystems die Integration der materialbeschreibenden Gleichungen im Zeitschritt mit einschließen muss. Man spricht dann von der *konsistenten Linearisierung* (konsistent im Sinne des Algorithmus). Diese Bezeichnung findet sich zum ersten Mal in der grundlegenden Arbeit von Hughes und Pister [41]. Nachfolgend wollen wir uns diesen Begriff klar machen und im Abschnitt 6.4.3 die Linearisierung des Integrationsverfahrens durchführen.

Für die Integration der Differentialgleichungen sind sämtliche bekannten Verfahren denkbar, mit der Einschränkung, dass sie einer Linearisierung zugänglich sein müssen. Das Ziel ist allerdings, auch hier ein möglichst effizientes, genaues und stabiles Integrationsverfahren bereitzustellen. Im folgenden sollen die wichtigsten

Verfahren nur kurz erwähnt werden. Eine ausführliche Beschreibung und Diskussion der Verfahren findet der Leser z. B. in [56].

Die Integrationsaufgabe für ein Zeitinkrement $\Delta t = t_{n+1} - t_n$ stellt sich wie folgt dar: Zu Beginn des Inkrementes, Zeitpunkt $t = t_n$, sind die Anfangsbedingungen

Spannungszustand $\boldsymbol{\tau}_n$,
elastische Dehnung $\boldsymbol{\epsilon}_n^e$,
plastische Dehnung $\boldsymbol{\epsilon}_n^p$,
innere Verzerrungsvariable der Verfestigung ξ_n,

gegeben. Für das dem Zeitschritt zugeordnete Inkrement der totalen Dehnungen $\Delta\boldsymbol{\epsilon}^t$ sind die Zustandsgrößen $\boldsymbol{\tau}_{n+1}, \boldsymbol{\epsilon}_{n+1}^e, \boldsymbol{\epsilon}_{n+1}^p, \xi_{n+1}$ am Ende des Zeitschrittes zur Zeit $t = t_{n+1}$ zu berechnen. Die Spannung am Zeitschrittende folgt dann aus der Integration

$$\boldsymbol{\tau}_{n+1} = \boldsymbol{\tau}_n + \int_{t_n}^{t_{n+1}} d\boldsymbol{\tau} \quad \text{mit} \quad d\boldsymbol{\tau} = \frac{\partial \boldsymbol{\tau}}{\partial t} dt \tag{6.80}$$

Um die Zeitintegration der Spannung $d\boldsymbol{\tau}$ in eine äquivalente Integration entlang des Dehnungsweges überzuführen, wird unter Beachtung der Fließgesetze eine konstitutive Beziehung der Form

$$d\boldsymbol{\tau} = \mathbf{c}^{ep} d\boldsymbol{\epsilon}^t \tag{6.81}$$

aufgestellt, die den Zusammenhang zwischen dem Differential der totalen Dehnungen und dem resultierenden Spannungswert herstellt. Der Materialtensor $\mathbf{c}^{ep}$ wird *elastoplastische Materialtangente* genannt. Für den Fall einer rein elastischen Zustandsänderung degradiert die elastoplastische Materialtangente zum elastischen Materialtensor. Wir setzen die konstitutive Beziehung in Gleichung (6.80) ein und erhalten

$$\boldsymbol{\tau}_{n+1} = \boldsymbol{\tau}_n + \int_{\boldsymbol{\epsilon}_n^t}^{\boldsymbol{\epsilon}_{n+1}^t} \mathbf{c}^{ep} d\boldsymbol{\epsilon}^t \tag{6.82}$$

Mit dieser Gleichung wird die Spannung dem Dehnungsweg folgend integriert, wobei die elastoplastische Materialtangente $\mathbf{c}^{ep}$ für das Einhalten der Fließgesetze und für die Aufspaltung der Dehnungen in den elastischen und den plastischen Anteil sorgt. Auch hier muss die Integration numerisch ausgeführt werden, da $\mathbf{c}^{ep}$ nicht als explizite Funktion angegeben werden kann.

Das einfachste numerische Integrationsverfahren basiert auf der Überlegung, dass die konstitutive Gleichung (6.81) mit guter Näherung auch auf ein kleines Zeitinkrement Δ angewendet werden kann, sofern dieses nur als hinreichend klein gewählt wird. Dazu wird das Zeitinkrement in eine vorgegebene Anzahl m von Subinkrementen unterteilt und das Integral in Gleichung (6.82) durch eine Summe über die m Subinkremente ersetzt:

$$\tau_{n+1} = \tau_n + \sum_{k=1}^{m} \mathbf{c}^{ep} \Delta\epsilon^t \quad \text{mit} \quad \Delta\epsilon^t = \frac{1}{m}(\epsilon^t_{n+1} - \epsilon^t_n) \tag{6.83}$$

Man ist noch frei in der Wahl des Zeitpunktes an dem man aus den aktuellen Zustandsvariablen die elastoplastische Materialtangente $\mathbf{c}^{ep}$ für das Subinkrement aufbaut. Im einfachsten Fall wird man sie aus den Zustandsvariablen zu Beginn des Subinkrementes berechnen. Diese Vorgehensweise entspricht dem expliziten Euler-Vorwärts Integrationsverfahren mit den bekannten Mängeln in Bezug auf Genauigkeit, Stabilität und Effizienz [118]. Geht man davon aus, dass zu Beginn des Zeitinkrementes die Fließgesetze erfüllt sind, so wird dies am Ende des Rechenschrittes sowohl für die Fließregel als auch für die Fließbedingung nicht mehr gelten. In Abhängigkeit von der Größe des Inkrementes wird sich ein Fehler einstellen, der sich von Integrationsschritt zu Integrationsschritt aufsummiert und somit stetig zunimmt. Dadurch entfernt sich das Ergebnis zunehmend von der wahren Lösung und der Algorithmus kann wegen der Wegabhängigkeit des Prozesses, auch nicht mehr zur richtigen Lösung zurückfinden. Um mit einigermaßen wirtschaftlichen Integrationsschritten zu arbeiten, muss der Algorithmus deshalb mit einer Korrektur versehen werden, sodass zumindest am Ende des Zeitschrittes die Fließbedingung $\Phi = 0$ eingehalten wird. Dies kann mit Hilfe eines Korrekturschrittes erfolgen, der entweder nach jedem Subinkrement oder aber nur einmal am Ende des Zeitschrittes ausgeführt wird. Korrekturverfahren, die im wesentlichen eine Projektion des Spannungszustandes auf die Fließfläche vornehmen, wurden z. B. von Hinton [37] und Hibbit [34] vorgeschlagen. Mit Hilfe dieser Korrekturverfahren kann zwar die Genauigkeit des Verfahren verbessert werden, nicht aber seine Effizienz. Nach wie vor ist das Verfahren sehr rechenintensiv und hat den schwerwiegenden Nachteil, dass es sich nicht linearisieren lässt (vgl. Gl. (6.83)). Wegen dieser offensichtlichen Nachteile war man bestrebt, bessere Integrationsverfahren zu entwickeln.

Der Ausgangspunkt für die Entwicklung geeigneter Integrationsverfahren war die Überlegung, dass zwar beim Aufstellen der Plastizitätstheorie eine Aufteilung der Dehnungen in elastische und plastische Dehnungsanteile vorgenommen wurde, nicht aber bei der Integration, wo auf den Gesamtdehnungen ϵ^t integriert wird. Diese simultane Integration der Dehnungsanteile folgt aus der konstitutiven Beziehung (6.81), welche das Differential der Spannungen aus dem Differential der Gesamtdehnungen berechnet. Die Abspaltung des plastischen Dehnungsanteils, welcher keinen Beitrag zu den Spannungen liefert, wird mit Hilfe der elastoplastischen Materialtangente $\mathbf{c}^{ep}$ vorgenommen.

Eine optimale Behandlung des Integrationsproblems ist durch das im Schrifttum unter der Bezeichnung *radiale Rückkehrmethode* (engl. radial return) bekannte Verfahren gegeben. Dieser Algorithmus zeigt ein Verhalten, welches in der Mathematik als A-stabil bezeichnet wird. Ferner besitzt der Algorithmus eine lineare Konvergenzrate und zeichnet sich durch Einfachheit, Klarheit und Effizienz aus. Bei diesem Integrationsverfahren wird die Integration im Zeitinkrement in zwei Einzelschritte aufgeteilt, in denen analog zur Aufteilung der Dehnungen die Integration des elastischen und des plastischen Dehnungsinkrementes getrennt vorgenommen wird. Dabei muss die aufwendige und mehrfache Berechnung des elastoplastischen Materialtensors $\mathbf{c}^{ep}$ nicht mehr durchgeführt werden. Die Integration der elastischen Dehnungen erweist sich hierbei als triviale Aufgabe.

Bei einem numerischen Verfahren wird immer die Frage nach dessen Konvergenz gestellt. Es wird verlangt, dass für abnehmende Schrittlängen das Verfahren gegen die exakte Lösung konvergiert. Der Beweis für die Konvergenz des Verfahrens findet sich bei Ortiz [72]. In der Zwischenzeit konnte in zahlreichen Anwendungen die Effizienz, Stabilität und Genauigkeit der Integrationsmethode auch für relativ große Zeitschritte nachgewiesen werden. Die grundsätzliche Vorgehensweise

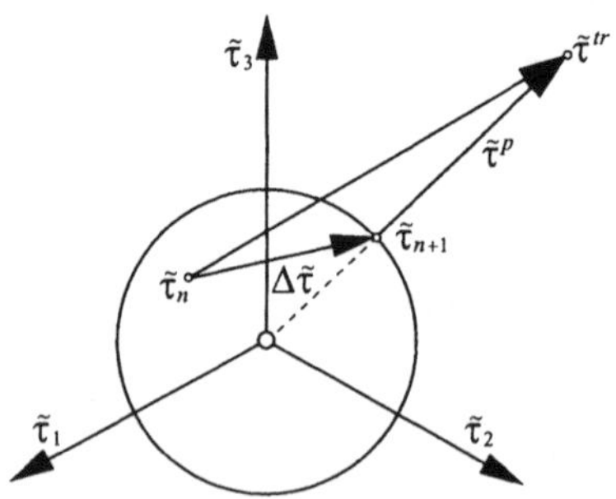

Abb. 6.4 Darstellung des Integrationsverfahrens, radiale Rückkehrmethode, im Deviator-Hauptspannungsraum.

im Zeitschritt beim Übergang aus dem rein elastischen Zustand in den elastoplastischen Zustand, ist in Abbildung (6.4) im Deviator-Hauptspannungsraum schematisch dargestellt. Ausgehend vom elastischen Spannungszustand $\boldsymbol{\tau}_n$, der dann innerhalb der Fließfläche liegt, wird im ersten, so genannten Prädiktorschritt, aus dem Dehnungsinkrement $\Delta\boldsymbol{\epsilon}^t$ die elastische Prädiktorspannung $\boldsymbol{\tau}^{tr}$ berechnet[10]. Dieser vorgeschätzte Spannungszustand liegt außerhalb der Fließfläche im verbotenen Gebiet und muss deshalb in einem zweiten Schritt korrigiert werden. In diesem Korrekturschritt wird die Spannung normal auf die Fließfläche zurückprojiziert.[11] Der so erhaltene Spannungszustand $\boldsymbol{\tau}_{n+1}$ erfüllt dann die Fließbedingung $\Phi(\boldsymbol{\tau},\sigma_v)_{n+1} = 0$ und wegen der Projektionsrichtung auch die Fließregel $\dot{\boldsymbol{\epsilon}}^p = \dot{\gamma}\partial\Phi/\partial\boldsymbol{\tau}$ am Ende des Integrationsschrittes. Anhand der Abbildung 6.2b kann man sich sofort klar machen, dass für dieses Verfahren eine allseitig konvexe Fließfläche unbedingt notwendig ist. Der Integrationsvorgang kann wie folgt anschaulich gemacht werden. Im ersten Schritt wird das Kontinuum rein elastisch entsprechend dem Dehnungsinkrement $\Delta\boldsymbol{\epsilon}^t$ verformt und es stellt sich der vorgeschätzte Spannungszustand $\boldsymbol{\tau}^{tr}$ ein. Anschließend wird die Deformation festgehalten und in einer Relaxationsphase ein Teil des elastischen Dehnungsinkrementes den plastischen Dehnungen $\Delta\boldsymbol{\epsilon}^p$ zugeordnet. Diesem Dehnungsanteil entspricht die plastische Relaxationsspannung $\boldsymbol{\tau}^p$, mit dessen Hilfe der vorgeschätzte Spannungszustand korrigiert wird.

Entsprechend der Vorgehensweise stellt das Verfahren einen Produktalgorithmus dar, der auf einer Trennung der Operatoren (engl. operator split) für die Integration des elastischen und plastischen Teilproblems fußt. Im Vergleich zu den m Rechenschritten des Euler-Vorwärtsverfahrens nach Gleichung (6.83) sind nur zwei Rechenschritte auszuführen, was die Effizienz des Verfahrens sofort offenlegt. Der Hauptvorteil indes liegt in der Linearisierbarkeit des Algorithmus. Um diesen Schritt anschaulich zu machen, schreiben wir nun für Gleichung (6.82)

$$\boldsymbol{\tau}_{n+1} = \boldsymbol{\tau}_n + \Delta\boldsymbol{\tau} \tag{6.84}$$

mit dem aus dem Integrationsalgorithmus folgenden Spannungsinkrement

$$\Delta\boldsymbol{\tau} = \boldsymbol{\tau}^{tr} - \boldsymbol{\tau}^p \tag{6.85}$$

Die Linearisierung dieser Beziehung ergibt

$$d(\Delta\boldsymbol{\tau}) = \frac{\partial(\Delta\boldsymbol{\tau})}{\partial(\Delta\boldsymbol{\epsilon}^t)} d(\Delta\boldsymbol{\epsilon}^t) = \mathbf{a}^{ep} d(\Delta\boldsymbol{\epsilon}^t) \tag{6.86}$$

wobei wir hier bewusst das Symbol Δ einsetzen, um den Unterschied zur entsprechenden Tangentialbeziehung (6.81) hervorzuheben. Im Gegensatz zu Gleichung

[10] Im englischen Schrifttum bezeichnet man diese Spannung als *trial stress* und kennzeichnet die Spannung mit den hochgestellten Buchstaben ^{tr}.

[11] Im englischen Schrifttum bezeichnet man das Verfahren auch als *closest-point projection algorithm.*

(6.81), die eine konstitutive Beziehung zwischen den Differentialen der totalen Dehnungen und der Spannungen darstellt, stellt Gleichung (6.84) eine konstitutive Beziehung zwischen dem Differential des integrierten Spannungsinkrementes und dem Differential des totalen Dehnungsinkrementes dar. Die Beziehung gibt also die Antwort auf die Frage: Wie ändert sich der Zuwachs an Spannung, bei einer Änderung des Dehungszuwachses bzw. der Deformation im Lastschritt? Dies ist aber genau die Fragestellung, die innerhalb der Gleichgewichtsiteration vom Newtonschen Verfahren gestellt wird. Da der Tensor $\mathbf{a}^{ep}$ inkrementelle Größen verbindet, hat er nicht, wie in Gleichung (6.81), die Bedeutung eines tangentialen Materialtensors im eigentlichen Sinn, sondern stellt vielmehr den Gradienten des Produktalgorithmus dar. Man erkennt, dass die Aufteilung der Spannungsberechnung in zwei getrennte Rechenschritte eine notwendige Voraussetzung für den Linearisierungsschritt darstellt. Man bezeichnet diese Art der Linearisierung, die sich nicht nur auf eine Funktion, sondern wie hier, auf einen vollständigen Rechenschritt bezieht, als *konsistente Linearisierung*. Die Matrix $\mathbf{a}^{ep}$ wird *konsistente Materialtangente* genannt.

Abschließend sollen Hinweise auf neuere Forschungsarbeiten gegeben werden. In der Arbeit von Ellsiepen [22] werden Integrationsalgorithmen höherer Ordnung vorgestellt. Eine Fortführung dieser Arbeit findet sich in dem Beitrag von Ellsiepen und Hartmann [23]. Die Forschungsarbeiten basieren auf einer neuartigen Betrachtungsweise der Randwertaufgabe. Dabei wird das differential-algebraische System (DAE)[12], welches sich aus den Differentialgleichungen zur Materialbeschreibung und den nichtlinearen algebraischen Gleichgewichtsbeziehungen an den Gausspunkten[13] der Finiten Elemente zusammensetzt, als Gesamtsystem betrachtet. Zur Berechnung der Gleichgewichtslage wird ein zweistufiges Newtonsches Verfahren mit einer geschachtelten globalen und lokalen Iteration angewendet. Die Vorgehensweise erlaubt die konsistente Anwendung eines Integrationsverfahren höherer Ordnung aus der Klasse der Runge-Kutta Verfahren für das Gesamtsystem. Neben größeren Lastschritten und einer höheren Rechengenauigkeit eröffnet die Lösungsmethode die Möglichkeit, mit Hilfe eines eingebetteten Verfahrens niedrigerer Ordnung, eine Fehlerschätzung und eine automatische Schrittweitensteuerung durchzuführen. Wie aus den dort vorgestellten Beispielen ersichtlich ist, scheint diese neue Betrachtungsweise sehr vielversprechend zu sein.

[12] Aus dem englischen, Differential-Algebraic Equations. Differential-algebraische Systeme und deren Lösung werden z. B. in [3] beschrieben.

[13] Die Elementmatrizen werden numerisch integriert. Zur Anwendung kommt das Integrationsverfahren nach Gauss, welches den Aufbau des Integranden an vorgegebenen Integrationspunkten, so genannten Gausspunkten, verlangt.

6.4.1 Integration der Evolutionsgleichungen für beliebige Deformationen

Thema dieses Abschnittes soll die Integration der Evolutionsgleichungen der Plastizität, für beliebige Deformationen, im Zeitschritt sein. Den Ausführungen im vorhergehenden Abschnitt folgend, betrachten wir jetzt ein Zeitinkrement $\Delta t = t_{n+1} - t_n$. Die Konfiguration ${}_nC$ zu Beginn des Zeitschrittes $t = t_n$ sei eine Gleichgewichtskonfiguration, die als bekannt und fest vorausgesetzt wird. Das gleiche gilt dann für sämtliche zugehörigen Zustandsgrößen der Konfiguration. Die Deformation ist eindeutig durch den zugehörigen Deformationsgradienten $\boldsymbol{F}_n$ bestimmt und soll elastische und plastische Deformationsanteile beliebiger Größe enthalten. Der Anteil der elastischen Deformation ist durch den elastischen Deformationstensor $\boldsymbol{b}_n^e$ beschrieben, der über Gleichung (6.37) auch den plastischen Deformationstensor $\boldsymbol{C}^p$ festlegt. Der aktuelle Stand der Materialverfestigung wird durch die innere Variable ξ_n beschrieben. Damit ist der Deformationszustand zu Beginn des Zeitschrittes $t = t_n$ durch die kinematischen

$$\text{Anfangswerte: } \{\boldsymbol{F}_n, \boldsymbol{b}_n^e, \xi_n\}$$

eindeutig bestimmt. Die zu den kinematischen Größen energetisch konjugierten Flussgrößen sind nach Gleichung (6.61), die deviatorische Kirchhoff Spannung $\tilde{\tau}_n$ und die Spannungskorrektur σ_v der Materialverfestigung. Beide Spannungen folgen aus dem elastischen Potential nach Gleichung (6.56) mit Hilfe der Gleichungen (6.61).

Die Integrationsaufgabe lautet dann: Für ein, dem Zeitinkrement Δt zugeordnetes Deformationsinkrement, sind, unter Einhaltung der Gesetze der Fließtheorie, die kinematischen Größen $\{\boldsymbol{F}_{n+1}, \boldsymbol{b}_{n+1}^e, \xi_{n+1}\}$ am Ende des Zeitschrittes $t = t_{n+1}$ zu bestimmen. Nach erfolgter Berechnung ergeben sich die zugehörigen Spannungen wieder aus der Potentialfunktion (6.56). Neben dem zu bestimmenden elastischen Deformationstensor $\boldsymbol{b}_{n+1}^e$ am Zeitschrittende benötigen wir noch den Deformationstensor des elastischen Prädiktors $\boldsymbol{b}_{n+1}^{e,tr}$ des Lastschrittes (siehe die Anmerkung zu Gleichung (6.67)), der, entsprechend der Prädiktorspannung $\boldsymbol{\tau}^{tr}$, mit dem Kopfzeiger ^{tr} bezeichnet wird.

Die zu integrierenden Evolutionsgleichungen beschreiben die Entwicklung der Deformation aufgrund einer Belastungsänderung im Zeitschritt. Die primären Variablen der Gleichungen sind durchweg kinematische Zustandsgrößen, sodass der gesamte Prozess rein deformationsgesteuert vorgetrieben wird. Anhand der Abbildung 6.5 wollen wir uns die Formulierung im Zeitschritt klarmachen.

Die festgehaltene Konfiguration ${}_nC$ zu Beginn des Zeitschrittes, ist durch den

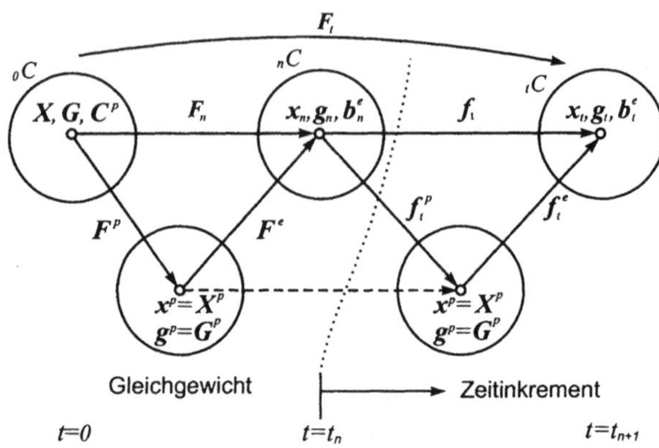

Abb. 6.5 Aktualisierung der Konfigurationen bei endlichen plastischen Deformationen.

Ortsvektor $\boldsymbol{x}_n$, und die gesuchte Konfiguration $_tC$ am Zeitschrittende ist durch den Ortsvektor $\boldsymbol{x}_t = \boldsymbol{x}_n + \Delta\boldsymbol{u}_t$ festgelegt. Mit $\Delta\boldsymbol{u}_t$ bezeichnen wir das dem Zeitschritt zugeordnete Verschiebungsinkrement. Die Zustandsgrößen der Konfiguration am Zeitschrittende werden iterativ mit dem Newtonschen Verfahren berechnet. Dazu sind die Evolutionsgleichungen der kinematischen Zustandsgrössen zu integrieren. Zu jedem Iterationsschritt gehört eine bestimmte Zeit, was wir durch Anbringen des Fußzeiger $_t$ an den sich, während der Iteration ändernden Größen, deutlich machen. Nach erfolgter Konvergenz wird der Fußzeiger $_t$ zum Zeitschrittzähler $_{n+1}$. Die berechnete Konfiguration $_tC$ ist dann die gesuchte Gleichgewichtskonfiguration $_{n+1}C$ mit $\boldsymbol{x}_t = \boldsymbol{x}_{n+1} = \boldsymbol{x}_n + \Delta\boldsymbol{u}$ und die Ausgangskonfiguration für den nächsten Zeitschritt. In jeder Iteration ist der nachfolgend dargestellte Integrationsalgorithmus für die Evolutionsgleichungen auszuführen, aus dem sich dann die Aufteilung der Deformation in elastische und plastische Deformationsanteile ergibt.

Mit dem Ortsvektor $\boldsymbol{x}_t$ ist die Momentankonfiguration im Iterationsschritt mit dem zugehörigen totalen Deformationsgradient $\boldsymbol{F}_t$ festgelegt. Letzterer folgt aus der multiplikativen Verkettung des Deformationsgradienten $\boldsymbol{F}_n$ zu Zeitschrittbeginn mit dem inkrementellen Deformationsgradient $\boldsymbol{f}_t$ für den Zeitschritt

$$\boldsymbol{F}_t = \frac{\partial \boldsymbol{x}_t}{\partial \boldsymbol{x}_n} \frac{\partial \boldsymbol{x}_n}{\partial \boldsymbol{X}} = \boldsymbol{f}_t \boldsymbol{F}_n \tag{6.87}$$

Der inkrementelle Deformationsgradient wird entsprechend Gleichung (6.32) in einen elastischen Anteil f_t^e und einen plastischen Anteil f_t^p aufgeteilt:

$$f_t = \frac{\partial \boldsymbol{x}_t}{\partial \boldsymbol{x}_t^p} \frac{\partial \boldsymbol{x}_t^p}{\partial \boldsymbol{x}_n} = f_t^e f_t^p \tag{6.88}$$

Diese, zunächst noch unbestimmte Aufspaltung, wird später durch die Integration der Fließgesetze festgelegt.

Die Zeitableitung des Deformationsgradienten $\dot{\boldsymbol{F}}_t$ folgt aus Gleichung (6.87), mit $\boldsymbol{F}_n$ fest, zu

$$\dot{\boldsymbol{F}}_t = \frac{d}{dt}\left(\frac{\partial \boldsymbol{x}_t}{\partial \boldsymbol{x}_n}\right)\boldsymbol{F}_n = \frac{\partial \boldsymbol{v}_t}{\partial \boldsymbol{x}_n}\boldsymbol{F}_n = \dot{f}_t \boldsymbol{F}_n \tag{6.89}$$

Diese Gleichung stellt die Evolutionsgleichung für den Deformationsgradienten im Zeitschritt dar. Die Zeitableitung $\dot{f}_t$ kann mit Hilfe des räumlichen Geschwindigkeitsgradienten $\boldsymbol{l}_t$ auf f_t zurückgeführt werden

$$\dot{f}_t = \frac{\partial \boldsymbol{v}_t}{\partial \boldsymbol{x}_t} \frac{\partial \boldsymbol{x}_t}{\partial \boldsymbol{x}_n} = \boldsymbol{l}_t f_t \tag{6.90}$$

Auf die gleiche Weise drücken wir den räumlichen Geschwindigkeitsgradient $\boldsymbol{l}_t$ durch den Deformationsgradienten der Ausgangskonfiguration aus

$$\boldsymbol{l}_t = \frac{\partial \boldsymbol{v}_t}{\partial \boldsymbol{x}_t} = \frac{\partial \boldsymbol{v}_t}{\partial \boldsymbol{X}} \frac{\partial \boldsymbol{X}}{\partial \boldsymbol{x}_t} = \dot{\boldsymbol{F}}_t \boldsymbol{F}_t^{-1} \tag{6.91}$$

Die Evolutionsgleichung für den elastischen Deformationstensor $\boldsymbol{b}^e$ ist durch Gleichung (6.67) gegeben. Wir übernehmen diese Gleichung und bringen jetzt gemäß unserer Übereinkunft den Fußzeiger $_t$ an:

$$\dot{\boldsymbol{b}}_t^e = (\boldsymbol{l}_t \boldsymbol{b}_t^e + (\boldsymbol{l}_t \boldsymbol{b}_t^e)^T) - 2\dot{\gamma}_t \boldsymbol{g}^\natural \boldsymbol{s}_t \boldsymbol{b}_t^e \tag{6.92}$$

In der Klammer steht die Rate der rein elastischen Zustandsänderung im Zeitschritt, die wir als elastischen Prädiktor bezeichnet haben. Den elastischen Prädiktor $\boldsymbol{b}_t^{e,tr}$ erhalten wir durch Aktualisieren des Deformationstensors $\boldsymbol{b}_n^e$ am Zeitschrittbeginn mit dem inkrementellen Deformationstensors f_t des Zeitschrittes:

$$\boldsymbol{b}_t^e = f_t \boldsymbol{b}_n^e f_t^T = \boldsymbol{b}_t^{e,tr} \tag{6.93}$$

Indem wir die Zeitableitung bilden können wir den Klammerausdruck in (6.92) bestätigen. Mit Gleichung (6.90) ergibt sich:

$$\dot{\boldsymbol{b}}_t^{e,tr} = \dot{f}_t \boldsymbol{b}_n^e f_t^T + f_t \boldsymbol{b}_n^e \dot{f}_t^T = \boldsymbol{l}_t f_t \boldsymbol{b}_n^e f_t^T + f_t \boldsymbol{b}_n^e f_t^T \boldsymbol{l}_t^T = (\boldsymbol{l}_t \boldsymbol{b}_t^e + (\boldsymbol{l}_t \boldsymbol{b}_t^e)^T) \tag{6.94}$$

Wir stellen nun die Gleichungen zur Berechnung der kinematischen Zustandsgrößen $\{\boldsymbol{F}_{n+1}, \boldsymbol{b}^e_{n+1}, \xi_{n+1}\}$ am Zeitschrittende zusammen. Mit den Gleichungen (6.89), (6.92) mit (6.94) und (6.65) erhalten wir das folgende gekoppelte System linearer Differentialgleichungen erster Ordnung

$$\begin{aligned} \dot{\boldsymbol{F}}_t &= \boldsymbol{l}_t \boldsymbol{f}_t \boldsymbol{F}_n \\ \dot{\boldsymbol{b}}^e_t &= \dot{\boldsymbol{b}}^{e,tr}_t - 2\dot{\gamma}_t \boldsymbol{g}^\natural \boldsymbol{s}_t \boldsymbol{b}^e_t \\ \dot{\xi}_t &= \sqrt{\frac{2}{3}}\dot{\gamma}_t \end{aligned} \tag{6.95}$$

das im Zeitschritt, unter Einhaltung der Kuhn-Tucker Bedingung und der Konsistenzbedingung,

$$\gamma_t \, \Phi(\tilde{\boldsymbol{\tau}}, \sigma_v) = 0, \quad \gamma_t \geq 0, \quad \Phi(\tilde{\boldsymbol{\tau}}, \sigma_v) \leq 0, \quad \dot{\gamma}_t \, \dot{\Phi}(\boldsymbol{\tau}, \sigma_v) = 0$$

zu integrieren ist. Bevor wir uns der Integration der Gleichungen (6.95) zuwenden, wollen wir sie kurz diskutieren.

Die erste Gleichung beschreibt die Änderung der Gesamtdeformation, infolge des Verschiebungsinkrementes $\Delta \boldsymbol{u}_t$ des Zeitschrittes. Die Änderung des elastischen Anteils der Deformation wird durch die zweite Gleichung beschrieben. Nach dieser Gleichung berechnet sich die Änderung der elastischen Deformation aus der Änderung des elastischen Prädiktorzustandes, von dem die Änderung der plastischen Deformation abzuziehen ist. Damit stellt diese Gleichung die Kopplung zwischen elastischer und plastischer Formänderung her, die durch die dritte, die Materialverfestigung beschreibende Differentialgleichung, ergänzt wird.

Das Gleichungssystem zeigt eine klare Trennung zwischen elastischer und plastischer Deformation. Dies spricht für das Aufstellen eines Algorithmus, der sich diesen besonderen Aufbau zunutze macht und seinen Vorteil daraus zieht. In Anlehnung an die Bezeichnung in der angelsächsischen Literatur bezeichnen wir diesen Algorithmus als *Produktalgorithmus*[14]. Die Besonderheit des Algorithmus liegt in der Auftrennung des Prozesses in zwei Teilprobleme, in das elastische Teilproblem und in das plastische Teilproblem.

1. Das elastische Teilproblem läuft bei festgehaltener Plastizität $\dot{\gamma}_t = \dot{\xi}_t = 0$ ab. Die zu integrierenden Evolutionsgleichungen sind

$$\dot{\boldsymbol{F}}_t = \boldsymbol{l}_t \boldsymbol{f}_t \boldsymbol{F}_n \qquad \dot{\boldsymbol{b}}^{e,tr}_t = \boldsymbol{l}_t \boldsymbol{b}^e_t + (\boldsymbol{l}_t \boldsymbol{b}^e_t)^T \tag{6.96}$$

[14] Im englischen Schrifttum *product formula algorithm*.

2. Das plastische Teilproblem integriert den plastischen Fluss bei festgehaltener Deformation $\dot{\boldsymbol{F}}_t = \dot{\boldsymbol{b}}_t^{e,tr} = 0$ und $\boldsymbol{l}_t = 0$. Die Evolutionsgleichungen

$$\dot{\boldsymbol{b}}_t^e = -2\dot{\gamma}_t \boldsymbol{g}^\natural \boldsymbol{s}_t \boldsymbol{b}_t^e \qquad \dot{\xi}_t = \sqrt{\frac{2}{3}}\dot{\gamma}_t \tag{6.97}$$

sind unter Einhaltung der Kuhn-Tucker Bedingung und der Konsistenzbedingung zu integrieren.

Die Summe der Gleichungen der Teilprobleme gibt dann wieder das gekoppelte elastoplastische Problem.

Jedes Teilproblem muss im Zeitschritt integriert werden. Dabei erweist sich die Integration des elastischen Teilproblems als triviale Aufgabe. Bei festgehaltener Plastizität wird die gesamte Deformation des Zeitschrittes der elastischen Deformation zugewiesen. In diesem Fall ist die Lösung der Evolutionsgleichungen (6.96) schon bekannt, sodass sich eine Integration erübrigt. Der elastische Deformationstensor wird mit dem inkrementellen Deformationstensors des Zeitschrittes nach Gleichung (6.93) aktualisiert.

Für das plastische Teilproblem sind zwei gekoppelte Differentialgleichungssysteme zu integrieren. Zunächst bringen wir die Evolutionsgleichung für den elastische Deformationstensor auf die Normalform:

$$\dot{\boldsymbol{b}}_t^e + 2\dot{\gamma}_t \boldsymbol{g}^\natural \boldsymbol{s}_t \boldsymbol{b}_t^e = 0 \tag{6.98}$$

Die Lösung dieser Tensordifferentialgleichung wird wesentlich vereinfacht, wenn der Faktor $2\dot{\gamma}_t \boldsymbol{g}^\natural \boldsymbol{s}_t$ zu einer Konstanten wird. In diesem Fall ist auch die Lösung der zweiten Evolutionsgleichung für die innere Variable sofort gegeben. Diese Vereinfachung ist ein Kernpunkt des verwendeten Integrationsverfahrens (*radial return*), welches die Integration des plastischen Flusses in einem Rechenschritt vornimmt. Dabei wird der elastische Prädiktorzustand auf die Fließfläche zurückgeführt, wobei die Richtung durch den Fließvektor $\boldsymbol{s}_t$ am Ende des Zeitschrittes definiert ist. Die Größe des plastischen Flusses wird durch das Inkrement des plastischen Multiplikators $\Delta\gamma_t$ bestimmt. Damit ergeben sich die einfachen Beziehungen für die Aktualisierung des plastischen Multiplikators am Zeitschrittende

$$\gamma_t = \gamma_n + \Delta\gamma_t \tag{6.99}$$

und mit der Zeitableitung

$$\dot{\gamma}_t = \frac{\Delta\gamma_t}{t - t_n} \tag{6.100}$$

folgt entsprechend für die innere Variable nach Integration der zweiten Gleichung (6.97)

$$\xi_t = \xi_n + \sqrt{\frac{2}{3}}\Delta\gamma_t \tag{6.101}$$

Bevor wir nun die vereinfachte Tensordifferentialgleichung anschreiben, müssen wir uns die für die Lösung notwendige Anfangsbedingung überlegen. Dazu ist es von Vorteil, sich nochmals den gesamten Lösungsalgorithmus klarzumachen. Wir haben die Integration des Systems der Differentialgleichungen (6.95) in das elastische und das plastische Teilproblem aufgeteilt. Dabei hat sich gezeigt, dass für das elastische Teilproblem keine Integration auszuführen ist, da sich der elastische Prädiktor $\boldsymbol{b}_t^{e,tr}$ einfach durch Aktualisieren des Deformationstensor $\boldsymbol{b}_n^e$ mit dem inkrementellen Deformationsgradienten $\boldsymbol{f}_t$ ergibt. Damit verbleibt für die Integration des plastischen Teilproblems der gesamte Zeitbereich $\Delta t = t - t_n$. Das plastische Teilproblem berechnet den elastischen Anteil der Deformation im Zeitschritt, indem es ausgehend vom elastischen Prädiktor den plastischen Anteil der Deformation abzieht. Infolgedessen definiert der elastische Prädiktor $\boldsymbol{b}_t^{e,tr}$ die Anfangsbedingung für die Lösung der Evolutionsgleichung des elastischen Deformationstensors $\boldsymbol{b}_t^e$. Gleichung (6.98) zusammen mit Gleichung (6.100) und der Anfangsbedingung definiert das plastische Teilproblem. Gesucht wird die Lösung der Tensordifferentialgleichung

$$\dot{\boldsymbol{b}}_t^e + \mathbf{a}\boldsymbol{b}_t^e = 0 \quad \text{mit} \quad \boldsymbol{a} = 2\frac{\Delta\gamma_t}{t - t_n}\boldsymbol{g}^\natural \boldsymbol{s}_t = \text{konst.} \tag{6.102}$$

die unter Wahrung der Kuhn-Tucker Bedingung und der Konsistenzbedingung die Anfangsbedingung

$$(t = t_n) : \boldsymbol{b}_t^e = \boldsymbol{b}_t^{e,tr}$$

erfüllt. Das plastische Teilproblem wird durch eine homogene, lineare Tensordifferentialgleichung mit konstantem symmetrischen Tensor[15] als Koeffizient beschrieben. Die Tensordifferentialgleichung dient zur Bestimmung des symmetrischen Deformationstensors $\boldsymbol{b}_t^e$, als Funktion von $(t - t_n)$ am Zeitschrittende. Die Lösung der Tensordifferentialgleichung, die den Anfangsbedingungen genügt ist

$$\boldsymbol{b}_t^e = \exp\left[(t_n - t)\boldsymbol{a}\right]\boldsymbol{b}_t^{e,tr} \tag{6.103}$$

[15] Die Symmetrie folgt aus der Symmetrie des Tensor $\boldsymbol{s}$ und $\boldsymbol{g}^\natural = \boldsymbol{I}$ im kartesischen Bezugssystem.

bzw. wenn wir den symmetrischen Verjüngungstensor $\boldsymbol{a}$ nach Gleichung (6.102) einsetzen

$$\boldsymbol{b}_t^e = \exp\left[-2\Delta\gamma_t \boldsymbol{g}^\natural \boldsymbol{s}_t\right] \boldsymbol{b}_t^{e,tr} \tag{6.104}$$

Damit ist die Integration der Evolutionsgleichungen (6.95) für das Zeitintervall $[t_n, t]$ abgeschlossen.

Nach [85] garantiert der Produktalgorithmus Konsistenz der Lösung mit den Evolutionsgleichungen, sowie deren uneingeschränkte Stabilität. Die Stabilität ist gewährleistet, sofern die Lösungen der Teilprobleme für sich allein uneingeschränkte Stabilität garantieren. Da das elastische Teilproblem exakt gelöst wurde, ist die geforderte Stabilität hier a priori gegeben. Das zweite Teilproblem wurde mit dem impliziten Euler-Rückwärts Verfahren integriert und ist wegen der Forderung einer konvexen Fließfläche stets dissipativ. Unter diesen Voraussetzungen ist auch die Integration des plastischen Teilproblems uneingeschränkt stabil und somit existiert auch für den gesamten Algorithmus uneingeschränkte Stabilität. Man darf aber nicht übersehen, dass der Algorithmus nur eine Näherungslösung liefert, wobei die Genauigkeit von erster Ordnung ist (siehe dazu z. B. [113], [46], [56]).

In Tabelle (6.3) ist die Lösung der Evolutionsgleichungen für das Zeitinkrement $\Delta t = t_{n+1} - t_n$ zusammengestellt.

6.4.2 Darstellung des Integrationsverfahrens im Hauptachsensystem

In Tabelle (6.3) ist das Ergebnis der Integration der Evolutionsgleichungen unseres Plastizitätsmodells im Deformationsraum zusammengestellt. Den Kern dieses Modells bildet die 5. Gleichung, die den elastischen Deformationstensor am Zeitschrittende angibt. In diesem Abschnitt wollen wir diese Gleichung in eine Hauptachsendarstellung umschreiben. Wir werden zeigen, dass die drei enthaltenen Tensoren $\boldsymbol{b}_t^{e,tr}, \boldsymbol{b}_t^e$ und $\boldsymbol{s}_t$ das gleiche Hauptachsensystem besitzen, sodass diese Tensorgleichung durch drei skalare Gleichungen für die Hauptwerte der Tensoren ersetzt werden kann. Dadurch erreicht man eine wesentliche Vereinfachung und kann zudem eine Analogie zur Behandlung kleiner plastischer Dehnungen aufzeigen.

Wir beginnen mit der Hauptachsendarstellung der Deformationstensoren $\boldsymbol{b}_t^{e,tr}$ und $\boldsymbol{b}_t^e$. Nach Gleichung (3.41) gilt für $m = 1$

$$\boldsymbol{b}_t^{e,tr} = \sum_{\alpha=1}^{3} (\lambda_\alpha^{e,tr})^2 \boldsymbol{n}^{tr,\alpha} \otimes \boldsymbol{n}^{tr,\alpha} \tag{6.105}$$

1. Kinematische Anfangsbedingungen

$$\{\boldsymbol{F}_n, \boldsymbol{b}_n^e, \xi_n\}$$

2. Inkrementeller Deformationsgradient

$$\boldsymbol{f}_t$$

3. Deformationsgradient am Zeitschrittende

$$\boldsymbol{F}_t = \boldsymbol{f}_t \boldsymbol{F}_n$$

4. Elastischer Prädiktor

$$\boldsymbol{b}_t^{e,tr} = \boldsymbol{f}_t \boldsymbol{b}_n^e \boldsymbol{f}_t^T$$

5. Elastischer Deformationstensor am Zeitschrittende

$$\boldsymbol{b}_t^e = \exp[-2\Delta\gamma_t \boldsymbol{g}^\natural \boldsymbol{s}_t] \boldsymbol{b}_t^{e,tr} \quad \text{mit} \quad \boldsymbol{s}_t = (\frac{\partial \Phi}{\partial \tilde{\boldsymbol{\tau}}})_t$$

6. Plastischer Multiplikator am Zeitschrittende

$$\gamma_t = \gamma_n + \Delta\gamma_t \quad \text{mit} \quad \Delta\gamma_t = \dot{\gamma}\Delta t$$

7. Innere Variable der Verfestigung am Zeitschrittende

$$\xi_t = \xi_n + \sqrt{\frac{2}{3}} \Delta\gamma_t$$

8. Kuhn Tucker Bedingung für das Zeitinkrement

$$\Delta\gamma_t \geq 0, \Phi(\tilde{\boldsymbol{\tau}}, \sigma_v)_t \leq 0, \Delta\gamma_t \Phi(\tilde{\boldsymbol{\tau}}, \sigma_v)_t = 0$$

Tab. 6.3 Lösung der Evolutionsgleichungen für die kinematische Zustandsgrößen des Plastizitätsmodells für das Zeitinkrement Δt.

und

$$\boldsymbol{b}_t^e = \sum_{\alpha=1}^{3} (\lambda_\alpha^e)^2 \boldsymbol{n}^\alpha \otimes \boldsymbol{n}^\alpha \tag{6.106}$$

Die über das elastische, isochore Potential zueinander konjugierten Tensoren $\boldsymbol{b}_t^e$ und $\tilde{\boldsymbol{\tau}}$ besitzen die gleichen Eigenvektoren $\boldsymbol{n}^\alpha$. (Den Beweis hierfür haben wir schon in Abschnitt 5.1.1 erbracht). Dann können wir für die deviatorische Kirchhoff-Spannung mit den Hauptwerten $\tilde{\tau}_\alpha$ schreiben

$$\tilde{\boldsymbol{\tau}} = \sum_{\alpha=1}^{3} \tilde{\tau}_\alpha \boldsymbol{n}^\alpha \otimes \boldsymbol{n}^\alpha \tag{6.107}$$

Ausgehend von diesem Ansatz berechnen wir nun die Ableitung $\partial\Phi/\partial\tilde{\boldsymbol{\tau}}$ nach der Kettenregel:

$$\boldsymbol{s} = \frac{\partial\Phi}{\partial\tilde{\boldsymbol{\tau}}} = \frac{\partial\Phi}{\partial\tilde{\tau}_\alpha}\frac{\partial\tilde{\tau}_\alpha}{\partial\tilde{\boldsymbol{\tau}}} \tag{6.108}$$

Mit $\frac{\partial\tilde{\boldsymbol{\tau}}}{\partial\tilde{\tau}_\alpha} = \boldsymbol{n}^\alpha \otimes \boldsymbol{n}^\alpha$ aus Gleichung (6.107) erhalten wir

$$\boldsymbol{s} = \frac{\partial\Phi}{\partial\tilde{\boldsymbol{\tau}}} = \sum_{\alpha=1}^{3} \frac{\partial\Phi}{\partial\tilde{\tau}_\alpha} \boldsymbol{n}^\alpha \otimes \boldsymbol{n}^\alpha = \sum_{\alpha=1}^{3} s_\alpha \boldsymbol{n}^\alpha \otimes \boldsymbol{n}^\alpha \tag{6.109}$$

Damit haben wir sämtliche Tensoren des plastischen Teilproblems in ihrer Hauptachsendarstellung vorliegen. Es soll nun gezeigt werden, dass das plastische und das elastische Teilproblem im gleichen, festen Hauptachsensystem abläuft. Es ist also zu beweisen, dass gilt $\boldsymbol{n}^{tr,\alpha} = \boldsymbol{n}^\alpha$. Dazu setzen wir die Gleichungen (6.106) und (6.109) in die Gleichung (6.104) ein und lösen nach $\boldsymbol{b}_t^{e,tr}$ auf[16]:

$$\boldsymbol{b}_t^{e,tr} = \exp\left[2\Delta\gamma_t \sum_{\alpha=1}^{3} s_{\alpha t} \boldsymbol{n}^\alpha \otimes \boldsymbol{n}^\alpha\right] \sum_{\beta=1}^{3} (\lambda_\beta^e)^2 \boldsymbol{n}^\beta \otimes \boldsymbol{n}^\beta \tag{6.110}$$

Zur Durchführung des Beweises müssen wir zunächst zeigen, dass der Exponentialterm auch als

$$\exp\left[2\Delta\gamma_t \sum_{\alpha=1}^{3} s_{\alpha t} \boldsymbol{n}^\alpha \otimes \boldsymbol{n}^\alpha\right] = \sum_{\alpha=1}^{3} \boldsymbol{n}^\alpha \otimes \boldsymbol{n}^\alpha \exp[2\Delta\gamma_t s_{\alpha t}] \tag{6.111}$$

[16] Im Hauptsystem lassen wir die Metrik $\boldsymbol{g}^\natural$ weg, da nicht mehr zwischen ko- und kontravariant definierten Tensoren zu unterscheiden ist.

geschrieben werden kann. Dies kann mit Hilfe einer Taylorreihe geschehen. Wir entwickeln die linke Seite in eine Taylorreihe und erhalten mit der Abkürzung $f_\alpha = 2\Delta\gamma_t\, s_{\alpha t}$

$$\exp\left[\sum_{\alpha=1}^{3} f_\alpha \boldsymbol{n}^\alpha \otimes \boldsymbol{n}^\alpha\right] =$$

$$\boldsymbol{I} + \frac{\sum_{\alpha=1}^{3} f_\alpha \boldsymbol{n}^\alpha \otimes \boldsymbol{n}^\alpha}{1!} + \frac{\sum_{\beta=1}^{3}\sum_{\alpha=1}^{3} f_\beta f_\alpha \boldsymbol{n}^\beta \otimes \boldsymbol{n}^\beta \cdot \boldsymbol{n}^\alpha \otimes \boldsymbol{n}^\alpha}{2!} + \cdots$$

Wegen $\sum_{\alpha=1}^{3} \boldsymbol{n}^\alpha \otimes \boldsymbol{n}^\alpha = \boldsymbol{I}$ (siehe Gleichung (3.30)) und der Orthogonalität der Eigenvektoren, kann die Reihe weiter vereinfacht werden

$$\exp\left[\sum_{\alpha=1}^{3} f_\alpha \boldsymbol{n}^\alpha \otimes \boldsymbol{n}^\alpha\right] =$$

$$\sum_{\alpha=1}^{3} \boldsymbol{n}^\alpha \otimes \boldsymbol{n}^\alpha + \frac{\sum_{\alpha=1}^{3} f_\alpha \boldsymbol{n}^\alpha \otimes \boldsymbol{n}^\alpha}{1!} + \frac{\sum_{\alpha=1}^{3} f_\alpha^2 \boldsymbol{n}^\alpha \otimes \boldsymbol{n}^\alpha}{2!} + \cdots$$

oder umgeschrieben

$$\exp\left[\sum_{\alpha=1}^{3} f_\alpha \boldsymbol{n}^\alpha \otimes \boldsymbol{n}^\alpha\right] =$$

$$\sum_{\alpha=1}^{3} \boldsymbol{n}^\alpha \otimes \boldsymbol{n}^\alpha \left[1 + \frac{f_\alpha}{1!} + \frac{f_\alpha^2}{2!} + \cdots\right] = \sum_{\alpha=1}^{3} \boldsymbol{n}^\alpha \otimes \boldsymbol{n}^\alpha \exp[f_\alpha]$$

Damit ist Gleichung (6.111) bewiesen.

Wir verwenden nun die Identität (6.111) in Gleichung (6.110) und erhalten

$$\boldsymbol{b}_t^{e,tr} = \sum_{\alpha=1}^{3} \exp[2\Delta\gamma_t\, s_{\alpha t}]\, (\lambda_\alpha^e)^2 \boldsymbol{n}^\alpha \otimes \boldsymbol{n}^\alpha \tag{6.112}$$

Diese Beziehung stellt die Hauptachsendarstellung des Tensors $\boldsymbol{b}_t^{e,tr}$ dar. Wegen der Eindeutigkeit des Hauptwertproblems können wir das Ergebnis mit dem vorgegebenen Ansatz (6.105) vergleichen und finden für die Eigenvektoren

$$\boldsymbol{n}^\alpha = \boldsymbol{n}^{tr,\alpha} \tag{6.113}$$

und für die Eigenwerte (keine Summation über α)

$$(\lambda_\alpha^{e,tr})^2 = (\lambda_\alpha^e)^2 \exp[2\Delta\gamma_t\, s_{\alpha t}]\,. \tag{6.114}$$

Nach Gleichung (6.113) haben die Deformationstensoren $\boldsymbol{b}_t^{e,tr}$ und $\boldsymbol{b}_t^e$ gleiche Eigenvektoren.

Wir stellen also fest:
Die Integration im Zeitschritt findet in einem festen Hauptachsensystem statt, welches vom Deformationstensor $\boldsymbol{b}_t^{e,tr}$ der Gesamtdeformation vorgegeben wird.

Anstatt Gleichung (6.104) haben wir nun die drei skalaren Gleichungen (6.114) erhalten, welche die Bestimmungsgleichungen für die, der elastischen Deformation zugeordneten Streckungen am Zeitschrittende darstellen. Wir drücken die Streckungen nach Gleichung (3.10) durch die Längenelemente L der Ausgangskonfiguration, l^p der plastischen Zwischenkonfiguration und l^{tr} der Endkonfiguration des Zeitschrittes aus. In Analogie zur multiplikativen Aufspaltung der Gesamtdeformation nach Gleichung (6.32) gilt dann für die Verkettung der Eigenwerte in der Hauptrichtung $_\alpha$

$$(\lambda_\alpha^{e,tr})^2 = (\lambda_\alpha^e)^2 (\lambda_\alpha^p)^2 \tag{6.115}$$

oder ausgedrückt in den Linienelementen der Konfigurationen

$$\left(\frac{l^{tr}}{L}\right)_\alpha^2 = \left(\frac{l^{tr}}{l^p}\right)_\alpha^2 \left(\frac{l^p}{L}\right)_\alpha^2 \tag{6.116}$$

Durch Vergleich mit Gleichung (6.114) folgt für die plastische Streckung

$$\left(\frac{l^p}{L}\right)_\alpha^2 = (\lambda_\alpha^p)^2 = \exp\left[2\Delta\gamma_t\, s_{\alpha t}\right] \tag{6.117}$$

Den Kern des Integrationsalgorithmus stellt die Gleichung (6.114) dar, die die Relaxation des elastischen Prädiktors mit Hilfe der plastischen Deformation beschreibt. Durch die nachfolgenden Umformungen lässt sich diese Gleichung auf eine der Theorie der kleinen Dehnungen äquivalente Form bringen und dadurch sehr einfach interpretieren. Dazu logarithmieren wir die Gleichung und lösen nach $(\lambda_{(\alpha)}^e)^2$ auf. Es ergibt sich

$$\ln \lambda_\alpha^e = \ln \lambda_\alpha^{e,tr} - \Delta\gamma_t\, s_{\alpha t} \tag{6.118}$$

und mit der Definition der natürlichen Dehnungen nach Gleichung (3.82)

$$\epsilon_\alpha^e = \ln \lambda_\alpha^e\,; \quad \epsilon_\alpha^{e,tr} = \ln \lambda_\alpha^{e,tr} \tag{6.119}$$

folgt

$$\epsilon_\alpha^e = \epsilon_\alpha^{e,tr} - \Delta\gamma_t\, s_{\alpha t} \tag{6.120}$$

Führt man nun noch die natürlichen plastischen Dehnungen

$$\epsilon_\alpha^p = \Delta\gamma_t \, s_{\alpha t} \tag{6.121}$$

ein, so kann man jetzt schreiben

$$\epsilon_\alpha^{e,tr} = \epsilon_\alpha^e + \epsilon_\alpha^p \tag{6.122}$$

und bekommt damit dieselbe additive Aufspaltung der totalen natürlichen Dehnungen beliebiger Größe, wie in der Theorie kleiner Dehnungen nach Gleichung (6.2). Wichtig ist, dass die natürlichen Dehnungen absolute und nicht inkrementelle Maße darstellen. Lediglich der plastische Multiplikator γ_t geht als inkrementelle Größe ein. Trotz der Einfachheit des Aufbaus, ist Gleichung (6.120) eine nichtlineare Beziehung, die nicht explizit gelöst werden kann. Die Nichtlinearität ergibt sich aus der Forderung, dass die Fließregel am Ende des Integrationsschrittes (dies wird durch den Fußzeiger $_t$ angedeutet) auszuwerten ist. Dazu benötigt man aber die elastischen Dehnungen ϵ_α^e oder den Deformationstensor $\boldsymbol{b}_t^e$, um aus dem elastischen Potential $\tilde{W} = \tilde{W}(\boldsymbol{b}^e, \xi)$ nach Gleichung (6.61) die Kirchhoff Spannungen zu berechnen. Anschließend kann die Ableitung der Fließfunktion gebildet werden und damit sind dann auch die plastischen Dehnungen nach Gleichung (6.121) bestimmt. Die Lösung der Gleichung (6.120) für die elastischen Dehnungen wird iterativ mit Hilfe Newtonschen Verfahrens berechnet. Dieser Rechenschritt soll das Thema im nächsten Abschnitt sein.

6.4.3 Lösung der Bestimmungsgleichung für die elastischen Dehnungen im Zeitschritt

Es soll nun die Bestimmungsgleichung (6.120) für die elastische Dehnungen im Zeitschritt gelöst werden. Da es sich um eine nichtlineare Gleichung handelt, werden wir die Lösung unter Anwendung des Newtonschen Verfahrens berechnen und hierfür eine Linearisierung der Gleichung durchführen.

Gesucht wird also der Deformationszustand, der die Gleichung (6.120) erfüllt und gleichzeitig als Nebenbedingungen die Fließfunktion (6.10) mit der inneren Verfestigungsvariablen nach Gleichung (6.101) befriedigt. Da die Fließfunktion im Spannungsraum formuliert ist, wird es nötig sein, vom Dehnungsraum in den Spannungsraum und umgekehrt überzuwechseln. Hierzu steht uns das elastische Materialgesetz zur Verfügung.

Es gilt nun zwei Aufgabenstellungen zu unterscheiden, die beide eine Linearisierung der Gleichung erfordern.

1. Bei der ersten Aufgabenstellung ist für einen festgehaltenen Prädiktorzustand $\boldsymbol{\epsilon}^{e,tr}$ die Lösung der Gleichung gesucht. Für diesen Fall gilt dann $d\boldsymbol{\epsilon}^{e,tr} = 0$.
2. Bei der zweiten Aufgabenstellung werden alle Zustandsgrößen $\epsilon_\alpha^{e,tr}, \epsilon_\alpha^e, \epsilon_\alpha^p$ der Gleichung als bekannt vorausgesetzt. Die Fragestellung lautet dann: Wie ändert sich der Spannungszustand, wenn sich der Prädiktorzustand ändert? Nach Gleichung (6.86) entspricht dies der Linearisierung des Integrationsverfahrens und führt somit auf die konsistente Materialtangente.

Da nun sämtliche Gleichungen in einer Hauptachsendarstellung vorliegen, bietet sich das Überwechseln auf eine äquivalente Vektorschreibweise an. Dazu definieren wir zusätzlich zum Vektor der Hauptspannungen nach Gleichung (6.7) noch den Vektor der natürlichen elastischen Dehnungen

$$\boldsymbol{\epsilon}^e = [\epsilon_1^e \, \epsilon_2^e \, \epsilon_3^e]^T \tag{6.123}$$

und den Vektor der natürlichen elastischen Prädiktordehnungen

$$\boldsymbol{\epsilon}^{e,tr} = [\epsilon_1^{e,tr} \, \epsilon_2^{e,tr} \, \epsilon_3^{e,tr}]^T \tag{6.124}$$

Die Vektoren werden nach Gleichung (6.119) aus den Eigenwerten der jeweiligen Tensoren aufgebaut. Ferner sei der Spannungszustand nun durch den Vektor der Spannungshauptwerte nach Gleichung (6.7) beschrieben. Dementsprechend wird der Richtungstensor $\boldsymbol{s}$ des plastischen Fließens zum Richtungsvektor, der aus den in Gleichung (6.109) berechneten Ableitungen der Fließfunktion nach den drei Spannungshauptwerten $\tilde{\tau}_i$ aufgebaut wird:

$$\boldsymbol{s} = [s_1 \, s_2 \, s_3]^T \quad \text{mit} \quad s_i = \frac{\partial \Phi}{\partial \tilde{\tau}_i} \tag{6.125}$$

Unsere Aufgabe ist also jetzt die Lösung der nichtlinearen Vektorgleichung

$$\boldsymbol{r} := -\boldsymbol{\epsilon}^e + \boldsymbol{\epsilon}^{e,tr} - \Delta\gamma_t \, \boldsymbol{s}_{t,k} = 0 \tag{6.126}$$

mit Hilfe des Newtonschen Verfahrens.

Das Newtonsche Verfahren wird im Abschnitt 8.1 ausführlich dargestellt, sodass wir an dieser Stelle nur einige wenige, allgemeine Bemerkungen zum Verfahren machen wollen.

Es sei $\boldsymbol{r}(\boldsymbol{y}) = 0$ ein nichtlineares Gleichungssystem, das mit Hilfe des Newtonschen Verfahrens zu lösen ist. Bezeichnet man mit $\boldsymbol{y}_k$ den Lösungsvektor der Iteration $_k$, dann folgt der verbesserte Lösungsvektor $\boldsymbol{y}_{k+1}$ in der Iteration $_{k+1}$ aus der Beziehung $\boldsymbol{y}_{k+1} = \boldsymbol{y}_k + \Delta\boldsymbol{y}_k$. Das Inkrement $\Delta\boldsymbol{y}_k$ ergibt sich aus der linearen Approximation des Gleichungssystems an der Stelle $\boldsymbol{y}_k$. Man erhält also die Iterationsgleichung

$$\boldsymbol{r}_{k+1} = \boldsymbol{r}_k + \Delta\boldsymbol{r}_k = \boldsymbol{r}_k + \frac{\partial \boldsymbol{r}_k}{\partial \boldsymbol{y}} \Delta\boldsymbol{y} = 0 \tag{6.127}$$

In dieser Gleichung steht $\partial\boldsymbol{r}_k/\partial\boldsymbol{y}$ für die Gradientenmatrix des Gleichungssystems. Die Iteration wird abgebrochen sofern $\boldsymbol{r}(\boldsymbol{y}_{k+1}) \leq tol$ ist, wobei tol eine vorgegebene Abbruchschranke für alle Koordinaten des Vektors $\boldsymbol{r}$ ist.

Wir wenden uns nun Gleichung (6.126) zu und betrachten zunächst alle Terme als variabel. Gemäß der Rechenvorschrift (6.127) ist dann in der Iteration die Beziehung

$$\boldsymbol{r}_{k+1} = \boldsymbol{r}_k - \Delta\boldsymbol{\epsilon}_k^e + \Delta\boldsymbol{\epsilon}_k^{e,tr} - \Delta(\Delta\gamma_{t,k})\boldsymbol{s}_{t,k} - (\Delta\gamma_{t,k})\Delta\boldsymbol{s}_{t,k} = 0 \tag{6.128}$$

zu lösen. Diese Gleichung enthält vier inkrementelle Größen, wobei aber mindestens eine der Größen in unseren Aufgabenstellungen immer Null sein wird. Mit den zwei angesprochenen Nebenbedingungen, Evolutionsgleichung (6.101) und Fließfunktion (6.10), sowie dem elastischen, konstitutiven Gesetz, stehen uns genügend Gleichungen für die Lösung zur Verfügung. Das Materialgesetz lautet nach Gleichung (5.10c) im Hauptachsensystem

$$d\tilde{\boldsymbol{\tau}}_H = \frac{\partial^2 \hat{W}_{iso}}{(\partial\boldsymbol{\epsilon}^e)^2} d\boldsymbol{\epsilon}^e = \tilde{\mathbf{a}}^e d\boldsymbol{\epsilon}^e \tag{6.129}$$

wo die Matrix $\tilde{\mathbf{a}}^e$ die elastische, deviatorische Materialmatrix ist. Die deviatorische Materialmatrix hat aufgrund der fehlenden dilatatorischen Teilmatrix den Rangabfall eins, sodass man ihre Inverse nicht angeben kann.

In jedem Iterationsschritt verlangen wir als Nebenbedingung das Einhalten der Fließfunktion. Da die allgemeine Fließfunktion eine nichtlineare Gleichung ist, wird sie ebenfalls iterativ gelöst, sodass wir analog zu Gleichung (6.127) die zusätzliche Iterationsgleichung

$$\Phi_{t,k+1} = \Phi_{t,k} + \Delta\Phi_{t,k} = 0 \tag{6.130}$$

erhalten. Nach Gleichung (6.127) ist jedem Inkrement in Gleichung (6.128) eine Gradientenmatrix zugeordnet, die als nächstes aufzustellen sind. Diese Gradientenmatrizen sind Funktionen der momentanen Zustandsvariablen im Iterationsschritt und müssen deshalb in jeder Iteration neu berechnet werden. Aus Gründen der Übersichtlichkeit lassen wir ab jetzt den Iterationszähler $_k$ und den Fußzeiger $_t$ weg.

Wir beginnen mit der Berechnung des Inkrementes der Fließfunktion Φ. Diese ist nach Gleichung (6.10) eine Funktion der deviatorischen Kirchhoff Spannungen $\tilde{\tau}$ und der Verfestigungsspannung σ_v. Die Verfestigungsspannung wird durch eine materialabhängige, vorgegebene Funktion der inneren Variablen ξ beschrieben, die eine Funktion des plastischen Multiplikatorinkrementes $\Delta\gamma$ nach Gleichung (6.101) ist. Damit gilt für die Fließfunktion der funktionale Zusammenhang:

$$\Phi = \Phi\left(\tilde{\tau}_H, \sigma_v[\xi(\Delta\gamma)]\right)$$

Für das in Gleichung (6.130) benötigte Inkrement der Fließfunktion folgt dann

$$\Delta\Phi = \mathbf{s}\,\Delta\tilde{\tau}_H + \frac{\partial\Phi}{\partial\sigma_v}\frac{\partial\sigma_v}{\partial\xi}\frac{\partial\xi}{\partial\Delta\gamma}\Delta(\Delta\gamma) \tag{6.131}$$

Die Differentialquotienten des zweiten Terms fassen im Skalar H_3 zusammen:

$$\Delta\Phi = \mathbf{s}\,\Delta\tilde{\tau}_H - H_3\Delta(\Delta\gamma) \quad \text{mit} \quad H_3 = -\frac{\partial\Phi}{\partial\sigma_v}\frac{\partial\sigma_v}{\partial\xi}\frac{\partial\xi}{\partial\Delta\gamma} \tag{6.132}$$

Die Größe H_3 beschreibt die Änderung der Fließfunktion infolge einer Änderung des plastischen Multiplikatorinkrementes. Aus den Gleichungen (6.101) und (6.27) berechnen wir

$$\frac{\partial\xi}{\partial\Delta\gamma} = \frac{\partial\Phi}{\partial\sigma_v} = \sqrt{\frac{2}{3}} \tag{6.133}$$

und erhalten dann für H_3,

$$H_3 = -\frac{2}{3}\left(\frac{\partial\sigma_v}{\partial\xi}\right) \tag{6.134}$$

In dieser Gleichung steht der Differentialquotient für die Steigung an die vorgegebene, materialspezifische Beschreibungsfunktion (6.9). Da die Verfestigungsspannung σ_v alleinige Funktion der inneren Variablen ξ ist, dürfen wir die partielle Ableitung durch die totale Ableitung ersetzen und erhalten dann aus Gleichung (6.9)

$$H = \frac{d\sigma_F}{d\xi} = -\frac{d\sigma_v}{d\xi} \tag{6.135}$$

H heißt *Verfestigungsmodul*. Damit ergibt sich nun für H_3:

$$H_3 = \frac{2}{3}H \tag{6.136}$$

Man erkennt, dass H_3 der auf den dreiachsigen Spannungszustand umgerechnete Verfestigungsmodul des Materials ist. Für ein verfestigungsfreies Material, bzw. für ein ideal plastisches Material gilt dann $H_3 = 0$.

Den Richtungsvektor $\boldsymbol{s}$ des plastischen Fließens und dessen Inkrement berechnen wir aus der Fließfunktion nach Gleichung (6.10). Wir erhalten

$$\boldsymbol{s} = \frac{\partial \Phi}{\partial \tilde{\boldsymbol{\tau}}_H} = \frac{\partial F}{\partial \tilde{\boldsymbol{\tau}}_H} = \frac{\tilde{\boldsymbol{\tau}}_H}{|\tilde{\boldsymbol{\tau}}_H|} \tag{6.137}$$

und für das Inkrement

$$\Delta \boldsymbol{s} = \left(\frac{\partial \boldsymbol{s}}{\partial \tilde{\boldsymbol{\tau}}_H}\right) \Delta \tilde{\boldsymbol{\tau}}_H = \frac{1}{|\tilde{\boldsymbol{\tau}}_H|}\left[\boldsymbol{I} - \frac{\tilde{\boldsymbol{\tau}}_H \otimes \tilde{\boldsymbol{\tau}}_H}{|\tilde{\boldsymbol{\tau}}_H|^2}\right] \Delta \tilde{\boldsymbol{\tau}}_H \tag{6.138}$$

Es zeigt sich, dass der Richtungsvektor, wie verlangt, ein normierter Vektor ist, dessen Ableitung durch eine symmetrische Matrix gegeben ist.

Unser nächstes Ziel ist die Berechnung des Spannungsinkrementes $\Delta \tilde{\boldsymbol{\tau}}_H$. Dazu stehen uns zwei Gleichungen zur Verfügung:

- Das elastische Materialgesetz nach Gleichung (6.129) in inkrementeller Form

$$\Delta \tilde{\boldsymbol{\tau}}_H = \tilde{\mathbf{a}}^e \Delta \boldsymbol{\epsilon}^e$$

- und die Iterationsgleichung (6.128), in der das Inkrement $\Delta \boldsymbol{s}$ des Richtungsvektors durch Gleichung (6.138) zu ersetzen ist

$$\boldsymbol{r} + \Delta \boldsymbol{\epsilon}^{e,tr} - \Delta(\Delta\gamma)\boldsymbol{s} - \Delta\gamma \left(\frac{\partial \boldsymbol{s}}{\partial \tilde{\boldsymbol{\tau}}_H}\right) \Delta \tilde{\boldsymbol{\tau}}_H - \Delta \boldsymbol{\epsilon}^e = 0$$

Aus diesen Gleichungen eliminieren wir nun das elastische Dehnungsinkrement ($\Delta \boldsymbol{\epsilon}^e$). Dazu multiplizieren wir die zweite Gleichung von links mit $\tilde{\mathbf{a}}^e$ durch und ersetzen das Produkt $\tilde{\mathbf{a}}^e \Delta \boldsymbol{\epsilon}^e$ durch das Spannungsinkrement. Die so erhaltene Gleichung lösen wir nach dem Spannungsinkrement auf:

$$\Delta \tilde{\boldsymbol{\tau}}_H = \left[\boldsymbol{I} + \Delta\gamma\, \tilde{\mathbf{a}}^e \frac{\partial \boldsymbol{s}}{\partial \tilde{\boldsymbol{\tau}}_H}\right]^{-1} \tilde{\mathbf{a}}^e \left(\boldsymbol{r} + \Delta \boldsymbol{\epsilon}^{e,tr} - \Delta(\Delta\gamma)\boldsymbol{s}\right) \tag{6.139}$$

Führt man nun noch die Abkürzung

$$\boldsymbol{h} = \left[\boldsymbol{I} + \Delta\gamma\,\tilde{\mathbf{a}}^e \frac{\partial \boldsymbol{s}}{\partial \tilde{\boldsymbol{\tau}}_H}\right]^{-1} \tilde{\mathbf{a}}^e \tag{6.140}$$

ein, so folgt

$$\Delta\tilde{\boldsymbol{\tau}}_H = \boldsymbol{h}\left(\boldsymbol{r} + \Delta\boldsymbol{\epsilon}^{e,tr} - \Delta(\Delta\gamma)\boldsymbol{s}\right) \tag{6.141}$$

Diese Gleichung stellt die konstitutive Beziehung des Algorithmus dar. Die Matrix $\boldsymbol{h}$ wird *algorithmische Materialtangente* genannt.

Zur Berechnung der noch unbekannten Größe $\Delta(\Delta\gamma)$ verwenden wir die Gleichung (6.130). In diese setzen wir die Gleichungen (6.132) und (6.141) ein und lösen nach $\Delta(\Delta\gamma_t)$ auf:

$$\Delta(\Delta\gamma) = \left(\frac{\boldsymbol{s}\cdot\boldsymbol{h}\,(\boldsymbol{r} + \Delta\boldsymbol{\epsilon}^{e,tr}) + \Phi}{\boldsymbol{s}\cdot\boldsymbol{h}\boldsymbol{s} + H_3}\right) \tag{6.142}$$

Damit sind sämtliche Größen zur Auswertung von Gleichung (6.128) bekannt und wir kommen auf die zwei oben angesprochenen Aufgabenstellungen zurück.

Bei der ersten Aufgabenstellung wird bei festgehaltenem Prädiktorzustand die Gleichung (6.128) iterativ gelöst. Dies bedeutet, dass dann dort und in den Gleichungen (6.141) und (6.142) $\Delta\boldsymbol{\epsilon}^{e,tr} = 0$ gesetzt wird.

Bei der zweiten Aufgabenstellung wird der Deformationszustand als zulässig und fest angenommen, d. h. es gilt $\Phi = 0$ und $\boldsymbol{r} = 0$. Man sucht die Änderung der Spannung als Funktion von $d\boldsymbol{\epsilon}^{e,tr}$ bei gleichzeitigem Erfüllen der Fließgesetze. Diese Aufgabe wird mit Hilfe der Gleichungen (6.141) und (6.142) gelöst. Wir setzen $\boldsymbol{r} = 0$ in Gleichung (6.141) und $\boldsymbol{r} = \Phi = 0$ in Gleichung (6.142) und erhalten

$$\Delta\tilde{\boldsymbol{\tau}}_H = \boldsymbol{h}\left(\Delta\boldsymbol{\epsilon}^{e,tr} - \Delta(\Delta\gamma_t)\boldsymbol{s}\right) \tag{6.143}$$

und

$$\Delta(\Delta\gamma_t) = \left(\frac{\boldsymbol{s}\cdot\boldsymbol{h}\,\Delta\boldsymbol{\epsilon}^{e,tr}}{\boldsymbol{s}\cdot\boldsymbol{h}\boldsymbol{s} + H_3}\right) \tag{6.144}$$

Aus diesen beiden Gleichungen eliminieren wir das Inkrement des plastischen Multiplikators und lösen nach dem Spannungsinkrement auf:

$$\Delta\tilde{\boldsymbol{\tau}}_H = \boldsymbol{h}\left[\Delta\boldsymbol{\epsilon}^{e,tr} - \frac{\boldsymbol{s}\cdot\boldsymbol{h}\,\Delta\boldsymbol{\epsilon}^{e,tr}}{\boldsymbol{s}\cdot\boldsymbol{h}\boldsymbol{s} + H_3}\boldsymbol{s}\right] \tag{6.145}$$

Klammert man noch das Dehnungsinkrement $\Delta\boldsymbol{\epsilon}^{e,tr}$ aus, so folgt

$$\Delta\tilde{\boldsymbol{\tau}}_H = \tilde{\mathbf{a}}^{ep}\Delta\boldsymbol{\epsilon}^{e,tr} \tag{6.146}$$

mit

$$\tilde{\mathbf{a}}^{ep} = \left[\boldsymbol{h} - \frac{\boldsymbol{hs}\otimes\boldsymbol{hs}}{\boldsymbol{s}\cdot\boldsymbol{hs}+H_3}\right] \tag{6.147}$$

Die Gleichung (6.146) ist eine konstitutive Gleichung, die eine Verbindung zwischen der Änderung der totalen elastischen Prädiktordehnungen und der Änderung der Gesamtspannungen herstellt. Nach unseren Überlegungen im Abschnitt 6.4, stellt Gleichung (6.146) die Linearsierung des Integrationsprozesses dar und entspricht damit Gleichung (6.86). In Gleichung (6.86) wurde zwar die Beziehung für die Änderung der Inkremente der Verzerrungen und Spannungen formuliert, was aber gleich der Änderung der totalen Größen ist. Die Matrix $\tilde{\mathbf{a}}^{ep}$ heißt *konsistente Materialtangente im Hauptachsensystem.* Von besonderem Interesse für die Implementation der Plastizitätsformulierung in ein Rechenprogramm der Methode der Finiten Elemente ist die Symmetrie der konsistenten Materialtangente. Die Nichtsymmetrie der Materialtangente $\tilde{\mathbf{a}}^{ep}$ würde ein unsymmetrisches Gleichungssystem zur Folge haben und damit einen gesteigerten Rechenaufwand mit sich bringen.

Nach Gleichung (6.147) setzt sich die konsistente Materialtangente $\tilde{\mathbf{a}}^{ep}$ aus zwei Teilmatrizen zusammen, aus der algorithmischen Materialtangente $\boldsymbol{h}$ und einer Matrix, die als dyadisches Produkt aus dem Vektor $\boldsymbol{hs}$ aufgebaut ist. Letztere hat den Rang eins und ist, bedingt durch ihren Aufbau, symmetrisch. Es gilt also: Wenn die algorithmische Materialtangente $\boldsymbol{h}$ symmetrisch ist, dann ist auch die konsistente Materialtangente $\tilde{\mathbf{a}}^{ep}$ symmetrisch. Im Anhang B weisen wir die Symmetrie der algorithmischen Materialtangente $\boldsymbol{h}$ nach. Ferner zeigen wir dort, dass der Schlüssel für die Symmetrieeigenschaft in der Ableitungsmatrix (6.138) des Richtungsvektors des plastischen Fließens nach der Spannung liegt. Im Fall der isotropen Verfestigung mit einer assoziierten Fließregel ist diese Ableitungsmatrix symmetrisch. Ihre Symmetrieeigenschaft ist aus Gleichung (6.138) sofort abzulesen. Auch hier hat man ein dyadisches Produkt, welches per Definition symmetrisch ist. Es stellt sich nun die Frage, wann diese Symmetrieeigenschaft verloren geht. Dies ist der Fall, sofern der Richtungsvektor nicht allein von der Form der Fließfläche nach (6.11) sondern, wie im Falle der kinematischen Verfestigung, auch von der Spannung $\boldsymbol{\tau}_B$ nach (6.12) abhängt. Dann ist der Richtungsvektor eine Funktion $\boldsymbol{s} = \boldsymbol{s}(\boldsymbol{\tau},\boldsymbol{\tau}_B)$ und die Symmetrie der Ableitungsmatrix geht verloren.

6.5 Erweiterung des Plastizitätsmodells auf thermomechanische Kopplung

Wie wir bereits festgestellt haben, wird bei der plastischen Formänderung eines Werkstückes die plastische Dissipationsleistung zumindest teilweise in Wärme umgesetzt. Man kann also die plastische Dissipation als eine innere Wärmequelle auffassen, die zur Erwärmung des Werkstückes führt und damit für einen Zuwachs an innerer Energie sorgt.

Die Erwärmung des Werkstückes hat zunächst zur Folge, dass sich zusätzlich zu den elastischen und plastischen Verformungen noch thermische Dehnungen einstellen. Wird nach der Erwärmung abgekühlt, so verschwinden die thermischen Dehnungen wieder. Andererseits kommt es aufgrund der elastischen Verformungen zu einer kleinen Temperaturänderung im Kontinuum. Dieses Phänomen der Kopplung zwischen Mechanik und Thermodynamik heißt *thermoelastischer Effekt*. Der dabei entstehende Anteil der freien Energie ist nur von den aktuellen Zustandsvariablen, Temperatur und Deformation abhängig und nicht von deren Entwicklungsgeschichte. Beim thermoelastischen Effekt handelt es sich demnach um einen reversiblen Prozess, der durch ein Potential beschrieben werden kann, das sich sowohl auf mechanische, als auch auf thermische Zustandsvariable stützt und so für eine schwache Kopplung von mechanischem und thermischem Feld sorgt.

Was die Plastizität betrifft, so wirkt sich die Erwärmung in erster Linie auf die Materialkennwerte aus und kommt in einer starken Temperaturabhängigkeit der Fließkurve zum Ausdruck.

Wenn wir also das mechanische Feldproblem mit dem thermischen Feldproblem koppeln wollen, werden wir unseren Potentialansatz erweitern müssen. Wir benötigen zwei zusätzliche Funktionen, mit deren Hilfe wir die Zunahme an innerer Energie (Wärmespeicherung) und den thermoelastischen Effekt beschreiben können.

Der Wärmespeicherung weisen wir das thermische Potential $\hat{T}_{sp}(\vartheta)$ zu. Als Repräsentant der thermischen Energie ist es eine reine Funktion der Temperatur ϑ. Für die thermoelastische Kopplung definieren wir das Potential $\hat{T}_{te}(\vartheta, J)$, das als einzige Funktion eine direkte Kopplung zwischen Mechanik und Thermodynamik herstellt. Dies drückt sich in der Wahl der primären Variablen aus. Für die thermische Seite ist dies die Temperatur ϑ und für die mechanische Seite die kinematische Variable J. Aus der Wahl der kinematischen Variablen J folgt sofort, dass sich die Kopplung auf den volumetrischen Anteil der elastischen Deformation beschränken wird, da für die Plastizität nach Gleichung (6.70) $J^p = 1$ gilt.

Anstatt Gleichung (6.56) benutzen wir jetzt den Ansatz

$$W = \hat{W}_{vol}(J) + \hat{W}_{iso}(\boldsymbol{b}^e) + \hat{V}_{iso}(\xi) + \hat{T}_{sp}(\vartheta) + \hat{T}_{te}(\vartheta, J) \tag{6.148}$$

den wir mit dem dilatatorischen Potential und mit den thermischen Potentialen erweitert haben.

Wir wollen nun auch gleich Ausdrücke für die neu eingeführten Potentiale angeben. Das Potential $\hat{T}_{sp}(\vartheta)$ beschreibt den thermischen Anteil der freien Energie und muss deshalb Gleichung (4.96) genügen. Da die Funktion nur von der Temperatur abhängt, können wir hier das partielle Differential durch das totale Differential ersetzen und erhalten mit Gleichung (5.1)

$$\rho_0 c_m = -\vartheta \frac{d^2 \hat{T}_{sp}}{d\vartheta^2} \tag{6.149}$$

Nach zweifacher Integration folgt für das thermische Potential

$$\hat{T}_{sp} = \rho_0 c_m \Big((\vartheta - \vartheta_0) - \vartheta \ln \frac{\vartheta}{\vartheta_0} \Big) \tag{6.150}$$

mit der Bezugstemperatur ϑ_0 zur Zeit $t = 0$.

Das thermoelastische Potential $\hat{T}_{te}(\vartheta, J)$ stellt einen Ausdruck für die im System infolge thermischer Ausdehnung gespeicherten Dehnungsenergie dar. Zu seiner Formulierung nehmen wir vereinfachend ein isotropes elastisches Materialverhalten an und setzen zudem kleine thermische Dehnungen voraus. Letztere Annahme ist für die in Frage kommenden metallischen Werkstoffe und auftretenden Temperaturdifferenzen sicherlich gerechtfertigt und erlaubt uns, die nachfolgende Formulierung im Rahmen einer linearen Theorie durchzuführen.

Die sich aus der Deformation des Kontinuums ergebende Volumendilatation $\Delta\mathcal{V}$ nach Gleichung (5.81) setzt sich additiv aus einem elastischen Anteil $\Delta\mathcal{V}_e$ und einem thermischen Anteil $\Delta\mathcal{V}_\vartheta$ zusammen, $\Delta\mathcal{V} = \Delta\mathcal{V}_e + \Delta\mathcal{V}_\vartheta$. Der zur Volumendilatation konjugierte hydrostatische Druck p berechnet sich aber allein aus dem elastischen Anteil zu

$$p = \kappa(\Delta\mathcal{V} - \Delta\mathcal{V}_\vartheta) \tag{6.151}$$

wo κ der als konstant vorausgesetzte Kompressionsmodul ist. Für die, bei festgehaltener Temperatur zur Verfügung stehende elastische Energie gilt dann

$$\bar{W}_{vol} = \int_0^{\Delta\mathcal{V}} p\, d(\Delta\mathcal{V}) = \frac{1}{2}\kappa\Delta\mathcal{V}^2 - \kappa\Delta\mathcal{V}_\vartheta\Delta\mathcal{V} \tag{6.152}$$

Wir benötigen jetzt einen Ausdruck für die thermische Volumendilatation. Die richtungsunabhängige, kleine thermische Dehnung ϵ_ϑ infolge der Temperaturdifferenz $(\vartheta - \vartheta_0)$ berechnen wir nach dem linearen Gesetz zu

$$\epsilon_\vartheta = \alpha_t (\vartheta - \vartheta_0) \tag{6.153}$$

wo α_t der lineare Wärmeausdehnungskoeffizient ist und ϑ_0 eine Bezugstemperatur.

Mit $dx^i = (1 + \epsilon_\vartheta)\, dX^i$ gilt dann für die Volumenänderung

$$\left(\frac{dv}{dV}\right)_\vartheta = (1 + \epsilon_\vartheta)^3 = 1 + 3\epsilon_\vartheta + 3\epsilon_\vartheta^2 + \epsilon_\vartheta^3 \tag{6.154}$$

Da wir kleine thermische Dehnungen voraussetzen, brechen wir die Reihe nach dem linearen Glied ab und erhalten dann näherungsweise für die thermische Volumendilatation

$$\Delta \mathcal{V}_\vartheta = \left(\frac{dv}{dV}\right)_\vartheta - 1 \approx 3\epsilon_\vartheta \tag{6.155}$$

Wir setzen dieses Ergebnis und den Ausdruck für $\Delta \mathcal{V}$ nach Gleichung (5.81) in die Gleichung (6.152) ein und erhalten

$$\bar{W}_{vol} = \frac{1}{2} \kappa (J - 1)^2 - 3\, \epsilon_\vartheta\, \kappa (J - 1) \tag{6.156}$$

Im ersten Term erkennen wir das elastische Potential $\hat{W}_{vol}$ nach Gleichung (5.80). Der zweite Term stellt einen Ausdruck für das gesuchte thermoelastische Potential $\hat{T}_{te}(\vartheta, J)$ dar. Wir können also für die letzte Beziehung schreiben

$$\bar{W}_{dil} = \hat{W}_{vol} + \hat{T}_{te} \tag{6.157}$$

Den Ausdruck für das thermoelastische Potential formen wir noch um. Nach Gleichung (5.24) gilt für den hydrostatischen Druck

$$p = \frac{\partial \hat{W}_{vol}}{\partial J} = \kappa (J - 1) \tag{6.158}$$

sodass wir mit Gleichung (6.153) für das thermoelastische Potential nun auch schreiben können

$$\hat{T}_{te}(\vartheta, J) = -3\epsilon_\vartheta\, p = -3\alpha_t (\vartheta - \vartheta_0) \frac{\partial \hat{W}_{vol}}{\partial J} \tag{6.159}$$

Als nächstes wollen wir das thermoelastische Potential in die Dissipationsleistung (4.92) einbringen. Wir schreiben die Dissipationsleistung für die deviatorischen Spannungen an und multiplizieren mit $J = \rho_0/\rho$ durch:

$$J\mathcal{D}_{int} = \tilde{\boldsymbol{\tau}} : \boldsymbol{d} - (\dot{W} + \rho_0 \dot{\vartheta} s) \tag{6.160}$$

Für die Zeitableitung der Potentialfunktion (6.148) gilt

$$\dot{W} = \frac{\partial \hat{W}_{iso}}{\partial \boldsymbol{b}^e} : \dot{\boldsymbol{b}}^e + \frac{\partial \hat{V}_{iso}}{\partial \xi}\dot{\xi} + \left(\frac{\partial \hat{T}_{sp}}{\partial \vartheta} + \frac{\partial \hat{T}_{te}}{\partial \vartheta}\right)\dot{\vartheta} + \left(\frac{\partial \hat{W}_{vol}}{\partial J} + \frac{\partial \hat{T}_{te}}{\partial J}\right)\dot{J} \tag{6.161}$$

und mit Gleichung (6.160):

$$\begin{aligned} J\mathcal{D}_{int} &= \tilde{\boldsymbol{\tau}} : \boldsymbol{d} - \frac{\partial \hat{W}_{iso}}{\partial \boldsymbol{b}^e} : \dot{\boldsymbol{b}}^e - \frac{\partial \hat{V}_{iso}}{\partial \xi}\dot{\xi} - \left(\frac{\partial \hat{T}_{sp}}{\partial \vartheta} + \frac{\partial \hat{T}_{te}}{\partial \vartheta} + \rho_0 s\right)\dot{\vartheta} \\ &\quad - \left(\frac{\partial \hat{W}_{vol}}{\partial J} + \frac{\partial \hat{T}_{te}}{\partial J}\right)\dot{J} \end{aligned} \tag{6.162}$$

Schließlich ersetzen wir noch $\dot{\boldsymbol{b}}^e$ durch Gleichung (6.43) und formen das Ergebnis um:

$$\begin{aligned} J\mathcal{D}_{int} &= \left(\tilde{\boldsymbol{\tau}} - 2\frac{\partial \hat{W}_{iso}}{\partial \boldsymbol{b}^e}\boldsymbol{b}^e\right) : \boldsymbol{d} + 2\frac{\partial \hat{W}_{iso}}{\partial \boldsymbol{b}^e}\boldsymbol{b}^e : \left(-\frac{1}{2}\mathcal{L}_\Phi(\boldsymbol{b}^e)\boldsymbol{b}^{e-1}\right) - \frac{\partial \hat{V}_{iso}}{\partial \xi}\dot{\xi} \\ &\quad + \left(\frac{\partial \hat{T}_{sp}}{\partial \vartheta} + \frac{\partial \hat{T}_{te}}{\partial \vartheta} + \rho_0 s\right)\dot{\vartheta} + \left(\frac{\partial \hat{W}_{vol}}{\partial J} + \frac{\partial \hat{T}_{te}}{\partial J}\right)\dot{J} \end{aligned} \tag{6.163}$$

Ein Vergleich mit der entsprechenden Beziehung (6.57) zeigt zwei additive Zusatzglieder, die sich aber, wie wir nun zeigen werden, zu Null ergeben.

Zunächst berechnen wir die Entropie nach Gleichung (4.90) aus dem Ansatz für der Potentialfunktion (6.148). Mit $W = \rho_0\,\Psi$ ergibt sich

$$\rho_0\, s = -\frac{\partial W}{\partial \vartheta} = -\left(\frac{\partial \hat{T}_{sp}}{\partial \vartheta} + \frac{\partial \hat{T}_{te}}{\partial \vartheta}\right) \tag{6.164}$$

Verwendet man dieses Ergebnis in Gleichung (6.163), so wird das erste Zusatzglied zu Null. Zur Auswertung des zweiten Zusatzgliedes bilden wir die Ableitung des Potentials nach Gleichung (6.159). Mit $d\epsilon_\vartheta/dJ = 1/3$ aus Gleichung (6.155) findet man

$$\frac{\partial \hat{T}_{te}}{\partial J} = \frac{\partial \hat{T}_{te}}{\partial \epsilon_\vartheta}\frac{\partial \epsilon_\vartheta}{\partial J} = -p = -\frac{\partial \hat{W}_{vol}}{\partial J} \tag{6.165}$$

und damit wird auch dieser Term im Ausdruck für die Dissipationsleistung zu Null. Die verbleibende Dissipationsleistung

$$J\mathcal{D}_{int} = \tilde{\boldsymbol{\tau}} : (-\frac{1}{2}\mathcal{L}_{\Phi}(\boldsymbol{b}^e)\boldsymbol{b}^{e-1}) + \sigma_v \dot{\xi} = \mathcal{D}^p_{int} \tag{6.166}$$

entspricht der plastischen Dissipationsleistung nach Gleichung (6.62) ohne Berücksichtigung der entstehenden Wärme, sodass wir nun für $J\mathcal{D}_{int} = \mathcal{D}^p_{int}$ schreiben dürfen.

Wir bekommen also das interessante Ergebnis:
Die Dissipationsleistung ist unabhängig von der Temperatur, da in der Gleichung die Temperatur als primäre Variable nicht auftaucht. Dies bedeutet aber, dass in unserer Theorie plastisches Fließen bei festgehaltener Temperatur vonstatten geht.

Allerdings besteht eine indirekte Abhängigkeit der Plastizität von der Temperatur über die Materialkennwerte, die temperaturabhängig sind. Dazu wird es notwendig sein in die Beschreibungsfunktion (6.9) für die Materialkennwerte die Temperatur als zusätzliche Variable einzuführen. Da wir also den gleichen Ausdruck für die Dissipationsleistung wie im isothermen Fall bekommen haben, dürfen wir auch alle, auf der Dissipationsgleichung basierenden Gesetze der Plastizitätsformulierung übernehmen und als bekannt betrachten.

Was uns jetzt noch fehlt, ist die Evolutionsgleichung für das Temperaturfeld. Hierfür steht uns der erste Hauptsatz zur Verfügung. Wir gehen von der Darstellung nach Gleichung (4.71) aus und eliminieren die Ableitung der inneren Energie $\dot{e}$ mit Hilfe von Gleichung (4.91):

$$[\boldsymbol{\sigma} : \boldsymbol{d} - \rho(\dot{\Psi} + \dot{\vartheta} s)] - \rho\vartheta\dot{s} - \operatorname{div}\boldsymbol{q} + \rho r = 0 \tag{6.167}$$

Der in eckiger Klammer stehende Term ist nach Gleichung (4.92) ein Ausdruck für die Entropiezunahme $\mathcal{D}_{int}$ infolge dissipativer mechanischer Leistung. In unserem Fall ist diese Dissipationsleistung mit der plastischen Dissipationsleistung identisch. Wir multiplizieren die Gleichung mit J durch und können dann mit $J\mathcal{D}_{int} = \mathcal{D}^p_{int}$ nach (6.166) schreiben

$$\mathcal{D}^p_{int} - \rho_0\vartheta\dot{s} - J\operatorname{div}\boldsymbol{q} + \rho_0 r = 0 \tag{6.168}$$

Die Rate der Entropie $\dot{s}$ folgt aus der Zeitableitung der thermischen Potentialen der Gleichung (6.164):

$$\rho_0\,\dot{s} = -\frac{d^2\hat{T}_{sp}}{\partial\vartheta^2}\dot{\vartheta} - \frac{\partial^2\hat{T}_{te}}{\partial\vartheta^2}\dot{\vartheta} - \frac{\partial^2\hat{T}_{te}}{\partial\vartheta\partial J}\dot{J} \tag{6.169}$$

Wegen $\partial^2 \hat{T}_{te}/\partial\vartheta^2 = 0$ nach Gleichung (6.159) folgt nach Erweitern mit ϑ und mit Gleichung (6.149)

$$\rho_0\,\vartheta\dot{s} = \rho_0\,c_m\,\dot{\vartheta} - \vartheta\,\frac{\partial^2 \hat{T}_{te}}{\partial\vartheta\partial J}\dot{J} \tag{6.170}$$

Wir setzen dieses Ergebnis in Gleichung (6.168) ein und erhalten

$$\rho_0\,c_m\,\dot{\vartheta} = \vartheta\,\frac{\partial^2 \hat{T}_{te}}{\partial\vartheta\partial J}\dot{J} + \rho_0 r + \mathcal{D}^p_{int} - J\,\mathrm{div}\boldsymbol{q} \tag{6.171}$$

Diese Gleichung stellt den Wärmehaushalt für das undeformierte Volumenelement in Form einer Leistungsbilanz dar. Gleichzeitig ist diese Beziehung eine Evolutionsgleichung für das Temperaturfeld. Der Term $\rho_0\,c_m\,\dot{\vartheta}$ auf der linken Seite ist die pro Zeiteinheit gespeicherte Wärmemenge, die von den, auf der rechten Seite stehenden eingeprägten Wärmequellen und durch Zufluss an Wärme infolge Wärmeleitung gespeist wird. Die eingeprägten Quellterme sind im einzelnen:

- Die durch elastische Deformation erzeugte bzw. abgeführte Wärme mit Gleichung (6.159)

$$Q_{def} = \vartheta\,\frac{\partial^2 \hat{T}_{te}}{\partial\vartheta\partial J}\dot{J} = -3\alpha_t\vartheta\frac{\partial^2 W_{vol}}{\partial J^2}\dot{J} \tag{6.172}$$

- die Wärmezufuhr durch eine äußere Wärmequelle

$$Q_{ql} = \rho_0 r \tag{6.173}$$

- die sich aus der plastischen Deformation ergebende Dissipationsleistung $\mathcal{D}^p_{int}$
- und der Wärmefluss im Körper infolge Wärmeleitung

$$Q_{leit} = -J\,\mathrm{div}\boldsymbol{q} \tag{6.174}$$

Mit diesen Abkürzungen schreibt sich nun die Wärmebilanz

$$\rho_0\,c_m\,\dot{\vartheta} = Q_{def} + Q_{ql} + \mathcal{D}^p_{int} + Q_{leit} \tag{6.175}$$

In dieser Gleichung nimmt der Wärmeleitungsterm Q_{leit} eine Sonderstellung ein. Im Gegensatz zu den anderen Quelltermen, die äußere Wärmequellen darstellen, beschreibt dieser Quellterm die Wärmezufuhr, die sich aufgrund eines Temperaturgradienten einstellt. Mit Hilfe der konstitutiven Gleichung der Wärmeleitung kann dieser Term auf den Temperaturgradienten zurückgeführt werden. Den Zusammenhang zwischen dem Wärmestromvektor $\boldsymbol{q}_0$ und dem Temperaturgradienten in der Ausgangskonfiguration gibt das Gesetz von Fourier:

$$\boldsymbol{q}_0 = -\boldsymbol{\Lambda}_{leit}\,\mathrm{Grad}\,\vartheta\,; \quad q_0^I = -\Lambda^{IJ}_{leit}\,\frac{\partial\vartheta}{\partial X^J} \tag{6.176}$$

Das Fouriersche Gesetz stellt die konstitutive Gleichung der Wärmeleitung dar, mit dem konstitutiven Tensor zweiter Stufe $\boldsymbol{\Lambda}_{leit}$, der *Wärmeleittensor* oder *Konduktivitätstensor* heißt und hier als konstant vorausgesetzt wird. Für den Fall einer richtungsunabhängigen Wärmeleitung mit der Wärmeleitzahl Λ_{leit} vereinfacht sich das Fouriersche Gesetz auf

$$\boldsymbol{q}_0 = -\Lambda_{leit}\,\mathrm{Grad}\,\vartheta\,; \quad q_0^I = -\Lambda_{leit}\delta^{IJ}\frac{\partial\vartheta}{\partial X^J} \tag{6.177}$$

Das Minuszeichen berücksichtigt, dass der Wärmestrom stets in Richtung abnehmender Temperatur fließt.

Nun wollen wir für den Wärmestromvektor $\boldsymbol{q}_0$ und für den Wärmeleittensor Λ_{leit} die Transformationsbeziehungen aufstellen, die wir zum Überwechseln auf die Momentankonfiguration benötigen. Wir werden die Berechnung auf zwei Arten durchführen und auf diese Weise, die im Einleitungskapitel diskutierte Zuordnung, dualer Feldgrößen bestätigen. Dazu ist es nun von Vorteil, auf die Matrizenschreibweise überzugehen.

Zunächst wollen wir die Transformationsbeziehungen aus der Anschauung heraus ableiten. Dazu setzen wir voraus, dass die Wärmeleistung unabhängig von der Bezugskonfiguration gleich ist. Wir betrachten den Wärmefluss durch ein Flächenelement und verlangen, dass dieser für das unverzerrte und für das verzerrte Flächenelement gleich sein soll.[17]. Mit der Bezeichnung q_F für die transportierte Wärmeleistung muss dann gelten

$$q_F = \boldsymbol{N}^T\boldsymbol{q}_0\,dA = \boldsymbol{n}^T\boldsymbol{q}\,da \tag{6.178}$$

Nun ersetzen wir den Flächenvektor $(\boldsymbol{N}dA)$ mit Hilfe von Gleichung (4.5) durch den entsprechenden Flächenvektor der Momentankonfiguration und lösen nach dem Wärmestromvektor $\boldsymbol{q}$ auf:

$$\boldsymbol{q} = \frac{1}{J}\boldsymbol{F}\boldsymbol{q}_0 \tag{6.179}$$

Damit haben wir das Transformationsgesetz für den Wärmestromvektor gefunden. Für die Transformationsbeziehung des Wärmeleittensors drücken wir den Wärmestromvektor $\boldsymbol{q}_0$ durch das Fouriersche Gesetz (6.176) aus. Mit $\mathrm{Grad}\,\vartheta = \boldsymbol{F}^T\,\mathrm{grad}\,\vartheta$, folgt dann für den Wärmestromvektor auf der Momentankonfiguration

$$\boldsymbol{q} = -\frac{1}{J}\boldsymbol{F}\boldsymbol{\Lambda}_{leit}\boldsymbol{F}^T\,\mathrm{grad}\,\vartheta = -\boldsymbol{\lambda}_{leit}\,\mathrm{grad}\,\vartheta \tag{6.180}$$

[17] Die Berechnung erfolgt hier analog zur Transformation des Spannungstensors in Kapitel 4, Gleichung (4.7) und folgende. Zum besseren Verständnis sei der Leser auch auf die in Abbildung 2.2 dargestellte Zuordnung der mechanischen und thermischen Feldgrößen hingewiesen.

mit dem Konduktivitätstensor der Momentankonfiguration

$$\boldsymbol{\lambda}_{leit} = \frac{1}{J}\boldsymbol{F}\boldsymbol{\Lambda}_{leit}\boldsymbol{F}^T \tag{6.181}$$

Man erkennt, dass es sich hier um eine *push forward* Operation für den Konduktivitätstensor handelt, wobei der Faktor $\frac{1}{J}$, wie bei der entsprechenden Transformation (5.43) des mechanischen Materialtensor vierter Stufe, für die korrekte physikalische Dimension sorgt. Im Falle der richtungsunabhängigen Wärmeleitzahl gilt anstatt (6.180) die vereinfachte Beziehung

$$\boldsymbol{\lambda}_{leit} = \frac{1}{J}\Lambda_{leit}\boldsymbol{F}\boldsymbol{I}\boldsymbol{F}^T \tag{6.182}$$

Nachdem wir nun die Transformationsbeziehungen berechnet haben, wollen wir diese auch mit Hilfe des, im Einleitungskapitel beschriebenen, Skalarprodukts der konjugierten Feldgrößen herleiten. Wir hatten festgestellt, dass das Skalarprodukt für das Massenelement dm, unabhängig von der Konfiguration, eine Invariante ist. Das Paar der konjugierten Feldgrößen besteht aus der abgeleiteten Aufpunktgröße, dem Temperaturgradienten, und der abstrakten Flussgröße, dem Wärmestromvektor (siehe Abbildung 2.2). Bezogen auf das Massenelement muss also gelten

$$\frac{1}{\rho}(\operatorname{grad}\vartheta)^T\boldsymbol{q} = \frac{1}{\rho_0}(\operatorname{Grad}\vartheta)^T\boldsymbol{q}_0 \tag{6.183}$$

In dieser Gleichung steht links das Skalarprodukt der konjugierten Feldgrößen auf der Momentankonfiguration und rechts das Skalarprodukt der konjugierten Feldgrößen auf der Ausgangskonfiguration. Der Ausdruck hat die physikalische Einheit $[WK/kg]$ und ist damit frei von der Größenart Länge. Die Gleichung kann nun noch umgeformt werden. Wegen $\rho = \rho_0/J$ gilt

$$(\operatorname{grad}\vartheta)^T\boldsymbol{q} = \frac{1}{J}(\operatorname{Grad}\vartheta)^T\boldsymbol{q}_0 \tag{6.184}$$

und mit $(\operatorname{Grad}\vartheta)^T = (\operatorname{grad}\vartheta)\boldsymbol{F}$ folgt

$$(\operatorname{grad}\vartheta)^T\boldsymbol{q} = (\operatorname{grad}\vartheta)^T\frac{1}{J}\boldsymbol{F}\boldsymbol{q}_0 \tag{6.185}$$

Nun kann dieser Gleichung das Transformationsgesetz für den Wärmestromvektor entnommen werden, welches mit Gleichung (6.179) übereinstimmt.

6.6 Beispiel für ein Verfestigungspotential

In den vorherigen Abschnitten haben wir die Gleichungen hergeleitet, die wir zur Behandlung des plastischen Fließens im Rahmen eines numerischen Berechnungsverfahrens benötigen. Uns fehlt jetzt noch eine Materialbeschreibung für den Fall eines verfestigenden Werkstoffes, damit wir die Verfestigungsspannung σ_v und den Verfestigungsmodul H berechnen können. Diese Lücke wollen wir nun schließen und für den einfachen Fall, isotroper Materialverfestigung ein Verfestigungspotential anschreiben, das speziell bei Metallen vielfach zur Anwendung kommt (siehe z. B. [102], [95], [96]):

$$\hat{V} = \frac{1}{2} H_{lin} \xi^2 + (\sigma_F^\infty - \sigma_{F0})\xi + \frac{1}{\delta_v}(\sigma_F^\infty - \sigma_{F0}) \exp^{-\delta_v \xi} \tag{6.186}$$

In diesem nichtlinearen Verfestigungspotential ist H_{lin} der lineare, isotrope Verfestigungsmodul, σ_F^∞ die maximale Grenzfließspannung, σ_{F0} die Grenzfließspannung und δ_v eine Materialkonstante. Die Parameter sind alle materialabhängig und im Versuch zu bestimmen. Der inneren Variablen ξ entspricht nun die äquivalente plastische Dehnung, die üblicherweise mit $\bar{\epsilon}^p$ bezeichnet wird[18]. Durch Ableitung des Potentials nach Gleichung (6.61) erhalten wir den die Materialverfestigung beschreibenden Anteil der Fließspannung:

$$\frac{\partial \hat{V}}{\partial \xi} = -\sigma_v = H_{lin} \xi + (\sigma_F^\infty - \sigma_{F0})(1 - \exp^{-\delta_v \xi}) \tag{6.187}$$

Damit ergibt sich für die Funktion der Fließspannung nach Gleichung (6.9)

$$\sigma_F = \sigma_{F0} + H_{lin} \xi + (\sigma_F^\infty - \sigma_{F0})(1 - \exp^{-\delta_v \xi}) \tag{6.188}$$

Die Funktion der Fließspannung σ_F (siehe Abbildung (6.6)) ist aus zwei Funktionsteilen aufgebaut. Ausgehend vom Fließeintritt mit der Grenzfließspannung σ_{F0} bewirkt der erste Term ein lineares Anwachsen der Fließspannung mit der Steigung des linearen Verfestigungsmodul H_{lin}. Dieser Funktionsteil stellt das lineare Verfestigungsgesetz dar. Der zweite, mit einer Exponentialfunktion versehene

[18] Die äquivalente plastische Dehnungsrate wird in der Regel entsprechend der zweiten Invarianten mit einem zu bestimmenden Faktor β aus dem Ratentensor aufgebaut. Dieser Faktor wird so bestimmt, dass sich die gleiche plastische Leistung für den einachsigen Zugversuch und den dreidimensionalen Verzerrungszustand ergibt. Man definiert die Vergleichsrate als $\dot{\bar{\epsilon}}^p = \beta \sqrt{\dot{\epsilon}_{ij}^p \dot{\epsilon}_{ij}^p}$. Wegen der Inkompressibilität erhält man für die plastischen Dehnungsraten des Zugversuchs $\{\dot{\epsilon}_{11}^p, -\frac{1}{2}\dot{\epsilon}_{11}^p, -\frac{1}{2}\dot{\epsilon}_{11}^p\}$ und berechnet daraus $\dot{\epsilon}_{ij}^p \dot{\epsilon}_{ij}^p = \frac{3}{2}\dot{\epsilon}_{11}^p \dot{\epsilon}_{11}^p$. Damit ergibt sich mit $\dot{\epsilon}_{11}^p = \dot{\bar{\epsilon}}^p$, $\beta = \sqrt{\frac{2}{3}}$ und die äquivalente plastische Vergleichsrate $\dot{\bar{\epsilon}}^p = \sqrt{\frac{2}{3}\dot{\epsilon}_{ij}^p \dot{\epsilon}_{ij}^p}$.

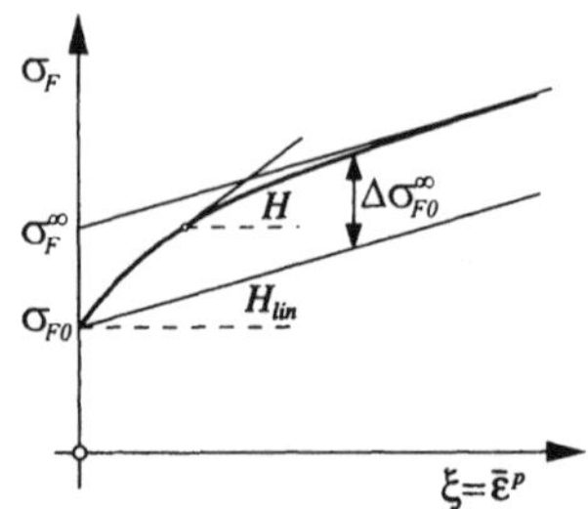

Abb. 6.6 Fließspannungskurve eines nichtlinearen Verfestigungsgesetzes.

Funktionsteil, ist der nichtlineare Funktionsteil des Verfestigungsgesetzes. Dieser Term überlagert ein Spannungsinkrement, welches mit Null beginnend bis zum Maximalwert $\Delta\sigma_{F0}^\infty = (\sigma_F^\infty - \sigma_{F0})$ ansteigt. Entsprechend nähert sich die Fließspannungskurve asymptotisch einer Parallelen im Abstand $\Delta\sigma_{F0}^\infty$ zur Verfestigungsgeraden des linearen Gesetzes. Der nichtlineare Funktionsteil wird mit dem Materialparameter δ_v gesteuert. Gemäß seiner Größe wird ein mehr oder weniger schnelles Annähern an die Asymptote erreicht. Mit $\delta_v = 0$ wird der nichtlineare Funktionsteil abgeschalten und es verbleibt das lineare Verfestigungsgesetz.

Nach Gleichung (6.135) folgt für den Verfestigungsmodul aus (6.187)

$$H = -\frac{d\sigma_v}{d\xi} = H_{lin} + \delta_v(\sigma_F^\infty - \sigma_{F0})\exp^{-\delta_v\xi} \tag{6.189}$$

Gleichung (6.188) beschreibt die Fließspannung für den Fall einer isothermen Zustandsänderung. Lässt man die Annahme der Temperaturkonstanz fallen, so sind die Materialparameter σ_{F0}, σ_F^∞ und H_{lin} als Funktion der absoluten Temperatur einzusetzen. Im einfachsten Fall wird man eine lineare Abhängigkeit von der Temperatur zulassen. Für metallische Werkstoffe konnte im Experiment nachgewiesen werden, dass eine lineare Funktion für den Temperaturbereich zwischen $300K$ und $400K$ eine gute Näherung für die Versuchsergebnisse darstellt. (Siehe z. B. die Arbeit von Zdebel und Lehmann [119]).

Zunächst schreiben wir Gleichung (6.188) nochmals an und kennzeichnen die Variablen für die wir eine Temperaturabhängigkeit zulassen wollen mit $\check{}$:

$$\sigma_F(\vartheta) = \check{\sigma}_{F0} + \check{H}_{lin}\xi + (\check{\sigma}_F^\infty - \check{\sigma}_{F0})(1 - \exp^{-\delta_v\xi}) \tag{6.190}$$

Mit der Bezeichnung ϑ_0 für eine Bezugstemperatur und den durch Experiment bestimmten Steigungswerte für die Temperaturfunktionen, g_{F0} für den Fließeintritt und g_H für die Verfestigung, gilt dann

$$\begin{aligned} \breve{\sigma}_{F0}(\vartheta) &= \sigma_{F0}(\vartheta_0)\,[1 - g_{F0}(\vartheta - \vartheta_0)] \\ \breve{H}_{lin}(\vartheta) &= H_{lin}(\vartheta_0)\,[1 - g_H(\vartheta - \vartheta_0)] \\ \breve{\sigma}_F^{\infty}(\vartheta) &= \sigma_F^{\infty}(\vartheta_0)\,[1 - g_H(\vartheta - \vartheta_0)] \end{aligned} \tag{6.191}$$

Man erkennt, dass alle Materialparameter bei ansteigender Temperatur abgemindert werden, was einem Weicherwerden des Materials entspricht und damit plastisches Fließen begünstigt.

7 Näherungslösung der Randwertaufgabe

Die Randwertaufgabe der Strukturmechanik lautet: Für ein Tragwerk mit vorgegebener Belastung finde man die Gleichgewichtskonfiguration unter Einhaltung der Verschiebungs- und Spannungs-Randbedingungen. Unter Belastung sind hier alle möglichen Einwirkungen auf das Tragwerk zu verstehen, die auf eingeprägte Kräfte führen: Auf der Oberfläche angreifende Kontaktkräfte, am Volumenelement angreifende Kräfte, wie z. B. Trägheitskräfte oder Temperaturfelder, die auf Zwangskräfte umgerechnet werden. Verschiebungs-Randbedingungen beinhalten Lagerbedingungen, vorgeschriebene Verschiebungen, Kontaktbedingungen und Nebenbedingungen, wie z. B. die Inkompressibilität des Werkstoffes. Die Spannungs-Randbedingungen beschreiben das Gleichgewicht auf der Oberfläche des Körpers. Zur Lösung der Randwertaufgabe steht der unter Gleichung (4.50) aufgeführte Impulssatz mit Spannungs- und Verschiebungs-Randbedingungen zur Verfügung. Dazu kommen noch sechs kinematische (Verzerrungs- Verschiebungsbeziehungen) und sechs konstitutive Beziehungen (Spannungs- Verzerrungsbeziehungen), sodass insgesamt 15 gekoppelte partielle Differentialgleichungen für 15 Unbekannte zu lösen sind. Analytische Lösungen lassen sich in der Regel nur für sehr einfache eindimensionale Aufgabenstellungen angeben. Die Schwierigkeit resultiert zunächst aus der Nichtlinearität des Problems, welche aus der Tatsache folgt, dass der Geltungsbereich der Differentialgleichungen auf der zu bestimmenden Gleichgewichtskonfiguration liegt. Unter der Annahme sehr kleiner Verschiebungen, im Vergleich zu den vorhandenen Abmessungen, wird diese Schwierigkeit dadurch beseitigt, dass man die unbekannte Gleichgewichtskonfiguration näherungsweise durch die Ausgangskonfiguration ersetzt und dort die Berechnung durchführt. Gleichzeitig wird wegen der Annahme kleiner Verschiebungen linearisiert, indem Terme höherer Ordnung vernachlässigt werden. Leider lassen sich auch für die so erhaltene lineare Elastizitätstheorie analytische Lösungen nur für sehr einfache Aufgaben angeben. Ingenieurprobleme, wie sie in der Praxis vorkommen, sind analytischen Lösungsverfahren kaum zugänglich. Man hat deshalb schon frühzeitig nach einer weiteren Vereinfachung der Theorie gesucht und diese dadurch erreicht, dass man zusätzliche, speziell auf das Tragwerk zugeschnittene

Annahmen einbrachte. So gelangte man zur Stabtheorie, zur Balkentheorie, zur Platten- und Schalentheorie. Aufgrund dieser Vereinfachungen konnten nun wesentlich mehr praktische Ingenieurprobleme gelöst werden, allein der wirkliche Durchbruch in der Tragwerksberechnung vollzog sich erst durch die Anwendung numerischer Rechenverfahren, die mit Hilfe elektronischer Rechner durchgeführt werden konnten.

Die verwendeten Berechnungsverfahren sind dabei fast ausschließlich Diskretisierungsverfahren, wobei an erster Stelle die Methode der Finiten Elemente (FEM) zu nennen ist. Unter den möglichen FEM-Formulierungen hat sich die *Verschiebungsmethode* (*Weggrößenverfahren*) als die am einfachsten zu handhabende Methode erwiesen, weshalb sie auch in allen kommerziellen FEM-Programmen zur Anwendung kommt. Dank steigender Rechnerleistung hat man sich nun auch der nichtlinearen Tragwerksberechnung zugewandt. Heute ist man zumindest grundsätzlich in der Lage, alle Probleme der Mechanik mit Hilfe kommerzieller FEM-Programme zu lösen.

Nachfolgend geben wir zunächst eine kurze Einführung in die Methode der Finiten Elemente und wenden uns anschließend der Finite-Elemente-Formulierung der thermomechanischen Aufgabenstellung zu.

7.1 Prinzipien zur Lösung der Randwertaufgabe

Die *klassische Kontinuumsmechanik* stellt uns die Bilanzgleichungen zur Verfügung mit deren Hilfe die Bewegung „kontinuierlicher Körper“ zu berechnen ist. Da sich für Ingenieuraufgaben diese Gleichungen in der Regel nicht integrieren lassen, bedient sich die *analytische Kontinuumsmechanik* so genannter *Funktionale*, die in Form von Prinzipien bereitgestellt werden. Das Ziel ist, mit Hilfe dieser Prinzipien das System der Differentialgleichungen in ein System algebraischer Gleichungen überzuführen. Die Lösung des Gleichungssystems soll dann, bei minimalem Rechenaufwand, ein möglichst genaues Ergebnis liefern. Die Literatur zu diesem Themenkreis ist umfangreich, sodass wir lediglich zwei Bücher herausgreifen wollen. Dies sind die Bücher von Fletcher [24] und von Strang und Fix [103], die neben einer breitangelegten Diskussion der unterschiedlichen Verfahren, insbesondere auch auf ihre Anwendung im Rahmen der Methode der Finiten Elemente eingehen.

Der Begriff Funktional stammt aus der Variationsrechnung. Hier lautet die Aufgabenstellung: Gesucht wird die Funktion, für die ein bestimmtes Integral, dessen

Integrand von dieser Funktion und deren Ableitungen abhängt, einen Extremwert annimmt. Ein Funktional ist also dadurch gekennzeichnet, dass es jeder Funktion, aus einer bestimmten Funktionenklasse, durch ein bestimmtes Integral eine reelle Zahl zuordnet.

Beschränkt man sich zunächst auf konservative mechanische Systeme, dann existiert ein Funktional, welches die potentielle Energie des Systems beschreibt. Der gesuchte Gleichgewichtszustand des Systems ist der Zustand, bei dem die potentielle Energie zum Minimum wird. Die Randwertaufgabe lautet also dann: Gesucht wird die Lösungsfunktion, welche die potentielle Energie zum Minimum macht. Die Lösung der Randwertaufgabe stellt sich als eine Aufgabe der Variationsrechnung dar. In diesem Fall spricht man deshalb oft von der Lösung als Variationsproblem und bezeichnet die hierfür benutzten Prinzipien als Variationsprinzipien. Das Prinzip, welches hier zur Anwendung kommt, ist das klassische *Verfahren nach Rayleigh-Ritz*. Dieses Verfahren soll hier aber nicht weiter diskutiert werden, da es für unsere Aufgabenstellung nicht ausreichend ist.
Es ist offensichtlich, dass man bei nichtlinearen Aufgabenstellungen mit den Variationsprinzipien allein nicht auskommen wird, da ein konservatives System einen Spezialfall darstellt. Für den allgemeinen Fall steht uns das *Verfahren nach Galerkin* zur Verfügung. Dieses Verfahren obliegt keinerlei Beschränkung hinsichtlich des zu lösenden Problems. Es ist ein allgemeines Lösungsverfahren für Differentialgleichungen beliebigen Typs und deshalb auch nicht an ein Potential gebunden. Im Unterschied zum Verfahren nach Rayleigh-Ritz wird nicht nach dem Minimum des Funktionals gesucht, sondern nach der Stelle, wo das Funktional einen stationären Wert annimmt.
Das Funktional wird aus der zu lösenden Differentialgleichung und einer Testfunktion aufgebaut. Aus der Skalarmultiplikation der beiden Funktionen und anschließender Integration über das betrachtete Gebiet entsteht das Funktional. Dazu ist es erforderlich, für die Lösung der Differentialgleichung eine geeignete Näherungsfunktion zu wählen[1]. Wie beim Verfahren nach Rayleigh-Ritz muss die Näherungsfunktion die Randbedingungen erfüllen. Ferner muss auch die Testfunktion gewählt werden. Diese wird beim klassischen Verfahren nach Galerkin aus derselben Funktionenklasse gewählt, wie die Näherungsfunktion zur Lösung der Differentialgleichnung. Die Verwendung der Näherungsfunktion in der Differentialgleichung hat ein Residuum zur Folge, welches mit der Testfunktion multipliziert wird und über das betrachtete Gebiet integriert wird. Demzufolge kann die Testfunktion auch als *Gewichtsfunktion* verstanden werden, mit deren Hilfe das Residuum im integralen Sinn gewichtet wird. Man spricht deshalb auch all-

[1] Diese Funktion wird im englischen Schrifttum als „trial function" bezeichnet.

gemein von der *Methode der gewichteten Residuen*. Verlangt man nun, dass das Funktional verschwindet, so wird diese Forderung im integralen Sinn erfüllt werden. Setzt man für die Differentialgleichung eine Bilanzgleichung, z. B. den Impulssatz ein, so beschreibt das Funktional das Gleichgewicht im integralen Sinn. Im Gegensatz zur so genannten strengen Erfüllung der Bilanzgleichung an jedem Materialpunkt innerhalb des Gebietes, spricht man hier von der *schwachen Erfüllung der Bilanzgleichung* oder einfach von der *schwachen Form*.

Für den Fall des mechanischen Feldes wird als Testfunktion die Variation der aktuellen Konfiguration gewählt, die mit dem Symbol δ gekennzeichnet wird. Die Variation der aktuellen Konfiguration erhalten wir als Differenz zweier, eng benachbarter Raumlagen des Kontinuums. Dazu nehmen wir an, dass der festgehaltenen, deformierten Konfiguration ${}_iC$ mit Ortsvektor $\boldsymbol{x}$ eine, eng benachbarte Konfiguration ${}_{i+1}C$ mit Ortsvektor $\bar{\boldsymbol{x}}$ überlagert sei. Die Konfigurationen sind nach Gleichung (3.2) durch die Abbildungsgleichungen $\boldsymbol{x} = \boldsymbol{X} + \boldsymbol{u}$ und $\bar{\boldsymbol{x}} = \boldsymbol{X} + \bar{\boldsymbol{u}}$ im Raum festgelegt. Für die Variation der Konfiguration gilt dann

$$\delta\boldsymbol{x} = \bar{\boldsymbol{x}} - \boldsymbol{x} = \bar{\boldsymbol{u}} - \boldsymbol{u} = \delta\boldsymbol{u} \tag{7.1}$$

$\delta\boldsymbol{u}$ heißt *virtuelles Verschiebungsfeld*. Da $\boldsymbol{X}$ fest ist, bekommt man dieses Ergebnis auch direkt aus der Abbildungsgleichung

$$\delta(\boldsymbol{x} = \boldsymbol{X} + \boldsymbol{u}) = \delta\boldsymbol{u} \tag{7.2}$$

Die Verwendung des Variationssymbols δ geht auf Lagrange zurück und dient als Unterscheidungshilfe zum Symbol d für das Differential. Mit beiden Symbolen verbinden wir eine infinitesimal kleine Änderung einer Größe, der Unterschied besteht lediglich darin, dass mit d eine wirkliche, aktuelle und mit δ eine gedachte, also virtuelle Änderung gemeint ist. Diese Tatsache erlaubt uns auch zu schreiben

$$\delta\boldsymbol{x} = \delta\boldsymbol{u} = d\boldsymbol{u} \tag{7.3}$$

Die Variation der deformierten Konfiguration ${}_iC$ ist also durch das zugehörige tangentiale Verschiebungsfeld gegeben. Da die Konfiguration die Randbedingungen erfüllt, gilt dies auch für das virtuelle Verschiebungsfeld, und da es sich hierbei um Verschiebungs-Randbedingungen handelt, spricht man von einer *kinematisch verträglichen Variation*.

Die physikalische Einheit des Funktionals folgt aus den physikalischen Einheiten der beteiligen Funktionen. Im Fall des mechanischen Feldes lässt sich das Funktional, entsprechend der beteiligten Funktionen, als Arbeit oder Leistung interpretieren. Man spricht dann vom *Prinzip der virtuellen Arbeit* oder vom *Prinzip der virtuellen Leistung*[2]. Eine physikalisch sinnvolle Interpretation des Funktionals ist aber nicht immer gegeben, wie wir bei der Behandlung des Temperaturproblems noch sehen werden.

Obwohl das Funktional für den statischen Fall die physikalische Einheit einer Arbeit annimmt, handelt es sich beim Prinzip der virtuellen Arbeit nicht um einen Energieerhaltungssatz. Obige Prinzipien sind also keine Gesetze im Sinne eines Naturgesetzes. Aus dieser Sicht ist auch die Bezeichnung Prinzip der virtuellen Leistung oder virtuellen Arbeit sehr unglücklich bzw. irreführend gewählt, da ja kein Energieumsatz im eigentlichen Sinn stattfindet. Die Prinzipien beschreiben vielmehr die näherungsweise Erfüllung einer Bilanzgleichung, was zunächst nichts mit Mechanik zu tun hat, sondern eine Verfahren zur Näherungslösung einer Differentialgleichung darstellt. Der Bezug zur Mechanik wird erst durch die Wahl der Testfunktion hergestellt. Unter der Vielzahl möglicher Testfunktionen werden nur solche zugelassen, die sämtliche kinematischen Bindungen im Feld erfüllen. In der Statik spricht man deshalb von einer kinematisch verträglichen Testfunktion. Diese einzige, aber wesentliche Forderung der Verträglichkeit der Testfunktion im Feld legt deren funktionale Form noch nicht fest. Aus Gründen der Zweckmäßigkeit (z. B. um eine symmetrische Tangentenmatrix zu erhalten) wählt man als Testfunktion das virtuelle Feld der Aufpunktgröße. Diese wird mittels Variation bei festgehaltenen Koordinaten aus dem realen Feld erzeugt.

Als Formalismus zur Näherungslösung einer Differentialgleichung ist die Anwendung der Prinzipien nicht allein auf die Statik beschränkt, sondern für alle Feldprobleme gegeben. Als Ergebnis wird die Bilanzgleichung nur im Großen, bzw. in schwacher, integraler Form erfüllt, was eine lokale Verletzung durchaus zulässt. Diese lokale Verletzung ist im allgemeinen auch gegeben, so wird z. B. die Spannungs-Randbedingung nur in Ausnahmefällen erfüllt.

Neben den Prinzipien der virtuellen Arbeit und der virtuellen Leistung, die wir nachfolgend verwenden werden, sind noch weitere Prinzipien in der Mechanik bekannt. Eine ausführliche Beschreibung der Prinzipien findet der interessierte Leser z. B. in [76] oder [48].

7.1.1 Die schwache Form des Gleichgewichts

Wir wollen nun die schwache Form des Gleichgewichts aufstellen. Dazu betrachten wir den Körper in einer Momentankonfiguration, in der das Tensorfeld der

[2] Andere Bezeichnungen für das Prinzip der virtuellen Arbeit ist das Lagrange-D'Alembert-Prinzip und für das Prinzip der virtuellen Leistung das Jourdain-Prinzip.

Cauchy-Spannung $\boldsymbol{\sigma}(\boldsymbol{x},t)$ wirken soll. Als Belastung soll auf den Körper die volumenbezogene Massenkraft $\rho\bar{\boldsymbol{b}}(\boldsymbol{x},t)$, die flächenbezogene Oberflächenbelastung $\bar{\boldsymbol{t}}(\boldsymbol{x},t)$ und die volumenbezogene Trägkeitskraft $\rho\dot{\boldsymbol{v}}(\boldsymbol{x},t)$ einwirken. Zur Lösung der Randwertaufgabe verwenden wir das Verfahren nach Galerkin. Wir bilden also das key[Funktional¿mechanische]mechanische Funktional $\mathcal{G}(\boldsymbol{x},\boldsymbol{\eta})$ aus dem Impulssatz und der beliebig wählbaren, vektorwertigen Funktion $\boldsymbol{\eta}$. Diese Funktion soll auf der Konfiguration definiert sein und neben der Erfüllung der Randbedingungen noch die Eigenschaft der Glattheit besitzen. Die Funktion wird *Testfunktion* genannt.

Es herrscht Gleichgewicht, wenn für alle geeigneten Testfunktionen $\boldsymbol{\eta}$ das Integral zu Null wird:

$$\mathcal{G}(\boldsymbol{x},\boldsymbol{\eta}) := \int_v [\operatorname{div}\boldsymbol{\sigma} + \rho\bar{\boldsymbol{b}} - \rho\dot{\boldsymbol{v}}]\cdot\boldsymbol{\eta}\,dv = 0 \tag{7.4}$$

bzw., wenn gilt

$$\int_v (\operatorname{div}\boldsymbol{\sigma})\cdot\boldsymbol{\eta}\,dv = -\int_v (\bar{\boldsymbol{b}} - \dot{\boldsymbol{v}})\cdot\boldsymbol{\eta}\,\rho\,dv \tag{7.5}$$

Da das Funktional als Volumenintegral definiert ist, fehlt in ihm die flächenbezogene Oberflächenbelastung $\bar{\boldsymbol{t}}(\boldsymbol{x},t)$. Diese gilt es nun in Gleichung (7.5) einzuführen. Dazu formen wir das Integral auf der linken Seite der Gleichung mit Hilfe der Identität $\operatorname{div}(\boldsymbol{\sigma}\cdot\boldsymbol{\eta}) = (\operatorname{div}\boldsymbol{\sigma})\cdot\boldsymbol{\eta} + \boldsymbol{\sigma} : \operatorname{grad}\boldsymbol{\eta}$ um

$$\int_v (\operatorname{div}\boldsymbol{\sigma})\cdot\boldsymbol{\eta}\,dv = \int_v \operatorname{div}(\boldsymbol{\sigma}\cdot\boldsymbol{\eta})\,dv - \int_v \boldsymbol{\sigma} : \operatorname{grad}\boldsymbol{\eta}\,dv \tag{7.6}$$

Nun kann das erste Glied der rechten Seite mit dem Theorem von Gauss in ein Oberflächenintegral umgewandelt werden. Das Oberflächenintegral erstreckt sich über die belastete Oberfläche $\partial\mathcal{R}_\sigma$, auf der, unter Beachtung der Symmetrie des Spannungstensors, die Spannungs-Randbedingung $\boldsymbol{n}\cdot\boldsymbol{\sigma} = \bar{\boldsymbol{t}}$ eingeführt wird:

$$\int_v \operatorname{div}(\boldsymbol{\sigma}\cdot\boldsymbol{\eta})\,dv = \int_{\partial\mathcal{R}_\sigma} \boldsymbol{n}\cdot\boldsymbol{\sigma}\cdot\boldsymbol{\eta}\,da = \int_{\partial\mathcal{R}_\sigma} \bar{\boldsymbol{t}}\cdot\boldsymbol{\eta}\,da \tag{7.7}$$

Aus den Gleichungen (7.7) und (7.6) folgt dann für das Integral auf der linken Seite von Gleichung (7.5)

$$\int_v (\operatorname{div}\boldsymbol{\sigma})\cdot\boldsymbol{\eta}\,dv = \int_{\partial\mathcal{R}_\sigma} \bar{\boldsymbol{t}}\cdot\boldsymbol{\eta}\,da - \int_v \boldsymbol{\sigma} : \operatorname{grad}\boldsymbol{\eta}\,dv \tag{7.8}$$

Wir verwenden dieses Ergebnis in Gleichung (7.5) und erhalten

$$\int_v \boldsymbol{\sigma} : \operatorname{grad}\boldsymbol{\eta}\,dv = \int_v \rho(\bar{\boldsymbol{b}} - \dot{\boldsymbol{v}})\cdot\boldsymbol{\eta}\,dv + \int_{\partial\mathcal{R}_\sigma} \bar{\boldsymbol{t}}\cdot\boldsymbol{\eta}\,da \tag{7.9}$$

Diese Gleichung heißt die *Gleichgewichtsaussage in schwacher Form.* Für die noch frei wählbare Testfunktion η setzen wir jetzt das auf der aktuellen Konfiguration definierte virtuelle Verschiebungsfeld nach Gleichung (7.2) ein und erhalten dann die kanonische Form der Galerkingleichungen oder das *Prinzip der virtuellen Arbeit*

$$\underbrace{\int_v \boldsymbol{\sigma} : \operatorname{grad} \delta\boldsymbol{u}\, dv}_{\delta\mathcal{A}_{int}} = \underbrace{\int_v \rho(\bar{\boldsymbol{b}} - \dot{\boldsymbol{v}})\cdot\delta\boldsymbol{u}\, dv + \int_{\partial\mathcal{R}_\sigma} \bar{\boldsymbol{t}}\cdot\delta\boldsymbol{u}\, da}_{\delta\mathcal{A}_{ext}} \tag{7.10}$$

Diese Gleichung beschreibt das Gleichgewicht im Formalismus einer Bilanz virtueller Arbeiten und erlaubt dadurch eine sehr einfache physikalische Interpretation. Das Integral auf der linken Seite stellt die, vom gedachten virtuellen Verschiebungsfeld am festgehaltenen realen Spannungsfeld geleistete, innere virtuelle Arbeit $\delta\mathcal{A}_{int}$ dar. Das Integral auf der rechten Seite stellt die, vom gedachten virtuellen Verschiebungsfeld an der festgehaltenen, realen eingeprägten Belastung geleistete, äußere virtuelle Arbeit $\delta\mathcal{A}_{ext}$ dar. Es herrscht also Gleichgewicht, wenn bei einer gedachten Lageänderung, bei festgehaltenem physikalischen Zustand, die fiktive, virtuelle innere Arbeit gleich der fiktiven, virtuellen äußeren Arbeit ist:

$$\delta\mathcal{A}_{int} = \delta\mathcal{A}_{ext} \tag{7.11}$$

Es erscheint sinnvoll, auf die folgenden Punkte hinzuweisen. Zunächst stellen wir fest, dass bei der Formulierung des Prinzips keine Annahmen hinsichtlich der Entstehung des Spannungsfeldes getroffen wurden. Wir haben nur angenommen, dass ein System von Kraftgrößen vorhanden ist, welches für sich im Gleichgewicht sein soll. Insbesondere haben wir auch kein Potential vorausgesetzt. Für das Prinzip ist also nur der Momentanzustand maßgebend. Der Werkstoff spielt ebensowenig eine Rolle, wie die bisher durchlaufenen Deformationszustände, seien sie nun elastischer oder plastischer Natur. Daraus folgt, dass das Prinzip universell angewendet werden darf.

Ein weiterer wichtiger Punkt folgt direkt aus den Arbeitsausdrücken. Diese werden aus einem Satz von Kraftgrößen mit einem Satz von kinematischen Größen gebildet, die völlig unabhängig voneinander sind. Außerdem muss weder die statische noch die kinematische Gruppe den wahren Zustand des Kontinuums beschreiben. Sie können beide beliebig gewählt werden mit der Einschränkung, dass sie die nachfolgend aufgeführten Bedingungen erfüllen. Für die Spannungen gilt, dass sie mit der äußeren Belastung im Gleichgewicht sein müssen, also die statische Verträglichkeit erfüllen. Eine entsprechende Forderung gilt für die kinematischen Größen, die die kinematische Verträglichkeit sowohl im Innern, als auch auf dem Rand erfüllen müssen. Wie wir bereits ausgeführt haben, werden letztere Forderungen automatisch erfüllt, sofern man, wie hier geschehen, für die Testfunktion die Variation der Konfiguration einsetzt.

Bei der Anwendung des Prinzips im Rahmen der Methode der Finiten Elemente wird die Unabhängigkeit der statischen und kinematischen Felder fallengelassen. Für das Finite *Weggrößenelement (Verschiebungsmodell)* wird ein Verschiebungsfeld vorgegeben, das sowohl für die Berechnung der Verzerrungen im Element, als auch zur Darstellung der Testfunktion verwendet wird. Diese Vorgehensweise ist eine Bedingung zum Erhalt einer symmetrischen Steifigkeitsmatrix.

Die virtuelle Arbeit ist unabhängig von einem Bezugssystem eine Konstante. Infolgedessen besteht die Möglichkeit sie in unterschiedlichen, energetisch konjugierten Feldgrößen auszudrücken. Wir haben diese Problematik bereits im Einleitungskapitel ausführlich diskutiert und die energetisch konjugierten Feldgrößen des mechanischen Feldes in Tabelle 4.1 zusammengestellt.

Nachfolgend drücken wir die innere virtuelle Arbeit zunächst in den Feldgrößen der Ausgangskonfiguration aus. Die Rückführung der äußeren virtuellen Arbeit auf die Ausgangskonfiguration bietet sich in der Praxis nicht an, da diese die Ausdrücke nur unhandlicher macht, sodass kein Vorteil entsteht.

Nach Gleichung (4.72)) berechnet sich die innere virtuelle Arbeit bezüglich der Ausgangskonfiguration aus den energetisch konjugierten, zweiten Piola-Kirchhoff-Spannungen und den virtuellen Greenschen Verzerrungen

$$\delta\mathcal{A}_{int} = \int_V \boldsymbol{S} : \delta\boldsymbol{E}\, dV \tag{7.12}$$

Ausgehend von der Koordinatendarstellung[3] (7.10) der inneren virtuellen Arbeit in den Zustandsgrößen der Momentankonfiguration, soll der Arbeitsausdruck bestätigt werden. Dazu formen wir mit der Kettenregel um

$$\frac{\partial\delta u^k}{\partial x^i} = \frac{\partial\delta u^k}{\partial X^I}\frac{\partial X^I}{\partial x^i} \quad \text{und} \quad \sigma^{ij} g_{jk} = \sigma^{ij}\frac{\partial X^J}{\partial x^j}\frac{\partial x^s}{\partial X^J} g_{sk}$$

und erhalten

$$\delta\mathcal{A}_{int} = \int_v \sigma^{ij} g_{jk}\frac{\partial\delta u^k}{\partial x^i}\, dv = \int_V \underbrace{J\frac{\partial X^I}{\partial x^i}\sigma^{ij}\frac{\partial X^J}{\partial x^j}}_{J\boldsymbol{F}^{-1}\boldsymbol{\sigma}\boldsymbol{F}^{-T}}\underbrace{\frac{\partial x^s}{\partial X^J} g_{sk}\frac{\partial\delta u^k}{\partial X^I}}_{\boldsymbol{F}^T\boldsymbol{g}\,\delta\boldsymbol{F}}\, dV \tag{7.13}$$

[3]In Gleichung (3.2) haben wir den Verschiebungsvektor als $\boldsymbol{u} = u^j\boldsymbol{e}_j$ definiert. Infolgedessen verlangt die korrekte Anwendung der Summationskonvention hier das Einfügen der Metrikkoeffizienten g_{jk}. Da $\boldsymbol{e}_j$ laut Definition ein kartesisches Tripel ist, gilt allerdings $g_{jk} = \delta_{jk}$.

Im ersten Term erkennen wir den zweiten Piola-Kirchhoff-Spannungstensor $\boldsymbol{S}$, der über die *pull back* Operation nach Gleichung (4.11) aus dem Cauchy-Spannungstensor folgt. Der zweite Term soll nach Gleichung (7.12) die virtuellen Greenschen Verzerrungen darstellen. Das Differential des Greenschen Verzerrungstensors haben wir schon berechnet und als Ergebnis Gleichung (3.138) erhalten. Wir übernehmen diese Gleichung und ersetzen das Differential durch das Variationssymbol:

$$\delta \boldsymbol{E} = \frac{1}{2}(\delta \boldsymbol{F}^T \boldsymbol{g} \boldsymbol{F} + \boldsymbol{F}^T \boldsymbol{g}\, \delta \boldsymbol{F}) \tag{7.14}$$

Dieser Ausdruck für die virtuellen Greenschen Verzerrungen stimmt mit dem Term in Gleichung (7.13) nicht überein. Der Unterschied bedarf demnach einer Erklärung. Mit der Abkürzung

$$\delta \bar{\boldsymbol{E}} = \boldsymbol{F}^T \boldsymbol{g}\, \delta \boldsymbol{F} \tag{7.15}$$

schreiben wir nun für Gleichung (7.13)

$$\delta \mathcal{A}_{int} = \int_V \boldsymbol{S} : \boldsymbol{F}^T \boldsymbol{g}\, \delta \boldsymbol{F}\, dV = \int_V \boldsymbol{S} : \delta \bar{\boldsymbol{E}}\, dV \tag{7.16}$$

Nun wollen wir beweisen, dass auch dieser Ausdruck für die innere virtuelle Arbeit, wo wir anstatt der virtuellen Greenschen Verzerrungen $\delta \boldsymbol{E}$ nach Gleichung (7.14) mit $\delta \bar{\boldsymbol{E}}$ nach Gleichung (7.15) arbeiten, auf die gleiche virtuelle Arbeit führt, wie Gleichung (7.12). Dazu zerlegen wir $\delta \bar{\boldsymbol{E}}$ in den symmetrischen und in den schiefsymmetrischen Anteil:

$$\underbrace{\boldsymbol{F}^T \boldsymbol{g} \delta \boldsymbol{F}}_{\delta \bar{\boldsymbol{E}}} = \underbrace{\frac{1}{2}(\boldsymbol{F}^T \boldsymbol{g}\, \delta \boldsymbol{F} + \delta \boldsymbol{F}^T \boldsymbol{g} \boldsymbol{F})}_{\delta \boldsymbol{E}} + \underbrace{\frac{1}{2}(\boldsymbol{F}^T \boldsymbol{g}\, \delta \boldsymbol{F} - \delta \boldsymbol{F}^T \boldsymbol{g} \boldsymbol{F})}_{\delta \boldsymbol{E}_{asy}} \tag{7.17}$$

Der symmetrische Anteil stimmt mit dem Differential der Greenschen Verzerrungen nach Gleichung (7.14) überein. Der schiefsymmetrische Anteil $\delta \boldsymbol{E}_{asy}$ stellt einen Drehtensor dar. Wir setzen dieses Ergebnis in den Ausdruck für die innere virtuelle Arbeit nach Gleichung (7.16) ein und erhalten

$$\int_V \boldsymbol{S} : \boldsymbol{F}^T \boldsymbol{g}\, \delta \boldsymbol{F}\, dV = \int_V \boldsymbol{S} : \delta \boldsymbol{E}\, dV + \int_V \boldsymbol{S} : \delta \boldsymbol{E}_{asy}\, dV \tag{7.18}$$

Da der symmetrische Spannungstensor $\boldsymbol{S}$ mit dem schiefsymmetrischen Drehtensor $\delta \boldsymbol{E}_{asy}$ keine virtuelle Arbeit leistet, bzw. die zweifache Verjüngung eines symmetrischen Tensors mit einem schiefsymmetrischen Tensor verschwindet

$S : \delta E_{asy} = 0$, ist die Korrektheit des Arbeitsausdruckes bewiesen. Bei den nachfolgenden Herleitungen dürfen wir also vom einfacheren Ausdruck für die innere virtuelle Arbeit nach Gleichung (7.16) ausgehen.

Die Formulierung der inneren virtuellen Arbeit auf der Ausgangskonfiguration nach Gleichung (7.16) ist die Grundlage für die so genannte *Total Lagrangesche Formulierung* der Methode der Finiten Elemente.

Wie bereits erwähnt, kann jedes beliebige Paar konjugierter Feldgrößen in das Prinzip eingesetzt werden (siehe dazu die Tabelle 4.1 im Kapitel 4). Insbesondere dürfen auch die entsprechenden Raten der Feldgrößen verwendet werden. Auf diesem Weg kommt man auf insgesamt vier verschiedene Formen des Prinzips, wo speziell die Form, bei der als Testfunktion das virtuelle Geschwindigkeitsfeld gewählt wird, hier von weiterem Interesse ist. Anstatt Gleichung (7.10) erhält man dann die Leistungsbilanz

$$\underbrace{\int_v \boldsymbol{\sigma} : \operatorname{grad} \delta\dot{\boldsymbol{u}}\, dv}_{\delta\dot{\mathcal{A}}_{int}} = \underbrace{\int_v \rho\,(\bar{\boldsymbol{b}} - \dot{\boldsymbol{v}})\cdot\delta\dot{\boldsymbol{u}}\, dv + \int_{\partial\mathcal{R}_\sigma} \bar{\boldsymbol{t}}\cdot\delta\dot{\boldsymbol{u}}\, da}_{\delta\dot{\mathcal{A}}_{ext}} \tag{7.19}$$

Auch hier lässt sich der Leistungsterm $\dot{\mathcal{A}}_{int}$ analog zu Gleichung (7.17) umformen. Wir spalten den virtuellen Geschwindigkeitsgradienten $\operatorname{grad} \delta\dot{\boldsymbol{u}} = \delta\boldsymbol{l}$ nach Gleichung (3.107) in den symmetrischen und den schiefsymmetrischen Teil auf und erhalten mit $\boldsymbol{\sigma} : \delta\boldsymbol{\omega} = 0$ und Gleichung (3.134) für die innere virtuelle Leistung

$$\delta\dot{\mathcal{A}}_{int} = \int_v \boldsymbol{\sigma} : \delta\boldsymbol{d}\, dv = \int_v \boldsymbol{\sigma} : \delta\dot{\boldsymbol{e}}\, dv \tag{7.20}$$

Weitere, mögliche Formulierungen des Leistungsterms ergeben sich nach Gleichung (4.72) zu

$$\delta\dot{\mathcal{A}}_{int} = \int_v \boldsymbol{\sigma} : \delta\dot{\boldsymbol{e}}\, dv = \int_V \boldsymbol{P} : \delta\dot{\boldsymbol{F}}\, dV = \int_V \boldsymbol{S} : \delta\dot{\boldsymbol{E}}\, dV \tag{7.21}$$

Man beachte, dass in der Indexschreibweise, aufgrund der Definition der beteiligten Tensoren, das Einfügen des Metriktensors $\boldsymbol{g}$ erforderlich sein kann. (Siehe dazu die Gleichungen (3.143) und (7.13).)

Eine spezielle physikalische Interpretation erfährt das Prinzip der virtuellen Arbeit, sofern man ein konservatives mechanisches System betrachtet. Für ein konservatives System können wir ein Energiepotential aufstellen, welches sich aus dem Potential der Belastung und dem elastischen Potential des Kontinuums zusammensetzt. Damit ist die Belastung auf konservative, also deformationsunabhängige Lasten, wie z. B. das Eigengewicht oder einer Gewichtslast auf der Oberfläche eingeschränkt. In Bezug auf das Material beschränken wir uns auf hyperelastische Werkstoffe für die ein elastisches Potential existiert, welches durch die Dehnungsenergiefunktion $W = W(\boldsymbol{X}, \boldsymbol{E})$ beschrieben wird.

Wir betrachten also ein Kontinuum aus einem hyperelastischen Werkstoff unter statischer konservativer Belastung. Dann können wir das Energiepotential

$$\Pi(\boldsymbol{u}) = U(\boldsymbol{u}) + H(\boldsymbol{u}) \tag{7.22}$$

aufstellen, das sich aus dem elastischen Potential der Dehnungsenergie

$$U(\boldsymbol{u}) = \int_V W(\boldsymbol{X}, \boldsymbol{E}) dV \tag{7.23}$$

und dem Potential der äußeren Belastung nach Gleichung (4.52)

$$H(\boldsymbol{u}) = -\int_V \rho_0 \bar{\boldsymbol{b}} \cdot \boldsymbol{u} \, dV - \int_V \bar{\boldsymbol{t}}_0 \cdot \boldsymbol{u} \, dA \tag{7.24}$$

zusammensetzt. Das Gleichgewicht ist durch das Minimum des Energiepotentials charakterisiert. Wir finden die Extremwerte des Energiepotentials wie üblich als Nullstelle der ersten Variation. Ob es sich hierbei um ein Minimum handelt, muss dann mit Hilfe der zweiten Variation geprüft werden. Ausgehend vom Ansatz für das hyperelastische Material berechnet man für die Variation des elastischen Potentials mit Gleichung (5.8)

$$\delta W = \frac{\partial W}{\partial \boldsymbol{E}} : \delta \boldsymbol{E} = \boldsymbol{S} : \delta \boldsymbol{E}$$

und erhält als Bestimmungsgleichung für das energetische Minimum, $\delta \Pi(\boldsymbol{u}) = 0$

$$\int_V \boldsymbol{S} : \delta \boldsymbol{E} \, dV = \int_V \rho_0 \bar{\boldsymbol{b}} \cdot \delta \boldsymbol{u} \, dV + \int_{\partial \mathcal{R}_\sigma} \bar{\boldsymbol{t}}_0 \cdot \delta \boldsymbol{u} \, dA \tag{7.25}$$

Setzt man nun noch für $\rho_0 \bar{\boldsymbol{b}} \, dV = \rho \bar{\boldsymbol{b}} \, dv$ und $\bar{\boldsymbol{t}}_0 \, dA = \bar{\boldsymbol{t}} \, da$, so ergibt sich

$$\underbrace{\int_V \boldsymbol{S} : \delta \boldsymbol{E} \, dV}_{\delta \mathcal{A}_{int}} = \underbrace{\int_V \rho \bar{\boldsymbol{b}} \cdot \delta \boldsymbol{u} \, dv + \int_{\partial \mathcal{R}_\sigma} \bar{\boldsymbol{t}} \cdot \delta \boldsymbol{u} \, da}_{\delta \mathcal{A}_{ext}} \tag{7.26}$$

und damit das Prinzip der virtuellen Arbeit.

7.1.2 Das Gleichgewicht eines Finiten Elementes

Wir wenden uns jetzt der Tragwerksberechnung zu und benutzen das Prinzip der virtuellen Arbeit zur Formulierung des Gleichgewichts im Rahmen der Methode der Finiten Elemente. Das bisher betrachtete Kontinuum wird durch das Tragwerk ersetzt, das durch eine endliche Anzahl von Finiten Elementen diskretisiert sein soll. Unsere nachfolgenden Betrachtungen beziehen sich auf ein einzelnes Element, für das wir die Elementmatrizen aufstellen wollen. Aus den Elementmatrizen wird die Matrix des Tragwerks aufgebaut, indem die Beiträge der einzelnen Elemente in den Netzknoten aufaddiert werden. Dieser so genannte Assemblierungsschritt, der für sämtliche Elementmatrizen gleichermaßen durchzuführen ist, soll hier nicht diskutiert werden. Der Leser kann dies im Schrifttum, z. B. in [118], nachlesen.

Das Aufstellen der Elementmatrizen wollen wir exemplarisch für ein isoparametrisches *Verschiebungsmodell* durchführen, welches zunächst nur translatorische Freiwerte haben soll. Für ein solches Finites Element mit $\mathcal{N}_e$ Knoten machen wir für das Verschiebungsfeld den Ansatz:

$$\boldsymbol{u} = \phi^{\mathcal{N}} \hat{\boldsymbol{u}}_{\mathcal{N}} \quad \text{mit} \quad \mathcal{N} = 1, \mathcal{N}_e \tag{7.27}$$

Dabei ist $\phi^{\mathcal{N}}$ die Ansatzfunktion für die Verschiebungen und $\hat{\boldsymbol{u}}_{\mathcal{N}}$ der zugehörige Verschiebungsvektor am Knoten $\mathcal{N}$. Die Ansatzfunktion $\phi^{\mathcal{N}}$ wird als Funktion von dimensionslosen, materiellen Elementkoordinaten ζ^i definiert und besitzt am zugeordneten Knoten $\mathcal{N}$ den Funktionswert eins und an den anderen Knoten den Funktionswert Null. Zusätzlich wird verlangt, dass die Summe der Ansatzfunktionen aller Knoten an jeder Stelle im Element gleich eins ist. Dann wird die Starrkörperverschiebung vom Element exakt dargestellt. Die Knotenverschiebungen $\hat{\boldsymbol{u}}_{\mathcal{N}}$ bestimmen, als lokale Verschiebungen der zeitunabhängigen Ansatzfunktionen am Knoten $\mathcal{N}$, die aktuelle Größe des Verschiebungsvektors im Element. Damit ist die Deformation des Finiten Elementes eindeutig über die Knotenverschiebungen festgelegt. Die Knotenverschiebungen $\hat{\boldsymbol{u}}_{\mathcal{N}}$ sind die zu berechnenden Unbekannten des diskreten Systems und werden deshalb auch als die *Freiwerte oder Freiheitsgrade des Elementes* bezeichnet.

Gemäß dem Konzept der *isoparametrischen Elemente* [118], benutzen wir für die Darstellung des Ortsvektors im Element die gleichen Ansatzfunktionen wie zur Beschreibung des Verschiebungsfeldes. Mit dem Ortsvektor $\hat{\boldsymbol{X}}_{\mathcal{N}}$ des Knoten $\mathcal{N}$ gilt dann analog zu (7.27)

$$\boldsymbol{X} = \phi^{\mathcal{N}} \hat{\boldsymbol{X}}_{\mathcal{N}} \quad \text{und} \quad \boldsymbol{x} = \phi^{\mathcal{N}} \hat{\boldsymbol{x}}_{\mathcal{N}} \quad \text{mit} \quad \mathcal{N} = 1, \mathcal{N}_e \tag{7.28}$$

Letztere Beziehung folgt aus der Abbildungsfunktion $\boldsymbol{x} = \boldsymbol{X} + \boldsymbol{u}$ und den Gleichungen (7.27) und (7.28) mit dem Ortsvektor des Knotens in der Momentankonfiguration $\hat{\boldsymbol{x}}_{\mathcal{N}} = \hat{\boldsymbol{X}}_{\mathcal{N}} + \hat{\boldsymbol{u}}_{\mathcal{N}}$.

Mit der Definition des Verschiebungsfeldes und der Elementgeometrie sind wir nun in der Lage, das Prinzip der virtuellen Arbeit auf ein Finites Element anzuwenden. Dazu benötigen wir zunächst die Variation des Verschiebungsfeldes, die nun wegen der zeitunabhängigen Ansatzfunktionen allein durch die Variation der Freiwerte gegeben ist. Aus Gleichung (7.27) folgt

$$\delta \boldsymbol{u} = \phi^{\mathcal{N}} \delta \hat{\boldsymbol{u}}_{\mathcal{N}} \tag{7.29}$$

und damit für die Variation des Deformationsgradienten und des Verschiebungsgradienten der Momentankonfiguration (vergleiche mit Gleichung (8.12))

$$\delta \boldsymbol{F} = \frac{\partial \delta \boldsymbol{u}}{\partial \boldsymbol{X}} = \frac{\partial \phi^{\mathcal{N}}}{\partial \boldsymbol{X}} \delta \hat{\boldsymbol{u}}_{\mathcal{N}} \quad \text{und} \quad \operatorname{grad} \delta \boldsymbol{u} = \frac{\partial \delta \boldsymbol{u}}{\partial \boldsymbol{x}} = \frac{\partial \phi^{\mathcal{N}}}{\partial \boldsymbol{x}} \delta \hat{\boldsymbol{u}}_{\mathcal{N}} \tag{7.30}$$

Wir verwenden diese Ergebnisse im Ausdruck für die innere virtuelle Arbeit nach Gleichung (7.10) und (7.16) und erhalten

$$\delta \mathcal{A}_{int} = \int_v \boldsymbol{\sigma} : \boldsymbol{g} \frac{\partial \phi^{\mathcal{N}}}{\partial \boldsymbol{x}} \, dv \, \delta \hat{\boldsymbol{u}}_{\mathcal{N}} = \int_V \boldsymbol{S} : \boldsymbol{F}^T \boldsymbol{g} \frac{\partial \phi^{\mathcal{N}}}{\partial \boldsymbol{X}} \, dV \, \delta \hat{\boldsymbol{u}}_{\mathcal{N}} = \mathbf{P}^{\mathcal{N}}_{int} \cdot \delta \hat{\boldsymbol{u}}_{\mathcal{N}} \tag{7.31}$$

Damit haben wir das Integral der inneren virtuellen Arbeit durch die Summe diskreter Arbeitsanteile an den Elementknoten ausgedrückt und so eine Verbindung zwischen dem, durch den Verschiebungsansatz des Finiten Elementes vorgegebenen physikalischen Feld und dem diskreten System hergestellt. Der diskrete Arbeitsanteil am Knoten $\mathcal{N}$ berechnet sich aus dem Kraftvektor, formuliert auf der Ausgangskonfiguration

$$\mathbf{P}^{\mathcal{N}}_{int} = \int_V \boldsymbol{S} : \boldsymbol{F}^T \boldsymbol{g} \frac{\partial \phi^{\mathcal{N}}}{\partial \boldsymbol{X}} \, dV; \quad P^{\mathcal{N}}_{(int)k} = \int_V S^{IJ} F^s{}_J g_{sk} \frac{\partial \phi^{\mathcal{N}}}{\partial X^I} \, dV \tag{7.32}$$

oder formuliert auf der Momentankonfiguration

$$\mathbf{P}^{\mathcal{N}}_{int} = \int_v \boldsymbol{\sigma} : \frac{\partial \phi^{\mathcal{N}}}{\partial \boldsymbol{x}} \, dv; \quad P^{\mathcal{N}}_{(int)k} = \int_v \sigma^{ij} g_{jk} \frac{\partial \phi^{\mathcal{N}}}{\partial x^i} \, dv \tag{7.33}$$

mit den energetisch, konjugierten virtuellen Verschiebungen $\delta \hat{\boldsymbol{u}}_{\mathcal{N}}$, die unabhängig von der Bezugskonfiguration gleich sind. Der Kraftvektor[4] $\mathbf{P}^{\mathcal{N}}_{int}$ wird *Knotenvektor*

[4]Für das Finite Element werden die Kraftvektoren aller Knotenpunkte in einer Spaltenmatrix angeordnet. Der Kraftvektor eines Knotens kann als Untermatrix dieser Spaltenmatrix verstanden werden. Entsprechend unserer Notationsübereinkunft verwenden wir für die Diskretisierungsmatrizen der Finiten Elemente die fett geschriebene nicht kursive Schreibweise.

des integrierten Kraftflusses genannt. Nach Gleichung (7.32) kann man den Kraftvektor $\mathbf{P}_{int}^{\mathcal{N}}$ entweder auf der Ausgangskonfiguration oder auf der Momentankonfiguration berechnen. Diese Tatsache, die für alle Elementmatrizen gleichermaßen gilt, ist eine wichtige Erkenntnis für die Programmierung.

Wir wenden uns nun der äußeren virtuellen Arbeit zu und schreiben sie auf die gleiche Weise in eine diskrete Form um. In den Ausdruck für $\delta\mathcal{A}_{ext}$ nach Gleichung (7.10) setzen wir den Verschiebungsansatz (7.29) ein und erhalten mit $\dot{\boldsymbol{v}} = \ddot{\boldsymbol{u}}$

$$\begin{aligned}\delta\mathcal{A}_{ext} &= \Big(\int_v \rho\bar{\boldsymbol{b}}\,\phi^{\mathcal{N}}\,dv + \int_{\partial\mathcal{R}_\sigma} \bar{\boldsymbol{t}}\,\phi^{\mathcal{N}}\,da - \int_v \ddot{\boldsymbol{u}}\,\phi^{\mathcal{N}}\,\rho\,dv\Big)\,\delta\hat{\boldsymbol{u}}_{\mathcal{N}} \\ &= (\mathbf{P}_{ext}^{\mathcal{N}} - \mathbf{P}_{Trg}^{\mathcal{N}})\cdot\delta\hat{\boldsymbol{u}}_{\mathcal{N}} \qquad (7.34)\end{aligned}$$

mit

$$\mathbf{P}_{ext}^{\mathcal{N}} = \int_v \rho\bar{\boldsymbol{b}}\,\phi^{\mathcal{N}}\,dv + \int_{\partial\mathcal{R}_\sigma} \bar{\boldsymbol{t}}\,\phi^{\mathcal{N}}\,da \qquad (7.35)$$

und

$$\mathbf{P}_{Trg}^{\mathcal{N}} = \int_v \ddot{\boldsymbol{u}}\,\phi^{\mathcal{N}}\,\rho\,dv \qquad (7.36)$$

Der Kraftvektor $\mathbf{P}_{ext}^{\mathcal{N}}$ wird *Knotenvektor der eingeprägten Kräfte* genannt und der Kraftvektor $\mathbf{P}_{Trg}^{\mathcal{N}}$ wird *Knotenvektor der eingeprägten Trägheitskraft* genannt.

Die Knotenvektoren der eingeprägten Kräfte stellen die *kinematisch konsistente Umrechnung* der flächen- und volumenbezogenen, verteilten Belastung auf diskrete Knotenwerte dar. Infolgedessen kann man die Knotenvektoren der eingeprägten Kräfte auch einfach als Belastungsvektoren bezeichnen. Die Bezeichnung *kinematisch konsistent* drückt aus, dass die verteilte Belastung so in diskrete Knotenkräfte umgerechnet wurde, dass diese neben der statischen Äquivalenz, auch die Äquivalenz im Sinne des Prinzips besitzen. Dies bedeutet, dass die verteilte Belastung mit den Knotenkräften im Gleichgewicht ist und zusätzlich, mit dem virtuellen Verschiebungsfeld aus den Ansatzfunktionen des Elementes die gleiche virtuelle Arbeit leistet, wie die diskreten Knotenlasten mit den virtuellen Knotenverschiebungen. Diese Aussage ist in den Gleichungen (7.10) und (7.34) dokumentiert.

Der Knotenvektor der eingeprägten Trägheitskraft stellt ein Integral über die Masse des Finiten Elementes dar. Wegen des Massenerhalts $dm = \rho\,dv = \rho_0\,dV$, ist dieser Kraftvektor unabhängig von der Deformation und kann wahlweise auf der Ausgangskonfiguration oder auf der Momentankonfiguration berechnet werden. Unter Verwendung der Ansatzfunktionen nach Gleichung (7.29) drücken wir die

Beschleunigung $\ddot{\boldsymbol{u}}$ in den Knotenwerten aus. Da die Ansatzfunktionen zeitunabhängig sind gilt

$$\ddot{\boldsymbol{u}} = \phi^{\mathcal{M}} \ddot{\hat{\boldsymbol{u}}}_{\mathcal{M}} \tag{7.37}$$

Damit hat das Beschleunigungsfeld den gleichen funktionalen Verlauf wie das Verschiebungsfeld.

Bevor wir nun den Ausdruck für das Beschleunigungsfeld in den Knotenvektor der eingeprägten Trägheitskraft einsetzen, ist es notwendig nochmals zur Ausgangsgleichung (7.10) für die virtuellen Arbeiten zurückzugehen. In dieser Gleichung steht unter dem Integral für die virtuelle äußere Arbeit jeweils ein Skalarprodukt, gebildet aus dem Vektor des eingeprägten Kraftflusses mit dem virtuellen Verschiebungsvektor. Dabei beziehen sich beide Vektoren auf das gleiche Basissystem. In Indexschreibweise lautet dann z. B. das Skalarprodukt $(\ddot{\boldsymbol{u}} \cdot \delta \boldsymbol{u})$ für den Term der Trägheitskraft $\ddot{u}^i g_{ij} \delta u^j$. Die hier auftretenden Metrikkoeffizienten ergeben sich dabei automatisch aus dem Skalarprodukt der Basisvektoren. Dementsprechend konnten wir sie in der Gleichung (7.34) auch weggelassen. Wenn wir jetzt nachfolgend den Knotenvektor der eingeprägten Trägheitskraft durch ein Matrizenprodukt ersetzen, müssen wir aber den für das Skalarprodukt notwendigen Metriktensor einfügen.

Unter Beachtung letzterer Bemerkungen setzen wir den Ansatz (7.37) und den Metriktensor $\boldsymbol{g}^\flat$ in Gleichung (7.36) ein und erhalten für den Knotenvektor der eingeprägten Trägheitskraft

$$\mathbf{P}^{\mathcal{N}}_{Trg} = \ddot{\hat{\boldsymbol{u}}}_{\mathcal{M}} \int_v \boldsymbol{g}^\flat \phi^{\mathcal{M}} \phi^{\mathcal{N}} \rho \, dv = \ddot{\hat{\boldsymbol{u}}}_{\mathcal{M}} \cdot \mathbf{M}^{\mathcal{M}\mathcal{N}} \tag{7.38}$$

mit

$$\mathbf{M}^{\mathcal{M}\mathcal{N}} = \int_v \boldsymbol{g}^\flat \phi^{\mathcal{M}} \phi^{\mathcal{N}} \rho \, dv \tag{7.39}$$

Die Matrix $\mathbf{M}^{\mathcal{M}\mathcal{N}}$ heißt *kinematisch konsistente Massenmatrix*, wobei sich die Bezeichnung, kinematisch konsistent, wie beim Belastungsvektor auf die Eigenschaft der statischen und kinematischen Äquivalenz der Matrix bezieht. Die Massenmatrix $\mathbf{M}^{\mathcal{M}\mathcal{N}}$ ist symmetrisch, positiv definit und hat wegen der Linearunabhängigkeit der Ansatzfunktionen $\phi^{\mathcal{N}}$ den vollen Rang. In Indexschreibweise lautet die Massenmatrix für den Fall der kartesischen Bezugsbasis mit $g_{ij} = \delta_{ij}$

$$M^{\mathcal{M}\mathcal{N}}_{ij} = \int_v \delta_{ij} \phi^{\mathcal{M}} \phi^{\mathcal{N}} \rho \, dv \tag{7.40}$$

Danach hat die dem Knotenpaar $(\mathcal{M}, \mathcal{N})$ zugeordnete Untermatrix Diagonalform mit gleichen Werten. Ein Element der Untermatrix stellt den Anteil der Trägheitskraft dar, der sich aufgrund einer am Knoten $\mathcal{N}$ aufgebrachten Einheitsbeschleunigung ergibt.

Mit Hilfe der Gleichungen (7.31) und (7.34) können wir das Gleichgewicht eines Finiten Elementes nun in diskreter Form anschreiben. Man erhält aus $\delta \mathcal{A}_{int} - \delta \mathcal{A}_{ext} = 0$

$$\delta \hat{\boldsymbol{u}}_{\mathcal{N}} \cdot (\mathbf{M}^{\mathcal{N}\mathcal{M}} \ddot{\hat{\boldsymbol{u}}}_{\mathcal{M}} + \mathbf{P}^{\mathcal{N}}_{int} - \mathbf{P}^{\mathcal{N}}_{ext}) = 0 \tag{7.41}$$

und da $\delta \hat{\boldsymbol{u}}_{\mathcal{N}}$ als beliebig variabel vorausgesetzt wird folgt

$$\mathbf{M}^{\mathcal{N}\mathcal{M}} \ddot{\hat{\boldsymbol{u}}}_{\mathcal{M}} + \mathbf{P}^{\mathcal{N}}_{int} = \mathbf{P}^{\mathcal{N}}_{ext} \tag{7.42}$$

Diese Gleichung stellt den Impulssatz[5] für das diskrete System dar. Sofern man sich auf den statischen Fall beschränkt, was nachfolgend gelten soll, gilt die vereinfachte Gleichgewichtsbeziehung

$$\mathbf{P}^{\mathcal{N}}_{int} = \mathbf{P}^{\mathcal{N}}_{ext} \tag{7.43}$$

Im dreidimensionalen Raum stellt diese Beziehung ein nichtlineares Gleichungssystem für ein Finites Element dar, dessen Dimension durch die Anzahl der Freiwerte gegeben ist. Bei Vorgabe des Spannungsfeldes, der Konfiguration und der Belastung kann mit Hilfe dieser Beziehung geprüft werden, ob sich das Finite Element im Gleichgewicht befindet, bzw. ob es sich bei der Konfiguration um eine Gleichgewichtskonfiguration handelt. Dann werden sämtliche Gleichungen des Systems erfüllt. In der Regel wird aber nur die Belastung vorgegeben sein, für die dann die Gleichgewichtskonfiguration des Finiten Elementes gesucht wird. In diesem Fall gilt es, das Gleichungssystem nach den Knotenverschiebungen aufzulösen. Dies ist allerdings nicht so ohne weiteres möglich, da in die Beziehung (7.43) die Knotenverschiebungen nichtlinear eingehen. Man erkennt die Nichtlinearität der Gleichung im Ausdruck für den Kraftvektor $\mathbf{P}^{\mathcal{N}}_{int}$ nach Gleichung

[5]Gleichung (7.42) ist die Grundgleichung, die von den so genannten *expliziten Finite-Elemente-Programmen* gelöst wird. Diese Programme finden z. B. bei der „Crash-Berechnung" im Automobilbau ihre Anwendung. Dabei wird die Prozesszeit in tausende kleiner Zeitschritte aufgeteilt und die Integration der Gleichung numerisch durchgeführt. Im Zeitschritt wird die Gleichung nach der Beschleunigung aufgelöst, was die Inversion der Massenmatrix verlangt. Aus Gründen der Rechenzeitersparnis wird hier eine diagonale Massenmatrix (engl. lumped massmatrix) verwendet. Diese Massenmatrix verteilt die Masse des Finiten Elementes nur statisch äquivalent auf die Freiwerte.
Für dynamische Aufgabenstellungen wird die Gleichung durch Hinzunahme einer geschwindigkeitsabhängigen Dämpfungsmatrix erweitert.

(7.32), wo sowohl die Spannungen über den nichtlinearen Verzerrungstensor, als auch die Ableitung der Ansatzfunktionen auf der Momentankonfiguration für eine nichtlineare Abhängigkeit vom Verschiebungszustand sorgen. Weitere Nichtlinearitäten können durch ein nichtlineares Materialgesetz und eine *nicht konservative, deformationsabhängige Belastung* hinzukommen. Man sieht also, dass die Gleichgewichtsbeziehung (7.43) einer direkten Auflösung nicht zugänglich ist, sodass man mit Hilfe eines geeigneten numerischen Verfahrens die Lösung berechnen muss.

7.1.3 Herleitung der tangentialen Steifigkeit

Die Lösung der nichtlinearen Gleichgewichtsbeziehung (7.43) muss numerisch erfolgen. Dazu bedarf es einer Linearisierung der Gleichgewichtsbeziehung. Im Vorgriff auf Kapitel 8, wo wir uns mit diesem wichtigen Rechenschritt näher befassen werden, geben wir an, dass für die Linearisierung der Gleichgewichtsbeziehung die Ableitung der Gleichgewichtsbeziehung nach ihren Unbekannten, zu berechnen ist. Die Unbekannten sind hier die Freiwerte des Finiten Elementes. Als Ergebnis erhält man die *tangentiale Steifigkeit des Finiten Elementes.*

Zur Durchführung des Linearisierungsschrittes gehen wir von den allgemeinen Arbeitsausdrücken in Lagrangescher Schreibweise aus und spezialisieren anschließend das Ergebnis auf ein Finites Element.

Die formale Ableitung der inneren virtuellen Arbeit nach Gleichung (7.16) liefert uns die zwei Anteile

$$d(\delta\mathcal{A}_{int}) = \int_V \delta\bar{\boldsymbol{E}} : d\boldsymbol{S}\,dV + \int_V \boldsymbol{S} : d(\delta\bar{\boldsymbol{E}})\,dV \tag{7.44}$$

Mit d bezeichnen wir wie üblich das vollständige Differential. Das erste Integral berücksichtigt die Änderung des Spannungszustandes bei festgehaltenen virtuellen Verzerrungen und führt so das Materialgesetz in die Beziehung ein. Gemäß Gleichung (5.10) erhalten wir

$$d\boldsymbol{S} = \mathbb{C} : d\boldsymbol{E} \tag{7.45}$$

$\mathbb{C}$ steht hier für den, zum momentanen Verzerrungszustand gehörigen, tangentialen Materialtensor vierter Stufe. Es gilt zu beachten, dass sowohl $d\boldsymbol{E}$ als auch der Materialtensor $\mathbb{C}$ Symmetrie in den zu verknüpfenden Indizes besitzt (siehe Gleichung (5.33)). Infolgedessen dürfen wir auch hier $d\boldsymbol{E}$ durch $d\bar{\boldsymbol{E}}$ nach (7.15) ersetzen und mit der einfacheren konstitutiven Beziehung

$$d\boldsymbol{S} = \mathbb{C} : d\bar{\boldsymbol{E}} \tag{7.46}$$

arbeiten.

Das zweite Integral in Gleichung (7.44) folgt aus der Änderung der virtuellen Verzerrungen bei festgehaltenem Spannungsfeld. Dieses Integral ist also abhängig von der Beschreibung der Verzerrungen und nur vorhanden, sofern der Verzerrungstensor nichtlineare Glieder aufweist. Im Fall einer linearen Kinematik würde dieser Anteil verschwinden. Ausgehend von Gleichung (7.17) berechnen wir für die Ableitung der virtuellen Greenschen Verzerrungen mit $d(\delta \boldsymbol{F}) = 0$

$$d(\delta \bar{\boldsymbol{E}}) = d\boldsymbol{F}^T \boldsymbol{g}\, \delta \boldsymbol{F} \tag{7.47}$$

Wir setzen die Beziehungen (7.46) und (7.47) in Gleichung (7.44) ein und erhalten für das Differential der inneren virtuellen Arbeit

$$d(\delta \mathcal{A}_{int}) = \int_V \delta \bar{\boldsymbol{E}} : \mathbb{C} : d\bar{\boldsymbol{E}}\, dV + \int_V \boldsymbol{S} : d\boldsymbol{F}^T \boldsymbol{g}\, \delta \boldsymbol{F}\, dV \tag{7.48}$$

Unsere nächste Aufgabe ist die Berechnung des Differentials der äußeren virtuellen Arbeit nach Gleichung (7.10). Dazu müssen wir zuerst die Belastung genauer festlegen. Das Tragwerk soll durch eine, auf das Ausgangsvolumen bezogene Massenkraft, dies kann z. B. das Eigengewicht sein, und durch eine auf der Oberfläche wirkende Druckverteilung belastet sein. Da die Druckbelastung stets auf der Oberfläche der Momentankonfiguration wirkt, ist der resultierende Kraftvektor durch die deformationsabhängige Flächennormale $\boldsymbol{n}$ mit zugehörigem Flächenelement da und durch die momentane Druckhöhe $\bar{p}$ bestimmt. Für den auf dem Flächenelement da wirkenden Belastungsvektor $d\bar{\boldsymbol{f}}_S$ gilt

$$d\bar{\boldsymbol{f}}_S = \bar{\boldsymbol{t}}\, da = \bar{p}\, \boldsymbol{n}\, da \tag{7.49}$$

Die Druckbelastung ist damit eine verschiebungsabhängige Belastung, die in die Linearisierung mit einbezogen werden muss und einen Beitrag zur tangentialen Steifigkeit liefert. Diese Matrix heißt *Lastkorrekturmatrix*. Die Differentiation werden wir auf der Ausgangskonfiguration durchführen. Dazu beziehen wir das zugehörige Integral der virtuellen Arbeit zunächst mit Hilfe von Gleichung (4.6) auf die Ausgangskonfiguration. Nach erfolgter Differentiation wechseln wir dann zurück auf die Momentankonfiguration. Bei dieser Vorgehensweise wird man sofort an die Lie-Ableitung erinnert, die auf einer analogen Berechnungsvorschrift basiert.

Für den Belastungsvektor $\rho \bar{\boldsymbol{b}}$ der volumenbezogenen Massenkraft machen wir den Ansatz $\rho \bar{\boldsymbol{b}} = \rho \bar{b} \bar{\boldsymbol{g}}$, wo $\bar{b}$ die Lasthöhe und $\bar{\boldsymbol{g}}$ der normierte Richtungsvektor der Belastung ist. Nachfolgend wollen wir der Einfachheit halber annehmen, dass die

Lasthöhen $\bar{b}$ und $\bar{p}$ für das einzelne Element konstant sein sollen, sodass wir sie aus den Integralen ausklammern können. Wir setzen den Ausdruck für die volumenbezogene Massenkraft und die Oberflächenbelastung nach Gleichung (7.49) in den Ausdruck für die äußere virtuelle Arbeit nach Gleichung (7.10) ein und erhalten

$$\delta \mathcal{A}_{ext} = \rho_0 \bar{b} \int_V \delta \boldsymbol{u} \cdot \bar{\boldsymbol{g}} \, dV + \bar{p} \int_{\partial \mathcal{R}_\sigma} \delta \boldsymbol{u} \cdot \boldsymbol{n} \, da \tag{7.50}$$

Für das vollständige Differential gilt dann

$$d(\delta \mathcal{A}_{ext}) = \rho_0 \, d\bar{b} \int_V \delta \boldsymbol{u} \cdot \bar{\boldsymbol{g}} \, dV + d\bar{p} \int_{\partial \mathcal{R}_\sigma} \delta \boldsymbol{u} \cdot \boldsymbol{n} \, da + \bar{p} \int_{\partial \mathcal{R}_\sigma} \delta \boldsymbol{u} \cdot d(\boldsymbol{n} \, da) \tag{7.51}$$

Für die flächenbezogene Druckbelastung erhalten wir zwei Integrale. Das erste Integral ist deformationsunabhängig und steht für den Anteil der Änderung der virtuellen Arbeit, der sich aufgrund der Druckhöhenänderung $d\bar{p}$, bei festgehaltener Konfiguration, einstellt. Das zweite Integral beschreibt die Änderung der virtuellen Arbeit, die sich aus der linearisierten Änderung der Konfiguration, bei festgehaltener Druckhöhe, ergibt. Das darin enthaltene Differential $d(\boldsymbol{n} \, da)$ berechnen wir auf der Ausgangskonfiguration. Mit der Transformationsbeziehung (4.4) ergibt sich

$$d(\boldsymbol{n} \, da) = d(J \boldsymbol{F}^{-T} \boldsymbol{N} dA) = (dJ \boldsymbol{F}^{-T} + J \, d\boldsymbol{F}^{-T}) \boldsymbol{N} dA \tag{7.52}$$

Das Differential des inversen Deformationstensors ermitteln wir aus der Beziehung $d(\boldsymbol{F}\boldsymbol{F}^{-1}) = 0$, analog zu Gleichung (4.35). Aus $d\boldsymbol{F}\boldsymbol{F}^{-1} + \boldsymbol{F} d\boldsymbol{F}^{-1} = 0$ folgt

$$d\boldsymbol{F}^{-1} = -\boldsymbol{F}^{-1} d\boldsymbol{F} \boldsymbol{F}^{-1} \quad \text{und} \quad d\boldsymbol{F}^{-T} = -\boldsymbol{F}^{-T} d\boldsymbol{F}^T \boldsymbol{F}^{-T} \tag{7.53}$$

Wir setzen dieses Ergebnis und das Differential $dJ = J \operatorname{div} d\boldsymbol{u}$ nach Gleichung (3.120) ein und wechseln mit der (4.4) zurück auf die Momentankonfiguration. Mit der Identität $\operatorname{grad} d\boldsymbol{u} = d\boldsymbol{F}\boldsymbol{F}^{-1}$ gilt dann

$$\begin{aligned} d(\boldsymbol{n} \, da) &= (J \operatorname{div} d\boldsymbol{u} - J (\operatorname{grad} d\boldsymbol{u})^T) \boldsymbol{F}^{-T} \boldsymbol{N} dA \\ &= (\boldsymbol{n} \operatorname{div} d\boldsymbol{u} - (\operatorname{grad} d\boldsymbol{u})^T \boldsymbol{n}) \, da \end{aligned} \tag{7.54}$$

und eingesetzt in Gleichung (7.51) für das Differential der äußeren virtuellen Arbeit

$$\begin{aligned} d(\delta \mathcal{A}_{ext}) &= \rho_0 \, d\bar{b} \int_V \delta \boldsymbol{u} \cdot \bar{\boldsymbol{g}} \, dV + d\bar{p} \int_{\partial \mathcal{R}_\sigma} \delta \boldsymbol{u} \cdot \boldsymbol{n} \, da \\ &\quad + \bar{p} \int_{\partial \mathcal{R}_\sigma} \delta \boldsymbol{u} \cdot (\boldsymbol{n} \operatorname{div} d\boldsymbol{u} - (\operatorname{grad} d\boldsymbol{u})^T \boldsymbol{n}) \, da \end{aligned} \tag{7.55}$$

Das Differential der äußeren virtuellen Arbeit $d(\delta\mathcal{A}_{ext})$ setzt sich aus drei Integralen zusammen. Die ersten beiden Integrale sind lineare Funktionen der Lasthöhenänderung $d\bar{b}$ und $d\bar{p}$. Das dritte Integral folgt aus der Änderung des Flächenelementes und des Normalenvektors bei festgehaltener Lasthöhe. Dieses Integral berücksichtigt also den Anteil der Belastungsänderung, der aus der Änderung der Konfiguration folgt.

Nachdem nun die Ausdrücke für die Differentiale der virtuellen Arbeiten bekannt sind, können wir den Verschiebungsvektor durch den Ansatz für das Verschiebungsfeld nach Gleichung (7.27) ersetzen und die Ausdrücke dann für ein Finites Element auswerten. Bei den hier behandelten Verschiebungsmodellen resultiert die Änderung einer Zustandsgröße aus der Änderung der Knotenverschiebungen $\hat{\boldsymbol{u}}_{\mathcal{M}}$ des Finiten Elementes. Dies bedeutet, dass wir die Differentiale durch die Ableitungsvorschrift

$$d(\cdot) = \frac{\partial(\cdot)}{\partial \hat{\boldsymbol{u}}_{\mathcal{M}}} d\hat{\boldsymbol{u}}_{\mathcal{M}}$$

ersetzen müssen.

Wir beginnen mit der Auswertung der Verzerrungsgrößen und setzen für das Variationssymbol δ das gleichwertige Symbol d des vollständigen Differentials ein. Für Gleichung (7.15) erhalten wir mit Gleichung (7.30)

$$d\bar{\boldsymbol{E}} = \boldsymbol{F}^T \boldsymbol{g}\, d\boldsymbol{F} = \boldsymbol{F}^T \boldsymbol{g} \frac{\partial \phi^{\mathcal{M}}}{\partial \boldsymbol{X}} d\hat{\boldsymbol{u}}_{\mathcal{M}} \tag{7.56}$$

und für Gleichung (7.47)

$$d(\delta\bar{\boldsymbol{E}}) = d\boldsymbol{F}^T \boldsymbol{g}\, \delta\boldsymbol{F} = \delta\hat{\boldsymbol{u}}_{\mathcal{N}}^T \left(\frac{\partial \phi^{\mathcal{N}}}{\partial \boldsymbol{X}}\right)^T \boldsymbol{g} \frac{\partial \phi^{\mathcal{M}}}{\partial \boldsymbol{X}} d\hat{\boldsymbol{u}}_{\mathcal{M}} \tag{7.57}$$

Mit den beiden letzten Gleichungen schreiben wir für das Differential der inneren virtuellen Arbeit (7.48)

$$\begin{aligned} d(\delta\mathcal{A}_{int}) \;=\;\; & \delta\hat{\boldsymbol{u}}_{\mathcal{N}}^T \Big\{ \int_V \left(\frac{\partial \phi^{\mathcal{N}}}{\partial \boldsymbol{X}}\right)^T \boldsymbol{g}\boldsymbol{F} : \mathbb{C} : \boldsymbol{F}^T \boldsymbol{g} \frac{\partial \phi^{\mathcal{M}}}{\partial \boldsymbol{X}} dV \\ & + \int_V \boldsymbol{S} : \left(\frac{\partial \phi^{\mathcal{N}}}{\partial \boldsymbol{X}}\right)^T \boldsymbol{g} \frac{\partial \phi^{\mathcal{M}}}{\partial \boldsymbol{X}} dV \Big\} d\hat{\boldsymbol{u}}_{\mathcal{M}} \end{aligned} \tag{7.58}$$

Die Integrale definieren zwei Anteile der tangentialen Steifigkeit des Finiten Elementes, die wir auch in Indexschreibweise angeben wollen. Der erste Anteil

$$\mathbf{K}_{(m)}^{\mathcal{N}\mathcal{M}} = \int_V \left(\frac{\partial \phi^{\mathcal{N}}}{\partial \boldsymbol{X}}\right)^T \boldsymbol{g}\boldsymbol{F} : \mathbb{C} : \boldsymbol{F}^T \boldsymbol{g} \frac{\partial \phi^{\mathcal{M}}}{\partial \boldsymbol{X}} \, dV \tag{7.59}$$

$$\mathrm{K}_{(m)ij}^{\mathcal{N}\mathcal{M}} = \int_V \frac{\partial \phi^{\mathcal{N}}}{\partial X^I} g_{ik} F^k{}_J C^{IJRS} F^m{}_R g_{mj} \frac{\partial \phi^{\mathcal{M}}}{\partial X^S} \, dV \tag{7.60}$$

ist eine Funktion des Materialtensors und der Anfangsverschiebung, die im Deformationsgradienten enthalten ist. Verschiedentlich wird deshalb eine weitere Aufspaltung dieser Steifigkeit in den materialabhängigen und in den verschiebungsabhängigen Beitrag vorgeschlagen. In diesem Fall schreibt man für den Deformationsgradienten $\boldsymbol{F} = \boldsymbol{I} + \partial \boldsymbol{u}/\partial \boldsymbol{X}$ und multipliziert aus. Man erhält so die verschiebungsunabhängige *Steifigkeit¿Materialsteifigkeit* und die verschiebungsabhängige *Anfangsverschiebungsmatrix*. In der Ausgangskonfiguration verschwindet die Anfangsverschiebungsmatrix und die verbleibende Materialsteifigkeit ist dann mit der Steifigkeitsmatrix der linearen Theorie identisch. Wir wollen diese Aufspaltung hier aber nicht vornehmen, da sie für das Aufstellen der Steifigkeiten keine Bedeutung hat. Die Formeln können z. B. in [67] eingesehen werden.

Das zweite Integral in Gleichung (7.58)

$$\mathbf{K}_{(g)}^{\mathcal{N}\mathcal{M}} = \int_V \boldsymbol{S} : \left(\frac{\partial \phi^{\mathcal{N}}}{\partial \boldsymbol{X}}\right)^T \boldsymbol{g} \frac{\partial \phi^{\mathcal{M}}}{\partial \boldsymbol{X}} \, dV$$

$$\mathrm{K}_{(g)ij}^{\mathcal{N}\mathcal{M}} = \int_V g_{ij} S^{IJ} \frac{\partial \phi^{\mathcal{N}}}{\partial X^I} \frac{\partial \phi^{\mathcal{M}}}{\partial X^J} \, dV \tag{7.61}$$

ist eine Funktion des Spannungszustandes und heißt *geometrische Steifigkeit* oder *Anfangsspannungsmatrix*. Man erkennt, dass für ein Knotenpaar $(\mathcal{N}, \mathcal{M})$ nur ein Steifigkeitswert zu berechnen ist, der sich aus der zweifachen Verjüngung des Spannungstensors mit den zugehörigen Gradienten der Verschiebungsfunktionen berechnet. Im Fall des kartesischen Bezugssystems $\boldsymbol{g} = \boldsymbol{I}$ wird die zum Knotenpaar $(\mathcal{N}, \mathcal{M})$ gehörige Untermatrix zur Diagonalmatrix, die jedem Freiwertepaar $i = j$ den gleichen Steifigkeitswert zuweist.

In der Praxis wird die Aufteilung der tangentialen Steifigkeit in die einzelnen Anteile in der Regel aber nicht vorgenommen. Da die Integration der Steifigkeitsmatrix numerisch ausgeführt wird, werden aus Gründen der Rechenzeitersparnis, stets beide Steifigkeitsmatrizen (7.59) und (7.61) in einem Rechenschritt aufgebaut. Ein Sonderfall stellt die lineare Beulanalyse dar, die auf einer Aufspaltung der Steifigkeit in den materialabhängigen und in den geometrischen Anteil basiert. Hier muss also aufgeteilt werden, was die separate Berechnung der einzelnen Anteile erfordert.

Mit den neu definierten Matrizen können wir nun für das Differential der inneren virtuellen Arbeit nach Gleichung (7.58) schreiben

$$d(\delta\mathcal{A}_{int}) = \delta\hat{\boldsymbol{u}}^T_{\mathcal{N}}\left(\mathbf{K}^{\mathcal{N}\mathcal{M}}_{(m)} + \mathbf{K}^{\mathcal{N}\mathcal{M}}_{(g)}\right)d\hat{\boldsymbol{u}}_{\mathcal{M}} \tag{7.62}$$

Als nächstes setzen wir in das Differential der äußeren virtuellen Arbeit nach Gleichung (7.55) die Ansatzfunktionen des Finiten Elementes ein:

$$\begin{aligned} d(\delta\mathcal{A}_{ext}) &= \delta\hat{\boldsymbol{u}}_{\mathcal{N}}\cdot\left(\rho_0\, d\bar{b}\int_V \phi^{\mathcal{N}}\bar{\boldsymbol{g}}\, dV + d\bar{p}\int_{\partial\mathcal{R}_\sigma}\phi^{\mathcal{N}}\boldsymbol{n}\, da\right) \\ &\quad + \bar{p}\int_{\partial\mathcal{R}_\sigma}\delta\boldsymbol{u}\cdot(\boldsymbol{n}\operatorname{div}d\boldsymbol{u} - (\operatorname{grad}d\boldsymbol{u})^T\boldsymbol{n})\, da \end{aligned} \tag{7.63}$$

Der in geschweifter Klammer stehende Ausdruck ist der kinematisch konsistente Belastungsvektor für die differentielle Laststeigerung. Der zweite Term ist eine Funktion der virtuellen Verschiebungen $\delta\boldsymbol{u}$ und des Verschiebungsdifferentials $d\boldsymbol{u}$. Demnach definiert dieser Term, analog zu Gleichung (7.62), eine Matrix, die *Lastkorrekturmatrix* heißt. Im vorliegenden Fall handelt es sich um die Lastkorrekturmatrix für die Druckbelastung. Die Indexschreibweise legt die Bedeutung der Lastkorrekturmatrix offen:

$$\mathrm{L}^{\mathcal{N}\mathcal{M}}_{(p)ij} = \bar{p}\int_{\partial\mathcal{R}_\sigma}\phi^{\mathcal{N}}\left(n_i\frac{\partial\phi^{\mathcal{M}}}{\partial x^j} - n_j\frac{\partial\phi^{\mathcal{M}}}{\partial x^i}\right)da \tag{7.64}$$

Man erkennt, dass diese Matrix nicht symmetrisch ist, da für den Knotenindex $\mathcal{N}$ die Verschiebungsfunktion und für den Knotenindex $\mathcal{M}$ die Ableitung der Verschiebungsfunktion benutzt wird. Außerdem gilt für die Untermatrix eines Knotenpaares $(\mathcal{N},\mathcal{M})$, $\mathrm{L}^{\mathcal{N}\mathcal{M}}_{(p)ij} = -\mathrm{L}^{\mathcal{N}\mathcal{M}}_{(p)ji}$, d. h. dass die Untermatrix schiefsymmetrisch ist, was sofort auf eine Drehmatrix hindeutet. Die Lastkorrekturmatrix ist also eine lineare Drehmatrix, welche die Drehung des Normalenvektors infolge der Änderung der Konfiguration berücksichtigt.

Schließlich addieren wir noch die einzelnen Beiträge zur *tangentialen Steifigkeit*, wobei zu beachten ist, dass die Lastkorrekturmatrix hier mit einem Minuszeichen versehen wird. Eine Erklärung für dieses Minuszeichen wird im nächsten Kapitel nachgereicht (siehe dazu Gleichung (8.24).

$$\mathbf{K}^{\mathcal{N}\mathcal{M}} = \mathbf{K}^{\mathcal{N}\mathcal{M}}_{(m)} + \mathbf{K}^{\mathcal{N}\mathcal{M}}_{(g)} - \mathbf{L}^{\mathcal{N}\mathcal{M}}_{(p)} \tag{7.65}$$

7.2 Finite-Elemente-Formulierung des thermischen Feldproblems

Wir wollen jetzt in Analogie zur statischen Randwertaufgabe eine Finite-Elemente-Formulierung für die Berechnung des Temperaturfeldes aufstellen. Ausgangspunkt für unsere Betrachtungen ist die für das undeformierte Volumenelement aufgestellte Leistungsbilanz, in Form der Evolutionsgleichung (6.171) für das Temperaturfeld. Hierbei handelt es sich um eine gewöhnliche Differentialgleichung erster Ordnung in der Zeit, welche die Entwicklung des Temperaturfeldes als Randwertaufgabe beschreibt. Zur Integration der Differentialgleichung muss die Temperatur zur Zeit $t = 0$ im Feld bekannt sein.

Im stationären Fall $\dot{\vartheta} = 0$ muss mindestens ein Randwert vorgegeben werden. Analog zur Statik, wo sich die Verschiebungen relativ zur Lagerung einstellen, wird sich dann das Temperaturfeld relativ zu diesem Randwert einstellen. Der Randwert dient hier als Referenzwert für das Temperaturfeld. Die Forderung nach einem Referenzwert zeigt sich auch im Gleichungssystem der Finite-Elemente-Formulierung, das zur Bestimmung des Temperaturfeldes aufgestellt wird. Vergleicht man mit der Statik, so entspricht das Temperaturfeld konstanter Temperatur der Starrkörperverschiebung der Statik. Die Koeffizientenmatrix zur Bestimmung des Verschiebungsfeldes in der Statik hat im allgemeinen Fall den Rangabfall sechs, den sechs Starrkörperbewegungen im Raum (drei Starrkörperverschiebungen und drei Starrkörperrotationen) entsprechend; die Koeffizientenmatrix des Temperaturfeldes hat den Rangabfall eins. Die Lösung verlangt also die Vorgabe mindestens eines Temperaturwertes.

Neben der Vorgabe eines Referenzwertes im Feld hat man auch die Möglichkeit, die Umgebungstemperatur als Referenzniveau für das Temperaturfeld anzugeben. In diesem Fall wird, mit Hilfe des Wärmeübergangs auf der Oberfläche des Körpers, das Temperaturfeld relativ zur Umgebungstemperatur eingestellt. In Abhängigkeit von der noch unbekannten, zu bestimmenden Oberflächentemperatur des Körpers stellt sich ein Wärmefluss ein, sodass man es hier mit einer Oberflächenbelastung zu tun hat. Diese Definition des Referenzwertes entspricht demnach einer elastischen Bettung in der Statik.

Mit den Bezeichnungen ϑ_o für die Temperatur auf der Oberfläche des Körpers, ϑ_∞ für die Umgebungstemperatur und h_c für die Wärmeübergangszahl gilt für den Wärmefluss vom Körper zur Umgebung

$$\bar{q}_n = -h_c(\vartheta_\infty - \vartheta) \quad \text{mit} \quad \vartheta = \vartheta_o \tag{7.66}$$

Die thermische Randwertaufgabe ist durch die Wärmebilanzgleichung zusammen mit den Randbedingungen definiert. In die Wärmebilanzgleichung (6.175) setzen wir den Leitungsterm (6.174) ein und erhalten mit $\rho_0 = J\rho$

$$J\,\rho\,c_m\,\dot{\vartheta} = Q_{def} + Q_{ql} + \mathcal{D}^p_{int} - J\,\mathrm{div}\,\boldsymbol{q} \tag{7.67}$$

Indem wir die Gleichung nun mit J durchkürzen, beziehen wir die Bilanzgleichung auf das deformierte Volumenelement

$$\rho\,c_m\,\dot{\vartheta} + \mathrm{div}\,\boldsymbol{q} = \frac{1}{J}(Q_{def} + Q_{ql} + \mathcal{D}^p_{int}) \tag{7.68}$$

Die auf der rechten Seite der Gleichung stehenden Terme sind auf das deformierte Volumenelement bezogene eingeprägte Quellterme, die wir im Quellterm

$$q_{ext} = \frac{1}{J}(Q_{def} + Q_{ql} + \mathcal{D}^p_{int}) \tag{7.69}$$

zusammenfassen. Damit lautet die Wärmebilanzgleichung (7.68) für das deformierte Volumenelement

$$-\,\mathrm{div}\,\boldsymbol{q} + q_{ext} = \rho\,c_m\,\dot{\vartheta} \tag{7.70}$$

Zur Darstellung der Randbedingungen teilen wir die Oberfläche $\partial\mathcal{R}$ des Körpers wieder in zwei Teilflächen auf:

$$\partial\mathcal{R} = \partial\mathcal{R}_q \cup \partial\mathcal{R}_\vartheta \quad \text{mit} \quad \partial\mathcal{R}_q \cap \partial\mathcal{R}_\vartheta = 0$$

Auf der Teiloberfläche $\partial\mathcal{R}_q$ soll der Wärmefluss $\bar{q}_n(t)$ vorgeschrieben sein. Diese *Wärmefluss-Randbedingung* entspricht der Spannungs-Randbedingung in der Statik. Auf der Teiloberfläche $\partial\mathcal{R}_\vartheta$ soll die Temperatur vorgeschrieben sein. Diese *Temperatur-Randbedingung* entspricht der Verschiebungs-Randbedingung in der Statik. Mit Gleichung (7.70) und den Randbedingungen wird die *thermische Randwertaufgabe* dann durch die drei Gleichungen

$$\begin{aligned} -\,\mathrm{div}\,\boldsymbol{q} + q_{ext} &= \rho\,c_m\,\dot{\vartheta} &&: \text{ im Kontinuum} \\ \boldsymbol{q}\cdot\boldsymbol{n} &= \bar{q}_n(t) &&: \text{ auf } \partial\mathcal{R}_q \\ \vartheta &= \bar{\vartheta}(t) &&: \text{ auf } \partial\mathcal{R}_\vartheta \end{aligned} \tag{7.71}$$

beschrieben. Die Lösung verlangt eine Integration in der Zeit. Dafür müssen als Anfangsbedingungen die Konfiguration und das Temperaturfeld zur Zeit $t = 0$ bekannt sein. Genauer gesagt handelt es sich hier also um ein Anfangs-Randwertproblem.

7.2.1 Die schwache Form des thermischen Gleichgewichts

Für die Formulierung des thermischen Gleichgewichts betrachten wir ein Zeitinkrement Δt von $t = t_n$ nach $t = t_n + \Delta t$. Die Temperatur zu Beginn des Zeitinkrementes sei ϑ_n und die zu bestimmende Temperatur am Zeitschrittende sei ϑ. Zu Beginn des Zeitschrittes soll das Temperaturfeld bekannt sein und thermisches Gleichgewicht herrschen. Im Zeitschritt ändert sich die Temperatur und, aufgrund elastischer Deformationen, auch die Volumengröße J, die nach Gleichung (6.172) im Quellterm Q_{def} enthalten ist. Für beide Zustandsgrößen ϑ und J schreiben wir im Zeitschritt einen linearen Verlauf vor. Dann gilt für deren Zeitableitung

$$\dot{\vartheta} = \frac{\vartheta - \vartheta_n}{\Delta t} \quad \text{und} \quad \dot{J} = \frac{J - J_n}{\Delta t} \tag{7.72}$$

Das thermische Gleichgewicht in schwacher Form am Ende des Zeitschrittes wird jetzt mit Hilfe der skalaren Testfunktion η formuliert. Analog zur Statik wählen wir als Testfunktion eine Variation der Aufpunktgröße. Das virtuelle Temperaturfeld $\eta = \delta\vartheta$ erfüllt damit automatisch die geforderten inneren und äußeren Verträglichkeitsbedingungen. Thermisches Gleichgewicht liegt vor, wenn das aus den Gleichungen (7.71.1) und (7.72) aufgebaute *thermische Funktional* verschwindet:

$$\mathcal{G}(\boldsymbol{x}, \delta\vartheta) := \int_v \left[-\operatorname{div} \boldsymbol{q} + q_{ext} - \rho\, c_m \frac{\vartheta - \vartheta_n}{\Delta t} \right] \delta\vartheta \, dv \tag{7.73}$$

Zum Einbringen der Wärmefluss-Randbedingung (7.71.2) auf der Oberfläche des Körpers formen wir das Divergenzglied mit Hilfe des Gaußschen Satzes um. Die einzelnen Rechenschritte folgen dem Rechengang, den wir bereits für die statische Randwertaufgabe durchgeführt haben und in den Gleichungen (7.6) bis (7.8) dokumentiert sind. Da sich hier nichts neues ergibt, beschränken wir uns auf die Angabe des Ergebnisses:

$$\int_v \operatorname{div} \boldsymbol{q}\, \delta\vartheta \, dv = \int_{\partial \mathcal{R}_q} \bar{q}_n \, \delta\vartheta \, da - \int_v \boldsymbol{q} \cdot \operatorname{grad} \delta\vartheta \, dv \tag{7.74}$$

Wir setzen diese Beziehung sowie Gleichung (7.66) in (7.73) ein und erhalten für $\mathcal{G}(\boldsymbol{x}, \delta\vartheta) = 0$ das *thermische Gleichgewicht in schwacher Form*:

$$\int_v \left(\rho\, c_m \frac{\vartheta - \vartheta_n}{\Delta t} \delta\vartheta - \boldsymbol{q} \cdot \operatorname{grad} \delta\vartheta \right) dv = \int_{\partial \mathcal{R}_q} h_c (\vartheta_\infty - \vartheta)\, \delta\vartheta \, da + \int_v q_{ext} \delta\vartheta \, dv \tag{7.75}$$

Bevor wir diese Beziehung wieder für ein Finites Element auswerten, wollen wir die Volumenintegrale auf die Ausgangskonfiguration zurückführen. Dazu verwenden wir die bekannten Beziehungen $dv = J dV$ und $\rho = \rho_0 / J$ zur Umrechnung des

Volumenelementes und der Dichte. Die Umrechnung des Volumenintegrals über den Quellterm auf der rechten Seite der Gleichung bedarf keiner Erklärung, da lediglich das Volumenelement zu ersetzen ist. Die Terme im Volumenintegral auf der linken Seite der Gleichung schreiben wir wie folgt um. Der erste Term ergibt:

$$J\rho c_m = \rho_0 c_m = c_V \tag{7.76}$$

c_V ist die auf das undeformierte Volumenelement bezogene *Wärmekapazität*. Der zweite Term ist das Skalarprodukt zwischen der Flussgröße und der Aufpunktgröße des thermischen Feldes bezogen auf die Momentankonfiguration. Wie bereits mehrfach erwähnt, stellt dieses Skalarprodukt einen invarianten Ausdruck dar, den wir mit Hilfe von Gleichung (6.184) auf die Zustandsgrößen der Ausgangskonfiguration umschreiben können. Wir erhalten

$$J\boldsymbol{q}\cdot\operatorname{grad}\delta\vartheta = \frac{\rho_0}{\rho}\boldsymbol{q}\cdot\operatorname{grad}\delta\vartheta = \boldsymbol{q}_0\cdot\operatorname{Grad}\delta\vartheta \tag{7.77}$$

und mit der konstitutiven Beziehung für den Wärmestromvektor nach Gleichung (6.176)

$$J\boldsymbol{q}\cdot\operatorname{grad}\delta\vartheta = -(\boldsymbol{\Lambda}_{leit}\operatorname{Grad}\vartheta)^T\operatorname{Grad}\delta\vartheta \tag{7.78}$$

Wir setzen die Gleichungen (7.76) und (7.78) in Gleichung (7.75) ein und erhalten für das thermische Gleichgewicht in schwacher Form

$$\int_V\left(c_V\,\frac{\vartheta-\vartheta_n}{\Delta t}\,\delta\vartheta + (\boldsymbol{\Lambda}_{leit}\operatorname{Grad}\vartheta)^T\operatorname{Grad}\delta\vartheta\right)dV = \int_{\partial\mathcal{R}_q} h_c(\vartheta_\infty-\vartheta)\,\delta\vartheta\,da + \int_V J\,q_{ext}\delta\vartheta\,dV \tag{7.79}$$

Diese Beziehung dient uns als Ausgangsgleichung für die nachfolgende Finite-Elemente-Formulierung.

Das Finite Element des vorherigen Abschnittes soll neben dem Verschiebungsfeld auch das Temperaturfeld im Kontinuum annähern. Dazu definieren wir am Knoten als zusätzlichen Freiwert die Temperatur $\hat{\vartheta}_{\mathcal{N}}$ und verwenden für die Interpolation der Temperatur im Element die gleichen Ansatzfunktionen $\phi^{\mathcal{N}}$, wie für die Verschiebungen. Damit besitzt das Finite Element als Freiwerte am Knoten $\mathcal{N}$ den Verschiebungsvektor $\hat{\boldsymbol{u}}_{\mathcal{N}}$ und die Temperatur $\hat{\vartheta}_{\mathcal{N}}$.

Nach Gleichung (7.27) gilt dann für die Temperatur im Element mit $\mathcal{N}_e$ Knoten

$$\vartheta = \phi^{\mathcal{N}}\hat{\vartheta}_{\mathcal{N}} \quad \text{mit} \quad \mathcal{N} = 1, \mathcal{N}_e \tag{7.80}$$

Dieser Ansatz kann ein Temperaturfeld konstanter Temperatur exakt darstellen, da die Ansatzfunktionen so gewählt wurden, dass deren Summe gleich eins ist.

Für die, das virtuelle Temperaturfeld enthaltenden Terme, folgt entsprechend den Gleichungen (7.29) und (7.30)

$$\delta\vartheta = \phi^{\mathcal{N}} \delta\hat{\vartheta}_{\mathcal{N}} \quad \text{und} \quad \operatorname{Grad}\delta\vartheta = \frac{\partial\phi^{\mathcal{N}}}{\partial \mathbf{X}} \delta\hat{\vartheta}_{\mathcal{N}} \tag{7.81}$$

Wir setzen diese Ergebnisse in Gleichung (7.79) ein und erhalten, summiert über alle Knoten des Elementes

$$\underbrace{\int_V \left(c_V \frac{\vartheta - \vartheta_n}{\Delta t} \phi^{\mathcal{N}} + (\operatorname{Grad}\vartheta)^T \boldsymbol{\Lambda}_{leit} \frac{\partial\phi^{\mathcal{N}}}{\partial \mathbf{X}} \right) dV}_{P^{\mathcal{N}}_{\vartheta int}} \, \delta\hat{\vartheta}_{\mathcal{N}} = \underbrace{\left\{ \int_{\partial\mathcal{R}_q} h_c(\vartheta_\infty - \vartheta)\, \phi^{\mathcal{N}} da + \int_V J\, q_{ext}\, \phi^{\mathcal{N}} dV \right\}}_{P^{\mathcal{N}}_{\vartheta ext}} \delta\hat{\vartheta}_{\mathcal{N}} \tag{7.82}$$

oder in abgekürzter Form

$$(P^{\mathcal{N}}_{\vartheta int} - P^{\mathcal{N}}_{\vartheta ext}) \cdot \delta\hat{\vartheta}_{\mathcal{N}} = 0 \tag{7.83}$$

Nun kürzen wir die Gleichung mit den, als beliebig variabel vorausgesetzten Knotentemperaturen $\delta\hat{\vartheta}_{\mathcal{N}}$ durch und erhalten dann, analog zu Gleichung (7.43), die thermische Gleichgewichtsaussage für das Finite Element[6]:

$$\mathbf{P}^{\mathcal{N}}_{\vartheta int} = \mathbf{P}^{\mathcal{N}}_{\vartheta ext} \tag{7.84}$$

Die Größe

$$\mathbf{P}^{\mathcal{N}}_{\vartheta int} = \int_V \left(c_V \frac{\vartheta - \vartheta_n}{\Delta t} \phi^{\mathcal{N}} + (\operatorname{Grad}\vartheta)^T \boldsymbol{\Lambda}_{leit} \frac{\partial\phi^{\mathcal{N}}}{\partial \mathbf{X}} \right) dV \tag{7.85}$$

wird *die integrierte Wärmeleistung* genannt und

$$\mathbf{P}^{\mathcal{N}}_{\vartheta ext} = \int_{\partial\mathcal{R}_q} h_c(\vartheta_\infty - \vartheta)\, \phi^{\mathcal{N}} da + \int_V J\, q_{ext}\, \phi^{\mathcal{N}} dV \tag{7.86}$$

wird *die eingeprägte Wärmeleistung* oder *thermische Belastung* genannt. Bevor wir uns diese Beziehungen genauer ansehen, soll eine Bemerkung zur integrierten

[6]Um anzudeuten, dass es sich um Diskretisierungsmatrizen handelt, verwenden wir hier die fett nicht kursive Schreibweise.

Wärmeleistung gemacht werden.
Es erscheint zunächst erstaunlich, dass der Beitrag aus der Wärmeleitung zur integrierten Wärmeleistung unabhängig von der Deformation des Finiten Elementes ist. Infolgedessen wird auch die daraus abzuleitende Konduktivitätsmatrix von der Deformation unabhängig, d. h. eine nur einmal zu erstellende Matrix sein. Der Grund hierfür ist das Skalarprodukt der Zustandsgrößen (7.77), welches unabhängig von der Konfiguration eine Konstante ist und die Rückführung der Konduktivitätsmatrix auf die Ausgangskonfiguration erlaubt. Das Wärmeleitproblem stellt sich als eine lineare Aufgabenstellung dar. Um diesen Sachverhalt verständlicher zu machen, vergleichen wir mit der Statik. In der Statik kann die Tangentenmatrix, wie wir gesehen haben, in die drei Teilmatrizen, Materialsteifigkeit, Anfangsverschiebungsmatrix und geometrische Steifigkeit aufgeteilt werden. Unter der Annahme eines konstanten Materialtensors, ist die Materialsteifigkeit unabhängig von der Deformation und entspricht dann der *Konduktivitätsmatrix* des Wärmeleitproblems. Die Anfangsverschiebungsmatrix und die geometrische Steifigkeit sind beide die Folge der quadratischen Glieder des Verzerrungstensors. Dem Verzerrungstensor der Statik entspricht der Temperaturgradient des Wärmeleitproblems (siehe Abbildung 2.2 im Kapitel 1). Da dieser aber linear ist, entfallen die der Anfangsverschiebungsmatrix und der geometrischen Steifigkeit entsprechenden Matrizen beim Wärmeleitproblem.

Die Gleichgewichtsbeziehung (7.84) stellt ein nichtlineares Gleichungssystem zur Bestimmung der unbekannten Knotenfreiwerte der Temperatur und der Verschiebung des Finiten Elementes dar. In der integrierten Wärmeleistung ist die im Element gespeicherte Wärmeleistung, sowie der Wärmefluss aus der Wärmeleitung zusammengefasst. Diese Leistung muss von den, von außen eingeprägten Wärmequellen, deren Beiträge in der eingeprägten Wärmeleistung zusammengefasst sind, erbracht werden. Wie in der Statik sind auch hier die volumen- und die flächenbezogene, eingeprägte Wärmeleistung in konsistenter Weise in die Wärmeleistung der Elementknoten umgerechnet. Thermisches Gleichgewicht verlangt, dass für jeden Knotenwert die integrierte und die eingeprägte Wärmeleistung gleich sind. Für die im anschließenden Abschnitt folgende Aufstellung der thermischen Tangentenmatrix müssen wir den äußeren Wärmeeintrag q_{ext} nach Gleichung (7.69) wieder in die Einzelbeiträge aufteilen. Wir setzen die Gleichungen (7.69) und (6.173) in (7.86) ein und erhalten

$$\begin{aligned} \mathbf{P}^{\mathcal{N}}_{\vartheta ext} &= \int_V \rho_0 r \phi^{\mathcal{N}} dV + \int_{\partial \mathcal{R}_q} h_c(\vartheta_\infty - \vartheta)\, \phi^{\mathcal{N}} da + \\ &\quad \int_V \mathcal{Q}_{def}\, \phi^{\mathcal{N}} dV + \int_V \mathcal{D}^p_{int}\, \phi^{\mathcal{N}} dV \end{aligned} \tag{7.87}$$

Die eingeprägte Wärmeleistung setzt sich aus vier Anteilen zusammen. Der erste Anteil ist ein konservativer Lastterm, der volumenbezogene Wärmequellen einbringt und problemlos zu handhaben ist. Der zweite Anteil berücksichtigt die konvektive Wärmeleistung auf der Oberfläche. Das Integral enthält die zu bestimmende Oberflächentemperatur und erstreckt sich über die deformationsabhängige Oberfläche des Körpers. Man erkennt, dass es sich hier um einen nicht-konservativen Beitrag handelt, der im Falle großer Deformationen eine Linearisierung erfordert und eine Kopplung mit dem mechanischen Feld herstellt. Analog zur Druckbelastung in der Statik werden wir eine unsymmetrische thermische Lastkorrekturmatrix erhalten.

Die beiden letzten Anteile führen ebenfalls zu einer Kopplung des thermischen Feldes mit dem mechanischen Feld und müssen linearisiert werden. Das erste Integral berechnet die Wärmeleistung infolge elastischer Deformation. Nach Gleichung (6.172) ist diese proportional zur Temperatur und zur Geschwindigkeit der elastischen Deformation. Je schneller die Deformation vonstatten geht und je höher dabei die Temperatur ist, umso mehr Wärme wird erzeugt. Das letzte Integral enthält die plastische Dissipationsleistung und somit ist dieser Term nur im Falle des plastischen Fließens zu berücksichtigen. Die plastische Dissipationsleistung ist eine Funktion der Deformation und infolge der temperaturabhängigen Materialkennwerte auch eine Funktion der Temperatur. Aus dieser Abhängigkeit ergeben sich die Beiträge dieses Terms zur Tangentenmatrix. Wegen ihrer Deformationsabhängigkeit müssen wir diese beiden Anteile ebenfalls als nichtkonservativ einstufen.

7.2.2 Herleitung der thermischen Tangente

Die im vorherigen Abschnitt aufgestellte Wärmebilanzgleichung (7.84) für das diskrete System, ist ein Gleichungssystem, bestehend aus $\mathcal{N}$ nichtlinearen skalaren Gleichungen, zur Berechnung des Temperaturfeldes. Wir werden dieses Gleichungssystem zusammen mit dem Gleichungssystem (7.43) für das mechanische Feld lösen und dazu das Newtonsche Verfahren verwenden. Der dazu notwendige Linearisierungsschritt führt auf die thermische Tangentenmatrix. Im Gegensatz zur Vorgehensweise bei der Erstellung der mechanischen Tangente im Abschnitt 7.1.3, wollen wir die Linearisierung des Gleichungssystems hier aber in einem Schritt ausführen. Dazu schreiben wir die Wärmebilanzgleichung (7.84) nun in der Form

$$F_{\vartheta}^{\mathcal{N}}(\vartheta, \boldsymbol{u}) := P_{\vartheta int}^{\mathcal{N}} - P_{\vartheta ext}^{\mathcal{N}} = 0 \qquad (7.88)$$

an und bilden das totale Differential

$$dF_\vartheta^{\mathcal{N}} = \frac{\partial F_\vartheta^{\mathcal{N}}}{\partial \vartheta} d\vartheta + \frac{\partial F_\vartheta^{\mathcal{N}}}{\partial \boldsymbol{u}} d\boldsymbol{u} \tag{7.89}$$

Aus dem ersten Differentialquotient folgt eine thermische Tangente. Der zweite Differentialquotient ergibt eine Kopplungstangente, die das thermische Feld mit dem mechanischen Feld koppelt.

Die Kopplung der Feldprobleme entsteht hier ausschließlich über den Lastterm der eingeprägten Wärmeleistung nach Gleichung (7.87). In dieser Gleichung ist das Oberflächenintegral verschiebungsabhängig und die Quellterme Q_{def} und $\mathcal{D}_{int}^p$, Funktionen der Temperatur und der Verschiebung. Die Kopplungstangente ist also eine thermische Lastkorrekturmatrix. Die Linearisierung der Quellterme ergibt

$$dQ_{def} = \frac{\partial Q_{def}}{\partial \vartheta} d\vartheta + \frac{\partial Q_{def}}{\partial \boldsymbol{u}} d\boldsymbol{u} \tag{7.90}$$

und

$$d\mathcal{D}_{int}^p = \frac{\partial \mathcal{D}_{int}^p}{\partial \vartheta} d\vartheta + \frac{\partial \mathcal{D}_{int}^p}{\partial \boldsymbol{u}} d\boldsymbol{u} \tag{7.91}$$

Für den ersten Term der Gleichung (7.89) folgt aus den Gleichungen (7.85) und (7.87)

$$\begin{aligned}\frac{\partial F_\vartheta^{\mathcal{N}}}{\partial \vartheta} d\vartheta &= \int_V \Big(\frac{c_V}{\Delta t}\, \phi^{\mathcal{N}} d\vartheta + (\operatorname{Grad} d\vartheta)^T \boldsymbol{\Lambda}_{leit} \frac{\partial \phi^{\mathcal{N}}}{\partial \boldsymbol{X}}\Big)\, dV \\ &\quad + \int_{\partial \mathcal{R}_q} h_c \phi^{\mathcal{N}} d\vartheta\, da - \int_V \phi^{\mathcal{N}} \Big(\frac{\partial Q_{def}}{\partial \vartheta} + \frac{\partial \mathcal{D}_{int}^p}{\partial \vartheta}\Big) d\vartheta\, dV \end{aligned} \tag{7.92}$$

Führt man nun noch die Ansatzfunktionen für das Temperaturfeld nach Gleichung (7.80) ein, dann folgt die *thermische Tangentenmatrix* $\mathrm{K}_{\vartheta\vartheta}^{\mathcal{N}\mathcal{M}}$ aus der Identität

$$\frac{\partial F_\vartheta^{\mathcal{N}}}{\partial \vartheta} d\vartheta = \mathrm{K}_{\vartheta\vartheta}^{\mathcal{N}\mathcal{M}}\, d\hat{\vartheta}_{\mathcal{M}} \tag{7.93}$$

zu

$$\begin{aligned}\mathrm{K}_{\vartheta\vartheta}^{\mathcal{N}\mathcal{M}} &= \int_V \phi^{\mathcal{N}} \Big(\frac{c_V}{\Delta t} - \big(\frac{\partial Q_{def}}{\partial \vartheta} + \frac{\partial \mathcal{D}_{int}^p}{\partial \vartheta}\big)\Big) \phi^{\mathcal{M}}\, dV + \int_{\partial \mathcal{R}_q} h_c \phi^{\mathcal{N}} \phi^{\mathcal{M}} da \\ &\quad + \int_V \frac{\partial \phi^{\mathcal{N}}}{\partial X^I} \Lambda_{leit}^{IJ} \frac{\partial \phi^{\mathcal{M}}}{\partial X^J}\, dV \end{aligned} \tag{7.94}$$

Die thermische Tangentenmatrix hat die physikalische Einheit $[W/K]$ und ist die Summe aus drei Teilmatrizen. Die beiden ersten Matrizen sind analog zur Massenmatrix in der Statik aufgebaut. Sie verteilen die Differenz aus der gespeicherten und zugeführten Wärmeleistung im Volumen, sowie den konvektiven Wärmeeintrag auf der Oberfläche, in konsistenter Weise auf die Knoten. Da die Größen $\mathcal{Q}_{def}$, $\mathcal{D}_{int}^p$ und da deformationsabhängig sind, werden sich diese Matrizen in der Zeit ändern. Das dritte Integral stellt die Wärmeleit- oder Konduktivitätsmatrix dar, die wie zu erkennen ist, weder von der Temperatur noch von den Verschiebungen abhängig ist und somit für die Prozesszeit eine Konstante darstellt[7]. Da alle Teilmatrizen symmetrisch sind, ist auch die thermische Tangentenmatrix $\mathrm{K}_{\vartheta\vartheta}^{\mathcal{NM}}$ symmetrisch.

Wir wenden uns nun dem zweiten Term in Gleichung (7.89) zu. Aus den Gleichungen (7.85) und (7.87) folgt für die Ableitung nach der Verschiebung

$$\frac{\partial F_{\vartheta}^{\mathcal{N}}}{\partial \boldsymbol{u}} d\boldsymbol{u} = \int_V \frac{\partial}{\partial \boldsymbol{u}} \left((\mathrm{Grad}\, d\vartheta)^T \boldsymbol{\Lambda}_{leit} \frac{\partial \phi^{\mathcal{N}}}{\partial \boldsymbol{X}} \right) dV\, d\boldsymbol{u}$$
$$+ \int_{\partial\mathcal{R}_q} h_c \phi^{\mathcal{N}} (\vartheta - \vartheta_\infty) \frac{\partial da}{\partial \boldsymbol{u}} d\boldsymbol{u} - \int_V \phi^{\mathcal{N}} \left(\frac{\partial \mathcal{Q}_{def}}{\partial \boldsymbol{u}} + \frac{\partial \mathcal{D}_{int}^p}{\partial \boldsymbol{u}} \right) d\boldsymbol{u}\, dV \tag{7.95}$$

Da das erste Integral unabhängig von der Deformation ist, wird seine Ableitung zu Null und es verbleibt

$$\frac{\partial F_{\vartheta}^{\mathcal{N}}}{\partial \boldsymbol{u}} d\boldsymbol{u} = \int_{\partial\mathcal{R}_q} h_c \phi^{\mathcal{N}} (\vartheta - \vartheta_\infty) \frac{\partial da}{\partial \boldsymbol{u}} d\boldsymbol{u} - \int_V \phi^{\mathcal{N}} \left(\frac{\partial \mathcal{Q}_{def}}{\partial \boldsymbol{u}} + \frac{\partial \mathcal{D}_{int}^p}{\partial \boldsymbol{u}} \right) d\boldsymbol{u}\, dV \tag{7.96}$$

Im ersten Integral benötigen wir die Ableitung des Flächenelementes da. Da $\boldsymbol{n}$ ein normierter Vektor ist, können wir für das Flächenelement auch schreiben

$$da = \boldsymbol{n} \cdot (\boldsymbol{n}\, da)$$

und erhalten für das Differential

$$d(da) = \boldsymbol{n} \cdot d(\boldsymbol{n}\, da) + d\boldsymbol{n} \cdot (\boldsymbol{n}\, da)$$

Wegen $(d\boldsymbol{n}) \cdot \boldsymbol{n} = 0$ folgt dann

$$d(da) = \boldsymbol{n} \cdot d(\boldsymbol{n}\, da) \quad \text{bzw.} \quad \frac{\partial da}{\partial \boldsymbol{u}} d\boldsymbol{u} = \boldsymbol{n} \cdot \frac{\partial (\boldsymbol{n}\, da)}{\partial \boldsymbol{u}} d\boldsymbol{u}$$

[7] An dieser Stelle unterscheiden wir uns von den Formulierungen in [99] und [28], wo die Konduktivitätsmatrix auf der Momentankonfiguration steht und sich deformationsabhängig ändert. Ein Vergleich der Formulierungen zeigt, dass der Wärmeleittensor $\boldsymbol{\lambda}_{leit}$ nicht wie in Gleichung (6.182), einer Tensortransformation unterzogen wurde, sondern unabhängig von der Deformation als konstant angenommen wurde. Dies bedeutet aber, dass der Wärmeleittensor nicht als Tensor behandelt wurde und die Konduktivitätsmatrix dann auch nicht die hier eingeführte Überprüfung der physikalischen Einheiten besteht.

und mit Gleichung (7.54)

$$\frac{\partial da}{\partial \boldsymbol{u}} d\boldsymbol{u} = (\operatorname{div} d\boldsymbol{u} - \boldsymbol{n} \cdot (\operatorname{grad} d\boldsymbol{u})^T \boldsymbol{n})\, da \tag{7.97}$$

Die Wärmequelle der elastischen Deformation Q_{def} ist nach Gleichung (6.172) eine Funktion von J. Wir leiten nach der Kettenregel ab und erhalten

$$\frac{\partial Q_{def}}{\partial \boldsymbol{u}} d\boldsymbol{u} = \frac{\partial Q_{def}}{\partial J} \frac{\partial J}{\partial \boldsymbol{u}} d\boldsymbol{u} = \frac{\partial Q_{def}}{\partial J} J \operatorname{div} d\boldsymbol{u} \tag{7.98}$$

Die plastische Dissipationsleistung $\mathcal{D}^p_{int}$ nach Gleichung (6.68) ist eine Funktion des Metriktensors $\boldsymbol{g}$. Nach Gleichung (3.172) können wir für die Ableitung schreiben

$$\frac{\partial \mathcal{D}^p_{int}}{\partial \boldsymbol{u}} d\boldsymbol{u} = 2 \frac{\partial \mathcal{D}^p_{int}}{\partial \boldsymbol{g}} : \operatorname{grad} d\boldsymbol{u} \tag{7.99}$$

Wir setzen die Beziehungen (7.97), (7.98) und (7.99) in die Gleichung (7.96) ein und erhalten mit $dv = J dV$

$$\begin{aligned} \frac{\partial F^{\mathcal{N}}_{\vartheta}}{\partial \boldsymbol{u}} d\boldsymbol{u} \quad &= \quad \int_{\partial \mathcal{R}_q} h_c \phi^{\mathcal{N}} (\vartheta - \vartheta_\infty) (\operatorname{div} d\boldsymbol{u} - \boldsymbol{n} \cdot (\operatorname{grad} d\boldsymbol{u})^T \boldsymbol{n})\, da \\ &\quad - \int_V \phi^{\mathcal{N}} \Big(\frac{\partial Q_{def}}{\partial J} \operatorname{div} d\boldsymbol{u} + \frac{2}{J} \frac{\partial \mathcal{D}^p_{int}}{\partial \boldsymbol{g}} : \operatorname{grad} d\boldsymbol{u} \Big)\, dv \end{aligned} \tag{7.100}$$

Schließlich setzen wir für die Verschiebungen die Ansatzfunktionen nach Gleichung (7.28) und für die Temperatur die Ansatzfunktionen nach Gleichung (7.81) ein und bestimmen dann die Koppelungstangente aus der Identität

$$\frac{\partial F^{\mathcal{N}}_{\vartheta}}{\partial \boldsymbol{u}} d\boldsymbol{u} = \mathbf{K}^{\mathcal{N}\mathcal{M}}_{\vartheta \hat{\boldsymbol{u}}}\, d\hat{\boldsymbol{u}}_{\mathcal{M}} \tag{7.101}$$

Um die Verknüpfung der einzelnen Terme deutlich zu machen, empfiehlt es sich auf die Indexschreibweise überzugehen. Mit dem freien Koordinatenindex j der Knotenpunktsverschiebung gilt dann

$$\begin{aligned} \mathrm{K}^{\mathcal{N}\mathcal{M}}_{\vartheta \hat{u}^j} \quad &= \quad \int_{\partial \mathcal{R}_q} h_c \phi^{\mathcal{N}} (\vartheta - \vartheta_\infty) \Big(\frac{\partial \phi^{\mathcal{M}}}{\partial x^j} - n^k \frac{\partial \phi^{\mathcal{M}}}{\partial x^k} n^n g_{nj} \Big)\, da \\ &\quad - \int_V \phi^{\mathcal{N}} \Big(\frac{\partial Q_{def}}{\partial J} \frac{\partial \phi^{\mathcal{M}}}{\partial x^j} + \frac{2}{J} \frac{\partial \mathcal{D}^p_{int}}{\partial g^{jk}} \frac{\partial \phi^{\mathcal{M}}}{\partial x^k} \Big)\, dv \end{aligned} \tag{7.102}$$

Mit den Gleichungen (7.94) und (7.102) haben wir die Tangentenmatrizen vorliegen, die sich aus der Linearisierung des, das thermische Feldproblem beschreibenden Gleichungssystems (7.88) ergeben. Für das Aufstellen fehlen uns aber noch die Ableitungen der Wärmequellen Q_{def} und $\mathcal{D}^p_{int}$ nach der Temperatur und nach der Deformation. Deshalb wollen wir nun am Ende dieses Abschnittes diese Ableitungen bereitstellen.

Im Quellterm der elastischen Deformation Q_{def} nach Gleichung (6.172) ersetzen wir die Zeitableitung $\dot{J}$ durch den Ansatz nach Gleichung (7.72)

$$Q_{def} = -3\alpha_t \vartheta \frac{\partial^2 W_{vol}}{\partial J^2} \frac{(J - J_n)}{\Delta t} \tag{7.103}$$

und leiten nach der Temperatur

$$\frac{\partial Q_{def}}{\partial \vartheta} = -3\alpha_t \frac{\partial^2 W_{vol}}{\partial J^2} \frac{(J - J_n)}{\Delta t} \tag{7.104}$$

und nach dem Volumenverhältnis J

$$\frac{\partial Q_{def}}{\partial J} = -\frac{3\alpha_t \vartheta}{\Delta t} \left(\frac{\partial^3 W_{vol}}{\partial J^3} (J - J_n) + \frac{\partial^2 W_{vol}}{\partial J^2} \right) \tag{7.105}$$

ab.

Im Ausdruck für die plastische Dissipationsleistung $\mathcal{D}^p_{int}$ nach Gleichung (6.68) ersetzen wir die Zeitableitung $\dot{\gamma}$ durch den Differenzenquotienten:

$$\mathcal{D}^p_{int} = \left(\tilde{\boldsymbol{\tau}} : \frac{\partial \Phi}{\partial \tilde{\boldsymbol{\tau}}} + \sigma_v \frac{\partial \Phi}{\partial \sigma_v} \right) \frac{\Delta \gamma}{\Delta t} \tag{7.106}$$

Diese Beziehung können wir wie folgt auswerten. Aus Gleichung (6.137) finden wir für den ersten Term im Hauptachsensystem

$$\tilde{\boldsymbol{\tau}} : \frac{\partial \Phi}{\partial \tilde{\boldsymbol{\tau}}} = \tilde{\boldsymbol{\tau}}_H \cdot \frac{\tilde{\boldsymbol{\tau}}_H}{|\tilde{\boldsymbol{\tau}}_H|} = \tilde{\boldsymbol{\tau}}_H \cdot \boldsymbol{s} = |\tilde{\boldsymbol{\tau}}_H| \tag{7.107}$$

bzw. mit $|\tilde{\boldsymbol{\tau}}_H| = \sqrt{\frac{2}{3}} (\sigma_{F0} - \sigma_v)$ aus der Fließfunktion $\Phi(\tilde{\boldsymbol{\tau}}, \sigma_v) = 0$

$$\tilde{\boldsymbol{\tau}} : \frac{\partial \Phi}{\partial \tilde{\boldsymbol{\tau}}} = \sqrt{\frac{2}{3}} (\sigma_{F0} - \sigma_v)$$

Für den zweiten Term ergibt sich mit Gleichung (6.27)

$$\sigma_v \frac{\partial \Phi}{\partial \sigma_v} = \sqrt{\frac{2}{3}} \sigma_v$$

Setzt man diese Ergebnisse in die Gleichung (7.106) ein, so verbleibt für die Dissipationsleistung

$$\mathcal{D}_{int}^{p} = \sqrt{\frac{2}{3}}\,\sigma_{F0}\,\frac{\Delta\gamma}{\Delta t} \tag{7.108}$$

Nach dieser Beziehung ist die Dissipationsleistung nur von der Zeitableitung des plastischen Multiplikators und der Grenzfließspannung σ_{F0} abhängig. Damit haben wir die zur Gleichung (6.22) gemachten Überlegungen bestätigt. In unserem Modell geht die Verfestigung des Materials also dissipationsfrei vonstatten, was im Widerspruch zu den im Versuch gemachten Beobachtungen steht. Dort zeigt sich, dass ein beträchtlicher Anteil der plastischen Arbeit auf die Materialverfestigung entfällt und somit dissipativ ist. Um dieser Tatsache gerecht zu werden, wird z. B. in [99] vorgeschlagen, anstatt σ_{F0} die aktuelle Fließspannung σ_F einzusetzen und mit Hilfe eines konstanten Faktors $\chi < 1$, den nicht dissipativen Anteil auszuschalten. Anstatt Gleichung (7.108) arbeitet man dann mit dem Ausdruck

$$\mathcal{D}_{int}^{p} = \chi\sqrt{\frac{2}{3}}\,\sigma_{F}\,\frac{\Delta\gamma}{\Delta t} \tag{7.109}$$

Für die Linearisierung des Ausdruckes ist es wichtig, sich über die Abhängigkeit der enthaltenen Größen Klarheit zu verschaffen. Nach Gleichung (6.187) ist die Fließspannung zunächst nur eine Funktion der Verfestigungsvariablen ξ. Diesen Ansatz müssen wir nun erweitern und noch eine Temperaturabhängigkeit der Materialparameter zulassen. Dann gilt für die Funktion der Fließspannung nach Gleichung (6.190) $\sigma_F = \sigma_F(\xi(\vartheta),\vartheta)$. Die Verfestigungsvariable ξ wiederum ist eine Funktion der Deformation und über die Abhängigkeit vom plastischen Multiplikator γ auch eine Funktion der Temperatur. Für die Ableitung der Fließspannung nach der Temperatur, bei festgehaltener Metrik, folgt dann mit den Abkürzungen $\partial\sigma_F/\partial\vartheta = \sigma_{F,\vartheta}$ und $\partial\sigma_F/\partial\xi = \sigma_{F,\xi}$

$$\frac{d\sigma_F}{d\vartheta} = \sigma_{F,\vartheta} + \sigma_{F,\xi}\,\frac{\partial\xi}{\partial\vartheta} \tag{7.110}$$

und mit

$$\xi = \sqrt{\frac{2}{3}}\,\Delta\gamma \quad \text{und} \quad \frac{\partial\xi}{\partial\vartheta} = \sqrt{\frac{2}{3}}\,\frac{\partial\Delta\gamma}{\partial\vartheta} \tag{7.111}$$

aus Gleichung (6.133)

$$\frac{d\sigma_F}{d\vartheta} = \sigma_{F,\vartheta} + \sqrt{\frac{2}{3}}\,\sigma_{F,\xi}\,\frac{\partial\Delta\gamma}{\partial\vartheta} \tag{7.112}$$

Die Ableitung der plastischen Dissipationsleistung (7.109) nach der Temperatur ergibt dann

$$\frac{\partial \mathcal{D}_{int}^{p}}{\partial \vartheta} = \chi \sqrt{\frac{2}{3}} \frac{1}{\Delta t} \left\{ \sigma_F \frac{\partial \Delta \gamma}{\partial \vartheta} + \Delta \gamma \frac{d\sigma_F}{d\vartheta} \right\} \tag{7.113}$$

und mit dem Ergebnis (7.112) folgt

$$\frac{\partial \mathcal{D}_{int}^{p}}{\partial \vartheta} = \chi \sqrt{\frac{2}{3}} \frac{\sigma_{F,\vartheta}}{\Delta t} \left\{ \Delta \gamma + \frac{1}{\sigma_{F,\vartheta}} \left(\sqrt{\frac{2}{3}} \sigma_{F,\xi} \Delta \gamma + \sigma_F \right) \frac{\partial \Delta \gamma}{\partial \vartheta} \right\} \tag{7.114}$$

Zur Berechnung der noch unbekannten Ableitung des Inkrementes des plastischen Multiplikators nach der Temperatur steht uns noch das Fließgesetz und die Evolutionsgleichung der elastischen Deformation zur Verfügung. Wir beginnen mit der Ableitung der Fließfunktion (6.10)

$$\frac{\partial |\tilde{\boldsymbol{\tau}}_H|}{\partial \vartheta} = \sqrt{\frac{2}{3}} \frac{d\sigma_F}{d\vartheta} \tag{7.115}$$

und bringen diese mit Hilfe der Identität

$$\frac{\partial |\tilde{\boldsymbol{\tau}}_H|}{\partial \vartheta} = \boldsymbol{s} \cdot \frac{\partial \tilde{\boldsymbol{\tau}}_H}{\partial \vartheta} \tag{7.116}$$

und Gleichung (7.112) auf die Form

$$\boldsymbol{s} \cdot \frac{\partial \tilde{\boldsymbol{\tau}}_H}{\partial \vartheta} = \sqrt{\frac{2}{3}} \left(\sigma_{F,\vartheta} + \sqrt{\frac{2}{3}} \sigma_{F,\xi} \frac{\partial \Delta \gamma}{\partial \vartheta} \right) \tag{7.117}$$

Diese Gleichung enthält als neue Unbekannte den Differentialquotient $\partial \tilde{\boldsymbol{\tau}}_H / \partial \vartheta$. Für dessen Berechnung greifen wir auf die Bestimmungsgleichung der elastischen Deformation zurück. Wir verwenden sie in der Form nach Gleichung (6.126) und erhalten mit Gleichung (6.137) für die Ableitung nach der Temperatur

$$\frac{\partial \boldsymbol{\epsilon}^{e}}{\partial \vartheta} = \frac{\partial \boldsymbol{\epsilon}^{e,tr}}{\partial \vartheta} - \boldsymbol{s} \frac{\partial \Delta \gamma}{\partial \vartheta} - \Delta \gamma \frac{\partial \boldsymbol{s}}{\partial \vartheta} \tag{7.118}$$

Wir erinnern uns, dass der Prädiktorzustand $\boldsymbol{\epsilon}^{e,tr}$ ein fester, elastischer Deformationszustand ist, der alleinige Funktion des Belastungsinkrementes ist. Es gilt also

$$\frac{\partial \boldsymbol{\epsilon}^{e,tr}}{\partial \vartheta} = 0 \tag{7.119}$$

und für die Ableitung des Richtungsvektors $\boldsymbol{s} = \boldsymbol{s}(\tilde{\boldsymbol{\tau}}_H)$ mit der Kettenregel

$$\frac{\partial \boldsymbol{s}}{\partial \vartheta} = \frac{\partial \boldsymbol{s}}{\partial \tilde{\boldsymbol{\tau}}_H} \frac{\partial \tilde{\boldsymbol{\tau}}_H}{\partial \vartheta} \tag{7.120}$$

Mit den letzten beiden Ergebnissen vereinfacht sich Gleichung (7.118) auf

$$\frac{\partial \boldsymbol{\epsilon}^e}{\partial \vartheta} = -\Delta\gamma \frac{\partial \boldsymbol{s}}{\partial \tilde{\boldsymbol{\tau}}_H} \frac{\partial \tilde{\boldsymbol{\tau}}_H}{\partial \vartheta} - \boldsymbol{s} \frac{\partial \Delta\gamma}{\partial \vartheta} \tag{7.121}$$

Analog zur Ableitung der Gleichung (6.139) multiplizieren wir die Gleichung nun von links mit der deviatorischen Materialmatrix $\tilde{\mathbf{a}}^e$ durch und erhalten mit

$$\frac{\partial \tilde{\boldsymbol{\tau}}_H}{\partial \vartheta} = \tilde{\mathbf{a}}^e \frac{\partial \boldsymbol{\epsilon}^e}{\partial \vartheta}$$

$$\frac{\partial \tilde{\boldsymbol{\tau}}_H}{\partial \vartheta} = \Delta\gamma \tilde{\mathbf{a}}^e \frac{\partial \boldsymbol{s}}{\partial \tilde{\boldsymbol{\tau}}_H} \frac{\partial \tilde{\boldsymbol{\tau}}_H}{\partial \vartheta} - \tilde{\mathbf{a}}^e \boldsymbol{s} \frac{\partial \Delta\gamma}{\partial \vartheta}$$

und aufgelöst nach $\partial \tilde{\boldsymbol{\tau}}_H / \partial \vartheta$ (siehe Gleichung (6.140):

$$\frac{\partial \tilde{\boldsymbol{\tau}}_H}{\partial \vartheta} = \underbrace{\left[\boldsymbol{I} + \Delta\gamma\, \tilde{\mathbf{a}}^e \frac{\partial \boldsymbol{s}}{\partial \tilde{\boldsymbol{\tau}}_H} \right]^{-1} \tilde{\mathbf{a}}^e}_{\boldsymbol{h}} \boldsymbol{s} \frac{\partial \Delta\gamma}{\partial \vartheta} = -\boldsymbol{h}\boldsymbol{s} \frac{\partial \Delta\gamma}{\partial \vartheta} \tag{7.122}$$

Nun multiplizieren wir mit dem Richtungsvektor $\boldsymbol{s}$ von links durch und setzen das Ergebnis in Gleichung (7.117) ein und lösen nach dem Quotienten $\partial \Delta\gamma / \partial \vartheta$ auf:

$$\frac{\partial \Delta\gamma}{\partial \vartheta} = -\frac{\sqrt{\frac{2}{3}}\sigma_{F,\vartheta}}{\frac{2}{3}\sigma_{F,\xi} + \boldsymbol{s} \cdot \boldsymbol{h}\boldsymbol{s}} \tag{7.123}$$

Nun verwenden wir dieses Ergebnis in Gleichung (7.114) und haben damit die gesuchte Ableitung der plastischen Dissipationsleistung nach der Temperatur gefunden:

$$\frac{\partial \mathcal{D}^p_{int}}{\partial \vartheta} = \chi \sqrt{\frac{2}{3}} \frac{\sigma_{F,\vartheta}}{\Delta t} \left\{ \Delta\gamma - \frac{\frac{2}{3}\sigma_{F,\vartheta}\Delta\gamma + \sqrt{\frac{2}{3}}\sigma_F}{\frac{2}{3}\sigma_{F,\xi} + \boldsymbol{s} \cdot \boldsymbol{h}\boldsymbol{s}} \right\} \tag{7.124}$$

Wir kommen zur Ableitung der plastischen Dissipationsleistung (7.109) nach dem Metriktensor $\boldsymbol{g}$ der Momentankonfiguration:

$$\frac{\partial \mathcal{D}^p_{int}}{\partial \boldsymbol{g}} = \sqrt{\frac{2}{3}}\,\frac{\chi}{\Delta t}\left(\frac{\partial \sigma_F}{\partial \boldsymbol{g}}\,\Delta\gamma + \sigma_F\,\frac{\partial \Delta\gamma}{\partial \boldsymbol{g}}\right) \tag{7.125}$$

Mit Hilfe der Kettenregel führen wir die Ableitung der Fließspannung auf die Ableitung des plastischen Multiplikatorinkrementes zurück. Mit Gleichung (6.133) ergibt sich

$$\frac{\partial \sigma_F}{\partial \boldsymbol{g}} = \frac{\partial \sigma_F}{\partial \xi}\,\frac{\partial \xi}{\partial \Delta\gamma}\,\frac{\partial \Delta\gamma}{\partial \boldsymbol{g}} = \sqrt{\frac{2}{3}}\,\sigma_{F,\xi}\,\frac{\partial \Delta\gamma}{\partial \boldsymbol{g}} \tag{7.126}$$

und eingesetzt in Gleichung (7.125)

$$\frac{\partial \mathcal{D}^p_{int}}{\partial \boldsymbol{g}} = \frac{\chi}{\Delta t}\left(\frac{2}{3}\,\sigma_{F,\xi}\,\Delta\gamma + \sqrt{\frac{2}{3}}\,\sigma_F\right)\frac{\partial \Delta\gamma}{\partial \boldsymbol{g}} \tag{7.127}$$

Mit Hilfe der Fließfunktion $\Phi(\tilde{\boldsymbol{\tau}},\sigma_v) = 0$ werden wir die Ableitung $\partial\Delta\gamma/\partial\boldsymbol{g}$ in der Ableitung der Hauptspannung ausdrücken. Analog zu Gleichung (7.115) gilt mit (7.126)

$$\frac{\partial |\tilde{\boldsymbol{\tau}}_H|}{\partial \boldsymbol{g}} = \sqrt{\frac{2}{3}}\,\frac{\partial \sigma_F}{\partial \boldsymbol{g}} = \frac{2}{3}\,\sigma_{F,\xi}\,\frac{\partial \Delta\gamma}{\partial \boldsymbol{g}} \tag{7.128}$$

Für die Ableitung des Betrags des Spannungsvektors wechseln wir zur Koordinatenschreibweise über. Allgemein gilt für den Betrag des Spannungstensors

$$||\tilde{\boldsymbol{\tau}}|| = \sqrt{\tilde{\tau}^{ij}\,g_{im}\,g_{jn}\,\tilde{\tau}^{mn}} \tag{7.129}$$

und damit für die Ableitung

$$\frac{\partial ||\tilde{\boldsymbol{\tau}}||}{\partial g_{rs}} = \frac{1}{||\tilde{\boldsymbol{\tau}}||}\left(\tilde{\tau}^{ij}\,g_{im}\,g_{jn}\,\frac{\partial \tilde{\tau}^{mn}}{\partial g_{rs}} + \tilde{\tau}^{rj}\,g_{jn}\,\tilde{\tau}^{ns}\right) \tag{7.130}$$

Liegt der Spannungstensor in der Hauptachsendarstellung vor, so vereinfacht sich die Formel auf

$$\frac{\partial |\tilde{\boldsymbol{\tau}}_H|}{\partial \boldsymbol{g}} = \frac{1}{|\tilde{\boldsymbol{\tau}}_H|}\left(\tilde{\boldsymbol{\tau}}_H\cdot\frac{\partial \tilde{\boldsymbol{\tau}}_H}{\partial \boldsymbol{g}} + \tilde{\boldsymbol{\tau}}_H^2\right) \tag{7.131}$$

wobei mit $\tilde{\boldsymbol{\tau}}_H^2$ der Spaltenvektor $\tilde{\boldsymbol{\tau}}_H^2 = [\tilde{\tau}_1^2,\, \tilde{\tau}_2^2,\, \tilde{\tau}_3^2]^T$ gemeint ist. Die Ableitung der Kirchhoff-Spannung nach dem Metriktensor $\boldsymbol{g}$ führen wir mit Gleichung (3.70) auf die Almansischen Verzerrungen zurück. Da die Spannungen und die Verzerrungen im gemeinsamen Hauptachsensystem vorliegen, gilt (siehe die analogen Ableitungen (5.10a) und (5.10c))

$$\frac{\partial \tilde{\tau}_H}{\partial \boldsymbol{g}} = \frac{1}{2}\frac{\partial \tilde{\tau}_H}{\partial \boldsymbol{e}} = \frac{1}{2}\frac{\partial \tilde{\tau}_H}{\partial \boldsymbol{\epsilon}}$$

Ferner müssen wir beachten, dass der Metriktensor $\boldsymbol{g}$ in Gleichung (7.131) für die Gesamtdeformation steht, und deshalb nach den Gesamtverzerrungen abzuleiten ist. Dann folgt mit $\boldsymbol{\epsilon}^{e,tr}$ für $\boldsymbol{\epsilon}$ nach Gleichung (6.146)

$$\frac{\partial \tilde{\tau}_H}{\partial \boldsymbol{g}} = \frac{1}{2}\frac{\partial \tilde{\tau}_H}{\partial \boldsymbol{\epsilon}^{e,tr}} = \frac{1}{2}\tilde{\mathbf{a}}^{ep} \tag{7.132}$$

Wir setzen dieses Ergebnis in Gleichung (7.131) ein und erhalten mit Gleichung (6.137)

$$\frac{\partial |\tilde{\tau}_H|}{\partial \boldsymbol{g}} = \frac{1}{2}\boldsymbol{s}\cdot\tilde{\mathbf{a}}^{ep} + \frac{1}{|\tilde{\tau}_H|}\tilde{\tau}_H^2 \tag{7.133}$$

und aus Gleichung (7.128) für $\partial\Delta\gamma/\partial\boldsymbol{g}$

$$\frac{\partial \Delta\gamma}{\partial \boldsymbol{g}} = \frac{3}{4\,\sigma_{F,\xi}}\left(\boldsymbol{s}\cdot\tilde{\mathbf{a}}^{ep} + 2\frac{\tilde{\tau}_H^2}{|\tilde{\tau}_H|}\right) \tag{7.134}$$

Damit haben wir alle, zum Aufstellen der thermischen Tangentenmatrix (7.94) und der Kopplungsmatrix (7.102) benötigten Ableitungen nach der Temperatur und nach der Deformation berechnet.

7.2.3 Vollständige thermomechanische Tangente

Im letzten Abschnitt haben wir die vollständige Linearisierung der thermischen Gleichgewichtsbeziehung durchgeführt. Nach Gleichung (7.89) erhielten wir neben der thermischen Tangentenmatrix noch eine Kopplungstangente, welche die Kopplung des Temperaturfeldes mit dem Verschiebungsfeld herstellt. Bei der Linearisierung der Gleichgewichtsbeziehung für das mechanische Feld im Abschnitt 7.1.3 hatten wir bisher noch keine Temperaturabhängigkeit zugelassen und deshalb auch keine Kopplungstangente erhalten. Für die numerische Behandlung der Thermomechanik muss diese Kopplungstangente aber ebenfalls bereitgestellt werden. Deshalb soll unsere nächste Aufgabe das Aufstellen dieser Kopplungstangente sein, wobei wir die konstitutiven Gleichungen unseres Plastizitätsmodells im Hauptachsensystem der Deformation verwenden werden.

Die Berechnung geht jetzt vom Ausdruck für die innere virtuelle Arbeit nach Gleichung (7.10) aus, in der wir mit $\boldsymbol{\tau} = J\boldsymbol{\sigma}$ auf die Kirchhoff-Spannung überwechseln

$$\delta \mathcal{A}_{int} = \int_v \boldsymbol{\sigma} : \operatorname{grad} \delta \boldsymbol{u} \, dv = \int_V \boldsymbol{\tau} : \operatorname{grad} \delta \boldsymbol{u} \, dV \tag{7.135}$$

Die innere virtuelle Arbeit ist eine Funktion der Deformation und, da die Spannung jetzt auch temperaturabhängig sein soll, auch eine Funktion der Temperatur. Wir erhalten für das totale Differential

$$d(\delta \mathcal{A}_{int}) = \frac{\partial(\delta \mathcal{A}_{int})}{\partial \boldsymbol{u}} d\boldsymbol{u} + \frac{\partial(\delta \mathcal{A}_{int})}{\partial \vartheta} d\vartheta \tag{7.136}$$

Der erste Term führt auf die mechanische Tangente[8] und der zweite Term auf die Kopplungstangente zwischen mechanischem und thermischem Feld.

Für den ersten Term berechnen wir entsprechend (7.44)

$$\frac{\partial(\delta \mathcal{A}_{int})}{\partial \boldsymbol{u}} d\boldsymbol{u} = \int_V \left(\operatorname{grad} \delta \boldsymbol{u} : \frac{\partial \boldsymbol{\tau}}{\partial \boldsymbol{u}} d\boldsymbol{u} + \boldsymbol{\tau} : \frac{\partial(\operatorname{grad} \delta \boldsymbol{u})}{\partial \boldsymbol{u}} d\boldsymbol{u} \right) dV \tag{7.137}$$

Die Kirchhoff-Spannung ist eine Funktion der Deformation, sodass wir die Ableitung nach Gleichung (3.172) ausführen müssen. Mit dem Materialtensor $\mathbf{c}$ auf der Momentankonfiguration nach Gleichung (5.41) erhalten wir

$$D_{\boldsymbol{x}}(\boldsymbol{\tau}) \cdot d\boldsymbol{u} = 2 \frac{\partial \boldsymbol{\tau}}{\partial \boldsymbol{g}} : \operatorname{grad} d\boldsymbol{u} = J \mathbf{c} : \operatorname{grad} d\boldsymbol{u} \tag{7.138}$$

Für die Ableitung des Verschiebungsgradienten $\operatorname{grad} \delta \boldsymbol{u}$ beziehen wir diesen auf die Ausgangskonfiguration

$$\operatorname{grad} \delta \boldsymbol{u} = \frac{\partial \delta \boldsymbol{u}}{\partial \boldsymbol{X}} \frac{\partial \boldsymbol{X}}{\partial \boldsymbol{x}} = \frac{\partial \delta \boldsymbol{u}}{\partial \boldsymbol{X}} \boldsymbol{F}^{-1}$$

Mit der Ableitung von $\boldsymbol{F}^{-1}$ entsprechend Gleichung (7.53) und $\frac{\partial}{\partial \boldsymbol{u}} \frac{\partial \delta \boldsymbol{u}}{\partial \boldsymbol{X}} = 0$ ergibt sich

$$\frac{\partial(\operatorname{grad} \delta \boldsymbol{u})}{\partial \boldsymbol{u}} d\boldsymbol{u} = \frac{\partial \delta \boldsymbol{u}}{\partial \boldsymbol{X}} \frac{\partial \boldsymbol{F}^{-1}}{\partial \boldsymbol{u}} d\boldsymbol{u} = - \operatorname{grad} \delta \boldsymbol{u} \operatorname{grad} d\boldsymbol{u} \tag{7.139}$$

---

[8] Die mechanische Tangentenmatrix haben wir schon berechnet und als Ergebnis die Gleichungen (7.59) und (7.61) erhalten. Für deren Berechnung gingen wir von der virtuellen Arbeit nach Gleichung (7.12) aus, die in Zustandsgrößen der Ausgangskonfiguration formuliert ist. Man beachte, dass unabhängig von der Wahl der Zustandsgrößen, bzw. ihrer Bezugskonfiguration, die Tangentenmatrizen identisch gleich sein müssen.

Nun können wir die Ergebnisse (7.138) und (7.139) in den Ausdruck (7.137) einsetzen und mit $JdV = dv$ zurück auf die Momentankonfiguration wechseln:

$$\frac{\partial(\delta \mathcal{A}_{int})}{\partial \boldsymbol{u}} d\boldsymbol{u} = \int_v \Big(\operatorname{grad} \delta \boldsymbol{u} : \mathbf{c} : \operatorname{grad} d\boldsymbol{u} - \boldsymbol{\sigma} : \operatorname{grad} \delta \boldsymbol{u} \operatorname{grad} d\boldsymbol{u} \Big) dv \tag{7.140}$$

Analog zu Gleichung (7.58) setzt sich die mechanische Tangente wieder aus einem materialabhängigen und einem spannungsabhängigen Anteil zusammen. Ein verschiebungsabhängiger Anteil ist hier nicht vorhanden, da die Ableitung auf der Momentankonfiguration ausgeführt wurde.

Zur Anpassung an unser Materialmodell teilen wir den Materialtensor nun in den dilatatorischen und den deviatorischen Anteil auf:

$$\mathbf{c} = \mathbf{c}_{vol} + \mathbf{c}_{dev} \tag{7.141}$$

Für den Fall der elastischen Zustandsänderung berechnen sich die Anteile des Materialtensors nach den Formeln (5.44) und (5.46). Tritt plastisches Fließen auf, so betrifft dies nur den deviatorischen Teil des Materialtensors, da der Fließvorgang im Deviatorraum abläuft. In der Formel (5.46) für den deviatorischen Materialtensor, beschreibt der erste Term die Änderung der Spannungen, die sich aus der Änderung der Deformation bei festgehaltenem Hauptachsensystem ergibt. Hier muss nun das Glied $\varpi_{\beta\alpha}$ durch die konsistente Materialtangente $\tilde{a}^{ep}_{\beta\alpha}$ nach Gleichung (6.147) ersetzt werden. Der zweite Term beschreibt die Änderung der Spannungen aufgrund der Änderung der Hauptrichtungen. Wie wir gesehen haben findet das plastische Fließen im festen Hauptachsensystem der elastischen Deformation statt, sodass dieser Term vom plastischen Fließen nicht verändert wird. Wenn plastisches Fließen vorhanden ist, ist der deviatorische Anteil des Materialtensors also nach der Formel

$$\mathbf{c}_{dev} = \frac{1}{J} \tilde{a}^{ep}_{\beta\alpha} \boldsymbol{m}^{\alpha} \otimes \boldsymbol{m}^{\beta} + \frac{2}{J} \tilde{\tau}_{\beta} \, \Phi_{\star}\Big(\frac{\partial \boldsymbol{M}^{\beta}}{\partial \boldsymbol{C}}\Big) \tag{7.142}$$

aufzustellen. Für den dilatorischen Anteil $\mathbf{c}_{vol}$ gilt nach wie vor die Formel (5.44).

Wir können nun in Gleichung (7.140) die Ansatzfunktionen für die Verschiebungen nach Gleichung (7.29) einbringen und erhalten dann, analog zu Gleichung (7.58), die Tangentensteifigkeit des Finiten Elementes, die wir in Indexschreibweise angeben. Mit den freien Indizes i, j für die Koordinaten der Verschiebungsfreiwerte eines Knotenpaares $(\mathcal{N}, \mathcal{M})$ lautet sie:

$$\mathrm{K}^{\mathcal{N}\mathcal{M}}_{\hat{u}^i \hat{u}^j} = \int_v \Big(g_{ik} \frac{\partial \phi^{\mathcal{N}}}{\partial x^l} c^{klmn} \frac{\partial \phi^{\mathcal{M}}}{\partial x^n} g_{mj} - g_{ij} \sigma^{ln} \frac{\partial \phi^{\mathcal{N}}}{\partial x^l} \frac{\partial \phi^{\mathcal{M}}}{\partial x^n} \Big) dv \tag{7.143}$$

Durch Vertauschen der freien Indizes kann die Symmetrie der Tangentenmatrix sofort bestätigt werden. Der zweite, spannungsabhängige Steifigkeitsterm stellt den geometrischen Anteil der Tangente dar und hat den gleichen diagonalen Aufbau, wie die bereits diskutierte Tangentenmatrix (7.61).

Für die Berechnung des zweiten Terms in Gleichung (7.136) wechseln wir mit $dv = JdV$ auf die Ausgangskonfiguration über und erhalten aus Gleichung (7.135)

$$\frac{\partial(\delta \mathcal{A}_{int})}{\partial\vartheta} d\vartheta = \int_V \operatorname{grad} \delta \boldsymbol{u} : \frac{\partial \boldsymbol{\tau}}{\partial\vartheta} d\vartheta \, dV \tag{7.144}$$

Da sich die Abhängigkeit der Spannungen von der Temperatur nur auf den deviatorischen Anteil des Spannungstensors erstreckt, können wir auch genauer schreiben

$$\frac{\partial(\delta \mathcal{A}_{int})}{\partial\vartheta} d\vartheta = \int_V \operatorname{grad} \delta \boldsymbol{u} : \frac{\partial \tilde{\boldsymbol{\tau}}}{\partial\vartheta} d\vartheta \, dV \tag{7.145}$$

Für den Fall, dass der Spannungstensor im Hauptachsensystem vorliegt haben wir die Ableitungen bereits angegeben. Aus den Gleichungen (7.122) und (7.123) folgt

$$\frac{\partial \tilde{\boldsymbol{\tau}}_H}{\partial\vartheta} = \frac{\sqrt{\frac{2}{3}}\sigma_{F,\vartheta} \boldsymbol{h s}}{\frac{2}{3}\sigma_{F,\xi} + \boldsymbol{s} \cdot \boldsymbol{h s}} \tag{7.146}$$

Mit Hilfe der Eigenvektoren $\boldsymbol{n}^\alpha$ können wir dieses Ergebnis nun in das kartesische Bezugssystem transformieren

$$\frac{\partial \tilde{\boldsymbol{\tau}}}{\partial\vartheta} = \sum_{\alpha=1}^{3} \frac{\partial \tilde{\tau}_\alpha}{\partial\vartheta} \boldsymbol{n}^\alpha \otimes \boldsymbol{n}^\alpha \tag{7.147}$$

und dann in Gleichung (7.145) einsetzen. Der Vollständigkeit halber setzen wir noch die Ansatzfunktionen für die Feldgrößen ein und geben die Kopplungstangente in Indexschreibweise an. Mit dem freien Koordinatenindex i des Verschiebungsvektors gilt dann

$$\mathrm{K}_{\hat{u}^i\hat{\vartheta}}^{\mathcal{NM}} = \int_V g_{im} \frac{\partial \phi^{\mathcal{N}}}{\partial x^k} \frac{\partial \tilde{\tau}^{mk}}{\partial\vartheta} \phi^{\mathcal{M}} dV \tag{7.148}$$

Damit haben wir sämtliche Teilmatrizen der Tangentenmatrix, die zur Behandlung des gekoppelten thermomechanischen Feldproblems benötigt werden, aufgestellt.

Wie wir bereits ausgeführt haben, werden wir die Gleichgewichtsbeziehung rativ mit dem Newtonschen Verfahren lösen. Im Vorgriff auf das nächste Kap wo wir uns mit den Lösungsverfahren beschäftigen wollen, stellen wir das im rationsschritt zu lösende Gleichungssystem für ein Finites Element auf. Di Element hat am Knoten $\mathcal{M}$ als Freiwerte die Verschiebungen $\hat{u}^i_{\mathcal{M}}$ und die T peratur $\hat{\vartheta}_{\mathcal{M}}$, deren Inkremente $\Delta\Delta\hat{u}^j_{\mathcal{M}}$ und $\Delta\Delta\hat{\vartheta}_{\mathcal{M}}$ im Iterationsschritt berec werden.

Das zu lösende Gleichungssystem ist dann

$$
\left[\begin{array}{c|c} \mathrm{K}^{\mathcal{N}\mathcal{M}}_{\hat{u}^i\hat{u}^j} & \mathrm{K}^{\mathcal{N}\mathcal{M}}_{\hat{u}^i\hat{\vartheta}} \\ \hline \mathrm{K}^{\mathcal{N}\mathcal{M}}_{\hat{\vartheta}\hat{u}^j} & \mathrm{K}^{\mathcal{N}\mathcal{M}}_{\hat{\vartheta}\hat{\vartheta}} \end{array}\right] \left[\begin{array}{c} \Delta\Delta\hat{u}^j_{\mathcal{M}} \\ \hline \Delta\Delta\hat{\vartheta}_{\mathcal{M}} \end{array}\right] = \left[\begin{array}{c} R^{\mathcal{N}}_{\hat{u}^i} \\ \hline R^{\mathcal{N}}_{\hat{\vartheta}} \end{array}\right] \qquad (7.
$$

mit den Residuen $R^{\mathcal{N}}_{\hat{u}^i}$ des mechanischen Feldes und den Residuen $R^{\mathcal{N}}_{\hat{\vartheta}}$ des t mischen Feldes (siehe Gleichung (8.25)). Die rein mechanische Tangentenma $\mathrm{K}^{\mathcal{N}\mathcal{M}}_{\hat{u}^i\hat{u}^j}$ nach Gleichung (7.143) und die rein thermische Tangentenmatrix $\mathrm{K}^{\mathcal{N}\mathcal{M}}_{\hat{\vartheta}\hat{\vartheta}}$ r Gleichung (7.94) sind beide symmetrisch aufgebaut. Damit das gesamte C chungssystem (7.149) symmetrisch ist, müssen sich die Kopplungsmatrizen die Transponierten zueinander verhalten. Vergleicht man die Ausdrücke für Kopplungsmatrizen $\mathrm{K}^{\mathcal{N}\mathcal{M}}_{\hat{\vartheta}\hat{u}^j}$ nach Gleichung (7.102) und für $\mathrm{K}^{\mathcal{N}\mathcal{M}}_{\hat{u}^i\hat{\vartheta}}$ nach Gleich (7.148) miteinander, so sieht man sofort, dass dies nicht zutrifft. Dies bede aber, dass das Gleichungssystem nichtsymmetrisch ist, was weitreichende K sequenzen im Hinblick auf die Implementierung der Theorie in einem Fir Elemente-Programm hat, da dieses in der Lage sein muss eine nichtsymmetris Systemmatrix zu speichern und zu verarbeiten. Vor allem hat eine nichtsym trische Systemmatrix grundsätzlich wesentlich ungünstigere numerische Eig schaften. So ist z. B. die Genauigkeit der Eliminationen nicht mehr (wie bei e symmetrischen Matrix) unabhängig von ihrer Reihenfolge. Dies kann sehr ur genehme Konsequenzen haben und z. B. Pivotsuche oder ähnliche Maßnahı erfordern. In jedem Fall wird die Rechenzeit erheblich vergrößert.

8 Lösungsverfahren

Die Anwendung eines Diskretisierungsverfahrens zur Lösung der Randwertaufgabe führt das System der partiellen nichtlinearen Differentialgleichungen (4.50) in ein System algebraischer Gleichungen über, die das Gleichgewicht im diskretisierten Gebiet beschreiben. Das System der algebraischen Gleichungen wird durch Summation (Assemblierung) der Gleichgewichtsbeziehungen (7.43), für die in den Netzknoten verknüpften Finiten Elemente, aufgebaut. Man erhält so für jeden zu bestimmenden Freiwert des diskretisierten Gebiets eine nichtlineare Gleichung, die aber nicht explizit ausgeführt wird. Sind alle Freiwerte bekannt, dann ist auch das Verschiebungsfeld eindeutig bestimmt. Wegen der Nichtlinearität des Gleichungssystems kann die Lösung nur iterativ, mit Hilfe eines speziell angepassten Algorithmus, erfolgen. An diesen Lösungsalgorithmus stellen wir gewisse Anforderungen. In erster Linie verlangen wir vom Algorithmus, dass er *numerische Stabilität* und *gute Konvergenzeigenschaften* besitzt. Diese Attribute müssen einhergehen mit einer *hohen Recheneffizienz*, da normalerweise eine Vielzahl von Iterationen auszuführen sind. Die letzte Forderung bezieht sich nicht zuletzt auch auf den im Iterationsschritt verwendeten Gleichungslöser, den wir hier aber nicht betrachten wollen, sowie auf eine effiziente Berechnung der Elementmatrizen.

Das Thema dieses Kapitels soll der *Lösungsalgorithmus* mit *Iterationsverfahren* zur numerischen Behandlung der nichtlinearen Aufgabenstellung mit der Methode der Finiten Elemente sein. Hierbei handelt sich um die Lösung eines Systems mit vielen Unbekannten, was wir zum besseren Verständnis in einfachen zweidimensionalen Abbildungen veranschaulichen werden.

Ein wichtiger Punkt innerhalb des Lösungsalgorithmus betrifft das verwendete Iterationsverfahren zum Auffinden der Gleichgewichtskonfiguration. Unter der Vielzahl der möglichen Iterationsverfahren hat sich das *Newtonsche Verfahren* als das am besten geeignete erwiesen, weshalb es heute als Lösungsverfahren in allen kommerziellen Finite-Elemente-Programmen eingesetzt wird. Andere Lösungsverfahren, wie z.B. die Quasi-Newton-Verfahren, BFGS und DFP, kommen nur selten, bei schwach nichtlinearen Aufgabenstellungen, zum Einsatz. Wir beschränken uns hier auf die Darstellung des Newtonschen Verfahrens und überlassen es dem Leser, sich bei Bedarf in der Literatur über die anderen Verfahren zu informieren. Eine ausführliche Zusammenstellung aller möglichen Verfahren findet er z.B. bei Luenberger [52].

8.1 Das Newtonsche Verfahren

Wir haben das Newtonsche Verfahren bereits in der Plastizitätsformulierung verwendet und es zur Lösung der Evolutionsgleichung des plastischen Flusses im Rahmen des *radial return* Verfahrens eingesetzt. Wir wollen das Verfahren nun etwas ausführlicher darstellen und auch die wichtige Frage der Konvergenz ansprechen. Es sei $\mathcal{F}(\mathbf{y}) = \mathbf{0}$ ein nichtlineares Gleichungssystem, das mit Hilfe eines Iterationsalgorithmus gelöst werden soll. Zum Starten des Algorithmus wird eine Näherungslösung, bzw. ein Schätzwert, $\mathbf{y}_0$ vorgegeben. Der Rechenschritt der i-ten Iteration lässt sich dann wie folgt darstellen. Basierend auf der Lösung $\mathbf{y}_{i-1}$ der vorherigen Iteration wird mit Hilfe einer Abbildungsmatrix $\mathbf{A} = \mathbf{A}(\mathbf{y}_{i-1})$ eine neue verbesserte Lösung berechnet:

$$\mathbf{y}_i = \mathbf{A}\,\mathbf{y}_{i-1} \tag{8.1}$$

Auf diese Weise erhält man eine Folge von Näherungslösungen

$$\mathbf{y}_0, \mathbf{y}_1, \mathbf{y}_2, \cdots \mathbf{y}_n$$

Man nimmt nun an, dass es sich um eine Folge von sich ständig verbessernden Näherungslösungen handelt, die schließlich zur exakten Lösung $\mathbf{y}_{ex}$ hin konvergiert. In diesem Zusammenhang interessieren die beiden Fragestellungen:

1. Konvergiert die Folge tatsächlich zur exakten Lösung $\mathbf{y}_{ex}$?
2. Und wenn ja, wie schnell konvergiert die Folge?

Die erste Fragestellung betrifft das so genannte *globale Konvergenzverhalten* des Algorithmus. Ist die globale Konvergenz gesichert, so heißt das, dass der Algorithmus zur gesuchten Lösung hin konvergiert. Wie schnell die Lösung gefunden wird, hängt vom *lokalen Konvergenzverhalten* ab. Darunter versteht man die *Konvergenzgeschwindigkeit* oder *Konvergenzrate* des Algorithmus. Die Konvergenzgeschwindigkeit bestimmt die Anzahl der auszuführenden Iterationen und entscheidet damit über den zu leistenden Rechenaufwand.

Entscheidend für das globale Konvergenzverhalten eines Algorithmus ist die Startlösung. So wird z.B. für das Newtonsche Verfahren eine, *der Nichtlinearität an-*

gemessene, Näherungslösung als Startlösung verlangt, ansonsten muss mit einem divergenten Verhalten gerechnet werden. Im Hinblick auf die Anwendung der Iterationsverfahren im Rahmen der Methode der Finiten Elemente bedeutet dies, dass man im Normalfall nicht die gesamte Belastung auf einmal auf das Tragwerk aufbringen kann, sondern dass inkrementell belastet werden muss. Man wird also die Belastung in eine endliche Anzahl von Lastinkrementen aufteilen, deren Größe der lokalen Nichtlinearität angepasst wird. Im Lastinkrement wird das Iterationsverfahren gestartet, wobei die Lösung des vorherigen Lastschrittes als Startlösung für den aktuellen Lastschritt dient.

Zur Verbesserung des Konvergenzverhaltens und zum Erhalt einer optimalen Startlösung können so genannte *line search Verfahren* eingesetzt werden. Diese Verfahren optimieren die Länge eines Lösungsinkrementes indem sie dieses so skalieren, dass ein lokales Minimum für das vom Gleichungssystem beschriebene Funktional erhalten wird. In der Regel genügt es dieses Minimum nur näherungsweise durch lineare Interpolation aus zwei Lösungspunkten zu berechnen. Die *line search Verfahren*, sowie eine mathematisch fundierte Absicherung des globalen Konvergenzverhaltens finden sich ebenfalls bei Luenberger [52].

Die Konvergenzgeschwindigkeit ist offensichtlich von der gewählten Iterationsstrategie abhängig. In der Iterationsvorschrift (8.1) betrifft dies die Abbildungsmatrix **A**. Zunächst geben wir eine Definition für die Konvergenzgeschwindigkeit, die wir aus [52] übernehmen. Diese bezieht sich auf den einfachen Fall einer nichtlinearen Funktion mit einer Lösungsvariablen y.

Es sei y_i eine Folge von Näherungslösungen, die zum Grenzwert y_{ex} hin konvergiere. Dann ist die Konvergenzgeschwindigkeit bzw. die Ordnung der Konvergenz durch die Zahl p gegeben, für die die Bedingung

$$|y_i - y_{ex}| \rightarrow \text{konst.} |y_{i-1} - y_{ex}|^p \qquad \text{für } i \rightarrow \infty$$

gilt. Das Newtonsche Verfahren weist eine quadratische Konvergenz aus. In diesem Fall gilt also $p = 2$. Der Beweis findet sich bei Luenberger [52].

Es lässt sich zeigen, dass die quadratische Konvergenz die optimal erreichbare Konvergenzgeschwindigkeit ist. Alle anderen Verfahren (BFGS, DFP und modifizierte Newtonsche Verfahren) besitzen eine langsamere Konvergenz, d. h. $p < 2$, sowie ein schwächeres, globales Konvergenzverhalten. Die optimalen Eigenschaften des Newtonschen Verfahrens muss man sich aber in der Regel durch einen höheren Rechenaufwand erkaufen.

Der Grundgedanke des Newtonschen Verfahrens ist die Taylorreihenentwicklung der nichtlinearen Funktion an der Stelle $\mathbf{y}_{i-1}$, wobei zur Erreichung der Linearität nach dem ersten Glied der Reihe abgebrochen wird. Man erhält so die bestmögliche, lineare Approximation der Funktion an der Stelle $\mathbf{y}_{i-1}$.

Für das Gleichungssystem $\mathcal{F}(\mathbf{y}) = \mathbf{0}$ gilt dann im i-ten Iterationsschritt die Approximation

$$\mathcal{F}(\mathbf{y}_i)_{lin} = \mathcal{F}(\mathbf{y}_{i-1}) + D\mathcal{F}(\mathbf{y}_{i-1})\cdot(\mathbf{y}_i - \mathbf{y}_{i-1}) \tag{8.2}$$

wobei wir mit dem Fußzeiger $_{lin}$ andeuten, dass es sich hierbei um die lineare Approximation der Funktion an der Stelle y_i handelt. Der Term $D\mathcal{F}(\mathbf{y}_{i-1})\cdot(\mathbf{y}_i - \mathbf{y}_{i-1})$ steht für den linearen Zuwachs der Funktion an der Stelle $\mathbf{y}_{i-1}$ in Richtung des Inkrementes $\Delta\mathbf{y}_i = (\mathbf{y}_i - \mathbf{y}_{i-1})$, und man nennt diesen Term deshalb *Richtungsableitung*. Wir kommen zur Iterationsvorschrift des Newtonschen Verfahrens, indem wir das nichtlineare Gleichungssystem nun in den neuen Unbekannten $\mathbf{y}_i$ ausdrücken. Wir verlangen also $\mathcal{F}(\mathbf{y}_i)_{lin} = \mathbf{0}$ und erhalten eine lineare Gleichung zur Bestimmung des Inkrementes $\Delta\mathbf{y}_i$

$$\mathcal{F}(\mathbf{y}_{i-1}) + D\mathcal{F}(\mathbf{y}_{i-1})\cdot\Delta\mathbf{y}_i = \mathbf{0} \tag{8.3}$$

Damit folgt für die Iterationsvorschrift des Newtonschen Verfahrens

$$D\mathcal{F}(\mathbf{y}_{i-1})\cdot\Delta\mathbf{y}_i = -\mathcal{F}(\mathbf{y}_{i-1}) \quad \text{mit} \quad \mathbf{y}_i = \mathbf{y}_{i-1} + \Delta\mathbf{y}_i \tag{8.4}$$

Man erkennt, dass der entscheidende Punkt beim Newtonschen Verfahren in der Anwendung der korrekten Richtungsableitung besteht, die im so genannten Linearisierungsschritt zu berechnen ist. Die Richtungsableitung dient hier als Wegzeiger zur gesuchten Lösung hin und ist damit primär für den Erhalt der optimalen Konvergenzeigenschaften verantwortlich. Insbesondere bei wegabhängigem Materialverhalten, wie im Falle der Elastoplastizität, muss darauf geachtet werden, dass die Linearisierung den gesamten Prozess der Materialbeschreibung mit einschließt (konsistente Linearisierung), da sonst die quadratische Konvergenz verloren geht. Wir haben auf diesen wichtigen Punkt bereits im Kapitel 6 hingewiesen. In Anbetracht der Wichtigkeit der Richtungsableitung wollen wir uns diese nun noch näher ansehen und sie gleich für unsere Randwertaufgabe formulieren.

8.1.1 Die Richtungsableitung

Das zu lösende nichtlineare Gleichungssystem für das diskrete System lautet nach Gleichung (7.43)

$$\mathcal{F}(\mathbf{x}) := \mathbf{P}_{int} - \mathbf{P}_{ext} = \mathbf{0} \tag{8.5}$$

wobei in den *Spaltenmatrizen*[1] $\mathbf{P}_{int}$ und $\mathbf{P}_{ext}$ die Kräfte für alle Freiwerte des Gebietes, nach Knoten geordnet, enthalten sein sollen. Analog dazu ordnen wir die Ortsvektoren der Netzknoten, sowie die zugehörigen Verschiebungsvektoren in den *Spaltenmatrizen* $\mathbf{x}$, $\mathbf{X}$ und $\mathbf{u}$ an. Die *Spaltenmatrix* $\mathbf{u}$ wird *Verschiebungsmatrix* genannt. Entsprechend Gleichung (3.2) gilt dann für das diskretisierte Gebiet die Abbildungsgleichung

$$\mathbf{x} = \mathbf{X} + \mathbf{u} \tag{8.6}$$

Für die Richtungsableitung der Funktion an der Stelle $\mathbf{x}_0$ in Richtung von $\mathbf{u}$ gilt die Definitionsgleichung

$$D\mathcal{F}(\mathbf{x}_0)[\mathbf{u}] = \frac{d}{d\epsilon}\mathcal{F}(\mathbf{x}_0 + \epsilon\mathbf{u})|_{\epsilon=0} \tag{8.7}$$

Da diese Definitionsgleichung allgemein auch für Tensoren ihre Gültigkeit hat, ist die Art der Verknüpfung der Terme $D\mathcal{F}(\mathbf{x}_0)$ und $\mathbf{u}$ auf der linken Seite von den dort stehenden Größen abhängig. Wir lassen deshalb das Verknüpfungssymbol weg und setzen stattdessen den zweiten Term in eckige Klammern. Beim hier betrachteten Gleichungssystem handelt es sich um ein Skalarprodukt, bzw. der Matrizenmultiplikation einer quadratischen Matrix mit einer Spaltenmatrix.

Zur Berechnung der Richtungsableitung nach Gleichung (8.7) setzt man $\mathbf{x} = \mathbf{x}_0 + \epsilon\mathbf{u}$ und differenziert dann nach der Kettenregel

$$D\mathcal{F}(\mathbf{x}_0)[\mathbf{u}] = \left[\frac{\partial\mathcal{F}(\mathbf{x}_0 + \epsilon\mathbf{u})}{\partial\mathbf{x}}\frac{\partial(\mathbf{x}_0 + \epsilon\mathbf{u})}{\partial\epsilon}\right]_{\epsilon=0} = [\operatorname{grad}\mathcal{F}(\mathbf{x}_0)][\mathbf{u}] \tag{8.8}$$

Damit können wir entsprechend Gleichung (8.2) die lineare Approximation des Gleichungssystems für die Unbekannten $\mathbf{x} = \mathbf{x}_0 + \Delta\mathbf{u}$ aufschreiben:

$$\mathcal{F}(\mathbf{x}_0 + \Delta\mathbf{u})_{lin} = \mathcal{F}(\mathbf{x}_0) + [\operatorname{grad}\mathcal{F}(\mathbf{x}_0)][\Delta\mathbf{u}] \tag{8.9}$$

Der Aufbau des Newtonschen Verfahrens folgt dann den Gleichungen (8.3) und (8.4).

Den Formalismus der Richtungsableitung können wir auf alle Zustandsgrößen anwenden, die Funktionen der Verschiebung sind. Als Anwendungsbeispiel wollen wir die Richtungsableitung des Deformationsgradienten $\boldsymbol{F}$ (siehe Gleichung (3.6)) berechnen. Es sei angemerkt, dass wir bei diesem Beispiel die kursive Schreibweise verwenden, da der Deformationsgradient keine Diskretisierungsmatrix ist. Es

[1] Entsprechend der Notationsüberkunft verwenden wir für die Diskretisierungsmatrizen fettgeschriebene nicht kursive Symbole. Dies ist in den nachfolgenden Gleichungen stets der Fall.

gilt mit $\boldsymbol{x} = \boldsymbol{x}_0 + \epsilon \Delta \boldsymbol{u}$ für den Zuwachs von $\boldsymbol{F}$ in Richtung des Verschiebungsinkrementes $\Delta \boldsymbol{u}$ nach Gleichung (8.7)

$$D\boldsymbol{F}(\boldsymbol{x}_0)[\Delta \boldsymbol{u}] = \frac{d}{d\epsilon}\left[\frac{\partial(\boldsymbol{x}_0 + \epsilon \Delta \boldsymbol{u})}{\partial \boldsymbol{X}}\right]_{\epsilon=0} = \frac{d}{d\epsilon}\left[\frac{\partial \boldsymbol{x}_0}{\partial \boldsymbol{X}} + \epsilon \frac{\partial \Delta \boldsymbol{u}}{\partial \boldsymbol{X}}\right]_{\epsilon=0} = \frac{\partial \Delta \boldsymbol{u}}{\partial \boldsymbol{X}} \quad (8.10)$$

Als Ergebnis erhält man also den Gradienten des Verschiebungsinkrementes $\Delta \boldsymbol{u}$. Dies legt die Idee nahe, dass wir das Ergebnis auch auf einfachere Art, ohne Anwendung der Richtungsableitung, berechnen können.

Aus der Abbildungsgleichung (3.2) $\boldsymbol{x} = \boldsymbol{X} + \boldsymbol{u}$ folgt mit $\boldsymbol{X} =$ fest,

$$d\boldsymbol{x} = d\boldsymbol{u}, \quad \delta \boldsymbol{x} = \delta \boldsymbol{u}, \quad \Delta \boldsymbol{x} = \Delta \boldsymbol{u} \quad (8.11)$$

Dann ergibt sich für das Differential des Deformationsgradienten aus der Änderung des Verschiebungsfeldes

$$\begin{aligned} d\boldsymbol{F} = \frac{\partial(\boldsymbol{x} + d\boldsymbol{u})}{\partial \boldsymbol{X}} - \frac{\partial \boldsymbol{x}}{\partial \boldsymbol{X}} &= \frac{\partial d\boldsymbol{u}}{\partial \boldsymbol{X}} = \operatorname{Grad} d\boldsymbol{u} \\ &= \frac{\partial d\boldsymbol{u}}{\partial \boldsymbol{x}} \frac{\partial \boldsymbol{x}}{\partial \boldsymbol{X}} = \operatorname{grad} d\boldsymbol{u}\, \boldsymbol{F} \end{aligned} \quad (8.12)$$

und analog für die Variation des Deformationsgradienten

$$\delta \boldsymbol{F} = \operatorname{grad} \delta \boldsymbol{u}\, \boldsymbol{F} \quad (8.13)$$

Setzt man in Gleichung (8.12) anstatt des Differentials $d\boldsymbol{u}$ das Inkrement $\Delta \boldsymbol{u}$ ein, so erhält man

$$D\boldsymbol{F}[\Delta \boldsymbol{u}] = \frac{\partial \Delta \boldsymbol{u}}{\partial \boldsymbol{X}} \quad (8.14)$$

was mit dem Ergebnis (8.10) übereinstimmt. (Wir haben für $D\boldsymbol{F}(\mathbf{x}_0)$ einfach $D\boldsymbol{F}$ geschrieben, da die Ableitung an jeder Stelle gilt.) Der Weg über die Berechnung des Differentials ist im allgemeinen einfacher und bietet sich bei unseren Formulierungen an.

Wie bereits in Kapitel 7 gezeigt wurde, wird beim Aufstellen der Finite-Elemente-Matrizen der Verschiebungsvektor durch den Verschiebungsansatz nach Gleichung (7.27) ausgedrückt. Dann erhält man mit $\Delta \boldsymbol{u} = \phi^{\mathcal{N}} \Delta \hat{\boldsymbol{u}}_{\mathcal{N}}$ aus Gleichung (8.14)

$$\Delta \boldsymbol{F} = D\boldsymbol{F}[\Delta \boldsymbol{u}] = \frac{\partial \phi^{\mathcal{N}}}{\partial \boldsymbol{X}} \Delta \hat{\boldsymbol{u}}_{\mathcal{N}} \quad (8.15)$$

und wegen (8.11) auch für die Variation

$$\delta \boldsymbol{F} = D\boldsymbol{F}[\delta \boldsymbol{u}] = \frac{\partial \phi^{\mathcal{N}}}{\partial \boldsymbol{X}} \delta \hat{\boldsymbol{u}}_{\mathcal{N}} \quad (8.16)$$

8.1.2 Der Standardalgorithmus

In diesem Abschnitt wollen wir den Lösungsalgorithmus zur Berechnung der nichtlinearen Randwertaufgabe vorstellen. Die notwendigen Rechenschritte zeigt Abbildung 8.2. In diesem Programmablaufplan wird, aus Gründen der Übersichtlichkeit, nur der Fall einer konservativen Belastung betrachtet. Den Kern des Lösungsalgorithmus bilden zwei ineinander geschachtelte Schleifen. In der äußeren *Lastschrittschleife* $_{(k)}$ wird die Belastung schrittweise bis zu einer vorgegebenen Lasthöhe gesteigert. In der inneren *Iterationsschleife* $_{(i)}$ wird das Gleichgewicht des Lastschrittes iterativ berechnet. Entsprechend dem gewählten Iterationsverfahren sind unterschiedliche Rechenschritte auszuführen. Für den Fall, dass wir, wie in Abbildung 8.2 dargestellt, als Iterationsverfahren das Newtonsche Verfahren in seiner klassischen Form verwenden, bezeichnen wir den Lösungsalgorithmus als *Standardalgorithmus zur Lösung der Gleichgewichtsbeziehung*. Für die nachfolgende Beschreibung des Lösungsalgorithmus müssen wir die beteiligten Matrizen kenntlich machen. Dazu treffen wir nun die folgende Vereinbarung. Mit einem vorgestellten Fußzeiger wird der Lastschritt und mit dem nachgestellten Fußzeiger der Iterationszähler bezeichnet. Bevor wir nun die einzelnen Rechenschritte des Iterationsverfahrens besprechen, sei noch ein Hinweis gegeben. Wie bereits gesagt, dient die Darstellung des Verfahrens in einem zweidimensionalen Diagramm hier nur der Veranschaulichung, da wir ein nichtlineares System beliebiger Größe behandeln, das sich einer graphischen Darstellung entzieht. Wenn wir nachfolgend von Kurven und Tangenten sprechen werden, so sind diese stets als verallgemeinerte Hyperflächen zu verstehen. Dieser Hinweis gilt auch für den sich anschließenden Abschnitt 8.2.

Wir beginnen mit der Beschreibung des Newtonschen Verfahrens und beziehen uns dazu auf die zweidimensionale Veranschaulichung in Abbildung 8.1. In dieser Abbildung stellt die im Ursprung beginnende Kurve die *Gleichgewichtskurve* dar, auf der alle Gleichgewichtszustände liegen. Gleichzeitig enthält diese Kurve die Startpunkte der Iterationsschritte, die wir mit $S_{(i)}$ bezeichnen. Die Kurve mit den Punkten $L_{(i)}$ definiert die Belastung für den Lastschritt. Da beim Newtonschen Verfahren die Belastung im Lastschritt festgehalten wird, ist diese Kurve eine Parallele zur **u**-Achse. Auf ihr liegen alle Lösungspunkte $L_{(i)}$ der Iterationen und sie wird deshalb *Lösungpfad* oder *Lösungskurve der Iteration* genannt. Ein Iterationsschritt $_{(i)}$ führt vom Startpunkt $S_{(i-1)}$ zum Lösungspunkt $L_{(i)}$ und von dort zurück zum Startpunkt $S_{(i)}$ für den nächsten Iterationsschritt. Der Iterationsvorgang wird beendet, wenn ein vorgegebenes Abbruchkriterium erfüllt ist. Dann ist die zur Belastung gehörige Gleichgewichtskonfiguration im Rahmen einer gewählten Abbruchgenauigkeit gefunden. In der Abbildung 8.1 fallen dann

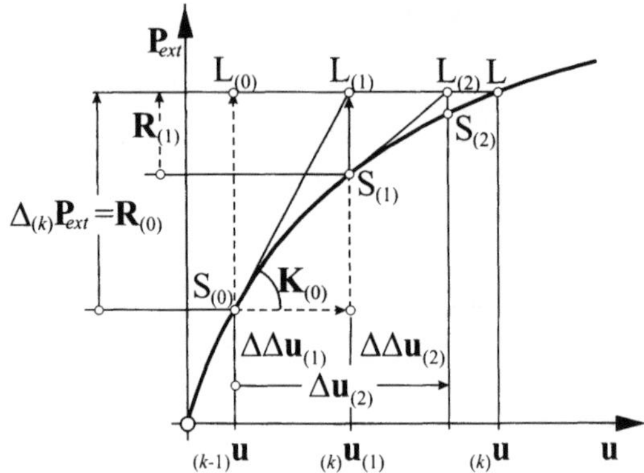

Abb. 8.1 Schematische Darstellung des Newtonschen Verfahrens.

der Lösungspunkt $\mathrm{L}_{(i)}$ und der Startpunkt $\mathrm{S}_{(i)}$ der nächsten Iteration mit der Genauigkeit des Abbruchkriteriums aufeinander. Dieser Lösungspunkt, den wir mit L bezeichnen, ist der Schnittpunkt des Lösungspfades mit der Gleichgewichtskurve.

Für die Formulierung des Iterationsverfahrens nehmen wir an, dass sich das Tragwerk am Ende des Lastschrittes $_{(k-1)}$ in einer Gleichgewichtskonfiguration befindet. Am Anfang, vor dem ersten Lastschritt, ist es mit $k-1=0$ die unbelastete Ausgangskonfiguration, die ebenfalls eine Gleichgewichtskonfiguration ist. Die Gleichgewichtskonfiguration definiert den Beginn des neuen Lastschrittes $_{(k)}$ und den Startpunkt $\mathrm{S}_{(0)}$ der ersten Iteration. In $\mathrm{S}_{(0)}$ ist also Gleichung (8.5) für alle Freiwerte des diskreten Systems erfüllt. Die Freiwerte sind die, in der Verschiebungsmatrix $\mathbf{u}$ zusammengefassten, Komponenten der Knotenverschiebungsvektoren $\hat{\boldsymbol{u}}_{\mathcal{M}}$. Nach Gleichung (8.6) können wir also, wegen $X=$ fest, das Gleichungssystem als Funktion der Verschiebungsmatrix $\mathbf{u}$ der Knotenfreiwerte anschreiben. Dann gilt also am Ende des Lastschrittes $_{(k-1)}$

$$\mathcal{F}\left({}_{(k-1)}\mathbf{u}\right)=\mathbf{0} \tag{8.17}$$

wobei die $\mathbf{0}$ nur im Rahmen des vorgegeben Abbruchkriteriums erfüllt wird. Im folgenden Lastschritt $_{(k)}$ wird die Belastung nun um das Belastungsinkrement $\Delta_{(k)}\mathbf{P}_{ext}$ gesteigert. Dann ist die Belastung am Lastschrittende auf

$${}_{(k)}\mathbf{P}_{ext}={}_{(k-1)}\mathbf{P}_{ext}+\Delta_{(k)}\mathbf{P}_{ext} \tag{8.18}$$

angewachsen. Gesucht wird die zum neuen Lastniveau gehörige Gleichgewichts-

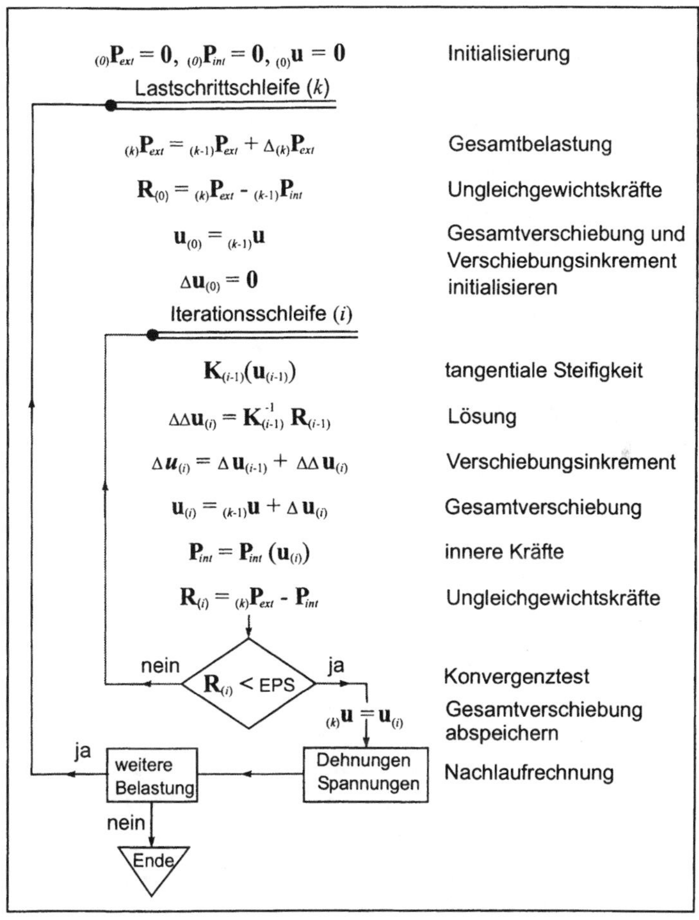

$_{(0)}\mathbf{P}_{ext} = \mathbf{0},\ _{(0)}\mathbf{P}_{int} = \mathbf{0},\ _{(0)}\mathbf{u} = \mathbf{0}$
Initialisierung
Lastschrittschleife (k)
$_{(k)}\mathbf{P}_{ext} = {}_{(k\text{-}1)}\mathbf{P}_{ext} + \Delta_{(k)}\mathbf{P}_{ext}$
Gesamtbelastung
$\mathbf{R}_{(0)} = {}_{(k)}\mathbf{P}_{ext} - {}_{(k\text{-}1)}\mathbf{P}_{int}$
Ungleichgewichtskräfte
$\mathbf{u}_{(0)} = {}_{(k\text{-}1)}\mathbf{u}$
$\Delta\mathbf{u}_{(0)} = \mathbf{0}$
Gesamtverschiebung und Verschiebungsinkrement initialisieren
Iterationsschleife (i)
$\mathbf{K}_{(i\text{-}1)}(\mathbf{u}_{(i\text{-}1)})$
tangentiale Steifigkeit
$\Delta\Delta\mathbf{u}_{(i)} = \mathbf{K}^{-1}_{(i\text{-}1)}\ \mathbf{R}_{(i\text{-}1)}$
Lösung
$\Delta\mathbf{u}_{(i)} = \Delta\mathbf{u}_{(i\text{-}1)} + \Delta\Delta\mathbf{u}_{(i)}$
Verschiebungsinkrement
$\mathbf{u}_{(i)} = {}_{(k\text{-}1)}\mathbf{u} + \Delta\mathbf{u}_{(i)}$
Gesamtverschiebung
$\mathbf{P}_{int} = \mathbf{P}_{int}(\mathbf{u}_{(i)})$
innere Kräfte
$\mathbf{R}_{(i)} = {}_{(k)}\mathbf{P}_{ext} - \mathbf{P}_{int}$
Ungleichgewichtskräfte
nein
$\mathbf{R}_{(i)} <$ EPS
ja
Konvergenztest
$_{(k)}\mathbf{u} = \mathbf{u}_{(i)}$
Gesamtverschiebung abspeichern
ja
weitere Belastung
Dehnungen Spannungen
Nachlaufrechnung
nein
Ende

Abb. 8.2 Programmablaufplan des Standardalgorithmus. Die Größe EPS definiert ein Abbruchkriterium für die Iteration.

konfiguration, die als Punkt L auf der Gleichgewichtskurve eingezeichnet ist. Für die Verschiebungsmatrix in der i-ten Iteration des Lastschrittes $_{(k)}$ gilt dann

$$_{(k)}\mathbf{u}_{(i)} = {}_{(k-1)}\mathbf{u} + \Delta\mathbf{u}_{(i)} \tag{8.19}$$

In dieser Beziehung ist die Verschiebungsmatrix $_{(k-1)}\mathbf{u}$ fest und gehört zur Gleichgewichtskonfiguration des vorherigen Lastschrittes. Das Inkrement $\Delta\mathbf{u}_{(i)}$ der Verschiebungsmatrix resultiert aus dem Zuwachs an Belastung und stellt die zu iterierende Größe im Lastschritt dar. Der Lastschritt gilt als beendet, wenn die Bedingung $\mathcal{F}\left({}_{(k)}\mathbf{u}\right) = \mathbf{0}$ hinreichend genau erfüllt ist. Dann führt die Verschiebungsmatrix $_{(k)}\mathbf{u}$ zur gesuchten Gleichgewichtskonfiguration des Lastschrittes $_{(k)}$, bzw. zum Punkt L hin.

Es ist wichtig, dass die aktuelle Verschiebungsmatrix $_{(k)}\mathbf{u}$ nach Gleichung (8.19) in den festgehaltenen Anteil $_{(k-1)}\mathbf{u}$ und das zu iterierende Inkrement $\Delta\mathbf{u}_{(i)}$ aufgeteilt wird. Insbesondere für Aufgabenstellungen ohne Potentialcharakter ist dies zwingend erforderlich, da die Verschiebungsmatrix erst nach erfolgter Konvergenz des Algorithmus zur Gleichgewichtskonfiguration gehört. Würde man die Iteration direkt auf der Verschiebungsmatrix $_{(k)}\mathbf{u}$ vornehmen, so würde dies den Algorithmus bei wegabhängigen Aufgabenstellungen in die Irre leiten und die Folge könnte ein Konvergenzversagen, oder aber die Konvergenz zu einer falschen Lösung hin sein.

Bei der Programmierung des Algorithmus wird dieser Problematik dadurch Rechnung getragen, dass man innerhalb der Iterationsschleife die aktuelle Verschiebungsmatrix zunächst, wie in Abbildung 8.2 gezeigt, auf einem lokalen Speicherplatz hält und erst nach erfolgter Konvergenz abspeichert. Dies bringt zusätzlich den Vorteil, dass bei fehlender globaler Konvergenz im Belastungsschritt stets auf der letzten Gleichgewichtskonfiguration neu aufgesetzt werden kann, um dann, z.B. mit einem kleineren Belastungsinkrement, Konvergenz zu erreichen. Für eine automatische Lastschrittsteuerung, wie sie in kommerziellen Programmen heute Standard ist, ist diese Art der Inkrementierung Vorbedingung.

Beginnend mit $\Delta\mathbf{u}_{(0)} = \mathbf{0}$ wird in der Iterationsschleife das Inkrement der Verschiebungsmatrix entsprechend

$$\Delta\mathbf{u}_{(i)} = \Delta\mathbf{u}_{(i-1)} + \Delta\Delta\mathbf{u}_{(i)} \tag{8.20}$$

mit $\Delta\Delta\mathbf{u}_{(i)}$ korrigiert. Mit Gleichung (8.19) ergibt sich dann für die Gesamtverschiebung im Lösungspunkt $\mathrm{L}_{(i)}$

$$_{(k)}\mathbf{u}_{(i)} = {}_{(k-1)}\mathbf{u} + \Delta\mathbf{u}_{(i-1)} + \Delta\Delta\mathbf{u}_{(i)} \tag{8.21}$$

Entsprechend Gleichung (8.2) schreiben wir nun die Linearisierung des Gleichungssystems (8.17) im Iterationsschritt auf, wobei wir den Lastschrittzähler, der Übersichtlichkeit wegen, jetzt weglassen. Wir erhalten die approximierte Gleichgewichtsbedingung entsprechend dem Tangentenschnitt mit dem Lösungspfad

$$\mathcal{F}(\mathbf{u}_{(i)})_{lin} = \mathcal{F}(\mathbf{u}_{(i-1)}) + D\mathcal{F}(\mathbf{u}_{(i-1)})\cdot\Delta\Delta\mathbf{u}_{(i)} \tag{8.22}$$

Nach Gleichung (8.8) ist für die Richtungsableitung die Gradientenmatrix der Unbekannten einzusetzen. Mit $\mathcal{F}(\mathbf{u}_{(i)})_{lin} = \mathbf{0}$ und $\partial\mathbf{u}$ anstelle von $\partial\mathbf{x}$ erhalten wir im Iterationsschritt das lineare Gleichungssystem

$$\frac{\partial\mathcal{F}(\mathbf{u}_{(i-1)})}{\partial\mathbf{u}}\Delta\Delta\mathbf{u}_{(i)} = -\mathcal{F}(\mathbf{u}_{(i-1)}) \tag{8.23}$$

das nach der Korrekturspaltenmatrix $\Delta\Delta\mathbf{u}_{(i)}$ aufzulösen ist. Mit Gleichung (8.5) gilt für die Gradientenmatrix

$$\frac{\partial\mathcal{F}(\mathbf{u}_{(i-1)})}{\partial\mathbf{u}} = \frac{\partial}{\partial\mathbf{u}}\left(\mathbf{P}_{int} - \mathbf{P}_{ext}\right)_{(i-1)} = \mathbf{K}_{(i-1)} \tag{8.24}$$

Die Matrix $\mathbf{K}_{(i-1)}$ heißt *tangentiale Steifigkeit* oder *Jacobimatrix des Gleichungssystems* und wird im Assemblierungsschritt aus den tangentialen Steifigkeiten der Finiten Elemente aufgebaut. Nach Gleichung (8.24) setzt sich die tangentiale Steifigkeit aus zwei Anteilen zusammen, wobei der aus der Belastung resultierende Anteil $\partial\mathbf{P}_{ext}/\partial\mathbf{u}$ nur im Falle der deformationsabhängigen Belastung vorhanden ist. Wir haben diese Steifgkeitsmatrizen bereits im vorherigen Kapitel 7 aufgestellt. Auf der rechten Seite der Gleichung (8.23) stehen die Residuen der Funktion vom letzten Iterationsschritt $\mathcal{F}(\mathbf{u}_{(i-1)})$ mit umgekehrtem Vorzeichen. In Abbildung 8.1 entspricht $-\mathcal{F}(\mathbf{u}_{(i-1)})$ dem Vektor von $S_{(i-1)}$ nach $L_{(i-1)}$. Der Vektor stellt den auf dem Tragwerk verbleibenden Anteil der Belastung dar, der sich noch nicht im Gleichgewicht befindet. Deshalb bezeichnet man die Residuen mit umgekehrtem Vorzeichen auch als *Restlasten* oder als *Ungleichgewichtslasten*. Die Ungleichgewichtslasten bieten sich zur Formulierung einer Abbruchschranke für den Iterationsvorgang an. In diesem Fall lässt man einen prozentualen Anteil der Belastung als verbleibende Ungleichgewichtslasten zu und bricht dann die Iteration ab.

Mit der Bezeichnung

$$\mathbf{R}_{(i-1)} = -\mathcal{F}(\mathbf{u}_{(i-1)}) = (\mathbf{P}_{ext} - \mathbf{P}_{int})_{(i-1)} \tag{8.25}$$

für die Spaltenmatrix der Ungleichgewichtslasten können wir nun mit Gleichung (8.24) für das Gleichungssystem (8.23) im Iterationsschritt $_{(i)}$ schreiben

$$\mathbf{K}_{(i-1)}\Delta\Delta\mathbf{u}_{(i)} = \mathbf{R}_{(i-1)} \tag{8.26}$$

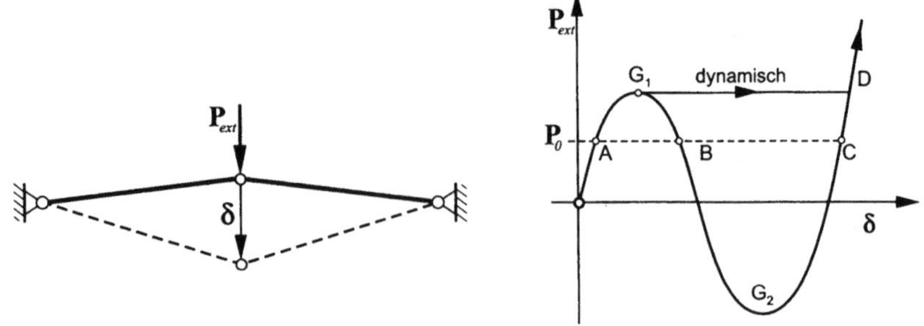

Abb. 8.3 Durchschlagproblem mit Last-Verschiebungskurve.

Für die erste Iteration im Lastschritt wird diese Beziehung durch das getönte Dreieck in Abbildung 8.1 veranschaulicht.

In jedem Iterationsschritt ist also die Spaltenmatrix der Ungleichgewichtslasten $\mathbf{R}_{(i-1)}$ und die tangentiale Steifigkeit $\mathbf{K}_{(i-1)}$ neu zu berechnen und dann das Gleichungssystem nach der Verschiebungsmatrix $\Delta\Delta\mathbf{u}_{(i)}$ aufzulösen. Diese Rechenschritte bestimmen im wesentlichen den numerischen Aufwand und damit die Rechenzeit des Algorithmus.

8.1.3 Wertung des Standardalgorithmus

Im vorherigen Abschnitt haben wir den Standardalgorithmus zur Berechnung einer nichtlinearen Aufgabenstellung mit Finiten Elementen vorgestellt. Auf Grund der Nichtlinearität war es notwendig, die Belastung in Belastungsinkremente aufzuteilen. Die Belastung wurde dann schrittweise bis zur Gesamtbelastung gesteigert und in jedem Belastungsschritt das Gleichgewicht mit Hilfe des Newtonschen Verfahrens iterativ berechnet. Bevor wir uns einem speziellen Lösungsverfahren zuwenden, wollen wir die charakteristischen Merkmale des Standardalgorithmus nochmals zusammenstellen und anhand zweier einfacher Beispiele seine Schwachstellen aufzeigen.

Beim ersten Beispiel handelt es sich um ein einfaches, aus zwei Stabelementen aufgebautes Tragwerk, die wie im linken Bild der Abbildung 8.3 dargestellt, zu einem flachen Winkel verbunden sind. Das Tragwerk besitzt als einzigen Freiwert die Durchsenkung δ am Kraftangriffspunkt und kann analytisch behandelt werden. Bei diesem Beispiel handelt es sich um ein typisches Durchschlagproblem. Der Durchschlag der Stäbe ist ein dynamischer Vorgang, den wir aber hier, ohne Einbeziehung der Trägheitskräfte, quasistatisch nachvollziehen wollen. Die charakteristische Kraft-Verschiebungskurve ist qualitativ im rechten Bild der Abbildung 8.3 dargestellt. Zu Belastungsbeginn zeigt sich zunächst ein Abflachen der Kraft-Verschiebungskurve bis zum Punkt G_1 hin, was einem zunehmenden Steifigkeitsverlust des Tragwerks entspricht. Der Punkt G_1 gibt das Maximum der möglichen Belastung der Stäbe in der oberen Gleichgewichtslage an, deshalb sprechen wir hier vom oberen *Grenzpunkt der Belastung*. Jede weitere, noch so kleine Laststeigerung bewirkt einen dynamischen Durchschlag des Tragwerks zum Punkt D hin. Im Punkt G_1 herrscht demnach ein labiler Gleichgewichtszustand. Dieser ist durch eine singuläre tangentiale Steifigkeitsmatrix charakterisiert, die auch am unteren Grenzpunkt G_2 auftritt. Dort herrscht allerdings ein stabiler Gleichgewichtszustand. Kommt der Algorithmus im Laufe der Iteration auf einen Grenzpunkt zu liegen, so muss es also zwangsläufig zum Versagen des Algorithmus kommen, da dort das Gleichungssystem nicht mehr gelöst werden kann. Bildlich gesprochen fehlt im Grenzpunkt der Wegzeiger zur Lösung hin, und das Iterationsverfahren kann die Lösung nicht mehr finden, obwohl eine eindeutige Gleichgewichtskurve existiert. Auch für den Fall, dass der Grenzpunkt während der Iteration nicht getroffen wird, wird man mit dem Standardalgorithmus den Grenzpunkt G_1 nicht passieren können, da eine notwendige Lastabsenkung vom Verfahren nicht erkannt wird und auch nicht erfolgen kann. Hier kann also nur ein selbststeuerndes Verfahren, welches die Notwendigkeit der Lastrücknahme selbstständig erkennt und ausführt, helfen.

Eine weitere Besonderheit, die für Durchschlagprobleme charakteristisch ist, zeigt die Last-Verschiebungskurve in Abbildung 8.3. Gemeint ist die Mehrdeutigkeit der Lösung für ein bestimmtes Belastungsniveau oder auch, wie im sich anschließenden zweiten Beispiel, für eine bestimmte Verschiebungsform. Für die Belastung $\mathbf{P}_0$ existieren drei mögliche Gleichgewichtskonfigurationen, die durch die Punkte A, B, C gekennzeichnet sind. Gibt es zu einem Belastungsniveau mehrere mögliche Gleichgewichtskonfigurationen, so muss bei einer numerischen Berechnung mit Schwierigkeiten gerechnet werden. Bei diesem Beispiel kann man die Schwierigkeit sehr einfach dadurch umgehen, dass man die Berechnung verschiebungsgesteuert durchführt, da zu jeder Verschiebung δ eine eindeutige Lastzuordnung existiert. Dann kann auch der labile Gleichgewichtspfad von G_1 über G_2 nach D problemlos durchlaufen werden. Dass diese einfache Lösungmethode nicht immer zum Ziel führt zeigt das zweite Beispiel, das in Abbildung 8.4 dargestellt ist. Hierbei handelt es sich um einen Winkelrahmen, der in der Arbeit von Lee, Manuel und Rossow [50] dokumentiert ist und deshalb in der Literatur unter dem Namen Lee-Rahmen bekannt ist. Die Problembeschreibung, charakteristische Verschiebungsformen und die Last-Verschiebungskurven sind in Abbildung

8.4 zusammengestellt. Aus den, im linken Bild dargestellten Verschiebungsfor-

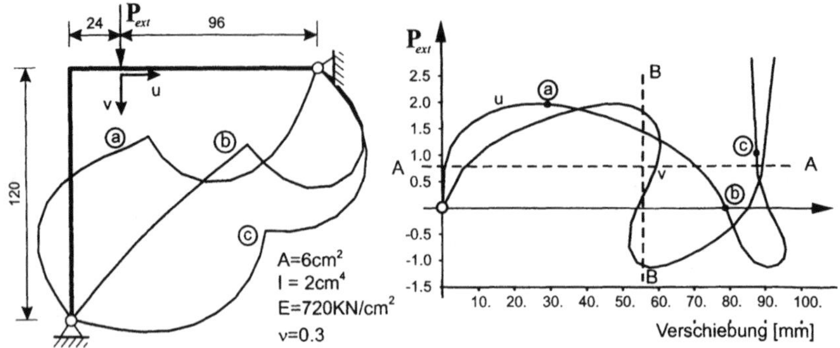

Abb. 8.4 Lee-Rahmen: Linkes Bild, Problembeschreibung und charakteristische Verformungszustände. Rechtes Bild, Last-Verschiebungskurven.

men wird der hoch nichtlineare Durchschlagvorgang des senkrechten Winkelteils ersichtlich. Man bezeichnet dieses Phänomen als „Zurückschlagen" (snap-back) des Tragwerks. Dieses äußert sich in einer mehrdeutigen Zuordnung von Last und u- bzw. v-Verschiebung, die hier sowohl für ein vorgegebenes Lastniveau (Gerade $\overline{AA}$), als auch für eine vorgegebene Verschiebung (Gerade $\overline{BB}$) gilt. Dieses Tragwerk kann deshalb weder kraft- noch verschiebungsgesteuert behandelt werden. Die dargestellten Ergebnisse wurden mit dem im nächsten Abschnitt vorgestellten Bogenlängenverfahren berechnet, wobei der Lösungspfad auf der Kugel gewählt wurde. Der Winkelrahmen wurde mit 20 Balkenelementen gleicher Länge idealisiert.

Wir fassen die charakteristischen Merkmale des Standardverfahrens nochmals zusammen:

1. Für ein vorgegebenes, *festes Belastungsinkrement* berechnet der Standardalgorithmus den Gleichgewichtszustand, der durch das zugehörige Verschiebungsfeld definiert ist. Der Lösungsraum ist also mit dem Verschiebungsraum identisch.
2. Der Standardalgorithmus kann *keine Grenzpunkte passieren.*
3. Der Standardalgorithmus hat *Probleme bei einer Belastung mit mehreren möglichen Gleichgewichtszuständen.*
4. Der Standardalgorithmus ist *nicht selbststeuernd.* Die Belastungsinkremente müssen vorgegeben werden. Sind diese zu groß gewählt, so ist die globale Konvergenz nicht mehr gesichert, da die Startlösung nicht nahe genug zur gesuchten Lösung liegt.

Der letzte Punkt ist ein besonders schwerwiegender Nachteil für ein Berechnungsverfahren, das in der Praxis zum Einsatz kommt. Deshalb bieten mittlerweile alle kommerziell verfügbaren FE-Programme eine automatische Lastschrittsteuerung an. Im einfachsten Fall wird bei nicht erfolgter Konvergenz der Rechenschritt mit dem halben Belastungsinkrement wiederholt. Diese Methode löst in der Regel das Problem des zu großen Lastschrittes, es verbleiben aber nach wie vor die Schwachpunkte 1 bis 3. Ein Lösungsverfahren, welches diese Nachteile nicht aufweist, ist das so genannte *Bogenlängenverfahren*, welches wir im nächsten Abschnitt besprechen werden.

8.2 Das Bogenlängenverfahren

Das *Bogenlängenverfahren* geht auf die Arbeiten von Wempner [112] und Riks [87] zurück. Eine geometrische Deutung und Aufarbeitung wurde von Ramm [82] gegeben. Neuere Beiträge zu diesem Thema finden sich unter anderem auch bei Schweizerhof und Wriggers [92] und Carrera [14].

Das Bogenlängenverfahren kann als eine spezielle Erweiterung des Newtonschen Verfahrens zum Auffinden der Gleichgewichtskonfiguration im Lastschritt angesehen werden. In Verbindung mit einer automatischen Lastschrittsteuerung besitzt das Verfahren die folgenden Merkmale:

1. Das Verfahren ist *selbststeuernd.*
2. Das Verfahren *kann Grenzpunkte passieren.*
3. Das Verfahren *kann einer beliebigen Gleichgewichtskurve folgen.*

Die Grundidee des Verfahrens ist die Einbeziehung der Belastung in den Lösungsraum durch *Hinzunahme des Belastungsniveaus* als weitere Unbekannte. In der zweidimensionalen Veranschaulichung des Standard Newtonschen Verfahrens in Abbildung 8.1 ist der Lösungspfad, auf dem alle Lösungspunkte $L_{(i)}$ der Iterationsschritte liegen, durch eine Parallele zur **u**-Achse gegeben. Ein zur Gleichgewichtskurve hin angenähert orthogonal verlaufender Lösungspfad verspricht ein schnelleres Auffinden der Lösung und kann somit eine Beschleunigung des Verfahrens bewirken. Allerdings wird dann im Lösungspunkt die Belastung gegenüber dem Startwert in $L_{(0)}$ reduziert sein. Die Idee, des zur Gleichgewichtskurve hinweisenden Lösungspfades, macht sich das Iterationsverfahren zu Nutze, indem es gleichzeitig die *Verschiebungsfreiwerte und das Belastungsniveau* iteriert. Damit ist gleich ein wesentlicher Unterschied zum Standardalgorithmus angesprochen. Während der Standardalgorithmus die Lösung für eine fest vorgegebene Belastung berechnet, wird beim Bogenlängenverfahren die Belastung vom aufgefundenen Gleichgewichtszustand mit bestimmt, wobei *alle Lastkomponenten auf die gleiche Weise*, d. h. abhängig von einem Parameter, angepasst werden. Man spricht deshalb von einem Belastungsniveau, welches mit Hilfe eines skalaren Faktors festgelegt wird. Es wird also verlangt, dass die Belastung in der Form

$$\mathbf{P}_{ext(i)} = \lambda_{(i)} \bar{\mathbf{P}}_{ext} \tag{8.27}$$

angegeben werden kann. In dieser Gleichung ist $\lambda_{(i)}$ der *Lastfaktor*, der als zusätzliche Unbekannte im Iterationsschritt mitgeführt wird und $\bar{\mathbf{P}}_{ext}$ eine frei wählbare *Referenzbelastung* für das Tragwerk[2]. Dieser Ansatz ist insbesondere für eine wegunabhängige, d. h. konservative Belastung geeignet. Durch die Vorschrift für die Belastung nach Gleichung (8.27), ist die Anwendbarkeit des Verfahrens also zunächst auf Probleme mit konservativer Belastung beschränkt. Abweichend von dieser Vorgabe erweitern wir den Anwendungsbereich auch auf Aufgabenstellungen mit deformationsabhängiger Belastung, mit der Einschränkung, dass das Lastniveau ebenfalls mit einem Faktor angepasst werden kann. Ein typisches Beispiel hierfür ist die Druckbelastung, wo die Druckrichtung der veränderlichen Normalenrichtung folgt und die Druckhöhe mit einem Faktor festgelegt werden kann. Für die Druckhöhe $p_{(i)}$ gilt dann entsprechend Gleichung (8.27)

$$p_{(i)} = \lambda_{(i)} \bar{p} \tag{8.28}$$

wo für den Referenzdruck $\bar{p}$ z.B. der Einheitsdruck gesetzt wird. Da wir die Zahl der Unbekannten um einen Freiwert erweitern, bedarf es einer zusätzlichen Gleichung, die als skalare Nebenbedingung den Lösungspfad festlegt, auf der die Belastung zur Gleichgewichtskurve hin geführt wird. Da die Lösungspunkte $\mathrm{L}_{(i)}$ dieser Nebenbedingung genügen müssen, verlangen wir, dass die Funktion der Nebenbedingung einen Schnittpunkt mit der Gleichgewichtskurve hat. Alle Funktionen, die diese Bedingung erfüllen, können benutzt werden. In der Praxis haben sich aber nur zwei Varianten bewährt:

1. Eine lineare Nebenbedingung, die in der Veranschaulichung einer Normalen zu einer vorgegebenen Richtung entspricht.
2. Eine nichtlineare Nebenbedingung, die in der Veranschaulichung einer Zylinder- oder Kugelfläche in dem um den Lastfaktor λ erweiterten Lösungsraum entspricht.

[2]Man beachte, dass wir in diesem Kapitel mit dem Symbol λ den Lastfaktor und nicht einen Eigenwert bezeichnen.

Beide Iterationswege können auf verschiedene Arten formuliert werden, sodass sich unterschiedliche Varianten ergeben. So kann z. B. die verallgemeinerte Normale senkrecht zu einer verallgemeinerten Tangente oder Sekante gewählt werden, die nur am Anfang erstellt wird, oder aber in jeder Iteration aktualisiert wird. Das gleiche gilt für die Zylinder- und Kugelfläche, die man nur einmal am Iterationsbeginn aufbaut, oder nach jeder Iteration neu erstellt. Um uns alle diese Möglichkeiten der Formulierung offen zu halten, formulieren wir zunächst allgemein und schreiben für die Nebenbedingung $h(\mathbf{u}, \lambda\bar{u})$, wo $\bar{u}$ ein Skalierungfaktor ist, der dem skalaren dimensionsfreien Lastfaktor λ die Einheit der Verschiebung zuweist. Das zu lösende Gleichungssystem besteht jetzt aus den Gleichungen

$$\mathcal{F}(\mathbf{u}_{(i)}, \lambda_{(i)}) := \mathbf{P}_{int(i)} - \lambda_{(i)}\bar{\mathbf{P}}_{ext} = \mathbf{0} \tag{8.29}$$

die das Gleichgewicht beschreiben und der skalaren Rechenvorschrift für die Nebenbedingung

$$h(\mathbf{u}_{(i)}, \lambda_{(i)}\bar{u}) = 0 \tag{8.30}$$

die die Einbindung des Lösungspfades in einen Unterraum des erweiterten Lösungsraumes $(\mathbf{u}, \lambda\bar{u})$ zum veranschaulichten Inhalt hat.

Das Verfahren machen wir uns anhand der Abbildungen 8.5 und 8.6 klar. In Abbildung 8.5 ist die Arbeitsweise des Verfahrens für den Lastschritt $_{(k)}$ dargestellt. Der Rechengang im Iterationsschritt $_{(i)}$ wird in Abbildung 8.6 aufgezeigt, wobei der Koordinatenursprung in den Startpunkt $\mathrm{S}_{(0)}$ für die Iteration des Belastungsschrittes gelegt wurde. Von dort ausgehend sind die Inkremente $\Delta\mathbf{u}_{(i)}$ und $\Delta\lambda_{(i)}\,\bar{\mathbf{P}}_{ext}$ auf den Achsen abgetragen.

Ein Vergleich der Abbildung 8.5 mit der entsprechenden Abbildung 8.1 zeigt, dass die Lösungspunkte $\mathrm{L}_{(i)}$ jetzt auf einer zur Gleichgewichtskurve hin abfallenden Geraden angeordnet sind, da der Lösungspfad hier durch die Normale zu einer Tangentenrichtung an die Gleichgewichtskurve gegeben ist. Da die Tangente die bestmögliche lineare Approximation der Kurve darstellt, kommt die Normale auch dem kürzesten, linearisierten Weg zur Gleichgewichtskurve hin nahe.

Die Lösungsstrategie im Lastschritt entspricht der im Abschnitt 8.1.2 beschriebenen Vorgehensweise beim Newtonschen Verfahren. Der erste Iterationsschritt im Lastschritt $_{(k)}$ geht von der im vorherigen Lastschritt $_{(k-1)}$ gefundenen Gleichgewichtslage $\mathrm{S}_{(0)}$ aus, die in Abbildung 8.5 durch Verschiebungsmatrix und Belastung $({}_{(k-1)}\mathbf{u},\, {}_{(k-1)}\lambda\bar{\mathbf{P}}_{ext})$ festgelegt ist. Für den aktuellen Lastschritt wird auf den vorderen Fußzeiger verzichtet

$$\mathrm{S}_{(0)}: \quad \mathbf{u}_{(0)} = {}_{(k-1)}\mathbf{u} \quad \text{und} \quad {}_{(0)}\lambda\bar{\mathbf{P}}_{ext} = {}_{(k-1)}\lambda\bar{\mathbf{P}}_{ext}$$

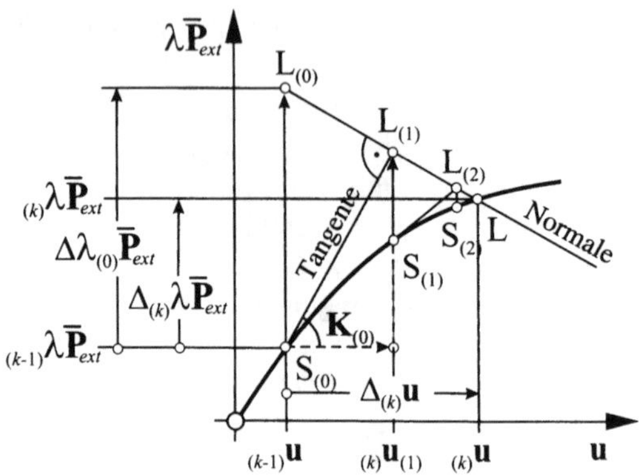

Abb. 8.5 Schematische Darstellung des Bogenlängenverfahrens.

Durch Lasterhöhung $\Delta\lambda_{(0)}\,\bar{\mathbf{P}}_{ext}$, die durch die am Ende des Abschnitts vorgestellte Lastschrittsteuerung vorgegeben wird, gelangen wir zum Lastpunkt $\mathrm{L}_{(0)}$, mit den Ungleichgewichtslasten $\mathbf{R}_{(0)}$ entsprechend Gleichung (8.25)

$$\mathrm{L}_{(0)}: \quad \mathbf{R}_{(0)} = \left({}_{(k-1)}\lambda\bar{\mathbf{P}}_{ext} + \Delta\lambda_{(0)}\,\bar{\mathbf{P}}_{ext}\right) - {}_{(k-1)}\,\mathbf{P}_{int}$$

Der sich anschließende Lösungsschritt führt zum Lösungspunkt $\mathrm{L}_{(1)}$, der in Abbildung 8.5 durch den Schnittpunkt, des vom Startpunkt $\mathrm{S}_{(0)}$ ausgehenden Lösungspfades, mit der von der Steifigkeitsmatrix definierten Tangente, gegeben ist. Wie in Abbildung 8.1, so kann auch hier der Iterationsschritt durch ein Lösungsdreieck veranschaulicht werden, welches wieder farblich hinterlegt ist. Dem Lösungsdreieck entspricht die Lösung der linearisierten Gleichgewichtsbeziehung

$$\mathbf{K}_{(0)}\Delta\Delta\mathbf{u}_{(1)} = \mathbf{R}_{(0)} + \Delta\Delta\lambda_{(1)}\bar{\mathbf{P}}_{ext} \tag{8.31}$$

die eine Lastabsenkung $\Delta\Delta\lambda_{(1)}\bar{\mathbf{P}}_{ext}$ von $\mathrm{L}_{(0)}$ zu $\mathrm{L}_{(1)}$ zur Gleichgewichtskurve hin beinhaltet. Die Lösung dieser Gleichung

$$\Delta\Delta\mathbf{u}_{(1)} = \mathbf{K}_{(0)}^{-1}\mathbf{R}_{(0)} + \Delta\Delta\lambda_{(1)}\mathbf{K}_{(0)}^{-1}\bar{\mathbf{P}}_{ext} \tag{8.32}$$

wird in die von den Unbekannten $\Delta\Delta\lambda_{(i)}$ unabhängigen und abhängigen Verschiebungsanteile

$$\Delta\Delta\mathbf{u}_{(1)} = \Delta\Delta\mathbf{u}_{(1)}^{I} + \Delta\Delta\lambda_{(1)}\Delta\Delta\mathbf{u}_{(1)}^{II} \tag{8.33}$$

aufgeteilt. Die sich dem Lösungsschritt anschließende Prüfung des Gleichgewichts ergibt neue Ungleichgewichtslasten $\mathbf{R}_{(1)}$, die in der Abbildung durch den Vektor von $S_{(1)}$ nach $L_{(1)}$ veranschaulicht werden.

Der nächste Iterationsschritt geht vom neuen Startpunkt $S_{(1)}$

$$\begin{aligned} \Delta\mathbf{u}_{(1)} &= \Delta\Delta\mathbf{u}_{(1)} & \Delta\lambda_{(1)} &= \Delta\lambda_{(0)} + \Delta\Delta\lambda_{(1)} \\ \mathbf{u}_{(1)} &= \mathbf{u}_{(0)} + \Delta\mathbf{u}_{(1)} & \mathbf{R}_{(1)} &= \left({}_{(k)}\lambda\bar{\mathbf{P}}_{ext} + \Delta\lambda_{(0)}\bar{\mathbf{P}}_{ext}\right) - {}_{(k)}\mathbf{P}_{int(1)} \end{aligned}$$

aus und wird in gleicher Weise fortgeführt, bis schließlich im Lösungspunkt L das Gleichgewicht entsprechend der vorgegebenen Abbruchschranke erfüllt ist.

Im i–ten Iterationsschritt werden die $\Delta\Delta$-Inkremente der Verschiebungsmatrix und des Lastfaktors berechnet und zu den Δ-Inkrementen des Lastschrittes aufaddiert. Damit kommt im Lastschritt neben der Iterationsgleichung (8.20) für die Verschiebungen noch die Iterationsgleichung

$$\Delta\lambda_{(i)} = \Delta\lambda_{(i-1)} + \Delta\Delta\lambda_{(i)} \tag{8.34}$$

für den Lastfaktor zur Anwendung. Für den Lastfaktor ${}_{(k)}\lambda_{(i)}$ der momentanen Gesamtbelastung im Iterationsschritt $_{(i)}$ gilt dann analog zu Gleichung (8.19)

$${}_{(k)}\lambda_{(i)} = {}_{(k-1)}\lambda + \Delta\lambda_{(i)} \tag{8.35}$$

Die Gleichgewichtsbeziehung (8.31) verallgemeinern wir nun für den Iterationsschritt $_{(i)}$ und lösen sie nach den Ungleichgewichtslasten auf:

$$\mathbf{R}_{(i-1)} = \mathbf{K}_{(i-1)}\Delta\Delta\mathbf{u}_{(i)} - \Delta\Delta\lambda_{(1)}\bar{\mathbf{P}}_{ext} \tag{8.36}$$

In dieser Gleichung werden die Ungleichgewichtslasten dem linearisierten Zuwachs der inneren Kräfte, abzüglich der von der Nebenbedingung vorgegebenen Lastabsenkung, gleichgesetzt. Dies entspricht aber der Linearisierung des Gleichungssystems (8.29) an der Stelle $_{(i-1)}$. Mit den Ungleichgewichtslasten entsprechend Gleichung (8.25)

$$\mathbf{R}_{(i-1)} = -\mathcal{F}_{(i-1)} = -(\mathbf{P}_{int(i-1)} - \lambda_{(i-1)}\bar{\mathbf{P}}_{ext}) \tag{8.37}$$

und der Tangentensteifigkeit an der Stelle $_{(i-1)}$

$$\mathbf{K}_{(i-1)} = \left(\frac{\partial\mathbf{P}_{int}}{\partial\mathbf{u}} - \lambda\frac{\partial\bar{\mathbf{P}}_{ext}}{\partial\mathbf{u}}\right)_{(i-1)} \tag{8.38}$$

können wir also schreiben:

$$\mathcal{F}_{(i)lin} = \mathcal{F}_{(i-1)} + \left(\frac{\partial \mathbf{P}_{int}}{\partial \mathbf{u}} - \lambda \frac{\partial \bar{\mathbf{P}}_{ext}}{\partial \mathbf{u}} \right)_{(i-1)} \Delta\Delta\mathbf{u}_{(i)} - \Delta\Delta\lambda_{(i)} \bar{\mathbf{P}}_{ext} \quad \text{mit } \mathcal{F}_{(i)lin} = \mathbf{0} \tag{8.39}$$

Dazu kommt die Nebenbedingung mit der Rechenvorschrift $h(\mathbf{u}, \lambda\bar{u})$, die für alle $(\mathbf{u}, \lambda\bar{u})$ des gewählten Lösungspfades sich zu Null ergeben muss und ebenfalls zu linearisieren ist. Wir erhalten

$$h_{(i)lin} = h_{(i-1)} + \left(\frac{\partial h}{\partial \mathbf{u}} \right)_{(i-1)} \Delta\Delta\mathbf{u}_{(i)} + \left(\frac{\partial h}{\partial \lambda\bar{u}} \right)_{(i-1)} \Delta\Delta\lambda_{(i)}\bar{u} \tag{8.40}$$

mit $dh_{(i-1)} = h_{(i)lin} - h_{(i-1)}$. Mit (8.39) und (8.40) stehen uns zwei Gleichungen für die Berechnung der Unbekannten $\Delta\Delta\mathbf{u}_{(i)}$ und $\Delta\Delta\lambda_{(i)}$ zur Verfügung, die wir, unter Verwendung der Gleichungen (8.37) und (8.38), nun in Matrizenform anschreiben:

$$\left[\begin{array}{c|c} \mathbf{K}_{(i-1)} & -\bar{\mathbf{P}}_{ext} \\ \hline \left(\frac{\partial h}{\partial \mathbf{u}} \right)_{(i-1)} & \left(\frac{\partial h}{\partial \lambda\bar{u}} \right)_{(i-1)} \bar{u} \end{array} \right] \left[\begin{array}{c} \Delta\Delta\mathbf{u}_{(i)} \\ \hline \Delta\Delta\lambda_{(i)} \end{array} \right] = \left[\begin{array}{c} \mathbf{R}_{(i-1)} \\ \hline dh_{(i-1)} \end{array} \right] \tag{8.41}$$

Die Lösung wird in zwei Rechenschritten ausgeführt. Die Auflösung der oberen Matrizenzeile nach dem Inkrement der Verschiebungsmatrix der Knotenfreiwerte ergibt die schon bekannte Beziehung (8.32), in der jetzt für den Iterationszähler $_0$ $_{i-1}$ und für den Iterationszähler $_1$ $_i$ zu setzen ist. Im zweiten Rechenschritt setzen wir das Verschiebungsinkrement $\Delta\Delta\mathbf{u}_{(i)}$ in die untere Matrizenzeile ein und lösen nach dem Inkrement des Lastfaktors auf:

$$\Delta\Delta\lambda_{(i)} = -\frac{\left(\frac{\partial h}{\partial \mathbf{u}} \right)_{(i-1)} \Delta\Delta\mathbf{u}^{I}_{(i)} - dh_{(i-1)}}{\left(\frac{\partial h}{\partial \mathbf{u}} \right)_{(i-1)} \Delta\Delta\mathbf{u}^{II}_{(i)} + \left(\frac{\partial h}{\partial \lambda\bar{u}} \right)_{(i-1)} \bar{u}} \quad \left\{ \begin{array}{l} \Delta\Delta\mathbf{u}^{I}_{(i)} = \mathbf{K}^{-1}_{(i-1)} \mathbf{R}_{(i-1)} \\ \Delta\Delta\mathbf{u}^{II}_{(i)} = \mathbf{K}^{-1}_{(i-1)} \bar{\mathbf{P}}_{ext} \end{array} \right. \tag{8.42}$$

Die Verschiebungsanteile $\Delta\Delta\mathbf{u}^{I}_{(i)}$ und $\Delta\Delta\mathbf{u}^{II}_{(i)}$ können dabei in einem Rechenschritt als zwei Lastfallspalten berechnet werden.

Ein wichtiger Punkt des Verfahrens besteht in der Wahl der Nebenbedingung $h(\mathbf{u}, \lambda\bar{u})$, die wir jetzt aufstellen wollen. Wir beginnen mit dem Fall der linearen

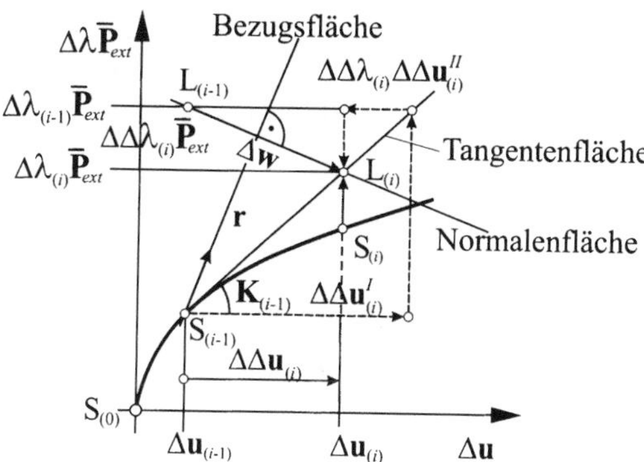

Abb. 8.6 Schematische Darstellung des Iterationsschrittes für das Bogenlängenverfahren mit Normalenbedingung.

Nebenbedingung, wie sie in Abbildung 8.5 dargestellt ist. Im Falle der linearen Nebenbedingung (Linearform) ist die Rechenvorschrift durch die Beziehung

$$h(\mathbf{u},\lambda\bar{u}) = \mathbf{A}^T\mathbf{u} + B\lambda\bar{u} + C \tag{8.43}$$

gegeben. Dabei sind in der Spaltenmatrix $\mathbf{A}$, die zu den Verschiebungsfreiwerten zugeordneten konstanten Koeffizienten enthalten und B ist der dem Lastfaktor zugeordnete Proportionalitätsfaktor. Infolge der konstanten Koeffizienten gilt für die Differenz $\Delta h_{(i-1)} = h_{(i)} - h_{(i-1)}$ mit den Gleichungen (8.21) und (8.35)

$$\Delta h_{(i-1)} = \mathbf{A}^T\Delta\Delta\mathbf{u}_{(i)} + B\,\Delta\Delta\lambda_{(i)}\bar{u} \tag{8.44}$$

und entsprechend gilt für alle $(\mathbf{u},\lambda\bar{u})$ das Differential

$$dh_{(i-1)} = \mathbf{A}^T\Delta\Delta\mathbf{u}_{(i)} + B\,\Delta\Delta\lambda_{(i)}\bar{u} = \Delta h_{(i-1)} \tag{8.45}$$

mit den Ableitungen

$$\left(\frac{\partial h}{\partial \mathbf{u}}\right)_{(i-1)} = \mathbf{A} \quad \text{und} \quad \left(\frac{\partial h}{\partial \lambda\bar{u}}\right)_{(i-1)} = B \tag{8.46}$$

Die Differentiale und die Differenzen spannen, vom gleichen Punkt ausgehend, dieselbe Hyperebene auf. Daher herrscht in allen Fällen für $dh_{(i-1)} = \Delta h_{(i-1)} = 0$ Orthogonalität zwischen den Koeffizienten- und der Variablenmatrix, und es gibt keinen Linearisierungsfehler.

Wählt man, wie in Abbildung 8.6 dargestellt, einen beliebigen Richtungsvektor $\mathbf{r}$, mit den Koordinaten $A = \Delta\mathbf{u}_{(r)}$ und $B = \Delta\lambda_{(r)}\bar{u}$, dann definiert die Nebenbedingung, aufgrund der Orthogonalität, den dazu normal gerichteten Lösungpfad. Mit

$$\mathbf{r} = \{\Delta\mathbf{u}^T_{(r)}, \Delta\lambda_{(r)}\bar{u}\} = \left\{ \left(\frac{\partial h}{\partial \mathbf{u}}\right)^T, \left(\frac{\partial h}{\partial \lambda\bar{u}}\right) \right\} \text{ und } \Delta h_{(i-1)} = 0 \tag{8.47}$$

folgt dann aus Gleichung (8.42) für das Inkrement des Lastfaktors

$$\Delta\Delta\lambda_{(i)} = -\frac{\Delta\mathbf{u}^T_{(r)}\,\Delta\Delta\mathbf{u}^I_{(i)}}{\Delta\mathbf{u}^T_{(r)}\,\Delta\Delta\mathbf{u}^{II}_{(i)} + \Delta\lambda_{(r)}\bar{u}^2} \tag{8.48}$$

Die Wahl einer, durch den Richtungsvektor $\mathbf{r}$ festgelegten beliebigen Bezugsrichtung eröffnet eine Vielzahl möglicher Lösungspfade. So kann z. B., wie in Abbildung 8.5, als Richtungsvektor der Tangentenvektor der ersten Iteration gewählt werden, oder aber der Tangentenvektor der vorherigen Iteration. Im letzteren Fall wird der Lösungspfad die Form eines abgeknickten Polygonzuges annehmen, der den kürzesten Weg zur Gleichgewichtskurve hin sucht.

Wir kommen zur zweiten Möglichkeit, wo wir die Lösungskurve durch eine rein quadratische, nichtlineare Nebenbedingung in den Inkrementen $\Delta\mathbf{u}$ und $\Delta\lambda\bar{u}$ beschreiben wollen. Die Nebenbedingung stellt in der Veranschaulichung einen, in der $\lambda\bar{u}$-Richtung sich ausdehnenden Zylinder oder eine Kugel um $\mathrm{S}_{(0)}$ dar. Der Lösungspunkt $\mathrm{L}_{(1)}$ der ersten Iteration, mit der von der Laststrittsteuerung vorgegebenen Lasterhöhung, definiert für beide Varianten den Zylinder- oder Kugelradius $r = \Delta s_0$

$$\Delta s_0^2 = \Delta_{(k)}\mathbf{u}^T_{(1)}\Delta_{(k)}\mathbf{u}_{(1)} + (\Delta_{(k)}\lambda_{(1)}\bar{u})^2 \tag{8.49}$$

Vom Lösungspunkt $\mathrm{L}_{(1)}$ aus verläuft der Lösungspfad bis zum Lösungspunkt L auf der von der Nebenbedingung beschriebenen Hyperfläche. Mit den Inkrementen $\Delta_{(k)}\mathbf{u} = {}_{(k)}\mathbf{u} - {}_{(k-1)}\mathbf{u}$ und $\Delta_{(k)}\lambda = {}_{(k)}\lambda - {}_{(k-1)}\lambda$ gilt dann

$$h(\mathbf{u}, \lambda\bar{u}) = \Delta_{(k)}\mathbf{u}^T\Delta_{(k)}\mathbf{u} + (\Delta_{(k)}\lambda\bar{u})^2 + C \tag{8.50}$$

$$\text{mit} \quad \begin{cases} \bar{u} = 0: & \text{Zylinder} \\ \bar{u} = 1: & \text{Kugel} \end{cases} \qquad C = -\Delta s_0^2$$

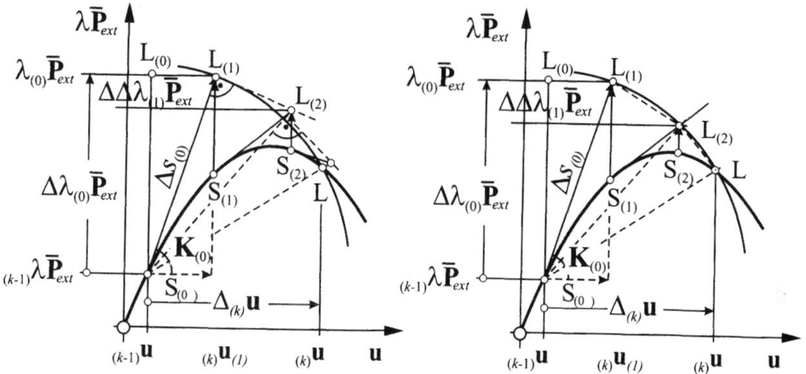

Abb. 8.7 Iteration auf einer Hyperkugel. Linkes Bild, linearisierte Nebenbedingung im Lastschritt. Rechtes Bild, Erfüllung der Nebenbedingung in jedem Iterationsschritt.

Da die Inkremente $\Delta_{(k)}\mathbf{u}$ und $\Delta_{(k)}\lambda$ nach den Gleichungen (8.20) und (8.34) im Lastschritt einiteriert werden, kann das Einhalten der Nebenbedingung auf zweierlei Art verlangt werden. Diese beiden Möglichkeiten sind in Abbildung 8.7 dargestellt.

Im linken Bild der zweidimenionalen Veranschaulichung wird die Nebenbedingung nur zu Beginn, im Lösungspunkt $\mathrm{L}_{(1)}$ und am Ende, im Lösungspunkt L, erfüllt. Die dazwischen liegenden Lösungspunkte $\mathrm{L}_{(i)}$ sind Schnittpunkte der Tangente an die Gleichgewichtskurve mit der Tangente an den Kreis. Dabei geht die Tangente an die Gleichgewichtskurve wieder vom Gleichgewichtspunkt $\mathrm{S}_{(i-1)}$ des vorherigen Iterationsschrittes aus. Die Kreistangente ist durch den Radialstrahl von $\mathrm{S}_{(0)}$ zum Lösungspunkt $\mathrm{L}_{(i-1)}$ festgelegt, auf dem sie senkrecht steht und den sie außerhalb des Kreises schneidet, wobei sich der Schnittpunkt aufgrund der noch nicht erfüllten Nebenbedingung bestimmt. Da man auf der Tangente an den Kreisbogen und nicht auf dem Kreisbogen selber fortschreitet, macht man einen Fehler, der erst im Lösungspunkt L verschwindet. Somit wird die Nebenbedingung nur zu Beginn des Iterationsschrittes und im gesuchten Lösungspunkt erfüllt. Für die Formulierung der Nebenbedingung schreiben wir Gleichung (8.50) für den Iterationsschritt $_{(i)}$ an und verzichten im folgenden auf den linken, den Lastschritt kennzeichnenden, Fußzeiger.

$$h(\mathbf{u},\lambda\bar{u}) = \Delta\mathbf{u}^T_{(i-1)}\Delta\mathbf{u}_{(i-1)} + \Delta\lambda^2_{(i-1)}\bar{u}^2 - \Delta s_0^2 \tag{8.51}$$

Wir bilden die Ableitungen

$$\left(\frac{\partial h}{\partial \mathbf{u}}\right)_{(i-1)} = 2\,\Delta\mathbf{u}_{(i-1)} \quad \text{und} \quad \left(\frac{\partial h}{\partial \lambda \bar{u}}\right)_{(i-1)} = 2\,\Delta\lambda_{(i-1)}\bar{u} \qquad (8.52)$$

und setzen sie in Gleichung (8.42) ein. Für das Inkrement des Lastfaktors im Iterationsschritt ergibt sich dann mit $dh_{(i-1)} = h_{(i)lin} - h_{(i-1)}$ und $h_{(i)lin} = 0$

$$\Delta\Delta\lambda_{(i)} = -\frac{2\,\Delta\mathbf{u}^T_{(i-1)}\,\Delta\Delta\mathbf{u}^I_{(i)} + h_{(i-1)}}{2\,\Delta\mathbf{u}^T_{(i-1)}\,\Delta\Delta\mathbf{u}^{II}_{(i)} + 2\,\Delta\lambda_{(i-1)}\bar{u}^2} \qquad (8.53)$$

Im rechten Bild der Abbildung 8.7 ist die zweite Formulierungsmöglichkeit der Nebenbedingung dargestellt. Jetzt wird verlangt, dass in jedem Lösungspunkt $\mathrm{L}_{(i)}$ die Nebenbedingung erfüllt wird, Crisfield [19]. Dies ist gegeben, wenn wir in die Beziehung (8.50) für die Inkremente die Iterationsgleichungen (8.20) und (8.34) einsetzen

$$h(\mathbf{u},\lambda\bar{u})_{(i)} := (\Delta\mathbf{u}_{(i-1)} + \Delta\Delta\mathbf{u}_{(i)})^2 + \bar{u}^2(\Delta\lambda_{(i-1)} + \Delta\Delta\lambda_{(i)})^2 - \Delta s_0^2 = 0 \qquad (8.54)$$

Da wir die Erfüllung der Nebenbedingung jetzt zu Beginn und am Ende des Iterationsschrittes verlangen, bewegen wir uns auf Kreissekanten zum Lösungspunkt hin. Die Linearisierung der Nebenbedingung wird nicht mehr benötigt und es gilt stets $h(\mathbf{u},\lambda\bar{u}) = 0$. Allerdings ist die Rechenvorschrift für die Nebenbedingung im Iterationsschritt nichtlinear, da in ihr die Quadrate der zu bestimmenden Inkremente $\Delta\Delta\mathbf{u}_{(i)}$ und $\Delta\Delta\lambda_{(i)}$ enthalten sind. Als Folge davon muss im zweiten Lösungsschritt eine quadratische Gleichung gelöst werden. Diese Gleichung erhalten wir, indem wir die Lösung (8.33) der ersten Matrizenzeile in die Gleichung (8.54) einsetzen. Es ergibt sich mit $h_{(i)} = 0$ eine Gleichung zur Bestimmung von $\Delta\Delta\lambda_{(i)}$:

$$\begin{aligned}(\Delta\mathbf{u}_{(i-1)} + \Delta\Delta\mathbf{u}^I_{(i)} + \Delta\Delta\lambda_{(i)}\Delta\Delta\mathbf{u}^{II}_{(i)})^2 \\ + \bar{u}^2(\Delta\lambda_{(i-1)} + \Delta\Delta\lambda_{(i)})^2 - \Delta s_0^2 = 0\end{aligned} \qquad (8.55)$$

Zusammenfassung der bekannten Verschiebungsinkremente $\Delta\mathbf{u}_{(i-1)}$ und $\Delta\Delta\mathbf{u}^I_{(i)}$ zu

$$\Delta\tilde{\mathbf{u}} = \Delta\mathbf{u}_{(i-1)} + \Delta\Delta\mathbf{u}^I_{(i)}$$

und Ausmultiplizieren ergibt die, in der Regel reell lösbare, quadratische Gleichung

$$\underbrace{(|\Delta\Delta\mathbf{u}^{II}|^2_{(i)} + \bar{u}^2)}_{a}\,\Delta\Delta\lambda^2_{(i)} + 2\,\underbrace{(\Delta\tilde{\mathbf{u}}^T\,\Delta\Delta\mathbf{u}^{II} + \Delta\lambda_{(i-1)}\bar{u}^2)}_{b}\,\Delta\Delta\lambda_{(i)} + \underbrace{(|\Delta\tilde{\mathbf{u}}|^2 + \Delta\lambda^2_{(i-1)}\bar{u}^2 - \Delta s_0^2)}_{c} = 0 \qquad (8.56)$$

mit den bekannten Lösungen

$$\Delta\Delta\lambda_{(i)1,2} = -\frac{b}{a} \pm \sqrt{\left(\frac{b}{a}\right)^2 - \frac{c}{a}} \qquad (8.57)$$

Im Fall konjugiert komplexer Lösungen gibt es keinen Schnittpunkt mit der Tangente. In diesem Fall besteht die Möglichkeit auf die vorher beschriebene Version der linearisierten Nebenbedingung nach Gleichung (8.53) auszuweichen. In der Regel wird man aber zwei reelle Lösungen erhalten und muss dann aus diesen die geeignete Lösung auswählen. Einen Hinweis zur Auswahl kann die Anschauung geben. Den zwei Lösungen entsprechen die zwei Schnittpunkte, die die Tangente an die Gleichgewichtskurve mit dem Kreis hat. Daraus leitet sich die Empfehlung ab, das kleinere Inkrement $\Delta\Delta\lambda_{(i)}$ als Lösung auszuwählen. In der Praxis hat sich aber gezeigt, dass diese einfache Regel nicht immer ans Ziel führt. Bewährt hat sich hingegen die folgende Vorgehensweise: Man berechnet die Lösung für die linearisierte Nebenbedingung $\Delta\Delta\lambda_{lin}$ und wählt dann die Lösung aus, die zu dieser linearisierten Lösung am nächsten liegt. Da die Nebenbedingung zu Beginn der Iteration erfüllt ist, gilt $dh_{(i-1)} = 0$ und man bekommt aus Gleichung (8.53)

$$\Delta\Delta\lambda_{lin} = -\frac{\Delta\mathbf{u}^T_{(i-1)}\,\Delta\Delta\mathbf{u}^I_{(i)}}{\Delta\mathbf{u}^T_{(i-1)}\,\Delta\Delta\mathbf{u}^{II}_{(i)}} \qquad (8.58)$$

Für die ausgewählte Lösung muss also gelten, mit $\alpha = 1,2$

$$|\Delta\Delta\lambda_{lin} - \Delta\Delta\lambda_{(i)\alpha}| = \text{Minimum.}$$

Man beachte, dass alle in Gleichung (8.58) vorkommenden Größen schon bekannt sind, da sie auch für die Lösung (8.57) benötigt wurden und somit nur ein geringer zusätzlicher Rechenaufwand entsteht.

Nachdem wir nun drei verschiedene Möglichkeiten eines Lösungsweges kennengelernt haben, wird sich der Leser fragen, welche der Varianten er auswählen soll.

Auf diese Frage kann keine eindeutige Antwort gegeben werden, da die Auswahl entsprechend dem zu lösenden Problem zu treffen ist. Aus den Darstellungen in Abbildung 8.7 kann man vermuten, dass für das Passieren eines Grenzpunktes die letztgenannte Variante wohl am besten geeignet ist. Diese Vermutung konnte durch eine Anzahl von Testbeispielen bestätigt werden. Insbesondere beim Auftreten des „Zurückschlagens“ wie in Abbildung 8.4 gezeigt, konnte mit diesem Verfahren eine Lösung berechnet werden. Genauere Hinweise auf die Anwendbarkeit der Methode und die Schwächen der Lösungspfade findet der Leser z. B. bei Carrera [14].

Abschließend wollen wir die Einbindung des Bogenlängenverfahren in den Lösungsalgorithmus der Randwertaufgabe betrachten. Wir erinnern uns, dass wir das Bogenlängenverfahren als selbststeuerndes Lösungsverfahren bezeichnet haben. Um diesem Anspruch gerecht zu werden, bedarf es einer automatischen Festlegung der Größe der Belastungsschritte, die entsprechend den aktuellen Steifigkeitsverhältnissen des Tragwerks zu erfolgen hat. In jedem Fall muss der Anwender die Größe des ersten Belastungsschrittes vorgegeben. Beim Bogenlängenverfahren kann dies über die Referenzlast geschehen, was nach Gleichung (8.27) dem Lastfaktor $\lambda_0 = 1$ entspricht. Daraus folgt dann für das Inkrement der Verschiebungsmatrix in der ersten Iteration des ersten Belastungsschrittes

$$\Delta \mathbf{u}_{(1)} = \mathbf{K}^{-1} \bar{\mathbf{P}}_{ext} \tag{8.59}$$

aus dem das skalare Maß

$$\Delta s_0^2 = \Delta \mathbf{u}_{(1)}^T \Delta \mathbf{u}_{(1)} \tag{8.60}$$

berechnet wird, und das in den folgenden Belastungsschritten als Bezugsmaß verwendet wird. Der Skalar Δs_0 wird *Bogenlänge* genannt. In den nachfolgenden Belastungsschritten $_{(k)}$ wird als erstes eine Voriteration ausgeführt, die zur Festlegung des aktuellen Belastungsinkrementes $\Delta\lambda_{(0)}$ dient. In der Voriteration wird wieder mit der Referenzlast nach Gleichung (8.59) belastet und aus dem erhaltenen Verschiebungsinkrement $\Delta \mathbf{u}_{(0)}$ die aktuelle Bogenlänge Δs_k des Lastschrittes nach Gleichung (8.60) mit Gleichung (8.49) bestimmt. Eine Möglichkeit der Lastschrittsteuerung besteht nun darin, dass man für alle Lastschritte die gleiche Bogenlänge verlangt. Dann ergibt sich für das Belastungsinkrement der ersten Iteration in Lastschritt $_{(k)}$ das Lastfaktorinkrement

$$\Delta\lambda_{(0)} = \sqrt{\frac{\Delta s_0^2}{\Delta s_k^2}} \tag{8.61}$$

Mit dieser Beziehung wird entsprechend den aktuellen Steifigkeitsverhältnissen die Größe des Belastungsschrittes vorgeschrieben. Für das automatische Durchlaufen des Gleichgewichtspfades eines Durchschlagproblems ist dies aber nicht ausreichend. Man erkennt dies in Abbildung 8.3, wo im Kurvenstück G_1G_2 die Belastung abgesenkt werden muss. Für diesen Fall benötigen wir also noch eine Beziehung, die uns das Vorzeichen für das Belastungsinkrement $\Delta\lambda_{(i-1)}$ festlegt. Eine einfache Möglichkeit, die sich in der Praxis bewährt hat, ist die folgende. Man berechnet das Skalarprodukt aus dem Verschiebungsinkrement $\Delta_{(k-1)}\mathbf{u}$ des letzten Schrittes mit dem Verschiebungsinkrement der ersten Iteration $\Delta\mathbf{u}_{(1)}$ nach Gleichung (8.59). Das Vorzeichen des Skalarproduktes wird dem Lastinkrement zugewiesen und bestimmt dann ob be- oder entlastet wird. Es gilt also:

$$\operatorname{sign}(\Delta_{(k-1)}\mathbf{u}^T\Delta\mathbf{u}_{(1)})\begin{cases}+1 & \text{Belastung}\\ -1 & \text{Entlastung}\end{cases}$$

In einer Vielzahl von Anwendungen hat sich gezeigt, dass diese einfache Art der Laststrittsteuerung sehr effizient und zuverlässig arbeitet (siehe z. B. Bergan, Horrigmore, Krakeland und Soreide [8]).

Ein kleiner Nachteil des Bogenlängenverfahrens sei zum Schluss noch angeführt. Normalerweise wird der Anwender an der Lösung für ein bestimmtes Lastniveau, z. B. für eine vorgegebene Maximallast, interessiert sein. Da der Lösungsalgorithmus die Belastung aber mititeriert, wäre es ein Zufall, wenn der Lösungsalgorithmus gerade für dieses Lastniveau eine Lösung liefern würde. Die gewünschte Lösung kann dann nur in einer Nachlaufrechnung, aus zwei, das verlangte Lastniveau einschließenden Lösungen, durch lineare Interpolation berechnet werden. Ein ähnliches Problem betrifft das Beenden des Lösungsvorgangs, insbesondere für den Fall wo, wie beim Beispiel in Abbildung 8.4, für eine Belastung mehrere unterschiedliche Verschiebungszustände möglich sind. Hier muss dann zusätzlich zur Belastung eine Maximalverschiebung vorgegeben werden nach deren Überschreiten der Lösungsalgorithmus selbstständig den Rechenvorgang abbricht.

9 Formulierung der Finiten Elemente und Anwendungen

Im letzten Kapitel dieses Buches wollen wir die vorgestellte Theorie anhand einfacher Anwendungsbeispiele verifizieren. Dabei beschränken wir uns auf einige wenige Beispiele, die in der Literatur dokumentiert sind und uns deshalb als Vergleichslösung dienen können.

Wir gliedern das Kapitel in zwei Teile. Im ersten Teil gehen wir kurz auf die Probleme ein, die bei der Anwendung von Finiten Elementen mit einem inkompressiblen Materialgesetz auftreten können. Dann stellen wir den Drei-Feldansatz von Simo [96] vor, der die Grundlage für unsere Elementformulierung ist.

Im zweiten Teil werden die Anwendungsbeispiele vorgestellt.

9.1 Einführung

Der interessierte Leser wird bemerkt haben, dass der Übergang von den Ausgangsgleichungen des Prinzips der virtuellen Arbeit zu den Diskretisierungsmatrizen darin besteht, dass man entsprechend dem gewählten Elementmodell einen Ansatz für die Aufpunktgrößen des Feldes einbringt. Diesen vorgezeichneten Weg sind wir gegangen und haben so allgemeine Ausdrücke für die Diskretisierungsmatrizen eines Finiten Elementes erhalten. Damit ist zunächst der theoretische Teil abgeschlossen und es verbleibt nur noch das Umsetzen der erhaltenen Ausdrücke in ein Rechenprogramm. In der Anwendung zeigen die so formulierten Finiten Elemente aber oft gewisse Schwächen, die eine Verbesserung oder Neuformulierung notwendig machen. Diese Schwächen wollen wir als *Formulierungsdefekte* bezeichnen. Die Formulierungsdefekte machen sich in der Anwendung durch zwei gegensätzliche Verhaltensmuster bemerkbar. Das Finite Element kann sich bei gewissen Anwendungen entweder zu steif oder aber zu weich verhalten, wobei es in beiden Fällen zum gänzlichen Versagen des Elementes kommen kann. Beide Formulierungsdefekte führen auf ein schlecht konditioniertes und im Grenzfall nicht mehr lösbares bzw. singuläres Gleichungssystem.

Der wohl bekannteste Formulierungsdefekt ist das so genannte *Sperren* (engl. locking) eines Finiten Elementes. Hier besitzt das Element bestimmte Deformationsmoden, die eine viel zu große Steifigkeit besitzen (im Extremfall: Der Deformationsmode ist gesperrt). Dieser Formulierungsdefekt wurde zuerst bei Finiten Plattenelementen, die nach der Reissner-Mindlin Theorie formuliert waren, beobachtet. Die Reissner-Mindlin Theorie berücksichtigt Biege- und Schubdeformationen und ist somit eine Theorie zur Berechnung dicker Platten. Mit abnehmender Plattendicke sollte die Finite-Elemente-Lösung aber zur Lösung der dünnen Platte nach der Kirchhoff Theorie hin konvergieren. In der Anwendung zeigte das Finite Plattenelement aber nicht dieses konvergente Verhalten, sondern bei abnehmender Plattendicke ein sich stetig verschlechterndes Ergebnis, bis hin zum gänzlichen Versagen des Elementes. Ein derartiges Finites Element ist aber für die Praxis ungeeignet, und man war deshalb gezwungen, Verbesserungen am Elementmodell vorzunehmen. Die Möglichkeit der Verbesserung war gegeben, nachdem man den Grund für das Elementversagen in der Querschubsteifigkeit erkannt hatte. Man konnte zeigen, dass der Verschiebungsansatz auch im Falle einer reinen Momentenbelastung zu Querschubdehnungen im Element führte, die bei abnehmender Plattenstärke immer dominierender wurden und so das Elementversagen herbeiführten. Entsprechend sprach man jetzt genauer vom *Schub-Sperren* (engl. shear locking) des Finiten Elementes. Zur Verbesserung des mechanischen Verhaltens musste man also, für den Fall der reinen Momentenbelastung, die Querschubdehnungen im Element ausschalten. Dies konnte sehr einfach dadurch erreicht werden, dass man für die Integration der Querschubsteifigkeit weniger Integrationspunkte verwendete, als für die Integration der Biegesteifigkeit. Die Querschubsteifigkeit wurde also mit einer reduzierten Integrationsregel berechnet, und man bezeichnet diese Vorgehensweise deshalb als *selektiv reduzierte Integration*. Nun muss erwähnt werden, dass beim Reissner-Mindlin Plattenelement der Querschub im Element durch eine Funktion dargestellt wird, die in ihrem Polynomgrad eine Ordnung höher liegt, als die der anderen Dehnungskomponenten. Durch die Anwendung einer reduzierten Integrationsregel wird die zu integrierende Funktion durch ein Polynom niederer Ordnung angenähert, als aufgrund der Ordnung des Integranden für eine genaue Integration erforderlich wäre. Die Anwendung einer reduzierten Integrationsregel kommt demnach einer Reduzierung des Polynomgrades des Integranden gleich. Auf diese Weise gelingt es näherungsweise für alle Dehnungen ein Feld gleichen Polynomgrades darzustellen. Dieses Prinzip der Erniedrigung des Grades einer Funktion, durch die eine bestimmte Dehnungskomponente im Finiten Element dargestellt wird, ist der Schlüssel zur

Verbesserung des Elementverhaltens. So kann z. B. das beim Schalenelement auftretende *Membran-Sperren* (engl. membrane locking) dadurch beseitigt werden, dass man das Feld der Membrandehnungen mit einer reduzierten Integrationsregel integriert. Andere Methoden, wie z. B. das Konzept des *Dehnungsansatzes* (engl. assumed strain field) [101], lassen sich auf dieselbe Weise erklären.

In Kapitel 7 haben wir Ausdrücke für die Finite-Elemente-Matrizen zur Berechnung der thermomechanischen Randwertaufgabe hergeleitet. Sofern wir die Elementmatrizen nach diesen Formeln aufbauen, kann es bei der Anwendung der Elemente ebenfalls zu einem Elementversagen kommen. Im Gegensatz zu dem oben beschriebenen Phänomen des *Schub-Sperrens*, dessen Ursache in der Theorie zu finden ist und das sich bei Dickenreduktion des Plattenelementes einstellt, ist der Grund für das Versagen unseres Elementmodells das inkompressible Materialgesetz. In der vorgestellten Formulierung des inkompressiblen Materialgesetzes zeigt das Finite Element ebenfalls einen Formulierungsdefekt, den wir als *volumetrisches Sperren* bezeichnen wollen. Wir wollen diesen Formulierungsdefekt anschaulich machen und ihn kurz besprechen. Den interessierten Leser verweisen wir zwecks einer detaillieren Beschreibung auf die Literatur. Eine ausführliche Darstellung samt einer Zusammenstellung von Referenzen findet sich bei Hughes [40].

Zur Erklärung des Phänomens des volumetrischen Sperrens müssen wir uns zunächst bewusst machen, dass bei Verwendung eines inkompressiblen Materialgesetzes ein Randwertproblem mit einer kinematischen Nebenbedingung gelöst wird. Für das Finite Element bedeutet dies, dass nur noch solche Deformationsmoden erlaubt sind, die die Nebenbedingung der Volumenkonstanz nicht verletzen. Durch die Nebenbedingung wird also ein Zwang auf die Gestaltsänderung des Finiten Elementes ausgeübt, sodass man die Nebenbedingung hier besser als Zwangsbedingung bezeichnen sollte. Infolge der eingeschränkten Verschiebungsmöglichkeit, kann es beim Finiten Element zum *volumetrischen Sperren* kommen. Ausgehend von einem Element kann sich dieses Phänomen im Elementnetz fortpflanzen, sodass sich dann ganze Bereiche im Elementnetz völlig starr verhalten, was als *globales Netz-Sperren* (engl. mesh locking) bezeichnet wird. In diesem Fall hat eine überhöhte Forderung der Volumenkonstanz dazu geführt, dass für das Finite Element keine Verformungsmöglichkeit mehr übrigblieb. Auch hier hat man ähnlich wie beim oben besprochenen Phänomen des *Schub-Sperren* den Fall, dass ein Teil der Elementformulierung, hier ist es die Forderung nach Volumenkonstanz, dominierend wird und dann das Versagen des Elementes herbeiführt. Man erkennt, dass insbesondere bei Finiten Elementen mit Verschiebungsansätzen niedriger Ordnung die Gefahr des *Sperrens* besteht. Offensichtlich muss die Nebenbedingung der Volumenkonstanz auf das jeweilige Elementmodell sorgfältig abgestimmt werden und darf auf keinen Fall zu streng gefordert werden. Da die zur Dilatation konjugierte Spannung der hydrostatische Druck ist, wird dies durch die Wahl der Ansatzfunktion für den hydrostatischen Druck im Element erreicht. Es ist darauf zu achten, dass der Polynomgrad der Druckfunktion nicht über dem der deviatorischen Spannungen liegt. Auch hier gilt generell, dass die Funktion des hydrostatischen Drucks gegenüber den Funktionen der deviatorischen Spannungen abzumindern ist. Da die Formulierung unseres Materialgesetzes bereits eine Aufteilung in den dilatatorischen und den deviatorischen Anteil vorsieht, bietet sich auch hier der einfache Weg der selektiv reduzierten Integration an. Entsprechend würde man die Elementmatrizen in die dilatatorischen und deviatorischen Teilmatrizen aufteilen und für die Integration der dilatatorischen Teilmatrix eine reduzierte Integrationsregel vorsehen. Dieses einfache Rezept zur Verbesserung des Elementverhaltens bringt aber auch Nachteile mit sich. Da das Materialgesetz dann an unterschiedlichen Integrationspunkten im Element ausgewertet wird, ergeben sich Nachteile für die Materialschnittstelle und für die Spannungsberechnung. Zusätzlich kann es infolge der reduzierten Integration zu einem Rangabfall in der Tangentenmatrix kommen, sodass die Koeffizientenmatrix des Gleichungssystems singulär wird.

Ein besseres Konzept zur Vermeidung des *volumetrischen Sperrens* verspricht die Verwendung einer speziellen, auf die Anwendung zugeschnittenen, gemischten Elementformulierung. In diesem Fall wird der Verlauf des hydrostatischen Druckes im Element analog zu den Verschiebungen mit Hilfe einer Ansatzfunktion und Druckfreiwerten vorgeschrieben. Einem Druckfreiwert entspricht dann genau eine kinematische Zwangsbedingung für das Finite Element. Durch die Wahl des Ansatzes kann man das Feld des hydrostatischen Druckes auf das jeweilige Elementmodell abstimmen und dadurch die Strenge der Forderung nach Volumenkonstanz steuern.

Die Funktion des hydrostatischen Druckes lässt sich auf zwei Arten einführen. Im ersten Fall ordnet man die Druckfreiwerte bestimmten Knoten des Elementes zu (z. B. beim 8-Knoten Viereckselement den 4 Eckknoten) und erhält dadurch einen stetigen Verlauf des Drucks im Elementnetz. Wegen der zusätzlichen Druckfreiwerte wird das zu lösende Gleichungssystem um die Anzahl Druckfreiwerte vergrößert, was einen erhöhten Rechenaufwand zur Folge hat.

Eine zweite Möglichkeit zur Darstellung des Druckfeldes besteht darin, dass man auf die Stetigkeit des Druckfeldes über dem Elementnetz verzichtet und die Druckfreiwerte als elementeigene, interne Freiwerte definiert, die man fiktiven Punkten im Element zuordnet. In diesem Fall besteht keine Kopplung der Druckfreiwerte zwischen den Elementen und die Druckfreiwerte können auf Elementebene eliminiert werden, sodass die zu assemblierenden Elementmatrizen dann nur noch Verschiebungsfreiwerte enthalten. Zur Wahl geeigneter Ansatzfunktionen für das

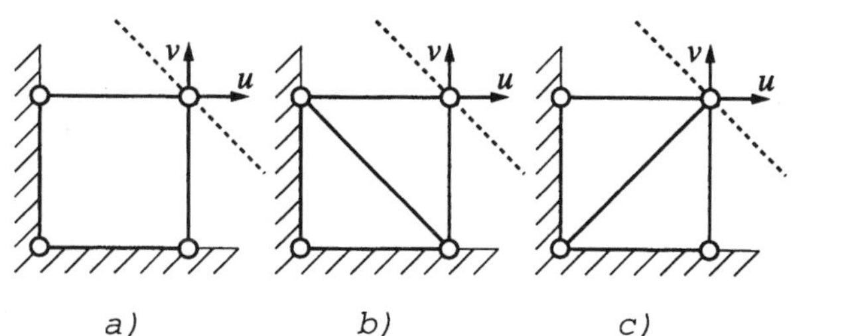

Abb. 9.1 Eingeschränkte Verformungsmöglichkeit eines ebenen Finiten Elementes. a) 4-Knoten Scheibenelement mit einem Druckfreiwert, b) alternative Idealisierung mit zwei Dreiecken, Element in der Ecke ist starr, c) zwei Freiwerte und zwei Zwangsbedingungen lassen keine Deformationsmöglichkeit zu.

Druckfeld wird von Hughes in [40] eine einfache heuristische Methode, das so genannte Zählen der Zwangsbedingungen (engl. constraint-counting method), vorgeschlagen. Dazu werden im Elementnetz die Verschiebungsfreiwerte n_u und die Zwangsbedingungen n_z abgezählt und das Verhältnis $r = n_u/n_z$ berechnet. Die Bestimmung des optimalen Verhältnisses aus Verschiebungsfreiwerten und Zwangsbedingungen geschieht mit Hilfe eines einzelnen Elementes, dessen Deformationsmöglichkeit so weit eingeschränkt ist, dass es nur noch eine inkompressible Deformation ausführen kann. Wir wollen diese Methode für ebene Scheibenelemente aufzeigen. Dazu betrachten wir Abbildung 9.1 a), welche ein 4-Knoten Scheibenelement zeigt, für das die Verschiebungen an drei Knoten vollständig unterdrückt sind. Demnach besitzt das Element nur noch die zwei Freiwerte u, v am freien Knoten. Das so gelagerte Element stellt den Grenzfall der Lagerung dar, bei der das Element gerade noch eine inkompressible Gestaltsänderung ausführen kann. Eine inkompressible Gestaltsänderung des Elementes bedeutet hier, dass sich die Fläche des Elementes nicht verändern darf, was aber nur möglich ist, wenn sich der freie Knoten auf der gestrichelten Linie bewegt. Dies wird durch die Vorgabe einer Nebenbedingung, welche die Abhängigkeit der Verschiebungen u, v voneinander festlegt, erreicht. Wir schließen daraus, dass dieses Element nur mit einer Zwangsbedingung bzw. mit einem Druckfreiwert formuliert werden sollte. Für das Verhältnis aus Verschiebungsfreiwerten zur Anzahl der Zwangsbedingungen gilt dann der Wert zwei, was nach Hughes für ebene Elemente das optimale Verhältnis darstellt. Dieses Verhältnis bleibt auch erhalten, wenn man weitere Elemente anbaut und alle Verschiebungen auf dem freien Außenrand unterdrückt. In den Abbildungen 9.1 b) und c) sind alternative Idealisierungen mit 3-Knoten Dreieckselementen dargestellt. Diese Elemente besitzen lineare Ansatzfunktionen, aus denen ein konstanter Dehnungs- und Spannungszustand im Element folgt. Für die Druckfunktion muss also der kleinst mögliche Ansatz, d. h. das konstante Druckfeld gewählt werden. Deviatorische Spannung und hydrostatischer Druck sind dann durch die gleiche Funktion dargestellt und man kann aufgrund des bisher Gesagten schon vermuten, dass diese Elemente für inkompressibles Material ungeeignet sind. Offensichtlich ist der Zwang zu streng, sodass *volumetrisches Sperren* auftreten muss. Im Fall b) wird der Knoten zwar nur mit einer Zwangsbedingung geführt, jedoch ist das Element in der Ecke vollständig starr und damit der Berechnung entzogen. Im Fall c) wird die Verschiebung des freien Knotens durch zwei Zwangsbedingungen gezwängt, sodass keine inkompressible Verformungsmöglichkeit mehr für das einzelne Element besteht. Das Verhältnis aus Verschiebungsfreiwerten zu Zwangsbedingungen ist eins und bleibt in beiden Fällen bestehen wenn weitere Elemente angefügt werden. Diese Tatsache bestätigt die Vermutung, dass Elemente mit konstantem Dehnungsfeld für die Behandlung inkompressibler Materialien unbrauchbar sind.

Wie für die ebenen Elemente kann eine analoge Untersuchung für räumliche Elemente durchgeführt werden, wobei ein 8-Knoten Hexaeder Element benutzt wird. Auch hier geht man vom Grenzfall der Lagerung aus, bei dem das Element gerade noch eine inkompressible Gestaltsänderung ausführen kann und unterdrückt sämtliche Freiwerte bis auf die drei Verschiebungen eines einzelnen Knotens. Diese drei Freiwerte sind dann mit einer Zwangsbedingung zu führen. Man erhält also im räumlichen Fall für das Verhältnis aus Verschiebungsfreiwerten und Zwangsbedingung den Wert drei. Auch hier kann gezeigt werden, dass ein Element mit konstantem Dehnungsfeld (ein 4 Knoten Tetrahederelement) für inkompressible Materialien ungeeignet ist.

Wir kommen nun zum zweiten Formulierungsdefekt, bei dem sich das Finite Element zu weich verhält. Dieser Fall ist durch so genannte *Nullmoden* charakterisiert. Hier handelt es sich um bestimmte Deformationsmoden, welche eine viel zu kleine Steifigkeit besitzen, was dann ein schlecht konditioniertes Gleichungssystem zur Folge hat. Im Extremfall kann die Steifigkeit Null sein. Der zusätzliche Rangabfall der Steifigkeitsmatrix kann dazu führen, dass 4 Knoten Rechteckselemente im Netzverbund ein spezielles Verformungsmuster annehmen, das an ein Stundenglas erinnert. Oftmals wird dieses Verhalten deshalb als *Hourglass-Instabilität* bezeichnet (aus dem engl. hourglass instability). Ausführliche Untersuchungen zu dieser Problematik finden sich unter anderem in der Arbeit von van den Bogart [12] und bei Reese [83].

Ein *Nullmode* ist eine Gestaltsänderung des Finiten Elementes, welche dieses ohne äußere Krafteinwirkungen annimmt. Die Nullmode speichert keine Dehnungsenergie und liefert demnach auch keinen Beitrag zum Arbeitsintegral. Tritt bei einem Element eine Nullmode auf, so besitzt die tangentiale Elementsteifigkeit zusätzlich zu den Nulleigenwerten, die der Starrkörperbewegung zuzuordnen sind einen Nulleigenwert, der zur Nullmode gehört. Wie wir gesehen haben, wird bei einer nichtlinearen Berechnung die tangentiale Steifigkeit stets bezüglich der aktuellen Deformation neu berechnet. Die Folge ist, dass sich bei einer, zu Beginn von Nullmoden freien tangentialen Steifigkeit, erst infolge der Deformation eine Nullmode einstellen kann, die dann zum Versagen des Elementes führt. Es hat sich gezeigt, dass dieses Problem in der Regel bei Druckbeanspruchung von Elementen auftritt, die in einem rechteckigen Elementnetz angeordnet sind. Oftmals kann deshalb das Problem durch Verwendung einer unregelmäßigen Netzaufteilung vermieden werden.

Eine Vermeidung der Hourglass-Instabilität versprach man sich von der so genannten Enhanced-Strain-Formulierung. Ausgehend von der Methode der inkompatiblen Moden, die schon bei Taylor et al. [105] für lineare Finite Elemente beschrieben wird, wurde diese Formulierung entwickelt. Die Arbeiten hierzu finden sich bei Simo, Rifai [101] und Simo, Armero, Taylor [98], um nur die zwei wichtigsten Arbeiten herauszugreifen. Die Formulierung basiert auf dem Variationsprinzip von Hu-Washizu und erfüllt die Kompatibilitätsbedingungen in schwacher Form. Durch das Einbringen zusätzlicher Deformationsmoden erhofft man sich das Auftreten der Nullmoden zu verhindern. In den Arbeiten [83] und [116] wird aber am einzelnen Element aufgezeigt, dass auch hier Nullmoden auftreten können. Dies hat die Autoren angeregt ein Stabilisierungsverfahren zu entwickeln, welches in [84] vorgestellt wird.

9.1.1 Der Drei-Feldansatz nach Simo

Eine spezielle Elementformulierung zur Behandlung inkompressibler und nahezu inkompressibler Materialgesetze wird von Simo [96] vorgeschlagen. Simo verspricht ein robustes, d. h. nicht sperrendes Element für den gesamten Bereich der Kompressibilität bis hin zur Inkompressibilität. Allerdings wurde in der Zwischenzeit nachgewiesen, dass es auch bei diesem Elementmodell zum Versagen kommen kann. Insbesondere können bei Druckbeanspruchung Nullmoden auftreten.

Die Formulierung des Finiten Elementes nach Simo verwendet einen *Drei-Feldansatz*. Neben dem Verschiebungsfeld und dem Feld des hydrostatischen Druckes wird noch das zum Druckfeld energetisch konjugierte Feld der Dilatation als unbekannt eingeführt. Das Druckfeld und das Feld der Dilatation stützen sich auf interne Freiwerte, die auf Elementebene eliminiert werden. Damit verfügt das Elementmodell über die drei Sätze von zu bestimmenden Unbekannten, den Knotenverschiebungen $\hat{\boldsymbol{u}}_{\mathcal{N}}$, den Druckfreiwerten $\hat{p}$ und den Dilatationsfreiwerten $\hat{J}$. Für die zusätzlichen Freiwerte werden zwei Funktionale bereitgestellt, die die Felder der Freiwerte $\hat{p}$ und $\hat{J}$, den sich aus der Deformation ergebenden Feldern, in schwacher Form gleichsetzen. Simo beschränkt sich auf die einfachen Elemente mit nur einem Druck- und einem Dilatationsfreiwert und eliminiert diese direkt aus den Integralausdrücken der Elementmatrizen. Wir wollen bei unserer Formulierung den internen Freiwerten eigene Matrizen zuordnen und die Elimination auf Elementebene vornehmen. Auf diese Weise lassen sich die Formeln auch auf Elemente mit höheren Verschiebungsansätzen und veränderlichen Druckfeldern anwenden.

Da der dilatatorische Anteil der Deformation jetzt durch das Feld des Freiwertes $\hat{J}$ beschrieben werden soll, werden alle, die Dilatation beschreibenden Größen, als Funktion der zu bestimmenden Feldvariablen $\hat{J}$ definiert. Dies betrifft den Potentialansatz nach Gleichung (6.148) und den Deformationsgradienten. Wir beginnen mit dem Potentialansatz und definieren den dilatationsabhängigen Anteil nun als Funktion der Variablen $\hat{J}$

$$\bar{W}_{vol} = \hat{W}_{vol}(\hat{J}) + \hat{T}_{te}(\vartheta,\hat{J}) \tag{9.1}$$

mit dem thermoelastischen Koppelpotential

$$\hat{T}_{te}(\vartheta,\hat{J}) = -3\,\alpha_t(\vartheta-\vartheta_0)\frac{\partial \hat{W}_{vol}}{\partial \hat{J}} \tag{9.2}$$

Nach Gleichung (7.103) gilt für die elastische Wärmequelle im Zeitschritt Δt

$$Q_{def}(\vartheta,\hat{J}) = -3\,\alpha_t\,\vartheta\,\frac{\partial^2 \hat{W}_{vol}}{\partial \hat{J}^2}\frac{(\hat{J}-\hat{J}_n)}{\Delta t} \tag{9.3}$$

mit den Ableitungen entsprechend der Gleichungen (7.104) und (7.105)

$$\frac{\partial Q_{def}}{\partial \vartheta} = -\frac{3\,\alpha_t}{\Delta t}\frac{\partial^2 \hat{W}_{vol}}{\partial \hat{J}^2}(\hat{J}-\hat{J}_n) \tag{9.4}$$

$$\frac{\partial Q_{def}}{\partial \hat{J}} = -\frac{3\,\alpha_t\vartheta}{\Delta t}\Big(\frac{\partial^3 \hat{W}_{vol}}{\partial \hat{J}^3}(\hat{J}-\hat{J}_n) + \frac{\partial^2 \hat{W}_{vol}}{\partial \hat{J}^2}\Big) \tag{9.5}$$

Ferner benötigen wir die Ableitungen des Potentialansatzes (9.1)

$$\frac{\partial \bar{W}_{vol}}{\partial \hat{J}} = \frac{\partial \hat{W}_{vol}}{\partial \hat{J}} - 3\,\alpha_t(\vartheta - \vartheta_0)\frac{\partial^2 \hat{W}_{vol}}{\partial \hat{J}^2} \tag{9.6}$$

$$\frac{\partial^2 \bar{W}_{vol}}{\partial \hat{J}^2} = \frac{\partial^2 \hat{W}_{vol}}{\partial \hat{J}^2} - 3\,\alpha_t(\vartheta - \vartheta_0)\frac{\partial^3 \hat{W}_{vol}}{\partial \hat{J}^3} \tag{9.7}$$

$$\frac{\partial^2 \bar{W}_{vol}}{\partial \hat{J}\partial \vartheta} = -3\,\alpha_t\frac{\partial^2 \hat{W}_{vol}}{\partial \hat{J}^2} \tag{9.8}$$

Für die Neuformulierung des Deformationsgradienten teilen wir ihn entsprechend Gleichung (3.85) in den dilatatorischen und in den isochoren Anteil auf und kennzeichnen die modifizierten Größen mit einem überschriebenen Querstrich. Mit dem dilatatorischen Anteil $\bar{\boldsymbol{F}}_{\hat{J}} = \hat{J}^{1/3}\boldsymbol{I}$ nach (3.87) und dem isochoren Anteil $\boldsymbol{F}_{iso} = J^{-1/3}\boldsymbol{F}$ nach (3.88) gilt für den modifizierten Deformationsgradienten im Element

$$\bar{\boldsymbol{F}} = \hat{J}^{1/3}\boldsymbol{F}_{iso} = \hat{J}^{1/3}J^{-1/3}\boldsymbol{F} \tag{9.9}$$

und für den daraus folgenden Deformationstensor nach Gleichung (3.15)

$$\bar{\boldsymbol{C}} = \bar{\boldsymbol{F}}^T\boldsymbol{g}\bar{\boldsymbol{F}} = \hat{J}^{2/3}J^{-2/3}\boldsymbol{C} \tag{9.10}$$

Nach dieser Vorarbeit können wir jetzt die Elementmatrizen aufstellen. Dabei beschränken wir uns auf die wichtigsten Formeln. Da die Elementformulierung auf einem hyperelastischen Ansatz basiert, können wir zur Formulierung des Gleichgewichts eines Finiten Elementes vom Energiefunktional nach Gleichung (7.22) ausgehen und dieses als Funktion der zu bestimmenden Feldgrößen aufschreiben

$$\Pi(\boldsymbol{u},\hat{p},\hat{J}) = \int_V \Big(W_{iso}(\boldsymbol{X},\bar{\boldsymbol{C}}) + \bar{W}_{vol}(\hat{J}) + \hat{p}(J(\boldsymbol{u}) - \hat{J})\Big)dV + H(\boldsymbol{u}). \tag{9.11}$$

Man erkennt, dass das elastische Potential durch das Anfügen der Nebenbedingung $J(\boldsymbol{u}) - \hat{J} = 0$ erweitert wurde, wobei der hydrostatische Druck $\hat{p}$ hier, als die zur Dilatation energetisch konjugierte Variable, die Stelle des Lagrangeschen

Multiplikators einnimmt[1]. Wir erhalten für die erste Variation des Funktionals

$$\begin{aligned}\delta\Pi(\boldsymbol{u},\hat{p},\hat{J}) &= \int_V \Big(\frac{\partial W_{iso}}{\partial \bar{\boldsymbol{C}}}\frac{\partial \bar{\boldsymbol{C}}}{\partial \boldsymbol{C}}\frac{\partial \boldsymbol{C}}{\partial \boldsymbol{u}} + \hat{p}\frac{\partial J}{\partial \boldsymbol{u}}\Big)\delta\boldsymbol{u}\,dV + \delta H(\boldsymbol{u}) \\ &+ \int_V \Big(J-\hat{J}\Big)\delta\hat{p}\,dV \\ &+ \int_V \Big(\frac{\partial \bar{W}_{vol}}{\partial \hat{J}} - \hat{p}\Big)\delta\hat{J}\,dV \end{aligned} \tag{9.12}$$

Aus der Bedingung $\delta\Pi = 0$ für den Gleichgewichtszustand folgen dann die drei Gleichungen

$$\int_V \Big(\frac{\partial W_{iso}}{\partial \bar{\boldsymbol{C}}}\frac{\partial \bar{\boldsymbol{C}}}{\partial \boldsymbol{C}}\frac{\partial \boldsymbol{C}}{\partial \boldsymbol{u}} + \hat{p}\frac{\partial J}{\partial \boldsymbol{u}}\Big)\delta\boldsymbol{u}\,dV + \delta H(\boldsymbol{u}) = 0 \tag{9.13}$$

$$\int_V \Big(J-\hat{J}\Big)\delta\hat{p}\,dV = 0 \tag{9.14}$$

$$\int_V \Big(\frac{\partial \hat{W}_{vol}}{\partial \hat{J}} - 3\,\alpha_t(\vartheta-\vartheta_0)\frac{\partial^2 \hat{W}_{vol}}{\partial \hat{J}^2} - \hat{p}\Big)\delta\hat{J}\,dV = 0 \tag{9.15}$$

die das Randwertproblem mit den Nebenbedingungen als Variationsproblem beschreiben. Die erste Gleichung beschreibt das Gleichgewicht in schwacher Form und entspricht somit Gleichung (7.26). Die anderen beiden Gleichungen formulieren die Nebenbedingung für den Druck und die Dilatation in schwacher Form. Diese Funktionale verschwinden für $\hat{p} = \partial\bar{W}_{vol}/\partial\hat{J}$ und $J = \hat{J}$. Die drei Gleichungen bilden die Grundlage für die Berechnung der Knotenvektoren der Flussgrößen, die den Gleichgewichtszustand des Finiten Elementes im diskreten System beschreiben.

Nach Berechnung der Differentialquotienten und deren Einsetzung in die erste Gleichung erhält man

$$\begin{aligned}\int_v (\tilde{\boldsymbol{\sigma}} + \hat{p}\boldsymbol{I}) : \operatorname{grad}\delta\boldsymbol{u}\,dv &= \int_v \rho(\bar{\boldsymbol{b}} - \dot{\boldsymbol{v}})\cdot\delta\boldsymbol{u}\,dv + \int_{\Gamma_\sigma} \bar{\boldsymbol{t}}\cdot\delta\boldsymbol{u}\,da \\ \delta\bar{\mathcal{A}}_{int} &= \delta\mathcal{A}_{ext}\end{aligned} \tag{9.16}$$

Ein Vergleich mit dem Ausdruck (7.10) zeigt eine Aufteilung des Spannungstensors in den deviatorischen Anteil, der sich aus der Deformation des Elementes berechnet und in den dilatatorischen Anteil, der über einen Ansatz im Element vorgeschrieben ist. Der Ausdruck für die virtuelle Arbeit der eingeprägten Flussgrößen bleibt unverändert.

[1]Für den Zwei-Feldansatz formuliert man die Nebenbedingung als $(J(\boldsymbol{u}) - 1)$. (Siehe Gleichung (9.40))

Die Linearisierung der drei Funktionale (9.13), (9.14), (9.15) führt auf die Tangentenmatrix des Elementes, die entsprechend der Sätze von Freiwerten in einzelne Untermatrizen aufgeteilt wird. Da die Vorgehensweise zum Aufstellen einer Tangentenmatrix und deren Berechnung bereits in Kapitel 7 ausführlich dargestellt wurde, wollen wir dies hier nicht wiederholen, zumal die Herleitungen aus mechanischer Sicht nichts Neues bringen. Aus [89] übernehmen wir die Ausdrücke, aus denen sich nach Einfügen der Ansatzfunktionen die Tangentenmatrizen ergeben, die wir hinter der jeweiligen Formel anschreiben. Das Einbringen der Ansatzfunktionen für die Freiwerte wollen wir dem Leser überlassen.

Für das Aufstellen der Diskretisierungsmatrizen und die sich anschließende Elimination der internen Freiwerte $\hat{J}$ und $\hat{p}$ verwenden wir wieder die Matrizennotation. Wie in Abschnitt 8.1.1 definieren wir Spaltenmatrizen, in denen die Freiwerte nach Knoten geordnet zusammengefasst werden. Die Knotenverschiebungen fassen wir in der Spaltenmatrix $\mathbf{u}$, die Knotentemperaturen in der Spaltenmatrix $\boldsymbol{\vartheta}$ und die internen Dilatations- und Druckfreiwerte in den Spaltenmatrizen $\mathbf{J}$ und $\mathbf{p}$ zusammen. Die Diskretisierungsmatrizen versehen wir mit Fußzeigern, die auf die zugeordneten Freiwerte hinweisen. Dabei gilt der erste Fußzeiger für die Zeilenrichtung (vertikal) und der zweite Fußzeiger für die Spaltenrichtung (horizontal). Diese Kennzeichnung erweist sich als große Hilfe beim Überprüfen der aufgestellten Gleichungen.

Die Ableitung der Gleichgewichtsbeziehung (9.16) nach den Verschiebungen führt auf die symmetrische Tangentenmatrix

$$\begin{aligned}\frac{\partial(\delta\hat{\mathcal{A}}_{int})}{\partial \boldsymbol{u}}d\boldsymbol{u} &= \int_v \Big(\text{grad}\,\delta\boldsymbol{u} : \mathbf{c}_{dev} : \text{grad}\,d\boldsymbol{u} - \tilde{\boldsymbol{\sigma}} : \text{grad}\,\delta\boldsymbol{u}\,\text{grad}\,d\boldsymbol{u} \\ &\quad + \hat{p}\,\text{div}\,\delta\boldsymbol{u}\cdot\text{div}\,d\boldsymbol{u} - \hat{p}\,\text{grad}\,\delta\boldsymbol{u} : \text{grad}\,d\boldsymbol{u}\Big)dv \\ &\quad \Rightarrow \mathbf{K_{uu}} \qquad (9.17)\end{aligned}$$

und die Ableitung nach dem hydrostatischen Druck auf die Koppeltangente

$$\frac{\partial(\delta\hat{\mathcal{A}}_{int})}{\partial\hat{p}}d\hat{p} = \int_V J\,\text{div}\,\delta\boldsymbol{u}\,d\hat{p}\,dV \Rightarrow \mathbf{K_{up}} \qquad (9.18)$$

Die Ableitung der Gleichungen (9.14) und (9.15) erweist sich als trivial. Mit den Abkürzungen

$$P_{\hat{p}}\,\delta\hat{p} = \int_V \left(J - \hat{J}\right)\delta\hat{p}\,dV \qquad (9.19)$$

$$P_{\hat{J}}\,\delta\hat{J} = \int_V \left(\frac{\hat{W}_{vol}}{\partial\hat{J}} - 3\,\alpha_t(\vartheta-\vartheta_0)\frac{\partial^2\hat{W}_{vol}}{\partial\hat{J}^2} - \hat{p}\right)\delta\hat{J}\,dV \qquad (9.20)$$

folgen für die Tangentenmatrizen

$$\delta\hat{p}\frac{\partial P_{\hat{p}}}{\partial \boldsymbol{u}}d\boldsymbol{u} = \int_V \delta\hat{p}\,J\,\mathrm{div}\,d\boldsymbol{u}\,dV \Rightarrow \mathbf{K_{pu}} = \mathbf{K_{up}}^T \tag{9.21}$$

$$\delta\hat{p}\frac{\partial P_{\hat{p}}}{\partial \hat{p}}d\hat{p} = 0 \Rightarrow \mathbf{K_{pp}} = 0 \tag{9.22}$$

$$\delta\hat{p}\frac{\partial P_{\hat{p}}}{\partial \hat{J}}d\hat{J} = -\int_V \delta\hat{p}\,d\hat{J}\,dV \Rightarrow \mathbf{K_{pJ}} \tag{9.23}$$

$$\delta\hat{J}\frac{\partial P_{\hat{J}}}{\partial \hat{J}}d\hat{J} = \int_V \delta\hat{J}\frac{\partial^2 W_{vol}}{\partial \hat{J}^2}d\hat{J}dV \Rightarrow \mathbf{K_{JJ}} \tag{9.24}$$

$$\delta\hat{J}\frac{\partial P_{\hat{J}}}{\partial \hat{p}}d\hat{p} = -\int_V \delta\hat{J}\,d\hat{p}\,dV \Rightarrow \mathbf{K_{Jp}} = \mathbf{K_{pJ}}^T \tag{9.25}$$

Wir wenden uns nun dem thermischen Feldproblem zu und erinnern uns, dass die Kopplung zwischen dem mechanischen und dem thermischen Feldproblem über die Wärmequellterme $\mathcal{D}_{in}{}^p$ und Q_{def} erfolgt. Der Quellterm der plastischen Dissipation $\mathcal{D}_{in}{}^p$ ist rein deviatorisch und kann somit samt seinen Ableitungen einfach übernommen werden.

Nach Gleichung (9.3) ist der Quellterm Q_{def} jetzt eine Funktion des dilatatorischen Freiwertes $\hat{J}$. Dementsprechend ergeben sich Veränderungen in allen Elementmatrizen in denen der Quellterm Q_{def} vorkommt. Dies betrifft den thermischen Lastvektor nach Gleichung (7.87), die Tangentenmatrix (7.94) in der nun der Quotient $\partial Q_{def}/\partial \hat{J}$ nach (9.4) zu verwenden ist, sowie die Koppeltangente (7.102) in der wegen $\partial Q_{def}/\partial J = 0$ der Quellterm entfällt.

Dafür erhalten wir die zusätzlichen Koppelmatrizen:

$$\delta\vartheta\frac{\partial P_{\vartheta}}{\partial \hat{J}}d\hat{J} = -\int_V \delta\vartheta\,\frac{\partial Q_{def}}{\partial \hat{J}}\,d\hat{J}\,dV \Rightarrow \mathbf{K}_{\vartheta\mathbf{J}} \tag{9.26}$$

$$\delta\hat{J}\frac{\partial P_{\mathbf{J}}}{\partial \vartheta}d\vartheta = \int_V \delta\hat{J}\frac{\partial^2 \bar{W}_{vol}}{\partial \hat{J}\partial\vartheta}d\vartheta\,dV \Rightarrow \mathbf{K}_{\mathbf{J}\vartheta} \tag{9.27}$$

Aus den, den Freiwerten des Elementes zugeordneten Matrizen, kann nun analog zu (7.149) das im Iterationsschritt zu lösende Gleichungssystem für ein Finites Element aufgebaut werden. Dazu müssen wir auch für die Gleichungen (9.14) und (9.15) Residuenvektoren einführen, die dann nach erfolgter Konvergenz verschwinden. Die Spaltenmatrix der Residuen $\mathbf{R_p}$ und $\mathbf{R_J}$ ergeben sich aus den Funktionswerten $P_{\hat{p}}$ nach Gleichung (9.19) und aus den Funktionswerten $P_{\hat{J}}$ nach

Gleichung (9.20), die in der Spaltenmatrizen $\mathbf{P_p}$ und $\mathbf{P_J}$ zusammengefasst werden. Im Iterationsschritt werden sie mit dem negativen Vorzeichen als „Lastmatrizen" des Gleichungssystems geführt. Mit $\mathbf{R_p} = -\mathbf{P_p}$ und $\mathbf{R_J} = -\mathbf{P_J}$ gilt dann:

$$\left[\begin{array}{c|c|c|c} \mathbf{K_{uu}} & \mathbf{K_{u\vartheta}} & \mathbf{K_{up}} & \cdot \\ \hline \mathbf{K_{\vartheta u}} & \mathbf{K_{\vartheta\vartheta}} & \cdot & \mathbf{K_{\vartheta J}} \\ \hline \mathbf{K_{pu}} & \cdot & \cdot & \mathbf{K_{pJ}} \\ \hline \cdot & \mathbf{K_{J\vartheta}} & \mathbf{K_{Jp}} & \mathbf{K_{JJ}} \end{array}\right] \left[\begin{array}{c} \Delta\Delta\mathbf{u} \\ \hline \Delta\Delta\boldsymbol{\vartheta} \\ \hline \Delta\Delta\mathbf{p} \\ \hline \Delta\Delta\mathbf{J} \end{array}\right] = \left[\begin{array}{c} \mathbf{P}_{\mathbf{u}ext} - \mathbf{P}_{\mathbf{u}int} \\ \hline \mathbf{P}_{\boldsymbol{\vartheta}ext} - \mathbf{P}_{\boldsymbol{\vartheta}int} \\ \hline \mathbf{R_p} \\ \hline \mathbf{R_J} \end{array}\right] \tag{9.28}$$

Die Elimination der internen Freiwerte $\mathbf{p}, \mathbf{J}$ reduziert das Gleichungssystem auf die Knotenfreiwerte $\mathbf{u}$ und $\boldsymbol{\vartheta}$ mit den durch $\bar{}$ gekennzeichneten, modifizierten Tangentenmatrizen und den Spaltenmatrizen der Lastkorrektur $\Delta\mathbf{P}_{\mathbf{u}ext}$ und $\Delta\mathbf{P}_{\boldsymbol{\vartheta}ext}$. Es ergibt sich das modifizierte Gleichungssystem

$$\left[\begin{array}{c|c} \bar{\mathbf{K}}_{\mathbf{uu}} & \bar{\mathbf{K}}_{\mathbf{u}\boldsymbol{\vartheta}} \\ \hline \bar{\mathbf{K}}_{\boldsymbol{\vartheta}\mathbf{u}} & \bar{\mathbf{K}}_{\boldsymbol{\vartheta\vartheta}} \end{array}\right] \left[\begin{array}{c} \Delta\Delta\mathbf{u} \\ \hline \Delta\Delta\boldsymbol{\vartheta} \end{array}\right] = \left[\begin{array}{c} \mathbf{P}_{\mathbf{u}ext} + \Delta\mathbf{P}_{\mathbf{u}ext} - \mathbf{P}_{\mathbf{u}int} \\ \hline \mathbf{P}_{\boldsymbol{\vartheta}ext} + \Delta\mathbf{P}_{\boldsymbol{\vartheta}ext} - \mathbf{P}_{\boldsymbol{\vartheta}int} \end{array}\right] \tag{9.29}$$

Bei der Elimination der internen Freiwerte muss man, wegen der fehlenden Matrix $\mathbf{K_{pp}}$, mit der letzten Gleichung beginnen, die man nach dem Inkrement $\Delta\Delta\mathbf{J}$ auflöst:

$$\Delta\Delta\mathbf{J} = \mathbf{K_{JJ}^{-1}} \left(\mathbf{R_J} - \mathbf{K_{J\vartheta}}\Delta\Delta\boldsymbol{\vartheta} - \mathbf{K_{Jp}}\Delta\Delta\mathbf{p}\right) \tag{9.30}$$

Anschließend verwendet man dieses Ergebnis in der dritten Gleichung und löst nach dem Druckinkrement auf:

$$\Delta\Delta\mathbf{p} = \mathbf{K_{pp}^{-1}} \left(\mathbf{K_{pu}}\Delta\Delta\mathbf{u} - \mathbf{K_{p\vartheta}}\Delta\Delta\boldsymbol{\vartheta} + \mathbf{K_{pJ}}\mathbf{K_{JJ}^{-1}}\mathbf{R_J} - \mathbf{R_p}\right) \tag{9.31}$$

Durch Einsetzen der letzten beiden Gleichungen in die ersten beiden Gleichungen des Gleichungssystems (9.28) ergeben sich mit den Abkürzungen

$$\mathbf{K_{pp}} = \mathbf{K_{pJ}}\mathbf{K_{JJ}^{-1}}\mathbf{K_{Jp}} \tag{9.32}$$

und

$$\mathbf{K_{p\vartheta}} = \mathbf{K_{pJ}}\mathbf{K_{JJ}^{-1}}\mathbf{K_{J\vartheta}} \quad \text{und} \quad \mathbf{K_{\vartheta p}} = \mathbf{K_{\vartheta J}}\mathbf{K_{JJ}^{-1}}\mathbf{K_{Jp}} \tag{9.33}$$

die modifizierten Tangentenmatrizen

$$\bar{\mathbf{K}}_{\mathbf{uu}} = \mathbf{K_{uu}} + \mathbf{K_{up}}\mathbf{K_{pp}^{-1}}\mathbf{K_{pu}} \tag{9.34}$$

$$\bar{\mathbf{K}}_{\vartheta\mathbf{u}} = \mathbf{K}_{\vartheta\mathbf{u}} - \mathbf{K}_{\vartheta\mathbf{p}}\mathbf{K}_{\mathbf{pp}}^{-1}\mathbf{K}_{\mathbf{pu}} \tag{9.35}$$

$$\bar{\mathbf{K}}_{\mathbf{u}\vartheta} = \mathbf{K}_{\mathbf{u}\vartheta} - \mathbf{K}_{\mathbf{up}}\mathbf{K}_{\mathbf{pp}}^{-1}\mathbf{K}_{\mathbf{p}\vartheta} \tag{9.36}$$

$$\bar{\mathbf{K}}_{\vartheta\vartheta} = \mathbf{K}_{\vartheta\vartheta} - \mathbf{K}_{\vartheta\mathbf{J}}\mathbf{K}_{\mathbf{JJ}}^{-1}\mathbf{K}_{\mathbf{J}\vartheta} + \mathbf{K}_{\vartheta\mathbf{p}}\mathbf{K}_{\mathbf{pp}}^{-1}\mathbf{K}_{\mathbf{p}\vartheta} \tag{9.37}$$

und die Spaltenmatizen für die Lastkorrektur

$$\Delta\mathbf{P}_{\mathbf{u}ext} = \mathbf{K}_{\mathbf{up}}\mathbf{K}_{\mathbf{pp}}^{-1}\left(\mathbf{R}_{\mathbf{p}} - \mathbf{K}_{\mathbf{pJ}}\mathbf{K}_{\mathbf{JJ}}^{-1}\mathbf{R}_{\mathbf{J}}\right) \tag{9.38}$$

$$\Delta\mathbf{P}_{\vartheta ext} = -\mathbf{K}_{\vartheta\mathbf{J}}\mathbf{K}_{\mathbf{JJ}}^{-1}\mathbf{R}_{\mathbf{J}} - \mathbf{K}_{\vartheta\mathbf{p}}\mathbf{K}_{\mathbf{pp}}^{-1}\left(\mathbf{R}_{\mathbf{p}} - \mathbf{K}_{\mathbf{pJ}}\mathbf{K}_{\mathbf{JJ}}^{-1}\mathbf{R}_{\mathbf{J}}\right) \tag{9.39}$$

Die modifizierten Matrizen des Finiten Elementes können in das Gleichungssystem für die Struktur eingesetzt (assembliert) werden. Nach Lösung des Gleichungssystems und Erhalt der Lösungsmatrizen $\Delta\Delta\mathbf{u}$ und $\Delta\Delta\boldsymbol{\vartheta}$ können die internen Freiwerte für das Finite Element berechnet werden. Dazu geht man in umgekehrter Reihenfolge vor und bestimmt zuerst die Druckfreiwerte nach Gleichung (9.31) und dann die Dilatationsfreiwerte nach Gleichung (9.30).

Aus den Gleichungen (9.32), (9.33) ist ersichtlich, dass die Elimination nur gelingt, sofern $\mathbf{K}_{\mathbf{JJ}}$ nicht singulär ist. Nach Gleichung (9.24) bedeutet dies, dass die Ableitung $\partial^2 W_{vol}/\partial\bar{J}^2$ nicht Null sein darf. Diese Forderung wird von den Ansätzen (5.79) bis (5.84) erfüllt. Man erkennt nun auch den Vorteil, den der Drei-Feldansatz gegenüber dem normalerweise verwendeten Zwei-Feldansatz bringt, welcher nur die Freiwerte $\mathbf{u}, \mathbf{p}$ besitzt. Beim *Zwei-Feldansatz* kann wegen $\mathbf{K}_{\mathbf{pp}} = \mathbf{0}$ auf Elementebene nicht eliminiert werden. Dann müssen die Freiwerte mit einem speziell angepassten Gleichungslöser auf Strukturebene abgelöst werden, was einen erhöhten Rechenaufwand zur Folge hat. Man wird also auch beim Zwei-Feldansatz bestrebt sein, den Druck als internen Freiwert auf Elementebene abzulösen. Dies gelingt, sofern man den Potentialansatz durch Hinzunahme eines Störgliedes erweitert, aus dem sich eine Tangentenmatrix $\mathbf{K}_{\mathbf{pp}}$ berechnen lässt. Das um das Störpotential (zweites Integral) erweiterte Zwei-Feldpotential (engl. perturbed Lagrange formulation) lautet

$$\begin{aligned} \Pi(\boldsymbol{x},\hat{p},J) &= \int_V \Big(W_{iso}(\boldsymbol{X},\bar{\boldsymbol{C}}) + W_{vol}(J) + \hat{p}(J(\boldsymbol{x})-1)\Big)dV \\ &\quad - \int_V \frac{1}{2\kappa}\hat{p}^2 dV + H(\boldsymbol{x}) \end{aligned} \tag{9.40}$$

Das Störpotential nimmt hier die Stelle eines Strafterms ein, wo κ eine positive Strafzahl ist. Aus dem Störpotential folgt dann die fehlende Tangentenmatrix

$$\mathbf{K}_{\mathbf{pp}} = \int_V \frac{1}{\kappa}\,\delta\hat{p}\,d\hat{p}\,dV \tag{9.41}$$

9.1.2 Ein einfacheres Elementmodell und die Frage nach dem numerischen Verhalten

Die im vorherigen Abschnitt angegeben Elementmatrizen erfordern einen erheblichen Rechenaufwand und der Leser wird sich zurecht fragen, in wieweit Vereinfachungen noch möglich sind, um den numerischen Aufwand zu reduzieren. Ferner stellt sich auch die Frage nach der numerischen Stabilität des Elementmodells. Nachfolgend wollen wir uns diesen beiden Fragestellungen zuwenden.

Zur Reduktion des Rechenaufwandes führen wir nun die vereinfachenden Annahmen ein.

1. Die bei der elastischen Deformation entstehende Wärme Q_{def} wird vernachlässigt. Diese Annahme ist insofern berechtigt, da die bei der elastischen Deformation entstehende Wärme klein ist im Vergleich zur Wärme, die bei der plastischen Formänderung entsteht.
2. Das dilatatorische Potential wird durch den einfachen Ansatz nach Gleichung (5.80) beschrieben:

$$\hat{W}_{vol} = \frac{1}{2}\kappa(\hat{J}-1)^2$$

3. Wir beschränken uns auf die Elemente mit nur einem Druck- und einem Dilatationsfreiwert.

Führt man diese Annahmen in die Gleichungen des letzten Abschnittes ein, so ergeben sich die folgenden Vereinfachungen.

Wegen $Q_{def} = 0$ gilt $\mathbf{K_{\vartheta J}} = \mathbf{0}$ und nach der zweiten Gleichung in (9.33) auch $\mathbf{K_{\vartheta p}} = \mathbf{0}$. Außerdem entfällt das Glied $\partial Q_{def}/\partial\vartheta$ in der thermischen Tangente (7.94). Aus der zweiten Annahme folgen konstante Werte für die Ableitungen:

$$\frac{\partial^2 \hat{W}_{vol}}{\partial \hat{J}^2} = \kappa \quad \text{und} \quad \frac{\partial^2 \bar{W}_{vol}}{\partial \hat{J}\partial\vartheta} = -3\,\alpha_t\,\kappa \tag{9.42}$$

Aufgrund der dritten Annahme sind $\mathbf{K_{JJ}}$ und $\mathbf{K_{pJ}}$ (1x1) Matrizen und können sofort angegeben werden. Mit der Bezeichnung V_e für das Volumen des undeformierten Elementes erhält man

$$\mathbf{K_{JJ}} = \kappa V_e \quad \text{und} \quad \mathbf{K_{pJ}} = V_e \tag{9.43}$$

und für die bei der Elimination entstehende Druckmatrix nach (9.32) folgt dann

$$\mathbf{K_{pp}} = \frac{V_e}{\kappa} \tag{9.44}$$

Ein Vergleich mit Gleichung (9.41) zeigt, dass man hier das gleiche Ergebnis bekommt, wie im Falle des erweiterten Zwei-Feldansatzes mit einem Druckfreiwert.

Wir wenden uns nun der Koppeltangente nach Gleichung (9.27) zu. Wir setzen den Ausdruck für die Ableitung des dilatatorischen Potentials nach Gleichung (9.42) ein und erhalten für ein Finites Element mit $\mathcal{N}_e$ Knoten und einem Temperaturfreiwert am Knoten

$$\mathbf{K_{J\vartheta}} = -3\,\alpha_t \kappa \int_V \phi^{\mathcal{N}}\, dV \quad \text{mit} \quad \mathcal{N} = 1, \mathcal{N}_e \tag{9.45}$$

Unter dem Integral stehen die Interpolationsfunktionen für das Temperaturfeld im Element, deren Integration wir in der Zeilenmatrix $\mathbf{D}$ anordnen

$$\mathbf{K_{J\vartheta}} = -3\,\alpha_t \kappa \mathbf{D} \quad \text{mit} \quad \mathbf{D} = [\int_V \phi^1\, dV \int_V \phi^2\, dV \cdots \int_V \phi^{\mathcal{N}_e}\, dV] \tag{9.46}$$

Aus dieser Gleichung und den Gleichungen (9.43) und (9.45) folgt die Koppelmatrix $\mathbf{K_{p\vartheta}}$ nach (9.33):

$$\mathbf{K_{p\vartheta}} = -3\,\alpha_t \mathbf{D} \tag{9.47}$$

Es ist zu beachten, dass alle bisher aufgestellten Matrizen unabhängig von der Deformation des Elementes sind und deshalb nur einmal berechnet werden müssen.

Wir kommen zu den, durch die Elimination der internen Freiwerte modifizierten Elementmatrizen, Gleichungen (9.34) bis (9.37). Wegen $\mathbf{K_{\vartheta J}} = \mathbf{K_{\vartheta p}} = \mathbf{0}$ bleiben die Teilmatrizen $\mathbf{K_{\vartheta u}}$ und $\mathbf{K_{\vartheta\vartheta}}$ unverändert. Für die anderen beiden Teilmatrizen (9.34) und (9.36) ergibt sich mit $\mathbf{K_{pp}}$ nach Gleichung (9.44)

$$\bar{\mathbf{K}}_{\mathbf{uu}} = \mathbf{K_{uu}} + \frac{\kappa}{V_e} \mathbf{K_{up}} \mathbf{K}_{\mathbf{up}}^T \tag{9.48}$$

und mit (9.47)

$$\bar{\mathbf{K}}_{\mathbf{u}\vartheta} = \mathbf{K_{u\vartheta}} + 3\,\frac{\alpha_t\,\kappa}{V_e} \mathbf{K_{up}} \mathbf{D} \tag{9.49}$$

In beiden Fällen wird mit einer Matrix vom Rang eins modifiziert, die aus dem dyadischen Produkt zweier Vektoren aufgebaut wird. Während die Zeilenmatrix $\mathbf{D}$ unabhängig von der Deformation ist und deshalb nur einmal berechnet werden muss, ist $\mathbf{K_{up}}$ deformationsabhängig und somit immer neu zu erstellen.

Wir wenden uns nun der Frage nach der numerischen Stabilität des Elementmodells zu. Wie sich zeigen wird, ist hierfür die Darstellung der Tangentenmatrix nach Gleichung (9.48) bzw. (9.49) besonders gut geeignet, da wir uns zur Beurteilung der Stabilität das Spektrum der Eigenwerte der einzelnen Matrizen ansehen müssen.

Wir betrachten zunächst die aus der Multiplikation einer Spaltenmatrix mit einer Zeilenmatrix entstandenen Modifikationsmatrizen. Die Größe der enthaltenen Werte wird im wesentlichen vom Vorfaktor κ bzw. $\alpha_t\,\kappa$ bestimmt. Die Größe κ steht für den Kompressionsmodul des Materials. Im Falle eines inkompressiblen Materials muss für κ ein möglichst hoher Wert gewählt werden, um die Inkompressibilitätsbedingung bestmöglich anzunähern. Der Eigenwert dieser Matrix ist also direkt vom Eingabewert für κ abhängig und kann bei ungünstiger Wahl numerische Probleme nach sich ziehen. In der zweiten Gleichung (9.49) tritt dieses Problem nicht auf, da die Wärmedehnzahl α_t klein ist und infolgedessen das Produkt $\alpha_t\,\kappa$ stets in Grenzen bleibt.

Das numerische Verhalten eines Elementmodells wird in erster Linie vom Verhältnis des größten zum kleinsten Eigenwert bestimmt. Dieses Verhältnis wird also für die mechanische Tangente $\bar{\mathbf{K}}_{\mathbf{uu}}$ am größten sein, weshalb wir nachfolgend nur noch diese Tangentenmatrix untersuchen werden. Wir betrachten die Tangentenmatrix im undeformierten Ausgangszustand mit $\tilde{\boldsymbol{\sigma}} = \mathbf{0}$ und $\mathbf{p} = \mathbf{0}$. Dann ist die Tangentenmatrix $\mathbf{K}_{\mathbf{uu}}$ nach Gleichung (9.17) eine rein deviatorische Matrix, die wir mit dem ˜ Zeichen versehen. Die zweite Teilmatrix in Gleichung (9.48) repräsentiert den dilatatorischen Anteil der Steifigkeit den wir mit

$$\mathbf{K}_{\mathbf{uu}dil} = \frac{\kappa}{V_e}\,\mathbf{K}_{\mathbf{up}}\mathbf{K}_{\mathbf{up}}^T \tag{9.50}$$

bezeichnen wollen. Damit schreiben wir jetzt Gleichung (9.48) in verkürzter Form

$$\bar{\mathbf{K}}_{\mathbf{uu}} = \tilde{\mathbf{K}}_{\mathbf{uu}} + \mathbf{K}_{\mathbf{uu}dil} \tag{9.51}$$

In Tabelle 9.1 sind die Eigenwerte für die drei Matrizen eines 4 Knoten Ringelementes mit zwei Verschiebungsfreiwerten pro Knoten zusammengestellt. Ausgewertet wurde ein Element, dessen Materialparameter in Tabelle 9.2 enthalten sind und für dessen Kompressionsmodul $\kappa = 10^5$ gewählt wurde. Für den Schubmodul im undeformierten Zustand ergibt sich nach Gleichung (5.78) $\mathsf{G} = 4.226$. Die deviatorische Tangentenmatrix $\tilde{\mathbf{K}}_{\mathbf{uu}}$ besitzt Eigenwerte zwischen 10^2 und 10^{-2} und zwei Nulleigenwerte. Für die Abschätzung des größten Eigenwertes kann der Schubmodul benutzt werden. Zu jedem Eigenwert gehört ein Eigenvektor, der hier *Eigenform* heißt. Alle Eigenformen stellen deviatorische Verformungen des Elementes dar, die die Volumenkonstanz wahren. Die zu den beiden Nulleigenwerten gehörigen Verschiebungsmoden sind die Starrkörpertranslation in Richtung der

Eigenwerte der Tangentenmatrix			
	$\tilde{\mathbf{K}}_{\mathbf{uu}}$	$\mathbf{K}_{\mathbf{uu}dil}$	$\bar{\mathbf{K}}_{\mathbf{uu}}$
1	0.65947E+02	0.14362E+06	0.14365E+06
2	0.60669E+02	0.	0.60669E+02
3	0.25105E+02	0.	0.48715E+02
4	0.22119E+02	0.	0.25105E+02
5	0.14950E+02	0.	0.22096E+02
6	0.67364E-02	0.	0.78184E-01
7	0.11834E-14	0.	0.67364E-02
8	0.11034E-15	0.	0.25538E-11

Tab. 9.1 Eigenwerte für ein 4-Knoten Ringelement.

Rotationsachse und der dilatatorische Verschiebungsmode. Der zur Starrkörpertranslation gehörige Nulleigenwert wird im Elementnetz durch Lagerung des Elementes eliminiert. Dafür genügt es, einen Knoten des Elementes in achsialer Richtung festzuhalten bzw. zu lagern. Wegen des zweiten Nulleigenwertes wäre das Gleichungssystem aber noch singulär.

Die Steifigkeit $\mathbf{K}_{\mathbf{uu}dil}$ liefert den zur dilatatorischen Eigenform gehörigen Eigenwert der Größenordnung 10^5, entsprechend der Größe des Eingabewertes für κ. In der letzten Spalte der Tabelle sieht man, dass dieser Eigenwert in das Eigenwertspektrum der kondensierten Steifigkeit $\bar{\mathbf{K}}_{\mathbf{uu}}$ übernommen wird und dort als größter Eigenwert an die erste Stelle rückt. Die Steifigkeit enthält nur noch einen Nulleigenwert, der bei korrekter Lagerung des Elementes verschwinden wird.

Das numerische Verhalten des Elementes wird vom Verhältnis des größten zum kleinsten Eigenwert und vom Abstand der ersten beiden Eigenwerte bestimmt. Aus dem Verhältnis der Eigenwerte $10^5/10^{-3}$ ergibt sich ein Unterschied von acht Stellen in der Darstellung der Steifigkeitsglieder. Bei Verwendung eines Standardrechners (Arithmetik in doppelter Genauigkeit mit 64 Bits) liegt die Genauigkeit der Zahlendarstellung bei etwa 14 Stellen hinter dem Komma. Dies bedeutet, dass dann die zum kleinsten Eigenwert gehörige Eigenform nur noch auf höchstens 6 Stellen genau dargestellt wird. Diese Abschätzung für das einzelne Element muss aber für das aus Elementen aufgebaute Tragwerk noch nach unten hin korrigiert werden, da der kleinste Eigenwert des Tragwerks in jedem Fall unter dem des einzelnen Elementes liegen wird. Zusätzlich muss mit einem Verlust an Genauigkeit infolge von Rundungsfehlern gerechnet werden. Der kleinste Eigenwert sollte aber in jedem Fall im Ergebnis ausreichend genau repräsentiert sein, da er für die globale Verformung des Tragwerks zuständig ist. Nehmen wir als Beispiel einen mit Membranelementen modellierten Kragträger. Der Biegeverformung des Kragträgers wird der kleinste Eigenwert der Steifigkeit zugeordnet sein, während z. B. die lokale Verformung infolge der Querkontraktion durch die hohen Eigenwerte repräsentiert wird. Dies zeigt die Bedeutung des kleinsten Eigenwertes für die Lösungsgenauigkeit auf.

Der Abstand der ersten beiden Eigenwerte der Tangentenmatrix $\bar{\mathbf{K}}_{\mathbf{uu}}$ ist ein Maß für die Genauigkeit der Darstellung der Inkompressibilitätsbedingung. Offensichtlich ist der Kraftaufwand zur Anregung der dilatatorischen Eigenform ungefähr 10^4 mal größer als für die erste deviatorische Eigenform. Je größer der Abstand ist, desto besser wird die Inkompressibilitätsbedingung erfüllt werden. Hier wäre demnach ein möglichst großer Abstand zwischen den Eigenwerten erwünscht, der aber, wie wir gesehen haben, nicht beliebig gesteigert werden darf, da dann der Abstand zum kleinsten Eigenwert ebenfalls zunimmt, was sofort einen Verlust an Lösungsgenauigkeit zur Folge hat.

Wir fassen zusammen: Die Größe des Kompressionsmoduls κ bestimmt die Grössenordnung des Eigenwertes der dilatatorischen Steifigkeit und die Genauigkeit der Darstellung der Inkompressibilitätsbedingung. Der Kompressionsmodul darf aber nicht beliebig hoch gewählt werden, da sich in Abhängigkeit von der Genauigkeit der Zahlendarstellung des verwendeten Rechners numerische Probleme einstellen werden. Auf keinen Fall sollte man einen zu hohen Wert für κ wählen, da man sonst Gefahr läuft, dass der kleinste Eigenwert der Steifigkeit nicht mehr genau genug im Ergebnis repräsentiert wird. Zur Abschätzung von κ kann man den Schubmodul des Materials berechnen. Dieser ist eine Näherung für den größten Eigenwert der deviatorischen Steifigkeit. Setzt man für den Kompressionsmodul etwa das Tausendfache des Schubmoduls an, so wird die Inkompressibilitätsbedingung schon ausreichend genau erfüllt werden. Mit zunehmender Deformation werden sich die Eigenwerte der deviatorischen Steifigkeit allerdings verändern. Grund dafür ist zum einen das deformationsabhängige Materialgesetz und zum anderen der hinzukommende spannungsabhängige Term in der Steifigkeit. Bei sich versteifendem Tragwerksverhalten werden die Eigenwerte ansteigen und im Falle des Weicherwerdens absinken. Da die begleitende Berechnung der Eigenwerte sehr aufwendig ist, empfiehlt es sich die Inkompressibilitätsbedingung zu überwachen und dann den Kompressionsmodul entsprechend anzupassen.

p	1	2	3
α_p	1.3	5.0	-2.0
μ_p	6.299475	0.012675	-0.1001325

Tab. 9.2 Materialkennwerte für das Ogden-Material des ersten Beispiels.

9.2 Anwendungsbeispiele

Die nachfolgend vorgestellten Berechnungsbeispiele wurden auf einem 32 bit Rechner in doppelter Genauigkeit durchgeführt. Verwendet wurden nur die einfachen Elemente mit einem Druck- und einem Dilatationsfreiwert. Dies ist das 8-Knoten Hexaeder Element für die dreidimensionalen Beispiele und das 4-Knoten Ringelement für die rotationssymmetrischen Beispiele. In allen Anwendungen zeigte das Newtonsche Verfahren zur Lösung der Gleichgewichtsbeziehung eine quadratische Konvergenzrate.

9.2.1 Einfache Spannungszustände

In unserem ersten Beispiel folgen wir einem Vorschlag von Ogden [71] und untersuchen einfache Spannungszustände eines hyperelastischen, inkompressiblen Werkstoffes. Die gleichen Tests werden in [102] vorgestellt.

Anhand dieser einfachen Testbeispiele, die analytisch zu berechnen sind, soll neben der Verwendung des Materialgesetzes, die Erfüllung der Inkompressibilitätsbedingung untersucht werden. Das Finite-Elemente-Modell besteht aus einem Hexaeder Element mit drei Verschiebungsfreiwerten am Knoten dem der gewünschte Verzerrungszustand durch vorgeschriebene Knotenverschiebungen aufgeprägt wird. Berechnet wird der einachsige Zug, der zweiachsige Zug und der Fall eines reinen Schubspannungszustandes.

Die Materialbeschreibung stützt sich auf ein Experiment von Treloar [108] aus dem Jahre 1944. Basierend auf seinen Messergebnissen hat Ogden eine Dehnungsenergiefunktion nach Gleichung (5.71) mit drei Summanden aufgestellt.

Die Parameter der Funktion sind in Tabelle 9.2 zusammengestellt. Den dilatatorischen Deformationszustand beschreiben wir mit dem Potentialansatz nach Gleichung (5.80). Zur Festlegung des Kompressionsmoduls berechnen wir den Schubmodul nach Gleichung (5.78) und erhalten $\mathsf{G} = 4.22648$. Setzt man nun für den Kompressionsmodul $\kappa = 10^4$, so entspricht dies der Querkontraktionszahl $\nu = 0.49979$ im undeformierten Ausgangszustand. Da eine weitere Erhöung des

Kompressionsmoduls auf numerische Probleme führte, wurden die Berechnungen mit $\kappa = 10^4$ gestartet, was eine Volumendilatation kleiner 10^{-4} zur Folge hatte. Mit zunehmender Streckung stellte sich eine wachsende Volumendilatation und als Folge auch eine Abweichung von der analytischen Lösung ein. Infolge der Versteifung des Materials war es dann aber möglich den Kompressionsmodul, ab der Streckung $\lambda = 5$, auf $\kappa = 10^5$ anzuheben, sodass bei maximaler Streckung die Volumendilatation unter 0.5% blieb.

Die Deformation bis zur Streckung $\lambda = 8$ wurde in 35 Schritten aufgebracht.

In den Diagrammen (9.2), (9.3) und (9.4) sind die Finite-Elemente-Ergebnisse zusammen mit der analytischen Lösung dargestellt. Der analytischen Lösung entspricht die durchgezogene Linie, auf der die Lösungspunkte der Finite-Elemente-Berechnung mit angepasstem Kompressionsmodul, als Kreise eingezeichnet sind. Zusätzlich ist die Berechnung mit konstantem Kompressionsmodul durch eine gestrichelte Linie eingezeichnet. Es zeigt sich eine sehr gute Übereinstimmung zwischen analytischer und numerischer Berechnung.

Für die analytische Vergleichslösung werden die Lösungsschritte noch aufgelistet. Die Berechnung basiert auf der Materialbeschreibung nach Ogden, Gleichung (5.71)

$$W_{iso} = \sum_{p=1}^{N} \frac{\mu_p}{\alpha_p}(\lambda_1^{\alpha_p} + \lambda_2^{\alpha_p} + \lambda_3^{\alpha_p} - 3)$$

die den deviatorischen Anteil der Deformation beschreibt. Die Hauptwerte σ^α der Cauchy-Spannung sind die Summe aus den deviatorischen Spannungen, die nach Gleichung (5.11) aus dem deviatorischen Potential zu berechnen sind und dem hydrostatischen Druck p:

$$\sigma^\alpha = \tilde{\sigma}^\alpha + p = \lambda_\alpha \frac{\partial W_{iso}}{\partial \lambda_\alpha} + p$$

Zur Berechnung der deviatorischen Spannung $\tilde{\sigma}^\alpha$ wird der Verzerrungszustand benötigt, der durch die Vorgabe zweier Streckungen und der Inkompressibilitätsbedingung nach Gleichung (3.59)

$$J = \lambda_1 \lambda_2 \lambda_3 = 1$$

vollständig bestimmt ist. Der dann noch unbekannte hydrostatische Druck wird anschließend aus einer Spannungsrandbedingung berechnet. In den Diagrammen wird die auf die Streckung bezogene Cauchy-Spannung in Hauptrichtung 1

$$\bar{\sigma} = \frac{\sigma^1}{\lambda}$$

aufgetragen.

Wir erhalten im einzelnen:

1. Einachsiger Zug:

Streckungen: Vorgabe $\lambda = \lambda_1 \to \lambda_2 = \lambda_3 = \lambda^{-1/2}$

Spannungsrandbedingung: $\sigma^2 = \sigma^3 = 0$

$$\to p = -\lambda^{-1/2} \sum_{p=1}^{3} \mu_p \lambda^{-\alpha_p/2+1/2}$$

bezogene Cauchy-Spannung: $\bar{\sigma} = \sum_{p=1}^{3} \mu_p (\lambda^{\alpha_p - 1} - \lambda^{-\alpha_p/2-1})$

2. Zweiachsiger Zug:

Streckungen: Vorgabe $\lambda = \lambda_1 = \lambda_2 \to \lambda_3 = \lambda^{-2}$

Spannungsrandbedingung: $\sigma^3 = 0 \to p = -\lambda^{-2} \sum_{p=1}^{3} \mu_p \lambda^{-2\alpha_p+2}$

bezogene Cauchy-Spannung: $\bar{\sigma} = \sum_{p=1}^{3} \mu_p (\lambda^{\alpha_p - 1} - \lambda^{-2\alpha_p-1})$

3. Reiner Schubspannungszustand (ebener Dehnungszustand):

Streckungen: Vorgabe $\lambda = \lambda_1, \lambda_3 = 1 \to \lambda_2 = 1/\lambda$

Spannungsrandbedingung: $\sigma^2 = 0 \to p = -\lambda^{-1} \sum_{p=1}^{3} \mu_p \lambda^{-\alpha_p+1}$

bezogene Cauchy-Spannung: $\bar{\sigma} = \sum_{p=1}^{3} \mu_p (\lambda^{\alpha_p - 1} - \lambda^{-\alpha_p-1})$

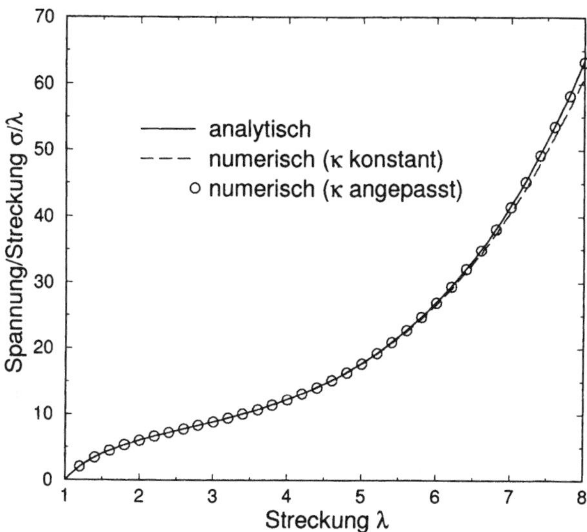

Abb. 9.2 Einachsiger Zug, Vergleich von analytischer und numerischer Berechnung.

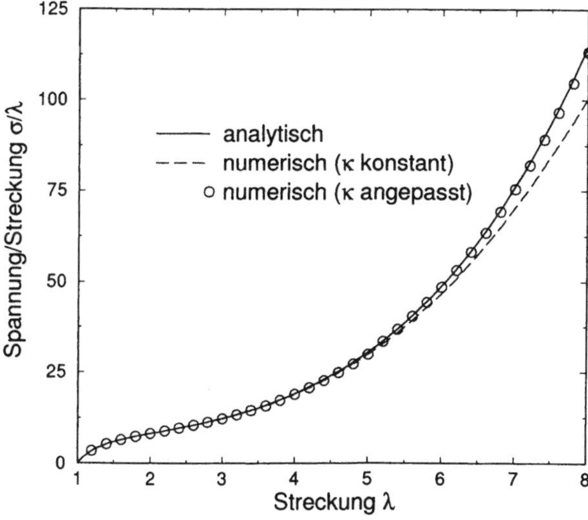

Abb. 9.3 Zweiachsiger Zug, Vergleich von analytischer und numerischer Berechnung.

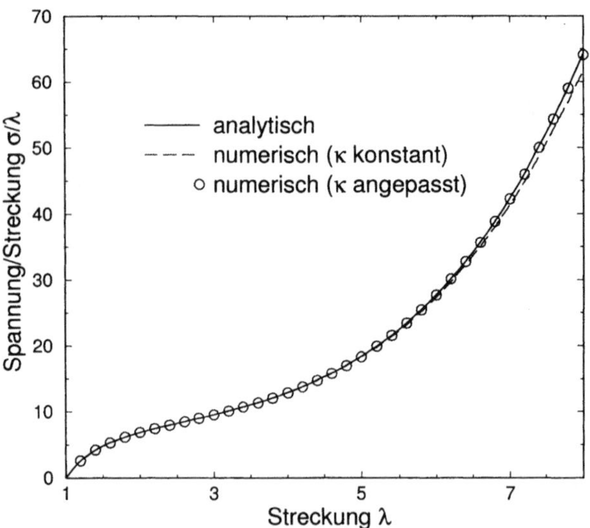

Abb. 9.4 Reiner Schubspannungszustand, Vergleich von analytischer und numerischer Berechnung.

9.2.2 Elastische Aufweitung eines dickwandigen Zylinders

In unserem zweiten Testbeispiel berechnen wir die elastische Aufweitung eines unendlich langen Zylinders, der durch Innendruck belastet wird. Bei diesem Problem ist die Deformation in jedem Zylinderschnitt gleich, sodass sich die Berechnung auf eine Scheibe des Zylinders mit ebenem Dehnungszustand reduzieren lässt. Diese Vereinfachung des Problems erlaubt es, eine analytische Lösung anzugeben, die sich bei Green und Zerna [30] findet. Wegen der bekannten analytischen Vergleichslösung wurde dieses Beispiel von verschiedenen Autoren zum Testen ihrer Finite-Elemente-Modelle herangezogen, so z. B. in [67], [66], [104].

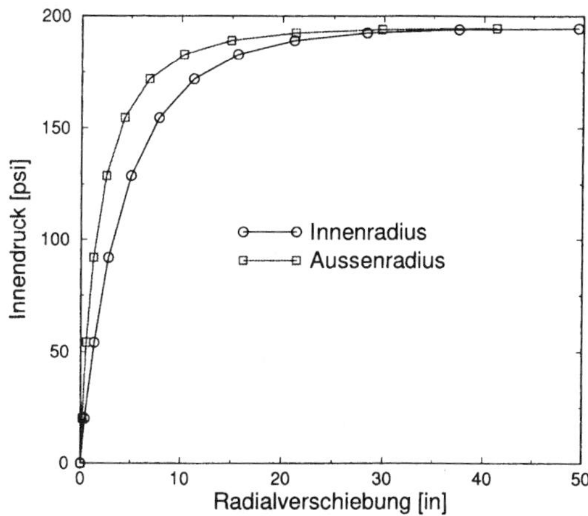

Abb. 9.5 Unendlich langer Zylinder, Verschiebung am Innen- und Außenradius in Abhängigkeit vom Innendruck.

Der Zylinder besteht aus Mooney-Rivlin Material nach Gleichung (5.67) mit den Materialkonstanten $c_1 = 80$ psi und $c_2 = 20$ psi. Daraus berechnen wir wieder die Materialkennwerte für den undeformierten Ausgangszustand. Wir erhalten für den Schubmodul $\mathsf{G} = 200$ psi und mit dem vorgegebenen Kompressionsmodul $\kappa = 10^6$ psi für die Querkontraktionszahl $\nu = 0.4999$. Der undeformierte Zylinder hat den Innenradius $R_i = 7$ in und den Außenradius $R_a = 18.625$ in. Eine Zylinderscheibe der Dicke eins wird mit 10 gleich großen 4-Knoten Ringelementen idealisiert. Die Berechnung wird mit dem Bogenlängenverfahren durchgeführt, welches die Druckbelastung in 11 Schritten auf den gewünschten Maximalwert bringt. Mit zunehmender Deformation wird wieder eine Zunahme der Volumendilatation beobachtet, die bei maximaler Verzerrung 0.17% betrug.

Die Verschiebungen des Zylinders am Innenradius und am Außenradius in Abhängigkeit vom aufgebrachten Innendruck sind in Abbildung 9.5 zusammen mit der analytischen Lösung aufgetragen. Es zeigt sich ein asymptotisches Verschiebungsverhalten bis zu einem Grenzdruck von etwa $p = 194.7$ psi. Offensichtlich stellt diese Belastung eine Grenzbelastung dar, bei der ohne weitere Lasterhöhung eine beliebige Deformation des Zylinders erhalten werden kann. Die eingezeichnete analytische Lösung bestätigt dieses Phänomen und liegt in guter Übereinstimmung mit den Finite Elemente Ergebnissen.

9.2.3 Aufblasen eines Ballons

Das Aufblasen eines Gummiballons soll als nächstes Beispiel behandelt werden. Dieses Beispiel ist insofern interessant, da sich in Abhängigkeit vom Materialgesetz eine Instabilität ausbildet, die zu Maxima und Minima im Last-Verschiebungsdiagramm führen. Dieses unerwartete Verhalten wurde tatsächlich bei Experimenten mit Wetterballonen beobachtet. Der Vorgang des Aufblasen eines Wetterballons beim Hochsteigen wurde unter anderem von Needleman [65] untersucht. Finite-Elemente-Berechnungen finden sich in [102] und [89]. Für den hier als kugelförmig und dünnwandig angenommen Ballon kann eine analytische Vergleichslösung basierend auf der Membrantheorie berechnet werden.

Die Geometrie des aufgeblasenen Ballons ist durch den Radius r und die aktuelle Wanddicke t definiert. Wegen der Kugelform ist jede Richtung auf der Schale eine gleichberechtigte Hauptrichtung der Deformation und der Spannung. Für die Streckung auf der Schale gilt dann $\lambda = r/R$ und senkrecht zur Schale $\lambda_3 = t/T$, wo R und T den Radius und die Wandstärke des undeformierten Ballons bezeichnen. Mit Hilfe der Inkompressibilitätsbedingung kann die Streckung in Dickenrichtung aus der Streckung in der Tangentialebene bestimmt werden. Anschließend wird diese dann nach der aktuellen Schalendicke aufgelöst. Aus $J = 1$ folgt mit $\lambda_1 = \lambda_2 = \lambda$

$$\lambda_3 = \frac{1}{\lambda^2} \quad \text{und} \quad t = T\frac{1}{\lambda^2}$$

Aus der Gleichgewichtsbeziehung für das deformierte Membranelement folgt für die Cauchyspannung σ in der Membran

$$\sigma = \frac{\hat{p}\,r}{2t} = \frac{\hat{p}\,R}{2T}\lambda^3$$

Material 1: Neo-Hooke Material			
p	1	2	3
α_p	2.0	-	-
μ_p	4.0	-	-
Material 2: Mooney Rivlin Material			
p	1	2	3
α_p	2.0	-2.0	-
μ_p	160.0	-10.0	-
Material 3: Ogden Material mit 3 Gliedern			
p	1	2	3
α_p	1.3	5.0	-2.0
μ_p	6.299475	0.012675	-0.1001325

Tab. 9.3 Materialparameter für die Gummiballone.

mit $\hat{p}$ für den aufgebrachten Innendruck. Das Material des Ballons beschreiben wir mit dem Potentialansatz nach Ogden, aus dem wir ebenfalls die Membranspannung ausrechnen können.
Aus Gleichung (5.106) erhalten wir mit $\lambda_1 = \lambda_2 = \lambda$ für die Membranspannung (wegen $J = 1$ gilt $\sigma = \tau$)

$$\sigma = \sum_{p=1}^{N} \mu_p(\lambda^{\alpha_p} - \lambda^{-2\alpha_p})$$

Nun können wir die Spannung in die Gleichgewichtsbeziehung einsetzen und nach dem Innendruck auflösen. Das Ergebnis

$$\hat{p} = \frac{2T}{R} \sum_{p=1}^{N} \mu_p(\lambda^{\alpha_p - 3} - \lambda^{-2\alpha_p - 3}) \quad \text{mit} \quad \lambda = \frac{r}{R}$$

ist die gesuchte Lösung nach der Membrantheorie, die wir in den Diagrammen (9.8-9.10) als Vergleichslösung einzeichnen.

Der untersuchte Ballon hat in der undeformierten Ausgangslage den Radius $R = 1$ und die Wandstärke $T = 0.05$. Ein Kugelsegment von 90 Grad wird mit 20 4-Knoten Ringelementen, wie in Abbildung 9.6 dargestellt, idealisiert. Wir untersuchen drei verschiedene Materialbeschreibungen nach Ogden, deren Parameter in Tabelle 9.3 zusammengestellt sind.

Die Berechnung wird unter Vorgabe des Innendrucks mit Hilfe des Bogenlängenverfahrens durchgeführt. Einen Eindruck von der Größe der auftretenden Ver-

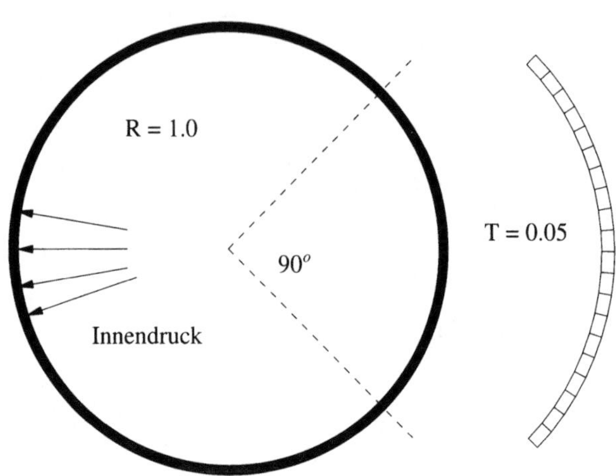

Abb. 9.6 Geometrie und Finite Elemente Idealisierung eines Ballons.

schiebungen und der damit verbundenen Dehnungen vermittelt die Abbildung 9.7 (Dargestellt ist ein Kugelsegment von 45 Grad.). Hier sind für die Materialvariante 3 verschiedene Gleichgewichtslagen der Berechnung dargestellt. Die erwähn-

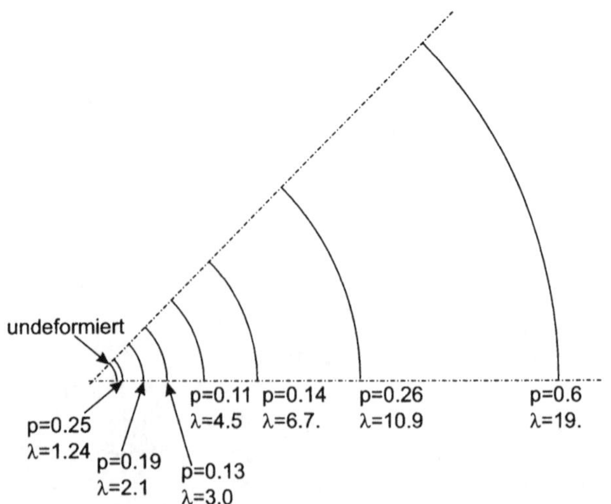

Abb. 9.7 Aufgeblasener Ballon - Materialvariante 3.

te Instabilität des Vorgangs zeigt sich in den Diagrammen (9.8-9.10). In diesen Bildern ist der aufgebrachte Innendruck über dem Ballonradius aufgetragen. Für alle Materialvarianten zeigt sich ein anfänglich steifes Verhalten bis hin zu einem Grenzpunkt mit einem lokalen Druckmaximum. Nach Überschreiten dieses Druckmaximums tritt eine Strukturentlastung bis zu einem Druckminimum ein, dem sich wieder eine Strukturversteifung anschließt. Bei allen Berechnungen zeigt sich eine gute Übereinstimmung mit der analytischen Vergleichslösung. Dies ist umso erstaunlicher, da die Idealisierung keine problemgerechten Elemente verwendet. Anstatt der notwendigen Membranelemente mit einem zweiachsigen Spannungszustand verwenden wir Kontinuumselemente mit einem dreiachsigen Spannungszustand. Diese Elemente haben im undeformierten Zustand ein Seitenverhältnis von Seitenlänge zu Dicke von ungefähr 1.5. Für das deformierte Element wächst dieses Verhältnis auf etwa 35 an. Dass hierbei keine numerischen Probleme auftreten liegt offensichtlich daran, dass diese extreme Elementverzerrung ohne Winkeländerung d. h. ohne Schubverzerrung zustande kommt und dass der Spannungszustand überall gleich ist.

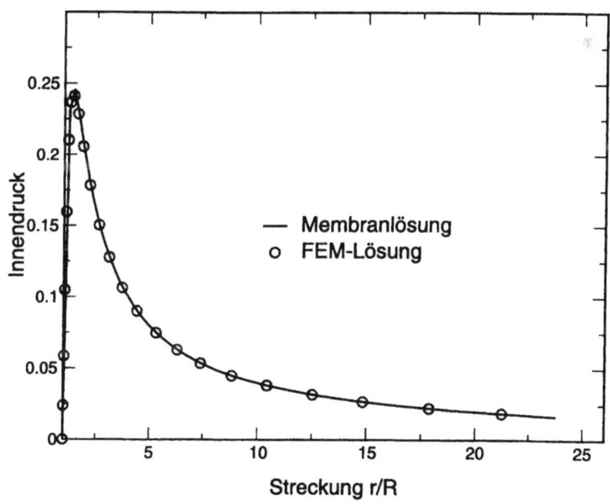

Abb. 9.8 Aufblasen eines Ballons: Neo-Hooke Material.

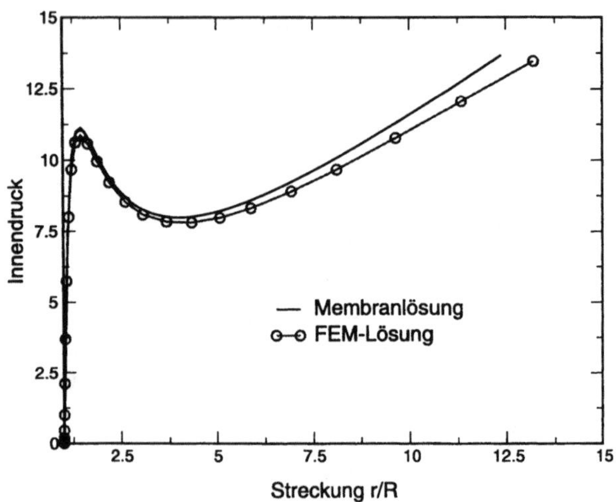

Abb. 9.9 Aufblasen eines Ballons: Mooney-Rivlin Material.

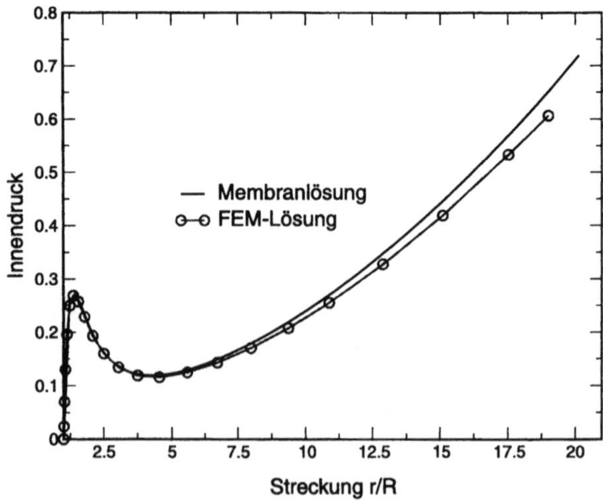

Abb. 9.10 Aufblasen eines Ballons: Materialvariante 3.

Kompressionsmodul	κ	=	58333	N/mm^2
Schubmodul	G	=	26926	N/mm^2
Fließspannung	σ_{F0}	=	70	N/mm^2
Verfestigungsmodul	H_{lin}	=	210	N/mm^2
Verfestigungsparameter	δ_v	=	0	
Wärmeausdehnungskoeffizient	α_t	=	$2.38 \cdot 10^{-4}$	K^{-1}
Wärmeleitzahl	Λ_{leit}	=	150	N/sK
Wärmekapazität	c_v	=	2.43	N/mm^2K
Dissipationsfaktor	χ	=	0.9	
Fließspannungsabminderung	g_{F0}	=	$3.0 \cdot 10^{-4}$	K^{-1}
Verfestigungsabminderung	g_H	=	0	K^{-1}

Tab. 9.4 Thermoplastisches Aufweiten eines dickwandigen Hohlzylinders: Materialdaten.

9.2.4 Thermoplastisches Aufweiten eines dickwandigen Hohlzylinders

Das folgende Beispiel übernehmen wir aus der Arbeit von Simo und Miehe [99]. Wir untersuchen die thermoplastische Aufweitung eines langen, dickwandigen Hohlzylinders mit einem Innenradius $R_i = 100$ mm und einem Außenradius von $R_a = 200$ mm. Das elastische Materialverhalten des Hohlzylinders wird durch ein Neo-Hooke Materialgesetz beschrieben. Dem thermoplastischen Materialverhalten legen wir den allgemeinen Ansatz nach Gleichung (6.190) zugrunde, wobei wir uns aber auf ein lineares Verfestigungsgesetz mit einer temperaturabhängigen Fließspannung beschränken. Die Materialdaten sind in Tabelle 9.4 zusammengestellt. Idealisiert wird eine Zylinderscheibe der Dicke eins. Diese wird in achsialer Richtung in ein Element und in radialer Richtung in zehn gleich große 4-Knoten Ringelemente aufgeteilt. Durch die Unterdrückung sämtlicher Verschiebungen in Richtung der Zylinderachse erzeugen wir in der Scheibe einen ebenen Dehnungszustand und simulieren auf diese Weise den unendlich langen Zylinder.

Die thermoplastische Aufweitung des Zylinders bis zu einem Innenradius von $r_i = 230$ mm wird durch vorgeschriebene Radialverschiebungen am Innenrand erzeugt, die in 10 äquidistanten Schritten aufgebracht werden. Aus den Reaktionskräften wird dann der zugehörige Innendruck bestimmt.

Für den thermischen Teil der Berechnung nehmen wir an, dass der Hohlzylinder zu Beginn der Umformung eine konstante Temperatur von 293 K aufweist. Ferner soll der Zylinder allseitig wärmeisoliert sein, sodass die gesamte erzeugte Wärme im System verbleibt. Der Temperaturausgleich im Bauteil geschieht durch

Wärmeleitung, die hier nur in radialer Richtung erfolgt. Die dafür zur Verfügung stehende Zeit ist durch die Prozessdauer vorgegeben. Wird der Umformvorgang schnell ausgeführt, so hinkt der Temperaturausgleich nach und es baut sich ein Temperaturgradient auf. Dabei wird die höchste Temperatur am Innenrand auftreten, da dort die meiste plastische Dissipationsleistung anfällt. Zum Außenrand hin nimmt die Temperatur ab. Mit zunehmender Prozessdauer kommt es infolge von Wärmeleitung zu einer Verbesserung des Wärmeausgleichs, sodass es im Grenzfall zu einer gleichmäßigen Erwärmung des Bauteils kommt.

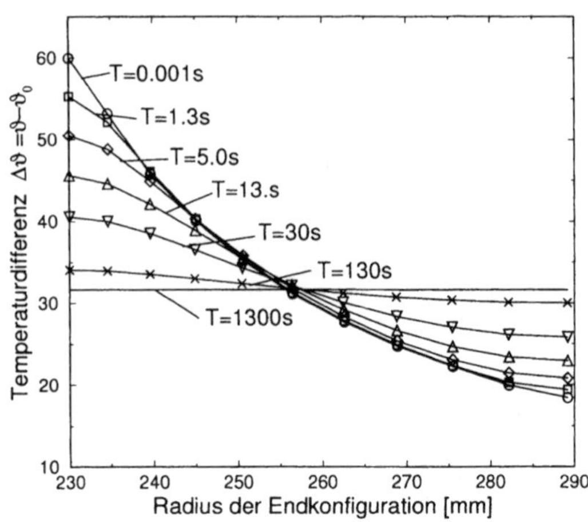

Abb. 9.11 Dickwandiger Zylinder: Temperaturverteilung im deformierten Zylinder zu Prozessende für verschieden schnell ausgeführte Umformprozesse.

Diagramm 9.11 zeigt den Temperaturverlauf im deformierten Zylinder zu Prozessende für verschieden schnell ausgeführte Umformprozesse. Am Innenradius $r_i = 230$ mm erreicht man für den Grenzfall der Explosivumformung $t \to 0$ eine maximale Temperaturerhöhung von $\Delta\vartheta \approx 60$ K. Am Außenradius $r_a = 289.14$ mm steigt die Temperatur um etwa 18 K an. Im Fall des langsam ablaufenden Prozesses wird das Bauteil gleichmäßig um $\Delta\vartheta = 31.6$ K erwärmt. Ein Vergleich mit den Ergebnissen von Simo und Miehe zeigt zwar eine gleiche Temperaturverteilungen, aber insgesamt eine geringere Erwärmung des Bauteils. Simo und Miehe berechnen am Innenradius eine maximale Temperaturerhöhung von etwa 56 K und am Außenradius von etwa $17K$. Für den Fall der gleichmäßigen Erwärmung ergibt sich eine Temperaturerhöhung von 28 K, was möglicherweise auf eine geringere plastische Dissipationsleistung hindeutet. Die Berechnung des Innendruckes am Ende des Umformprozesses ergibt einen Wert von $p = 51.3$ N/mm2, was aber gut mit der Vergleichslösung übereinstimmt.

9.2.5 Thermoplastisches Einschnüren eines Rundstabes

Das plastische Einschnüren eines Rundstabes im Zugversuch (engl. necking problem) ist ein bekanntes Phänomen, das viele Autoren zu numerischen Berechnungen angeregt hat. Aus diesen Arbeiten seien nur einige wenige herausgegriffen. Ergebnisse für den isothermen Fall finden sich z. B. in [64], [96]. Das Einbeziehen des Temperaturfeldes in einen adiabaten Umformprozess wird in [2] vorgestellt. Weitere Ergebnisse für den Fall eines nicht-adiabaten Umformprozesses werden in [51], [114] und [99] präsentiert.

Das Einschnüren der Zugprobe zeigt die für ein Verzweigungsproblem typischen Merkmale. Die Verlängerung des Stabes führt zunächst zu einem homogenen einachsigen Spannungszustand. Dieser Spannungszustand wächst linear bis zum Erreichen der Grenzfließspannung σ_{F0} an. Nach Fließbeginn beobachtet man ein stetiges Weicherwerden der Zugprobe bis zum Erreichen des Verzweigungspunktes. Vom Verzweigungspunkt gehen ein labiler und ein stabiler Gleichgewichtspfad aus. Der labile Gleichgewichtspfad gründet sich auf ein weiterhin konstantes Spannungsfeld mit gleichmäßiger plastischer Verzerrung. Der stabile Gleichgewichtspfad ist durch eine Einschnürung des Probenquerschnittes charakterisiert. Vom Versuch her weiß man, dass sich die Einschnürung an einer beliebigen Stelle des Zugstabes ausbilden kann. Bei der numerischen Simulation ohne Einbeziehung des thermischen Feldes, wird die Berechnung bei Erreichen des Verzweigungspunktes also versagen, da der „Wegzeiger" zum stabilen Lösungspfad hin fehlt. Wie beim Stabilitätsproblem muss also auch hier die Berechnung auf den stabilen Lösungspfad geführt werden, was durch Einbringen einer Imperfektion geschehen kann. Am einfachsten wird dies durch eine Koordinatenmodifikation erreicht, die eine kleine geometrische Einschnürung des Querschnittes vorgibt. Infolgedessen wird dort der homogene Ausgangsspannungszustand gestört und lokal eine etwas erhöhte Spannung entstehen, die den Einschnürvorgang auslöst.

Im thermomechanischen Fall kann das Verzweigungsproblem in ein Problem mit eindeutigem Lösungspfad übergeführt werden. Dies ist der Fall, wenn auf der gesamten Oberfläche der Zugprobe Wärmekonvektion zur Umgebung zugelassen wird. Nach Überschreiten der Fließgrenze wird im Stab Wärme erzeugt, die auf der Oberfläche in die Umgebung abgeleitet wird. Dadurch bildet sich in der Zugprobe ein Temperaturfeld aus, das symmetrisch zum Mittenquerschnitt ist und dort auf der Rotationsachse ein Maximum hat. Die Erwärmung ihrerseits begünstigt

Kompressionsmodul	κ	=	164206	N/mm^2
Schubmodul	G	=	801938	N/mm^2
Fließspannung	σ_{F0}	=	450	N/mm^2
maximale Grenzfließspannung	σ_F^∞	=	715	N/mm^2
Verfestigungsmodul	H_{lin}	=	129.24	N/mm^2
Verfestigungsparameter	δ_v	=	16.93	
Wärmeausdehnungskoeffizient	α_t	=	$1 \cdot 10^{-5}$	K^{-1}
Wärmeleitzahl	Λ_{leit}	=	45	N/sK
Wärmekapazität	c_v	=	3.588	N/mm^2K
Wärmeübergangszahl	h_c	=	$17.5 \cdot 10^{-2}$	$N/mmsK$
Dissipationsfaktor	χ	=	0.9	
Fließspannungsabminderung	g_{F0}	=	$2.0 \cdot 10^{-3}$	K^{-1}
Verfestigungsabminderung	g_H	=	$2.0 \cdot 10^{-3}$	K^{-1}

Tab. 9.5 Thermoplastisches Einschnüren eines Rundstabes: Materialdaten.

den Fließvorgang. Je höher die Temperatur ist desto größer sind die plastischen Verzerrungen und infolge der Querdehnung auch die Reduktion des Probenquerschnittes. Längs der Probe zum Mittenquerschnitt hin wird also die Temperatur ansteigen und der Querschnitt abnehmen. In beiden Fällen handelt es sich nur um geringfügige Zustandsänderungen, die aber beide dazu beitragen, dass der Einschnürvorgang im Mittenquerschnitt ausgelöst wird. Auf diese Weise wird also vom Temperaturfeld die notwendige Imperfektion geliefert, die aus dem Verzweigungsproblem ein Problem mit eindeutigem Lösungspfad macht.

Für unsere Anwendung übernehmen wir die Problemdaten wieder von Simo und Miehe, [99].

Die Zugprobe hat die Länge $L = 53.334$ mm und einen Radius $R = 6.413$ mm. Unter Ausnützung der Symmetrie des Problems, wird die halbe Zugprobe mit zweihundert 4-Knoten Ringelementen idealisiert. Die Netzaufteilung verwendet zehn Elemente in radialer und zwanzig Elemente in achsialer Richtung. Im Bereich der Einschnürung wird das Finite-Elemente-Netz verfeinert, wie Abbildung 9.12 zeigt. Auf der gesamten Oberfläche der Zugprobe lassen wir Wärmekonvektion zur Umgebung zu. Im Gegensatz zur Berechnung von Simo und Miehe war es hier aber nicht möglich, mit der angegebenen Wärmeübergangszahl eine konvergente Lösung zu erhalten. Erst die zehnfache Wärmeübergangszahl führte zum Ziel. Die Materialkennwerte sind in der Tabelle 9.5 zusammengestellt. Zu Anfang des Umformprozesses wird die Temperatur der Probe gleich der Umge-

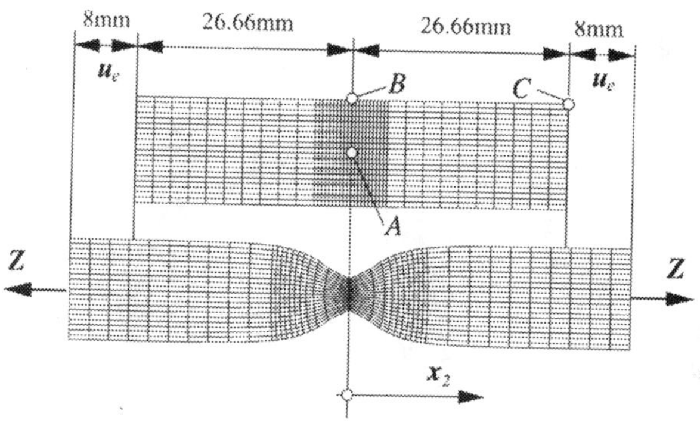

Abb. 9.12 Einschnüren eines Rundstabes: Unverformtes und verformtes Elementnetz.

bungstemperatur $\vartheta_0 = 293$ K gesetzt. Anschließend wird der Zugversuch mit einer konstanten Prozessgeschwindigkeit von $v = 1$ mm/s bis zu einer Gesamtverlängerung von $2\boldsymbol{u}_e = 16$ mm gefahren. Dies entspricht einer Verlängerung der Probe von 30%, die in 80 gleich großen Inkrementen als vorgeschriebene Verschiebungen am Probenende aufgebracht wird. Die Simulation des Umformvorgangs ist nach 8 s beendet. Einen Eindruck von der Größe der Deformation sowie der Einschnürung des Querschnitts gibt Abbildung 9.12. Nach einer Prozessdauer von ungefähr 3 s beginnt der Einschnürvorgang. Ab diesem Zeitpunkt konzentriert sich der Fließvorgang immer mehr auf den Einschnürbereich, während für den Rest des Zugstabes keine wesentlichen Verformungen mehr beobachtet werden.

Betrachten wir zunächst die Entwicklung der Temperatur in der Probe. In Abbildung 9.13 sind für die Zeiten $t = 1,2,3$ s und $t = 8$ s die Temperaturfelder in der Probe dargestellt. Alle Temperaturfelder zeigen die angesprochene Symmetrie zum Mittenquerschnitt mit einem Maximum im Probenmittelpunkt (Punkt A) und dem Minimum an den Enden der Probe (Punkt C). Mit zunehmender Prozessdauer nimmt der Unterschied zwischen maximaler und minimaler Temperatur im Feld zu und erreicht nach $t = 3$ s den Wert von etwa $\Delta\vartheta = 0.75$ K. Infolge der unterschiedlichen Erwärmung der Probe kommt es zu einer geringfügigen Verjüngung des Querschnittes, die im Mittenquerschnitt ein Maximum hat. Zur Zeit $t = 3.2$ s nimmt der Radius des Rundstabes von den Enden zum Mittenquerschnitt um etwa 0.13% ab und die Temperaturdifferenz ist auf etwa $\Delta\vartheta = 0.83$ K angewachsen. Dadurch ist die Probe in der Mitte lokal geschwächt und es kommt zur Einschnürung. Der Einschnürvorgang zeigt sich auch in den Abbildungen 9.14 und 9.15. In Abbildung 9.14 ist die Zugkraft über der Verlängerung $\boldsymbol{u}_e$ aufgetragen.

Nach Erreichen der Fließgrenze steigt die Zugkraft bis zu einem Maximum von et-

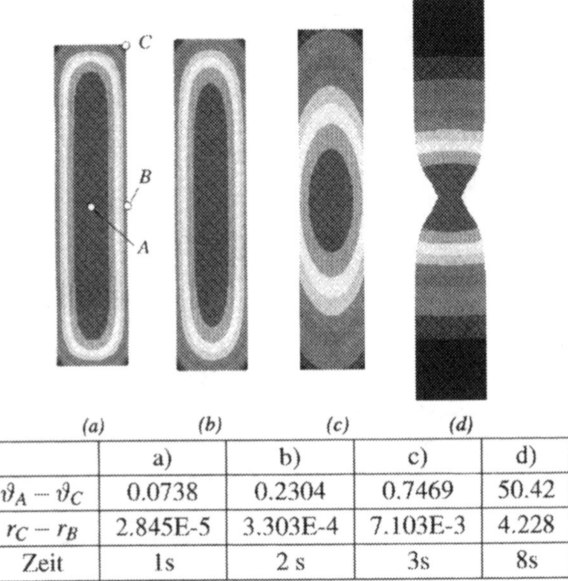

	a)	b)	c)	d)
$\vartheta_A - \vartheta_C$	0.0738	0.2304	0.7469	50.42
$r_C - r_B$	2.845E-5	3.303E-4	7.103E-3	4.228
Zeit	1s	2 s	3s	8s

Abb. 9.13 Einschnüren eines Rundstabes: Temperaturverteilung im deformierten Rundstab zu bestimmten Prozesszeiten.

wa $\mathbf{Z} = 79$ KN an. Dann kommt es zum Einschnüren der Probe, und damit zur Reduktion der Zugkraft bis auf etwa 20 KN bei Prozessende. Dieses Resultat stimmt mit den Ergebnis von Simo und Miehe gut überein. Die Abbildung 9.15 zeigt die Reduktion des Mittenquerschnittes bezogen auf den Ausgangsquerschnitt der Probe. Auch hier wird zur gleichen Prozesszeit der Beginn des Einschnürvorganges durch einen Knick in der Kurve angezeigt. Mit Beginn des Einschnürens nimmt die plastische Deformation im Einschnürbereich stark zu, während es im übrigen Zugstab zu einer Entlastung kommt. Die Folge ist, dass die Temperatur im Einschnürbereich stark ansteigt. Der Verlauf der Temperaturerhöhung längs der deformierten Probe ist in Abbildung 9.16 für bestimmte Zeitpunkte aufgetragen. Auch hier erkennt man den Einschnürvorgang, der nach etwa 3 s zu einem sprunghaften Anstieg der Temperatur im Mittenquerschnitt führt. Interessant ist, dass sich nach etwa 7 s ein Maximum für die Temperaturerhöhung ausbildet, das anschließend wieder abgebaut wird. Dieses Phänomen tritt in der Berechnung von Simo und Miehe nicht auf. Offensichtlich resultiert der Unterschied aus den unterschiedlichen Wärmeübergangszahlen und der unterschiedlichen Anwendung des Fourierschen Gesetzes.

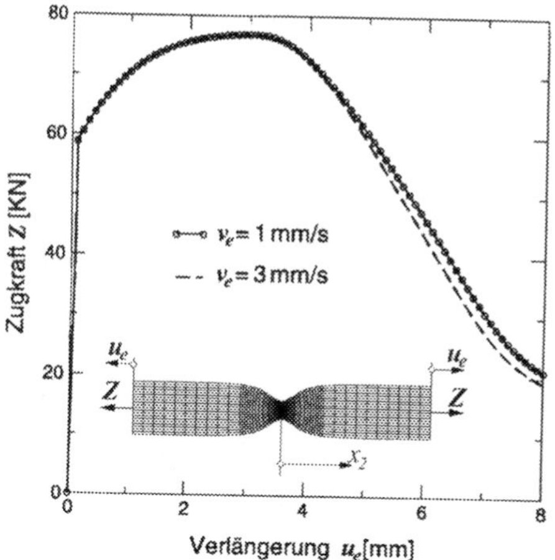

Abb. 9.14 Einschnüren eines Rundstabes: Zugkraft als Funktion der Stabverlängerung $\boldsymbol{u}_e$.

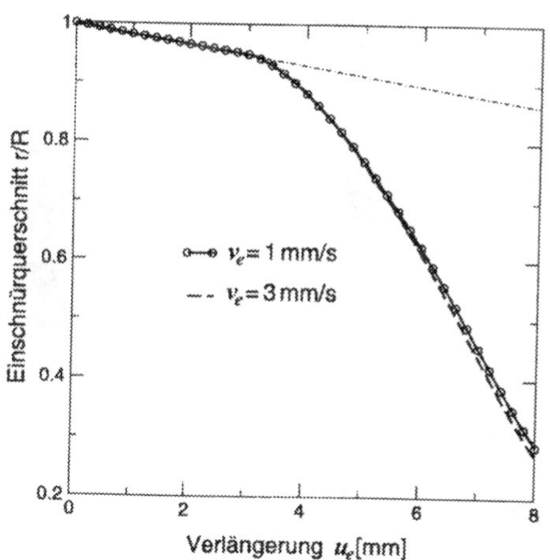

Abb. 9.15 Einschnüren eines Rundstabes: Einschnüren des Mittenquerschnittes.

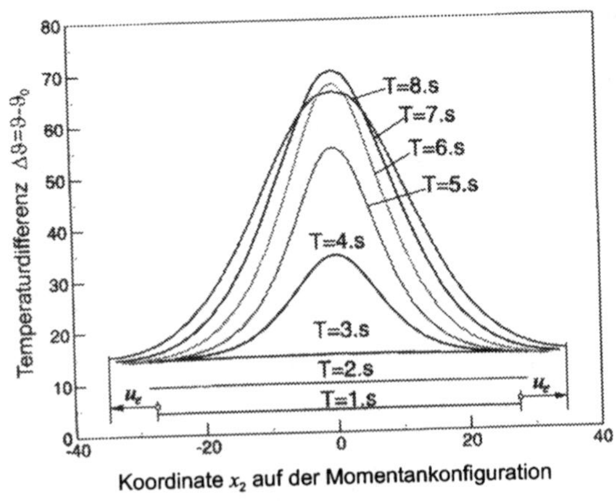

Abb. 9.16 Einschnüren eines Rundstabes: Temperatur auf der Oberfläche des verformten Rundstabes.

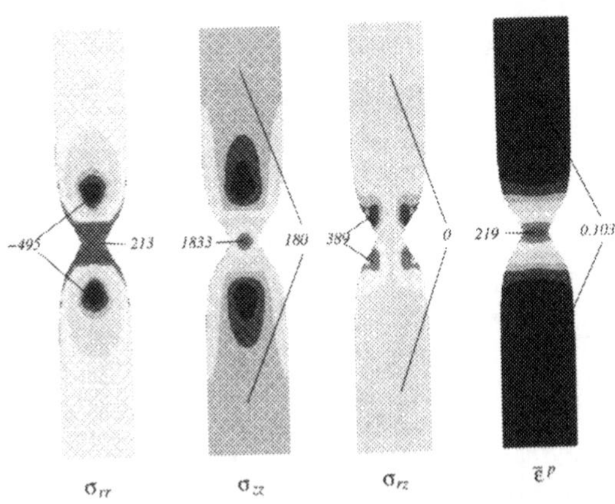

Abb. 9.17 Einschnüren eines Rundstabes: Spannungsfelder N/mm^2 und plastische Zonen nach Prozessende.

In Abbildung 9.17 werden die Felder der Cauchy-Spannungen σ_{rr}, σ_{zz} und σ_{rz} sowie das Feld der plastischen Zonen dargestellt. Wie zu erwarten ist, sind die Spannungsmaxima im Bereich des Einschnürens konzentriert. Zu den Enden der Probe hin klingen diese schnell ab, sodass sich dort der einachsige Spannungszustand einstellen kann. Aufgrund des Temperaturgradienten im Feld ist noch eine kleine Variation in den Spannungen vorhanden. Das Maximum an plastischer Deformation findet sich im engsten Querschnitt. Im Vergleich zum ungestörten Probenquerschnitt sind die plastischen Verzerrungen dort ungefähr 2000 mal größer. Um den Einfluss der Prozessgeschwindigkeit auf den Einschnürvorgang zu untersuchen wurde die Berechnung mit der dreifachen Geschwindigkeit $v = 3$ mm/s wiederholt. Es zeigte sich, dass die Erhöhung der Prozessgeschwindigkeit nur einen geringen Einfluss auf den Einschnürvorgang hat. Lediglich das Maximum der Oberflächentemperatur der Probe lag bei gleicher Verteilung um ungefähr 30 K höher. Im Gegensatz dazu zeigt Abbildung 9.14 nur eine geringfügige Absenkung der Zugkraft, die mit einem minimal engeren Einschnürquerschnitt einhergeht (siehe Abbildung 9.15).

A Ableitung der Invarianten des Deformationstensors

In den nachfolgenden Ableitungen wurde berücksichtigt, dass der Deformationstensor und der Metriktensor symmetrische Tensoren sind,

$$C_{IJ} = C_{JI}, \quad C^{IJ} = C^{JI}, \quad G_{IJ} = G_{JI}, \quad G^{IJ} = G^{JI}$$

und dass der Metriktensor $\boldsymbol{G}$ unabhängig von der Deformation konstant ist. Die Ableitungen werden in der Koordinatendarstellung der Tensoren durchgeführt. Anschließend wird das Ergebnis in Tensorschreibweise angegeben.

Die erste Invariante des Deformationstensors lautet nach Gleichung (3.55):

$$I_1 = Sp(\boldsymbol{C}) = C_{IJ}G^{IJ} \tag{A.1}$$

Die Ableitung nach dem Deformationstensor $\boldsymbol{C} := C_{NM}$ ergibt

$$\frac{\partial I_1}{\partial \boldsymbol{C}}: \quad \frac{\partial I_1}{\partial C_{NM}} = \frac{\partial C_{IJ}}{\partial C_{NM}} G^{IJ} = \delta_I{}^N \delta_J{}^M G^{IJ} = G^{NM} = \boldsymbol{G}^\natural \tag{A.2}$$

Die zweite Invariante des Deformationstensors lautet nach Gleichung (3.55):

$$I_2 = \frac{1}{2}(I_1{}^2 - Sp(\boldsymbol{C}^2)) = \frac{1}{2}(I_1{}^2 - G^{JR}C_{RS}G^{SI}C_{IJ}) \tag{A.3}$$

Die Ableitung ergibt

$$\frac{\partial I_2}{\partial \boldsymbol{C}}: \quad \frac{\partial I_2}{\partial C_{NM}} = I_1 \frac{\partial I_1}{\partial C_{NM}} - \frac{1}{2}\frac{\partial}{\partial C_{NM}}(G^{JR}C_{RS}G^{SI}C_{IJ}) \tag{A.4}$$

Unter Berücksichtigung der Symmetrie der Tensoren G^{SI} und C_{IJ} erhält man für den zweiten Term

$$\begin{aligned}\frac{\partial}{\partial C_{NM}}(G^{JR}C_{RS}G^{SI}C_{IJ}) &= G^{JR}\delta_R{}^N\delta_S{}^M G^{SI}C_{IJ} + G^{JR}C_{RS}G^{SI}\delta_I{}^N\delta_J{}^M \\ &= 2G^{NI}C_{IJ}G^{JM} = 2\boldsymbol{G}^\natural \boldsymbol{C} \boldsymbol{G}^\natural \end{aligned} \tag{A.5}$$

Wir setzen dieses Ergebnis sowie Gleichung (A.2) in Gleichung (A.4) ein und erhalten für die Ableitung der zweiten Invarianten

$$\frac{\partial I_2}{\partial \boldsymbol{C}} = I_1 \boldsymbol{G}^{\natural} - \boldsymbol{G}^{\natural} \boldsymbol{C} \boldsymbol{G}^{\natural} \tag{A.6}$$

Für die Ableitung der dritten Invarianten I_3 kann man von der Darstellung im Hauptachsensystem (3.55)

$$I_3 = \lambda^2{}_{(1)} \lambda^2{}_{(2)} \lambda^2{}_{(3)}$$

ausgehen. Die Ableitung ergibt:

$$\frac{\partial I_3}{\partial \boldsymbol{C}} = 2\left(\lambda_{(1)} \lambda^2{}_{(2)} \lambda^2{}_{(3)} \frac{\partial \lambda_{(1)}}{\partial \boldsymbol{C}} + \lambda^2{}_{(1)} \lambda_{(2)} \lambda^2{}_{(3)} \frac{\partial \lambda_{(2)}}{\partial \boldsymbol{C}} + \lambda^2{}_{(1)} \lambda^2{}_{(2)} \lambda_{(3)} \frac{\partial \lambda_{(3)}}{\partial \boldsymbol{C}} \tag{A.7}$$

Jeden dieser Terme komplettieren wir durch Erweiterung mit $\lambda_{(\alpha)}$ und erhalten mit Gleichung (3.164)

$$\frac{\partial I_3}{\partial \boldsymbol{C}} = 2 \lambda^2{}_{(1)} \lambda^2{}_{(2)} \lambda^2{}_{(3)} \frac{1}{\lambda_\alpha} \frac{\partial \lambda_\alpha}{\partial \boldsymbol{C}} = I_3 \boldsymbol{C}^{-1} \tag{A.8}$$

Schließlich wollen wir noch die Ableitung von I_2, ausgehend von Gleichung (3.57)

$$I_2 = I_3\, Sp(\boldsymbol{C}^{-1}) \quad \text{mit} \quad Sp(\boldsymbol{C}^{-1}) = C^{IJ} G_{IJ}$$

berechnen:

$$\frac{\partial I_2}{\partial \boldsymbol{C}}: \quad \frac{\partial I_2}{\partial C_{NM}} = \frac{\partial I_3}{\partial C_{NM}} Sp(\boldsymbol{C}^{-1}) + I_3 \frac{\partial}{\partial C_{NM}} C^{IJ} G_{IJ} \tag{A.9}$$

Die Ableitung von C^{IJ} berechnen wir aus der Identität $C^{IJ} C_{JS} = \delta^I{}_S$:

$$\frac{\partial C^{IJ}}{\partial C_{NM}} C_{JS} + C^{IJ} \frac{\partial C_{JS}}{\partial C_{NM}} = \frac{\partial C^{IJ}}{\partial C_{NM}} C_{JS} + C^{IJ} \delta_J{}^M \delta_S{}^N = 0 \tag{A.10}$$

Wir stellen diese Gleichung um und verjüngen mit C^{SR}:

$$\begin{aligned} \frac{\partial C^{IJ}}{\partial C_{NM}} C_{JS} C^{SR} &= -C^{IJ} \delta_J{}^M \delta_S{}^N C^{SR} \\ \frac{\partial C^{IJ}}{\partial C_{NM}} &= -C^{IM} C^{NJ} \end{aligned} \tag{A.11}$$

Wir setzen dieses Ergebnis in Gleichung (A.9) ein und erhalten

$$\frac{\partial I_2}{\partial C_{NM}} = \frac{\partial I_3}{\partial C_{NM}} Sp(\boldsymbol{C}^{-1}) - I_3 C^{IM} C^{NJ} G_{IJ} \tag{A.12}$$

Unter Beachtung, dass $C^{MI} G_{IJ} C^{JN} = \boldsymbol{C}^{-2}$ gilt, kann man für (A.12) mit (A.8) nun auch schreiben:

$$\frac{\partial I_2}{\partial \boldsymbol{C}} = I_3 \left\{ Sp(\boldsymbol{C}^{-1}) \boldsymbol{C}^{-1} - \boldsymbol{C}^{-2} \right\} \tag{A.13}$$

Wir überlassen es dem Leser die Übereinstimmung der Gleichungen (A.6) und (A.13) zu zeigen.

B Symmetrie der algorithmischen Materialtangente

Wir untersuchen die algorithmische Materialtangente $\boldsymbol{h}$ auf ihre Symmetrieeigenschaft. Diese Untersuchung führen wir in Matrixnotation durch. Nach Gleichung (6.142) ist die algorithmische Materialtangente $\boldsymbol{h}$ durch die Formel

$$\boldsymbol{h} = \left[\boldsymbol{I} + \Delta\gamma\,\tilde{\mathbf{a}}^e \frac{\partial \boldsymbol{s}}{\partial \tilde{\boldsymbol{\tau}}_H}\right]^{-1} \tilde{\mathbf{a}}^e \tag{B.1}$$

gegeben. Darin ist $\boldsymbol{I}$ die Einheitsmatrix, $\Delta\gamma$ das Inkrement des plastischen Multiplikators, $\tilde{\mathbf{a}}^e$ die symmetrische, deviatorische Materialmatrix des elastischen Materials und $\partial\boldsymbol{s}/\partial\tilde{\boldsymbol{\tau}}_H$ die Ableitungsmatrix des Richtungsvektors des plastischen Flusses. Wir gehen davon aus, dass die Inverse existiert, also die Matrix in Klammern regulär ist. Für die Ableitungsmatrix des Richtungsvektors des plastischen Flusses führen wir die Abkürzung

$$\boldsymbol{s}_{,\tau} = \frac{\partial \boldsymbol{s}}{\partial \tilde{\boldsymbol{\tau}}_H} \tag{B.2}$$

ein und arbeiten dann mit der Formel

$$\boldsymbol{h} = [\boldsymbol{I} + \Delta\gamma\,\tilde{\mathbf{a}}^e \boldsymbol{s}_{,\tau}]^{-1} \tilde{\mathbf{a}}^e \tag{B.3}$$

Wir stellen nun die Behauptung auf:

Wenn $\boldsymbol{s}_{,\tau}$ eine symmetrische Matrix ist, dann ist auch die Materialtangente $\boldsymbol{h}$ symmetrisch.

Wir führen den Beweis in Matrizenschreibweise aus. Wenn die Materialtangente $\boldsymbol{h}$ symmetrisch ist, dann gilt die Matrizengleichung

$$\boldsymbol{Z} = \boldsymbol{h} - \boldsymbol{h}^T \tag{B.4}$$

wo die Matrix $\boldsymbol{Z}$ für die Nullmatrix $\boldsymbol{0}$ steht. Wir setzen Gleichung (B.3) ein und erhalten:

$$\boldsymbol{Z} = [\boldsymbol{I} + \Delta\gamma\,\tilde{\mathbf{a}}^e \boldsymbol{s}_{,\tau}]^{-1} \tilde{\mathbf{a}}^e - \tilde{\mathbf{a}}^e \left[\boldsymbol{I} + \Delta\gamma\,\boldsymbol{s}_{,\tau}^T\,\tilde{\mathbf{a}}^e\right]^{-1} \tag{B.5}$$

Wir formen um, indem wir die Gleichung mit der Klammer $[\boldsymbol{I} + \Delta\gamma\,\tilde{\mathbf{a}}^e \boldsymbol{s},_\tau]$ zunächst von links und anschließend mit $[\boldsymbol{I} + \Delta\gamma\,\boldsymbol{s},_\tau^T\,\tilde{\mathbf{a}}^e]$ von rechts multiplizieren:

$$[\boldsymbol{I} + \Delta\gamma\,\tilde{\mathbf{a}}^e \boldsymbol{s},_\tau]\,\boldsymbol{Z}[\boldsymbol{I} + \Delta\gamma\,\boldsymbol{s},_\tau^T\,\tilde{\mathbf{a}}^e] = \tilde{\mathbf{a}}^e[\boldsymbol{I} + \Delta\gamma\,\boldsymbol{s},_\tau^T\,\tilde{\mathbf{a}}^e] - [\boldsymbol{I} + \Delta\gamma\,\tilde{\mathbf{a}}^e \boldsymbol{s},_\tau]\,\tilde{\mathbf{a}}^e \tag{B.6}$$

Nach Ausmultiplizieren der rechten Seite folgt unmittelbar

$$[\boldsymbol{I} + \Delta\gamma\,\tilde{\mathbf{a}}^e \boldsymbol{s},_\tau]\,\boldsymbol{Z}[\boldsymbol{I} + \Delta\gamma\,\boldsymbol{s},_\tau^T\,\tilde{\mathbf{a}}^e] = \Delta\gamma\,(\tilde{\mathbf{a}}^e \boldsymbol{s},_\tau^T\,\tilde{\mathbf{a}}^e - \tilde{\mathbf{a}}^e \boldsymbol{s},_\tau\,\tilde{\mathbf{a}}^e) \tag{B.7}$$

Im Fall der hier betrachteten isotropen Verfestigung ist nach Gleichung (6.138) die Ableitungsmatrix $\boldsymbol{s},_\tau$ des Richtungsvektors des plastischen Flusses symmetrisch. Infolgedessen steht auf der rechten Seite der Gleichung (B.7) die Nullmatrix. Da auf der linken Seite der Gleichung der Klammerausdruck wie vorausgesetzt ungleich Null ist, ist die Gleichung erfüllt, wenn wie vorausgesetzt

$$\boldsymbol{Z} = \boldsymbol{0}$$

gilt, und dann ist auch die algorithmische Materialtangente wie behauptet symmetrisch:

$$\boldsymbol{h} = \boldsymbol{h}^T$$

Literaturverzeichnis

[1] J. Altenbach, H. Altenbach, Einführung in die Kontinuumsmechanik, B.G. Teubner Stuttgart (1994).

[2] J.H. Argyris, J.St. Doltsinis, P.M. Pimenta and H. Wüstenberg, Thermomechanical response of solids at high strains - natural approach, Comp. Meth. Appl. Mech. Engng., **32** (1982) 3-57.

[3] U.M. Ascher and L.R. Petzold, Computer Methods for Ordinary Differential Equations and Differential-Algebraic Equations, Society for Industrial and Applied Matheamtics, Philadelphia (1998).

[4] P. J. Blatz and W. L. Ko, Application of Finite Elastic Theory to the Deformation of Rubbery Materials, Trans. Sc. Rheology, VI (1962) 223-251.

[5] J.M. Ball, Convexity Conditions and Existence Theorems in Nonlinear Elasticity, Arch. Rational Mech. Anal., **63** (1977) 337-403.

[6] E. Becker, W. Bürger, Kontinuumsmechanik, B.G. Teubner Stuttgart (1975).

[7] T. Belytschko, Wing Kam Liu and B. Moran, Nonlinear Finite Elements for Continua and Structures, John Wiley & Sons (2001).

[8] P.G. Bergan, G. Horrigmore, B. Krakeland and T.H. Soreide, Solution techniques for non-linear finite element problems, Int. J. Numer. Meths. Eng.,**12** (1978) 1677-1696.

[9] J. Betten, Elastizitäts- und Plastizitätslehre, Vieweg Verlag Stuttgart (1986).

[10] J. Betten, Tensorrechnung für Ingenieure, B.G. Teubner Stuttgart (1987).

[11] R. de Boer, Vektor- und Tensorrechnung für Ingenieure, Springer-Verlag Berlin Heidelberg New York (1982).

[12] P.A.J. van den Bogert, Computational Modelling of Rubberlike Materials, Disseration, Delft University of Technology (1991).

[13] J. Bonet and R. D. Wood, Nonlinear continuum mechanics for finite element analysis, Cambridge University Press (1997).

[14] E. Carrera, A study on arc-length-type methods and their operation failures illustrated by simple model, Comp. & Struct., **50** (1994) 217-229.

[15] A. Cauchy, Oeuvres Complètes, IIe série, tome VII, 82-93, Gauthier-Villars et Fils (1889).

[16] W.F. Chen and A.F. Saleeb, Constitutive Equations for Engineering Materials, John Wiley & Sons (1982).

[17] P.G. Ciarlet, Mathematical Elasticity, Vol. I: Three-dimensional Elasticity, Elsevier Amsterdam (1988).

[18] B.D. Coleman and W. Noll, The Thermodynamics of elastic Materials with Heat Conduction and Viscosity, Arch. Rational Mech. Anal., **13** (1963) 167-178.

[19] M.A. Crisfield, A fast incremental/iterative solution procedure that handles snap through, Comp. & Struct., **13** (1981) 55-62.

[20] M.A. Crisfield, Non-linear Finite Element Analysis of Solids and Structures, Vol. 2: Advanced Topics, John Wiley & Sons (1997).

[21] D.A. Danielson, Vectors and Tensors in Engineering and Physics, 2nd edn., Addison-Wesley Publishing Company, Reading Massachusetts (1997).

[22] P. Ellsiepen, Zeit- und ortsadaptive Verfahren angewandt auf Mehrphasenprobleme poröser Medien, Dissertation am Institut für Mechanik II, Universität Stuttgart (1999).

[23] P. Ellsiepen, S. Hartmann, Remarks on the Interpretation of Current Nonlinear Finite-Element-Analyses as Differential-Algebraic Equations, Int. J. Numer. Meths. Eng., **13** (2001) 679-707.

[24] C.A.J. Fletcher Computational Galerkin Methods, Springer-Verlag New York Inc. (1984).

[25] P.J. Flory, Thermodynamic Relations for High Elastic Materials, Trans. Faraday Soc., **57** (1961) 829-838.

[26] J.T. Fong, Construction of a Strain-Energy Function for an Isotropic Elastic Material, Trans. Sc. Rheology, 19:1 (1975) 99-113.

[27] F.R. Gantmacher, Matrizenrechnung, Band I und II, VEB Deutscher Verlag der Wissenschaften, Berlin (1965).

[28] S. Glaser, Berechnung gekoppelter thermomechanischer Prozesse, Dissertation am Institut für Statik und Dynamik der Luft- und Raumfahrtkonstruktionen, Universität Stuttgart (1992).

[29] A.E. Green and P.M. Nadai, A general theory of an elastic-plastic continuum, Arch. Rat. Mech. Anal., **18** (1965) 251-281.

[30] A.E. Green and W. Zerna, Theroretical Elasticity, Oxford University Press, Amen House, London E.C.4, (1960).

[31] F. Gruttmann and R.L. Taylor, Theory and finite element formulation of rubberlike membrane shells using principle stretches, Int. J. Numer. Meths Eng., **35** (1992) 1111-1126.

[32] W. Han and B. Daya Reddy, Plasticity, Mathematical Theory and Numerical Analysis, Springer-Verlag New York, Inc. (1999).

[33] P. Haupt, Continuum Mechanics and Theory of Materials, Springer-Verlag Berlin Heidelberg New York (2000).

[34] H.D. Hibbit, ABAQUS - Theory Manual Hibbit, Karlsson and Soerensen, Inc., Providence, Rhode Island (1981).

[35] R. Hill, Aspects of Invariance in solid Mechanics, Advances in Applied Mechanics, **18** (1978) 1-75.

[36] R. Hill, The mathematical theory of plasticity, Oxford University Press, (1983).

[37] E. Hinton and D.R.J. Owen, Finite Elements in Plasticity - Theory and Practice, Pineridge Press, Swansea (1980).

[38] G. A. Holzapfel, Nonlinear Solid Mechanics, A Continuum Approach for Engineering, John Wiley & Sons (2000).

[39] J.T.R. Hughes, Numerical Implementation of Constitutive Models: Rate-independent deviatoric Plasticity, In: Theoretical Fondations of Scale Computations of Nonlinear Material Behavior, Eds. S. Nemat-Nasser, R. Asaro and G. Hegemier, Martinus Nijhoff, The Netherlands (1984).

[40] J.T.R. Hughes, The Finite Element Method, Linear Static and Dynamik Finite Element Analysis, Prentice-Hall, Inc., Englewood Cliffs, New Jersey (1987).

[41] J.T.R. Hughes and K.S.Pister, Consistent Linearization in Mechanics of Solids and Structures, Comp. & Struct., **8** (1978) 391-397.

[42] W.D. Hutchinson, G.W. Becker, and R.F. Landel, Determination of the Stored Energy Function of Rubber-like Materials, Bull. 4th Meeting Interagency Chem. Rocket Propulsion Group-Working Group Mech. Behavior, CPIA Publ. 94U, 1 (1965) 141-152.

[43] A. Ibrahimbegovic, Equivalent spatial and material descriptions of finite deformation elastoplasticity in principal axes, Int. J. Solids and Structures, **31** (1994) 3027-3040.

[44] G. Jaumann, Geschlossenes System physikalischer und chemischer Differentialgesetze, Sitzungsber. Akad. Wiss. Wien, (IIa) 120 (1911) 385-530.

[45] E. Klingbeil, Tensorrechnung für Ingenieure, BI-Wiss.-Verlag Bd. 197 (1989).

[46] R.D. Krieg and D.B. Krieg, Accuracies of Numerical Solution Methods for elastic-perfectly plastic model, J. Pressure Vessel Technology, ASME **99** (1977) 510-515.

[47] W.M. Lai, D. Rubin and E. Krempl, Introduction to Continuum Mechanics, Third Edition, Butterworth-Heinemann (1999).

[48] C. Lanczos, The Variational Principles of Mechanics, Dover Publications, Inc. New York, fourth Edition (1986).

[49] E.H. Lee, Elastic-plastic Deformation at Finite Strain, J. Appl. Mech., **36** (1969) 1-6.

[50] S.L. Lee, F.S. Manuel and E.C. Rossow, Large deflection and stability of elastic frames, ASCE J. Engrg. Mech. Div., **94** (1968) 521-533.

[51] T. Lehmann and U. Blix, On the coupled thermo-mechanical process in the necking problem, Int. J. Plasticity, **1** (1985) 175-188.

[52] D. Luenberger, Linear and Nonlinear Programming, Addison-Wesley Publishing Company (1984).

[53] D.B. Macvean, Die Elementarbeit in einem Kontinuum und die Zuordnung von Spannungs- und Verzerrungstensoren, ZAMP, **19** (1968) 157-185.

[54] L.E. Malvern, Introduction to the Mechanics of a Continuous Medium, Prentice-Hall, Inc., Englewood Cliffs, New Jersey (1969).

[55] J.E. Marsden and T.J.R. Hughes, The Mathematical Foundations of Elasticity Prentice-Hall, Inc., Englewood Cliffs, New Jersey (1983).

[56] A. Matzenmiller, Ein rationales Lösungskonzept für geometrisch und physikalisch nichtlineare Strukturberechnungen, Dissertation am Institut für Baustatik der Universität Stuttgart (1988).

[57] C. Miehe, Aspects of the formulation and finite element implementation of large strain isotropic elasticity, Int. J. Numer. Meths. Eng., **37** (1994) 1981-2004.

[58] C. Miehe, A theoretical and computational model for isotropic elastoplastic stress analysis in shells at large strains,Comp. Meth. Appl. Mech. Engng., **155** (1998) 193-233.

[59] R. v. Mises, Mechanik der plastischen Formänderung von Kristallen, Z. angew. Math. Mech., **8** (1928) 161-185.

[60] Moon, Spencer, Vectors, D. Van Nostrand Company, Inc. (1965).

[61] M. Mooney, A theory of elastic deformations, J. Appl. Physics, **11** (1940) 582.

[62] K.N. Morman, The Generalized Strain Measure with Application to Nonhomogeneous Deformation in Rubber-Like Solids, Trans. of the ASME, 726, Vol. **53** (1986).

[63] M. Navier, Mémoire sur les lois de l'équilibre et du movement des corps solides élastiques, Mém. Acad. Sci. Inst. Fr. 7, (1824) 375-393.

[64] A. Needleman, A numerical study of necking in circular cylindrical bars, J. Mech. Phys. Solids , **20** (1972) 111-127.

[65] A. Needleman, Inflation of spherical rubber balloons, Int. J. Solids and Structures, **13** (1977) 409-421.

[66] J.T. Oden, and T. Key, Numerical analysis of finite axisymmetric deformations of incompressible elastic solids of revolution, Int. J. Solids and Structu-

res, **6** (1970) 497-518.

67] J.T. Oden, Finite Elements of Nonlinear Continua, McGraw-Hill, Inc. (1972).

68] R.W. Ogden, Large deformations isotropic elasticity: on the correlation of theory and experiment for incompressible rubberlike solids, Proc. Roy. Soc. London, A326 (1972) 576-583.

69] R.W. Ogden,Volume changes associated with the deformation of rubberlike solids, J. Mech. Phys. Solids, **24** (1976) 323-338.

70] R.W. Ogden, Elastic Deformations of Rubberlike Solids, in Mechanics of Solids, the Rodney Hill 60th Anniversary Volume (eds. H.G. Hopkins and M.J. Sewell), Pergamon (1982) 499-537.

71] R.W. Ogden, Nonlinear Elastic Deformations, Ellis Horwood, Chichester (1984).

72] M. Ortiz, Topics in Constitutive Theory for Nonlinear Solids, Dissertation, Dept. of Civil Eng. (SESM), Univ. of California, Berkeley (1981).

73] M. Ortiz and J.C. Simo, An analysis of a new class of integration algorithms for elastoplastic constitutive relations, Int. J. Numer. Meths. Eng., **40** (1983) 137-158.

74] H. Parisch, Zur Berechnung von Membranschalen unter endlicher Deformation mit der Methode der Finiten Elemente, Dissertation am Institut für Statik und Dynamik der Luft- und Raumfahrtkonstruktionen, Universität Stuttgart (1977).

75] H. Parisch, Efficient non-linear finite element shell formulation involving large strains, Eng. Comp., **3** (1986) 125-128.

76] M. Päsler, Prinzipe der Mechanik, Walter de Gruyter & Co., Berlin (1968).

77] S.T.J. Peng and R.F. Landel, Stored Energy Function and Compressibility of Compressible Rubberlike Materials under Large Strain, J. Appl. Physics, **46** (1975) 2599-2604.

78] R.W. Penn, Volume changes accompanying the extension of rubber, Trans. Sc. Rheology, **14** (1970) 509-517.

79] P.M. Pinsky, A Numerical Formulation for the Finite Deformation Problem of Solids with Rate-Independent Constitutive Equations, Report No. UCB/SESM-81/07, Berkeley (1981).

80] S.D. Poisson, Mémoire sur l'équilibre des corps cristallisés, Mém. Acad. Sci. Inst. Fr. 18, (1839) 1-152.

81] W. Prager,A New Method of Analyzing Stress and Strains in Work-Hardening Plastic solids, J. Appl. Mech., **23** (1956) 493-496.

82] E. Ramm, Strategies for Tracing Nonlinear Response Near Limit Points, Europe-US-Workshop, ,Nonlinear Finite Element Analysis in Structural Mechanics', eds. Bathe, Stein, Wunderlich, Springer-Verlag Berlin Heidelberg New York (1980).

[83] S. Reese, Theorie und Numerik des Stabilitätsverhaltens hyperelastischer Festkörper, Dissertation am Institut für Mechanik IV der Technischen Hochschule Darmstadt (1994).

[84] S. Reese, M. Küssner and B.D. Reddy, A new Stabilization Technique for Finite Elements in Non-linear Elasticity, Int. J. Numer. Meths. Eng.,**44** (1999) 1617-1652.

[85] R.D. Richtmyer and K.W. Morton, Differenz Methods for Initial Value Problems, 2nd edition, Intersience New York (1967).

[86] M. Riemer, Technische Kontinuumsmechanik - Synthetische und analytische Darstellung, BI Wiss.-Verl. (1993).

[87] E. Riks, The Application of Newtons Method to the Problem of Elastic Stability, J. Appl. Mech, **39** (1972) 1060-1066.

[88] R.S. Rivlin, Large elastic deformations of isotropic materials, Fundamental concepts, Phyl. Trans. Roy. Soc., **240** (1948) 459-490.

[89] J.C.J. Schellekens and H. Parisch, On Finite Deformation Elasticity, Institut für Statik und Dynamik der Luft- und Raumfahrtkonstruktionen, Universität Stuttgart, ISD - Bericht Nr. 94/3, April (1994).

[90] J.C.J. Schellekens and H. Parisch, On Finite Deformation Elasto-Plasticity, Institut für Statik und Dynamik der Luft- und Raumfahrtkonstruktionen, Universität Stuttgart, ISD - Bericht Nr. 94/5, April (1994).

[91] K.H. Schweizerhof, Nichtlineare Berechnung von Tragwerken unter verformungsabhängiger Belastung mit finiten Elementen, Bericht 82-2, Institut für Baustatik, Universität Stuttgart (1982).

[92] K.H. Schweizerhof and P. Wriggers, Consistent Linearisation for path following methods in nonlinear FE analysis, Comp. Meth. Appl. Mech. Engng., **59** (1986) 261-279.

[93] J.G. Simmonds, A Brief on Tensor Analysis, 2nd edn., Springer Verlag New York (1994).

[94] J.C. Simo and M. Ortiz, A unified Approach to Finite Deformation Elastoplasticity based on the Use of Hyperelastic Constitutive Equations, Comp. Meth. Appl. Mech. Engng., **49** (1985) 221-245.

[95] J.C. Simo, A Framework for the Finite strain Elastoplacticity based on Maximum Plastic Dissipation and Multiplicative Decomposition: Part I. Continuum Formulation, Numerical Algorithms, Comp. Meth. Appl. Mech. Engng., **66** (1988) 199-219.

[96] J.C. Simo, A Framework for the Finite Strain Elastoplacticity based on Maximum Plastic Dissipation and Multiplicative Decomposition: Part II. Com-

putational Aspects, Comp. Meth. Appl. Mech. Engng., **68** (1988) 1-31.

[97] J.C. Simo, Algorithms for Static and Dynamic Multiplicative Plasticity that preserve the Classical Return Mapping Schemes of the infinitisimal Theory, Comp. Meth. Appl. Mech. Engng., **99** (1992) 61-112.

[98] J.C. Simo, F. Armero and R.L. Taylor, Improved Versions of Assumed Enhanced-Strain Tri-linear Elements for 3D Finite Deformation Problems, Comp. Meth. Appl. Mech. Engng., **110** (1993) 359-386.

[99] J.C. Simo and C. Miehe, Associated coupled thermoplasticity at finite strains: Formulation, numerical analysis and implementation, Comp. Meth. Appl. Mech. Engng., **98** (1992) 41-104.

[100] J.C. Simo and T.J.R. Hughes, Computational Inelasticity, Springer-Verlag New York Inc. (1998).

[101] J.C. Simo and M.S. Rifai, a Class of Mixed Assumed Strain Methods and the Method of Incompatible Modes, Int. J. Numer. Meths. Eng.,**29** (1990) 1595-1638.

[102] J.C. Simo and R.L. Taylor, Quasi-incompressible Finite Elasticity in Principle Stretches, Comp. Meth. Appl. Mech. Engng., **85** (1991) 273-310.

[103] G. Strang and G.J. Fix An Analysis of the Finite Element Method, Prentice-Hall, Inc., Englewood Cliffs, New Jersey (1973).

[104] T. Sussman, and K.J. Bathe, A finite element formulation for nonlinear incompressible and inelastic analysis, Comp. &Struct., **26** (1987) 357-409.

[105] R.L. Taylor, P.J. Beresford and E. L. Wilson, A non-conforming Element for Stress Analysis, Int. J. Numer. Meths. Eng.,**10** (1976) 1211-1219.

[106] E. Tonti, Variational Formulation for every nonlinear Problem, Int. J. Engng. Sci., **22** No.11/12 (1984) 1343-1371.

[107] E. Tonti, The Reason of the analogies in Physics, in Problem Analysis in Science and Engineering, editors F.H. Branin and K.Huseyin, Academic Press (1977).

[108] L.R.G. Treloar, Stress-strain data for vulcanized rubber under various types of deformation, Trans. Faraday Soc., **40** (1944) 59-70.

[109] C. Truesdell, Continuum Mechanics I, The Mathematical Foundations of Elasticity and Fluid Dynamics, Gordon and Breach, Science Publishers, Inc. (1966).

[110] C. Truesdell and W. Noll, The Non-linear Field Theories of Mechanics, Vol. I, Academic Press (1977).

[111] T.C.T. Ting, Determination of $\boldsymbol{C}^{1/2}, \boldsymbol{C}^{-1/2}$ and more general isotropic functions of $\boldsymbol{C}$, J. Elasticity, **15** (1985) 319-583.

[112] G.A. Wempner, Discrete Approximations Related to Non-Linear Theories of Solids, Int. J. Solids and Structures, **7** (1971) 1581-1599.

[113] M.L. Wilkins, Calculation of Elastc-plastic Flow, Methods of Computational Physics, Academic Press New York 3 (1964).

[114] P. Wriggers, C. Miehe, M. Kleiber and J.C. Simo, On the coupled thermomechanical treatment of necking problems via finite-element-methods, Int. J. Numer. Meths. Eng., **33** (1992) 869-883.

[115] P. Wriggers, Nichtlineare Finite-Element-Methoden, Springer-Verlag Berlin Heidelberg New York (2001).

[116] P. Wriggers and S. Reese, A Note on the Enhanced Strain Methods for large Deformations, Comp. Meth. Appl. Mech. Engng., **135** (1996) 201-209.

[117] H. Ziegler, A Modification of Prager's Hardening Rule, Quart. Appl. Math., **17** (1959) 55-65.

[118] O.C. Zienkiewicz and R.L. Taylor, The Finite Element Method, Fourth Edition, Volume 2, Solid and Fluid Mechanics Dynamics and Non-linearity, McGraw-Hill Book Company (1991).

[119] U. Zdebel and T. Lehmann, Some theoretical considerations and experimental investigations on a constitutive law in thermoplasticity, Int. J. Plasticity, **3** (1987) 369-389.

[120] R. Zurmühl, Matrizen und ihre technische Anwendungen, Springer-Verlag Berlin Heidelberg New York (1964).

Sachverzeichnis

Teubner Lehrbücher: einfach clever

Holzmann, Günther / Meyer, Heinz / Schumpich, Georg

Technische Mechanik

Teil 1: Statik
Teil 2: Kinematik und Kinetik
Teil 3: Festigkeitslehre

Teil 1: Bearbeitet von Hans-Joachim Dreyer
9., durchges. Aufl. 2000. IX, 185 S. mit 265 Abb. u. 179 Aufg. Br. € 24,00 ISBN 3-519-26520-6

Teil 2: Bearbeitet von Hans-Joachim Dreyer
8., durchges. Aufl. 2000. XII, 389 S. mit 373 Abb., 147 Beisp. u. 179 Aufg. Br. € 32,00
ISBN 3-519-26521-4

Teil 3: Unter Mitarbeit von Dreyer, Hans-Joachim/ Faiss, Helmut
8., überarb. u. erg. Aufl. 2002. XIV, 336 S., mit 299 Abb., 140 Beisp. u. 108 Aufg. Br. € 32,90
ISBN 3-519-26522-2

Böttcher/Forberg

Technisches Zeichnen

Hrsg. vom DIN Deutsches Institut für Normung e.V.
Bearbeitet von Hans W. Geschke, Michael Helmetag, Wolfgang Wehr
23., neubearb. u. erw. Aufl. 1998. 340 S., mit 1803 Abb., 101 Tab., 99 Beisp. u. 359 Übungsaufg. Geb. € 23,00
ISBN 3-519-36725-4

Klein, Martin

Einführung in die DIN-Normen

Hrsg. vom DIN Deutsches Institut für Normung e.V.
Bearbeitet von P. Kiehl, I. Wende, D. Machert, H.P. Grode, W. Goethe, A. Wehrstedt, F. Zentner, E. Liess, N. Breutmann
13., vollst. überarb u. erw. Aufl. 2001. 1208 S., mit 2279 Abb., 793 Tab. u. 391 Beisp. Geb. € 69,00
ISBN 3-519-26301-7

B. G. Teubner Verlag
Abraham-Lincoln-Straße 46
65189 Wiesbaden
Fax 0611.7878-400
www.teubner.de